JN251062

理工系学生のための
基礎数学

堤 香代子著

理工図書

第2版のまえがき

　詰め込み教育への反省から，2002年度（高等学校は2003年度）から完全週5日制・学習内容および授業時間の3割削減・「総合的学習の時間」の新設を柱とするゆとり教育路線の「ゆとり教育」が施行された。その「ゆとり教育」は2011〜2013年度の新学習指導要領が施行されるまでの約10年間続いた。その結果，学力の低下や学力の二極化などの弊害が生じたといわれている。

　そこで，新学習指導要領では「ゆとり教育」からそれ以前の教育状態へ復帰するために，3割削減された学習内容の復活を盛り込み，学力の回復を目指している。

　しかし，1999年6月に東洋経済新報社から出版された「分数ができない大学生」が話題になったように，大学生の数学の学力低下は，「ゆとり教育」の施行前から生じており，そのために，基礎科目の教科書あるいは専門教科の副読本として，2002年4月に「理工系学生のための基礎数学」を出版させていただいた。その出版から十数年が経ち，今日の教育現場の現状は益々厳しくなっており，今回，第17章のコンピュータとプログラムを除いた16章からなる改訂を行った。

　数学は積み上げ式学問であるために，基礎部分でつまずくと次の段階の理解が難しい。そこで，改訂では中学校で習う基礎部分も取り込み，分数の計算方法，四則演算の順番，文字式の表し方，数学でよく使う以上，以下，未満などの説明や記号なども記述している。一方で，独自で学習しても理解できるように証明や公式の導かれる過程は，詳しく分かりやすさを心掛けた。例題や演習問題なども多数取り入れ，特に，間違えやすい部分は例題として取り上げた。また，我々の生活の中にいかに数学が使われているかを示すために，文章問題をできる限り取り入れ，学生が数学に興味を引くように心掛け，応用力・思考力を養えるように工夫した。

　浅学非才な私に「理工系学生のための基礎数学」の出版の機会を与えて下さった元福岡大学の黒木健実先生には，深く感謝の意を表します。また，今回の改訂版の機会を与えて下さった理工図書㈱の編集部にはお礼を申し上げます。

2016年3月　　　　　　　　　　　　　　　　　　　　　　堤　香代子

まえがき

　最近，大学では学生の数学の学力低下が深刻な問題となってきている．学生の数学の学力低下は，大学での専門教育にも影響を与えている．

　また，学生の中には公式の丸暗記が多く見られ，公式の導かれる過程を理解していないために起こる応用力不足や，思考力不足などの深刻な問題もある．

　本書は，このような実状を踏まえ，理工学部の学生を対象とした大学での基礎科目の教科書として，あるいは専門教科の副読本として利用されることを目的として作成した．

　数学が積み上げ式学問という特色のため，本書は 17 章からなる．第 1 章の数と式から始まり，第 17 章のコンピュータとプログラムまで広範囲な内容を収めた．また，証明や公式の導かれる過程は，詳しく分かりやすさを心掛けた．例題や演習問題などは，我々の生活の中にいかに数学が使われているかを示すために，社会問題を数多く取り上げ，学生の興味を引くように心掛けた．特に，演習問題は文章問題を主とし，応用力・思考力を養えるように工夫した．

　このように，生活の中の数学を取り上げ，読者には数学に興味がもてるように編集をした．独自での学習にも，理工系以外の学部や大学以外での数学の基礎勉強にも十分役立つものと確信する．

　本書の立案・企画に深く携われ，浅学非才な私に出版の機会を与えて下さった福岡大学の黒木健実先生には，深く感謝の意を表します．また，出版にあたり，理工図書㈱の編集部にはご指導，ご指摘をいただき，心からお礼を申し上げます．

　　2002 年 1 月　　　　　　　　　　　　　　　　　　　堤　香代子

目次

第 1 章

数と式

1.1 数

1.1.1 数とは

　手の指を折って数えることのできる 1, 2, 3, $\cdots$ を **自然数** といい，自然数どうしで和，差，積，商の計算をすると，ゼロ，負，分数などの数が生じる。自然数に 0 と -1, -2, -3, $\cdots$ を付け加えたものを **整数** という。整数 a は $\frac{a}{1}$ であり，整数に分数を加えたものを **有理数** という。2 つの有理数の和，差，積，商は有理数である。

　分数は，$\frac{3}{4} = 0.75$ のように小数第何位かで終わる **有限小数** と，数字が無限に続く **無限小数** からなる。無限小数のうち $\frac{1}{3} = 0.3333\cdots (= 0.\dot{3})$, $\frac{7}{55} = 0.1272727\cdots (= 0.1\dot{2}\dot{7})$ のように，ある位から先の数字が一定の順序で繰り返される無限小数を **循環小数** という。有限小数と循環小数は必ず分数の形に表される。

数

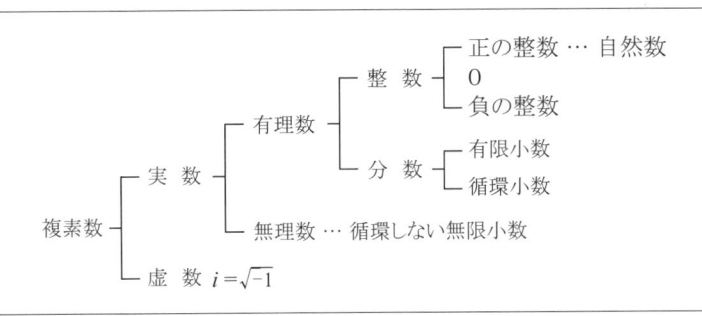

$\sqrt{2}$ のような $1.1414213\cdots$ とか，$\overset{\text{パイ}}{\pi}$（円周率）のような $3.141592\cdots$ と際限なく続いていく数を **無理数** といい，無理数は分数で表すことができない。有理数と無理数を合わせたものを **実数** という。実数においても有理数と同様に 2 つの実数の和，差，積，商は実数である。

　実数に対し，数の範囲を広げるために自然界には存在しない **虚数** $\overset{\text{きょすう}}{}$ を考える．虚数は i で表し，i は $\sqrt{-1}$ という数で，2 乗すれば -1 という有理数になる．実数と虚数を組み合せた数で a と b を実数として，$a + bi$ の形の数を **複素数** という。

練習 1] 次の数のうち，整数，有理数，無理数はそれぞれどれか。また，小さい順に並べよ。

$$-3, \quad -\frac{5}{4}, \quad 3\pi, \quad \sqrt{4}, \quad 0, \quad \frac{2}{3}, \quad 0.\dot{3}, \quad -1.3, \quad \sqrt{14}, \quad 2$$

1.1.2　素数，素因数，公約数，公倍数

　1 より大きい整数で，1 とその数自身以外に約数をもたない数を **素数** $\overset{\text{そすう}}{}$ という。$2, 3, 5, 7, \cdots\cdots$ は素数であり，1 は素数ではない。ある数を割り切ることのできる数を元の数の **約数** $\overset{\text{やくすう}}{}$ といい，約数を **因数** $\overset{\text{いんすう}}{}$ ともいう。因数が素数であるとき **素因数** といい，自然数を素数の積で表すことを **素因数分解** という。

　素因数分解するときは小さい素数から順に割っていけばよい。例えば，$12 = 1 \times 12 = 2 \times 6 = 2 \times 2 \times 3 = 2^2 \times 3$ だから，12 の因数は 1, 2, 3, 4, 6, 12，素因数は 2, 3，素因数分解すると $2^2 \times 3$ となる。

　2 つ以上の整数に共通な約数を，それらの数の **公約数** $\overset{\text{こう}}{}$ という。公約数のうち最大なものを **最大公約数** という。

　　　　16 の約数：1, 2, 4, 8, 16

　　　　24 の約数：1, 2, 3, 4, 6, 8, 12, 24

　　　　16 と 24 の公約数：1, 2, 4, 8　　最大公約数：8

　2 つ以上の整数に共通な倍数のことを **公倍数** という。公倍数のうち最小のものを **最小公倍数** という。

　　　　3 の倍数：3, 6, 9, 12, 15, 18, 21, 24, $\cdots\cdots$

　　　　4 の倍数：4, 8, 12, 16, 20, 24, $\cdots\cdots$

　　　　3 と 4 の公倍数：12, 24, $\cdots\cdots$　　最小公倍数：12

例 1] 60 を素因数分解せよ。また，素因数を求めよ。

解] 素因数分解は $60 = 2 \times 30 = 2 \times 2 \times 15 = 2 \times 2 \times 3 \times 5 = 2^2 \times 3 \times 5$

素因数は 2, 3, 5 である。

練習 2] 24 と 54 の最大公約数と最小公倍数を求めよ。

1.1.3 分数

整数 a を 0 でない整数 b で割った商を $\frac{a}{b}$ で表し，これを **分数** という。分数 $\frac{a}{b}$ は 1 を b 等分したものを a 個集めたもの，または $a:b$ という比の値を意味する。分数 $\frac{a}{b}$ で a の部分を **分子**，b の部分を **分母** といい，「b 分の a」と読む。

$\frac{1}{2}$ のように分子が分母より小さい分数を **真分数**，$\frac{2}{2}$，$\frac{3}{2}$ のように分子が分母に等しいか大きい分数を **仮分数**，$\frac{3}{7}$，$\frac{6}{13}$ などのように，それ以上約分できない分数を **既約分数**，$\frac{3}{2}$ を $1\frac{1}{2}$ のように整数と真分数で表したものを **帯分数** という。

分数の分子と分母をその共通な約数で割って，簡単な分数にすることを **約分** するという。例えば，$\frac{3}{12}$ を約分すると，3 と 12 の共通な約数 3 で分子と分母を割って $\frac{1}{4}$ になる。2 つ以上の分数の分母が違うとき，それらの分数の値を変化させずに，分母が同じ分数に直すことを **通分** するという。例えば，$\frac{5}{6}$ と $\frac{7}{8}$ を通分すると，6 と 8 の最大公約数は 24 であるから，$\frac{5 \times 4}{6 \times 4} = \frac{20}{24}$ と $\frac{7 \times 3}{8 \times 3} = \frac{21}{24}$ になる。

なお，分子と分母を入れかえた数をその数の **逆数** という。例えば，0 でない整数 a と b からなる分数 $\frac{a}{b}$ の逆数は $\frac{b}{a}$ である。

[分数の計算] 分数の加法や減法では通分して分母をそろえる。また，除法は逆数の積にする。

(1) $\dfrac{1}{4} - \dfrac{2}{3} = \dfrac{1 \times 3}{4 \times 3} - \dfrac{2 \times 4}{3 \times 4} = \dfrac{3 - 8}{12} = -\dfrac{5}{12}$

(2) $\dfrac{1}{4} \times \dfrac{2}{3} = \dfrac{1 \times 2}{4 \times 3} = \dfrac{2}{12} = \dfrac{1}{6}$

(3) $\dfrac{1}{4} \div \dfrac{2}{3} = \dfrac{1}{4} \times \dfrac{3}{2} = \dfrac{3}{8}$

(4) $\dfrac{\frac{14}{25}}{21} = \dfrac{14}{25} \div 21 = \dfrac{14}{25} \times \dfrac{1}{21} = \dfrac{2}{25 \times 3} = \dfrac{2}{75}$

(5) $\dfrac{20}{\frac{8}{15}} = 20 \div \dfrac{8}{15} = 20 \times \dfrac{15}{8} = \dfrac{5 \times 15}{2} = \dfrac{75}{2}$

練習 3] 次の分数の計算をせよ。

(1) $\dfrac{2}{0.75}$ (2) $\dfrac{5}{6} + \dfrac{3}{7}$ (3) $\dfrac{3}{5} \div \left(-\dfrac{1}{4}\right)$ (4) $\dfrac{5}{8} - \dfrac{5}{16}$

(5) $\dfrac{3}{4} - \dfrac{9}{10}$ (6) $\dfrac{5}{6} \times \dfrac{3}{10}$ (7) $\dfrac{5}{6} \div \dfrac{3}{5}$ (8) $\left(\dfrac{3}{5} - \dfrac{3}{4}\right) \div \dfrac{2}{10}$

1.1.4 絶対値，累乗，平方根

絶対値

実数において，a が正の数または 0 ならば a を，a が負の数ならば $-a$（a の符号を変えた数) を a の **絶対値** といい，$|a|$ で表す。0 の絶対値は 0 であり，一般に，絶対値 $|a|$ は 0 または正の実数である。

$$a \geqq 0 \ \text{ならば} \ |a| = a, \qquad a < 0 \ \text{ならば} \ |a| = -a$$

例えば，数直線上で原点 O から -2 の座標に A，$+3$ の座標に B がある。A は B と反対方向に O から 2 離れており，B は O か

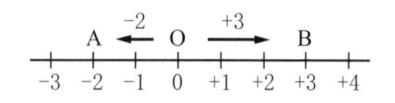

ら 3 離れている。-2 は方向 $(-)$ と距離 (2) を表しており，$|-2| = 2$，$|+3| = 3$ なので，絶対値は距離（大きさ）だけを表す。

例 2] 次の絶対値を計算せよ。

(1) $|2|$ (2) $|-4|$ (3) $|-2.3|$ (4) $|5 - 5.5 + 0.1|$

解] (1) 2   (2) 4   (3) 2.3   (4) 0.4

累乗

同じ数または同じ文字を何回か掛け合わせた積を，その数または文字の **累乗**〔るいじょう〕といい，右肩に小さく掛け合わせた個数を書く。その掛け合わせた個数を表す数（a^n の n）を **指数** という。例えば，$(-3) \times (-3) = (-3)^2$ と表し，-3 の **2 乗**〔にじょう〕という。2 乗を **平方**，3 乗を **立方** ということもあり，通常，$a = a^1$ の指数 1 は省略する。

$$\underbrace{a \times a \times \cdots\cdots \times a}_{n} = a^n$$

一般に，m, n が正の整数のとき，次の **指数法則** が成り立つ。

指数法則 ───────────────────────────

$$a^m a^n = a^{m+n}, \qquad (a^m)^n = a^{mn}, \qquad (ab)^n = a^n b^n, \qquad a^0 = 1$$

例 3] 次の累乗を計算せよ。

(1) $(-5)^2$ 　(2) -5^2 　(3) $(2^2)^3$ 　(4) $(2 \times 3)^3$ 　(5) $2^3 \times 2^4$ 　(6) $(2^0)^3$

解] (1) $(-5)^2 = (-5) \times (-5) = 25$ 　　　　(2) $-5^2 = -(5 \times 5) = -25$

(3) $(2^2)^3 = 2^{2 \times 3} = 2^6 = 64$ 　　　　(4) $(2 \times 3)^3 = 2^3 \times 3^3 = 216$

(5) $2^3 \times 2^4 = 2^{3+4} = 2^7 = 128$ 　　　　(6) $(2^0)^3 = 1^3 = 1$

練習 4] 次の累乗を計算せよ。

(1) $\left(\dfrac{3}{3}\right)^0$ 　(2) $\dfrac{(-3^0)^3}{(3^2)^3}$ 　(3) $\dfrac{5^2}{(5^2)^0}$ 　(4) $(-0.2 \times 0.5)^2$ 　(5) $(0.4 - 0.5)^3$

平方根

　負でない数 a に対して，平方すると a になる数を a の **平方根**（へいほうこん）という。正の数 a の平方根は $\sqrt{a}$ と $-\sqrt{a}$ の 2 つある*。0 の平方根は 0 であり，$\sqrt{0} = 0$ と定める。記号 $\sqrt{}$ を **根号**（こんごう）（ルート）という。一般に n 乗根は $\sqrt[n]{}$ と表し，平方根の場合は $\sqrt[2]{}$ の 2 を省略する。

　絶対値と平方根は a の符号によって次のように表される。また，平方根では次のことが成り立つ。

実数 a の絶対値と平方根 ────────────────

$$a \geqq 0 \text{ のとき } \quad \sqrt{a^2} = |a| = a$$

$$a < 0 \text{ のとき } \quad \sqrt{a^2} = |a| = -a$$

平方根の公式 ────────────────

$$a > 0, \ b > 0 \text{ のとき } \quad \sqrt{a}\sqrt{b} = \sqrt{ab}, \quad \frac{\sqrt{a}}{\sqrt{b}} = \sqrt{\frac{a}{b}}$$

$$a > b > 0 \text{ のとき } \quad \sqrt{a} > \sqrt{b}$$

───────────────────────────────

　分母に根号を含む式は有理数を分母とする式に変形して，分母に根号が含まれない式にする。これを分母を **有理化** するという。

例 4] 次の計算をし，答えは分母を有理化せよ。

(1) $\dfrac{\sqrt{3}}{\sqrt{2}}$ 　(2) $\dfrac{3}{2\sqrt{6}}$ 　(3) $3\sqrt{3} - \dfrac{9}{\sqrt{3}}$ 　(4) $\sqrt{(-3)^2}$ 　(5) $\sqrt{8} - \dfrac{6}{\sqrt{2}}$

解] (1) $\dfrac{\sqrt{3}}{\sqrt{2}} = \dfrac{\sqrt{3} \times \sqrt{2}}{\sqrt{2} \times \sqrt{2}} = \dfrac{\sqrt{6}}{2}$ 　　(2) $\dfrac{3}{2\sqrt{6}} = \dfrac{3 \times \sqrt{6}}{2\sqrt{6} \times \sqrt{6}} = \dfrac{3 \times \sqrt{6}}{2 \times 6} = \dfrac{\sqrt{6}}{4}$

────────────────────

* $\sqrt{a}$ と $-\sqrt{a}$ をまとめて $\pm\sqrt{a}$ と書く。記号 $\pm$ を **複号** という。

(3) $3\sqrt{3} - \dfrac{9}{\sqrt{3}} = 3\sqrt{3} - \dfrac{9 \times \sqrt{3}}{\sqrt{3} \times \sqrt{3}} = 3\sqrt{3} - 3\sqrt{3} = 0$ (4) $|-3| = -(-3) = 3$

(5) $\sqrt{8} - \dfrac{6}{\sqrt{2}} = \sqrt{2 \times 2 \times 2} - \dfrac{6 \times \sqrt{2}}{\sqrt{2} \times \sqrt{2}} = 2\sqrt{2} - 3\sqrt{2} = -\sqrt{2}$

練習 5] 次の計算をし，答えは分母を有理化せよ。

(1) $\sqrt{3} \div \sqrt{6}$ (2) $7\sqrt{2} \div (-\sqrt{63})$ (3) $\sqrt{90} \div \sqrt{15}$ (4) $\sqrt{15} \div (\sqrt{7} \times \sqrt{3})$

[平方根の近似値]

$\sqrt{2} \fallingdotseq 1.41421356$　一夜一夜に 人見ごろ　　　$\sqrt{3} \fallingdotseq 1.7320508$　人並みにおごれや

$\sqrt{5} \fallingdotseq 2.2360679$　富士 山麓オウム 鳴く　　　$\sqrt{6} \fallingdotseq 2.44949$　似よ 良く良く

$\sqrt{7} \fallingdotseq 2.64575$　菜に 虫いない

1.1.5　近似値

　真の値に対して，真の値ではないがそれに近い値を **近似値** という。例えば，3.14159 は円周率 π の近似値であり，測定値や四捨五入して得られた値は近似値である。近似値と真の値の差を誤差という。

　測定値などは末位に誤差を含む。誤差を含みながらも測定値として意味をもつ桁だけを表したものが **有効数字** である。例えば，324 の一の位を四捨五入して 320 になった数値は，十の位の 2 は信頼できるが，一の位は四捨五入されてしまい 0 は単に位を表しているだけである。このときの 3 と 2 が有効数字で，有効数字の桁は 2 桁である。有効数字をはっきりさせたい場合は 3.2×10^2 のように表す。

[例]

(1) 元の数が 3240.33 などを小数第一位を四捨五入した 3240 は，3.240×10^3 と表す。この場合の 0 は有効数字である。

(2) 100 未満の数を四捨五入して得られた近似値 78500 は 7.85×10^4 と表す。

(3) 10 未満の数を四捨五入して得られた近似値 78500 は 7.850×10^4 と表す。

切り上げ	ある数で，求めたい位に満たない端数を取り去り，求めたい位の数を 1 増やすこと。例えば，7.65432 を切り上げによって小数第二位までの概数を求めると，7.66 である。
切り捨て	ある数で，求めたい位まで取って端数を無視すること。例えば，7.65432 を切り捨てによって小数第一位までの概数を求めると，7.6 である。
四捨五入	求めたい位のすぐ下の位の数が 0，1，2，3，4 ならば切り捨て，5，6，7，8，9 ならば切り上げて概数を求めること。例えば，7.65432 を小数第二位を四捨五入すれば，7.7 である。
以上	数量がある量であるかそれよりも多いこと。例えば，a は b 以上ならば，$a \geq b$ と表す。

| 以下 | 数量がある量であるかそれよりも少ないこと。例えば，a は b 以下ならば，$a \leqq b$ と表す。 |
| 未満 | ある数に対して，その数自身は含まないでその数よりも少ないこと。例えば，a は b 未満ならば，$a < b$ と表す。 |

1.2 式

1.2.1 四則，文字式

加法，減法，乗法，除法をまとめて **四則** という。四則の混じった計算では次の決まりがある。

1. 括弧のある式の計算では括弧の中を先に計算する。
2. 累乗のある式の計算では累乗を先に計算する。
3. 加減と乗除の混じった計算では乗除を先に計算する。

［例］

(1) $10 - (-3) \times (-5) = 10 - (+15) = -5$

(2) $12 \div (5 - 8) = 12 \div (-3) = \dfrac{12}{-3} = -4$

(3) $-10 \div (-5)^2 \times 3 = -10 \div 25 \times 3 = \dfrac{-10 \times 3}{25} = -\dfrac{6}{5}$

(4) $56 \times 9 \div 21 = \dfrac{56 \times 9}{21} = \dfrac{56 \times 3}{7} = 24$

(5) $40 \div 5 \times 2 = \dfrac{40 \times 2}{5} = 16$

(6) $17 + 3 \times 4 = 17 + 12 = 29$

(7) $3 \times 70 - 65 \div 5 = 210 - 13 = 197$

いろいろな数量を文字を使って表すことがある。数や文字を含んだ式の表し方には次の決まりがある。

1. 数の場合と同様に文字も a と b の和は $a + b$，差は $a - b$ と書く。
2. 乗法の記号 $\times$ は数と数の積以外は省略する。 $a \times b \Rightarrow ab$，$3 \times a \Rightarrow 3a$
3. 数と数の積では記号 $\times$ の代わりに $\cdot$ を使うことがある。 $2 \times 3 \Rightarrow 2 \cdot 3$
4. 数と文字の積は数を先に書き，2 つ以上の文字の積はできるだけアルファベット順に書く。 $c \times b \times 3 \times x \Rightarrow 3bcx$
5. 負数と文字の積では括弧を付けずに書く。 $x \times (-2) \Rightarrow -2x$
6. 括弧でくくられた式は 1 つの文字と考える。 $a \times (a - b) \times 2 \Rightarrow 2a(a - b)$

7. 　文字の前の 1 や -1 は 1 を省略する。 $1 \times x \Rightarrow x$, $a \times (-1) \Rightarrow -a$

8. 　同じ数あるいは文字の積は累乗の形に書く。 $a \times a \Rightarrow a^2$

9. 　文字の混じった割り算では記号 $\div$ を使わずに，分数の形で書く。 $2 \div a \Rightarrow \dfrac{2}{a}$

［例］

(1) $b \times a \times d \times c \Rightarrow abcd$　　　　　　(2) $4 \times a + 3 \Rightarrow 4a + 3$

(3) $x \times x \times (-5) - 3 \times y \Rightarrow -5x^2 - 3y$　　(4) $a \times a \times a + 3 \Rightarrow a^3 + 3$

(5) $(a - b) \times (-3) \Rightarrow -3(a - b)$　　(6) $(x + y) \div z \Rightarrow \dfrac{x + y}{z}$

(7) $x + y \div z \Rightarrow x + \dfrac{y}{z}$　　　　　(8) $x \div (y + z) \Rightarrow \dfrac{x}{y + z}$

(9) $x \div y \div z \Rightarrow \dfrac{x}{yz}$　　　　　　(10) $x \div y \times z \Rightarrow \dfrac{xz}{y}$

1.2.2　整式

2, a, $3x$, $2abxy$, $-3x^3y^2$ のように，数や文字の積として表される式を **単項式**
という。単項式において，掛け合わせる文字の個数をその単項式の **次数**，文字以
外の数の部分を **係数** という。2 種類以上の文字を含む単項式では，ある特定の文
字に着目して，他の文字を係数と同じようにみなして取り扱うことがある。例え
ば，$-3x^3y^2$ の単項式の次数は 5，係数は -3 であるが，x に着目すると次数は 3,
係数は $-3y^2$ である。

いくつかの単項式を和の形で表した式を **多項式** といい，その 1 つ 1 つの単項式
を多項式の **項**，単項式と多項式を合わせて **整式**（式を整理したとき分母や根号の
中に文字が含まれていない式）という。例えば，$5ax^2 + by^2$, $a_nx^n + a_{n-1}x^{n-1} +$
$\cdots + a_1x + a_0$ などである。

整式では，ある特定の文字に着目して整理した後の式に含まれる項の次数のう
ち，最高のものをその整式の次数という。ある特定の着目した文字を含まない項
を **定数項** といい，定数項の次数は 0 である。

例えば，$2x^2 + 5xy^2 + 3y - 6x + 4$ は x, y についての整式とみれば，次数は 3，定
数項は 4 である。しかし，x についての整式とみなせば，$2x^2 + (5y^2 - 6)x + 3y + 4$
と整理でき，次数は 2，定数項は $3y + 4$ である。また，文字の部分が全く同じ項
を **同類項** といい，ここでは $5xy^2$ と $-6x$ が x についての同類項である。

このように整式を整理するとき，ある文字について次数の高い項から低い項へ
順に整理することを，**降べきの順** に整理するといい，次数の低い項から高い項へ

順に整理することを，昇べきの順 に整理するという。

　式を整理したとき分母や根号の中に文字が含まれていないものを整式というが，分母に文字を含み，根号の中には文字を含まない式を **分数式** という。例えば，$\dfrac{x^3}{\sqrt{2}(a-b)}$，$ax+\dfrac{b}{x}$ などは分数式である。整式と分数式をあわせて **有理式** といい，根号の中に文字を含む式を **無理式** という。例えば，$\sqrt{1+x}$，$\sqrt{x}-3$，$a\sqrt{x}-\sqrt{x^2+2}$ などは，x についての無理式である。

例 5] 次の整式を，x について降べきの順に整理せよ。

(1) $2x^2+4x+1+3x^2$ 　　(2) $4x^2+x^3-2x-x^2+2x^3+7$

解] (1) 与式 $=(2+3)x^2+4x+1=5x^2+4x+1$

(2) 与式 $=(1+2)x^3+(4-1)x^2-2x+7=3x^3+3x^2-2x+7$

例 6] 次の分数式と無理式を計算せよ。

(1) $\dfrac{a+b}{3x}-\dfrac{b}{2x}$ 　　(2) $\dfrac{1}{\sqrt{x}+3}+\dfrac{2}{\sqrt{x}-3}$

解] (1) 与式 $=\dfrac{(a+b)\times 2}{3x\times 2}-\dfrac{b\times 3}{2x\times 3}=\dfrac{2a+2b-3b}{6x}=\dfrac{2a-b}{6x}$

(2) 与式 $=\dfrac{\sqrt{x}-3+2\left(\sqrt{x}+3\right)}{\left(\sqrt{x}+3\right)\left(\sqrt{x}-3\right)}=\dfrac{3\sqrt{x}+3}{x-9}$

練習 6] 次の式を計算せよ。

(1) $\left(\sqrt{3}-\sqrt{2}\right)^2-\left(\sqrt{7}x+3\right)\left(\sqrt{7}x-3\right)$ 　　(2) $\dfrac{1}{\sqrt{6}+\sqrt{5}}+\dfrac{2}{\sqrt{5}+\sqrt{3}}$

1.2.3　整式の乗法

　整式の加法，減法および乗法では，数の場合と同様に，次の基本法則が用いられる。

基本法則 ————————————————————————————

交換法則　$A+B=B+A$，　　　　　　　$AB=BA$

結合法則　$(A+B)+C=A+(B+C)$，　$(AB)C=A(BC)$

分配法則　$A(B+C)=AB+AC$，　　　$(A+B)C=AC+BC$

————————————————————————————

　単項式と多項式の積，または，いくつかの多項式の積の形の式を，積を計算して1つの整式に表すことを，その式を **展開** するという。

　展開に用いられる公式には，次のものがある。

乗法の公式 ─────────────────────

[1] $(a \pm b)^2 = a^2 \pm 2ab + b^2$

[2] $(a + b)(a - b) = a^2 - b^2$

[3] $(x + a)(x + b) = x^2 + (a + b)x + ab$

[4] $(ax + b)(cx + d) = acx^2 + (ad + bc)x + bd$

[5] $(a + b + c)^2 = a^2 + b^2 + c^2 + 2ab + 2bc + 2ca$

[6] $(a \pm b)^3 = a^3 \pm 3a^2b + 3ab^2 \pm b^3$

[7] $(a \pm b)(a^2 \mp ab + b^2) = a^3 \pm b^3$ 　　（複号同順）

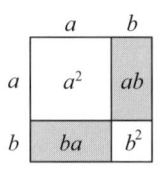

例 7] 次の式を展開せよ。

(1) $4x(x^2 + 2x - 3)$ 　　　(2) $(4x + 5)(x^2 + 3x - 1)$

(3) $(x - y)(x + y)$ 　　　(4) $(2x + 1)^2$ 　　　(5) $(x - y + 1)(x + y)$

解] (1) 与式 $= 4x^3 + 8x^2 - 12x$

(2) 与式 $= 4x^3 + 12x^2 - 4x + 5x^2 + 15x - 5 = 4x^3 + 17x^2 + 11x - 5$

(3) 与式 $= x^2 + xy - xy - y^2 = x^2 - y^2$

(4) 与式 $= (2x + 1)(2x + 1) = 4x^2 + 2x + 2x + 1 = 4x^2 + 4x + 1$

(5) 与式 $= x^2 + xy - xy - y^2 + x + y = x^2 + x - y^2 + y$

例 8] 次の式を展開せよ。

(1) $(a - b + c)(a + b - c)$ 　　　(2) $(x - y)^2(x + y)^2$

解] (1) 与式 $= \{a - (b - c)\}\{a + (b - c)\} = a^2 - (b - c)^2 = a^2 - b^2 + 2bc - c^2$

(2) 与式 $= \{(x - y)(x + y)\}^2 = (x^2 - y^2)^2 = x^4 - 2x^2y^2 + y^4$

練習 7] 次の式を展開せよ。

(1) $(a+b-2)^2$ 　　(2) $(a+b+c)^3$ 　　(3) $(a+b-c)^3$ 　　(4) $(x^2-x+1)(x^2+x+1)$

1.2.4　因数分解

　1 つの整式 A を，2 つ以上の整式 B, C, $\cdots$ の積の形に書き改めることを A を
因数分解 するといい，B や C などを A の **因数** という。因数分解は展開の逆の操
作であり，乗法の公式で逆（右辺から左辺）のことが成り立つ。

　$x^2 - 10x + 21$ の因数分解は $(x + a)(x + b)$ の形で表すことであり，これは
$x^2 + (a+b)x + ab$ であることから $a+b = -10$, $ab = 21$ となる a と b を求めれ

ばよい。積が 21 となる数は 3 と 7 あるいは -3 と -7 であり，加算して -10 になる数は -3 と -7 であることから，$(x-3)(x-7)$ に因数分解される。

   x の 2 次式 $px^2 + qx + r$ を　　$px^2 + qx + r = (ax+b)(cx+d)$
のように因数分解するには

$$ac = p, \qquad bd = r$$

を満たす a, b, c, d のうち

$$ad + bc = q$$

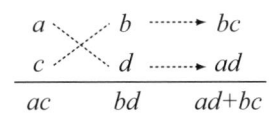

となる a, b, c, d を見つければよい。

   因数分解は次の点を考慮して行うとよい。

1. 共通因数があればまずそれをくくり出した後，さらに因数分解をする。

   $3ax^2 - 12a = 3a(x^2-4) = 3a(x^2-2^2) = 3a(x+2)(x-2)$ のように，a だけでなく 3 も共通因数であるので $3a$ をくくり出す。

2. 式の中に共通な部分があれば他の文字に置き換えて因数分解をする。

   $(x+y)^2 - 10(x+y) + 21$ を因数分解する際は，$x+y$ を他の文字に置き換える。この場合，$x+y = A$ と置くと

$$(x+y)^2 - 10(x+y) + 21 = A^2 - 10A + 21 = (A-3)(A-7) = (x+y-3)(x+y-7)$$

に因数分解される。

3. 2 つ以上の文字を含む整式では，1 つの文字について整理すると因数分解が簡単になることがある。

   $x^2 - 2y + xy - 2x$ において次数の低い y について整理をする。

$$x^2 - 2y + xy - 2x = (x-2)y + x^2 - 2x = (x-2)y + (x-2)x = (x-2)(x+y)$$

4. 特定の文字について降べきの順に整理する。

   $2x^2 + xy - y^2 + 2x + 8y - 12$ の因数分解では，x について降べきの順に整理し，定数項の y の式を因数分解する。

$$2x^2 + xy - y^2 + 2x + 8y - 12 = 2x^2 + (y+2)x - (y^2 - 8y + 12)$$
$$= 2x^2 + (y+2)x - (y-2)(y-6) = (x+y-2)(2x-y+6)$$

例 9] 次の式を因数分解せよ。

  (1) $x^2 + 2x - 8$　　　(2) $2x^2 + 3x + 1$　　　(3) $2x^2 + 5x - 3$　　　(4) $4x^2 - 4x - 3$

解] (1) 与式 $= (x+4)(x-2)$　　　(2) 与式 $= (2x+1)(x+1)$

(3) 与式 $= (2x-1)(x+3)$　　　(4) 与式 $= (2x+1)(2x-3)$

$$
\begin{array}{ccc}
1 & 4 \longrightarrow & 4 \\
1 & -2 \longrightarrow & -2 \\
\hline
2 & -8 & 2
\end{array}
\qquad
\begin{array}{ccc}
2 & 1 \longrightarrow & 2 \\
1 & 1 \longrightarrow & 1 \\
\hline
2 & 1 & 3
\end{array}
\qquad
\begin{array}{ccc}
2 & -1 \longrightarrow & -1 \\
1 & 3 \longrightarrow & 6 \\
\hline
2 & -3 & 5
\end{array}
\qquad
\begin{array}{ccc}
2 & 1 \longrightarrow & 2 \\
2 & -3 \longrightarrow & -6 \\
\hline
2 & -3 & -4
\end{array}
$$

練習 8] 次の式を因数分解せよ。

(1) $a^4 - 6a^2 + 8$　　　(2) $x^3 - 8y^3$　　　(3) $2x^2 - 3xy - 3x + y^2 - 9$

(4) $x^2(y-z) + y^2(z-x) + z^2(x-y)$　　　(5) $(x^2 + x - 13)(x^2 + x - 1) + 11$

1.2.5　整式の除法

整式の除法では整式を降べきの順に整理して，整数の場合と同様の方法で商と余りを求めることができる。例えば

$$A = x^3 + x^2 - x - 1, \qquad B = x^2 + 2x - 1$$

については，$A \div B$ は次のようにして計算する。

$$
\begin{array}{r}
x - 1 \\
B \cdots x^2 + 2x - 1\ \overline{\big)\ x^3 + x^2 - x - 1} \quad \cdots A \\
\underline{x^3 + 2x^2 - x} \qquad\qquad \cdots\cdots\ B\,x \\
-x^2 \qquad\quad -1 \quad \cdots A - B\,x \\
\underline{-x^2 - 2x + 1} \qquad \cdots\cdots \qquad B \times (-1) \\
2x - 2 \quad \cdots A - B\,x - B \times (-1)
\end{array}
$$

上の計算では，残りが B より次数の低い式 $2x - 2$ となったところで終わる。すなわち

$$A = B \times (x - 1) + 2x - 2$$

である。

一般に，A, B を同じ 1 つの文字についての整式とし，$B \neq 0$ のとき

$$A = BQ + R \qquad 但し，R は 0 か (Rの次数) < (Bの次数)$$

となる整式 Q と R が定まる。Q および R をそれぞれ，A を B で割ったときの**商** および **余り** という。余りが 0 のとき，A は B で **割り切れる** という。

例 10] 整式 A を整式 B で割り，商と余りを求めよ。

$$A = 2x^2 + 7x + 3, \quad B = x + 3$$

解]
$$
\begin{array}{r}
2x+1 \\
x+3 \,\overline{)\,2x^2+7x+3} \\
\underline{2x^2+6x} \\
x+3 \\
\underline{x+3} \\
0
\end{array}
$$

よって，$A=(x+3)(2x+1)$ となり，商は $2x+1$，余りは 0 で，この場合は因数分解された。

例 11] $3x^3+4x^2-15x+5$ を整式 B で割ると，商は $3x-2$，余りは $-2x-1$ である．B を求めよ。

解] $3x^3+4x^2-15x+5=B(3x-2)-2x-1$

ゆえに $\qquad B(3x-2)=3x^3+4x^2-13x+6$

したがって $\quad B=(3x^3+4x^2-13x+6)\div(3x-2)=x^2+2x-3$

練習 9] x についての整式と考えて，$(2x^2-5ax+a^2)\div(2x+a)$ の商と余りを求めよ。

演 習 問 題

1. 次の数は有理数，無理数のどちらか。

(1) $-\pi$ (2) $\dfrac{\sqrt{2}}{5}$ (3) $\sqrt{16}$ (4) $\sqrt{0.25}$ (5) $5+\sqrt{5}$ (6) $\sqrt{196}$

2. a の範囲が次の場合，$|a+2|+|a-4|$ を簡単にせよ。

(1) $a<-2$ (2) $-2\leqq a<4$ (3) $a\geqq 4$

3. $a=5$，$b=-7$ のとき，次の式の値を求めよ。

(1) $|a|+|b|$ (2) $|a+b|$ (3) $|a|-|b|$ (4) $|a-b|$

4. 次のことに誤りがあれば，下線の部分を訂正せよ。

(1) $\sqrt{9}+\sqrt{15}$ は $\sqrt{9+15}$ と計算 <u>できる</u> (2) $\sqrt{0.01}$ は <u>0.1</u> である

(3) $\sqrt{9}\times\sqrt{15}$ は $\sqrt{9\times 15}$ と計算 <u>できる</u> (4) $\sqrt{5}\times\sqrt{5}$ は <u>5</u> に等しい

(5) $\sqrt{16}-\sqrt{9}$ は $\sqrt{7}$ に等しい (6) $\sqrt{25}$ は <u>±5</u> である

(7) $\sqrt{(-7)^2}$ は <u>−7</u> に等しい (8) 81 の平方根は <u>9</u> である

5. 次の式を計算せよ。

(1) $\dfrac{7}{9} - \dfrac{4}{5}$ (2) $\dfrac{1}{6} \div \dfrac{5}{7}$ (3) $\dfrac{x}{2} + \dfrac{x}{3} - \dfrac{x}{4}$

(4) $\dfrac{2x - y}{3} - \dfrac{x + y}{2}$ (5) $a \times a^3 \div a$ (6) $\sqrt{64}$

(7) $\sqrt{3} \times \sqrt{27}$ (8) $\big| \, |-1| - |-2| \, \big|$ (9) $2 \div 0.25$

(10) $3 \times \big\{ 5 + (7 - 1) \times 2 \big\} - 5 \times (5 - 4 \div 2)$

(11) $3.53 \times 2.58 + 3.53 \times 5.06 + 2.36 \times 3.53$

6. 次の式を計算せよ。

(1) $\sqrt{2} \times \sqrt{3} \times 3\sqrt{6}$ (2) $4\sqrt{35} \div 2\sqrt{75} \times \sqrt{15}$

(3) $\sqrt{18} + 2\sqrt{2} - 4\sqrt{2}$ (4) $3\sqrt{27} + 2\sqrt{48} - \sqrt{108}$

(5) $(3\sqrt{2} + \sqrt{3})(\sqrt{2} + 2\sqrt{3})$ (6) $(\sqrt{14} + \sqrt{6})(\sqrt{14} - \sqrt{6})$

(7) $\sqrt{11} \times \sqrt{66} \times \sqrt{121}$ (8) $\sqrt{72} + \sqrt{9}$

(9) $\dfrac{\sqrt{5} + \sqrt{1}}{\sqrt{5} - \sqrt{1}} + \dfrac{\sqrt{5} + \sqrt{1}}{2}$ (10) $\dfrac{1}{\sqrt{20}} + \dfrac{2}{\sqrt{45}}$

7. $\sqrt{3.4} = 1.844$, $\sqrt{34} = 5.831$ として，次の値を求めよ。

(1) $\sqrt{0.34}$ (2) $\sqrt{340}$ (3) $\sqrt{3400}$

8. $\dfrac{1}{\sqrt{a} + \sqrt{b}}$ の分母を有理化せよ。

9. $x = \dfrac{\sqrt{7} - \sqrt{3}}{\sqrt{7} + \sqrt{3}}$, $y = \dfrac{\sqrt{7} + \sqrt{3}}{\sqrt{7} - \sqrt{3}}$ のとき，次の式の値を求めよ。

(1) $x + y$ (2) xy (3) $x^2 + y^2$

10. 分数式 $\dfrac{x}{x + 3} - \dfrac{2}{x + 1}$ を通分せよ。

11. 次の式を因数分解せよ。

(1) $-15ab^2 + 35a^2b - 20a^3$ (2) $xy - y - x + 1$

(3) $(x + 3)^2 - (y - 3)^2$ (4) $2a^2 - 8b^2$ (5) $a^2 - b^2 + 2a + 1$

12. $6x^4 - x^3 - 14x^2 + 4x + 8$ を整式 B で割ると，商は $2x^2 + x - 2$，余りは $3x + 2$ である。B を求めよ。

13. 整式 A を $x + 1$ で割ると，商が B，余りが -2 であった。その商をさらに $x + 1$ で割ると，商が $x^2 + 1$，余りが 1 となった。整式 A を $(x + 1)^2$ で割ったときの余りを求めよ。

第 2 章

方程式と不等式

2.1 方程式

2.1.1 方程式とは

式や文字・数が等号（＝，イコール）で結ばれているものを等式という。等式は等号の右辺と左辺が等しいことを示しており，文字を含む等式には恒等式と方程式の 2 つの種類がある。

等式でその中の文字にどのような値を代入しても常に成り立つものを **恒等式**（こうとう）といい，例えば，$2(x+y) = 2x+2y$，$x^2+5x+4 = (x+1)(x+4)$ などは，x, y にどのような値を代入しても常に成り立つ等式である。a, b, c, a', b', c' が実数で，等式 $ax^2+bx+c = a'x^2+b'x+c'$ が x について恒等式であるための条件は，同じ次数の項が一致するときである。すなわち，$a = a'$, $b = b'$, $c = c'$ となるときである。

これに対して $3x-2 = 5$，$3x+y = 6$，$a_nx^n+a_{n-1}x^{n-1}+\cdots+a_1x+a_0 = 0$ などは，x や y がある特別の値をとるときに限って成り立つ等式である。このような等式を **方程式** といい，方程式を満たす x の値を **解** という。方程式にはいろいろな種類があり，方程式は求める未知数の個数を **元**（げん）で表し，求める未知数の次数を **次**（じ）で表す。例えば，$ax+b = 0$ は求める未知数は x の 1 つだけで，x は 1 次なので，1 元 1 次方程式，普通は略して 1 次方程式という。

2 つ以上の未知数を含む 2 つ以上の方程式を組にし，未知数はそのすべての方程式を同時に満足することを要求されているものを **連立方程式** という。未知数が

2 つで，その未知数についての次数が 1 次と 2 次，または，2 次と 2 次の方程式の組からなる連立方程式を **連立 2 元 2 次方程式** という。また，3 つの未知数について，未知数の次数が 1 次の 3 元 1 次方程式の組からなる連立方程式を **連立 3 元 1 次方程式** という。

　一般に，未知数が m 個，未知数の最高の次数が n 次の連立方程式を連立 m 元 n 次方程式という。

　主な方程式を次に示す。

方程式のいろいろ

　x, y が未知数，$a \sim h$ が実数のとき

　1 元 1 次方程式　　　　　　　　　1 元 2 次方程式
　　$ax + b = 0$　　　　　　　　　　$ax^2 + bx + c = 0$

　2 元 1 次方程式
　　$ax + by + c = 0$

　連立 2 元 1 次方程式　　　　　　連立 2 元 2 次方程式
　　$\begin{cases} ax + by + c = 0 \\ a'x + b'y + c' = 0 \end{cases}$　　　　$\begin{cases} ax^2 + bx + cy^2 + dy + e = 0 \\ fx + gy + h = 0 \end{cases}$

　3 次方程式
　　$ax^3 + bx^2 + cx + d = 0$

　n 次方程式
　　$a_n x^n + a_{n-1} x^{n-1} + \cdots + a_1 x + a_0 = 0$

　無理方程式
　　$\sqrt{ax + b} + cx + d = 0$

例 1〕 等式 $x^2 + 3x - 9y^2 - 3y + a = (x + 3y + b)(x - 3y + c)$ が，x, y についての恒等式となるように，定数 a, b, c の値を定めよ。

解〕 等式の右辺を展開して整理すると

$$x^2 + 3x - 9y^2 - 3y + a = x^2 + (b + c)x - 9y^2 - 3(b - c)y + bc$$

となる。これが恒等式であるとき，両辺の各項の係数を比較すると

$$b + c = 3, \quad b - c = 1, \quad bc = a$$

　よって　$a = 2, \quad b = 2, \quad c = 1$

練習 1〕 等式 $2x^2 + ax - 12 = (2x - b)(x - 3)$ が，x についての恒等式となるように，定数 a, b の値を定めよ。

2.1.2　1 次方程式，連立 1 次方程式

　1 次方程式の解は，項を移項するなどの式を変形して求める。連立方程式の解き方には，一方の式を他方の式に代入して文字を 1 つだけ含む方程式をつくり，1 元 1 次方程式にして解く **代入法** と，ある文字の係数の絶対値をそろえて式どうしを加減して，1 つの文字を消去して解く **加減法** がある。

［ 連立 2 元 1 次方程式の解の求め方 ］

代入法	**加減法**
$\begin{cases} x + y = 4 & \cdots\cdots ① \\ 2x + 5y = 14 & \cdots\cdots ② \end{cases}$	$\begin{cases} 3x + 2y = 13 & \cdots\cdots ① \\ 2x + 5y = 16 & \cdots\cdots ② \end{cases}$
①式を x について解くと	x の係数の絶対値を同じにするために
$x = -y + 4$　$\cdots\cdots$ ①'	①式に 2 を，②式に 3 を掛けて引く
①' を ②式に代入する	$6x + 4y = 26$　$\cdots\cdots$ ①'
$2(-y + 4) + 5y = 14$	$-) \; 6x + 15y = 48$　$\cdots\cdots$ ②'
$y = 2$　$\cdots$ ③	$-11y = -22$　　　$y = 2$　$\cdots$ ③
③を①' 式に代入すると	③を ①式に代入すると
$x = 2$	$x = 3$
よって　$x = 2,\ y = 2$	よって　$x = 3,\ y = 2$

例 2] 1 個 110 円のリンゴを 3 個と 1 個 80 円のオレンジを数個買って，810 円を支払った。オレンジを何個買ったのか。

解] オレンジを x 個買ったとすると　$110 \times 3 + 80 \times x = 810$

　x について解くと　$x = 6$　となり，オレンジを 6 個買った。

例 3] ある集落の昨年の男女の人数は合計で 470 人であった。しかし，今年は昨年に比べて男性で 5%，女性で 2% 減少し，合わせて 16 人の人口減であるという。昨年は男性と女性は何人いたのか。また，今年の男性と女性は何人か。

解] 昨年の男性の人数を x 人，女性を y 人とすると

$$x + y = 470,\quad -\frac{5}{100}x - \frac{2}{100}y = -16\quad \Rightarrow\quad \begin{cases} x + y = 470 & \cdots① \\ 5x + 2y = 1600 & \cdots② \end{cases}$$

　① 式の $y = 470 - x$ を ② 式に代入して　$x = 220,\quad y = 250$

　よって，昨年は男性 220 人，女性は 250 人いた。

$$x' = x \times 0.95 = 209,\qquad y' = y \times 0.98 = 245$$

　また，今年は男性 209 人，女性 245 人いる。

例 4] A 町と B 町は 220 km 離れており，高速道路と一般道を使って 3 時間 40 分かかった。自動車の平均速度を高速道路 90 km/h，一般道 35 km/h とすると，高速道路および一般道の走行時間を求めよ。

解] 高速道路の走行時間を x，一般道の走行時間を y とすると

連立方程式 $\begin{cases} 90x + 35y = 220 & \cdots\cdots \text{距離} \\ x + y = \dfrac{11}{3} & \cdots\cdots \text{時間に換算} \end{cases}$ が成り立つ。

これを代入法で解くと $\begin{cases} x = \dfrac{5}{3} \\ y = 2 \end{cases}$

よって，高速道路の走行時間は 1 時間 40 分，一般道の走行時間は 2 時間である。

練習 2] 次の方程式を解け。

(1) $5 + 2(3x - 1) = 4x - 3$　　　(2) $2 + 5x = 3x - 6$

(3) $\dfrac{x}{3} - \dfrac{2x - 1}{2} = 1$　　(4) $\dfrac{x}{4} - \dfrac{2}{3} = \dfrac{5(x - 2)}{6}$　　(5) $|x - 2| + |x - 1| = x$

(6) $\begin{cases} 0.2x + 0.3y = 1.1 \\ 0.05x - 0.21y = -1.15 \end{cases}$　　(7) $\begin{cases} 3x + 2y = 13 \\ 2x + 5y = 16 \end{cases}$

2.1.3　2 次方程式

a, b, c が実数で $a \neq 0$ のとき，$ax^2 + bx + c = 0$ の形で表される方程式を x についての **2 次方程式** といい，これを満たす x の値を方程式の **解** という。2 次方程式の解き方には平方根の考え方を用いる解き方や因数分解を用いた解き方があり，解の公式を用いて解くこともある。その解の公式は次のように変形して求める。

$$ax^2 + bx + c = 0 \qquad \text{2 次方程式の一般形}$$

$$x^2 + \frac{b}{a}x = -\frac{c}{a} \qquad \text{定数項を移項し，両辺を } a \text{ で割る}$$

$$x^2 + 2 \times \frac{b}{2a}x + \frac{b^2}{4a^2} = -\frac{c}{a} + \frac{b^2}{4a^2} \qquad \text{左辺を } \left(x + \frac{b}{2a}\right)^2 \text{ の形に変形する}$$

$$\left(x + \frac{b}{2a}\right)^2 = \frac{b^2 - 4ac}{4a^2} \qquad \text{左辺は } \left(x + \frac{b}{2a}\right)^2 \text{ の形}$$

となり，$b^2 - 4ac \geqq 0$ とすると，右辺の値は正または 0 であるから

$$x + \frac{b}{2a} = \pm \frac{\sqrt{b^2 - 4ac}}{2a}$$

したがって，2 次方程式の解は　　$x = \dfrac{-b \pm \sqrt{b^2 - 4ac}}{2a}$

である。これを 2 次方程式の **解の公式** という。$b^2 - 4ac \geqq 0$ のとき解は実数である。

2 次方程式の解の公式 ———————————

2 次方程式 $ax^2 + bx + c = 0$ $(a \neq 0)$ の解は

$$b^2 - 4ac \geqq 0 \text{ のとき} \qquad x = \frac{-b \pm \sqrt{b^2 - 4ac}}{2a}$$

———————————————————————

1 次の項の係数が偶数であるならば，$b = 2b'$ とおくと

$$x = \frac{-2b' \pm \sqrt{4b'^2 - 4ac}}{2a} = \frac{-b' \pm \sqrt{b'^2 - ac}}{a}$$

となる。

例 5] 次の 2 次方程式を，解の公式を用いて解け。

(1) $2x^2 + 3x - 5 = 0$ (2) $5x^2 - 4x - 1 = 0$ (3) $9x^2 - 12x + 4 = 0$

解] (1) $x = \dfrac{-3 \pm \sqrt{3^2 - 4 \cdot 2 \cdot (-5)}}{2 \cdot 2} = \dfrac{-3 \pm \sqrt{49}}{4} = \dfrac{-3 \pm 7}{4}$

よって $x = -\dfrac{5}{2}, \quad 1$

(2) $x = \dfrac{-(-2) \pm \sqrt{(-2)^2 - 5 \cdot (-1)}}{5} = \dfrac{2 \pm \sqrt{9}}{5} = \dfrac{2 \pm 3}{5}$

よって $x = -\dfrac{1}{5}, \quad 1$

(3) $x = \dfrac{-(-6) \pm \sqrt{(-6)^2 - 9 \cdot 4}}{9} = \dfrac{6 \pm \sqrt{0}}{9} = \dfrac{2}{3}$ よって $x = \dfrac{2}{3}$

練習 3] 次の 2 次方程式を，解の公式を用いて解け。

(1) $x^2 + 5\sqrt{2}x + 8 = 0$ (2) $2x^2 - 3x + 1 = 0$ (3) $25x^2 - 30x + 9 = 0$

2.1.4 複素数

a, b, c が実数で $a \neq 0$ のとき，2 次方程式 $ax^2 + bx + c = 0$ の $b^2 - 4ac$ が負であるときは，実数の範囲では解は存在しない。そこで，このような方程式も解をもつように，数の範囲を広げて考える。

実数の範囲ではどのような数も 2 乗すると 0 以上の数になる。しかし，$x^2 = -1$ となる x は実数の範囲では存在しないため，2 乗すると -1 になるような新しい数を考える。すなわち

$$i^2 = -1$$

であるような新しい数 i^* を考え，i を **虚数単位**，$\sqrt{5}\,i$ などのように i を含む数を
虚数 という。
きょすう

　虚数に対してこれまで扱ってきた有理数と無理数をまとめて実数といい，実数
と虚数をまとめて **複素数** という。すなわち，複素数とは実数 a, b と i から構成
される数

$$a + bi \quad (a,\ b は実数)$$

で，a を **実部**，b を **虚部** という。複素数 $z = a + bi$ に対して，虚部の符号を変
えた $a - bi$ を z の **共役な複素数** といい，$\bar{z}$ で表す。また，$\bar{z}$ の共役な複素数は z
であるので，z と $\bar{z}$ は互いに共役であるともいう。

　複素数の四則演算は，i を文字のように取り扱って，整式と同じように計算し，
i^2 が現れたならば，それを -1 で置き換えればよい。

$$(-i)^2 = i^2 = -1$$

複素数の相等と四則計算 ————————————————————————

a, b, c, d が実数のとき

$$a + bi = 0 \qquad \Longleftrightarrow \quad a = 0,\ \ b = 0$$
$$a + bi = c + di \quad \Longleftrightarrow \quad a = c,\ \ b = d$$
$$(a + bi) \pm (c + di) = (a \pm c) + (b \pm d)\,i \qquad (複号同順)$$
$$(a + bi)(c + di) = (ac - bd) + (ad + bc)\,i$$
$$\frac{a + bi}{c + di} = \frac{ac + bd}{c^2 + d^2} + \frac{bc - ad}{c^2 + d^2}\,i \qquad (但し,\ c + di \neq 0)$$

負の数の平方根

　a が正の数のとき，$x^2 = -a$ を満たす数 x，すなわち，負の数 $-a$ の平方根は実
数の範囲では存在しない。しかし，数の範囲を複素数まで広げて考えると

$$(\sqrt{a}\,i)^2 = (\sqrt{a})^2\,i^2 = -a, \qquad (-\sqrt{a}\,i)^2 = (-\sqrt{a})^2\,i^2 = -a$$

であるから，$\sqrt{a}\,i$ と $-\sqrt{a}\,i$ は，ともに $-a$ の平方根である。

負の数の平方根 ————————————————————————————

$$a > 0 のとき \quad \sqrt{-a} = \sqrt{a}\,i \qquad 特に, \quad \sqrt{-1} = i$$
$$\left(\pm\sqrt{-a}\right)^2 = -a$$

———————————————————

$*\ i$ は，imaginary number の頭文字である。

　根号の中が負の数のときは，i を用いた形に書き換えて計算を行う。例えば，下記の例のような平方根どうしの乗法を，複素数では安易に行ってはいけない。なぜなら，平方根の性質[†]は，実数に対して成り立つ関係式であるからである。

○	$\sqrt{-2}\sqrt{-3} = \left(\sqrt{2}\,i\right)\left(\sqrt{3}\,i\right) = \sqrt{6}\,i^2 = -\sqrt{6}$
×	$\sqrt{-2}\sqrt{-3} = \sqrt{(-2)(-3)} = \sqrt{6}$

例 6] 次の計算をせよ。

(1) $(-4\,i)^2$ 　　(2) i^5 　　(3) i^{100} 　　(4) $(2+5\,i)+(3-i)$

(5) $(3+4\,i)-(2-3\,i)$ 　　(6) $(4+i)(-2+3\,i)$ 　　(7) $\dfrac{1+3\,i}{3+2\,i}$

解] (1) 与式 $= (-4)^2 \times i^2 = -16$ 　　(2) 与式 $= (i^2)^2 \times i = (-1)^2 \times i = i$

(3) 与式 $= (i^4)^{20} = 1^{20} = 1$ 　　(4) 与式 $= (2+3)+(5-1)\,i = 5+4\,i$

(5) 与式 $= (3-2)+(4+3)\,i = 1+7\,i$

(6) 与式 $= -8+(12-2)\,i + 3\,i^2 = -11+10\,i$

(7) 与式 $= \dfrac{(1+3\,i)(3-2\,i)}{(3+2\,i)(3-2\,i)} = \dfrac{9+7\,i}{9-4\,i^2} = \dfrac{9}{13} + \dfrac{7}{13}\,i$

例 7] 2 次方程式 $x^2+6x+13$ を，複素数の範囲で因数分解せよ。

解] $x^2+6x+13 = 0$ の解は　　$x = -3 \pm \sqrt{-4} = -3 \pm 2\,i$

　　したがって，　$x^2+6x+13 = (x+3-2\,i)(x+3+2\,i)$　に因数分解される。

練習 4] 次の計算をせよ。

(1) $\sqrt{-3}\sqrt{-4}$ 　　(2) $\sqrt{(-3)\cdot(-4)}$ 　　(3) $\dfrac{\sqrt{72}}{\sqrt{-6}}$ 　　(4) $\dfrac{\sqrt{-72}}{\sqrt{6}}$ 　　(5) $\dfrac{\sqrt{-72}}{\sqrt{-6}}$

(6) $(\sqrt{-3})^2$ 　　(7) $(1-i)^3$ 　　(8) $i^3 + \dfrac{1}{i^3}$ 　　(9) $\dfrac{1+i}{2-3\,i}$ 　　(10) $\dfrac{5-\sqrt{2}\,i}{1+\sqrt{2}\,i}$

判別式

　2 次方程式 $ax^2+bx+c = 0$ の解は　$\dfrac{-b+\sqrt{b^2-4ac}}{2a}$，$\dfrac{-b-\sqrt{b^2-4ac}}{2a}$ の 2 つである。しかし，$b^2-4ac = 0$ の場合は解は 1 個であるし，$b^2-4ac < 0$ の場合は実数の解が存在しないが，複素数の解は存在する。このように 2 次方程式の解は，b^2-4ac の値によって異なる。

　一般に，2 次方程式 $ax^2+bx+c = 0$ の解は b^2-4ac の値により数の範囲が決まるため，$D = b^2-4ac$ とおく。D を 2 次方程式 $ax^2+bx+c = 0$ の **判別式**

---

† 「第 1 章 1.4 絶対値，累乗，平方根」を参照。

といい，判別式で解を判別する。なお，解が実数のものを **実数解** といい，$D > 0$ のときは異なる 2 つの実数解をもち，$D = 0$ のときは $-\dfrac{b}{2a}$ のただ 1 つの実数解（**重解** という）をもつ。また，$D < 0$ のときは異なる 2 つの **虚数解** をもつ。

　2 次方程式 $ax^2 + bx + c = 0$ の解と，その判別式 $D = b^2 - 4ac$ の関係は，次のようになる。

2 次方程式の解の判別

　　　[1] $D > 0$　　のとき　　異なる 2 つの実数解をもつ

　　　[2] $D = 0$　　のとき　　1 つの実数解（重解）をもつ

　　　[3] $D < 0$　　のとき　　異なる 2 つの虚数解をもつ

例 8] 2 次方程式 $3x^2 + 5x + 2 = 0$ の実数解の個数はいくつか。

解] 判別式 $D = 5^2 - 4 \cdot 3 \cdot 2 = 1 > 0$　　よって，実数解の個数は 2 個である。

例 9] 2 次方程式 $2x^2 + 8x + a = 0$ が異なる 2 つの実数解をもつように，定数 a の範囲を求めよ。

解] 判別式 $D = 8^2 - 4 \cdot 2 \cdot a = 64 - 8a$

　異なる 2 つの実数解をもつには $D > 0$ であるため，$64 - 8a > 0$

　よって　　$a < 8$

例 10] a を定数とするとき，2 次方程式 $x^2 - ax + a + 8 = 0$ の解を判別せよ。

解] 判別式 $D = (-a)^2 - 4(a + 8) = (a + 4)(a - 8)$

　よって，方程式の解は次のようになる。

　　$D > 0$　すなわち，　$a < -4$，$a > 8$　　のとき異なる 2 つの実数解

　　$D = 0$　すなわち，　$a = -4$，8　　　　のとき実数の重解

　　$D < 0$　すなわち，　$-4 < a < 8$　　　　のとき異なる 2 つの虚数解

解と係数の関係

　2 次方程式 $ax^2 + bx + c = 0$ の 2 つの解を α，β とすると，解の公式より

$$\alpha + \beta = \frac{-b + \sqrt{b^2 - 4ac}}{2a} + \frac{-b - \sqrt{b^2 - 4ac}}{2a} = -\frac{b}{a}$$

$$\alpha\beta = \frac{-b + \sqrt{b^2 - 4ac}}{2a} \times \frac{-b - \sqrt{b^2 - 4ac}}{2a} = \frac{c}{a}$$

よって，2 次方程式の解と係数の間には，次の関係がある。

2 次方程式の解と係数の関係

2 次方程式 $ax^2 + bx + c = 0$ の解を α, β とすると

$$\alpha + \beta = -\frac{b}{a}, \qquad \alpha\beta = \frac{c}{a}$$

2 次方程式を因数分解することで解を求めることができる。逆に，2 次方程式の解を知ることによって，2 次方程式を因数分解することができる。

2 次方程式 $\qquad ax^2 + bx + c = 0 \quad (a \neq 0)$

の 2 つの解を α, β とすれば，解と係数の関係より

$$ax^2 + bx + c = a\left(x^2 + \frac{b}{a}x + \frac{c}{a}\right)$$
$$= a\left\{x^2 - (\alpha + \beta)x + \alpha\beta\right\} = a(x - \alpha)(x - \beta)$$

2 次方程式の因数分解

2 次方程式 $ax^2 + bx + c = 0$ の 2 つの解を α, β とすると

$$ax^2 + bx + c = a(x - \alpha)(x - \beta)$$

例 11] 2 次方程式 $x^2 + 3x - 2 = 0$ の 2 つの解を α, β とするとき，次の値を求めよ。

(1) $\alpha^2 + \beta^2$ $\qquad$ (2) $\alpha^3 + \beta^3$

解] 解と係数の関係より $\alpha + \beta = -3$, $\quad \alpha\beta = -2$

(1) $\alpha^2 + \beta^2 = (\alpha + \beta)^2 - 2\alpha\beta = (-3)^2 - 2(-2) = 13$

(2) $\alpha^3 + \beta^3 = (\alpha + \beta)^3 - 3\alpha\beta(\alpha + \beta) = (-3)^3 - 3(-2)(-3) = -45$

例 12] 2 次方程式 $6x^2 - 17x - 14$ を因数分解せよ。

解] 2 次方程式 $6x^2 - 17x - 14 = 0$ の解は，解の公式により

$$x = \frac{17 \pm \sqrt{625}}{12} = \frac{17 \pm 25}{12}$$

すなわち $\quad x = \frac{7}{2}, \quad x = -\frac{2}{3}$

よって $\quad 6x^2 - 17x - 14 = 6\left(x - \frac{7}{2}\right)\left(x + \frac{2}{3}\right) = (2x - 7)(3x + 2)$

例 13] 次の 2 次方程式の解を求めよ。

(1) $x^2 - 9 = 0$ $\qquad$ (2) $x^2 + 8x = 9$ $\qquad$ (3) $x^2 + 6x - 1 = 0$

解] (1) $x^2 = 9$ より，x が 9 の平方根であるから $\quad x = \pm 3$

(2) $x^2 + 8x + 4^2 = 9 + 4^2$

　$(x+4)^2 = 25$　　　両辺を平方して　　$x+4 = \pm 5$

　$x = -4 \pm 5$　　　よって　　$x = 1,\ -9$

(3) $x^2 + 6x = 1$

　$x^2 + 6x + 9 = 1 + 9$

　$(x+3)^2 = 10$　　　両辺を平方して　　$x+3 = \pm\sqrt{10}$

　よって　　$x = -3 \pm \sqrt{10}$

2.2　高次方程式

因数定理

　x についての整式を $P(x)$, $f(x)$ などの記号で表し，整式 $P(x)$ の変数 x に特定の値 α を代入したときの整式の値を $P(\alpha)$ と表す。例えば

$$P(x) = x^3 + 3x^2 - 4 \qquad \cdots\cdots ①$$

において，x に 2 を代入すると

$$P(2) = 2^3 + 3 \cdot 2^2 - 4 = 16$$

となる。

　ここで，整式を 1 次式で割ったときの余りについて考える。「第 1 章 2.5 整式の除法」で示した方法で，① 式を 1 次式 $x-2$ で割ると

$$P(x) = (x^2 + 5x + 10)(x - 2) + 16$$

となり，余りは $P(2)$ と同じになる。また，① 式を 1 次式 $x-1$ で割ると，$P(1) = 0$，$P(x) = (x^2 + 4x + 4)(x - 1)$ となり，$P(x)$ は $x-1$ で割り切れる。

　一般に，整式 $P(x)$ を 1 次式 $x-\alpha$ で割ったときの余りは x を含まない。なお，このときの商を $Q(x)$，余りを R とすると，R は定数で

$$P(x) = (x - \alpha)\, Q(x) + R$$

となる。ここで，$x = \alpha$ とおくと

$$P(\alpha) = (\alpha - \alpha)\, Q(\alpha) + R = R$$

　よって，次の **剰余の定理**（じょうよ）が成り立つ。

剰余の定理

　整式 $P(x)$ を 1 次式 $x-\alpha$ で割ったときの余りは　$P(\alpha)$

剰余の定理より

$$P(x) \text{ が } x - \alpha \text{ で割り切れる} \iff P(\alpha) = 0$$

となり，次の **因数定理** が成り立つ。

因数定理 ─────────────────

$$1 \text{次式 } x - \alpha \text{ が整式 } P(x) \text{ の因数である} \iff P(\alpha) = 0$$

高次方程式

$P(x)$ が x についての n 次の整式で，$P(x) = 0$ と表される方程式を，x についての **n 次方程式** という。なお，3 次以上の方程式を一般に **高次方程式** という。高次方程式 $P(x) = 0$ は，因数定理による因数分解を利用することで簡単に解くことができる。

例 14] 因数定理を用いて，$x^3 - 7x - 6 = 0$ を解け。

解] $P(x) = x^3 - 7x - 6$ とおくと

$$P(-1) = (-1)^3 - 7 \cdot (-1) - 6 = 0$$

よって，$P(x)$ は $x + 1$ で割り切れる。$\bigl(x + 1$ は $P(x)$ の因数である $\bigr)$

整式の除法で示した方法で，$P(x)$ を $x + 1$ で割ると

$$P(x) = (x + 1)(x^2 - x - 6) = (x + 1)(x + 2)(x - 3)$$

よって，求める解は　$-2,$ 　$-1,$ 　3

例 15] 整式 $P(x) = 2x^3 + ax + 4$ が $x - 1$ で割り切れるように，定数 a の値を求めよ。

解] $P(x)$ が $x - 1$ で割り切れるための条件は　$P(1) = 0$

すなわち　$P(1) = 2 + a + 4 = 0$, 　　ゆえに　$a = -6$

例 16] 因数定理を用いて，$x^3 - 2x^2 - 5x + 6 = 0$ を解け。

解] $P(x) = x^3 - 2x^2 - 5x + 6$ とおくと

$$P(1) = 1 - 2 - 5 + 6 = 0$$

ゆえに，$x - 1$ は $P(x)$ の因数であり，割り算を行うと

$$P(x) = (x - 1)(x^2 - x - 6) = (x - 1)(x + 2)(x - 3)$$

よって，求める解は　$-2,$ 　$1,$ 　3

練習 5] 次の高次方程式を解け。

(1) $x^4 - 5x^2 + 4 = 0$ (2) $x^3 - 2x + 1 = 0$ (3) $x^4 + 3x^3 - 4x^2 - 3x + 3 = 0$

(4) $x^3 - 1 = 0$ (5) $x^3 + 1 = 0$ (6) $x^3 - 3x - 2 = 0$

2.3 連立方程式

一般に，連立 m 元方程式は，方程式の数が m 個ないと解は求められない。$m-1$ 個以下ならば解は無数に存在し，$m+1$ 個以上ならば解けない。

例 17] 次の連立 2 元 2 次方程式を解け。

(1) $\begin{cases} 2x + y = 5 \\ x^2 + y^2 = 25 \end{cases}$ (2) $\begin{cases} 2x^2 + y^2 = 36 \\ 2x^2 - 3xy - 2y^2 = 0 \end{cases}$

解] (1) 第 1 式から $\quad y = 5 - 2x \quad \cdots \cdots ①$

これを第 2 式に代入して $\quad x^2 + (5 - 2x)^2 = 25$

整理して $\quad x^2 - 4x = 0$

ゆえに $\quad x = 0, \quad 4$

これを ① に代入して $\quad \begin{cases} x = 0 \\ y = 5 \end{cases} \quad \begin{cases} x = 4 \\ y = -3 \end{cases}$

(2) 第 2 式の左辺を因数分解して $\quad (x - 2y)(2x + y) = 0$

よって $\quad x - 2y = 0 \qquad$ または $\qquad 2x + y = 0$

これらと第 1 式とを組み合わせると，次の 2 組の連立方程式が得られる。

$\begin{cases} 2x^2 + y^2 = 36 & \cdots ① \\ x - 2y = 0 & \cdots ② \end{cases}$ $\begin{cases} 2x^2 + y^2 = 36 & \cdots ① \\ 2x + y = 0 & \cdots ③ \end{cases}$

② から $x = 2y$ ③ から $y = -2x$

これを ① に代入して   これを ① に代入して

$\begin{cases} x = 4 \\ y = 2 \end{cases} \begin{cases} x = -4 \\ y = -2 \end{cases}$ $\begin{cases} x = \sqrt{6} \\ y = -2\sqrt{6} \end{cases} \begin{cases} x = -\sqrt{6} \\ y = 2\sqrt{6} \end{cases}$

よって，x と y の解は上記の 4 解である。

例 18] 次の連立 3 元 1 次方程式を解け。

$\begin{cases} x + 3y + z = -1 \\ 2x + 6y + z = 0 \\ -x + y + 2z = -5 \end{cases}$

解] 文字を順次消去して，1 元方程式をつくる。等式を上から ①，②，③ とすると

$$① + ③ \qquad 4y + 3z = -6 \quad \cdots\cdots ④$$
$$2 \times ① - ② \qquad z = -2 \quad \cdots\cdots ⑤$$
$$⑤ \text{ を } ④ \text{ に代入} \qquad y = 0 \quad \cdots\cdots ⑥$$
$$⑤ \text{ と } ⑥ \text{ を } ① \text{ に代入} \quad x = 1$$

よって $x = 1 , \quad y = 0 , \quad z = -2$

例 19] 連立 2 元 1 次方程式 $\begin{cases} x + y = 4 \\ xy = 1 \end{cases}$ を解け。

解] 2 次方程式の解と係数の関係より,求める x, y は次の t についての 2 次方程式の 2 解である。

$$t^2 - 4t + 1 = 0 \qquad \text{よって} \quad t = 2 \pm \sqrt{3}$$

ゆえに $\begin{cases} x = 2 + \sqrt{3} \\ y = 2 - \sqrt{3} \end{cases}$ $\begin{cases} x = 2 - \sqrt{3} \\ y = 2 + \sqrt{3} \end{cases}$

練習 6] 次の連立方程式を解け。

(1) $\begin{cases} x + y + z = 3 \\ y = x + 3 \\ 2y - z = 2 \end{cases}$ (2) $\begin{cases} x + y = 1 \\ x + z = 2 \\ y + z = 9 \end{cases}$ (3) $\begin{cases} -x + y = 2 \\ x^2 - xy + y^2 = 4 \end{cases}$

練習 7] 長方形の土地があり,縦を 5 m 減らし,横を 10 m 増やすと,面積はもとの 2 倍になる。また,縦を 10 m 増し,横を 4 m 減らすと,面積はもとの半分になる。この長方形の縦と横の長さを求めよ。

2.4 不等式

不等号 $<, >, \leqq, \geqq$ を用いて表された式を **不等式** という。不等式を考える場合には,実数の範囲では数の大小関係の性質が基本となる。

実数の大小関係 ―――――――――――――――――――――――――

[1] 2 つの実数 a, b において,3 つの関係 $a > b, \quad a = b, \quad a < b$ のうち,どれか 1 つだけが成り立つ

[2] $a > b , \quad b > c \quad$ ならば $\quad a > c$

[3] $a > b \qquad\qquad$ ならば $\quad a + c > b + c, \quad a - c > b - c$

[4] $a > b , \quad c > 0 \quad$ ならば $\quad ac > bc, \quad \dfrac{a}{c} > \dfrac{b}{c}$

[5] $a > b , \quad c < 0 \quad$ ならば $\quad ac < bc, \quad \dfrac{a}{c} < \dfrac{b}{c}$

一般に，実数 a, b に対して，次の性質が成り立つ。

　　　a, b が同符号　$\iff$　$ab > 0$

　　　a, b が異符号　$\iff$　$ab < 0$

1次不等式

不等式のすべての項を左辺に移項して，整理したとき

　　　$ax + b > 0$,　　$ax + b \geqq 0$

　　　$ax + b < 0$,　　$ax + b \leqq 0$　　　（但し，a, b は定数，$a \neq 0$）

のいずれかの形の不等式を x についての **1次不等式** という。

1次不等式 $ax + b > 0$ の解は

　　　$a > 0$ ならば　$x > -\dfrac{b}{a}$,　　$a < 0$ ならば　$x < -\dfrac{b}{a}$

である。

例 20] 次の1次不等式を解け。

　(1) $6x - 3 < 4x + 5$　　　(2) $-6x - 15 \leqq 4x + 5$　　　(3) $2 - \dfrac{1}{2}x > \dfrac{x - 12}{3}$

解] (1) $6x - 4x < 5 + 3$　　　　　(2) $-6x - 4x \leqq 5 + 15$

　　　　　$2x < 8$　　　　　　　　　　　　$-10x \leqq 20$

　　　　　$x < 4$　　　　　　　　　　　　　$x \geqq -2$

(3) 両辺に6を掛けて　$12 - 3x > 2x - 24$

　　移項して　$-3x - 2x > -24 - 12$

　　　　　　　　　$-5x > -36$　　　　　よって　$x < \dfrac{36}{5}$

例 21] 連立不等式 $\begin{cases} 3x + 1 > 7 \\ 7x - 6 \leqq 4x + 9 \end{cases}$ を解け。

解] 不等式を上から ①, ② とすると

　　① より　$3x > 6$　これは　$x > 2$　$\cdots\cdots$ ③

　　② より　$3x \leqq 15$　これは　$x \leqq 5$　$\cdots\cdots$ ④

　　求める解は ③, ④ の共通範囲であるから

　　　　　$2 < x \leqq 5$

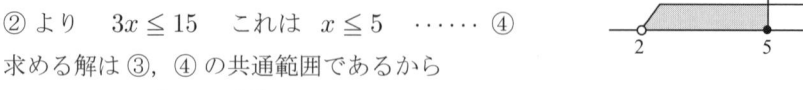

☞ 変域を数直線上に図で表す場合，端の数を含むときは ●，含まないときは ○ で表す。

例 22] 1個110円のお菓子を1つの箱に詰めて送りたい。お菓子以外に箱代が120円，送料が600円必要であり，費用は3,000円以下にしたい。お菓子を何個詰めることができるか。

解] お菓子を x 個とすると，お菓子代は $110x$ 円であるから

$$110x + 120 + 600 \leq 3000$$

これは $11x \leq 2280$ に整理され，$x \leq 20.72\cdots$ となる。

よって，20 個まで詰めることができる。

練習 8] 次の 1 次不等式を解け。

(1) $-3x - 6 < 0$　　　　(2) $x < 8 - 5x$　　　　(3) $x - 5 \geq 3(x-1) + 3$

(4) $\begin{cases} 2x - 3 < 0 \\ 3x + 2 < 0 \end{cases}$　　　(5) $\begin{cases} 4x + 2 > 8x - 10 \\ 2x + 3 \geq -1 \end{cases}$

絶対値記号を含む不等式

絶対値 $|x|$ は，数直線上で原点から実数 x に対応する点までの距離を表すことより，絶対値記号を含む不等式における x の範囲を考えよう。

[1] $|x| = a$ （$a > 0$ のとき）を満たす x は，x が正数と負数で考える。

$x < 0$ のとき $|x| = -x$ より $-x = a$，　　$x > 0$ のとき $|x| = x$ より $x = a$

よって　$x = \pm a$

[2] $|x| < a$ （$a > 0$ のとき）を満たす x の範囲は，x が正数と負数で考える。

$x < 0$ のとき $|x| = -x$ より　不等式は　$-x < a \Rightarrow x > -a \cdots$ ①

$x > 0$ のとき $|x| = x$ より　不等式は $x < a \cdots$ ②

①と②より　$-a < x < a$ となる。

[3] $|x| > a$ （$a > 0$ のとき）を満たす x の範囲は，x が正数と負数で考える。

$x < 0$ のとき $|x| = -x$ より　不等式は　$-x > a \Rightarrow x < -a \cdots$ ①

$x > 0$ のとき $|x| = x$ より　不等式は $x > a \cdots$ ②

①と②より　$x < -a$ または $a < x$ となる。

絶対値と方程式・不等式

[1] $|x| = a$ を満たす x は　　　　$x = \pm a$　（但し，$a > 0$）

[2] $|x| < a$ を満たす x の範囲は $-a < x < a$　（但し，$a > 0$）

[3] $|x| > a$ を満たす x の範囲は $x < -a$ または $a < x$　（但し，$a > 0$）

例 23] 次の 1 次不等式を解け。

(1) $|x - 2| < 3$　　　(2) $|x - 2| > 3$　　　(3) $|x + 3| > 4x$

解] (1) $x \geq 2$ のとき不等式は $x - 2 < 3$ となり　$x < 5$

　　　　条件より　$2 \leqq x < 5$ ‥‥‥ ①

　　$x < 2$ のとき不等式は　$-(x-2) < 3$ となり　$x > -1$

　　　　　　条件より　$-1 < x < 2$ ‥‥‥ ②

　　① と ② より　$-1 < x < 5$

(2) $x \geqq 2$ のとき不等式は　$x-2 > 3$ となり　$x > 5$

　　　　　　条件より　$x > 5$ ‥‥‥ ①

　　$x < 2$ のとき不等式は　$-(x-2) > 3$ となり　$x < -1$

　　　　　　条件より　$x < -1$ ‥‥‥ ②

　　① と ② より　$x < -1$,　$x > 5$

(3) $x \geqq -3$ のとき不等式は　$x+3 > 4x$ となり　$x < 1$

　　　　　　条件より　$-3 \leqq x < 1$ ‥‥‥ ①

　　$x < -3$ のとき不等式は　$-(x+3) > 4x$ となり　$x < -\dfrac{3}{5}$

　　　　　　条件より　$x < -3$ ‥‥‥ ②

　　① と ② の　$-3 \leqq x < 1$ と　$x < -3$ をまとめると　$x < 1$

2 次不等式

　　不等式のすべての項を左辺に移項して，整理したとき

$$ax^2 + bx + c > 0 , \quad ax^2 + bx + c \geqq 0$$

$$ax^2 + bx + c < 0 , \quad ax^2 + bx + c \leqq 0 \quad (\text{但し，} a, b, c \text{は定数，} a \neq 0)$$

のいずれかの形の不等式を x についての **2 次不等式** という。

　　2 次不等式を解くには，まず，その 2 次方程式 $ax^2 + bx + c = 0$ の解を求める。そこで，2 次方程式が 2 つの異なる実数解 α , β をもてば

$$ax^2 + bx + c = a(x-\alpha)(x-\beta)$$

と因数分解されので，$\alpha < \beta$ のとき，$x-\alpha$,　$x-\beta$,　$(x-\alpha)(x-\beta)$ の符号を調べる。符号は次のように変化する。

x	$x<\alpha$	$x=\alpha$	$\alpha<x<\beta$	$x=\beta$	$\beta<x$
$x-\alpha$	$-$	0	$+$	$+$	$+$
$x-\beta$	$-$	$-$	$-$	0	$+$
$(x-\alpha)(x-\beta)$	$+$	0	$-$	0	$+$

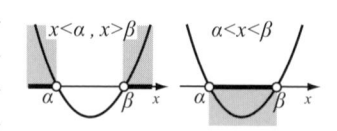

ゆえに，$a > 0$ のとき

　　　　$ax^2 + bx + c > 0$ の解は　$x < \alpha$,　$x > \beta$

　　　　$ax^2 + bx + c < 0$ の解は　$\alpha < x < \beta$

$a < 0$ のときは，不等式の両辺に -1 を掛けて x^2 の係数を正にしてから，同様に考えればよい。

例 24] 次の 2 次不等式を解け。

(1) $2x^2 - 3x + 1 > 0$ (2) $-4x^2 + 8x - 1 \geqq 0$

(3) $x^2 - 4x + 4 > 0$ (4) $x^2 + 2x + 5 < 0$

解] (1) 左辺を因数分解して $(2x - 1)(x - 1) > 0$

したがって $2\left(x - \dfrac{1}{2}\right)(x - 1) > 0$ ゆえに $x < \dfrac{1}{2}$, $x > 1$

(2) 両辺に -1 を掛けて $4x^2 - 8x + 1 \leqq 0$

$4x^2 - 8x + 1 = 0$ を解くと $x = \dfrac{2 \pm \sqrt{3}}{2}$

したがって，与えられた不等式の左辺を因数分解すると

$$4\left(x - \frac{2 - \sqrt{3}}{2}\right)\left(x - \frac{2 + \sqrt{3}}{2}\right) \leqq 0$$

ゆえに $\dfrac{2 - \sqrt{3}}{2} \leqq x \leqq \dfrac{2 + \sqrt{3}}{2}$

(3) 左辺を因数分解して $(x - 2)^2 > 0$ ⋯⋯ ①

ところが，$x = 2$ のとき $(x - 2)^2 = 0$, $x \neq 2$ のとき $(x - 2)^2 > 0$

ゆえに，① は $x = 2$ 以外のすべての値に対して成り立つ。

よって，$x = 2$ 以外のすべての数

(4) 左辺を変形して $(x + 1)^2 + 4 < 0$ ⋯⋯ ②

ところが，x のすべての値に対して $(x + 1)^2 + 4 > 0$

ゆえに，② の解はない。

例 25] 長さ 30 cm の金属板を折り曲げて，面積が 56 cm^2 以上の長方形の枠をつくりたい。長方形の横の長さは縦の長さより長い。横の長さはどの範囲であれば条件を満たすか。

解] 横の長さを x cm とすると，縦の長さは $15 - x$ cm である。また，辺の長さは正で，横の長さは縦の長さよりも長いことより

$$0 < x \leqq 15 - x \quad \Rightarrow \quad 0 < x \leqq \frac{15}{2} \cdots\cdots ①$$

一方，面積が 56 cm^2 以上であるから

$$x(15 - x) \geqq 56 \cdots\cdots ②$$

不等式 ② を整理し，因数分解すると

$$x^2 - 15x + 56 \leqq 0 \quad \Rightarrow \quad (x - 7)(x - 8) \leqq 0$$

これを解くと $7 \leqq x \leqq 8 \cdots ③$

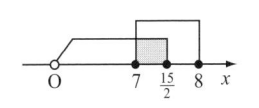

① と ③ を同時に満たす x の範囲は　　$7 \leqq x \leqq \dfrac{15}{2}$

練習 9] 次の 2 次不等式を解け。

(1) $-x^2 + 3x - 2 > 0$ 　　　　(2) $x^2 + 4x + 6 < 0$

(3) $(x-4)(x+3) < 0$ 　　　　(4) $-x^2 + x + 2 \geqq 0$

(5) $(-x+1)(x-2) > 0$ 　　　　(6) $4x^2 + 12x + 9 \leqq 0$

いろいろな不等式

3 次以上の整式，分数式を含んだ不等式を解くことは，一般に容易ではない。そのような不等式も考えよう。

例 26] 次の不等式を解け。

(1) $x^3 - 13x - 12 \leqq 0$ 　　　(2) $\dfrac{2}{x-3} > x - 2$ 　　　(3) $\begin{cases} x^2 - 2x - 8 \leqq 0 \\ 5x - 5 \geqq 0 \end{cases}$

解] (1) 左辺を因数分解して　　$(x+3)(x+1)(x-4) \leqq 0$

x	$x<-3$	$x=-3$	$-3<x<-1$	$x=-1$	$-1<x<4$	$x=4$	$4<x$
$x+3$	$-$	0	$+$	$+$	$+$	$+$	$+$
$x+1$	$-$	$-$	$-$	0	$+$	$+$	$+$
$x-4$	$-$	$-$	$-$	$-$	$-$	0	$+$
$(x+3)(x+1)(x-4)$	$-$	0	$+$	0	$-$	0	$+$

ゆえに　$x \leqq -3$，$-1 \leqq x \leqq 4$

(2) $x - 3$ は正か負かわからないため，両辺に $(x-3)^2$ を掛ける。
$$2(x-3) > (x-2)(x-3)^2$$
整理すると　$(x-1)(x-3)(x-4) < 0$

よって　$x < 1$，$3 < x < 4$

(3) 不等式 $x^2 - 2x - 8 \leqq 0$ を解くと，$(x+2)(x-4) \leqq 0$ より
$$-2 \leqq x \leqq 4 \quad \cdots\cdots ①$$

一方の不等式 $5x - 5 \geqq 0$ より　$x \geqq 1$　$\cdots\cdots ②$

よって，求める解は ① と ② の共通範囲であるから
$$1 \leqq x \leqq 4$$

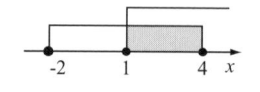

練習 10] 次の不等式を解け。

(1) $5x - 9 \leqq 2x < 3x + 8$ 　　　(2) $\begin{cases} 2x \geqq x - 1 \\ 5(x-1) \leqq 15 \end{cases}$ 　　　(3) $\begin{cases} x^2 + x - 12 > 0 \\ x^2 - 7x \leqq -10 \end{cases}$

相加平均・相乗平均

$\dfrac{a+b}{2}$ を a と b の **相加平均**（そうか）といい，$a \geqq 0$，$b \geqq 0$ のとき，$\sqrt{ab}$ を a と b の **相乗平均**（そうじょう）という。相加平均と相乗平均の関係は，次のとおりである。

$$a \geqq 0, \ b \geqq 0 \text{ のとき} \qquad \frac{a+b}{2} \geqq \sqrt{ab}$$

証明] 両辺がともに負でないので，両辺を 2 乗した $\left(\dfrac{a+b}{2}\right)^2 \geqq (\sqrt{ab})^2$ を証明すればよい。

$$
\begin{aligned}
\left(\frac{a+b}{2}\right)^2 - (\sqrt{ab})^2 &= \frac{a^2 + 2ab + b^2}{4} - ab \\
&= \frac{a^2 - 2ab + b^2}{4} \\
&= \frac{(a-b)^2}{4} \geqq 0 \qquad a,b \text{ は実数なので，} (a-b)^2 \geqq 0
\end{aligned}
$$

したがって $\quad \left(\dfrac{a+b}{2}\right)^2 \geqq (\sqrt{ab})^2 \qquad$ よって $\quad \dfrac{a+b}{2} \geqq \sqrt{ab}$

等号が成り立つのは，$a = b$ のときに限る。

演 習 問 題

1. 次の方程式を解け。

(1) $x^2 + 2x - 4 = 0$ (2) $\dfrac{5x+2}{4} = 2x - 1$ (3) $\dfrac{1}{2x-1} = \dfrac{1}{7}$

(4) $2x^2 - 3x - 6 = 0$ (5) $4x^2 + 6x - 3 = 0$ (6) $|x+2| = 3$

(7) $(x+3)^2 - 3(x+3) - 4 = 0$ (8) $x^4 + 2x^2 - 8 = 0$ (9) $(x+1)^2 = 100$

(10) $5x^2 - 3x + 4 = 0$ (11) $x^4 + 4x^2 + 3 = 0$ (12) $x^2 + 9 = 0$

2. ある数の 8 倍から $\dfrac{3}{8}$ を引いた残りが $-\dfrac{5}{24}$ になったという。初めのある数はいくらか。

3. 2 次方程式 $x^2 - ax + 2a = 0$ の 1 つの解が 1 のとき，a ともう 1 つの解を求めよ。

4. a は 0 と異なる定数とする。2 つの方程式
$$x^2 - ax + a^2 - 3a = 0, \qquad ax^2 - 4x + a = 0$$
について，次の問いに答えよ。

(1) 2 つの方程式がともに実数解をもつとき, a の値の範囲

(2) 2 つの方程式の一方だけが実数解をもつとき, a の値の範囲

5. 食塩を 15% 含む食塩水と, 7% 含む食塩水とを混ぜて, 11% の食塩水 400 g をつくりたい。それぞれ何 g 混ぜればよいか。

6. 周囲が 70 m で, 面積が 300 m^2 である長方形の 2 辺の長さを求めよ。

7. 次の 1 次不等式を解け。

(1) $x + 3 \leqq 3x - 3$ (2) $4.8 + x > 3.4x$ (3) $\dfrac{3}{10}a - 1 \leqq 3(3 - 4a)$

8. x が整数のとき, $x < 3$, $1 - x < 3$ をともに成り立たせる x の値をすべて求めよ。

9. 次の 2 次不等式を解け。

(1) $-x^2 + 4x - 5 < 0$ (2) $x^2 + 22x + 121 \leqq 0$

(3) $-x^2 + 6x - 12 > 0$ (4) $x^2 - (a + 1)x + a > 0$

10. 不等式 $x - 4 \leqq \dfrac{2}{x - 5}$ を解け。

11. 次の高次方程式を解け。

(1) $x^3 + 6x^2 + 11x + 6 = 0$

(2) $x^3 - x^2 - 4x + 4 = 0$

(3) $x^4 - 5x^3 + 5x^2 + 5x - 6 = 0$

12. 次の連立方程式を解け。

(1) $\begin{cases} 3x - 2y = 8 \\ 2x + 3y = 1 \end{cases}$ (2) $\begin{cases} x^2 + y = 6 \\ 2x + y = -2 \end{cases}$ (3) $\begin{cases} x^2 + y^2 = 7 \\ x + y = 3 \end{cases}$

13. 1 辺が x m の正方形がある。縦を 10 m 長くし, 横を 4 m 短くすると面積はもとの正方形に等しいかまたは小さくなる。x はどのような範囲の数か。

14. $\dfrac{x}{y + z} = \dfrac{y}{z + x} = \dfrac{z}{x + y}$ ならば, この式の値は $\dfrac{1}{2}$ または -1 に等しいことを証明せよ。

第 3 章

関　数

3.1　関数とは

時速 4 km で歩くと，歩き始めてから x 時間経過したときの距離 y km は $y = 4x$ と表される。また，家から 8 km 離れた駅まで時速 4 km で歩くと，歩き始めてから x 時間経過したときの残りの距離 y km は $y = 8 - 4x$ と表される。

但し，距離は正の数なので $8 - 4x \geqq 0$ でなければばらない。そこで，x は $0 \leqq x \leqq 2$ となり，x の範囲が定義される。

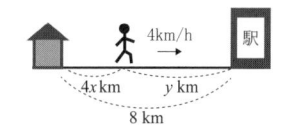

一般に，2 つの変数 x，y の間にある対応関係があって，x の値が定まるとそれに対応して y の値が 1 つ定まるとき，y は x の **関数** であるといい，$y = f(x)$，$y = F(x)$ などと表す。そして，この x を **独立変数**，y を **従属変数**，または単に **変数** という。

$y = f(x)$ において，変数 x のとりうる値の範囲を x の **変域**，または，この関数の **定義域** といい，x が定義域全体を動くとき，y のとりうる値の範囲，すなわち，y の変域をこの関数の **値域** という。なお，$a < x < b$ を満たす実数 x の範囲を a，b を両端とする **開区間** といい，記号で (a, b) と表す。また，$a \leqq x \leqq b$ を満たす実数 x の範囲を a，b を両端とする **閉区間** といい，記号で $[a, b]$ と表す。

身の回りの事柄を関数を使って表すとき，その定義域全体では 1 つの関数で簡単に表すことができないものが，その定義域をいくつかの部分に分けると，それぞれの部分では簡単な関数で表すことができる場合がある。

　例えば，2 つの地点 O，A 間の距離は 4 km で，O と A の間にある地点 B は，O から 1 km の所にあるとする。このとき，O を出発して A まで歩いて行く人が x km 進んだとき，その人と地点 B の間の距離を y km とすると，y は x の関数である。y を x の式で表すためには，OB 区間と BA 区間に分けて考えなければならない。すなわち，x の定義域で分けて考えると次のように表すことができる。

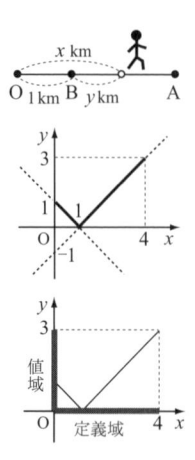

　この関数は

　　　　$0 \leqq x \leqq 1$　　のとき　　　　$y = 1 - x$

　　　　$1 \leqq x \leqq 4$　　のとき　　　　$y = x - 1$

と表され，グラフは図の実線の部分である。

例 1] 200 ℓ の浴槽から，毎分 20 ℓ の割合で水をくみ出す。くみ出し始めてから x 分後に残っている水の量を $y\,\ell$ として，x のいろいろな値に対する y の値を求めた結果を表に示す。このとき，x と y の関係を式で表し，定義域と値域を求めよ。

x	0	1	2	3	4	5	6	7	8	9	10
y	200	180	160	140	120	100	80	60	40	20	0

解] x と y の関係は $y = 200 - 20x$ で表される。また，浴槽が空になるまでの時間は 10 分であるから，定義域は $0 \leqq x \leqq 10$ であり，値域は $0 \leqq y \leqq 200$ である。

例 2] 線香は火をつけると 1 分間に 5 mm ずつ短くなる。長さ 20 cm の線香に火をつけたとき，x 分後の線香の長さを y cm とし，y を x の関数で表せ。
解] $y = 20 - 0.5x$

　但し，値域は $0 \leqq y \leqq 20$，定義域は $0 \leqq x \leqq 40$ である。

練習 1] 水槽の中には 20 ℓ の水が入っている。この中に，1 分あたり 4 ℓ の水を入れる。x 分後の水槽の水を $y\,\ell$ とすると，y を x の関数で表せ。

3.2　1 次関数とグラフ

　a，b を定数，$a \neq 0$ とするとき，x の 1 次式で表される関数 $y = ax + b$ を，x の **1 次関数** という。1 次関数のグラフは直線で，a をそのグラフの**傾き**，b を**切片**という。

　傾きは $\dfrac{y\text{ の増加量}}{x\text{ の増加量}}$ を表しており，正のときは x が増加

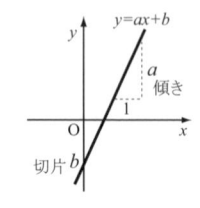

すれば y も増加する右上がりの直線，負の場合は x が増加すれば y は減少する右下がりの直線となる。

$y = a(x - p) + q$ のグラフ

1次関数である次の式のグラフを示す。

$$y = 2x \ , \ y = \frac{1}{2}x \ , \ y = x - 3 \ , \ y = (x-1) - 3 \ , \ y = -x + 3 \ , \ y = 3 \ , \ x = 4$$

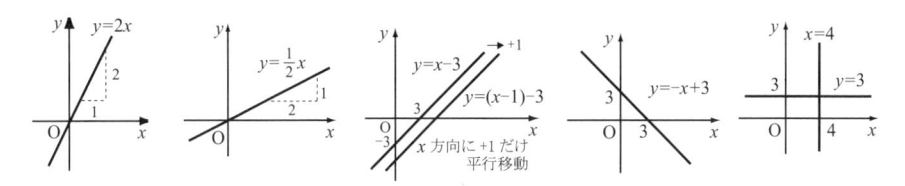

$y = 2x$ のグラフは $y = x$ の傾きを 2 倍，$y = \frac{1}{2}x$ は $y = x$ の傾きを $\frac{1}{2}$ にした右上がりの直線である。また，$y = -x + 3$ のグラフは傾きが -1，切片が 3 であり，右下がりの直線である。

$y = x - 3$ のグラフは，$y = x$ を y 軸方向に -3 だけ平行移動したもので，$y = (x-1) - 3$ のグラフは $y = x - 3$ を x 軸方向に 1 だけ平行移動したものである。すなわち，$y = (x-1) - 3$ のグラフは $y = x$ を x 軸方向に 1, y 軸方向に -3 だけ平行移動したものである。あるいは，式を整理して $y = x$ を y 軸方向に -4 だけ平行移動したものでもある。

このように，1次関数 $y = a(x-p) + q$ のグラフは，$y = ax$ を x 軸方向に p, y 軸方向に q だけ平行移動した直線である。

例 3] 1ℓ あたり 15 km 走る自動車が，30ℓ のガソリンを入れて出発した。x km 走ったときの残りのガソリンの量を $y\ell$ として，y を x の関数で表せ。

解] 1 km 走るのに $\frac{1}{15}\ell$ のガソリンが必要である。　　よって　$y = 30 - \dfrac{x}{15}$

但し，$y \geqq 0$ であるので，定義域は $0 \leqq x \leqq 450$ である。

例 4] $AB = 40\,m$, $BC = 80\,m$ の長方形 ABCD の土地があり，点 P は A を出発して毎秒 2 m の速さで A → B → C → D と土地の周りを進む。辺 AD を底辺とし，出発から x 秒後の $\triangle$ APD の面積 $y\,m^2$ を求めよ。

解] 点 P は毎秒 2 m の速さで進むので x 秒間の道のりは $2x$ m である。また，点 P は辺 AB，辺 BC，辺 CD と進むごとに $\triangle$ APD の高さが変化することから，各

辺での x の定義域を考える。

1) 点 P が辺 AB 上にあるときは出発から 20 秒間なので, x の定義域は $0 \leq x \leq 20$ である。AP の長さは $2x$ m で,これが高さになる。

$\triangle$ APD の面積 $y = \dfrac{1}{2} \times 2x \times 80 = 80x$ m^2

2) 点 P が辺 BC 上にあるときの x の定義域は $20 \leq x \leq 60$ であり,点 P が辺 BC 上においては $\triangle$ APD の高さは 40 m で x に関係がない。

$y = \dfrac{1}{2} \times 40 \times 80 = 1600$ m^2

3) 点 P が辺 CD 上にあるときの x の定義域は $60 \leq x \leq 80$ である。高さは PD なので AP の道のり $2x$ m を 160 m から引くと求まる。

$\triangle$ APD の面積 $y = \dfrac{1}{2} \times (160 - 2x) \times 80 = 6400 - 80x$ m^2

よって, $\begin{cases} 0 \leq x \leq 20 \text{ のとき} \quad y = 80x \\ 20 \leq x \leq 60 \text{ のとき} \quad y = 1600 \\ 60 \leq x \leq 80 \text{ のとき} \quad y = 6400 - 80x \end{cases}$

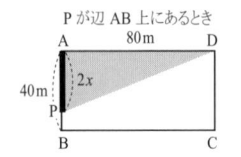 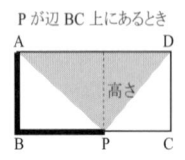 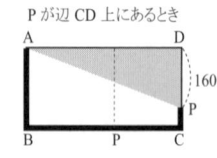 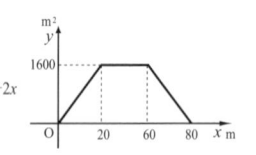

練習 2] A 市と B 市の間の距離は 2 km である。ある人が毎時 4 km の速さで A 市を出発し B 市まで行き,用事を済ませて,同じ道を同じ速度で引き返すものとする。なお,B 市の滞在時間は 30 分とする。

(1) A 市を出発して再び A 市に戻るまでの所要時間を求めよ。

(2) A 市を出発して x 時間後に,B 市から y km の地点にいるとすると,y は x の関数である。この関数を求めよ。

3.3 2 次関数とグラフ

3.3.1 2 次関数のグラフ

a, b, c を定数,$a \neq 0$ とするとき,x の 2 次式で表される関数 $y = ax^2 + bx + c$ を,x の **2 次関数** という。2 次関数のグラフは,物体を放り投げたときなどにできる曲線で,それは頂点をもっている。

$y = ax^2$ のグラフ

2次関数 $y = ax^2$ のグラフは **放物線** と呼ばれる曲線で，原点を通り，y 軸に対称である。また，放物線の対称軸を **軸** といい，軸と放物線との交点を **頂点** という。したがって，放物線 $y = ax^2$ のグラフは原点 $(0, 0)$ を頂点とし，$x = 0$ で y 軸に関して対称で，$a > 0$ のとき **下に凸**，$a < 0$ のとき **上に凸** である。

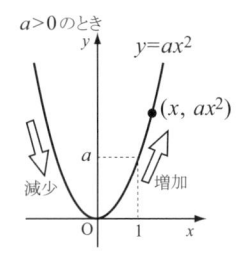 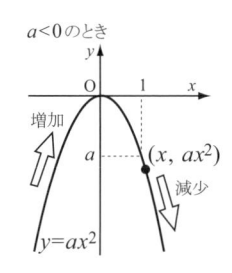 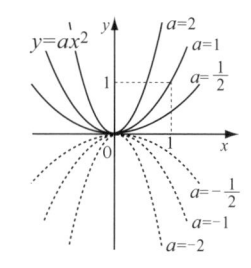

$y = a(x - p)^2 + q$ のグラフ

2次関数 $y = ax^2 + q$ のグラフは，放物線 $y = ax^2$ を y 軸方向に q だけ平行移動し，頂点の座標が $(0, q)$ の曲線である。

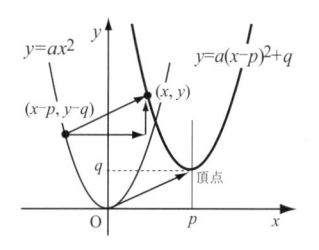

また，2次関数 $y = a(x - p)^2$ のグラフは，放物線 $y = ax^2$ を x 軸方向に p だけ平行移動し，頂点の座標が $(p, 0)$ の曲線である。

よって，2次関数 $y = a(x - p)^2 + q$ のグラフは，放物線 $y = ax^2$ を x 軸方向に p，y 軸方向に q だけ **平行移動** した曲線で，その軸の方程式は $x = p$，頂点の座標は (p, q) である。

$y = ax^2 + bx + c$ のグラフ

2次関数 $y = ax^2 + bx + c$ を変形すると

$$y = ax^2 + bx + c = a\left(x^2 + \frac{b}{a}x\right) + c$$
$$= a\left(x + \frac{b}{2a}\right)^2 - \frac{b^2}{4a} + c = a\left(x + \frac{b}{2a}\right)^2 - \frac{b^2 - 4ac}{4a}$$

となり，$y = a(x - p)^2 + q$ の形になる。

したがって，2次関数 $y = ax^2 + bx + c$ のグラフは

軸の方程式 $x = -\dfrac{b}{2a}$, 頂点の座標 $\left(-\dfrac{b}{2a}, \, -\dfrac{b^2 - 4ac}{4a}\right)$
の放物線である。

例5] 放物線 $y = -x^2 + bx + c$ を x 軸方向に -2 , y 軸方向に 1 だけ平行移動した放物線の頂点の座標は $(-3, 5)$ である。定数 b, c の値を求めよ。

解] 放物線 $y = -x^2 + bx + c$ ‥‥‥ ①

の頂点は x 軸方向に -2, y 軸方向に 1 だけ平行移動すると,点 $(-3, 5)$ となるので,その座標は

$$\left(-3 - (-2), \, 5 - 1\right) \qquad \text{すなわち} \quad (-1, 4)$$

よって,放物線 ① の方程式は $\quad y = -(x + 1)^2 + 4 = -x^2 - 2x + 3$

したがって $\quad b = -2$, $\quad c = 3$

例6] 図のような吊り橋の主塔 (X) から主塔 (Y) までのケーブルは放物線とし,点 A は最も低い位置（頂点）とする。AA' $= 8$ m, BB' $= 9$ m, A'B' $= 10$ m, A'Y' $= 50$ m のとき,YY' の長さは何 m になるか。

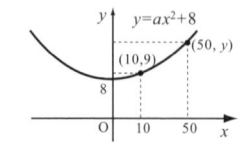

解] 頂点座標が $(0, 8)$ の放物線 $y = ax^2 + 8$ と考え,これが $(10, 9)$ を通る。

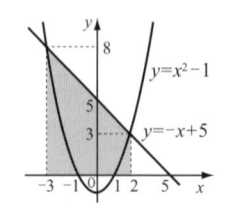

$9 = a \times 10^2 + 8$ より, $a = \dfrac{1}{100}$ よって $y = \dfrac{1}{100}x^2 + 8$

$$y = \frac{1}{100} \times 50^2 + 8 = 33 \text{ m}$$

例7] 関数 $y = x^2 - 1$ のグラフと,直線 $y = -x + 5$ の交点の座標を求めよ。また,グラフを利用して, $x^2 - 1 < -x + 5$ となる x の範囲を求めよ。

解] $\quad x^2 - 1 = -x + 5 \quad$ ‥‥‥ ①

とおき,共通点の座標を求める。

① 式は, $x^2 + x - 6 = 0$ となり,因数分解すると

$$(x + 3)(x - 2) = 0$$

これを解くと $x = -3, 2$ となり,

そのときの y を求めると $\quad (-3, 8), \, (2, 3)$

グラフより $x^2 - 1 < -x + 5$ となる範囲は $\quad -3 < x < 2$

練習3] 2次関数のグラフが次の条件を満たすとき,その2次関数を求めよ。

   (1) 頂点の座標が $(1, 3)$ で,点 $(2, 5)$ を通る。

(2) 3 点 $(1,\ 3)$, $(2,\ 3)$, $(-1,\ 9)$ を通る。

3.3.2 2 次関数の最大・最小

一般に，関数 $y = f(x)$ の値域における最大の値を，その関数の **最大値** といい，最小の値を **最小値** という。

一般に，2 次関数 $y = ax^2 + bx + c$ については
$$y = a\left(x + \frac{b}{2a}\right)^2 - \frac{b^2 - 4ac}{4a}$$
の形に変形して考えると，次のことがわかる。

2 次関数の最大・最小 ──────────────────────────

2 次関数 $y = ax^2 + bx + c$ は

[1] $a > 0$ ならば $x = -\dfrac{b}{2a}$ のとき最小となり，

　　最小値は $-\dfrac{b^2 - 4ac}{4a}$，　最大値はない

[2] $a < 0$ ならば $x = -\dfrac{b}{2a}$ のとき最大となり，

　　最大値は $-\dfrac{b^2 - 4ac}{4a}$，　最小値はない

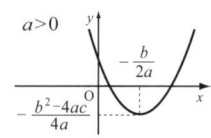

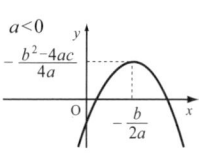

───

例 8] 2 次関数 $y = x^2 - 2x - 1$ $(0 \le x \le 3)$ の最大値，最小値を求めよ。

解] 与えられた関数は $y = (x - 1)^2 - 2$ $(0 \le x \le 3)$ と表され，そのグラフは図の実線の部分である。

　よって　$x = 3$ のとき，最大値　　2

　　　　　$x = 1$ のとき，最小値　　-2

をとる。

例 9] 地面から初速度 $30\,\text{m}/$秒 で真上に投げ上げた物体の x 秒後の高さを $y\,\text{m}$ とすると，物体が空中にある間は $y = 30x - 5x^2$ という関係がある。物体が最高点に達するのは投げ上げてから何秒後で，そのときの高さを求めよ。

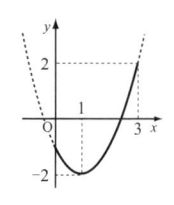

解] 2 次関数 $y = 30x - 5x^2$ は $y = -5(x - 3)^2 + 45$ と変形できるから，グラフは図のようになる。図からわかるように，$x \le 3$ の範囲では y の値は増加し，$x \ge 3$ の範囲では減少する。

　よって，x の定義域は $0 \le x \le 6$ で，$x = 3$ のとき関数 y の値は最大 $45\,\text{m}$ になる。したがって，物体は 3 秒後に最高点に達し，そのときの高さは $45\,\text{m}$ である。

練習 4] 周囲が 60 m の長方形の面積が最大になるのは，縦，横の長さがそれぞれ何 m のときか。また，その面積を求めよ。

3.3.3　2 次方程式・2 次不等式の応用

2 次関数 $y = ax^2+bx+c$ のグラフと x 軸との位置関係，2 次方程式 $ax^2+bx+c = 0$ の実数解 (α, β)，および 2 次不等式についてまとめると，表のようになる。

$a > 0$の場合	$b^2-4ac > 0$	$b^2-4ac = 0$	$b^2-4ac < 0$
$y = ax^2+bx+c$ のグラフ	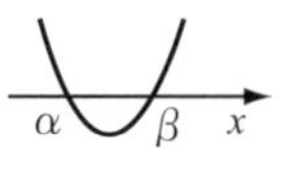 $\alpha \quad \beta \quad x$	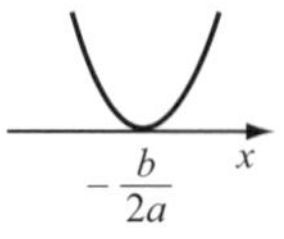 $-\dfrac{b}{2a} \quad x$	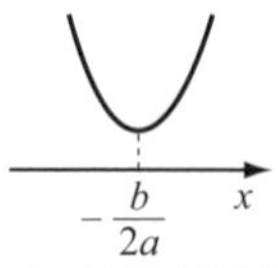 $-\dfrac{b}{2a} \quad x$
$ax^2+bx+c = 0$ の解	異なる2つの解 $x = \alpha, \beta$	重解 $x = -\dfrac{b}{2a}$	なし
$ax^2+bx+c > 0$ の解	$x < \alpha, \beta < x$	$-\dfrac{b}{2a}$ 以外の実数全体	実数全体
$ax^2+bx+c \geqq 0$ の解	$x \leqq \alpha, \beta \leqq x$	実数全体	実数全体
$ax^2+bx+c < 0$ の解	$\alpha < x < \beta$	なし	なし
$ax^2+bx+c \leqq 0$ の解	$\alpha \leqq x \leqq \beta$	$x = -\dfrac{b}{2a}$	なし

例 10] 縦 10 m，横 15 m の長方形の土地がある。この土地に，図のような直角に交わる同じ幅の通路を残して花壇をつくる。通路の面積を土地全体の面積の $\dfrac{2}{3}$ 以下にするには，通路の幅を何 m 以下にすればよいか。

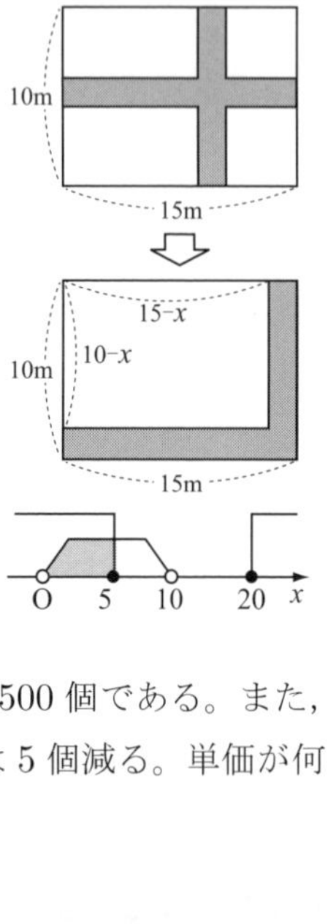

解] 通路の幅を x m とすれば　$0 < x < 10 \cdots\cdots$ ①

通路の面積 $= 10 \times 15 - (10-x)(15-x) = -x^2 + 25x$

これを土地全体の面積の $\dfrac{2}{3}$ 以下にするには

$$-x^2 + 25x \leqq \dfrac{2}{3} \cdot 150$$

すなわち　$x^2 - 25x + 100 \geqq 0$

よって　$(x-20)(x-5) \geqq 0$ は　$x \leqq 5, x \geqq 20$

ゆえに，① より $0 < x \leqq 5$ となり，5 m 以下である。

例 11] ある商品の単価が 100 円のとき，1 日の売上個数は 500 個である。また，この商品の単価を 2 円値上げするごとに，1 日の売上個数は 5 個減る。単価が何

円のとき，1日の売上高は最大になるか。

解〕単価の値上げ階級を x としたときの売上高 y は

$$y = (100 + 2x)(500 - 5x) = -10(x - 25)^2 + 56250$$

これは上に凸の放物線で，$x = 25$ のとき最大となる。

よって，単価が 150 円のとき，1日の売上高は 56,250 円になる。

例 12〕周囲の長さが 50 cm の長方形の面積が 150 cm^2 以下であるとき，横の長さ x cm はどのような範囲にあるか。

解〕まず，x は次の不等式を満たす。

$$0 < x < 25 \quad \cdots\cdots ①$$

縦の長さは $(25 - x)$ cm

面積 $x(25 - x)$ cm^2 は 150 cm^2 以下であるから

$$x(25 - x) \leqq 150 \qquad すなわち \quad (x - 10)(x - 15) \geqq 0$$

よって　$x \leqq 10,\ 15 \leqq x \quad \cdots\cdots ②$

x は不等式①，②を同時に満たせばよい。

よって，求める x の値の範囲は

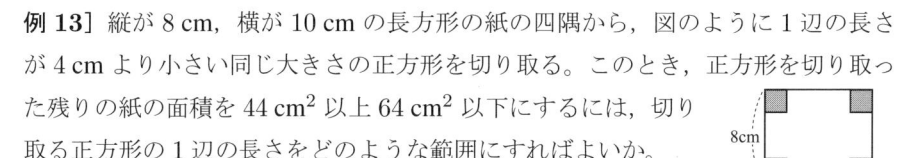

$0 < x \leqq 10,\ 15 \leqq x < 25$ である。

例 13〕縦が 8 cm，横が 10 cm の長方形の紙の四隅から，図のように 1 辺の長さが 4 cm より小さい同じ大きさの正方形を切り取る。このとき，正方形を切り取った残りの紙の面積を 44 cm^2 以上 64 cm^2 以下にするには，切り取る正方形の 1 辺の長さをどのような範囲にすればよいか。

解〕切り取る正方形の 1 辺の長さ x は

$$0 < x \leqq 4 \quad \cdots\cdots ① \quad を満たさなければならない。$$

紙の面積は　$44 \leqq 80 - 4x^2 \leqq 64$ で，この不等式は次のようになる。

$$(x + 3)(x - 3) \leqq 0 \quad \cdots\cdots ②$$

$$(x + 2)(x - 2) \geqq 0 \quad \cdots\cdots ③$$

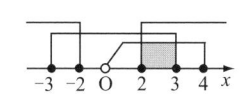

x は不等式①，②，③を同時に満たせばよい。

よって，求める x の値の範囲は　$2 \leqq x \leqq 3$ である。

練習 5〕$x^2 + 6x + a > 0$ の解がすべて実数となるように，定数 a の値の範囲を求めよ。

練習 6〕2次関数 $y = x^2 + (a + 1)x + a + 1$ のグラフが x 軸と 2 点で交わるとき，定数 a の値の範囲を求めよ。

3.4　グラフの移動

　グラフを描く座標平面は，座標軸によって 4 つの部分に分けられ，図のように第 1 象限，第 2 象限，第 3 象限，第 4 象限という。座標軸はどの象限にも含まれないものとする。

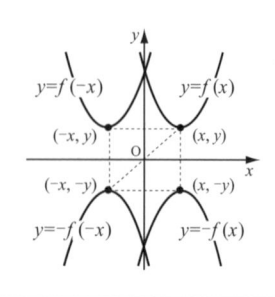

　一般に，関数 $y = f(x)$ のグラフ G を

$$x \text{ 軸方向に } p, \qquad y \text{ 軸方向に } q$$

だけ平行移動した曲線 G' の方程式は次のようにして求まる。

　曲線 G 上の任意の点を $\mathrm{P}(x, y)$ とし，これを x 軸方向に p，y 軸方向に q だけ平行移動した曲線 G' 上の点を $\mathrm{P}'(x', y')$ とすると

$$x' = x + p, \qquad y' = y + q$$

　すなわち　$x = x' - p, \qquad y = y' - q$

となる。点 P は G 上の点であるから，$y = f(x)$ は $y' - q = f(x' - p)$ となる。

　よって，曲線 G' の方程式は　$y' = f(x' - p) + q$

となり，一般に，$y = f(x - p) + q$ で表される。

　次に，x 軸，y 軸に関する線対称移動と原点に関する点対称移動についても，上と同様に考えて，次のことがいえる。

グラフの対称移動 ─────────

　関数 $y = f(x)$ のグラフ G を，

　x 軸に関して対称移動した曲線の方程式は

$$y = -f(x)$$

　y 軸に関して対称移動した曲線の方程式は

$$y = f(-x)$$

　原点に関して対称移動した曲線の方程式は

$$y = -f(-x)$$

練習 7] 2 次関数 $y = x^2 + 2x - 4$ のグラフを，次のように移動した場合の関数を求めよ。

　(1) x 軸に対称　　(2) y 軸に対称　　(3) 原点に対称　　(4) $(1, 5)$ だけ平行移動

3.5 いろいろな関数

3.5.1 分数関数

2つの整式 A, B $(B \neq 0)$ が, $\frac{A}{B}$ の形で表され, しかも B に文字を含む式を **分数式** といい, B をその **分母**, A をその **分子** という。

x についての分数式で表される関数を, x の **分数関数** という。例えば, $y = \frac{1}{x}$, $y = \frac{x-1}{x+1}$, $y = x + \frac{1}{x}$ などは x の分数関数である。

$y = \dfrac{a}{x}$ のグラフ

$y = \frac{a}{x}$ $(a \neq 0)$ のグラフを a のいろいろな値について描くと, 図のような曲線となる。これらの曲線は **双曲線**（そうきょくせん）とよばれる。

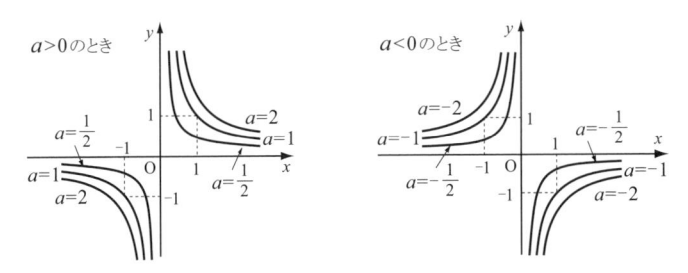

双曲線上の点は原点から限りなく遠ざかるにつれて, x 軸または y 軸に限りなく近づく。このとき, 一定の直線に限りなく近づくならば, この直線を曲線の **漸近線**（ぜんきんせん）という。

x 軸, y 軸は双曲線 $y = \frac{a}{x}$ の漸近線である。また, 双曲線 $y = \frac{a}{x}$ は, その2つの漸近線が直交しているので, 特に, **直角双曲線** という。

$y = \dfrac{a}{x-p} + q$ のグラフ

一般に, 分数関数 $y = \frac{ax+b}{cx+d}$ は $y = \frac{a}{x-p} + q$ の形に変形できる。$y = \frac{a}{x-p} + q$ のグラフは, 双曲線 $y = \frac{a}{x}$ のグラフを x 軸方向に p, y 軸方向に q だけ **平行移動** したもので, 直線 $x = p$ および $y = q$ がその漸近線である。

例 14] $y = \dfrac{3x-1}{x-1}$ のグラフを描け。

解] $y = \dfrac{3x-1}{x-1} = \dfrac{3(x-1)+2}{x-1} = \dfrac{2}{x-1} + 3$

このグラフは $y = \dfrac{2}{x}$ のグラフを x 軸方向に 1, y 軸方向に 3 だけ平行移動したものである。したがって，図のように直線 $x = 1$, $y = 3$ を漸近線とする直角双曲線である。

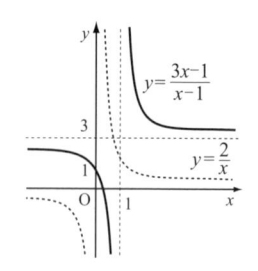

練習 8] $y = -\dfrac{x+2}{x+1}$ のグラフを描け。

グラフの合成

分数関数 $y = x + \dfrac{1}{x}$ …… ① のグラフは

$$y_1 = x , \qquad y_2 = \dfrac{1}{x} \quad \cdots\cdots ②$$

の 2 つの関数を考え，それぞれの関数の同じ x の値に対して

$$y = y_1 + y_2 \quad \cdots\cdots ③$$

として y を計算する。この関係を利用して，直線 $y_1 = x$ の y 座標と双曲線 $y_2 = \dfrac{1}{x}$ の y 座標との和を y 座標とする

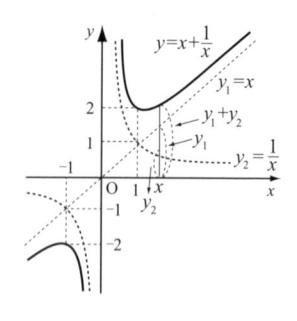

グラフを描くと，その概形は図のようになる。また，このとき y 軸および直線 $y = x$ は漸近線である。

③ の関係を利用して，② の 2 つのグラフから ① のグラフを描くように，2 つ以上の関数のグラフから 1 つの関数のグラフを描くことを，それらの **グラフを合成する** という。

練習 9] 次の関数のグラフを描け。また，その漸近線の方程式を求めよ。

(1) $y = x - \dfrac{1}{x}$　　(2) $y = \dfrac{2x^2 + x + 2}{x}$

3.5.2 無理関数

$\sqrt{x}$, $x + \sqrt{2x+1}$ のように，根号の中に文字を含む式を **無理式** といい，x についての無理式で表される関数を，x の **無理関数** という。

無理関数 $y = \sqrt{x}$ …… ①

のグラフは y は実数であるので, ① の定義域は $x \geqq 0$, 値域は $y \geqq 0$ の範囲に描かれる。

そこで, ① の両辺を平方すると
$$y^2 = x \quad \cdots\cdots ②$$
となり, これは $y = x^2$ の x と y とを交換したものだから, ② のグラフは x 軸を軸とする放物線である。よって, $y = \sqrt{x}$ のグラフは, 図の実線の部分である。

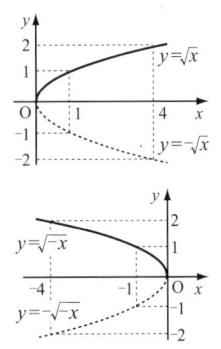

$y = \sqrt{x}$ と $y = -\sqrt{x}$ のグラフは, x 軸に関して対称である。同様に, $y = \sqrt{-x}$ と $y = -\sqrt{-x}$ のグラフは, 図のようになる。

$y = \sqrt{ax+b} + q$ のグラフ

一般に, $\sqrt{ax+b} = \sqrt{a\left(x + \dfrac{b}{a}\right)}$ と変形できるから, 無理関数 $y = \sqrt{ax+b}+q$ のグラフは, $y = \sqrt{ax}$ のグラフを x 軸方向に $-\dfrac{b}{a}$, y 軸方向に q だけ **平行移動** したものである。

例 15] $y = \sqrt{x+2}$ $(-1 \leqq x \leqq 3)$ の値域を求めよ。

解] $x = -1$ のとき $y = 1$
$\qquad x = 3$ のとき $y = \sqrt{5}$

であり, この関数のグラフは図の実線部分である。

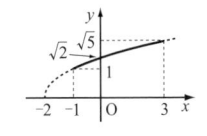

よって, この関数の値域は $\quad 1 \leqq y \leqq \sqrt{5}$

例 16] 関数 $y = \sqrt{x+2}$ のグラフと直線 $y = x$ の交点の座標を求めよ。また, グラフを利用して, $\sqrt{x+2} > x$ となる x の範囲を求めよ。

解] $\qquad \sqrt{x+2} = x \quad \cdots\cdots ①$
とおき, 両辺を平方すると
$$x + 2 = x^2 \quad \cdots\cdots ②$$

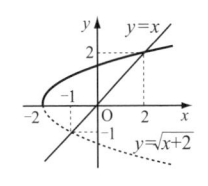

移項して $x^2 - x - 2 = 0$ を解くと $\quad x = -1,\ 2$

$x = -1$ のとき, ① において
$\qquad (左辺) = \sqrt{-1+2} = 1, \qquad (右辺) = -1$

ゆえに, $x = -1$ は ① を満たさない。

$x = 2$ のとき, ① において
$\qquad (左辺) = \sqrt{2+2} = 2, \qquad (右辺) = 2$

ゆえに, $x = 2$ は ① を満たし, このとき $y = 2$

よって, 交点の座標は $(2,\ 2)$ である。

求める x の範囲は, $y = \sqrt{x+2}$ のグラフが $y = x$ より上側にある部分に対する x の範囲であるから, $-2 \leqq x < 2$

練習 10] 次の関数のグラフを描け。また, その定義域と値域を求めよ。

(1) $y = \sqrt{2-x}$ (2) $y = -\sqrt{2x+4}$ (3) $y = \sqrt{-(x-4)} - 3$

3.5.3 合成関数

y が u の関数で $y = g(u)$ と表され, u が x の関数で $u = f(x)$ と表されるとき, この 2 つの関数から y が x の関数である $y = g(f(x))$ が得られる。この関数 $g(f(x))$ を $g(u)$ と $f(x)$ との **合成関数** という。このとき, $f(x)$ の値域は $g(u)$ の定義域に含まれていなくてはならなく, 含まれているときに限って定義される。

例 17] $f(x) = x - 1$, $g(x) = \dfrac{1}{x^2}$ のとき, 合成関数 $g(f(x))$ および $f(g(x))$ を求めよ。

解] $g(f(x)) = \dfrac{1}{\{f(x)\}^2} = \dfrac{1}{(x-1)^2}$

$\qquad f(g(x)) = g(x) - 1 = \dfrac{1}{x^2} - 1 = \dfrac{1-x^2}{x^2}$

なお, $g(f(x))$, $f(g(x))$ の定義域は, それぞれ $x \neq 1$, $x \neq 0$ である。

練習 11] 2 つの関数 $f(x) = \sqrt{x+2}$, $g(x) = 2x$ について, 合成関数 $g(f(x))$, $f(g(x))$ およびそれぞれの定義域を求めよ。

3.5.4 逆関数

2 次関数 $y = x^2$ などは, 1 つの x の値に対して 1 つの y の値が決まる。これを, $x \geqq 0$ の定義域で x について解くと

$$x = \sqrt{y}$$

となり, 1 つの y の値に対して 1 つの x の値が決まる。

一般に, x の関数 $y = f(x)$ が与えられたとき, y の各々の値に対して, それに対応する x の値が定まるならば, この対応を $x = g(y)$ あるいは $x = f^{-1}(y)$ と書き, もとの関数の **逆関数** という。そして, 関数を表すとき変数を x, 関数を y で

表し，$y = g(x)$ あるいは $y = f^{-1}(x)$ と書き改める。また，$g(x)$ は $f(x)$ の逆関数，逆に，$f(x)$ は $g(x)$ の逆関数でもある。

$y = f(x)$ の逆関数を $y = f^{-1}(x)$ の形で求めるには，$y = f(x)$ を x について解き，それを $x = f^{-1}(y)$ とおき，文字 x と y を入れ換えて $y = f^{-1}(x)$ とすればよい。

上の例では，x と y を入れ換えて $y = \sqrt{x}$ という無理関数が得られる。よって，関数 $y = x^2$ $(x \geq 0)$ の逆関数は，$y = \sqrt{x}$ である。ところで，$y = x^2$ の逆関数は $y = \pm\sqrt{x}$ であるとしてはいけない。なぜなら，逆関数の定義からいっても，x に対して y の値は一意に定まらなければならない。そこで，$y = x^2$ では，逆関数が成り立つ定義域を $x \geq 0$ と $x \leq 0$ に分けて考えればよい。なお，もとの関数の定義域が逆関数の値域に入れ替わる。$y = x^2$ $(x \leq 0)$ の逆関数は $y = -\sqrt{x}$ であり，定義域の指定のない $y = x^2$ は逆関数をもたない。

このように，逆関数の定義域，値域はもとの関数の値域，定義域になり，一般に，逆関数が考えられるのは，関数が単調に増加または減少する $\big(x_1 < x_2$ ならば $f(x_1) < f(x_2)$ または $f(x_1) > f(x_2)\big)$ ときに限る。

例 18] 1 次関数 $y = 2x$ の逆関数を求めよ。
解] $y = 2x$ を x について解くと　　$x = \dfrac{1}{2}y$

　　　x と y を入れ替えて　　$y = \dfrac{1}{2}x$

関数 $y = 2x$ とその逆関数 $y = \dfrac{1}{2}x$ のグラフを描くと図のようになり，2 つのグラフは直線 $y = x$ に関して対称である。

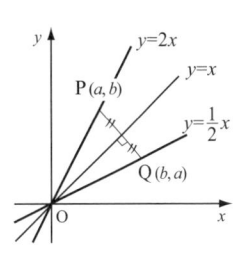

一般に，関数 $y = f(x)$ とその逆関数 $y = f^{-1}(x)$ のグラフは，直線 $y = x$ に関して対称である。

練習 12] 次の関数の逆関数を求めよ。また，逆関数の定義域と値域を求めよ。

(1) $y = \dfrac{x}{2} + 3$ $(-2 \leq x \leq 2)$　　(2) $y = \dfrac{x-1}{x+1}$　　(3) $y = x^2 + 1$ $(x \geq 0)$

演 習 問 題

1. A 地から B 地を経て C 地へ行くのに，AB 間は 6 km の上り坂で，BC 間は 7 km の下り坂である。上りを時速 3 km，下りを 5 km で歩く人が，A 地を出発して

x 時間後までに進んだ道のりを y km とする。A 地を出発して C 地に着くまでに，B 地で 30 分休息するものとし，y を x の式で表し，その関数のグラフを描け。

2. 図はいずれも 2 次関数 $y = ax^2 + bx + c$ のグラフである。各々のグラフの a, b, c および $b^2 - 4ac$ の符号を求めよ。

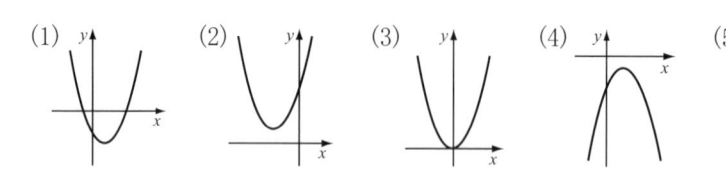

3. 2 次関数 $y = 2x^2 + 4x + 5$ のグラフと，次のような対称関係にあるグラフをもつ関数を求めよ。

(1) y 軸に関して対称　　　(2) x 軸に関して対称

(3) $y = x$ に関して対称　　　(4) 原点に関して対称

4. グラフが次の条件を満たす放物線になるような 2 次関数を求めよ。

(1) 軸が $x = 2$ で，2 点 $(0, -5)$, $(2, 3)$ を通る。

(2) x 軸と 2 点 $(-5, 0)$, $(1, 0)$ で交わり，点 $(-1, 8)$ を通る。

5. 次の条件を満たす 2 次関数を求めよ。

(1) $x = 1$ のとき最大値 6 をとり，x^2 の係数が -2 である。

(2) 2 次関数のグラフが 3 点 $(-1, -2)$, $(1, 6)$, $(4, 3)$ を通る。

6. 2 次関数 $y = x^2 + 2x + a$ のグラフが x 軸と 2 点で交わるとき，定数 a の値の範囲を求めよ。

7. x の定義域が次の場合，2 次関数 $y = -x^2 + 4x - 3$ の最大値と最小値を求めよ。

(1) $-1 \leq x \leq 1$　　　(2) $0 \leq x \leq 3$　　　(3) $1 \leq x \leq 4$

8. 2 次不等式 $2x^2 + ax + b < 0$ の解が $-2 < x < \dfrac{1}{2}$ であるとき，定数 a, b の値を求めよ。

9. 定義域 $0 \leq x \leq 3$ の範囲で，2 次関数 $y = x^2 - 4x + 6$ の最大値と最小値を求めよ。

10. 2 次関数 $y = x^2 - 4x + 6$ の最小値を，$a > 0$ とする定義域 $0 \leq x \leq a$ の範囲で求めよ。

11. 定義域 $0 \leqq x \leqq 4$ の範囲で, 2 次関数 $y = -x^2 + 4x - 2$ の最大値と最小値を求めよ。

12. 2 次関数 $y = -x^2 + 4x - 2$ の最大値を, $a > 0$ とする定義域 $0 \leqq x \leqq a$ の範囲で求めよ。

13. 次の 2 次関数について, ①〜④を答えよ。

(1) $y = 2x^2 - 12x + 22$ は $y = 2x^2$ のグラフを x 軸方向へ ① , y 軸方向へ ② だけ平行移動した放物線で, 軸は直線 $x =$ ③ , 頂点は ④ である。

(2) $y = -2x^2 - 8x - 3$ は $y = -2x^2$ のグラフを x 軸方向へ ① , y 軸方向へ ② だけ平行移動した放物線で, 軸は直線 $x =$ ③ , 頂点は ④ である。

(3) $y = x^2 + 6x + 7$ は $y = x^2$ のグラフを x 軸方向へ ① , y 軸方向へ ② だけ平行移動した放物線で, 軸は直線 $x =$ ③ , 頂点は ④ である。

14. 次の 2 次不等式を解け。

(1) $x^2 - 2x - 3 > 0$ (2) $x^2 + 2x - 3 \leqq 0$

(3) $x^2 - 2x + 1 > 0$ (4) $x^2 - 2x + 1 < 0$

15. 次の不等式を満たす x の範囲を求めよ。

(1) $x \leqq \dfrac{3x - 8}{x - 3}$ (2) $\sqrt{x - 2} \leqq x - 2$ (3) $\sqrt{4x + 6} < x + 2$

16. 次の分数関数について, ①〜⑤を答えよ。但し, ①は符号を示せ。

(1) $y = \dfrac{3x + 2}{x + 1}$ は $y = $ ① $\dfrac{②}{x + 1}$ のグラフを, y 軸方向へ ③ だけ平行移動した直角双曲線で, 直線 $x =$ ④ , $y =$ ⑤ を漸近線とする。

(2) $y = \dfrac{3x}{x - 2}$ は $y = $ ① $\dfrac{②}{x - 2}$ のグラフを, y 軸方向へ ③ だけ平行移動した直角双曲線で, 直線 $x =$ ④ , $y =$ ⑤ を漸近線とする。

17. 次に示す関数は無理関数である。但し, $a > 0$ とし, グラフを ①〜④ から選び, 定義域と値域を示せ。

(1) $y = \sqrt{ax}$ (2) $y = -\sqrt{ax}$ (3) $y = \sqrt{-ax}$ (4) $y = -\sqrt{-ax}$

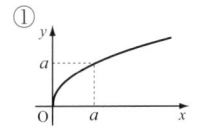 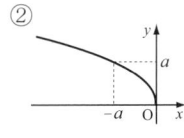 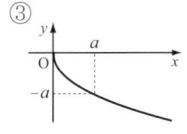 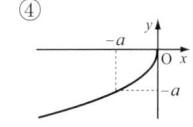

18. 次の関数の逆関数を求め，そのグラフを描け。

(1) $y = -\dfrac{1}{2}x^2$ $(x \geq 0)$　　(2) $y = 2x^2 - 1$ $(x \leq 0)$

(3) $y = \dfrac{2x - 3}{x - 2}$　　　　　(4) $y = \sqrt{x + 3}$ $(x \geq -3)$

19. 幅 20 cm のプラスチック板を，両端から x cm だけ直角に折り曲げて，断面積が長方形の容器をつくりたい。断面積を最大にするためには x をいくらにすればよいか。また，そのときの断面積を求めよ。

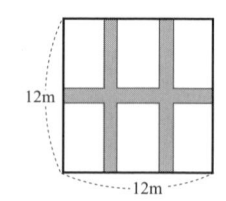

20. 縦と横が 12 m の四角形の土地がある。この土地に図のような幅が一定な道路を 2 本と 1 本をつくり，均等な 6 区分の市民農園にしたい。道幅は 1 m 以上を確保し，道以外の合計の農地は 80 m^2 以上を確保するには，道幅をどのような範囲にすればよいか。

第 4 章

指数関数と対数関数

4.1 指数関数

4.1.1 指数法則

a の n 個の積を a の n 乗 といい，a^n と書く。一般に，a^n の形をした数または式を，a の 累乗，n をその 指数 といい，指数が正の整数のときに指数法則が成り立つことは，「第 1 章 1.4 絶対値，累乗，平方根」で学んだ。

指数法則：指数が正の整数のとき ─────────────────────

$$[1]\ a^m a^n = a^{m+n} \qquad [2]\ (a^m)^n = a^{mn} \qquad [3]\ (ab)^n = a^n b^n$$

──────────────────────────────────────

a^0, a^{-n} の定義

$a \neq 0$ として，指数法則 [1] の n が 0 または負の整数のときも成り立つように，a^n を定める。

$n = 0$ のとき　　　　$a^m a^0 = a^{m+0} = a^m$ 　　　ゆえに　　$a^0 = 1$

$m = -n$ のとき　　　$a^{-n} a^n = a^{-n+n} = a^0 = 1$

となり，両辺を a^n で割ると　　$a^{-n} = \dfrac{1}{a^n}$

よって，0 や負の整数を指数にもつ累乗を，次のように定める。

a^0, a^{-n} の定義 ─────────────────────────────

$a \neq 0$ で，n が正の整数のとき

$$a^0 = 1, \qquad a^{-n} = \dfrac{1}{a^n}$$

──────────────────────────────────────

例1] $2^0 = 1$ を証明しなさい。

解]　$\dfrac{2^3}{2^2} = \dfrac{2 \times 2 \times 2}{2 \times 2} = 2^{3-2} = 2$

$\dfrac{2^2}{2^2} = \dfrac{2 \times 2}{2 \times 2} = 1$　　これは $2^{2-2} = 2^0 = 1$ でもある。

例2] $a \neq 0$, $b \neq 0$ のとき，$m = 2$, $n = -4$ について，指数法則 [1]，[2]，[3] が成り立つことを示せ。

解]　[1] $a^2 a^{-4} = a^2 \times \dfrac{1}{a^4} = \dfrac{1}{a^2} = a^{-2} = a^{2+(-4)}$

[2] $\left(a^2\right)^{-4} = \dfrac{1}{\left(a^2\right)^4} = \dfrac{1}{a^8} = a^{-8} = a^{2 \times (-4)}$

[3] $(ab)^{-4} = \dfrac{1}{(ab)^4} = \dfrac{1}{a^4 b^4} = \dfrac{1}{a^4} \times \dfrac{1}{b^4} = a^{-4} b^{-4}$

指数法則：指数が整数のとき

　上の例で示すように，$a \neq 0$, $b \neq 0$ で，指数が任意の整数のときにも，指数法則 [1]，[2]，[3] は成り立つ。

　分数の形は，指数法則 [1] を用いると

$$\frac{a^m}{a^n} = a^m \times \frac{1}{a^n} = a^m \times a^{-n} = a^{m-n}$$

　指数法則 [3] と [2] を用いると

$$\left(\frac{a}{b}\right)^n = \left(ab^{-1}\right)^n = a^n \left(b^{-1}\right)^n = a^n b^{-n} = \frac{a^n}{b^n}$$

となる。以上のことから，次の指数法則が成り立つ。

指数法則：指数が整数のとき

$a \neq 0$, $b \neq 0$ で，m, n が整数のとき

[1] $a^m a^n = a^{m+n}$　　　[2] $(a^m)^n = a^{mn}$　　　[3] $(ab)^n = a^n b^n$

[1'] $\dfrac{a^m}{a^n} = a^{m-n}$　　　　　　　　　　　　[3'] $\left(\dfrac{a}{b}\right)^n = \dfrac{a^n}{b^n}$

例3] 光の進む速さは毎秒 3.0×10^8 m であり，地球から太陽までの距離は 1.5×10^8 km である。光が 1 km を進むために必要な時間と，光が太陽から地球に到達するまでに必要な時間を求めよ。

解]　1 km は 10^3 m であるから

$10^3 \div (3.0 \times 10^8) = 3.0^{-1} \times 10^{-5} \fallingdotseq 0.33 \times 10^{-5} = 3.3 \times 10^{-6}$

$3.3 \cdots \times 10^{-6} \times 1.5 \times 10^8 = 5.0 \times 10^2 = 500$ 秒

したがって, 約 3.3×10^{-6} 秒, 500 秒

練習 1] 次の値を求めよ.

(1) 2^{-3} (2) $(-4)^{-3}$ (3) 6^0 (4) $\left(\dfrac{4}{5}\right)^{-1}$

練習 2] 次の値を a^n の形で示せ.

(1) 1 (2) $\dfrac{1}{a}$ (3) $\left(a^3\right)^{-3}$ (4) $a^3 a^{-3}$ (5) $\left(\dfrac{1}{a^2}\right)^3$

累乗根

n を正の整数とするとき, n 乗すると a になる数, すなわち, $x^n = a$ を満たす x を, a の **n 乗根** といい, $\sqrt[n]{a}$ と書く.

a の n 乗根を総称して a の **累乗根** といい, 特に, 2 乗根を **平方根** , 3 乗根を **立方根** ともいう.

実数の範囲で a の累乗根を n が偶数, 奇数の場合に分けて考えると, $y = x^n$ のグラフはそれぞれ図のようになる.

[n が偶数の場合]

$a > 0$ のとき $x^n = a$ を満たす実数 x は 2 つあり, 正の方を $\sqrt[n]{a}$, 負の方を $-\sqrt[n]{a}$ で表す.

$a = 0$ のとき $\sqrt[n]{0} = 0$ とする.

$a < 0$ のとき $x^n = a$ を満たす実数 x は存在しない.

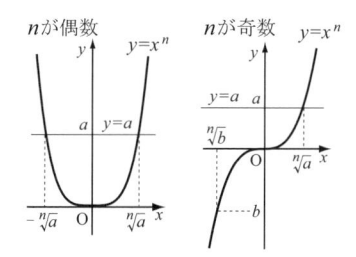

[n が奇数の場合]

a の正, 0, 負にかかわらず, $x^n = a$ を満たす実数 x がただ 1 つある. それを $\sqrt[n]{a}$ で表す.

累乗根については, 次の性質がある.

累乗根の性質 ────────────────

$a > 0$, $b > 0$ で, m, n, p が正の整数のとき

[1] $\sqrt[n]{a}\,\sqrt[n]{b} = \sqrt[n]{ab}$ [2] $\dfrac{\sqrt[n]{b}}{\sqrt[n]{a}} = \sqrt[n]{\dfrac{b}{a}}$ [3] $\left(\sqrt[n]{a}\right)^m = \sqrt[n]{a^m}$

[4] $\sqrt[m]{\sqrt[n]{a}} = \sqrt[mn]{a}$ [5] $\sqrt[n]{a^m} = \sqrt[np]{a^{mp}}$

証明] [1] $\left(\sqrt[n]{a}\,\sqrt[n]{b}\right)^n = \left(\sqrt[n]{a}\right)^n \left(\sqrt[n]{b}\right)^n = ab$ であるから, $\sqrt[n]{a}\,\sqrt[n]{b}$ は正の数 ab の正の n 乗根である. よって, $\sqrt[n]{a}\,\sqrt[n]{b} = \sqrt[n]{ab}$

[3] $\left\{\left(\sqrt[n]{a}\right)^m\right\}^n = \left(\sqrt[n]{a}\right)^{mn} = \left\{\left(\sqrt[n]{a}\right)^n\right\}^m = a^m$ であるから，$\left(\sqrt[n]{a}\right)^m$ は正の数 a^m の正の n 乗根である。よって，　$\left(\sqrt[n]{a}\right)^m = \sqrt[n]{a^m}$

[4] $\left(\sqrt[m]{\sqrt[n]{a}}\right)^{mn} = \left\{\left(\sqrt[m]{\sqrt[n]{a}}\right)^m\right\}^n = \left(\sqrt[n]{a}\right)^n = a$ であるから，$\sqrt[m]{\sqrt[n]{a}}$ は正の数 a の正の mn 乗根である。よって，　$\sqrt[m]{\sqrt[n]{a}} = \sqrt[mn]{a}$

[2]，[5] も同様に証明できる。

例 4] 次の値を求めよ。

(1) $\sqrt[3]{8}\sqrt[3]{6}$ 　　　(2) $\sqrt{\sqrt[3]{128}}$ 　　　(3) $\sqrt[3]{(-7)^3}$ 　　　(4) $\dfrac{\sqrt[3]{81}}{\sqrt[3]{3}}$

解] (1) 与式 $= \sqrt[3]{48} = \sqrt[3]{2^4 \times 3} = 2\sqrt[3]{6}$ 　　　(2) 与式 $= \sqrt[6]{2^7} = 2\sqrt[6]{2}$

(3) 与式 $= -7$（奇数乗根の場合は 7 とはならない）　　　(4) 与式 $= \sqrt[3]{\dfrac{81}{3}} = \sqrt[3]{3^3} = 3$

練習 3] 次の値を求めよ。

(1) $\sqrt{36}$ 　　　(2) $\sqrt{(-5)^2}$ 　　　(3) $\sqrt[4]{81}$ 　　　(4) $\sqrt[4]{0.0001}$ 　　　(5) $(-\sqrt{3})^2$

指数法則：指数が有理数のとき

正の数 a に対して，分数 $\dfrac{m}{n}$ を指数とする累乗 $a^{\frac{m}{n}}$ を定めよう。

指数が分数のときも指数法則 $\left(a^k\right)^n = a^{kn}$ が成り立つとすれば，m, n が正の整数のとき，$k = \dfrac{m}{n}$ とおけば，k は正の有理数となり

$$\left(a^{\frac{m}{n}}\right)^n = a^{\frac{m}{n} \times n} = a^m$$

であるから，$a^{\frac{m}{n}}$ は a^m の n 乗根である。そこで，分数を指数にもつ累乗を

$$a^{\frac{m}{n}} = \sqrt[n]{a^m}$$

と定める。

次に，指数が負の有理数について

$$a^{-r} = \frac{1}{a^r}$$

が成り立つことを示す。

$r = \dfrac{p}{l}$ 　（p, l は正の整数）とすると

$$a^{-r} = a^{-\frac{p}{l}} = a^{\frac{-p}{l}} = \sqrt[l]{a^{-p}} = \sqrt[l]{\frac{1}{a^p}} = \frac{1}{\sqrt[l]{a^p}} = \frac{1}{a^{\frac{p}{l}}} = \frac{1}{a^r}$$

よって，有理数を指数にもつ累乗を，次のように定める。

有理数を指数とする累乗 ─────────────────────

$a > 0$ で，m, n が正の整数のとき

正の有理数 $\dfrac{m}{n}$ に対して $a^{\frac{m}{n}} = \sqrt[n]{a^m}$

負の有理数 $-r$ に対して $a^{-r} = \dfrac{1}{a^r}$

一般に，指数が有理数のときも，次の指数法則が成り立つ。

指数法則：指数が有理数のとき ───────────

$a > 0$, $b > 0$ で，r, s が有理数のとき

    [1] $a^r a^s = a^{r+s}$ [2] $(a^r)^s = a^{rs}$ [3] $(ab)^r = a^r b^r$

    [1′] $\dfrac{a^r}{a^s} = a^{r-s}$ [3′] $\left(\dfrac{a}{b}\right)^r = \dfrac{a^r}{b^r}$

指数法則：指数が無理数のとき

$a > 0$ のとき，指数 x が無理数のときも，累乗 a^x を定義することができる。例えば，$a = 2$, $x = \sqrt{2} = 1.4142135\cdots$ のとき，有理数 r を指数とする 2 の累乗の列

$$2^{1.4}, \quad 2^{1.41}, \quad 2^{1.414}, \quad 2^{1.4142}, \quad \cdots\cdots$$

は，r が $\sqrt{2}$ に限りなく近づくとき，2^r は限りなく $2.665144\cdots$ に近づくので，この値を $2^{\sqrt{2}}$ と定める。

このようにすると，任意の実数 x を指数にもつ a^x が定まり，**指数法則は指数が実数に対しても成り立つ**。

例 5] 次の値を求めよ。

  (1) $8^{-\frac{2}{3}}$ (2) $9^{-\frac{1}{2}}$ (3) $4^{2.5}$ (4) $0.0081^{\frac{1}{4}}$

解] (1) 与式 $= \dfrac{1}{\sqrt[3]{8^2}} = \dfrac{1}{\sqrt[3]{2^6}} = \dfrac{1}{2^2} = \dfrac{1}{4}$ (2) 与式 $= \dfrac{1}{\sqrt{9}} = \dfrac{1}{3}$

(3) 与式 $= 4^{\frac{5}{2}} = \left(2^2\right)^{\frac{5}{2}} = 2^5 = 32$ (4) 与式 $= \left(0.3^4\right)^{\frac{1}{4}} = 0.3$

例 6] $a > 0$ とするとき，次の式を a^x の形で表せ。

  (1) $\sqrt[3]{a^2} \div \sqrt[6]{a^5} \times \sqrt[4]{a^3}$ (2) $\sqrt{a^3 \sqrt[3]{a}}$ (3) $\sqrt[3]{a\sqrt{a\sqrt{a}}}$

解] (1) 与式 $= a^{\frac{2}{3}} \times a^{-\frac{5}{6}} \times a^{\frac{3}{4}} = a^{\frac{2}{3}-\frac{5}{6}+\frac{3}{4}} = a^{\frac{7}{12}}$

(2) 与式 $= \sqrt{a^3 \times a^{\frac{1}{3}}} = \left(a^{3+\frac{1}{3}}\right)^{\frac{1}{2}} = \left(a^{\frac{10}{3}}\right)^{\frac{1}{2}} = a^{\frac{5}{3}}$

(3) 与式 $= \sqrt[3]{a\sqrt{a^{1+\frac{1}{2}}}} = \sqrt[3]{a\sqrt{a^{\frac{3}{2}}}} = \sqrt[3]{a^{1+\frac{3}{4}}} = \sqrt[3]{a^{\frac{7}{4}}} = a^{\frac{7}{12}}$

例 7] $a > 0$, $b > 0$ のとき，次の式を簡単にせよ。

(1) $\left(\sqrt[3]{a}-1\right)\left(\sqrt[3]{a^2}+\sqrt[3]{a}+1\right)$ (2) $\left(a^{\frac{1}{4}}-b^{-\frac{1}{4}}\right)\left(a^{\frac{1}{4}}+b^{-\frac{1}{4}}\right)\left(a^{\frac{1}{2}}+b^{-\frac{1}{2}}\right)$

解] (1) $\left(a^{\frac{1}{3}}-1\right)\left(a^{\frac{2}{3}}+a^{\frac{1}{3}}+1\right)=a+a^{\frac{2}{3}}+a^{\frac{1}{3}}-a^{\frac{2}{3}}-a^{\frac{1}{3}}-1=a-1$

(2) $\left(a^{\frac{1}{4}+\frac{1}{4}}-b^{-\frac{1}{4}-\frac{1}{4}}\right)\left(a^{\frac{1}{2}}+b^{-\frac{1}{2}}\right)=\left(a^{\frac{1}{2}}-b^{-\frac{1}{2}}\right)\left(a^{\frac{1}{2}}+b^{-\frac{1}{2}}\right)=a-b^{-1}=a-\dfrac{1}{b}$

例 8] $a>0$, $a^x+a^{-x}=4$ のとき，次の式の値を求めよ。

(1) $a^{2x}+a^{-2x}$ (2) $a^{3x}+a^{-3x}$

解] (1) 与式 $=\left(a^x+a^{-x}\right)^2-2a^xa^{-x}=4^2-2=14$

(2) 与式 $=\left(a^x\right)^3+\left(a^{-x}\right)^3$

$\qquad = \left(a^x+a^{-x}\right)\left(a^{2x}-a^xa^{-x}+a^{-2x}\right)=4\cdot(14-1)=52$

練習 4] 次の値を求めよ。

(1) $27^{\frac{2}{3}}$ (2) $0.01^{-1.5}$ (3) $\sqrt{\sqrt[3]{\dfrac{1}{64}}}$ (4) $81^{-\frac{1}{4}}$ (5) $\sqrt[3]{216}$

練習 5] 次の値を求めよ。

(1) $\sqrt[5]{2}\div\sqrt[15]{2^8}\times\sqrt[3]{4}$ (2) $\sqrt{2^3\sqrt{2\sqrt{2^2}}}$ (3) $\left\{\left(\dfrac{81}{16}\right)^{-\frac{3}{2}}\right\}^{\frac{1}{6}}$ (4) $\sqrt[6]{16}\times\sqrt[3]{32^{-1}}$

4.1.2　指数関数とグラフ

a を 1 でない正の数とするとき，任意の実数 x に対して a^x の値が定まるから，a^x は実数 x の関数である。

$$y=a^x \qquad (但し，a>0,\ a\neq1)$$

によって定められる関数を，a を **底** とする x の **指数関数** という*。

一般に，指数関数 $y=a^x$ の性質とグラフは，次のようになる。

[1] 定義域は実数全体，値域は正の実数全体である。

[2] グラフは点 $(0,1)$ と $(1,a)$ を通り，x 軸を漸近線とする。

[3] $a>1$ のとき，x が増加すれば，y も増加する。すなわち

$$x_1<x_2 \quad\Longleftrightarrow\quad a^{x_1}<a^{x_2}$$

$0<a<1$ のとき，x が増加すれば y は減少する。すなわち

$$x_1<x_2 \quad\Longleftrightarrow\quad a^{x_1}>a^{x_2}$$

---

* $a=1$ のときは，任意の実数 x に対して，常に $1^x=1$ である。

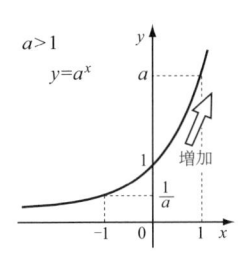 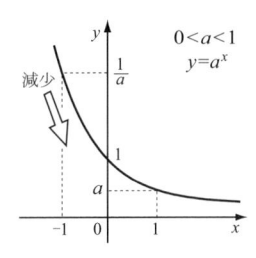

例 9] 次の数の大小を調べよ。

(1) 3^{-1}, $\sqrt{3}$, $\dfrac{1}{9}$, 1　　(2) 1, 0.01, 10, $0.1^{-\frac{1}{2}}$

(3) $\sqrt[4]{8}$, $\sqrt[5]{16}$, $\sqrt[6]{32}$　　(4) $\sqrt{2}$, $\sqrt[3]{3}$, $\sqrt[4]{5}$

解] (1) $\sqrt{3} = 3^{\frac{1}{2}}$, $\dfrac{1}{9} = \dfrac{1}{3^2} = 3^{-2}$, $1 = 3^0$

関数 $y = 3^x$ は単調に増加し，$-2 < -1 < 0 < \dfrac{1}{2}$ であるから

$$\frac{1}{9} < 3^{-1} < 1 < \sqrt{3}$$

(2) $1 = 0.1^0$, $0.01 = 0.1^2$, $10 = 0.1^{-1}$

関数 $y = 0.1^x$ は単調に減少し，$-1 < -\dfrac{1}{2} < 0 < 2$ であるから

$$0.01 < 1 < 0.1^{-\frac{1}{2}} < 10$$

(3) $\sqrt[4]{8} = \left(2^3\right)^{\frac{1}{4}} = 2^{\frac{3}{4}}$, $\sqrt[5]{16} = 2^{\frac{4}{5}}$, $\sqrt[6]{32} = 2^{\frac{5}{6}}$

関数 $y = 2^x$ は単調に増加し，$\dfrac{3}{4} < \dfrac{4}{5} < \dfrac{5}{6}$ であるから

$$\sqrt[4]{8} < \sqrt[5]{16} < \sqrt[6]{32}$$

(4) $\sqrt{2} = \sqrt[12]{2^6} = \sqrt[12]{64}$, $\sqrt[3]{3} = \sqrt[12]{3^4} = \sqrt[12]{81}$, $\sqrt[4]{5} = \sqrt[12]{5^3} = \sqrt[12]{125}$

よって　$\sqrt{2} < \sqrt[3]{3} < \sqrt[4]{5}$

例 10] 方程式 $9^x - 6 \cdot 3^x = 27$ を解け。

解] $3^x = X$ とおくと　$9^x = X^2$ となるから

$$X^2 - 6X - 27 = 0 \qquad (X + 3)(X - 9) = 0$$

ゆえに　$X = -3$　　または　　$X = 9$

$X > 0$ であるから　$X = 9$　　よって $3^x = 9 = 3^2$　　したがって $x = 2$

例 11] 下記の不等式を満たす x の値の範囲を求めよ。

(1) $\left(\dfrac{1}{2}\right)^x < \dfrac{1}{8}$　　　　(2) $2^x < \dfrac{1}{8}$

解] (1) $2^{-x} < 2^{-3}$ に変形し，$-x < -3$　　よって　$x > 3$

(2) $2^x < 2^{-3}$ に変形し，これより　$x < -3$

例 12] 不等式 $9^{2x+1} > 81$ を満たす x の値の範囲を求めよ。

解] 両辺を変形すると $3^{2(2x+1)} > 3^4$

指数関数 $y = 3^x$ の性質より $2(2x+1) > 4$

ゆえに $x > \dfrac{1}{2}$

練習 6] 次の関数のグラフは，$y = 2^x$ のグラフとどのような関係にあるか。

(1) $y = -2^x$ (2) $y = \dfrac{1}{2^x}$ (3) $y = -2^{-x}$ (4) $y = 2^x + 1$ (5) $y = 2^{x+1}$

練習 7] 次の各組の数を小さい方から順に並べよ。

(1) $\sqrt{2}$, $\sqrt[5]{4}$, $\sqrt[7]{8}$, $\sqrt[9]{16}$ (2) $\sqrt{\dfrac{1}{3}}$, $\sqrt[3]{\dfrac{1}{9}}$, $\sqrt[8]{\dfrac{1}{27}}$, $\sqrt[9]{\dfrac{1}{81}}$

4.2 対数関数

4.2.1 対数とその性質

$a > 0$, $a \neq 1$ とするとき，$y = a^x$ の性質からわかるように，どのような正の数 N に対しても

$$a^x = N$$

を満たす実数 x が，ただ 1 つ定まる。この x の値を $\log_a N$ で表し，a を **底** とする N の **対数** という。また，N をこの対数の **真数** という。

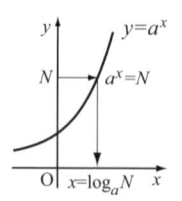

対数と指数の間には次の関係が成り立つ。

$$x = \log_a N \iff a^x = N$$

$a > 0$, $a \neq 1$ のとき，$a^0 = 1$, $a^1 = a$ であるから，対数の定義により

$$\log_a 1 = 0, \qquad \log_a a = 1$$

が成り立つ。さらに，対数の定義と指数法則から，対数について，次の性質が導かれる[†,‡]。

対数の性質 ―――――――――――――――――――――――――――

$a > 0$, $a \neq 1$ で，$M > 0$, $N > 0$ のとき

[1] $\log_a MN = \log_a M + \log_a N$

[2] $\log_a \dfrac{M}{N} = \log_a M - \log_a N$ 特に，$\log_a \dfrac{1}{N} = -\log_a N$

[†] $x = \log_a N$ と書くときは，$a > 0$, $a \neq 1$, $N > 0$ であるものとする。

[‡] log は対数を意味する logarithm（ロガリズム）の略で，ログと読む。

$$[3] \ \log_a M^n = n \log_a M \qquad\qquad 特に, \ \ \log_a \sqrt[n]{M} = \frac{1}{n} \log_a M$$

証明] [1] $\log_a M = u$, $\log_a N = v$ とおくと
$$M = a^u , \qquad N = a^v$$
であるから, 指数法則により $\qquad MN = a^u \cdot a^v = a^{u+v}$

ゆえに, 対数の定義により
$$\log_a MN = \log_a a^{u+v} = u + v = \log_a M + \log_a N$$

同様にして, $\dfrac{a^u}{a^v} = a^{u-v}$ を用いると, [2] も証明できる。

[3] $\log_a M = u$ とすると $\qquad M = a^u$

両辺を n 乗すると $\qquad M^n = a^{nu}$

ゆえに $\qquad \log_a M^n = \log_a a^{nu} = nu$

したがって $\qquad \log_a M^n = n \log_a M$

底の変換

$b > 0$, $b \neq 1$ のとき, 対数 $\log_a M$ を b を底とする対数を用いて表すことができる。

$\log_a M = u$ とおくと, 対数の定義により
$$a^u = M$$

両辺を底が b である対数で考えると
$$\log_b a^u = \log_b M$$

となり, 対数の性質により
$$u \log_b a = \log_b M$$

$a \neq 1$ であるから $\qquad \log_b a \neq 0$

したがって $\quad u = \dfrac{\log_b M}{\log_b a} \qquad$ すなわち $\quad \log_a M = \dfrac{\log_b M}{\log_b a}$

これを **底の変換公式** という。

底の変換公式

$$[4] \ \log_a M = \frac{\log_b M}{\log_b a} \qquad\qquad 特に, \ \ \log_a b = \frac{1}{\log_b a}$$

例 13] 次の式を計算せよ。

(1) $\log_4 \sqrt{2}$ (2) $\log_9 3$ (3) $\log_{\frac{1}{3}} 9$ (4) $\log_2 3 \cdot \log_3 2$

解] (1) $\log_4 \sqrt{2} = x$ とおくと, $4^x = 2^{\frac{1}{2}}$　これは $2x = \dfrac{1}{2}$　よって $x = \dfrac{1}{4}$

(2) $\log_9 3 = x$ とおくと, $9^x = 3$　これは $2x = 1$　よって $x = \dfrac{1}{2}$

(3) $\log_{\frac{1}{3}} 9 = x$ とおくと, $\left(\dfrac{1}{3}\right)^x = 9$　これは $-x = 2$　よって $x = -2$

(4) $\log_2 3 \cdot \log_3 2 = \log_2 3 \times \dfrac{1}{\log_2 3} = 1$

例 14] 次の等式を満たす x または a の値を求めよ。

(1) $\log_2 x = -4$　　(2) $\log_{10} x = \dfrac{1}{3}$　　(3) $\log_a 4 = -2$　　(4) $\log_a 3 = -\dfrac{1}{2}$

解] (1) $x = 2^{-4} = \dfrac{1}{16}$　　　　　　　　(2) $x = 10^{\frac{1}{3}} = \sqrt[3]{10}$

(3) $a^{-2} = 4$ より　$a = 4^{-\frac{1}{2}} = \dfrac{1}{2}$　　　(4) $a^{-\frac{1}{2}} = 3$ より　$a = 3^{-2} = \dfrac{1}{9}$

例 15] 次の式を計算せよ。

(1) $\log_3 \dfrac{3}{4} + \log_3 24 - \log_3 2$　　　(2) $\dfrac{3}{2} \log_2 \sqrt[3]{5} - \log_2 \dfrac{\sqrt{5}}{8}$

解] (1) 与式 $= \log_3 \left(\dfrac{3}{4} \times 24 \div 2\right) = \log_3 9 = \log_3 3^2 = 2$

(2) 与式 $= \dfrac{3}{2} \times \dfrac{1}{3} \log_2 5 - \left(\dfrac{1}{2} \log_2 5 - \log_2 8\right) = \log_2 2^3 = 3$

例 16] 次の式を計算せよ。

(1) $\log_2 3 - \log_4 36$　(2) $\log_3 4 + \log_{\frac{1}{3}} 36$　(3) $4 \log_2 \sqrt{2} - \log_4 3 + \log_2 \dfrac{\sqrt{3}}{2}$

解] 底の異なる対数を同時に考えるときには, 底の変換公式を使って, 底を同じ数にそろえるとよい。

(1) 与式 $= \log_2 3 - \dfrac{\log_2 36}{\log_2 4} = \log_2 3 - \dfrac{2 \log_2 3 + 2 \log_2 2}{2 \log_2 2} = -1$

(2) 与式 $= \log_3 4 + \dfrac{\log_3 36}{\log_3 3^{-1}} = \log_3 4 - (\log_3 4 + 2 \log_3 3) = -2$

(3) 与式 $= 2 \log_2 2 - \dfrac{\log_2 3}{2 \log_2 2} + \dfrac{1}{2} \log_2 3 - \log_2 2 = 1$

例 17] a, b, c を 1 でない正の数とするとき, 次の等式が成り立つことを証明せよ。

(1) $\log_a b \cdot \log_b a = 1$　　　(2) $\log_a b \cdot \log_b c \cdot \log_c a = 1$

解] (1) 左辺 $= \dfrac{\log_b b}{\log_b a} \cdot \log_b a = 1$　　　よって　$\log_a b \cdot \log_b a = 1$

(2) 左辺 $= \log_a b \cdot \dfrac{\log_a c}{\log_a b} \cdot \log_c a = \log_a c \cdot \dfrac{1}{\log_a c} = 1$

よって $\quad \log_a b \cdot \log_b c \cdot \log_c a = 1$

練習 8] 次の式を計算せよ。

(1) $\log_5 1$ (2) $\log_5 5$ (3) $\log_5 \dfrac{1}{5}$ (4) $\log_5 5^3$ (5) $\log_3 81$

練習 9] 次の式を計算せよ。

(1) $\log_3 18 + \log_3 8 - 4\log_3 2$ (2) $\log_2 3 \cdot \log_9 8$ (3) $\log_{81} 8 \cdot \log_2 3$

(4) $\log_{\sqrt{3}} 9$ (5) $\dfrac{\log_3 8}{\log_3 4}$ (6) $\dfrac{\log_9 64}{\log_3 2}$

4.2.2 対数関数とグラフ

$a > 0$, $a \neq 1$ とするとき, $x > 0$ の任意の実数 x に対して $\log_a x$ の値が定まるから, $\log_a x$ は実数 x の関数である。この関数を, a を **底** とする **対数関数** という。対数関数 $y = \log_a x$ は指数関数 $y = a^x$ の **逆関数** であり, $y = \log_a x$ と $y = a^x$ のグラフは, 直線 $y = x$ に関して対称である。

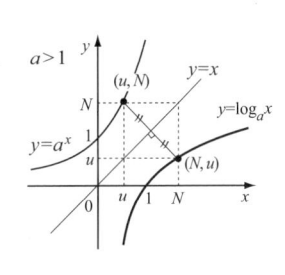

一般に, 対数関数 $y = \log_a x$ の性質とグラフは, 次のようになる。

[1] 定義域は正の実数全体で, 値域は実数全体である。

[2] グラフは点 $(1, 0)$, $(a, 1)$ を通り, y 軸を漸近線とする。

[3] $a > 1$ のとき, x が増加すれば, y も増加する。すなわち

$$0 < x_1 < x_2 \quad \Longleftrightarrow \quad \log_a x_1 < \log_a x_2$$

$0 < a < 1$ のとき, x が増加すれば, y は減少する。すなわち

$$0 < x_1 < x_2 \quad \Longleftrightarrow \quad \log_a x_1 > \log_a x_2$$

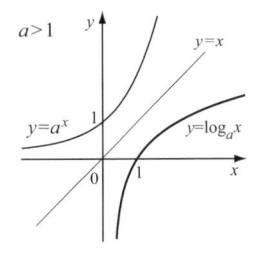 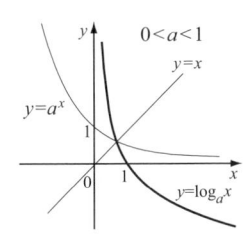

例 18] 次の関数のグラフを描け。

(1) $y = \log_3 x$ (2) $y = \log_{0.5} x$ (3) $y = \log_2 4x$

(4) $y = \log_2(x + 1)$ (5) $y = \log_2(-x)$ (6) $y = \log_2 \dfrac{1}{x}$

解〕(3) $y = \log_2 4x = \log_2 4 + \log_2 x = \log_2 x + 2$

ゆえに，$y = \log_2 4x$ のグラフは，$y = \log_2 x$ のグラフを y 軸の正の向きに 2 だけ平行移動したものである。

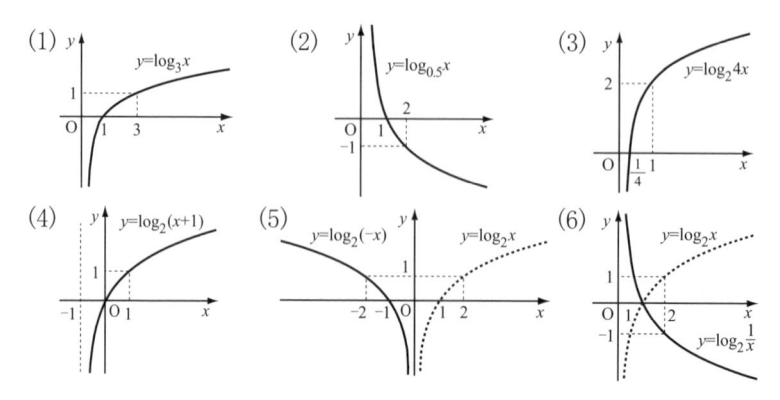

対数方程式，対数不等式

対数の真数に未知数を含む項のある方程式，不等式をそれぞれ **対数方程式**，**対数不等式** という。

例 19〕方程式 $\log_2(x + 2) + \log_2(x - 5) = 3$ を解け。

解〕対数の真数は正であるから

$$x + 2 > 0, \quad x - 5 > 0 \quad \text{すなわち} \quad x > 5$$

与えられた方程式は

$$\log_2(x + 2)(x - 5) = \log_2 8 \quad \text{ゆえに} \ (x + 2)(x - 5) = 8$$

これを整理すると $\quad (x + 3)(x - 6) = 0$

$$x > 5 \text{ より} \quad x = 6$$

例 20〕不等式 $\log_2(x + 1) \leqq 3$ を解け。

解〕対数の真数は正であるから $x + 1 > 0$ すなわち $x > -1$ $\cdots\cdots$ ①

与えられた不等式は $\quad \log_2(x + 1) \leqq \log_2 2^3$

対数の底 2 は 1 より大きいから $\quad x + 1 \leqq 8$

ゆえに $\quad x \leqq 7$ $\cdots\cdots$ ②

①，②から解は $\quad -1 < x \leqq 7$

例 21〕関数 $y = (\log_2 x)^2 - 2\log_2 x \ (x \geqq 1)$ の最小値を求めよ。

解]　$\log_2 x = t$ とおくと $x \geqq 1$ であるから　　$t \geqq 0$

　　また　　$y = t^2 - 2t = (t-1)^2 - 1$

　　図から，y は $t = 1$ とき最小値 -1 をとる。

　　$t = 1$ のとき　$\log_2 x = 1$　　　ゆえに　$x = 2$

　　よって，$x = 2$ のとき　　最小値　-1　をとる。

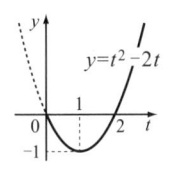

4.2.3　常用対数，自然対数

　10 を底とする対数 $\log_{10} x$ を **常用対数** という。一方，微分・積分などの極限値を取り扱う理論においては，e を底とする対数が重要な役割を果たす。$e = 1 + \dfrac{1}{1!} + \dfrac{1}{2!} + \dfrac{1}{3!} + \cdots\cdots = 2.7182818\cdots$ を底とする対数を **自然対数** という。今後，自然対数 $\log_e x$ については，底 e を省略して **$\log x$** と書く。また，常用対数と区別するために **$\ln x$**[§] と書くこともある。

$$y = \log x = \ln x \iff e^y = x$$

対数の計算

　対数の計算は，例えば，$\log_{10} 100 = \log_{10} 10^2 = 2$, $\log_{10} 0.1 = \log_{10} 10^{-1} = -1$, $\log_{10} \dfrac{1}{1000} = \log_{10} 10^{-3} = -3$　などは簡単に計算ができる。しかし，そうでないときは巻末の常用対数表を用いる。

　対数表には 1.00 から 9.99 までの常用対数の値が，小数第 5 位を四捨五入して第 4 位まで載せてある。例えば，$\log_{10} 3.8 = 0.5798$，$\log_{10} 3.85 = 0.5855$ となる。

数	0	$\cdots$	5
:			
3.8	.5798	$\cdots$	.5855
:			

　真数 N が 9.99 より大きい数の場合は

$$N = a \times 10^n, \quad 1 \leqq a < 10, \quad n \text{ は整数}$$

の形に直すと

$$\log_{10} N = \log_{10}(a \times 10^n) = n + \log_{10} a$$

となるから，常用対数表を利用して求められる。

　次に，自然対数の場合は，例えば，$\log 1.23$ の値は対数の性質より

$$\log 1.23 = \frac{\log_{10} 1.23}{\log_{10} e} = \frac{\log_{10} 1.23}{\log_{10} 2.718\cdots}$$

[§] $\ln x$ はエル・エヌ・エックスと読む。

に変形できる。

　よって，　$\log 1.23 = \dfrac{0.0899}{0.4346} = 0.2069$　となる。

　常用対数を利用すると，正の数の大体の大きさを知ることができる。例えば，$N > 1$ のとき，その整数部分が 5 桁の数であるならば

$$10000 \leqq N < 100000 \qquad すなわち \quad 10^4 \leqq N < 10^5$$

であるから　$4 \leqq \log_{10} N < 5$

　一般に，n を自然数として

$$n - 1 \leqq \log_{10} N < n$$

が成り立つとき，N は整数部分が n 桁の数である。

　また，$0 < N < 1$ のとき，小数第 4 位にはじめて 0 でない数字が現れるならば

$$0.0001 \leqq N < 0.001 \qquad すなわち \quad 10^{-4} \leqq N < 10^{-3}$$

であるから　$-4 \leqq \log_{10} N < -3$

　一般に，n を自然数として

$$-n \leqq \log_{10} N < -n + 1$$

が成り立つとき，N は小数第 n 位にはじめて 0 でない数字が現れる小数である。

例 22] $\log_{10} 0.00123$, $\log_{10} 12300$ の値を求めよ。

解] $\log_{10} 0.00123 = \log_{10}(10^{-3} \times 1.23) = \log_{10} 10^{-3} + \log_{10} 1.23$
$$= -3 + 0.0899 = -2.9101$$
$$\log_{10} 12300 = \log_{10}(10^4 \times 1.23) = \log_{10} 10^4 + \log_{10} 1.23$$
$$= 4 + 0.0899 = 4.0899$$

例 23] $\log_{10} 2 = 0.3010$ として，次の問いに答えよ。

　(1) 2^{50} は何桁の整数か。

　(2) 2^{-20} を小数で表すとき，小数第何位にはじめて 0 でない数が現れるか。

解] (1) $N = 2^{50}$ とおくと

$$\log_{10} N = 50 \log_{10} 2 = 50 \times 0.3010 = 15.05$$

であるから　$15 < \log_{10} N < 16$　ゆえに　$10^{15} < N < 10^{16}$

したがって，2^{50} は 16 桁の整数である。

(2) $N = 2^{-20}$ とおくと

$$\log_{10} N = -20 \log_{10} 2 = -20 \times 0.3010 = -6.020$$

であるから　$-7 < \log_{10} N < -6$　ゆえに　$10^{-7} < N < 10^{-6}$

したがって，2^{-20} は小数第 7 位にはじめて 0 でない数が現れる。

例 24] 次の不等式を満たす最小の整数 n を求めよ。但し，$\log_{10} 2 = 0.3010$ とする。

  (1) $2^n > 100000$ (2) $(0.8)^n < 0.005$

解] (1) 両辺の常用対数をとると $n \log_{10} 2 > \log_{10} 10^5$

  よって $n > \dfrac{5}{\log_{10} 2} = 16.61 \cdots$ したがって，n の最小値は 17

(2) 両辺の常用対数をとると $n \log_{10} 0.8 < \log_{10} 0.005$

  ここで $\log_{10} 0.8 = \log_{10} \dfrac{8}{10} = \log_{10} \dfrac{2^3}{10} = 3 \log_{10} 2 - 1 = -0.097$

  $\log_{10} 0.005 = \log_{10} \dfrac{1}{2 \times 100} = -(\log_{10} 2 + 2) = -2.3010$

であるから $-0.097n < -2.3010$ よって $n > \dfrac{2.3010}{0.097} = 23.72 \cdots$

  したがって，求める n の最小値は 24

例 25] 光がある種のガラス 1 枚を通過するごとに，その光度が $\dfrac{1}{10}$ だけ失われる。このガラスを何枚以上重ねると，光度がもとの $\dfrac{1}{2}$ 以下になるか。但し，$\log_{10} 2 = 0.3010, \ \log_{10} 3 = 0.4771$ とする。

解] n 枚以上重ねると，光度が $\dfrac{1}{2}$ 以下になるとすると $\left(\dfrac{9}{10}\right)^n \leqq \dfrac{1}{2}$

  両辺の常用対数をとって $n(2\log_{10} 3 - 1) \leqq \log_{10} 1 - \log_{10} 2$

  これから $n \geqq \dfrac{0.3010}{0.0458} = 6.57 \cdots$ よって，n は整数であるから $n \geqq 7$

  したがって，7 枚以上重ねるとよい。

例 26] ある濃度の水溶液が 100 g ある。これから 10 g を取り出すごとに同量の蒸留水を加えることにする。このような操作を繰り返すとき，何回目に液の濃度がはじめの $\dfrac{1}{3}$ 以下になるか。但し，$\log_{10} 3 = 0.4771$ とする。

解] n 回繰り返すと $\dfrac{1}{3}$ 以下になるとすると $\left(\dfrac{90}{100}\right)^n \leqq \dfrac{1}{3}$

  両辺の常用対数をとって $n(\log_{10} 3^2 - 1) \leqq -\log_{10} 3$

  これより $n \geqq \dfrac{0.4771}{0.0458} = 10.4 \cdots$ したがって 11 回目

練習 10] 3^{30} は何桁の整数か。但し，$\log_{10} 3 = 0.4771$ とする。

練習 11] 年利率 3% の複利で a 円を預金したとき，これが 1.3 倍以上になるのは何年後か。

4.2.4　対数方眼紙

　指数関数のグラフを普通の方眼紙に描くと，急上昇して方眼紙からすぐにはみ出してしまう。ところが，対数目盛では，小さい値も大きい値も一定の倍率を表す幅はどの位置でも同じである。したがって，その変化を調べるのに対数方眼紙は大変便利で，実験データを整理するときなどに広く利用される。

　等分目盛と対数目盛の幅の関係は図のようになり，等分目盛りが 0 から始まり，1，2，3，$\cdots$，10 に対し，対数目盛は $1 + \log_{10} 1 (= 1)$ から始まり，$1 + \log_{10} 2 (= 1.3010)$，$1 + \log_{10} 3 (= 1.4771)$，$\cdots$，$1 + \log_{10} 10 (= 2)$ と，だんだんと幅が狭くなっている。

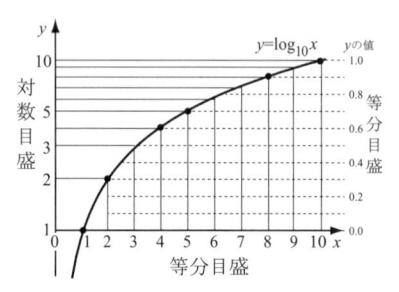

　片対数方眼紙は横軸に等分目盛り，縦軸に対数目盛をとったもので，指数関数 $y = 2^x$ などを描くと，一直線のグラフとなる。これは，$y = 2^x$ の両辺の対数をとると，$\log_{10} y = \log_{10} 2^x = x \log_{10} 2$ となり，ここで，$X = x$，$Y = \log_{10} y$ とおけば，$Y = (\log_{10} 2)X$ の直線の方程式になるからである。

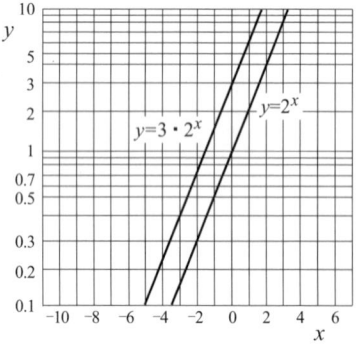

　両対数方眼紙は横軸と縦軸に対数目盛をとったもので，関数 $y = x^2$ などを描くと一直線のグラフとなる。これは，$y = x^2$ の両辺の対数をとると，$\log_{10} y = \log_{10} x^2 = 2 \log_{10} x$ となり，ここで，$X = \log_{10} x$，$Y = \log_{10} y$ とおけば，$Y = 2X$ の直線の方程式になるからである。

　一般に，片対数方眼紙では指数関数 $y = ka^x$ のグラフが直線になり，両対数方眼紙では関数 $y = kx^p$ のグラフが直線になる。

演 習 問 題

1. 次の値を求めよ。

(1) $27^{\frac{1}{3}}$ (2) $25^{-\frac{1}{2}}$ (3) $9^{-\frac{1}{2}}$

(4) $8^{-\frac{2}{3}}$ (5) 25^{5-5} (6) $(-3)^3$

(7) $(-3)^4$ (8) $\left(-3^2\right)^3$ (9) $3^5 \times 3^{-2}$

(10) $3^{-7} \div \left(3^{-5} \times 3^2\right)$ (11) $\left(2^3 \cdot 4^{-4}\right)^{-2}$ (12) $3^{-7} \div 3^{-5} \times 3^2$

(13) $2^{\frac{1}{3}} \times 2^{\frac{2}{3}}$ (14) $\left(2^{\frac{1}{3}}\right)^{\frac{3}{2}}$ (15) $3^{\frac{1}{2}} \div 3^{\frac{1}{6}} \times 3^{\frac{2}{3}}$

2. 次の値を求めよ。

(1) $\sqrt{a^3} \div \sqrt[4]{a^3} \times \sqrt{a} \times \sqrt[4]{a^3}$ (2) $x \times \sqrt{x} \div \sqrt[3]{\sqrt{x^9}}$

(3) $\sqrt[3]{ab^4} \times \sqrt{ab^3} \div \sqrt[3]{a\sqrt{b^5}}$ (4) $\left(x^{\frac{1}{2}} + x^{-\frac{1}{2}}\right)^2$

(5) $\left(\sqrt{a} + \sqrt{b}\right)\left(\sqrt{a} - \sqrt{b}\right)$ (6) $\left(\sqrt[3]{a} + \sqrt[3]{b}\right)\left(\sqrt[3]{a^2} - \sqrt[3]{ab} + \sqrt[3]{b^2}\right)$

3. 次の値を求めよ。

(1) $2^{\log_2 3}$ (2) $2^{-\log_2 3}$ (3) $2^{-2\log_2 3}$ (4) $4^{\log_2 3}$

(5) $\log_{10} \sqrt[3]{100}$ (6) $\log_5 1$ (7) $\log_5 125$ (8) $\log_{25} \dfrac{1}{125}$

4. 次の数を小さい順に並べよ。

(1) $16^5,\ 8^8,\ 4^{13}$ (2) $2^{30},\ 3^{20},\ 5^{15}$

(3) $5^{-50},\ 3^{-75},\ 2^{-100}$ (4) $0.5^{-\frac{1}{3}},\ 1,\ 0.5^{\frac{1}{2}}$

(5) $2,\ 2\log_9 4,\ \log_3 6$ (6) $\log_2 8,\ \log_4 8,\ \log_8 16$

5. 次の 8 つの関数のグラフのうち，互いに (1) から (4) のような関係にあるものを選べ。

     ① $y = 2^x$ ② $y = \left(\dfrac{1}{2}\right)^x$ ③ $y = -2^x$ ④ $y = -\left(\dfrac{1}{2}\right)^x$

     ⑤ $y = \log_2 x$ ⑥ $y = \log_2(-x)$ ⑦ $y = \log_{\frac{1}{2}} x$ ⑧ $y = \log_{\frac{1}{2}}(-x)$

(1) x 軸に関して対称   (2) y 軸に関して対称

(3) 原点に関して対称   (4) $y = x$ に関して対称

6. 次の関数のグラフは，$y = \log_3 x$ のグラフとどのような位置関係にあるか。

(1) $\log_3 3x$ (2) $\log_3 \dfrac{1}{x}$

7. $x^{\frac{1}{2}} + x^{-\frac{1}{2}} = 4$ のとき，次の式の値を求めよ。

    (1) $x + x^{-1}$　　　(2) $x^2 + x^{-2}$

8. $\log_{10} 2 = 0.3010$ として，5^{20} は何桁の整数か。

9. ある都市の人口は 1 年ごとに 5% の割合で増加している。この増加の状態が今後も続くものとしたとき，現在の人口 A 万人が x 年後に y 万人になるとして，y を x の式で表せ。

10. ある都市の現在の人口は 100 万人である。この都市の人口増加率が年 3% で一定であるとしたとき，人口が 2 倍になるのは何年後か。

11. 体内に吸収されたある種の毒素は，1 年間にその 1 割しか体外に排出されないとする。このとき，この毒素がはじめの量の半分になるのは，約何年後か。

12. 20 分ごとに 1 回分裂して 2 倍の個数に増えていくバクテリアがある。このバクテリア 40 個が分裂を開始してから，1 万個を超えるのは何時間後か。

13. 100 万円を年利率 5%，1 年ごとの複利で銀行に預けたい。その間のお金の出し入れはないものとし，元利合計が 150 万円を超えるのは何年後か。

14. ある町では一定の割合で土地の値段が上昇し，10 年間で 2 倍になったという。現在，100 万円の土地が今後も同じ割合で上昇するとしたとき，x 年後の値段を y 万円として，次の問いに答えよ。

    (1) y を x の式で表せ。

    (2) 15 年後，25 年後，5 年前の値段を求めよ。

    (3) 値段が 1,000 万円になるのは何年後か。

第 5 章

三角関数

5.1 三角関数

5.1.1 三角比

正弦，余弦，正接

直接に測定することのできない木の高さなどは，相似な図形の性質を利用して，次のようにして求めることができる。

図のように，身長 1.6 m の人影の長さが 2.7 m，木の影の長さが 10.8 m であるとき，人と木の間には

$$\frac{\text{QP}}{\text{OQ}} = \frac{\text{Q}'\text{P}'}{\text{O}'\text{Q}'}$$

の関係があり，木 QP の高さを x m とすると

$$\frac{x}{10.8} = \frac{1.6}{2.7}$$

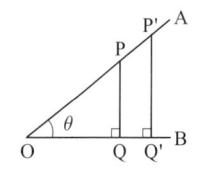

ゆえに，$x = \dfrac{1.6}{2.7} \times 10.8 = 6.4$ となり，木の高さは 6.4 m であることがわかる。

一般に，2 つの半直線 OA，OB のなす角 θ が鋭角（$0° < \theta < 90°$）のとき，$\angle$AOB の辺 OA 上の 2 点 P，P$'$ から辺 OB に，それぞれ垂線 PQ，P$'$Q$'$ を下ろすと

$$\triangle \text{POQ} \backsim \triangle \text{P}'\text{OQ}'$$

よって，$\dfrac{\text{PQ}}{\text{OQ}} = \dfrac{\text{P}'\text{Q}'}{\text{OQ}'}$ となる。

ここで，$\dfrac{\text{PQ}}{\text{OQ}} = t$ とおくと

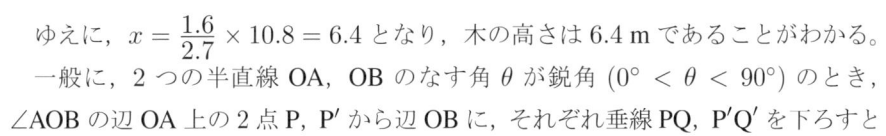

　t の値は，辺 OA 上の点 P の位置に関係なく，θ だけで定まる。この値 t を，角 θ の **正接**（せいせつ）または **タンジェント** といい，記号 $\tan\theta$ で表す。

　同じように，$\dfrac{\text{PQ}}{\text{PO}} = s$，$\dfrac{\text{OQ}}{\text{PO}} = c$ とおくと，s と c の値も，辺 OA 上の点 P の位置に関係なく，θ だけで定まる。この s の値を角 θ の **正弦**（せいげん）または **サイン** といい，記号 $\sin\theta$ で，c の値を 角 θ の **余弦**（よげん）または **コサイン** といい，記号 $\cos\theta$ で表す。

　$\sin\theta$, $\cos\theta$, $\tan\theta$ は，いずれも θ の関数である。これらをまとめて，角 θ の **三角関数** という。

三角比 ─────────────────────────────

$$\sin\theta = \frac{a}{c}, \qquad \cos\theta = \frac{b}{c}, \qquad \tan\theta = \frac{a}{b}$$

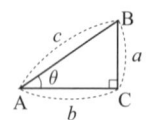

───

　巻末には，$0°$ から $90°$ までの $1°$ ごとの正弦と余弦と正接の三角関数表を添付してある。なお，$30°$，$45°$，$60°$ の正弦，余弦，正接の値は表のとおりである。

　測量などで点 P から点 Q を見るとき，Q が P を通る水平面より上にあれば（見上げれば），直線 PQ と水平面とのなす角を **仰 角**（ぎょうかく）といい，下にあれば（見下げれば）**俯 角**（ふかく）という。

角	正弦(sin)	余弦(cos)	正接(tan)
$0°$	0.0000	1.0000	0.0000
$1°$	0.0175	0.9998	0.0175
⋮	⋮	⋮	⋮
$30°$	0.5000	0.8660	0.5774
$45°$	0.7071	0.7071	1.0000
⋮	⋮	⋮	⋮
$60°$	0.8660	0.5000	1.7321
⋮	⋮	⋮	⋮
$90°$	1.0000	0.0000	–

θ	$\sin\theta$	$\cos\theta$	$\tan\theta$
$30°$	$\dfrac{1}{2}$	$\dfrac{\sqrt{3}}{2}$	$\dfrac{1}{\sqrt{3}}$
$45°$	$\dfrac{1}{\sqrt{2}}$	$\dfrac{1}{\sqrt{2}}$	1
$60°$	$\dfrac{\sqrt{3}}{2}$	$\dfrac{1}{2}$	$\sqrt{3}$

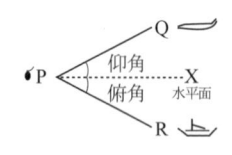

練習 1] 図の直角三角形において，$\sin\alpha$, $\cos\alpha$, $\tan\alpha$, $\sin\beta$, $\cos\beta$, $\tan\beta$ の値を求めよ。また，角 α と β を三角関数表より求めよ。

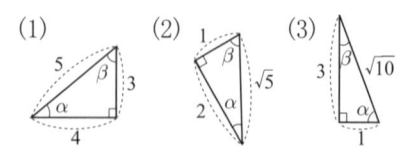

練習 2] 図の直角三角形において，角 α と β を三角関数表より求めよ。また，$\sin\alpha$, $\cos\alpha$, $\tan\alpha$, $\sin\beta$, $\cos\beta$, $\tan\beta$ の値を求めよ。

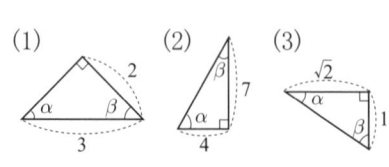

三角比の相互関係

正弦，余弦，正接の間の関係は，図の直角三角形 ABC において

$$\sin\theta = \frac{a}{c}\,, \qquad \cos\theta = \frac{b}{c}$$

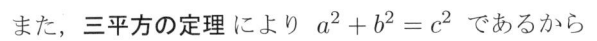

であるから，$a = c\sin\theta, \quad b = c\cos\theta$

ゆえに $\quad \tan\theta = \dfrac{a}{b} = \dfrac{c\sin\theta}{c\cos\theta} = \dfrac{\sin\theta}{\cos\theta}$

また，**三平方の定理** により $a^2 + b^2 = c^2$ であるから

$$(c\sin\theta)^2 + (c\cos\theta)^2 = c^2 \quad \text{より} \quad (\sin\theta)^2 + (\cos\theta)^2 = 1$$

となる。$(\sin\theta)^2$, $(\cos\theta)^2$ は，普通，$\sin^2\theta$, $\cos^2\theta$ と書く。すなわち

$$\sin^2\theta + \cos^2\theta = 1$$

また，この等式の両辺を $\cos^2\theta$ で割ることによって

$$\tan^2\theta + 1 = \frac{1}{\cos^2\theta}$$

が得られる。

三角比の相互関係 ────────────────

$$\tan\theta = \frac{\sin\theta}{\cos\theta}\,, \qquad \sin^2\theta + \cos^2\theta = 1\,, \qquad 1 + \tan^2\theta = \frac{1}{\cos^2\theta}$$

図の直角三角形 ABC において，2 辺の比として，$\dfrac{a}{c}$, $\dfrac{b}{c}$, $\dfrac{a}{b}$ 以外に，$\dfrac{c}{a}$, $\dfrac{c}{b}$, $\dfrac{b}{a}$ が考えられ，順に θ の余割 (cosecant)，正割 (secant)，余接 (cotangent) という。これらを $\operatorname{cosec}\theta$, $\sec\theta$, $\cot\theta$ と表すと

$$\operatorname{cosec}\theta = \frac{1}{\sin\theta}\,, \qquad \sec\theta = \frac{1}{\cos\theta}\,, \qquad \cot\theta = \frac{1}{\tan\theta}$$

の関係がある。

例 1] α は鋭角で $\cos\alpha = \dfrac{5}{6}$ のとき，$\sin\alpha$, $\tan\alpha$ を求めよ。

解] $\sin^2\alpha + \cos^2\alpha = 1$ より，$\sin^2\alpha = 1 - \left(\dfrac{5}{6}\right)^2 = \dfrac{11}{36}$

α は鋭角なので，$\sin\alpha = \dfrac{\sqrt{11}}{6}\,,\quad \tan\alpha = \dfrac{\sin\alpha}{\cos\alpha} = \dfrac{\sqrt{11}}{6} \times \dfrac{6}{5} = \dfrac{\sqrt{11}}{5}$

例 2] $\tan\alpha = \sqrt{3}$ のとき，$\sin\alpha$, $\cos\alpha$ および α を求めよ。

解] $\dfrac{1}{\cos^2\alpha} = 1 + (\sqrt{3})^2 = 4$

α は鋭角なので，$\cos\alpha = \dfrac{1}{\sqrt{4}} = \dfrac{1}{2}\,,\quad \sin\alpha = \tan\alpha \cdot \cos\alpha = \dfrac{\sqrt{3}}{2}\,,\quad \alpha = 60°$

例 3] ある建物の高さを測るため，その建物から 9.0 m 離れた地点で，高さ 1.2 m
の位置から建物の上端の仰角を測ったところ 35° であった。
建物の高さはいくらか。

解] 図において，AB を x m とすると，AE $= x - 1.2$

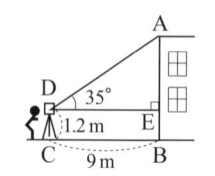

　よって，　$x - 1.2 = 9.0 \times \tan 35°$　で，

$\tan 35° = 0.7002$　であるから

　　　$x = 9.0 \times 0.7002 + 1.2 = 7.5018$

　よって，建物の高さは 約 7.5 m である。

例 4] スキー場で，水平面と 13° をなす長さ 300 m の第 1 リフトと，その終点か
ら長さ 200 m の第 2 リフトが出ている。 2 つのリフトを乗り継ぐことによって，
170.5 m の高さまで登ることができるとき，第 2 リフ
トが水平面となす角は何度か。

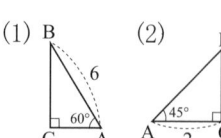

解] 求める角度を α とおくと

　　　$300 \times \sin 13° + 200 \times \sin \alpha = 170.5$

であるから　　$300 \times 0.2250 + 200 \sin \alpha = 170.5$

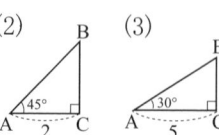

　ゆえに　　$\sin \alpha = 0.5150$

　三角関数表より　　$\alpha = 31°$

練習 3] 図の直角三角形において，AB，
BC，AC で不明の辺の長さを求めよ。

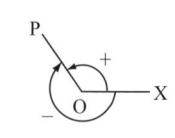

5.1.2　一般角

　平面上で，点 O から出る 2 つの半直線 OX，OP があり，この 2 つの半直線の間
の角 XOP は，はじめ OX の位置にあった半直線が点 O の周りに何回か回転して
OP の位置にくることによってできたものと考えられる。このとき，**OX** を **始線**，
OP を **動径** という。

　点 O の周りの回転には 2 つの向きがあり，時計の針のまわ
る向きと反対の向きを **正の向き**，同じ向きを **負の向き** とい
う。動径が回転した量に，回転の向きの正負の符号を付けて
角の大きさを表す。

　例えば，$\angle XOP = 50°$ の場合の回転角を示すと，次のようになる。

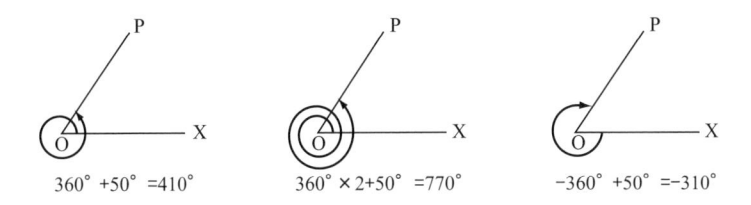

| $360° + 50° = 410°$ | $360° × 2 + 50° = 770°$ | $-360° + 50° = -310°$ |

このように，回転の向きと回転角の範囲を広げて考えた角を **一般角** という。角 XOP の大きさの 1 つを θ とすれば，動径 OP の表す一般角は，整数 n を用いて

$$\theta + 360° × n \quad (n = 0, \pm1, \pm2, \cdots)$$

と表される。角 $\theta + 360° × n$ の動径は，角 θ の動径と一致するから，次の公式が得られる。

$\theta + 360° × n$ の三角比 ──────────────────

$$\sin(\theta + 360° × n) = \sin\theta$$

$$\cos(\theta + 360° × n) = \cos\theta$$

$$\tan(\theta + 360° × n) = \tan\theta \quad (但し，n = 0, \pm1, \pm2, \cdots)$$

5.1.3 弧度法

角の表し方には，60 分法と弧度法がある。**60 分法** とは，1 点の周り全体を 360 度として，その $\dfrac{1}{360}$ を 1 度として 1° で表す。

弧度法 は，自然科学でよく使われる角の表し方で，円弧の長さは中心角に比例することを利用して，弧の長さを利用して角度を表す。半径 r の円で弧の長さ r に対する中心角の大きさを θ ラジアンとすると

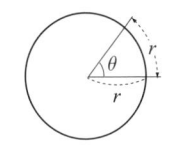

$$\frac{r}{2\pi r} = \frac{\theta°}{360°}$$

すなわち　$\theta = \dfrac{180°}{\pi} ≒ 57.295\cdots°$

となり，θ は半径 r に関係なく一定である。

したがって，60 分法と弧度法の関係は

$$180° = \pi \text{ ラジアン}, \quad 1 \text{ ラジアン} = \frac{180°}{\pi}$$

となる。普通，単位名のラジアンを省略して数値だけで表す。

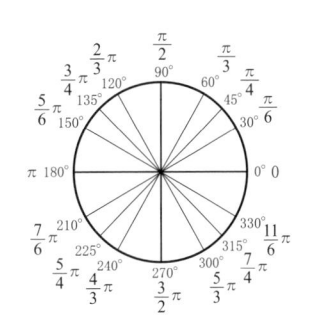

5.1.4 一般角の三角関数

sin, cos, tan の三角比の角は 0 から $\dfrac{\pi}{2}$ であった。これを一般角に範囲を広げた三角関数として考える。

座標平面上に原点を中心とする半径 r の半円を描き，x 軸との交点を A $(r,\ 0)$ とする。このとき，$\angle \mathrm{AOP} = \theta$ となるような点 P $(x,\ y)$ を円周上にとる。

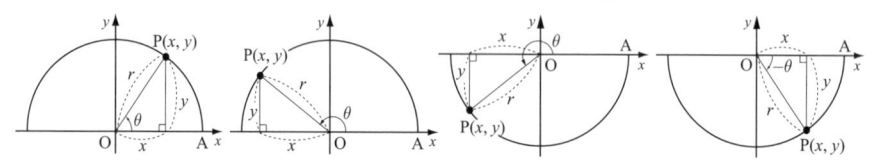

$0 \leqq \theta \leqq \pi$ の範囲にある角 θ の三角比の値 $\dfrac{y}{r}$，$\dfrac{x}{r}$ も円の半径 r に関係なく，θ の大きさによって定まる。また，$\pi \leqq \theta \leqq 2\pi$ も同様であり，$\dfrac{y}{x}$ の値は $\theta = \dfrac{\pi}{2}$ と $\dfrac{3}{2}\pi$ の場合を除いて定まる。よって，$0 \leqq \theta \leqq 2\pi$ の範囲にある角 θ の三角比も

$$\sin\theta = \frac{y}{r}, \qquad \cos\theta = \frac{x}{r}, \qquad \tan\theta = \frac{y}{x}$$

と定義する。特に

$\bigl[\,\theta = 0$ のとき $\bigr]$ $\sin\theta = 0,\ \cos\theta = 1,\ \tan\theta = 0$ である。

$\Bigl[\,\theta = \dfrac{\pi}{2}$ のとき $\Bigr]$ $\sin\theta = 1,\ \cos\theta = 0$ であり，$\tan\theta$ の値は考えない。

$\bigl[\,\theta = \pi$ のとき $\bigr]$ $\sin\theta = 0,\ \cos\theta = -1,\ \tan\theta = 0$ である。

$\Bigl[\,\theta = \dfrac{3}{2}\pi$ のとき $\Bigr]$ $\sin\theta = -1,\ \cos\theta = 0,\ \tan\theta$ の値は考えない。

また，角 θ の動径が

第 1 象限 $\left(0 < \theta < \dfrac{\pi}{2}\right)$ のとき，$x > 0,\ y > 0$ であるから
　　$\sin\theta > 0, \qquad \cos\theta > 0, \qquad \tan\theta > 0$

第 2 象限 $\left(\dfrac{\pi}{2} < \theta < \pi\right)$ のとき，$x < 0,\ y > 0$ であるから
　　$\sin\theta > 0, \qquad \cos\theta < 0, \qquad \tan\theta < 0$

第 3 象限 $\left(\pi < \theta < \dfrac{3}{2}\pi\right)$ のとき，$x < 0,\ y < 0$ であるから
　　$\sin\theta < 0, \qquad \cos\theta < 0, \qquad \tan\theta > 0$

第 4 象限 $\left(\dfrac{3}{2}\pi < \theta < 2\pi\right)$ のとき，$x > 0,\ y < 0$ であるから
　　$\sin\theta < 0, \qquad \cos\theta > 0, \qquad \tan\theta < 0$

である。

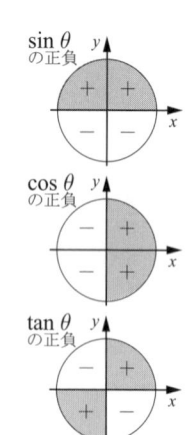

例5] 原点を中心とする半径 2 の円において，動径を表す角が $\dfrac{7}{6}\pi$ と $-\dfrac{\pi}{3}$ の円との交点 P と Q の座標は，P $(-\sqrt{3},\ -1)$ と Q $(1,\ -\sqrt{3})$ である。$\dfrac{7}{6}\pi$ と $-\dfrac{\pi}{3}$ のそれぞれの正弦，余弦，正接の値を求めよ。

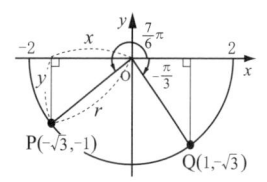

解] $\sin\dfrac{7}{6}\pi = \dfrac{-1}{2} = -\dfrac{1}{2}$ ，$\qquad \cos\dfrac{7}{6}\pi = \dfrac{-\sqrt{3}}{2} = -\dfrac{\sqrt{3}}{2}$ ，

$\tan\dfrac{7}{6}\pi = \dfrac{-1}{-\sqrt{3}} = \dfrac{1}{\sqrt{3}}$ ，$\qquad \sin\left(-\dfrac{\pi}{3}\right) = \dfrac{-\sqrt{3}}{2} = -\dfrac{\sqrt{3}}{2}$ ，

$\cos\left(-\dfrac{\pi}{3}\right) = \dfrac{1}{2}$ ，$\qquad\qquad \tan\left(-\dfrac{\pi}{3}\right) = -\sqrt{3}$

5.1.5 三角関数の性質

原点を中心とする半径 r が 1 の円（単位円という）と角 θ の動径の交点を P $(x,\ y)$，直線 OP と直線 $x = 1$ の交点を T $(1,\ t)$ とする。直線 OT の傾きは $\dfrac{t}{1}$ であり，これは，三角関数の定義で $\tan\theta$ でもある。よって

$$y = \sin\theta, \quad x = \cos\theta, \quad t = \tan\theta$$

が成り立つ。

なお，三角関数のとる値の範囲は

[1] $-1 \leqq \sin\theta \leqq 1$

$\qquad -1 \leqq \cos\theta \leqq 1$

[2] $\tan\theta$ はすべての値をとる

となる。

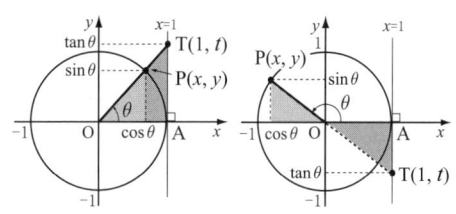

$\pi - \theta$ の三角関数

図のような半径 1 の半円において，点 P の y 軸に関して対称な点を P′ とし，$\angle\text{AOP} = \theta$ とすると，$\angle\text{AOP}' = \pi - \theta$ である。そこで，θ と $\pi - \theta$ の三角比について考える。

P, P′ は単位円上の点であるから，P $(x,\ y)$, P′ $(x',\ y')$ とすると

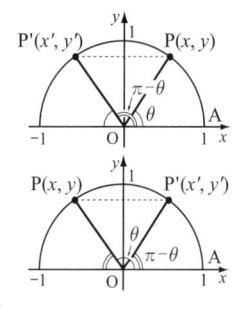

$$x = \cos\theta, \qquad\qquad y = \sin\theta$$
$$x' = \cos(\pi - \theta), \qquad y' = \sin(\pi - \theta)$$

であり

$$x' = -x, \qquad\qquad y' = y$$

であるから，次の公式が得られる。また，これらを用いると，鈍角の三角比は鋭角の三角比で表すことができる。

$\pi - \theta$ の三角関数

$$\sin(\pi - \theta) = \sin\theta , \qquad\qquad \cos(\pi - \theta) = -\cos\theta$$

$$\tan(\pi - \theta) = \frac{\sin(\pi - \theta)}{\cos(\pi - \theta)} = \frac{\sin\theta}{-\cos\theta} = -\tan\theta$$

同様の考え方で

$\pi + \theta$, $-\theta$ の三角関数

$$\sin(\pi + \theta) = -\sin\theta , \qquad \cos(\pi + \theta) = -\cos\theta , \qquad \tan(\pi + \theta) = \tan\theta$$

$$\sin(-\theta) = -\sin\theta , \qquad \cos(-\theta) = \cos\theta , \qquad \tan(-\theta) = -\tan\theta$$

$\dfrac{\pi}{2} + \theta$ の三角関数

図のような半径 1 の半円において

$$\angle\mathrm{AOP} = \theta , \qquad \angle\mathrm{AOP}' = \frac{\pi}{2} + \theta$$

とすると

$$x = \cos\theta , \qquad\qquad y = \sin\theta$$

$$x' = \cos\left(\frac{\pi}{2} + \theta\right) , \qquad y' = \sin\left(\frac{\pi}{2} + \theta\right)$$

であり，さらに，$\triangle\mathrm{OA}'\mathrm{P}' \equiv \triangle\mathrm{OAP}$ により $\qquad x' = -y , \qquad y' = x$

であるから，次の公式が得られる。

$\dfrac{\pi}{2} + \theta$ の三角関数

$$\sin\left(\frac{\pi}{2} + \theta\right) = \cos\theta , \qquad\qquad \cos\left(\frac{\pi}{2} + \theta\right) = -\sin\theta$$

$$\tan\left(\frac{\pi}{2} + \theta\right) = \frac{\sin\left(\frac{\pi}{2} + \theta\right)}{\cos\left(\frac{\pi}{2} + \theta\right)} = \frac{\cos\theta}{-\sin\theta} = -\frac{1}{\tan\theta}$$

同様の考え方で

$\dfrac{\pi}{2} - \theta$ の三角関数

$$\sin\left(\frac{\pi}{2} - \theta\right) = \cos\theta , \qquad\qquad \cos\left(\frac{\pi}{2} - \theta\right) = \sin\theta$$

$$\tan\left(\frac{\pi}{2} - \theta\right) = \frac{\sin\left(\frac{\pi}{2} - \theta\right)}{\cos\left(\frac{\pi}{2} - \theta\right)} = \frac{\cos\theta}{\sin\theta} = \frac{1}{\tan\theta}$$

練習 4] 次の三角関数を，$0°$ から $45°$ までの角の三角関数で表せ。また，その三角関数の値を求めよ。

(1) $\sin 70°$　　(2) $\cos 85°$　　(3) $\tan 55°$　　(4) $\sin 150°$　　(5) $\cos(-45°)$

(6) $\tan 160°$　　(7) $\sin 120°$　　(8) $\cos 110°$　　(9) $\cos 145°$　　(10) $\tan(-30°)$

練習 5] 次の三角関数を，θ の角のみの三角関数で表せ。

(1) $\sin(2\pi + \theta)$　　(2) $\cos\left(\dfrac{\pi}{2} - \theta\right)$　　(3) $\cos\left(\dfrac{\pi}{2} + \theta\right)$　　(4) $\sin\left(\dfrac{\pi}{2} - \theta\right)$

(5) $\tan(-\theta)$　　(6) $\tan(\pi - \theta)$　　(7) $\sin(\pi + \theta)$　　(8) $\tan(\pi + \theta)$

5.1.6　三角関数のグラフ

$\sin\theta$, $\cos\theta$, $\tan\theta$ のグラフ

角 θ を表す動径 OP と単位円との交点 P の座標は $\mathrm{P}(\cos\theta,\ \sin\theta)$，動径 OP の延長線上と直線 $x = 1$ の交点 T の座標は $\mathrm{T}(1,\ \tan\theta)$ である。

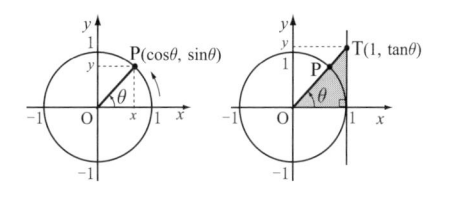

すなわち，P の y 座標は $\sin\theta$ であり，θ を変化させるとただ一つの y の値が定まり，y は θ の関数である。このことを利用すると，関数 $y = \sin\theta$ のグラフを描くことができる。同様に，P の x 座標は $\cos\theta$ であり，T の y 座標は $\tan\theta$ であり，$\sin\theta$, $\cos\theta$, $\tan\theta$ は，いずれも θ を変数とする関数であることから，グラフを描くことができる。

関数 $y = \sin\theta$ と $y = \cos\theta$ のグラフは，図のような形の曲線であり，この形の曲線を **正弦曲線** という。また，y の値域は $-1 \leqq y \leqq 1$ である。

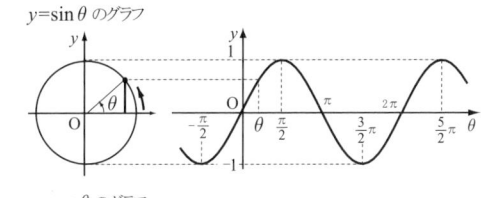

$y=\sin\theta$ のグラフ

同じ座標の平面上に関数 $y = \sin\theta$ と $y = \cos\theta$ のグラフを描くと，$y = \cos\theta$ のグラフは，$\cos\theta = \sin\left(\theta + \dfrac{\pi}{2}\right)$ であるから，$y = \sin\theta$

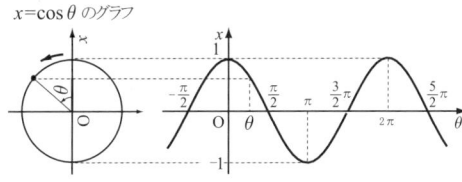

$x=\cos\theta$ のグラフ

のグラフを θ 軸の負の方向に $\dfrac{\pi}{2}$ だけ平行移動したものである。

$y = \tan\theta$ のグラフは，例えば，θ が $\dfrac{\pi}{2}$ に近づくとき，$\dfrac{\pi}{2}$ より小さい値から近づくときは，$\tan\theta$ の値は限りなく大きくなり，それより大きい値から近づくとき

は, 負の値をとりながらその絶対値は限りなく大きくなる。したがって, θ が $\dfrac{\pi}{2}$ に近づくとき, グラフは直線 $\theta = \dfrac{\pi}{2}$ に限りなく近づく。

直線 $\theta = \dfrac{\pi}{2} + n\pi$ ($n = 0, \pm 1, \pm 2, \cdots$) は, $y = \tan\theta$ の漸近線である。

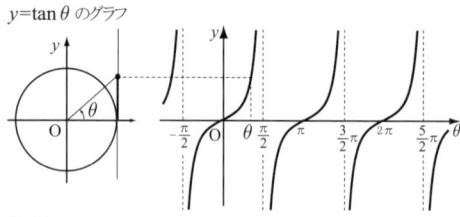

いろいろな三角関数のグラフ

$\sin x,\ \cos x,\ \tan x$ のように, ここでは変数を θ のかわりに x として表すことにする。

[関数 $y = 2\sin x$] $y = \sin x$ のグラフを y 軸の方向に 2 倍に拡大したものである。

[関数 $y = \dfrac{1}{2}\sin x$] $y = \sin x$ のグラフを y 軸の方向に $\dfrac{1}{2}$ 倍に縮小したものである。

[関数 $y = \sin 2x$] 任意の角 α に対して, $x = \dfrac{1}{2}\alpha$ のときの $y = \sin 2x$ の値は, $x = \alpha$ のときの $y = \sin x$ の値に等しい。したがって, $y = \sin x$ のグラフを y 軸を基準にして, x 軸方向に $\dfrac{1}{2}$ 倍に縮小したものである。

[関数 $y = \sin \dfrac{1}{2}x$] 同様に考えて, $y = \sin x$ のグラフを x 軸の方向に 2 倍に拡大したものである。

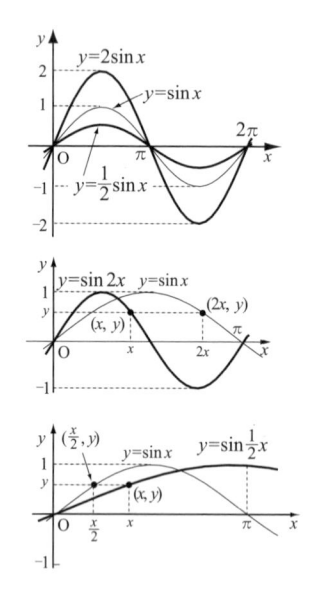

周期関数

$$\sin(x + 2\pi) = \sin x, \qquad \cos(x + 2\pi) = \cos x$$

の関係より, $\sin x$ および $\cos x$ の値は 2π ごとに同じ値をとる。また

$$\tan(x + \pi) = \tan x$$

より, $\tan x$ の値は π ごとに同じ値をとる。

一般に, 関数 $f(x)$ に対して 0 でない定数 p があって, 等式

$$f(x + p) = f(x)$$

が定義域のすべての x について成り立つとき, $f(x)$ は **周期関数** であるといい, p をその周期という。

奇関数・偶関数

$$\sin(-x) = -\sin x$$
$$\cos(-x) = \cos x$$
$$\tan(-x) = -\tan x$$

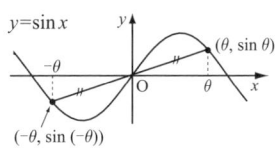

が成り立つから，$y = \sin x$, $y = \tan x$ のグラフ
は，いずれも原点に関して対称であり，$y = \cos x$
のグラフは，y 軸に関して対称である。

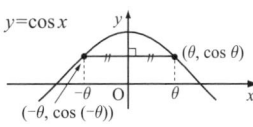

　一般に，関数 $y = f(x)$ において

　　　$f(-x) = -f(x)$ が常に成り立つとき，$f(x)$ は奇関数

　　　$f(-x) = f(x)$ が常に成り立つとき，$f(x)$ は偶関数

であるという。奇関数のグラフは，原点に関して対称であり，偶関数のグラフは，
y 軸に関して対称である。

　$y = \sin x$, $y = \tan x$ は奇関数で，$y = \cos x$ は偶関数である。

練習 6] 次の関数のグラフを描け。また，その周期を求めよ。

　(1) $y = 3\cos\dfrac{1}{2}x$　　(2) $y = -\tan x$　　(3) $y = 2\cos\left(x - \dfrac{\pi}{6}\right)$　　(4) $y = \cos 2x$

5.1.7　三角方程式・三角不等式

　$\sin\theta = \dfrac{1}{2}$, $2\cos\theta - 1 > 0$ のように，三角関数の角または角を表す式の中に未
知数を含む方程式や不等式を，それぞれ **三角方程式** や **三角不等式** という。

例 6] $0 \leqq \theta \leqq \pi$ のとき，次の条件を満たす θ の値を求めよ。

　(1) $\sin\theta = \dfrac{1}{2}$　　　　(2) $\sin\theta > \dfrac{1}{2}$　　　　(3) $\sin\theta < \dfrac{1}{2}$

解] 単位円を描き，x 軸の正の部分との交点を A とする。この円上の点 P (x, y)
に対して $\angle AOP = \theta$ とすれば

　　　$$\sin\theta = y$$

(1) 図より，P の y 座標が $\dfrac{1}{2}$ のときの θ が求める角で
ある。すなわち，y 座標が $\dfrac{1}{2}$ になる単位円上の点は，
図の P, P′ の 2 つで

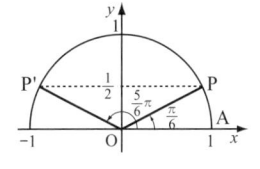

　　　$$\angle AOP = \dfrac{\pi}{6}, \qquad \angle AOP' = \dfrac{5}{6}\pi$$

　よって　$\theta = \dfrac{\pi}{6}, \quad \dfrac{5}{6}\pi$

(2) P の y 座標が $\dfrac{1}{2}$ から 1 の範囲のときで，その角 θ の値の範囲は $\dfrac{\pi}{6} < \theta < \dfrac{5}{6}\pi$

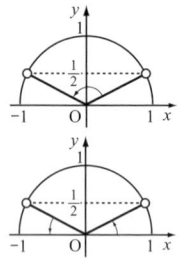

(3) P の y 座標が 0 から $\dfrac{1}{2}$ の範囲で，その角 θ の値の範囲は $0 \leqq \theta < \dfrac{\pi}{6}$, $\dfrac{5}{6}\pi < \theta \leqq \pi$

例 7] $0 \leqq \theta < 2\pi$ のとき，次の条件を満たす θ の値を求めよ。

(1) $\tan\theta = \sqrt{3}$　　　　(2) $\tan\theta < \sqrt{3}$

解] 図のように，点 T $(1, \sqrt{3})$ をとり，直線 OT と単位円の交点を P, P′ とする。

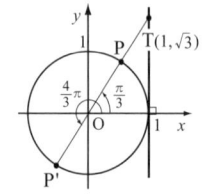

(1) 動径 OP, OP′ の表す角が求める値である。

　$0 \leqq \theta < 2\pi$ の範囲では $\theta = \dfrac{\pi}{3}$, $\dfrac{4}{3}\pi$

(2) $y = \tan\theta$ のグラフが，直線 $y = \sqrt{3}$ よりも下方にあるところの x の範囲が求める値である。よって $0 \leqq \theta < \dfrac{\pi}{3}$, $\dfrac{\pi}{2} < \theta < \dfrac{4}{3}\pi$, $\dfrac{3}{2}\pi < \theta < 2\pi$

5.1.8 逆三角関数

関数 $y = \tan x$ などは，角 x から三角比 y を求める関数であり，1 つの x の値に対して 1 つの y の値が決まる。

これに対して，三角比 y から角 x を求める関数，すなわち，三角関数の **逆関数** を **逆三角関数** といい，$x = \tan^{-1} y$ などと書く。そして，関数を表すとき変数を x，関数を y で表し，$y = \tan^{-1} x$ と書き改める。

正接関数の場合，これを **逆正接関数** または **アークタンジェント** という。このとき，1 つの三角比に対し，角は無限に多くあり，特に，$-\dfrac{\pi}{2} < y < \dfrac{\pi}{2}$ である y の値をその主値という。

同様に，$y = \sin x$ の場合，$y = \sin^{-1} x$ を **逆正弦関数** または **アークサイン** といい，主値は $-\dfrac{\pi}{2} \leqq y \leqq \dfrac{\pi}{2}$ である。$y = \cos x$ の場合，$y = \cos^{-1} x$ を **逆余弦関数** または **アークコサイン** といい，主値は $0 \leqq y \leqq \pi$ である。

練習 7] 次の値を求めよ。

(1) $\tan^{-1} 1$　　　(2) $\tan^{-1} \sqrt{3}$　　　(3) $\sin^{-1} \dfrac{1}{2}$　　　(4) $\cos^{-1} \dfrac{1}{2}$

5.2 加法定理とその応用

5.2.1 加法定理

2つの角 α と β の和 $\alpha + \beta$ や差 $\alpha - \beta$ の三角関数を，α，β の三角関数で表すことができる。

図のように，角 α，β を表す動径と単位円との交点を，それぞれ P, Q とすると

$$P\,(\cos\alpha,\ \sin\alpha)\,, \qquad Q\,(\cos\beta,\ \sin\beta)$$

であるから，距離の公式により

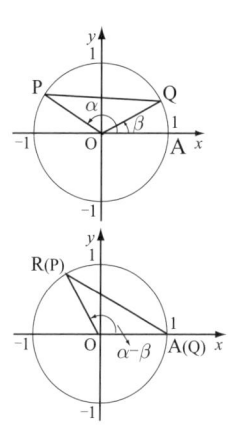

$$PQ^2 = (\cos\beta - \cos\alpha)^2 + (\sin\beta - \sin\alpha)^2$$
$$= 2\left\{1 - (\cos\alpha\cos\beta + \sin\alpha\sin\beta)\right\}$$

となる。一方，原点 O を中心として点 Q が A $(1,\,0)$ に重なるように，$\triangle$OPQ を $-\beta$ だけ回転すると，点 P が点 R に移り，R の座標は

$$R\left(\cos(\alpha - \beta),\ \sin(\alpha - \beta)\right)$$

となる。したがって

$$RA^2 = \left\{1 - \cos(\alpha - \beta)\right\}^2 + \left\{0 - \sin(\alpha - \beta)\right\}^2$$
$$= 2\left\{1 - \cos(\alpha - \beta)\right\}$$

ここで，$PQ = RA$ であるから

$$2\left\{1 - (\cos\alpha\cos\beta + \sin\alpha\sin\beta)\right\} = 2\left\{1 - \cos(\alpha - \beta)\right\}$$

よって $\qquad \cos(\alpha - \beta) = \cos\alpha\cos\beta + \sin\alpha\sin\beta \qquad \cdots\cdots ①$

が導かれる。

等式 ① の両辺の β を，$-\beta$ で置き換えると

$$\cos(-\beta) = \cos\beta\,, \qquad \sin(-\beta) = -\sin\beta$$

であるから

$$\cos(\alpha + \beta) = \cos\alpha\cos\beta - \sin\alpha\sin\beta \qquad \cdots\cdots ①'$$

等式 ① の両辺の α を，$\dfrac{\pi}{2} - \alpha$ で置き換えると

$$\cos\left(\left(\dfrac{\pi}{2} - \alpha\right) - \beta\right) = \cos\left(\dfrac{\pi}{2} - (\alpha + \beta)\right) = \sin(\alpha + \beta)$$
$$\cos\left(\dfrac{\pi}{2} - \alpha\right) = \sin\alpha\,, \qquad \sin\left(\dfrac{\pi}{2} - \alpha\right) = \cos\alpha$$

であるから

$$\sin(\alpha + \beta) = \sin \alpha \cos \beta + \cos \alpha \sin \beta \qquad \cdots\cdots ②$$

等式 ② の両辺の β を，$-\beta$ で置き換えると

$$\sin(\alpha - \beta) = \sin \alpha \cos \beta - \cos \alpha \sin \beta \qquad \cdots\cdots ②'$$

次に，$\tan(\alpha + \beta) = \dfrac{\sin(\alpha + \beta)}{\cos(\alpha + \beta)}$ より

$$\tan(\alpha + \beta) = \frac{\sin \alpha \cos \beta + \cos \alpha \sin \beta}{\cos \alpha \cos \beta - \sin \alpha \sin \beta}$$

この右辺の分母，分子を $\cos \alpha \cos \beta$ で割ると

$$\tan(\alpha + \beta) = \frac{\tan \alpha + \tan \beta}{1 - \tan \alpha \tan \beta} \qquad \cdots\cdots ③$$

等式 ③ の両辺の β を，$-\beta$ で置き換えると

$$\tan(\alpha - \beta) = \frac{\tan \alpha - \tan \beta}{1 + \tan \alpha \tan \beta} \qquad \cdots\cdots ③'$$

①，①$'$，②，②$'$，③，③$'$ を三角関数の **加法定理** という。

三角関数の加法定理 ───────────────────────

$$\sin(\alpha + \beta) = \sin \alpha \cos \beta + \cos \alpha \sin \beta$$

$$\sin(\alpha - \beta) = \sin \alpha \cos \beta - \cos \alpha \sin \beta$$

$$\cos(\alpha + \beta) = \cos \alpha \cos \beta - \sin \alpha \sin \beta$$

$$\cos(\alpha - \beta) = \cos \alpha \cos \beta + \sin \alpha \sin \beta$$

$$\tan(\alpha + \beta) = \frac{\tan \alpha + \tan \beta}{1 - \tan \alpha \tan \beta} \qquad \tan(\alpha - \beta) = \frac{\tan \alpha - \tan \beta}{1 + \tan \alpha \tan \beta}$$

2 倍角，半角の公式

加法定理で $\beta = \alpha$ とおくと，**2 倍角の公式** が得られる。

2 倍角の公式 ───────────────────────

$$\sin 2\alpha = 2 \sin \alpha \cos \alpha$$

$$\cos 2\alpha = \cos^2 \alpha - \sin^2 \alpha = 1 - 2 \sin^2 \alpha = 2 \cos^2 \alpha - 1$$

$$\tan 2\alpha = \frac{2 \tan \alpha}{1 - \tan^2 \alpha}$$

上の第 2 式より

$$\sin^2 \alpha = \frac{1 - \cos 2\alpha}{2}, \qquad \cos^2 \alpha = \frac{1 + \cos 2\alpha}{2}$$

$$\tan^2 \alpha = \frac{\sin^2 \alpha}{\cos^2 \alpha} = \frac{1 - \cos 2\alpha}{1 + \cos 2\alpha}$$

が成り立ち，これらの式で α を $\dfrac{\alpha}{2}$ で置き換えると，次の **半角の公式** が得られる。

半角の公式

$$\sin^2\frac{\alpha}{2} = \frac{1-\cos\alpha}{2}\,, \qquad \cos^2\frac{\alpha}{2} = \frac{1+\cos\alpha}{2}\,, \qquad \tan^2\frac{\alpha}{2} = \frac{1-\cos\alpha}{1+\cos\alpha}$$

例 8] $\sin 75°$，$\cos 15°$，$\tan 105°$ の値を求めよ。

解] $\sin 75° = \sin(45° + 30°) = \sin 45° \cos 30° + \cos 45° \sin 30°$

$$= \frac{1}{\sqrt{2}}\cdot\frac{\sqrt{3}}{2} + \frac{1}{\sqrt{2}}\cdot\frac{1}{2} = \frac{\sqrt{6}+\sqrt{2}}{4}$$

$\cos 15° = \cos(60° - 45°) = \cos 60° \cos 45° + \sin 60° \sin 45°$

$$= \frac{1}{2}\cdot\frac{1}{\sqrt{2}} + \frac{\sqrt{3}}{2}\cdot\frac{1}{\sqrt{2}} = \frac{\sqrt{6}+\sqrt{2}}{4}$$

$\tan 105° = \tan(60° + 45°) = \dfrac{\tan 60° + \tan 45°}{1 - \tan 60° \tan 45°}$

$$= \frac{\sqrt{3}+1}{1-\sqrt{3}\cdot 1} = -\frac{\left(\sqrt{3}+1\right)^2}{\left(\sqrt{3}-1\right)\left(\sqrt{3}+1\right)} = -2-\sqrt{3}$$

例 9] $\cos 3\alpha$ を $\cos\alpha$ で表せ。

解] $\cos 3\alpha = \cos(\alpha + 2\alpha) = \cos\alpha\cos 2\alpha - \sin\alpha\sin 2\alpha$

$$= \cos\alpha(2\cos^2\alpha - 1) - \sin\alpha(2\sin\alpha\cos\alpha) = 4\cos^3\alpha - 3\cos\alpha$$

例 10] 2 直線 $y = 2x - 2$，$y = \dfrac{1}{3}x + 1$ のなす角 θ を求めよ。但し，$0 \leqq \theta \leqq \dfrac{\pi}{2}$ とする。

解] 図のように，2 直線と x 軸の正の向きとのなす角を，それぞれ θ_1，θ_2 とすると，2 直線のなす角は

$$\theta = \theta_1 - \theta_2$$

である。そこで

$$\tan\theta_1 = 2\,, \qquad \tan\theta_2 = \frac{1}{3}$$

であるから

$$\tan\theta = \tan(\theta_1 - \theta_2) = \frac{\tan\theta_1 - \tan\theta_2}{1 + \tan\theta_1\tan\theta_2} = \frac{2 - \dfrac{1}{3}}{1 + 2\times\dfrac{1}{3}} = 1$$

ゆえに，$0 \leqq \theta \leqq \dfrac{\pi}{2}$ から $\theta = \dfrac{\pi}{4}$

例 11] $0 \leqq x < 2\pi$ の範囲で，不等式 $\cos x + \sin 2x \geqq 0$ を満たす x の値の範囲を求めよ。

解〕$\sin 2x = 2\sin x \cos x$ を用いて不等式を変形すると

$\cos x + 2\sin x \cos x \geqq 0$ より，　$\cos x(1 + 2\sin x) \geqq 0$

ゆえに　$\begin{cases} \cos x \leqq 0 \\ \sin x \leqq -\dfrac{1}{2} \end{cases}$　　または　$\begin{cases} \cos x \geqq 0 \\ \sin x \geqq -\dfrac{1}{2} \end{cases}$

$0 \leqq x < 2\pi$ において，この不等式を満たす x の値の範囲は

$\dfrac{7}{6}\pi \leqq x \leqq \dfrac{3}{2}\pi$　および　$\dfrac{11}{6}\pi \leqq x < 2\pi$

練習 8〕 $0 < \alpha < \dfrac{\pi}{2}$, $\dfrac{\pi}{2} < \beta < \pi$ において，$\sin\alpha = \dfrac{3}{5}$, $\sin\beta = \dfrac{2}{3}$ のとき，次の値を求めよ。

(1) $\sin(\alpha + \beta)$　　(2) $\sin(\alpha - \beta)$　　(3) $\cos(\alpha + \beta)$　　(4) $\cos(\alpha - \beta)$

5.2.2　加法定理の応用

積と和の公式

正弦と余弦の加法定理より，それぞれに和と差をとると

$$\sin\alpha \cos\beta = \frac{1}{2}\{\sin(\alpha + \beta) + \sin(\alpha - \beta)\}$$

$$\cos\alpha \sin\beta = \frac{1}{2}\{\sin(\alpha + \beta) - \sin(\alpha - \beta)\}$$

$$\cos\alpha \cos\beta = \frac{1}{2}\{\cos(\alpha + \beta) + \cos(\alpha - \beta)\}$$

$$\sin\alpha \sin\beta = -\frac{1}{2}\{\cos(\alpha + \beta) - \cos(\alpha - \beta)\}$$

が導かれる。

ここで，$\alpha + \beta = A$, $\alpha - \beta = B$ とおくと，$\alpha = \dfrac{A + B}{2}$, $\beta = \dfrac{A - B}{2}$ となるから，正弦，余弦の和，差を，積に直す公式が得られる。

$$\sin A + \sin B = 2\sin\frac{A + B}{2}\cos\frac{A - B}{2}$$

$$\sin A - \sin B = 2\cos\frac{A + B}{2}\sin\frac{A - B}{2}$$

$$\cos A + \cos B = 2\cos\frac{A + B}{2}\cos\frac{A - B}{2}$$

$$\cos A - \cos B = -2\sin\frac{A + B}{2}\sin\frac{A - B}{2}$$

三角関数の合成

遊園地などにあるコーヒーカップという乗り物は，ゆっくり回る円盤の台座の上に，クルクル回るコーヒーカップの座席が取り付けられている。このコーヒー

カップは外から眺めると複雑な動きをしている。しかし，このような複雑な動きも簡単な式で表されていることもある。

関数 $y = \sin\theta + \dfrac{1}{2}\cos 3\theta$ の変化は，2つの三角関数 $y = \sin\theta$ と $y = \dfrac{1}{2}\cos 3\theta$ のグラフから求めることができる。

$y = \sin\theta$ と $y = \dfrac{1}{2}\cos 3\theta$ のそれぞれの θ について，y 座標を足し合わせたものが，$y = \sin\theta + \dfrac{1}{2}\cos 3\theta$ の y 座標となる。このようにしてグラフを描いて，変化を見ることができる。

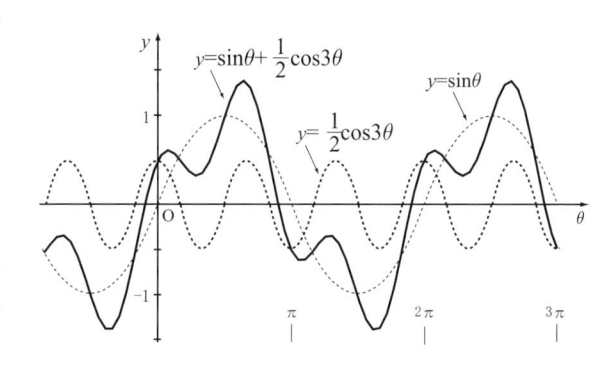

周期の異なる三角関数の和からなる関数は複雑な変化をする。しかし，我々の身の回りの現象で複雑な変化をする関数が，意外と単純な三角関数の和で表されることも多い。

次に，周期の等しい三角関数の和はどうなるであろうか。加法定理を利用すると，$a\sin\theta + b\cos\theta$ の形の式を $r\sin(\theta + \alpha)$ の形の式に変形することができる。

座標が (a, b) である点を P とし，OP が x 軸の正の向きとなす角を α，OP $= r$ とすると

$$r = \sqrt{a^2 + b^2}, \qquad a = r\cos\alpha, \qquad b = r\sin\alpha$$

よって　$a\sin\theta + b\cos\theta = r\cos\alpha\sin\theta + r\sin\alpha\cos\theta$

$$= r(\sin\theta\cos\alpha + \cos\theta\sin\alpha) = \sqrt{a^2 + b^2}\,\sin(\theta + \alpha)$$

このような変形を **三角関数の合成** という。

三角関数の合成 ———————————————————————

$$a\sin\theta + b\cos\theta = \sqrt{a^2 + b^2}\,\sin(\theta + \alpha)$$

$$\text{但し，}\quad \sin\alpha = \frac{b}{\sqrt{a^2 + b^2}}, \qquad \cos\alpha = \frac{a}{\sqrt{a^2 + b^2}}$$

例 12] $y = \sin\theta + \sqrt{3}\cos\theta$ を，$r\sin(\theta + \alpha)$ の形に変形せよ。

解] $\sqrt{1^2 + \left(\sqrt{3}\right)^2} = 2$ であるから

$$与式 = 2\left(\frac{1}{2}\sin\theta + \frac{\sqrt{3}}{2}\cos\theta\right) = 2\left(\sin\theta\cos\frac{\pi}{3} + \cos\theta\sin\frac{\pi}{3}\right) = 2\sin\left(\theta + \frac{\pi}{3}\right)$$

例 13] 関数 $y = \sin\theta + \cos\theta$ のグラフを描き，その最大値，最小値を求めよ。

解] $与式 = \sqrt{2}\left(\dfrac{1}{\sqrt{2}}\sin\theta + \dfrac{1}{\sqrt{2}}\cos\theta\right) = \sqrt{2}\left(\sin\theta\cos\dfrac{\pi}{4} + \cos\theta\sin\dfrac{\pi}{4}\right)$

$\qquad\qquad = \sqrt{2}\sin\left(\theta + \dfrac{\pi}{4}\right)$

よって，与えられた関数のグラフは，関数 $y = \sqrt{2}\sin\theta$ のグラフを θ 軸方向に $-\dfrac{\pi}{4}$ だけ平行移動したものである。

また，グラフから与えられた関数は

$\theta = \dfrac{\pi}{4} + 2\pi \times n$ のとき最大値　$\sqrt{2}$

$\theta = \dfrac{5}{4}\pi + 2\pi \times n$ のとき最小値 $-\sqrt{2}$

$\qquad\qquad$ 但し，$n = 0, \pm 1, \pm 2, \cdots$

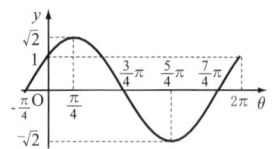

練習 9] $f(\theta) = \sqrt{3}\sin\theta + \cos\theta \quad (0 \leq \theta \leq 2\pi)$ について，次の問いに答えよ。

(1) 関数 $f(\theta)$ の最大値，最小値

(2) 等式 $f(\theta) = 1$ を満たす θ の値

(3) 不等式 $f(\theta) < 1$ を満たす θ の値

5.3　三角形への応用

5.3.1　正弦定理

　三角比を用いて，三角形の辺の長さと角の大きさの間に成り立つ関係を調べよう。

　$\triangle ABC$ において頂角 $\angle A$，$\angle B$，$\angle C$ の大きさを，それぞれ A，B，C，頂点の対辺の長さを a，b，c で表す。

　三角形の頂点が 1 つの円の円周上にある円を **外接円** といい，この外接円の半径を R とすると

$$a = 2R\sin A \quad \cdots\cdots ①$$

の関係がある。これを A が鋭角，直角，鈍角について証明しよう。

$\left[A < \dfrac{\pi}{2} \text{ のとき}\right]$ 図のように，B 点を通る辺 BD が直径のとき，$\triangle DBC$ は $\angle DCB$

が直角になる。また，D と A は同じ辺 BC 上の円周角である から

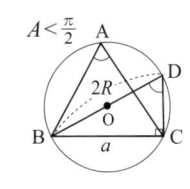

$$\angle \mathrm{DCB} = \frac{\pi}{2}, \qquad D = A$$

よって $\qquad a = 2R \sin D = 2R \sin A$

となり，① が成り立つ。

$\left[A = \dfrac{\pi}{2} \text{ のとき} \right]$ 外接円と三角形の関係より，辺 BC は直径 である。

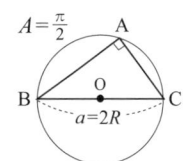

よって $\qquad a = 2R \sin \dfrac{\pi}{2} = 2R$

となり，① が成り立つ。

$\left[A > \dfrac{\pi}{2} \text{ のとき} \right]$ 外接円と四角形の関係より，$A + D = \pi$ で ある。

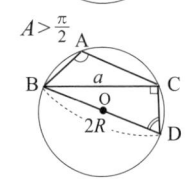

よって，① は $\quad a = 2R \sin(\pi - A) = 2R \sin A$

となり，① が成り立つ。

同様に，B，C についても成り立ち，次の **正弦定理** が得られる。

正弦定理────────────────────

△ABC において，外接円の半径を R とすると

$$\frac{a}{\sin A} = \frac{b}{\sin B} = \frac{c}{\sin C} = 2R$$

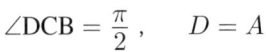

例 14] △ABC において，次の値を求めよ。

(1) $c = 3$，$A = 45°$，$B = 75°$ のときの a の値

(2) $a = \sqrt{2}$，$b = 1$，$A = 135°$ のときの C の値

(3) a が外接円の半径に等しいときの A の値

解] (1) $C = 180° - (45° + 75°) = 60°$

正弦定理により $\quad \dfrac{a}{\sin 45°} = \dfrac{3}{\sin 60°}$

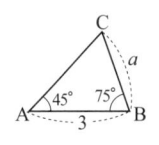

ゆえに $\quad a = \sin 45° \cdot \dfrac{3}{\sin 60°} = \dfrac{1}{\sqrt{2}} \cdot 3 \cdot \dfrac{2}{\sqrt{3}} = \sqrt{6}$

(2) 正弦定理により $\quad \dfrac{1}{\sin B} = \dfrac{\sqrt{2}}{\sin 135°}$

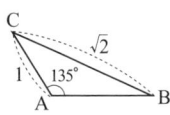

ゆえに $\quad \sin B = \dfrac{1}{\sqrt{2}} \sin 135° = \dfrac{1}{\sqrt{2}} \cdot \dfrac{1}{\sqrt{2}} = \dfrac{1}{2}$

$0° < B < 45°$ であるから $\quad B = 30°$

ゆえに $\quad C = 180° - (135° + 30°) = 15°$

(3) 正弦定理により $\dfrac{a}{\sin A} = 2a$ ゆえに, $\sin A = \dfrac{a}{2a} = \dfrac{1}{2}$

$0° < A < 180°$ であるから $A = 30°$, $150°$

5.3.2 余弦定理

正弦定理では, 三角形の 1 辺の長さとその両端の角の大きさが与えられたとき, 他の辺の長さを求めることができる。ここでは, 三角形の 2 辺の長さと, それらに挟まれた角の大きさが与えられたとき, 残りの辺の長さを求めよう。

△ABC に対して, 図のように座標軸を定めると, 頂点 B, C の座標は

$$B\,(c,\,0), \qquad C\,(b\cos A,\ b\sin A)$$

となる。このとき, C から x 軸に垂線 CH を下ろすと, H の座標は H $(b\cos A,\ 0)$ であり, $BC^2 = BH^2 + CH^2$ が成り立つ。

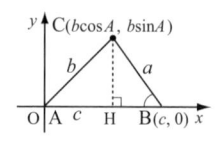

[∠B が鋭角の場合] $BH = c - b\cos A$

[∠B が直角または鈍角の場合]

$$BH = b\cos A - c = -(c - b\cos A)$$

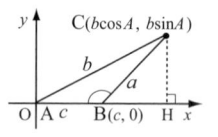

よって, ∠B が鋭角, 直角, 鈍角に関わらず

$$a^2 = (c - b\cos A)^2 + (b\sin A)^2$$
$$= c^2 - 2bc\cos A + b^2(\cos^2 A + \sin^2 A)$$

すなわち $a^2 = b^2 + c^2 - 2bc\cos A$

同様にして, 次の **余弦定理** が得られる。

余弦定理 ────────────────

△ABC において
$$a^2 = b^2 + c^2 - 2bc\cos A$$
$$b^2 = c^2 + a^2 - 2ca\cos B$$
$$c^2 = a^2 + b^2 - 2ab\cos C$$

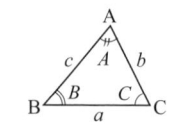

例 15] △ABC において, 次の値を求めよ。

(1) $a = 5$, $b = 4$, $C = \dfrac{\pi}{3}$ のときの c の値

(2) $a = 13$, $b = 7$, $c = 8$ のときの A の値

解] (1) 余弦定理により

$$c^2 = a^2 + b^2 - 2ab\cos C = 5^2 + 4^2 - 2\cdot 5\cdot 4\cdot\cos\dfrac{\pi}{3} = 21$$

$c > 0$ であるから, $c = \sqrt{21}$

(2) 余弦定理により
$$\cos A = \frac{b^2 + c^2 - a^2}{2bc} = \frac{7^2 + 8^2 - 13^2}{2 \cdot 7 \cdot 8} = -\frac{1}{2}$$
$0 < A < \pi$ であるから、　$A = \frac{2}{3}\pi$

例 16] 隣り合う 2 辺の長さが 3, 5 で、それらのなす角が $\frac{\pi}{3}$ である平行四辺形について、2 つの対角線の長さを求めよ。

解] 図のようにおくと　$BD^2 = 3^2 + 5^2 - 2 \cdot 3 \cdot 5 \cdot \cos\frac{\pi}{3} = 19$

$BD > 0$ であるから　$BD = \sqrt{19}$

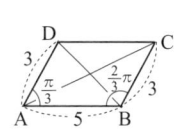

$$AC^2 = 5^2 + 3^2 - 2 \cdot 5 \cdot 3 \cdot \cos\frac{2}{3}\pi = 49$$

$AC > 0$ であるから　$AC = 7$

ゆえに、2 本の対角線の長さは、　$\sqrt{19}$,　7

練習 10] $\triangle ABC$ の 3 辺が次の場合、角 A, B, C を求めよ。

(1) $a = 4$, $b = 6$, $c = 5$　　(2) $a = 3$, $b = 5$, $c = 7$

5.3.3　三角形の面積

2 辺とそれらの挟む角が与えられたとき、三角形の面積を求めてみよう。

頂点 A から対辺 BC におろした垂線が、BC またはその延長と交わる点を H とする。

$\left[C < \frac{\pi}{2}$ のとき $\right]$ 高さ $AH = b\sin C$

$\left[C = \frac{\pi}{2}$ のとき $\right]$ $\sin C = 1$ であり、高さ $AH = b = b\sin C$

$\left[C > \frac{\pi}{2}$ のとき $\right]$ H は辺 BC の C の方向の延長上にあり
$$AH = b\sin\angle ACH = b\sin(\pi - C) = b\sin C$$

いずれの場合にも高さは $AH = b\sin C$ で与えられるから
$$S = \frac{1}{2} \times a \times b\sin C$$
となる。

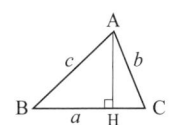 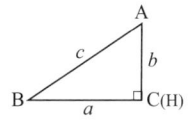 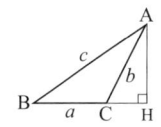

同様に考えて、次の公式が得られる。

三角形の面積 ————————————————

$$S = \frac{1}{2}\,bc\sin A = \frac{1}{2}\,ca\sin B = \frac{1}{2}\,ab\sin C$$

ヘロンの公式

△ABC の3辺が与えられたとき，$\sin^2 A + \cos^2 A = 1$ と余弦定理を使って，3辺だけで面積 S を求める公式を導こう。

$$\sin^2 A = 1 - \cos^2 A = 1 - \left(\frac{b^2 + c^2 - a^2}{2bc}\right)^2 = \frac{(2bc)^2 - (b^2 + c^2 - a^2)^2}{4b^2 c^2}$$

$$= \frac{1}{4b^2 c^2}(2bc + b^2 + c^2 - a^2)(2bc - b^2 - c^2 + a^2)$$

$$= \frac{1}{4b^2 c^2}\left\{(b+c)^2 - a^2\right\}\left\{a^2 - (b-c)^2\right\}$$

$$= \frac{1}{4b^2 c^2}(b+c+a)(b+c-a)(a-b+c)(a+b-c)$$

と変形でき，ここで，$2s = a + b + c$ とおくと

$$b + c - a = 2(s - a), \quad c + a - b = 2(s - b), \quad a + b - c = 2(s - c)$$

であるから $\quad \sin^2 A = \dfrac{4}{b^2 c^2}\,s\,(s-a)(s-b)(s-c)$

$0 < A < \pi$ より $\quad \sin A > 0$ であり，面積の公式を用いれば

$$S = \frac{1}{2}\,bc\sin A = \sqrt{s\,(s-a)(s-b)(s-c)}$$

が得られる。これを **ヘロンの公式** という。

ヘロンの公式 ──────────────

△ABC において，$s = \dfrac{1}{2}(a + b + c)$ とおくとき，その面積は

$$S = \sqrt{s\,(s-a)(s-b)(s-c)}$$

例17] △ABC において，$\mathrm{AC} = 10$，$\mathrm{AB} = 6$，$\angle \mathrm{BAC} = \dfrac{2}{3}\pi$ のとき，$\angle \mathrm{BAC}$ の二等分線と辺 BC との交点を D とする。AD の長さを求めよ。

解] AD の長さを x とする。△ABD+△ACD= △ABC であるから

$$\frac{1}{2}\cdot 6x\sin\frac{\pi}{3} + \frac{1}{2}\cdot 10x\sin\frac{\pi}{3} = \frac{1}{2}\cdot 6\cdot 10\cdot\sin\frac{2}{3}\pi$$

すなわち $\quad 4x\sin\dfrac{\pi}{3} = 15\sin\dfrac{2}{3}\pi$

ここで，$\sin\dfrac{\pi}{3} = \sin\dfrac{2}{3}\pi = \dfrac{\sqrt{3}}{2}$ であるから $\quad x = \dfrac{15}{4}$

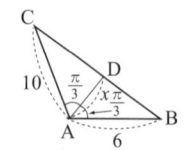

練習11] △ABC の3辺が次の場合，△ABC の面積を求めよ。

  (1) $a = 4,\ b = 6,\ c = 6$ (2) $a = 3,\ b = 6,\ c = 7$

5.3.4 図形の計量

三角比の性質を用いて，いろいろな図形の長さ，面積，体積などを求めてみよう。

例 18] 四角形 ABCD において，$AB = \sqrt{3}+1$, $BC = 2$, $AD = \sqrt{2}$, $\angle ABC = 60°$, $\angle BAD = 75°$ であるとき，この四角形の面積 S を求めよ。

解] $\triangle ABC$ において，余弦定理により

$$AC^2 = \left(\sqrt{3}+1\right)^2 + 2^2 - 2 \cdot \left(\sqrt{3}+1\right) \cdot 2 \cdot \cos 60° = 6$$

となるから， $AC = \sqrt{6}$

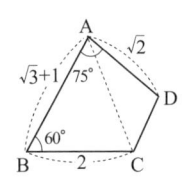

また，正弦定理により $\dfrac{\sqrt{6}}{\sin 60°} = \dfrac{2}{\sin \angle BAC}$

ゆえに $\sin \angle BAC = \dfrac{1}{\sqrt{2}}$

$0° < \angle BAC < 75°$ であるから $\angle BAC = 45°$

よって $\angle CAD = 30°$

したがって，求める面積は

$$S = \triangle ABC + \triangle ACD$$
$$= \frac{1}{2} \cdot \left(\sqrt{3}+1\right) \cdot 2 \cdot \sin 60° + \frac{1}{2} \cdot \sqrt{6} \cdot \sqrt{2} \cdot \sin 30° = \frac{3}{2} + \sqrt{3}$$

例 19] 台形 ABCD において AD と BC は平行，$AB = 6$, $BC = 8$, $CD = 5$, $DA = 3$ であるとき，この台形の面積 S を求めよ。

解] 台形の高さを h，$\angle B = \theta$ とし，図のように DC に平行に AE を引くと，四角形 AECD は平行四辺形で，次のことが成り立つ。

$$AE = CD = 5 , \quad EC = AD = 3 , \quad BE = BC - EC = 8 - 3 = 5$$

$\triangle ABE$ において，余弦定理により $\cos \theta = \dfrac{6^2 + 5^2 - 5^2}{2 \times 6 \times 5} = \dfrac{3}{5}$

よって $\sin \theta = \sqrt{1 - \left(\dfrac{3}{5}\right)^2} = \dfrac{4}{5}$

ゆえに $h = 6 \sin \theta = \dfrac{24}{5}$

したがって $S = \dfrac{1}{2} \times (3 + 8) \times \dfrac{24}{5} = \dfrac{132}{5}$

例 20] 海面からの高さ $30\,\mathrm{m}$ の灯台から東方にある船 A を見ると，俯角が $30°$，東から $30°$ 南にある船 B を見ると俯角が $45°$ であった。2 つの船 A，B の距離を求めよ。

解］灯台の先端を C，根元を D とすると，

$$CD = 30$$

$$AD = 30\tan 60° = 30\sqrt{3}$$

$$BD = 30\tan 45° = 30$$

△ABD で余弦定理により

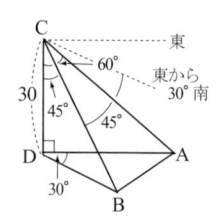

$$AB^2 = AD^2 + BD^2 - 2AD \cdot BD \cdot \cos 30°$$

$$= \left(30\sqrt{3}\right)^2 + 30^2 - 2 \cdot 30\sqrt{3} \cdot 30 \cdot \frac{\sqrt{3}}{2} = 900$$

$AB > 0$ であるから，　　$AB = 30$ m

例 21］ビルの長さを測定するために，図のような測量を行った。AB が 10 m，$\alpha = 50°$，$\beta = 35°$，$\gamma = 30°$，$\delta = 60°$ のとき，ビルの長さ CD を求めよ。

解］$\angle ACB = 65°$，　$\angle ADB = 55°$

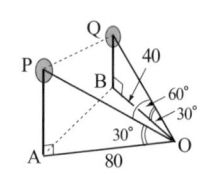

△ABC において，正弦定理より　　$\dfrac{10}{\sin 65°} = \dfrac{AC}{\sin 30°}$

ゆえに　　$AC = \dfrac{10 \times 0.5}{0.9063} = 5.517$

△ADB において，正弦定理より

$$\dfrac{10}{\sin 55°} = \dfrac{AD}{\sin 90°}$$　　ゆえに　　$AD = \dfrac{10 \times 1}{0.8192} = 12.207$

△ACD において，余弦定理より

$$CD^2 = 5.517^2 + 12.207^2 - 2 \cdot 5.517 \cdot 12.207 \cdot \cos 50° = 92.868$$

よって　　$CD = 9.64$ m

練習 12］地点 O からの距離がそれぞれ 80 m，40 m の地点 A，B の真上に気球 P，Q がある。O から P，Q を見たときの仰角がいずれも 30° で，また $\angle POQ = 60°$ のとき，気球 P，Q 間の距離を求めよ。

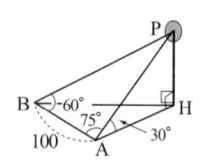

練習 13］地点 H の真上にある気球 P の高さを測るために，H と同じ水平面上にあって，100 m 離れた 2 地点 A，B から気球を観測し，$\angle PAB = 75°$，$\angle PBA = 60°$，$\angle PAH = 30°$ を得た。気球の高さを求めよ。

練習 14］四角形の 2 つの対角線の長さが a，b で，それらのなす角を θ とする。a，b，θ を用いて，この四角形の面積 S を求めよ。

演 習 問 題

1. 次の値を求めよ。

(1) $\sin\left(-\dfrac{\pi}{6}\right)$ （2） $\cos\left(-\dfrac{\pi}{6}\right)$ （3） $\tan\left(-\dfrac{\pi}{6}\right)$ （4） $\sin\dfrac{27}{4}\pi$

(5) $\cos\dfrac{2}{3}\pi$ （6） $\cos\dfrac{14}{3}\pi$ （7） $\sin\dfrac{5}{6}\pi$ （8） $\cos\dfrac{7}{6}\pi$

2. 次の問いに答えよ。

(1) θ が第 1 象限で，$\sin\theta = \dfrac{1}{2}$ のとき，$\cos\theta$，$\tan\theta$ の値を求めよ。

(2) θ が第 2 象限で，$\sin\theta = \dfrac{\sqrt{5}}{3}$ のとき，$\cos\theta$，$\tan\theta$ の値を求めよ。

(3) θ が第 3 象限で，$\tan\theta = \dfrac{1}{2}$ のとき，$\sin\theta$，$\cos\theta$ の値を求めよ。

3. 次の三角比の値を求めよ。但し，$0 \leqq \theta \leqq \pi$ とする。

(1) $\sin\theta = \dfrac{1}{4}$ のときの，$\cos\theta$ と $\tan\theta$

(2) $\tan\theta = -2$ のときの，$\cos\theta$ と $\sin\theta$

4. $\sin\dfrac{\pi}{8} = a$ とおくとき，次の値を a を用いて表せ。

(1) $\sin\dfrac{9}{8}\pi$ （2） $\cos\dfrac{5}{8}\pi$ （3） $\cos\dfrac{13}{8}\pi$

5. $0 \leqq \theta < 2\pi$ のとき，次の方程式や不等式を満たす θ の値を求めよ。

(1) $\sin\theta = -\dfrac{1}{2}$ （2） $\cos\theta = \dfrac{1}{2}$ （3） $\cos\theta = -\dfrac{\sqrt{3}}{2}$

(4) $\tan\theta = \dfrac{1}{\sqrt{3}}$ （5） $\sin\theta \geqq -\dfrac{1}{\sqrt{2}}$ （6） $\cos\theta > \dfrac{1}{2}$

(7) $\cos\theta < \dfrac{\sqrt{3}}{2}$ （8） $2\cos\theta - 1 \geqq 0$ （9） $2\sin\theta - \sqrt{3} \leqq 0$

6. 次の値を求めよ。

(1) $\cos 75°$ （2） $\tan 75°$ （3） $\sin 15°$ （4） $\tan 15°$

7. α は第 1 象限の角で $\cos\alpha = \dfrac{12}{13}$，$\beta$ は第 3 象限の角で $\sin\beta = -\dfrac{4}{5}$ とする。次の値を求めよ。

(1) $\sin(\alpha+\beta)$ （2） $\cos(\alpha+\beta)$ （3） $\sin(\alpha-\beta)$ （4） $\cos(\alpha-\beta)$

8. 水平面とのなす角が 15° の斜面を 4 km 歩いた。水平方向と垂直方向にはどれだけ進んだことになるか。また，この傾斜が続くものとして，標高差が 2 km になるには，斜面を何 m 歩かなければならないか。

9. 歩道橋の階段の 1 段が，幅が 30 cm で高さが 18 cm とする。この階段が 20 段あるとすると，歩道橋と道路のなす角を求めよ。

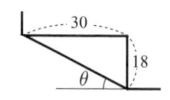

10. 図のように辺と角が与えられた三角形において，$\sin\alpha$, $\cos\alpha$, $\tan\alpha$, $\sin\beta$, $\cos\beta$, $\tan\beta$ および角 α, β の値を求めよ。

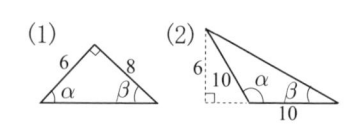

11. 50 cm のひもにおもりを付けた振り子を，図のように $\angle \mathrm{AOB} = \theta$ だけ振ったところ，おもりの位置の高さの差が 5 cm できた。θ の値を求めよ。

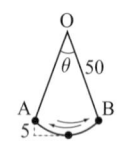

12. ある遊園地にある観覧車の半径は 12 m で，1 秒間に 5° 回転する。乗り場は一番下の A 点にあるとし，次の問いに答えよ。

(1) この観覧車は 1 秒間に何 cm 動くか。

(2) 10 秒間，20 秒間の回転角はいくらか。

(3) ある 1 つのゴンドラの 1 秒後，2 秒後，$\cdots$，10 秒後の高さを求めよ。

(4) t 秒後の高さを y m として，y を t の式で表せ。また，y が一番大きくなるのは，t がいくらのときか。但し，$0 \leqq t \leqq 72$ とする。

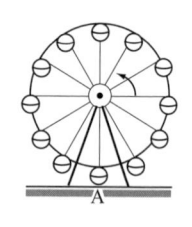

13. 高さが 5 m の街灯が壁から 2 m 離れて光っている。夜，A 地点にいた虫が，電球を中心にして次の角度だけ矢印の方向に動いたとすると，壁に映った影は地上から何 m のところにあるか。

(1) $\dfrac{\pi}{4}$　　(2) $\dfrac{\pi}{3}$　　(3) $-\dfrac{\pi}{6}$

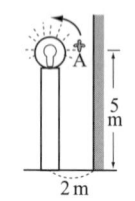

14. 川の対岸の 2 本の木 P，Q 間の距離を求めるために，線分 AB を 30 m の長さにとり，図の角 α, β, γ, δ を測ったところ，50°，25°，40°，30° であった。PQ はおよそ何 m か。

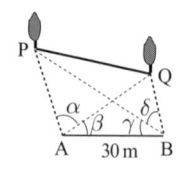

第 6 章

図形と方程式

6.1　点と直線

6.1.1　直線上の点の座標

　1つの直線 l 上に異なる2つの点 O と P を定めるとき，点 P は点 O から x のところとする。直線 l を数直線としたとき，この数直線上の座標で点 O を原点とすると，x のところにある点を P (x) と書く。また，2点 A (a)，B (b) の間の距離 AB は，絶対値の記号を用いて $|b-a|$ と表す。

線分の内分点，外分点

　m，n を正の数とし，線分 AB 上に点 P があり，点 P が

$$\text{AP} : \text{PB} = m : n$$

を満たすとき，点 P は線分 AB を $m:n$ の比に **内分** するといい，点 P を線分 AB の **内分点** という。

　m，n を異なる正の数とし，線分 AB の延長上に点 Q があり，点 Q が

$$\text{AQ} : \text{QB} = m : n$$

を満たすとき，点 Q は，線分 AB を $m:n$ の比に **外分** するといい，点 Q を線分 AB の **外分点** という。

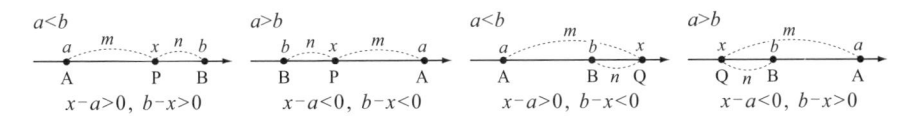

数直線上の 2 点 A (a), B (b) に対して, 線分 AB を $m : n$ の比に内分する点 P (x), 外分する点 Q (x) の座標を求めよう。

$$|x - a| : |b - x| = m : n$$

ゆえに　　　$n|x - a| = m|b - x|$　……　①

となり, 内分する場合は $a < b$, $a > b$ に関わらず, $x - a$ と $b - x$ は同符号であるから

$$n(x - a) = m(b - x)$$

よって, 内分点は　　　$x = \dfrac{na + mb}{m + n}$

外分する場合は, $m > n$ とすると, ① 式は $a < b$, $a > b$ に関わらず, $x - a$ と $b - x$ は異符号であるから

$$n(x - a) = -m(b - x)$$

よって, 外分点は　　　$x = \dfrac{-na + mb}{m - n}$

練習 1] 2 点 A (8), B (-4) に対して, 線分 AB を次のように分ける点 P の座標を求めよ。

(1) $5 : 1$ に内分　　(2) $1 : 5$ に内分　　(3) $3 : 2$ に外分　　(4) $2 : 3$ に外分

6.1.2　平面上の点の座標

平面上に座標軸, すなわち, x 軸, y 軸を定め, 平面上の点 P の座標が (x, y) であるとき, P (x, y) と表す。また, このように座標の定められた平面を座標平面という。

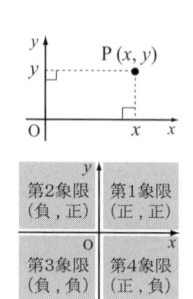

座標平面は座標軸によって, 第 1 象限 (正, 正), 第 2 象限 (負, 正), 第 3 象限 (負, 負), 第 4 象限 (正, 負) の 4 つの部分に分けられる。但し, 座標軸はどの象限にも含まれないものとする。

2 点間の距離

座標平面上の 2 点 A (x_1, y_1), B (x_2, y_2) 間の距離 AB を求めよう。図において $\triangle ABC$ は三平方の定理 (ピタゴラスの定理) により

$$AB^2 = AC^2 + BC^2$$

であるから

$$AB^2 = (x_2 - x_1)^2 + (y_2 - y_1)^2$$

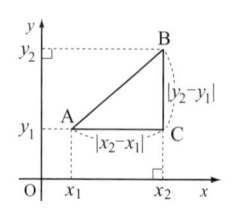

この式は線分 AB が座標軸に平行な場合も成り立つ。

2 点間の距離

2 点 A $(x_1,\ y_1)$, B $(x_2,\ y_2)$ の間の距離は

$$AB = \sqrt{(x_2 - x_1)^2 + (y_2 - y_1)^2}$$

座標平面上の内分点, 外分点

座標平面上の 2 点 A $(x_1,\ y_1)$, B $(x_2,\ y_2)$ に対して, 線分 AB を $m:n$ の比に内分する点 P $(x,\ y)$ の座標を求めよう。

A, B, P から x 軸に, それぞれ垂線 AA′, BB′, PP′ を下ろすと, 点 P′ は線分 A′B′ を $m:n$ の比に内分するので, 数直線上の内分点の公式から

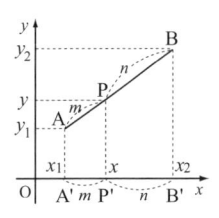

$$x = \frac{nx_1 + mx_2}{m + n}$$

また, 直線 AB が y 軸に平行のときは, $x = x_1 = x_2$ であり, このときもこの式が成り立つ。

点 P の y 座標についても同様にして求まる。また, 外分点の座標についても, 数直線上の外分点の公式から次のことがいえる。

内分点, 外分点

2 点 A $(x_1,\ y_1)$, B $(x_2,\ y_2)$ に対して

線分 AB を $m:n$ の比に内分する点の座標は

$$\left(\frac{nx_1 + mx_2}{m + n},\ \frac{ny_1 + my_2}{m + n} \right) \qquad 但し,\ m + n \neq 0$$

線分 AB を $m:n$ の比に外分する点の座標は

$$\left(\frac{-nx_1 + mx_2}{m - n},\ \frac{-ny_1 + my_2}{m - n} \right) \qquad 但し,\ m \neq n$$

3 点 A $(x_1,\ y_1)$, B $(x_2,\ y_2)$, C $(x_3,\ y_3)$ を頂点とする △ABC の重心 G の座標を求めよう。

辺 BC の中点 M の座標は

$$\left(\frac{x_2 + x_3}{2},\ \frac{y_2 + y_3}{2} \right)$$

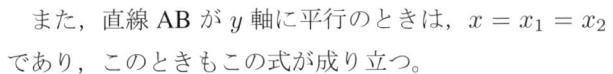

重心 G は線分 AM を $2:1$ の比に内分する点であるから, その x 座標は

$$x = \frac{1 \times x_1 + 2 \times \dfrac{x_2 + x_3}{2}}{2 + 1} = \frac{x_1 + x_2 + x_3}{3}$$

したがって，**重心 G** の座標は $\left(\dfrac{x_1 + x_2 + x_3}{3},\ \dfrac{y_1 + y_2 + y_3}{3}\right)$ となる。

三角形の重心────────────────────────────

　　3 点 A $(x_1,\ y_1)$，B $(x_2,\ y_2)$，C $(x_3,\ y_3)$ を頂点とする三角形の重心の座標は

$$\left(\dfrac{x_1 + x_2 + x_3}{3},\ \dfrac{y_1 + y_2 + y_3}{3}\right)$$
────────────────────────────────────

練習 2] 2 点 A $(4,\ 3)$，B $(-2,\ 1)$ に対して，次の点の座標を求めよ。

　(1) 線分 AB を $3 : 1$ に内分する点および外分する点

　(2) 線分 AB を $1 : 3$ に内分する点および外分する点

6.1.3　直線の方程式

　直線と x 軸の正の向きとなす角が θ $(0 \leqq \theta \leqq \pi)$ である直線 l の方程式を求めよう。

$[\theta$ が直角でないとき$]$ 直線 l と y 軸との交点（y 切片）を B $(0,\ b)$ とし，y 切片と異なる直線 l 上の任意の点を P $(x,\ y)$ とすると

$$\frac{y - b}{x} = \tan\theta$$

ここで，$m = \tan\theta$ とおくと，直線の方程式は

$$y = mx + b \quad \cdots\cdots ①$$

で表される。① は点 B $(0,\ b)$ も満たしている。

$[\theta$ が直角のとき$]$ 直線 l と x 軸との交点（x 切片）を A $(a,\ 0)$ とすると，直線 l は y 軸に平行であり，直線の方程式は

$$x = a \quad （a は定数）$$

となる。

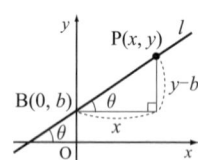

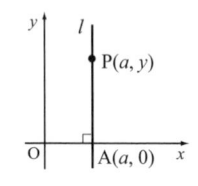

点 A $(x_1,\ y_1)$ を通り，傾きが m の直線の方程式

　求める直線上の任意の点を P $(x,\ y)$ とすると，点 P が点 A と異なるとき，点 P と点 A を結ぶ直線の傾きが m であるから

$$\frac{y - y_1}{x - x_1} = m$$

　ゆえに，直線の方程式は　　　$y - y_1 = m(x - x_1)$

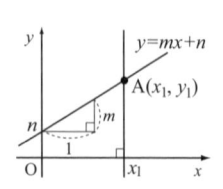

異なる 2 点 A (x_1, y_1), B (x_2, y_2) を通る直線

$[x_1 \neq x_2$ のとき$]$ 傾きが $\dfrac{y_2 - y_1}{x_2 - x_1}$ であるから，直線の方程式は

$$y - y_1 = \frac{y_2 - y_1}{x_2 - x_1}(x - x_1)$$

$[x_1 = x_2$ のとき$]$ 直線の方程式は　　　$x = x_1$

直線の方程式 ─────────────────────────

・点 (x_1, y_1) を通り，傾きが m の直線の方程式

$$y - y_1 = m(x - x_1)$$

・異なる 2 点 A (x_1, y_1), B (x_2, y_2) を通る直線

$x_1 \neq x_2$ のとき　　$y - y_1 = \dfrac{y_2 - y_1}{x_2 - x_1}(x - x_1)$

$x_1 = x_2$ のとき　　$x = x_1$

───────────────────────────────────

練習 3] 次の直線の方程式を求めよ。

(1) 点 $(-1, 3)$ を通り，傾きが -2 の直線

(2) 点 $(-3, -1)$ を通り，傾きが 0 の直線

(3) y の切片が 6 で，傾きが 2 の直線

(4) 点 $(-3, 2)$ を通り，y 軸に平行な直線

(5) 点 $(1, 3)$, $(2, 6)$ を通る直線

2 直線の平行と垂直

2 直線　　$y = m_1 x + n_1$　　$\cdots\cdots$ ①

　　　　　$y = m_2 x + n_2$　　$\cdots\cdots$ ②

が平行であるための条件は，それらの直線の傾きが等しいときである。すなわち

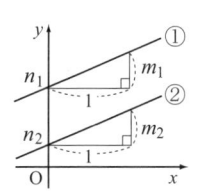

　　2 直線 ①, ② が平行　$\iff$　$m_1 = m_2$

次に，2 直線が垂直であるための条件は，2 直線 ①, ② に平行で原点 O を通る 2 直線 $y = m_1 x$, $y = m_2 x$ が垂直であるための条件を求めたらよい。

直線 $x = 1$ とこれらの直線の交点は，それぞれ点 M $(1, m_1)$, N $(1, m_2)$ となり，OM と ON が垂直ならば三平方の定理より

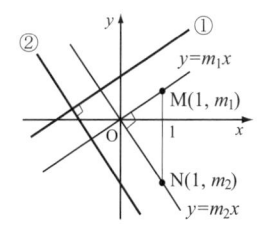

$$OM^2 + ON^2 = MN^2 \quad \cdots\cdots ③$$

よって　$(1^2 + m_1{}^2) + (1^2 + m_2{}^2) = (m_2 - m_1)^2$

ゆえに　$m_1 m_2 = -1$　$\cdots\cdots ④$

逆に，④ が成り立つと，③ も成り立つから OM と ON は垂直，したがって，直線 ①，② は垂直である。

2 直線の平行・垂直

2 直線　$y = m_1 x + n_1,\ y = m_2 x + n_2$ の平行，垂直の関係は

平行　$\Longleftrightarrow$　$m_1 = m_2$,　　　　　　　　垂直　$\Longleftrightarrow$　$m_1 m_2 = -1$

例 1] 点 $(6, -1)$ を通り，直線 $3x + 2y - 4 = 0$ に平行な直線および垂直な直線の方程式を求めよ。

解] 与えられた直線の方程式を変形して

$$y = -\frac{3}{2}x + 2 \quad \cdots\cdots ①$$

点 $(6, -1)$ を通り ① に平行，すなわち，① と同じ傾き $-\frac{3}{2}$ の直線の方程式は

$$y + 1 = -\frac{3}{2}(x - 6) \qquad すなわち \quad 3x + 2y - 16 = 0$$

次に，① に垂直な直線の傾きを m とすると

$$-\frac{3}{2}m = -1 \qquad ゆえに \quad m = \frac{2}{3}$$

したがって，点 $(6, -1)$ を通り ① に垂直な直線の方程式は

$$y + 1 = \frac{2}{3}(x - 6) \qquad すなわち \quad 2x - 3y - 15 = 0$$

練習 4] 次の直線のうちで，直線 $3x - 2y + 4 = 0$ に平行であるものはどれか。また，垂直であるものはどれか。

(1) $2x + 3y - 2 = 0$ 　　　　(2) $-3x + 2y + 5 = 0$

(3) $4x + 6y - 5 = 0$ 　　　　(4) $6x - 4y + 3 = 0$

点と直線の距離

原点 O と，次の方程式 ① で表される直線 l との距離を求めよう。

$$ax + by + c = 0 \quad \cdots\cdots ①$$

原点 O を通り直線 l に垂直な直線の方程式は，傾きが $\dfrac{b}{a}$ であるので

$$bx - ay = 0 \quad \cdots\cdots ②$$

2 直線 ①，② の交点を H (x_0, y_0) とし，式 ①，② から x と y について解くと

$$x_0 = -\frac{ac}{a^2 + b^2}, \qquad y_0 = -\frac{bc}{a^2 + b^2}$$

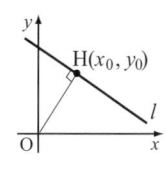

ゆえに, 原点 O と直線 l の距離は

$$\text{OH} = \sqrt{x_0^2 + y_0^2} = \frac{|c|}{\sqrt{a^2 + b^2}}$$

次に, 点 P (x_1, y_1) と直線 l との距離 d を求めよう。

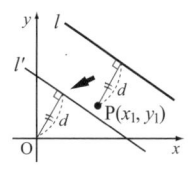

点 P と直線 l を x 軸方向に $-x_1$, y 軸方向に $-y_1$ だけ平行移動すると, 点 P は原点 O に, 直線 l はそれと平行な直線 l' に移り, 原点と直線との距離になる。

よって, 直線 l' の方程式は

$$a(x + x_1) + b(y + y_1) + c = 0$$

すなわち $\quad ax + by + (ax_1 + by_1 + c) = 0$

となり, 距離 d は, 原点 O と直線 l' の距離に等しいから, 次のことがいえる。

点と直線の距離─────────────────

点 P (x_1, y_1) と直線 $ax + by + c = 0$ の距離を d とすると

$$d = \frac{|ax_1 + by_1 + c|}{\sqrt{a^2 + b^2}}$$

─────────────────────────────

練習 5] 次の点と直線の距離を求めよ。

(1) 原点と直線 $3x - 4y = 2$ (2) 点 $(5, -1)$ と直線 $4x + 3y - 2 = 0$

6.2 いろいろな曲線

6.2.1 円の方程式

円は一定点から一定の距離にある点の軌跡である。この定点 C (a, b) から一定の距離 r にある任意の点を P (x, y) とすると, 条件 CP$= r$ より

$$\sqrt{(x - a)^2 + (y - b)^2} = r$$

となり, 両辺はともに正であるから, この式は

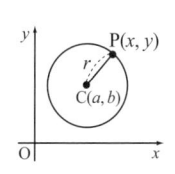

$$(x - a)^2 + (y - b)^2 = r^2 \quad \cdots\cdots ①$$

と同値である。

よって, ① は円の方程式である。

円の方程式──────────────────

点 (a, b) を中心とし, 半径が r の円の方程式は

$$(x - a)^2 + (y - b)^2 = r^2$$

特に，原点 O を中心とし，半径が r の円の方程式は $\quad x^2 + y^2 = r^2$

例 2] 方程式 $x^2 + y^2 - 2x - 4y - 31 = 0$ は，どのような図形を表すか。

解] 方程式を変形すると

$$(x^2 - 2x + 1) + (y^2 - 4y + 4) = 31 + 1 + 4$$

すなわち $\quad (x - 1)^2 + (y - 2)^2 = 6^2$

よって，方程式は 中心 $(1,\ 2)$，半径 6 の円を表す。

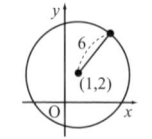

練習 6] A $(2,\ 7)$，B $(8,\ 1)$，C $(2,\ -5)$ の 3 点を通る円の方程式を求めよ。

円と直線

2 直線の交点の座標は，その 2 直線を表す方程式を連立させて解けば得られる。同様に，直線と円，あるいは 2 つの円の交点や接点の座標も，それらの方程式を連立させて解けば得られる。直線と円の位置関係は，それらの方程式を連立させると 2 次方程式となるので，解の公式より

    [1] $D > 0$ 異なる 2 点で交わる

    [2] $D = 0$ ただ 1 つの共有点をもつ

    [3] $D < 0$ 共有点をもたない

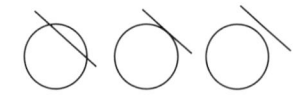

となる。直線と円がただ 1 つの共有点をもつとき，その直線は円に **接する** といい，その共有点を **接点**，その直線を **接線** という。

例 3] 直線 $y = x + k$ が円 $x^2 + y^2 = 9$ に接するように，定数 k の値を求めよ。

解] $y = x + k$ を $x^2 + y^2 = 9$ に代入して整理すると

$$2x^2 + 2kx + k^2 - 9 = 0 \quad \cdots\cdots ①$$

直線が円に接するための条件は，2 次方程式 ① について判別式が 0 であるから

$$k^2 - 2(k^2 - 9) = 0 \quad すなわち \quad -k^2 + 18 = 0$$

よって $\quad k = \pm 3\sqrt{2}$

例 4] 円 $x^2 + y^2 = 3^2$ と直線 $x - y - 2 = 0$ の 2 つの交点を結ぶ線分の長さ l を求めよ。

解］円の中心 $(0,\ 0)$ と直線 $x-y-2=0$ の距離 d は

$$d = \frac{|1\cdot 0 - 1\cdot 0 - 2|}{\sqrt{1^2 + (-1)^2}} = \sqrt{2}$$

また，円の半径は r は　　$r = 3$

であるから，三平方の定理を用いて

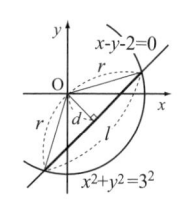

$$3^2 = \sqrt{2}^2 + \left(\frac{1}{2}l\right)^2 \quad \text{より} \quad \frac{1}{2}l = \sqrt{7}$$

ゆえに，求める線分の長さは　　$l = 2\sqrt{7}$

練習 7］直線 $y = ax - 3$ と円 $x^2 + y^2 = 4$ が，次の関係にあるための条件を求めよ。

(1)　交わる　　　　　　(2)　接する　　　　　　(3)　共有点がない

円の接線の方程式

点 P $(x_1,\ y_1)$ が円 $x^2 + y^2 = r^2$ 上にあるとき，点 P における円の接線は，円の中心 O と点 P を通る直線に垂直である。このことを用いて，円の接線の方程式を求めよう。

$x_1 \neq 0,\ y_1 \neq 0$ のとき，直線 OP の傾きは $\dfrac{y_1}{x_1}$ であるから，点 P における円の接線は，点 P を通り，傾きが $-\dfrac{x_1}{y_1}$ の直線である。

よって　　　　$y - y_1 = -\dfrac{x_1}{y_1}(x - x_1)$

ゆえに　　　　$x_1 x + y_1 y = x_1{}^2 + y_1{}^2$

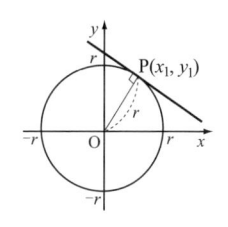

となり，点 P $(x_1,\ y_1)$ は円周上の点であるから

$$x_1{}^2 + y_1{}^2 = r^2$$

よって，求める接線の方程式は

$$x_1 x + y_1 y = r^2 \quad \cdots\cdots ①$$

である。

$x_1,\ y_1$ のいずれかが 0（点 P が座標軸上）であるときも，① は x 軸に平行あるいは y 軸に平行な直線となり，成り立つ。

円の接線の方程式 ────────────────────────

円 $x^2 + y^2 = r^2$ 上の点 $(x_1,\ y_1)$ における接線の方程式は

$$x_1 x + y_1 y = r^2$$

練習 8] 次の円上の与えられた点における接線の方程式を求めよ。

(1) $x^2 + y^2 = 2^2$, $(-1, \sqrt{3})$ (2) $x^2 + y^2 = 10$, $(1, 3)$

練習 9] 点 $(3, -6)$ を通り, 円 $x^2 + y^2 = 9$ に接する直線の方程式を求めよ。

2 つの円の位置関係

半径の異なる 2 つの円の位置関係は, 半径 (r_1 と r_2) と円の中心間の距離 d との関係で定まる。$r_1 > r_2$ とするときの 2 つの円の位置関係は, 次の 5 つ場合が考えられる。

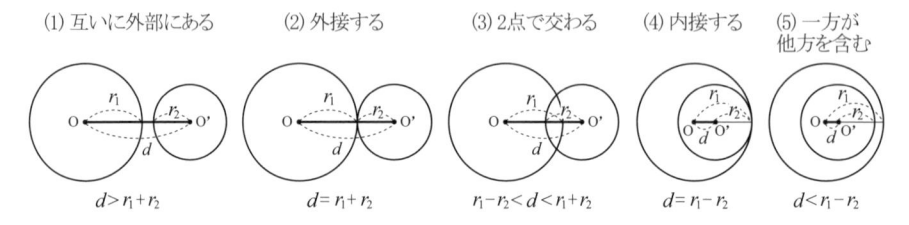

(1) 互いに外部にある	(2) 外接する	(3) 2点で交わる	(4) 内接する	(5) 一方が他方を含む
$d > r_1 + r_2$	$d = r_1 + r_2$	$r_1 - r_2 < d < r_1 + r_2$	$d = r_1 - r_2$	$d < r_1 - r_2$

例 5] 2 つの円 $x^2 - 4x + y^2 - 8y + 4 = 0$, $x^2 - 2x + y^2 - 4y + 1 = 0$ の位置関係を調べよ。

解] 2 つの円を変形すると

$$(x - 2)^2 + (y - 4)^2 = 4^2, \quad (x - 1)^2 + (y - 2)^2 = 2^2$$

となり, 中心 $(2, 4)$ で半径 4 と 中心 $(1, 2)$ で半径 2 の円である。2 つの円 の中心間の距離は $\sqrt{(2 - 1)^2 + (4 - 2)^2} = \sqrt{5}$ であり, このとき

$$4 - 2 < \sqrt{5} < 4 + 2$$

が成り立つので, 2 つの円は 2 点で交わる。

6.2.2 放物線

平面上で, 1 つの定点 F と F を通らない定直線 g からの距離が等しい点の軌跡を **放物線** という。点 F をその **焦点**, 直線 g を **準線** という。

$p \neq 0$ とし, 点 P から直線 g に下ろした垂線を PH, 直線 g の方程式を $x = -p$ とする。一方, 点 F の座標を $(p, 0)$ とすると, 条件 PF = PH を満たす点 P (x, y) の軌跡は

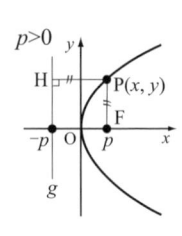

$$\sqrt{(x - p)^2 + y^2} = |x - (-p)|$$

となり，両辺を平方すると $(x-p)^2 + y^2 = (x+p)^2$

整理して $y^2 = 4px$

この式を，放物線の **標準形** という。

放物線 ─────────────

放物線の方程式 $y^2 = 4px$ 但し，$p \neq 0$

・頂点は原点，焦点は $(p, 0)$，準線は $x = -p$ である。

・軸は x 軸で，曲線は x 軸に関して対称である。

・放物線上の任意の点から，焦点と準線までの距離は等しい。

例 6] 方程式 $x^2 = -8y$ はどのような図形であるか。

解] 方程式を変形すると $x^2 = 4 \times (-2)y$

ゆえに，この方程式の表す図形は放物線であって

$\qquad$ 焦点 $(0, -2)$, $\qquad$ 準線 $y = 2$

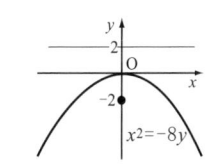

6.2.3 楕 円

平面上で，2 定点 F, F′ からの距離の和が一定である点 P の軌跡を **楕円** といい，この 2 点 F, F′ を楕円の **焦点** という。また，2 点 F と F′ が一致する場合は，この軌跡は円になる。

この 2 点を F $(c, 0)$, F′ $(-c, 0)$ とし

$\qquad$ 条件 $\quad$ PF+PF′$=2a$

を満たす点 P (x, y) の軌跡を求める。

ここで，a, c はいずれも正の定数とし，図より

$\qquad$ PF+PF′ $>$ FF′ $= 2c$

であるから，$a > c$ と仮定しておく。

条件 PF+PF′$= 2a$ は $\sqrt{(x-c)^2 + y^2} + \sqrt{(x+c)^2 + y^2} = 2a$ で表され

$$\sqrt{(x-c)^2 + y^2} = 2a - \sqrt{(x+c)^2 + y^2}$$

となる。両辺を平方して整理すると

$$a\sqrt{(x+c)^2 + y^2} = a^2 + cx$$

再び両辺を平方して，整理すると

$$(a^2 - c^2)x^2 + a^2 y^2 = a^2(a^2 - c^2) \qquad \text{すなわち} \quad \frac{x^2}{a^2} + \frac{y^2}{a^2 - c^2} = 1$$

$a > c$ であるから $a^2 - c^2 > 0$, ここで，$b = \sqrt{a^2 - c^2}$ とおくと

$$\frac{x^2}{a^2} + \frac{y^2}{b^2} = 1$$

この式を，楕円の **標準形** という。

$b = \sqrt{a^2 - c^2}$ より，$c = \sqrt{a^2 - b^2}$ $(a > b > 0)$ となり，2 つの焦点 F，F′ の座標は，次のようになる。

$$\mathrm{F}\,(\sqrt{a^2 - b^2}\,,\,0)\,,\quad \mathrm{F}'\,(-\sqrt{a^2 - b^2}\,,\,0)$$

一般に，円 $x^2 + y^2 = a^2$ を x 軸を基準にして，y 軸方向に $\frac{b}{a}$ 倍したものが楕円 $\frac{x^2}{a^2} + \frac{y^2}{b^2} = 1$ である。

楕　円 ─────────────────────────────

楕円の方程式　　$\dfrac{x^2}{a^2} + \dfrac{y^2}{b^2} = 1$　　　　但し，$a > b > 0$

・中心は原点，長軸の長さは $2a$，短軸の長さは $2b$

・焦点は $(\sqrt{a^2 - b^2}\,,\,0)$，$(-\sqrt{a^2 - b^2}\,,\,0)$

・x 軸，y 軸，原点に関して対称

・楕円上の点から 2 つの焦点までの距離の和は $2a$

─────────────────────────────────────

　　もし，楕円の内面が鏡でできていれば，焦点 F′ を出た光は P で反射されて焦点 F を通ることより，F′ を出た光はすべて F に集まる。

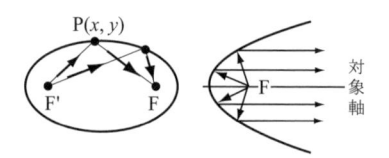

　　また，放物線は楕円の 1 つの焦点が無限に遠ざかったものと考えてよく，焦点の位置に光を置くと，放物線の面に当たって反射された光は，対称軸と平行に直進する性質がある。これを利用したものとして，楕円はサーチライト，放物線はパラボラアンテナなどがある。

例 7] 2 点 P $(8,\,0)$，F′ $(-8,\,0)$ からの距離の和が 20 である点の軌跡の方程式を求めよ。

解] 楕円の方程式の標準形において　$2a = 20$，　　　よって　　$a = 10$

　　また　　　$b^2 = a^2 - c^2 = 100 - 64 = 36$

　　したがって　　$\dfrac{x^2}{10^2} + \dfrac{y^2}{6^2} = 1$

例 8] $4x^2 + 3y^2 = 12$ はどのような図形であるか。

解] 方程式を変形すると $\dfrac{x^2}{3} + \dfrac{y^2}{4} = 1$

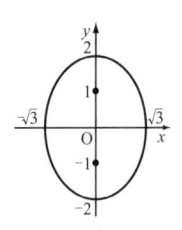

ゆえに，この方程式の表す図形は楕円であって，長軸の長さは 4，短軸の長さは $2\sqrt{3}$，焦点は $(0, 1)$，$(0, -1)$

6.2.4 双曲線

平面上で，2 定点 F，F′ からの距離の差が一定である点 P の軌跡を **双曲線** といい，この 2 点 F，F′ を双曲線の **焦点** という。

この 2 点を F $(c, 0)$，F′ $(-c, 0)$ とし，条件 PF′−PF$= \pm 2a$ を満たす点 P (x, y) の軌跡を求める。

a，c はいずれも正の定数で，$a < c$ とする。条件式は

$$\sqrt{(x+c)^2 + y^2} - \sqrt{(x-c)^2 + y^2} = \pm 2a$$

と表され $\quad \sqrt{(x+c)^2 + y^2} = \sqrt{(x-c)^2 + y^2} \pm 2a$

となる。両辺を平方して整理すると

$$\pm a\sqrt{(x-c)^2 + y^2} = cx - a^2$$

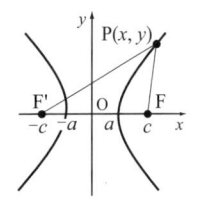

再び両辺を平方して，整理すると

$$(c^2 - a^2)x^2 - a^2 y^2 = a^2(c^2 - a^2)$$

すなわち $\quad \dfrac{x^2}{a^2} - \dfrac{y^2}{c^2 - a^2} = 1$

$c > a$ であり，ここで，$b = \sqrt{c^2 - a^2}$ とおくと

$$\dfrac{x^2}{a^2} - \dfrac{y^2}{b^2} = 1$$

この式を，双曲線の方程式の **標準形** という。$b = \sqrt{c^2 - a^2}$ より，$c = \sqrt{a^2 + b^2}$ となり，2 つの焦点 F，F′ の座標は次のようになる。

$$\text{F}\left(\sqrt{a^2 + b^2}, 0\right), \quad \text{F}'\left(-\sqrt{a^2 + b^2}, 0\right)$$

双曲線の漸近線

双曲線 $\dfrac{x^2}{a^2} - \dfrac{y^2}{b^2} = 1$ の形について考えるために，y について解くと $y = \pm \dfrac{b}{a}\sqrt{x^2 - a^2}$ となる。よって，第 1 象限にある部分は

$$y = \dfrac{b}{a}\sqrt{x^2 - a^2}$$

で表される。これと直線 $y = \dfrac{b}{a}x$ の関係を調べると，同じ値の x について y の値

は，それぞれ

$$y_1 = \frac{b}{a}\sqrt{x^2 - a^2}, \quad y_2 = \frac{b}{a}x$$

で表され，その差は

$$y_2 - y_1 = \frac{b}{a}(x - \sqrt{x^2 - a^2}) = \frac{ab}{x + \sqrt{x^2 - a^2}}$$

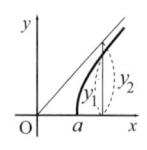

となる。これから，x の値が限りなく大きくなると，$y_2 - y_1$ は限りなく 0 に近づくことがわかる。したがって，第 1 象限にある双曲線の部分は，x が限りなく大きくなるとき，直線 $y = \frac{b}{a}x$ に限りなく近づく。

他の象限にある双曲線の部分についても同様に考えると，双曲線 $\frac{x^2}{a^2} - \frac{y^2}{b^2} = 1$ 上の点 (x, y) は，x が原点から限りなく遠くなると 2 直線 $y = \frac{b}{a}x$, $y = -\frac{b}{a}x$ に限りなく近づく。このような直線を双曲線の **漸近線** という。

双曲線 ────────────────────────────

双曲線の方程式 $\quad \dfrac{x^2}{a^2} - \dfrac{y^2}{b^2} = 1 \quad$ 但し，$a > 0$, $b > 0$

・中心は原点，頂点は $(a, 0)$, $(-a, 0)$

・焦点は $(\sqrt{a^2 + b^2}, 0)$, $(-\sqrt{a^2 + b^2}, 0)$

・x 軸，y 軸，原点に関して対称

・漸近線は $y = \dfrac{b}{a}x$, $y = -\dfrac{b}{a}x$

・双曲線上の点から 2 つの焦点までの距離の差は $2a$

────────────────────────────

放物線，円，楕円，双曲線は，それぞれ x, y の 2 次方程式

$$y^2 = 4px, \quad x^2 + y^2 = r^2, \quad \frac{x^2}{a^2} + \frac{y^2}{b^2} = 1, \quad \frac{x^2}{a^2} - \frac{y^2}{b^2} = 1$$

で表されることから，これらの曲線をまとめて **2 次曲線** という。

例 9] 次の双曲線の頂点の座標と漸近線の方程式を求め，その概形を描け。

(1) $\dfrac{x^2}{9} - \dfrac{y^2}{16} = 1$ (2) $x^2 - y^2 = -1$

解] (1) 頂点の座標は $(3, 0)$, $(-3, 0)$,
漸近線の方程式は $y = \pm\dfrac{4}{3}x$

(2) 頂点の座標は $(0, 1)$, $(0, -1)$,
漸近線の方程式は $y = \pm x$

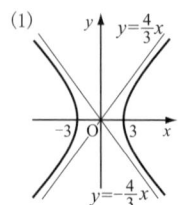
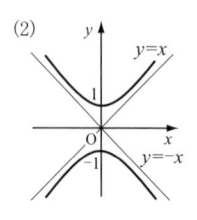

6.2.5 2次曲線と平行移動

放物線, 円, 楕円, 双曲線などの2次曲線の平行移動を考えよう。これらの曲線はいずれも x, y についての方程式

$$f(x, y) = 0 \quad \cdots\cdots ①$$

の形で表される。

方程式 ① で表される曲線 A を x 軸方向に p, y 軸方向に q だけ平行移動した曲線 B の方程式は次のように考えられる。

曲線 A 上の点 P (u, v) が, 平行移動によって曲線 B 上の点 Q (x, y) に移るとする。このとき, 点 P (u, v) は曲線 $f(x, y) = 0$ 上にあるから

$$f(u, v) = 0 \quad \cdots\cdots ②$$

また

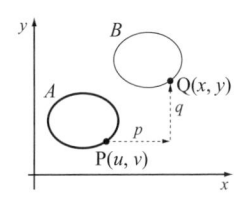

$$\begin{cases} x = u + p \\ y = v + q \end{cases} \text{より} \quad \begin{cases} u = x - p \\ v = y - q \end{cases} \cdots ③$$

であるから, ③ を ② に代入すると求める方程式は

$$f(x - p, y - q) = 0$$

曲線の平行移動 ────────────────

曲線 $f(x, y) = 0$ を x 軸方向に p, y 軸方向に q だけ平行移動した曲線の方程式は

$$f(x - p, y - q) = 0$$

──────────────────────────────

例 10] 方程式 $y^2 + 4x + 4y - 4 = 0$ の表す図形は放物線であることを示し, その焦点と準線を求めよ。

解] この方程式を変形すると

$$(y + 2)^2 = -4(x + 2)$$

これは放物線 $y^2 = -4x$ を, x 軸方向に -2, y 軸方向に -2 だけ平行移動したものである。

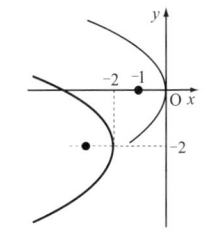

$y^2 = -4x$ の焦点は $(-1, 0)$, 準線は $x = 1$ であるので, 平行移動の結果, 焦点 $(-3, -2)$, 準線 $x = -1$ になる。

練習 10] 2点 $(-2, 1)$, $(6, 1)$ を焦点とし, 2点からの距離の和が 10 である点の軌跡の方程式を求めよ。

6.3 媒介変数表示と極座標表示

6.3.1 媒介変数表示

ある時刻 t 秒の座標 (x, y) が
$$x = 1 + 3t, \qquad y = 2 + 5t$$
となる点 P を考えると，P は $t = 0$ のとき，点 $(1, 2)$ を通り，1 秒間に
$$x \text{ 軸方向に } 3, \qquad y \text{ 軸方向に } 5$$
の割合で動くことがわかる。

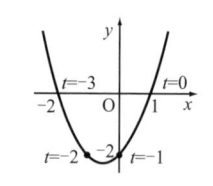

また，この座標は，$x = 1 + 3t$ を t について解いた $t = \dfrac{x-1}{3}$ を，$y = 2 + 5t$ に代入して得られた直線 $5x - 3y + 1 = 0$ 上の点であることがわかる。

同様に，ある曲線上の点 P の座標 (x, y) が変数 t によって
$$x = t + 1, \qquad y = t^2 + 3t$$
で表されているとする。このとき，t を $-3, -2, -1, 0, 1$ とすると，点 P の座標 (x, y) は，それぞれ $(-2, 0)$, $(-1, -2)$, $(0, -2)$, $(1, 0)$, $(2, 4)$ となる。この座標は，$x = t + 1$ を t について解いた $t = x - 1$ を，$y = t^2 + 3t$ に代入して得られた曲線 $y = x^2 + x - 2$ 上の点であることがわかる。

一般に，平面上の曲線が 1 つの変数，例えば，t によって
$$x = f(t), \qquad y = g(t)$$
の形に表されたとき，これをその曲線の **媒介変数表示** といい，t を **媒介変数** という。

上の曲線 $y = x^2 + x - 2$ を媒介変数 $x = \sqrt{t} + 1$, $y = t + 3\sqrt{t}$ で表した場合は，$\sqrt{t} \geqq 0$ であるから，$y = x^2 + x - 2$ の $x \geqq 1$ の部分である。

三角関数による媒介変数表示

角の表し方には 60 分法と弧度法があるが，三角関数の一般角を実数変数の関数として表せる弧度法を用いる*。

直 線

t を媒介変数として，方程式

---

* 「第 5 章 1.3 弧度法」を参照。

$$x = a_1 + b_1 t, \qquad y = a_2 + b_2 t \quad \cdots\cdots ①$$

で表される曲線を考える。① から t を消去すると，$b_1 \neq 0$ のとき

$$y = \frac{b_2}{b_1}(x - a_1) + a_2$$

となり，① は点 (a_1, a_2) を通り，傾きが $\dfrac{b_2}{b_1}$ の直線を表す。

$b_1 = 0$，$b_2 \neq 0$ のときは $x = a_1$ となるから，① は点 $(a_1, 0)$ を通る y 軸に平行な直線を表す。

放物線

放物線 $y^2 = 4px$ の媒介変数は，x 軸に平行な直線を考えて，$y = 2pt$ とおくと

$$x = pt^2, \qquad y = 2pt$$

円

円 $x^2 + y^2 = r^2$ の媒介変数は，円周上の点を $\mathrm{P}(x, y)$ とし，OP が x 軸の正の向きとなす角を θ とすれば，三角関数の定義から

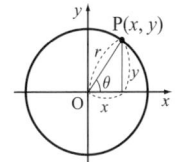

$$x = r \cos\theta, \qquad y = r \sin\theta$$

楕円

楕円 $\dfrac{x^2}{a^2} + \dfrac{y^2}{b^2} = 1$ の媒介変数は，円 $x^2 + y^2 = a^2$ を y 軸方向に $\dfrac{b}{a}$ 倍した曲線であるから

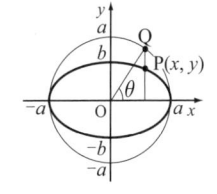

$$x = a \cos\theta, \qquad y = b \sin\theta$$

双曲線

双曲線 $x^2 - y^2 = 1$ の媒介変数は，三角関数の性質 $\sin^2\theta + \cos^2\theta = 1$ の変形 $\dfrac{1}{\cos^2\theta} - \tan^2\theta = 1$ を利用して，$x = \dfrac{1}{\cos\theta}$，$y = \tan\theta$ となる。

よって，双曲線 $\dfrac{x^2}{a^2} - \dfrac{y^2}{b^2} = 1$ の媒介変数は

$$x = \frac{a}{\cos\theta}, \qquad y = b \tan\theta$$

例 11] 媒介変数表示の $x = a \cos\theta + p$，$y = b \sin\theta + q$ は，どのような曲線を表すか。但し，$a > 0$，$b > 0$ とする。

解] $\sin\theta = \dfrac{y - q}{b}$，$\cos\theta = \dfrac{x - p}{a}$ であるから，$\sin^2\theta + \cos^2\theta = 1$ に代入すると

$$\frac{(x - p)^2}{a^2} + \frac{(y - q)^2}{b^2} = 1$$

したがって，中心が (p, q)，軸の長さが $2a$ と $2b$ の楕円

6.3.2　極座標表示

　これまでは点の位置を表すのに，座標軸である x 軸と y 軸が直交する **直交座標**
を用いてきた。ここでは他の表し方の 1 つとして，極座標を考えよう。

　平面上の原点 O 以外の任意の点 P の位置は，OP の長さ
r と OP が半直線 OX となす角 θ によって決まる。

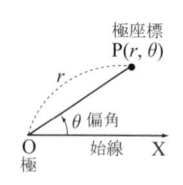

　点 P の位置を表すための実数の組 (r, θ) を点 P の **極座
標** といい，原点を **極**，半直線 OX を **始線**，θ を **偏角**（弧
度法で表す）という。

　直交座標と極座標の関係は

$$\begin{cases} x = r\cos\theta \\ y = r\sin\theta \end{cases} \iff \begin{cases} r = \sqrt{x^2 + y^2} \\ \tan\theta = \dfrac{y}{x} \end{cases}$$

但し，$x = 0$ のときは $0 \leq \theta < 2\pi$ とすれば，$y > 0$ なら
ば $\theta = \dfrac{\pi}{2}$，$y < 0$ ならば $\theta = \dfrac{3}{2}\pi$ である。

　極座標を使うと，簡単な定義式で美しい曲線を描くこと
ができる。極座標は，図のように同心円の中心を極とし，
始線 OX 上に半径の長さを示し，始線からのなす角（偏角）
と半径だけで点の位置を示すことができる。これは，直交
座標で平面上に x 軸，y 軸を設定し，x 座標，y 座標で点
の位置を表すことと同じである。

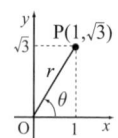

例 12] 直交座標が $(1, \sqrt{3})$ である点 P の極座標 (r, θ) を求めよ。但し，$r > 0$，
$0 \leq \theta < 2\pi$ とする。

解]　$r = \sqrt{1^2 + (\sqrt{3})^2} = 2$，$\cos\theta = \dfrac{x}{r} = \dfrac{1}{2}$，$\sin\theta = \dfrac{y}{r} = \dfrac{\sqrt{3}}{2}$

これを満たす θ は $\theta = \dfrac{\pi}{3}$　　よって，極座標は $\left(2, \dfrac{\pi}{3}\right)$

練習 11] 次の極座標で表された点を直交座標で表せ。

(1) $\left(1, \dfrac{\pi}{2}\right)$　　(2) $\left(4, \dfrac{2}{3}\pi\right)$　　(3) $(\sqrt{3}, -\pi)$

極方程式

　ある曲線が，極座標 (r, θ) に関する方程式 $r = f(\theta)$ や $F(r, \theta) = 0$ で表される
とき，この方程式を曲線の **極方程式** という。

極方程式 $r = f(\theta)$ で表された曲線は, $x = r\cos\theta$, $y = r\sin\theta$ により, 媒介変数 θ を用いて

$$x = f(\theta)\cos\theta, \qquad y = f(\theta)\sin\theta$$

と表すことができる。

例 13] 次の極方程式はどのような曲線を表すか。

(1) $r = a$ （a は正の定数）　　　　　　(2) $\theta = \alpha$ （α は定数）

(3) $r = a\theta$ （a は正の定数, $\theta \geqq 0$）

解] (1)　この式は, r の値が偏角 θ の値にかかわらず一定であることを示しているから, 極を中心とする半径 a の円を表す。

(2)　この式は, 偏角 θ の値が動径 r の値にかかわらず一定であることを示しているから, O から出て始線となす角が α の半直線を表す。

(3)　この式は, 動径 OP の長さ r が偏角 θ に比例する曲線である。θ と r の対応する値を求めてグラフを描くと, 右端の図のようになる。

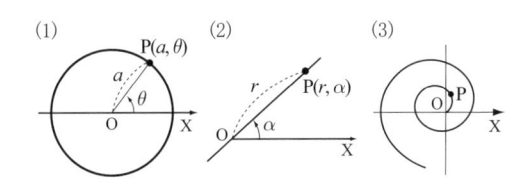

　これを **アルキメデスの渦巻線** という。

例 14] 円 $x^2 - 2cx + y^2 = 0$ （$c > 0$）の極方程式を求めよ。

解] 原点を極, x 軸の正の部分を始線にとれば

　　$x = r\cos\theta$, $y = r\sin\theta$

　　これを与えられた式に代入すると

$$r^2 - 2cr\cos\theta = 0$$

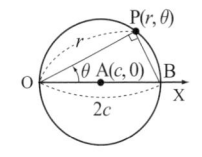

したがって　　　$r = 0$　　　　$\cdots\cdots$ ①

または　　　　　$r = 2c\cos\theta$　$\cdots\cdots$ ②

　まず, ① はただ 1 点である極を表す。また, ② は原点 O を通り, x 軸上に直径をもつ円である。① は ② に含まれるから, 求める極方程式は

$$r = 2c\cos\theta$$

［注意］② は $0 < \theta < \dfrac{\pi}{2}$ のとき上半円周を, $\dfrac{3}{2}\pi < \theta < 2\pi$ のとき下半円周を表す。$\dfrac{\pi}{2} < \theta < \dfrac{3}{2}\pi$ では $2c\cos\theta < 0$ となるから, この範囲に曲線上の点はない。

練習 12] 次の方程式を極方程式で表せ。

(1) $y = x \tan \alpha$　　　(2) $x^2 - y^2 = 3$　　　(3) $x + y = 2$

練習 13] 次の極方程式を直交座標の方程式で表せ。

(1) $r(\cos\theta + \sin\theta) = 5$　　　(2) $r = \sin\theta$　　　(3) $r^2 \sin 2\theta = 4$

6.4　軌跡と領域

6.4.1　軌跡とその方程式

何らかの一定の条件を満たしながら動く点や線が描く図形を **軌跡** という。例えば，定点 O から距離が一定値の r である点 P が描く軌跡は，O を中心とする半径 r の円である。軌跡は座標を利用して求めることができる。

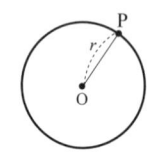

2 点から等距離にある点の軌跡

例 15] 2 点 A $(2, 0)$ と B $(0, 4)$ から等距離にある点の軌跡を求めよ。

解〕条件を満たす点 P の座標を (x, y) とすると，AP ＝ BP より

$$\sqrt{(x-2)^2 + (y-0)^2} = \sqrt{(x-0)^2 + (y-4)^2}$$

整理すると　　$x - 2y + 3 = 0$

よって，点 P は直線 $x - 2y + 3 = 0$ 上にある。

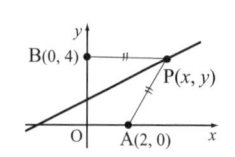

例 16] 2 点 A $(-2, 0)$ と B $(4, 0)$ に対して，AP : BP ＝ 2 : 1 であるような点 P の軌跡を求めよ。

解〕条件を満たす点 P の座標を (x, y) とすると

　　AP : BP ＝ 2 : 1 より　　AP ＝ 2 BP

$$\sqrt{(x+2)^2 + y^2} = 2\sqrt{(x-4)^2 + y^2}$$

　　整理すると　　$(x-6)^2 + y^2 = 4^2$

　　ゆえに，点 P の軌跡は中心 $(6, 0)$，半径 4 の円である。

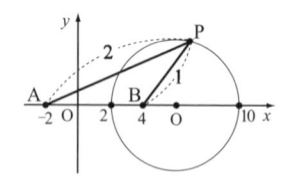

一般に，$m \neq n$ のとき 2 定点 A，B に対し，AP : BP ＝ $m : n$ を満たす点 P の軌跡は，線分 AB を $m : n$ に内分する点と外分する点を直径の両端とする円になる。これを **アポロニウス円** という。

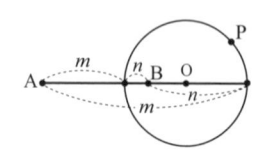

6.4.2 不等式と領域

変数 x, y の不等式があるとき，その不等式を満たす x, y を座標にもつ点 $P(x, y)$ の存在する範囲を，その不等式の **領域** という。

不等式　$y > ax + b$ ……①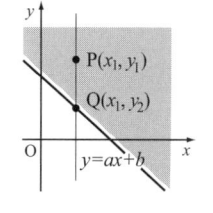

の表す領域を考える。この不等式を満たす任意の点を $P(x_1, y_1)$ とすると

$$y_1 > ax_1 + b$$

となる。

直線　$y = ax + b$ ……②

と，点 P を通る x 軸に垂直な直線との交点を $Q(x_1, y_2)$ とすると，$y_2 = ax_1 + b$ であるから

$$y_1 > y_2$$

となる。ゆえに，点 P は直線 ② より上方にあり，直線 ② をその領域の **境界** という。

不等式の表す領域 ────────────

$y > f(x)$ の表す領域は，曲線 $y = f(x)$ より　上方の部分

$y < f(x)$ の表す領域は，曲線 $y = f(x)$ より　下方の部分

────────────

円の内部・外部

円 $x^2 + y^2 = r^2$ の内部の点を $P(x_1, y_1)$ とすると，$OP < r$ であるから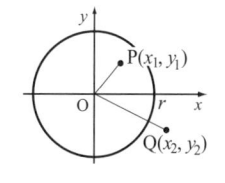

$$\sqrt{x_1^2 + y_1^2} < r \quad \text{すなわち} \quad x_1^2 + y_1^2 < r^2$$

ゆえに，$x^2 + y^2 < r^2$ の表す領域は円の内部で，$x^2 + y^2 > r^2$ の表す領域は円の外部である。

例 17] 不等式 $x^2 + y^2 - 4x - 2y + 1 \leqq 0$ の表す領域を図示せよ。

解] 不等式は　$(x - 2)^2 + (y - 1)^2 \leqq 4$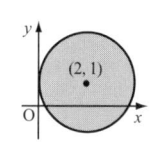

と変形できるから，求める領域は

円　$(x - 2)^2 + (y - 1)^2 = 4$

の内部および周で，境界上の点も含む。

連立不等式の表す領域

x, y に関する連立不等式の表す領域は，各々の不等式を同時に満たす点 (x, y) 全体の集合で，それは各々の不等式の表す領域の共通部分である。

例 18] 連立不等式 $\begin{cases} x^2 + y^2 < 25 \\ 2y - x > 4 \end{cases}$ の表す領域を図示せよ。

解] $x^2 + y^2 < 25$ の表す領域は $x^2 + y^2 = 25$ の内部であり，$2y - x > 4$ の表す領域は $2y - x = 4$ より上方の部分である。

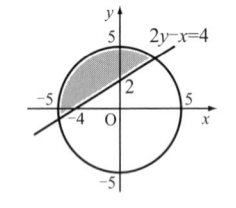

よって，求める領域は図の斜線の部分である。但し，境界上の点は含まない。

例 19] 不等式 $(x - y - 1)(2x + y + 1) < 0$ の表す領域を図示せよ。

解] 与えられた不等式は

$$\begin{cases} x - y - 1 > 0 \\ 2x + y + 1 < 0 \end{cases} \quad \cdots\cdots ①$$

または $\begin{cases} x - y - 1 < 0 \\ 2x + y + 1 > 0 \end{cases} \quad \cdots\cdots ②$

と同値である。

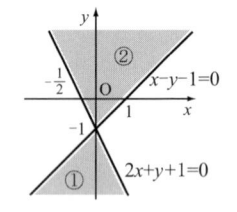

よって，連立不等式 ①，② の表す領域は図の斜線の部分である。但し，境界上の点は含まない。

6.4.3 線形計画法

x, y がいくつかの 1 次不等式の組で与えられた条件（制約条件）のもとで，x, y について，ある 1 次式 $ax + by$（目的関数）の値を最大または最小にする x と y の値を求める手法を **線形計画法** という。線形計画法は経済や経営に関する分野でもよく利用される。

例 20] ある工場では，製品 A，B を 2 つの工程 1，2 に分けて生産している。A，B それぞれ 1 トン当たりの生産に必要な各工程の時間と，1 日の稼働時間の限界およびそれぞれから得られる利益は表の通りである。このとき，A，B の 1 日の生産量を x トン，y トンとすると，工場の 1 日の総生産量 $x + y$ を最大にするには，A，B をそれぞれ 1 日に何トン生産すればよいか。また，工場の 1 日の利益を最大

にするには，A，B をそれぞれ 1 日に何トン生産すればよいか。

解] 制約条件を不等式で表すと

$$\begin{cases} 2x + y \leqq 8 \\ 2x + 3y \leqq 12 \\ x \geqq 0,\ y \geqq 0 \end{cases}$$

	工程1	工程2	利 益
A	2時間	2時間	30万円
B	1時間	3時間	20万円
限界	8時間	12時間	

であり，この不等式を連立させた連立不等式の表す
領域は，4 点 $(0, 0)$，$(4, 0)$，$(3, 2)$，$(0, 4)$ を頂点
とする四角形の周および内部である。

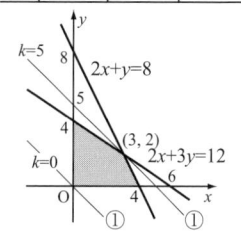

目的関数 $x + y = k$ ……①

とおき，直線 ① が領域と共有点をもつような k の
最大値を求めたらよい。

直線 ① は y 軸と点 $(0, k)$ で交わり，傾き -1 の直線である。よって，図からわ
かるように，k の値は直線 ① が点 $(3, 2)$ を通るとき，最大になる。ゆえに，1 日
の最大生産量は，A が 3 トン，B が 2 トンのとき，最大 5 トンになる。

1 日の利益の最大は，$30x + 20y = k$ が領域と共有点をもつような k の最大値を
求めたらよい。同様にして，点 $(3, 2)$ を通るとき最大 $30 \times 3 + 20 \times 2 = 130$ に
なる。ゆえに，1 日の利益を最大にするには A を 3 トン，B を 2 トンずつ生産す
ればよい。また，そのときの利益は 130 万円である。

練習 14] 2 種類の薬品 P，Q がある。その 1 g について，A 成分，B 成分の含有
量と価格は，それぞれ表の通りである。A を 5 mg 以上，B を 10 mg 以上とる必
要があるとき，その費用を最小にするには，P，Q をそ
れぞれ何 g ずつとればよいか。また，最小費用はいく
らか。

	A成分	B成分	価 格
P	2 mg	1 mg	40 円
Q	1 mg	3 mg	70 円

演 習 問 題

1. 次の 2 点間の距離と，その 2 点を通る直線の方程式を求めよ。

(1) A $(-2, 8)$，B $(1, 4)$　　　　(2) O $(0, 0)$，B $(3, -2)$

(3) A $(3, -2)$，B $(6, -2)$　　　(4) A $(4, 2)$，B $(7, 3)$

2. 次の点と直線の距離を求めよ。

(1) 原点，直線 $x + y + 5 = 0$　　(2) 点 $(2, -2)$，直線 $x + 2y + 2 = 0$

(3) 原点，直線 $x + y - 5 = 0$　　(4) 点 $(-1, -2)$，直線 $4x - 3y - 5 = 0$

3. 3 点 P $(3, 6)$, Q $(-2, 1)$, R $(-1, -1)$ がある。線分 PQ, QR を 2 辺とする平行四辺形の第 4 の頂点を S とするとき, 次のものを求めよ。

(1) S の座標 (2) 対角線 QS の長さ (3) 平行四辺形 PQRS の面積

4. 2 点 A $(-1, 5)$, B $(1, -3)$ から等距離にある x 軸上の点および y 軸上の点の座標を求めよ。

5. 2 直線 $x - y - 3 = 0$, $2x + y - 3 = 0$ の交点を通り, 次の条件を満たす直線の方程式を求めよ。

(1) x 軸に垂直 (2) 原点を通る (3) 直線 $2x + 3y - 1 = 0$ に垂直

6. $x^2 + y^2 \leqq 8$ のとき, $x + y$ のとる値の最大値, 最小値を求めよ。また, それらを与える x, y の値を求めよ。

7. 次の円の方程式を求めよ。

(1) 点 $(3, -2)$ を中心とし, 半径 4 の円

(2) 点 $(4, 5)$, $(-2, -1)$ を直径の両端とする円

(3) 点 $(2, -3)$ を中心とし, x 軸に接する円

(4) 3 点 $(3, -2)$, $(1, 4)$, $(5, 0)$ を通る円

8. t が媒介変数であるとき, 次の方程式はどのような曲線か。

(1) $\begin{cases} x = t^2 + 1 \\ y = 3t \end{cases}$ (2) $\begin{cases} x = t - 3 \\ y = 2t^2 + 5 \end{cases}$ (3) $\begin{cases} x = 3\sin\theta + 1 \\ y = 5\cos\theta - 2 \end{cases}$

9. 次の不等式の表す領域を図示せよ。

(1) $(2x - y - 1)(x - 2y + 2) \geqq 0$ (2) $|x - y| \leqq 1$

(3) $(x^2 + y^2 - 1)(x^2 + y^2 - 5) \leqq 0$ (4) $2x \leqq x^2 + y^2 \leqq 4$

10. 図の三角形の内部はどのような不等式で表されるか。但し, 境界上は含むものとする。

11. ある工場で, 2 種類の製品 A, B をつくっている。A, B を各 1 kg をつくるのに必要な燃料と電力の量および A, B の各 1 kg 当たりの利益を表に示す。燃料 120 kg までと電力 80 kW 時までを用いて最大の利益を得るには, A, B をそれぞれ何 kg ずつつくればよいか。また, 最大利益はいくらか。

	A	B
燃料 (kg)	5	2
電力(kW時)	3	2
利益(万円)	5	3

第 7 章

複素数

7.1 複素数平面

7.1.1 複素数平面

「第2章 1.3 2次方程式」で実数範囲で解が存在しない場合には，数の範囲を複素数の範囲まで広げて解を求めた。複素数は $a+bi$ (a, bは実数) で表され，a を実部，b を虚部という。

実数を数直線上の点で表し，平面の点を2つの実数の組で表すように，複素数も座標平面上の点で表すことを考えよう。

複素数 $a+bi$ を座標平面上の点 (a, b) に対応させると，複素数と平面上の点とは1対1に対応する。このように複素数と1対1に対応づけられた平面を，**複素数平面** または **ガウス平面** といい，この場合には横軸を **実軸**，縦軸を **虚軸** という。また，複素数 $z=a+bi$ は複素数平面では点 $\mathrm{P}(z)$ または単に z と表す。

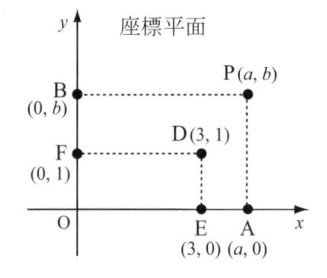
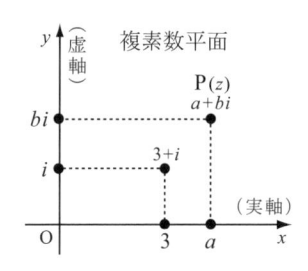

　複素数 $z = x + yi$ に共役な複素数は $\overline{z} = x - yi$ である。ゆえに，点 z と点 $\overline{z}$ は実軸に関して対称で，点 z と点 $-z$ は原点に関して対称である。よって，点 z と点 $-\overline{z}$ は虚軸に関して対称である。

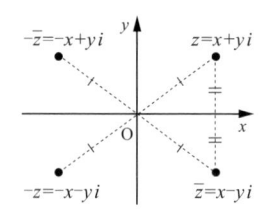

複素数平面での和，差，2 点間の距離

　複素数平面上で原点 O から点 z までの距離を複素数 z の **絶対値** といい，$|z|$ で表す。

$$z = x + yi \text{ のとき }\quad |z| = |x + yi| = \sqrt{x^2 + y^2},\quad |z| = |\overline{z}|$$

である。また，z とその共役複素数 $\overline{z}$ の間には

$$z\overline{z} = (x + yi)(x - yi) = x^2 + y^2 = |z|^2$$
$$\frac{1}{z} = \frac{\overline{z}}{z\overline{z}} = \frac{\overline{z}}{|z|^2}$$

の関係がある。

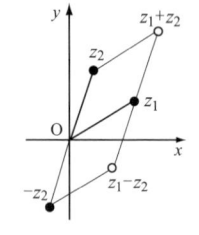

　複素数 $z_1 = x_1 + y_1 i$ に複素数 $z_2 = x_2 + y_2 i$ を加えると，その和は

$$z_1 + z_2 = (x_1 + y_1 i) + (x_2 + y_2 i) = (x_1 + x_2) + (y_1 + y_2)i$$

と表される。これを複素数平面で考えてみよう。

　点 $z_1 + z_2$ は，複素数平面上の点 z_1 を複素数 z_2 だけ平行移動した点を示している。

　また，複素数 $z_1 = x_1 + y_1 i$ から複素数 $z_2 = x_2 + y_2 i$ を引いた複素数の点は

$$z_1 - z_2 = (x_1 + y_1 i) - (x_2 + y_2 i)$$
$$= (x_1 - x_2) + (y_1 - y_2)i$$

と表され，複素数平面上の点 z_1 が複素数 $-z_2$ だけ平行移動した点を示している。

　なお，2 つの複素数 $z_1 = x_1 + y_1 i$ と $z_2 = x_2 + y_2 i$ の表す 2 点間の距離は

$$|z_1 - z_2| = \sqrt{(x_1 - x_2)^2 + (y_1 - y_2)^2}$$

で示される。

例 1] 2 点 $z_1 = 4 - 3i,\ z_2 = 1 + i$ 間の距離を求めよ。

解] $|z_1 - z_2| = |(4 - 3i) - (1 + i)| = |3 - 4i| = \sqrt{3^2 + (-4)^2} = \sqrt{25} = 5$

練習 1] 次の 2 点間の距離を求めよ。

(1) $z_1 = 7 - 5i$, $z_2 = 2 + 5i$　　　(2) $z_1 = 2 + 4i$, $z_2 = 7 - i$

7.1.2 複素数の極形式

　複素数平面上において，複素数 z_1 に複素数 z_2 を掛けた $z_1 z_2$ は，どのような点になるであろうか。

[i を掛ける]

　$z_1 = x_1 + y_1 i$, $z_2 = i$ とすると，$z = z_1 z_2 = (x_1 + y_1 i) i = -y_1 + x_1 i$ である。したがって，z_1 に i を掛けた点 z は，点 z_1 を複素数平面上の原点 O を中心に $\dfrac{\pi}{2}$ 回転した点となる。

[$2i$ を掛ける]

　$z_2 = 2i$ とすると，$z = z_1 z_2 = 2(z_1 i)$ で点 z は，点 z_1 を複素数平面上の原点 O を中心に $\dfrac{\pi}{2}$ 回転し，さらに，2 倍に拡大した点となる。

[$1 + 2i$ を掛ける]

　$z_2 = 1 + 2i$ とすると，$z = z_1 z_2 = (x_1 - 2y_1) + (2x_1 + y_1) i$ となり，わかりにくい。

　そこで，複素数の乗法，除法を複素数平面上で考えるため，複素数を別の形に表すことを考えよう。

　複素数 $z = x + yi$ は 0 でないとし，z を表す点を P とするとき，OP$= r$，実軸の正の部分を始線として動径 OP のなす角を θ とすると

$$x = r \cos \theta, \qquad y = r \sin \theta$$

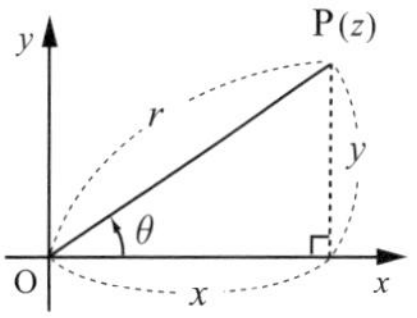

である。したがって，これらを $z = x + yi$ に代入すると，z は

$$z = r(\cos \theta + i \sin \theta) \quad \cdots\cdots ①$$

と表される。ここで

$$r = |z| = \sqrt{x^2 + y^2}, \qquad \cos \theta = \frac{x}{r}, \qquad \sin \theta = \frac{y}{r}$$

である。

　① の右辺を複素数 z の **極形式** という。また，角 θ を z の **偏角** といい，記号 $\arg z$ で表す*。すなわち，$\theta = \arg z$ である。

　$z \neq 0$ のとき，複素数 z の偏角 θ は，$0 \leqq \theta < 2\pi$ の範囲でただ 1 つ定まる。一

---

　* argument からきていて，arg と書いてアーギュメントと読む。

般には，偏角の 1 つを θ_0 とすると

$$\arg z = \theta_0 + 2\pi n \quad (n = 0, \pm 1, \pm 2, \cdots)$$

と表される。

$z = 0$ のときは偏角が定まらないので，その極形式は考えない。

複素数 $z = r(\cos\theta + i\sin\theta)$ と共役な複素数 $\overline{z}$ については

$$\overline{z} = r(\cos\theta - i\sin\theta)$$

であるから，$\overline{z}$ の極形式は

$$\overline{z} = r\{\cos(-\theta) + i\sin(-\theta)\}$$

したがって，次の等式が成り立つ。

$$\arg\overline{z} = -\arg z$$

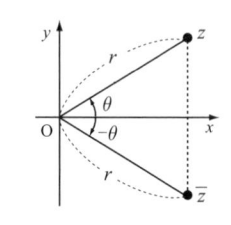

複素数の極形式

$z = x + yi \quad (z \neq 0)$ の極形式は $\quad z = r(\cos\theta + i\sin\theta)$

但し，$r = |z| = \sqrt{x^2 + y^2}$，$\quad \cos\theta = \dfrac{x}{r}$，$\quad \sin\theta = \dfrac{y}{r}$

複素数の積，商

0 でない 2 つの複素数の極形式をそれぞれ

$$z_1 = r_1(\cos\theta_1 + i\sin\theta_1), \qquad z_2 = r_2(\cos\theta_2 + i\sin\theta_2)$$

とすると，三角関数の加法定理より，積 $z_1 z_2$，商 $\dfrac{z_1}{z_2}$ は，次のように計算できる。

積 $z_1 z_2 = r_1(\cos\theta_1 + i\sin\theta_1) \cdot r_2(\cos\theta_2 + i\sin\theta_2)$

$\quad = r_1 r_2 \{(\cos\theta_1\cos\theta_2 - \sin\theta_1\sin\theta_2) + i(\cos\theta_1\sin\theta_2 + \sin\theta_1\cos\theta_2)\}$

$\quad = r_1 r_2 \{\cos(\theta_1 + \theta 2) + i\sin(\theta_1 + \theta_2)\}$

したがって $\quad |z_1 z_2| = r_1 r_2 = |z_1||z_2|$

$$\arg(z_1 z_2) = \theta_1 + \theta_2 = \arg z_1 + \arg z_2$$

商 $\dfrac{z_1}{z_2} = \dfrac{r_1(\cos\theta_1 + i\sin\theta_1)}{r_2(\cos\theta_2 + i\sin\theta_2)} = \dfrac{r_1(\cos\theta_1 + i\sin\theta_1)(\cos\theta_2 - i\sin\theta_2)}{r_2(\cos\theta_2 + i\sin\theta_2)(\cos\theta_2 - i\sin\theta_2)}$

$\quad = \dfrac{r_1(\cos\theta_1 + i\sin\theta_1)\{\cos(-\theta_2) + i\sin(-\theta_2)\}}{r_2(\cos^2\theta_2 + \sin^2\theta_2)}$

$\quad = \dfrac{r_1}{r_2}\{\cos(\theta_1 - \theta_2) + i\sin(\theta_1 - \theta_2)\}$

したがって $\quad \left|\dfrac{z_1}{z_2}\right| = \dfrac{r_1}{r_2} = \dfrac{|z_1|}{|z_2|}$，$\quad \arg\left(\dfrac{z_1}{z_2}\right) = \theta_1 - \theta_2 = \arg z_1 - \arg z_2$

よって，複素数の積，商と，それらの絶対値，偏角は次のようになる。

複素数の積，商

$z_1 = r_1(\cos\theta_1 + i\sin\theta_1),\ z_2 = r_2(\cos\theta_2 + i\sin\theta_2)$ とするとき

積　$z_1 z_2 = r_1 r_2 \{\cos(\theta_1 + \theta_2) + i\sin(\theta_1 + \theta_2)\}$

$\ |z_1 z_2| = |z_1||z_2|\,, \quad \arg(z_1 z_2) = \arg z_1 + \arg z_2$

商　$\dfrac{z_1}{z_2} = \dfrac{r_1}{r_2}\{\cos(\theta_1 - \theta_2) + i\sin(\theta_1 - \theta_2)\}$

$\left|\dfrac{z_1}{z_2}\right| = \dfrac{|z_1|}{|z_2|}\,, \qquad \arg\left(\dfrac{z_1}{z_2}\right) = \arg z_1 - \arg z_2$

2 つの複素数 $z_1 = r_1(\cos\theta_1 + i\sin\theta_1),\ z_2 = r_2(\cos\theta_2 + i\sin\theta_2)$ の積，商を，複素数平面上で図形的に考えよう。

積については，$z_3 = z_1 z_2$ とおくと

$\ |z_3| = r_1 r_2\,, \quad \arg z_3 = \theta_1 + \theta_2$

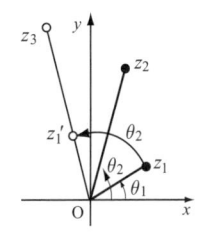

よって，点 z_3 は原点からの距離が r_1 の r_2 倍，偏角が θ_1 に θ_2 を加えた角であるので，図のように，点 z_1 を原点 O を中心として角 θ_2 だけ回転した点 z_1' を，r_2 倍した点である。

商については，$z_4 = \dfrac{z_1}{z_2}$ とおくと

$\ |z_4| = \dfrac{r_1}{r_2}\,, \quad \arg z_4 = \theta_1 - \theta_2$

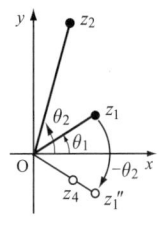

よって，点 z_4 は原点からの距離が r_1 の $\dfrac{1}{r_2}$ 倍，偏角が θ_1 から θ_2 を引いた角であるので，図のように，点 z_1 を原点 O を中心として角 $-\theta_2$ だけ回転した点 z_1'' を，$\dfrac{1}{r_2}$ 倍した点である。

複素数の利用方法の一例として，cos と sin の 75° と 15° の値を求めてみよう。

$2(\cos 30° + i\sin 30°) = \sqrt{3} + i\,, \quad \sqrt{2}(\cos 45° + i\sin 45°) = 1 + i\,,$

$2(\cos 60° + i\sin 60°) = 1 + \sqrt{3}\,i$

であるから，複素数の積の

$(\cos 30° + i\sin 30°)(\cos 45° + i\sin 45°) = \cos 75° + i\sin 75°$　を用いて

$\cos 75° + i\sin 75° = \dfrac{\sqrt{3} + i}{2} \times \dfrac{1 + i}{\sqrt{2}} = \dfrac{\sqrt{6} - \sqrt{2}}{4} + \dfrac{\sqrt{6} + \sqrt{2}}{4}i$

実部と虚部を比較して　$\cos 75° = \dfrac{\sqrt{6} - \sqrt{2}}{4}\,, \quad \sin 75° = \dfrac{\sqrt{6} + \sqrt{2}}{4}$

複素数の商を用いて $\cos 15° = \dfrac{\sqrt{6}+\sqrt{2}}{4}$, $\sin 15° = \dfrac{\sqrt{6}-\sqrt{2}}{4}$

例 2] 点 z と点 $(1+i)z$ の 2 点は，どのような関係にあるか。

解] $|1+i| = \sqrt{2}$, $\arg(1+i) = \dfrac{\pi}{4}$ であるから，点 $(1+i)z$ はこれに z を掛けたものである。よって，点 z を原点 O を中心に $\dfrac{\pi}{4}$ だけ回転し，原点からの距離 $|z|$ を $\sqrt{2}$ 倍したものである。

例 3] 複素数 $1+\sqrt{3}\,i$ を極形式で表せ。

解] 絶対値を r, 偏角を θ とすると

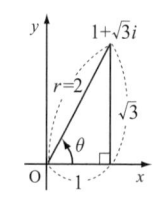

$$r = \sqrt{1^2 + (\sqrt{3})^2} = 2,\ \cos\theta = \dfrac{1}{2},\ \sin\theta = \dfrac{\sqrt{3}}{2}$$

よって，$0 \le \theta < 2\pi$ の範囲で考えると，$\theta = \dfrac{\pi}{3}$

ゆえに $1+\sqrt{3}\,i = 2\left(\cos\dfrac{\pi}{3} + i\sin\dfrac{\pi}{3}\right)$

例 4] 2 点 $z_1 = 4-i$, $z_2 = 2+i$ に対し，点 z_1 を点 z_2 のまわりに $\dfrac{\pi}{3}$ だけ回転した点を表す複素数 z を求めよ。

解] 点 z_2 が原点 O に移るような平行移動によって，点 z_1 が点 z_1' に移るとすると

$$z_1' = z_1 - z_2 = (4-i)-(2+i) = 2-2i$$

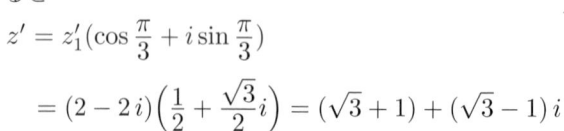

点 z_1' を原点のまわりに $\dfrac{\pi}{3}$ だけ回転した点を z' とすると

$$z' = z_1'(\cos\dfrac{\pi}{3} + i\sin\dfrac{\pi}{3})$$

$$= (2-2i)\left(\dfrac{1}{2} + \dfrac{\sqrt{3}}{2}i\right) = (\sqrt{3}+1) + (\sqrt{3}-1)\,i$$

点 z' を z_2 だけ平行移動した点が求める z であるから

$$z = z' + z_2 = (1+\sqrt{3}) + (\sqrt{3}-1)\,i + (2+i) = (3+\sqrt{3}) + \sqrt{3}\,i$$

練習 2] 次の複素数の絶対値を求めよ。

(1) $1-2i$ (2) $-5i$ (3) $4-3i$

練習 3] 次の複素数を極形式で表せ。また，複素数の平面上に次の複素数を掛けると，その点はどのように動くか。

(1) $-i$ (2) 3   (3) $1-i$ (4) $-1+\sqrt{3}\,i$

練習 4] 複素数 $z_1 = \dfrac{\sqrt{3}}{2} + \dfrac{1}{2}i$, $z_2 = -1+\sqrt{3}\,i$ に対し，$z_1 z_2$, $\dfrac{z_1}{z_2}$ をそれぞれ極形式で表せ。

7.2　複素数の応用

7.2.1　ド・モアブルの定理

絶対値が 1 である複素数 $z = \cos\theta + i\sin\theta$ の累乗について考えよう。

$$(\cos\theta + i\sin\theta)(\cos\theta + i\sin\theta) = \cos(\theta + \theta) + i\sin(\theta + \theta)$$

よって　　$z^2 = \cos 2\theta + i\sin 2\theta$

この両辺に z を掛けると

$$z^3 = z \cdot z^2 = (\cos\theta + i\sin\theta)(\cos 2\theta + i\sin 2\theta)$$

$$= \cos 3\theta + i\sin 3\theta$$

以下同様にして，任意の自然数 n に対して

$$(\cos\theta + i\sin\theta)^n = \cos n\theta + i\sin n\theta$$

が成り立つ。複素数に対しても指数を

$$z^0 = 1, \quad z^{-n} = \frac{1}{z^n}$$

と定義すると

$$(\cos\theta + i\sin\theta)^{-1} = \frac{1}{\cos\theta + i\sin\theta} = \frac{\cos\theta - i\sin\theta}{\cos^2\theta - i^2\sin^2\theta}$$

$$= \cos(-\theta) + i\sin(-\theta)$$

$$(\cos\theta + i\sin\theta)^{-n} = \{\cos(-\theta) + i\sin(-\theta)\}^n$$

$$= \cos(-n\theta) + i\sin(-n\theta)$$

となるから，次の **ド・モアブルの定理** が成り立つ。

ド・モアブルの定理────────────────────

n を任意の整数とするとき

$$(\cos\theta + i\sin\theta)^n = \cos n\theta + i\sin n\theta$$

---

n 乗根

ド・モアブルの定理を用いて，$z^n = \alpha$ の形の方程式を解いてみよう。$z^n = \alpha$ を満たす複素数 z を α の **n 乗根** といい，解は n 個あることが知られている。

例えば，$z^3 = 1$ の場合，1 の 3 乗根は 3 つの複素数 $z_0 = 1$, $z_1 = \dfrac{-1 + \sqrt{3}\,i}{2}$,

$z_2 = \dfrac{-1 - \sqrt{3}\,i}{2}$ で，これらを極形式で表すと

$$z_0 = \cos 0 + i \sin 0$$
$$z_1 = \cos \frac{2}{3}\pi + i \sin \frac{2}{3}\pi$$
$$z_2 = \cos \frac{4}{3}\pi + i \sin \frac{4}{3}\pi$$

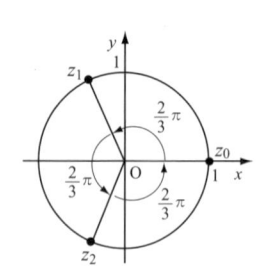

となる。よって，点 z_0, z_1, z_2 は点の 1 つが分点の 1 つとなるように，単位円周上の 3 等分点である。

　一般に，α を 0 でない複素数，n を自然数とするとき，方程式

$$z^n = \alpha \quad \cdots\cdots\cdots ①$$

を，ド・モアブルの定理を用いて解くために，z, α を極形式

$$z = r(\cos\theta + i\sin\theta), \quad \alpha = r_0(\cos\theta_0 + i\sin\theta_0)$$

で表せば，① 式は

$$r^n(\cos n\theta + i\sin n\theta) = r_0(\cos\theta_0 + i\sin\theta_0)$$

となる。両辺の絶対値は等しく，r は正の実数であるから

$$r = \sqrt[n]{r_0}$$

である。また偏角も等しいから

$$n\theta = \theta_0 + 2\pi k \ (k = 0,\ 1,\ 2,\ \cdots,\ n-1) \ \text{より}$$

$$\theta = \frac{\theta_0 + 2\pi k}{n}$$

である。k の値が 0 から $n-1$ まで変わると，θ はいろいろな値をとるが，それを超えると θ は 2π だけ変化するだけで z の値は変わらない。よって，$k = 0,\ 1,\ 2,\ \cdots,\ n-1$ に対する z の値を求めれば，それ以外に方程式 ① の解はない。

n 乗根

　複素数 $\alpha = r_0(\cos\theta_0 + i\sin\theta_0)$ に対して，方程式 $z^n = \alpha$ は n 個の解

$$\sqrt[n]{r_0}\left(\cos\frac{\theta_0 + 2\pi k}{n} + i\sin\frac{\theta_0 + 2\pi k}{n}\right) \quad (k = 0,\ 1,\ 2,\ \cdots,\ n-1)$$

をもつ。これを α の n 乗根という。

例 5] $(\sqrt{3} + i)^6$ の値を求めよ。

解] $\sqrt{3} + i$ を極形式で表すと　$\sqrt{3} + i = 2\left(\cos\dfrac{\pi}{6} + i\sin\dfrac{\pi}{6}\right)$

ゆえに，ド・モアブルの定理により

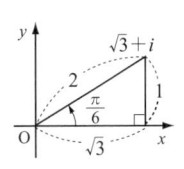

$$(\sqrt{3}+i)^6 = 2^6\left(\cos\frac{\pi}{6} + i\sin\frac{\pi}{6}\right)^6$$
$$= 2^6(\cos\pi + i\sin\pi)$$
$$= 2^6 \cdot (-1) = -64$$

例 6] 方程式 $z^2 = -1 + \sqrt{3}\,i$ の解を求めよ。

解] $-1 + \sqrt{3}\,i$ を極形式で表すと　$-1 + \sqrt{3}\,i = 2\left(\cos\frac{2}{3}\pi + i\sin\frac{2}{3}\pi\right)$

方程式の解の極形式を $z = r(\cos\theta + i\sin\theta)$ とすると

$$z^2 = r^2(\cos 2\theta + i\sin 2\theta)$$

ゆえに　$r^2(\cos 2\theta + i\sin 2\theta) = 2\left(\cos\frac{2}{3}\pi + i\sin\frac{2}{3}\pi\right)$

両辺の絶対値と偏角を比較すると　$r^2 = 2,\ 2\theta = \frac{2}{3}\pi + 2\pi k$

$r > 0$ であるから，$r = \sqrt{2}$，$\quad \theta = \frac{\pi}{3}\pi + \pi k$

$0 \leqq \theta < 2\pi$ の範囲で考えると　$k = 0,\ 1$

$k = 0$ とすると　$z = \sqrt{2}\left(\cos\frac{\pi}{3} + i\sin\frac{\pi}{3}\pi\right) = \dfrac{\sqrt{2}+\sqrt{6}\,i}{2}$

$k = 1$ とすると　$z = \sqrt{2}\left(\cos\frac{4}{3}\pi + i\sin\frac{4}{3}\pi\right) = -\dfrac{\sqrt{2}+\sqrt{6}\,i}{2}$

したがって，方程式の解は　$z = \pm\dfrac{\sqrt{2}+\sqrt{6}\,i}{2}$

練習 5] ド・モアブルの定理を用いて，次の値を求めよ。

(1) $\left(\cos\frac{\pi}{4} + i\sin\frac{\pi}{4}\right)^4$　　(2) $(1+i)^3$　　(3) i^{10}

練習 6] 次の方程式の解を求めよ。

(1) $z^2 = 2\,i$　　(2) $z^3 = -27$　　(3) $(z-1)^4 = 16$

7.2.2　図形への応用

複素数平面上の異なる 3 点の $\mathrm{P}(z_1)$，$\mathrm{Q}(z_2)$，$\mathrm{R}(z_3)$ について，半直線 PQ，半直線 PR が実軸の正の向き（反時計方向）となす角をそれぞれ θ_1，θ_2 とすると，図から

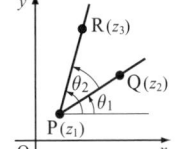

$$\angle\,\mathrm{QPR} = \theta_2 - \theta_1 = \arg(z_3 - z_1) - \arg(z_2 - z_1)$$
$$= \arg\left(\frac{z_3 - z_1}{z_2 - z_1}\right)$$

である。

次に，異なる 3 点 $\mathrm{P}(z_1)$，$\mathrm{Q}(z_2)$，$\mathrm{R}(z_3)$ からなる 2 直線のなす角の大きさでみ

る。範囲を $0 \le \theta < 2\pi$, $\angle \mathrm{QPR} = \theta$ とするとき

$$z = \frac{z_3 - z_1}{z_2 - z_1} = r(\cos \theta + i \sin \theta)$$

であるから

1) 3 点 P, Q, R が一直線にある場合，すなわち，$\theta = 0$, π のとき

$\sin \theta$ は 0 なので，複素数 z は実数である。

2) 3 点 P, Q, R が垂直に交わる場合，すなわち，$\theta = \dfrac{\pi}{2}$, $\dfrac{3}{2}\pi$ のとき

$\cos \theta$ は 0 なので，複素数 z は純虚数である。

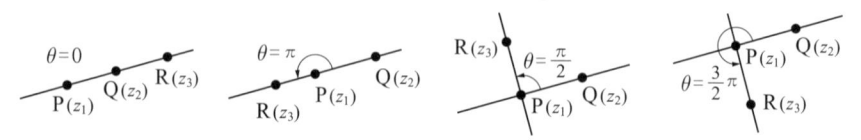

これらについては逆のこともいえる。

複素数と三角形

異なる 3 点の $\mathrm{P}(z_1)$, $\mathrm{Q}(z_2)$, $\mathrm{R}(z_3)$ に対して

$$\angle \mathrm{QPR} = \arg\left(\frac{z_3 - z_1}{z_2 - z_1}\right)$$

3 点 P, Q, R が一直線にある　　$\Longleftrightarrow$　　$\dfrac{z_3 - z_1}{z_2 - z_1}$ が実数

3 点 P, Q, R が垂直に交わる　　$\Longleftrightarrow$　　$\dfrac{z_3 - z_1}{z_2 - z_1}$ が純虚数

例 7] 複素数平面上で，原点 O と異なる 2 点 A(α), B(β) がある。α, β が次の関係式を満たすとき，$\triangle \mathrm{OAB}$ はどのような三角形か。

(1) $\dfrac{\beta}{\alpha} = \dfrac{1 + \sqrt{3}\,i}{2}$　　　　　　(2) $\beta = (1 + i)\,\alpha$

解] (1) $\dfrac{\beta}{\alpha} = \dfrac{1 + \sqrt{3}\,i}{2} = \cos \dfrac{\pi}{3} + i \sin \dfrac{\pi}{3}$

$\left| \dfrac{\beta}{\alpha} \right| = \sqrt{\left(\dfrac{1}{2}\right)^2 + \left(\dfrac{\sqrt{3}}{2}\right)^2} = 1$　より　　OA = OB

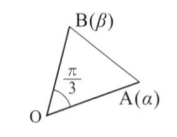

よって，　$\triangle \mathrm{OAB}$ は正三角形である。

(2) $\alpha \neq 0$ であるから $\dfrac{\beta}{\alpha} = 1 + i = \sqrt{2}\left(\cos \dfrac{\pi}{4} + i \sin \dfrac{\pi}{4}\right)$

$\left| \dfrac{\beta}{\alpha} \right| = \sqrt{1^2 + 1^2} = \sqrt{2}$　より　　OA : OB = 1 : $\sqrt{2}$

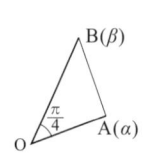

よって，　$\triangle \mathrm{OAB}$ は OB を斜面とする直角二等辺三角形である。

2 直線の方程式

複素数平面上で，直線上の点 z が満たす方程式について考えよう。

α を 0 でない複素数とし，原点 O と点 α を通る直線上の点を z とすると，実数 t を用いて

$$z = t\alpha \quad \cdots\cdots ①$$

と表される。

① と同様に考えて，複素数平面上の異なる 2 点 α, β を用いた

$$\omega = t(\beta - \alpha)$$

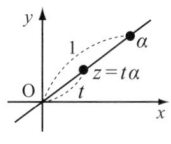

は原点 O と点 $\beta - \alpha$ を通る直線上の点である。この直線上の点 ω を α だけ平行移動した点 z は

$$z = \alpha + \omega = \alpha + t(\beta - \alpha) \quad \cdots\cdots ②$$

と表される。点 z は $t = 0$ のとき点 α, $t = 1$ のとき点 β になり，t が変化するとき，点 z は 2 点 α, β を通る直線上を動く。

② は，点 z が 2 点 α, β を通る直線上にあるための条件を表すもので，複素数平面上の 2 点 α, β を通る直線の方程式は，t（実数）を媒介変数として，次のように表される。

$$z = \alpha + t(\beta - \alpha) = (1 - t)\alpha + t\beta$$

例 8] 複素数平面上に 2 点 A(1)，B(i) がある。次の図形の方程式を求めよ。

(1) 線分 AB の垂直 2 等分線   (2) 点 B が中心の半径 2 の円   (3) 直線 AB

解] (1) $|z - 1| = |z - i|$ (2) $|z - i| = 2$ (3) $z = (1 - t) + t\,i$ （t は実数）

例 9] 複素数平面上に 2 点 A$(3 + 2i)$，B$(5 - 4i)$ がある。次の点を表す複素数を求めよ。

(1) 線分 AB を $1 : 2$ に内分する点   (2) 線分 AB の中点   (3) $\triangle$ OAB の重心

解] (1) $\dfrac{2(3 + 2i) + (5 - 4i)}{1 + 2} = \dfrac{11}{3}$

(2) $\dfrac{(3 + 2i) + (5 - 4i)}{2} = 4 - i$ (3) $\dfrac{0 + (3 + 2i) + (5 - 4i)}{3} = \dfrac{8}{3} - \dfrac{2}{3}i$

演 習 問 題

1. 次の値を求めよ。

(1) $(5 + 4i) + (5 - 3i)$ (2) $(-5i)^3$ (3) $\left(i^3\right)^{10}$

(4) $(5 + 4i)(5 - 3i)$ (5) $\dfrac{2 - 3i}{5 + 3i}$ (6) $\left\{(-i)^3\right\}^{10}$

2. 次の 2 点間の距離を求めよ。

(1) $z_1 = 1 - i,\ z_2 = 7 + 7i$ (2) $z_1 = 5 + 2i,\ z_2 = 2 - 4i$

3. 2 つの複素数が $\alpha = 3 - i,\ \beta = -1 + 2i$ のとき，次の値を求めよ。

(1) $\alpha\beta$ (2) $\overline{\alpha}\,\overline{\beta}$ (3) $\dfrac{\alpha}{\beta}$ (4) $\overline{\dfrac{\alpha}{\beta}}$

4. 次の等式を満たすように，実数 $x,\ y$ の値を求めよ。

(1) $(1 + 3i)x + (4 - 2i)y = 7 + 7i$

(2) $(2 + i)(x - yi) = -1 + 7i$

5. 複素数を $z = r(\cos\theta + i\sin\theta)$ として，次の複素数の絶対値と偏角を，r と θ で表せ。

(1) $2z$ (2) $\overline{z}$ (3) $\dfrac{z}{i}$ (4) $\dfrac{1}{z}$ (5) $(1 + i)z$ (6) z^2

6. 複素数 $z_1 = 1 - i,\ z_2 = 1 + \sqrt{3}\,i$ を極形式で表し，次の値を求めよ。

(1) $z_1{}^2$ (2) $z_2{}^6$ (3) $\left(\dfrac{z_2}{z_1}\right)^{12}$ (4) $(z_2 + 2)^6$ (5) $\left(\dfrac{z_2 + 2}{z_2}\right)^6$

7. 次の方程式を解け。

(1) $x^4 = 48$ (2) $x^2 = -1 - \sqrt{3}\,i$

8. $z = 2 + 4i$ の表す点 z を，原点 O の周りに次の角だけ回転して得られる点は，どのような複素数を表すか。

(1) $\dfrac{\pi}{2}$ (2) $-\dfrac{\pi}{6}$ (3) $\dfrac{2}{3}\pi$

9. 次の式の値を求めよ。但し，n は正の整数とする。

(1) $(1 + i)^n - (1 - i)^n$ (2) $(1 + i)^n + (1 - i)^n$

10. 複素数 $z_1,\ z_2,\ z_3$ を表す点をそれぞれ $P_1,\ P_2,\ P_3$ とする。このとき，$z_1 - z_2 = i(z_1 - z_3)$ ならば，$\triangle P_1 P_2 P_3$ はどのような形の三角形であるか。

第 8 章

ベクトル

8.1 平面上のベクトル

8.1.1 ベクトルと有向線分

　線分の長さ，立体の体積，物体の質量，温度などの量は，いずれも大きさだけで表すことができる。しかし，天気図の台風などは風の大きさだけでなく，風の向きも同時に考えなければならない。このように，大きさと向きで表される量には，速度のほか，力，加速度，図形の移動などがある。

　平面または空間に 2 点 A，B があるとき，線分 AB にはその長さで大きさを表し，それに，A（始点）から B（終点）の方向を付けたものを **有向線分** といい，記号で $\overrightarrow{AB}$ と書く。有向線分は位置と向きおよび大きさで定まる。また，$\overrightarrow{AB}$ の大きさを $|\overrightarrow{AB}|$ で表す。

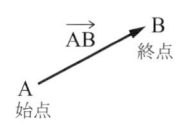

　このように，有向線分でその位置を問題にせず，**大きさ** と **向き** だけに着目したものを **ベクトル** といい，$\vec{a}$ などで表す。ベクトルに対し，長さ，体積，質量，温度などのように，大きさだけで決まる量を **スカラー** という。

8.1.2 ベクトルの演算

ベクトルの和，差

　2 つのベクトル $\vec{a}$，$\vec{b}$ に対し，大きさも向きも同じであるとき，2 つのベクトルは等しいといい，$\vec{a} = \vec{b}$ と書く。

　点 A を定めて，$\vec{a} = \overrightarrow{AB}, \vec{b} = \overrightarrow{BC}$ となるような点
B, C をとるとき，ベクトル $\overrightarrow{AC}$ を $\vec{a}$ と $\vec{b}$ の **和** といい，
$\vec{a} + \vec{b}$ で表す。すなわち，$\overrightarrow{AB} + \overrightarrow{BC} = \overrightarrow{AC}$ である。

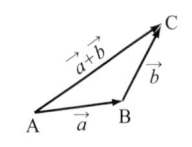

　図の平行四辺形 OACB において，$\vec{a} = \overrightarrow{OA}, \vec{b} = \overrightarrow{OB}$
とすると

$$\overrightarrow{OC} = \overrightarrow{OA} + \overrightarrow{AC} = \vec{a} + \vec{b}$$
$$\overrightarrow{OC} = \overrightarrow{OB} + \overrightarrow{BC} = \vec{b} + \vec{a}$$

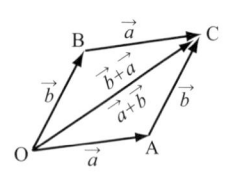

　よって，$\vec{a} + \vec{b} = \vec{b} + \vec{a}$ である。

　ベクトル $\vec{a}$ に対し，大きさが等しく，向きが反対の
ベクトルを $\vec{a}$ の **逆ベクトル** といい，$-\vec{a}$ で表す。

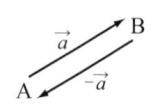

$$\vec{a} = \overrightarrow{AB} \quad \text{とすると} \quad -\vec{a} = \overrightarrow{BA}$$

すなわち，$\overrightarrow{BA} = -\overrightarrow{AB}$ である。

　ベクトル $\vec{a} = \overrightarrow{AB}$ と，その逆ベクトル $-\vec{a} = \overrightarrow{BA}$ の和は

$$\vec{a} + (-\vec{a}) = \overrightarrow{AB} + \overrightarrow{BA} = \overrightarrow{AA}$$

となる。このとき，$\overrightarrow{AA}$ を始点と終点が一致した特別な有向線分と考え，**零ベクト
ル** といい，記号で $\vec{0}$ と表す。

　すなわち，$\vec{a} + (-\vec{a}) = \vec{0}$ である。

　零ベクトルの大きさは 0 で，その向きは考えない。零ベクトルには数の 0 と同
じような性質がある。

　2 つのベクトル $\vec{a}$, $\vec{b}$ に対して，$\vec{a} + (-\vec{b})$ を $\vec{a} - \vec{b}$ と書き，これを，$\vec{a}$ から $\vec{b}$ を
引いた **差** という。

　すなわち，$\vec{a} - \vec{b} = \vec{a} + (-\vec{b})$ である。

ベクトルの基本法則 (1) と和，差 ──────────────────────

$$\vec{a} + \vec{b} = \vec{b} + \vec{a}, \qquad\qquad (\vec{a} + \vec{b}) + \vec{c} = \vec{a} + (\vec{b} + \vec{c})$$
$$\vec{a} + (-\vec{a}) = \vec{0}, \qquad\qquad \vec{a} + \vec{0} = \vec{0} + \vec{a} = \vec{a}$$
$$\overrightarrow{AB} + \overrightarrow{BC} = \overrightarrow{AC}, \qquad\qquad \overrightarrow{BA} = -\overrightarrow{AB}$$
$$\overrightarrow{AA} = \vec{0}, \qquad\qquad \overrightarrow{OA} - \overrightarrow{OB} = \overrightarrow{BA}$$

──

ベクトルの実数倍

　k を実数，$\vec{a}$ を $\vec{0}$ でないベクトルとするとき，$\vec{a}$ の k 倍を $k\vec{a}$ と表し，次のよう
なベクトルと定める。

[1] $k > 0$ のときは，$\vec{a}$ と同じ向きで，大きさが $|\vec{a}|$ の k 倍のベクトルで，

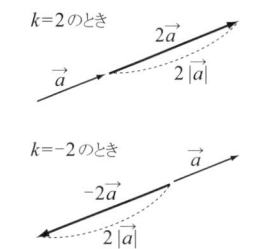

$$特に \quad 1\vec{a} = \vec{a}$$

[2] $k < 0$ のときは，$\vec{a}$ と反対の向きで，大きさが $|\vec{a}|$ の $|k|$ 倍のベクトルで，

$$特に \quad (-1)\vec{a} = -\vec{a}$$

[3] $k = 0$ のときは，零ベクトルで，$\quad 0\vec{a} = \vec{0}$

また，$\vec{a} = \vec{0}$ のときは，任意の実数 k に対して $k\vec{0} = \vec{0}$ と定める。

ベクトルの基本法則 (2)

$k,\ l$ が実数のとき
$$(kl)\vec{a} = k(l\vec{a}), \quad (k+l)\vec{a} = k\vec{a} + l\vec{a}, \quad k(\vec{a}+\vec{b}) = k\vec{a} + k\vec{b}$$

ベクトルの平行

$\vec{0}$ でない 2 つのベクトル $\vec{a}$，$\vec{b}$ が向きが同じか，または反対であるとき，**平行** であるといい，記号で $\vec{a} /\!/ \vec{b}$ と表す。平行となるのは，一方が他方の実数倍になるときに限る。よって，ベクトルの平行の定義は実数倍の定義から，次のことがいえる。

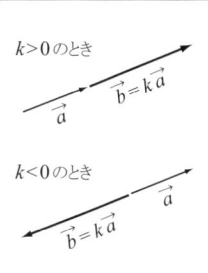

ベクトルの平行

$\vec{a} \neq \vec{0},\ \vec{b} \neq \vec{0}$ のとき $\quad \vec{a} /\!/ \vec{b} \iff \vec{b} = k\vec{a}$ （k は 0 でない実数）

ベクトルの 1 次独立

$\vec{a} \neq \vec{0}, \vec{b} \neq \vec{0}$ で $\vec{a}$ と $\vec{b}$ が平行でないとき，$\vec{a}$ と $\vec{b}$ は **1 次独立** であるという。そのとき，次のことが成り立つ。

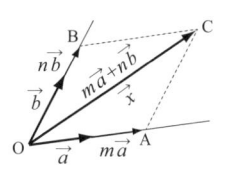

(1) $m\vec{a} + n\vec{b} = \vec{0}$ ならば $m = n = 0$

(2) 平面上の任意のベクトル $\vec{x}$ は，$\vec{x} = m\vec{a} + n\vec{b}$ の形にただ 1 通りに表せる。

例 1] ベクトルの基本法則により，$5(\vec{a} - 2\vec{b} + 3\vec{c}) - 2(\vec{a} - 3\vec{b} + 4\vec{c})$ を計算せよ。

解] 与式 $= (5-2)\vec{a} + (-10+6)\vec{b} + (15-8)\vec{c} = 3\vec{a} - 4\vec{b} + 7\vec{c}$

練習 1] 次の計算をせよ。

(1) $2(2\vec{a} - \vec{b}) + \dfrac{1}{3}(\vec{a} + 3\vec{b}) - 3(\vec{a} - \vec{b})$

(2) $2\left(2\vec{a} - \vec{b} + \dfrac{1}{2}\vec{c}\right) + 3\left(-\vec{a} + \vec{b} - \dfrac{1}{4}\vec{c}\right)$

練習 2] $2\vec{x} + \vec{a} = \dfrac{1}{2}(\vec{x} - \vec{a}) + \vec{b}$ を満たす $\vec{x}$ を，$\vec{a}$, $\vec{b}$ を用いて表せ。

8.1.3 ベクトルの成分

ベクトルの成分表示

O を原点とする座標平面上で，座標軸上に 2 点
$E_1(1, 0)$, $E_2(0, 1)$ をとるとき

$$\vec{e_1} = \overrightarrow{OE_1}, \qquad \vec{e_2} = \overrightarrow{OE_2}$$

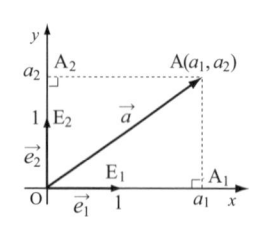

は，大きさが 1 であるので，**単位ベクトル** という。ま
た，これらは x 軸，y 軸の正の向きと同じ向きの単位
ベクトルであるので，**基本ベクトル** ともいう。

任意のベクトル $\vec{a}$ を，基本ベクトル $\vec{e_1}$, $\vec{e_2}$ を用いて表すために，$\vec{a} = \overrightarrow{OA}$ とな
る点 A をとり，点 A の座標を (a_1, a_2) とする。また，点 A から x 軸，y 軸に下
ろした垂線を，それぞれ AA_1, AA_2 とすると

$$\overrightarrow{OA} = \overrightarrow{OA_1} + \overrightarrow{OA_2}, \qquad \overrightarrow{OA_1} = a_1\vec{e_1}, \qquad \overrightarrow{OA_2} = a_2\vec{e_2}$$

よって，ベクトル $\vec{a}$ は

$$\vec{a} = a_1\vec{e_1} + a_2\vec{e_2}$$

と表される。

このとき，実数 a_1, a_2 をベクトル $\vec{a}$ の **成分** といい，a_1 を $\vec{a}$ の **x 成分**，a_2
を $\vec{a}$ の **y 成分** という。成分を用いてベクトルを表すと，$\vec{a} = (a_1, a_2)$ または
$\overrightarrow{OA} = (a_1, a_2)$ と書く。あるいは，縦に $\vec{a} = \begin{pmatrix} a_1 \\ a_2 \end{pmatrix}$, $\overrightarrow{OA} = \begin{pmatrix} a_1 \\ a_2 \end{pmatrix}$ と書いても
よい。

2 つのベクトル $\vec{a} = (a_1, a_2)$, $\vec{b} = (b_1, b_2)$ の相等については

$$(a_1, a_2) = (b_1, b_2) \iff a_1 = b_1, \quad a_2 = b_2$$

が成り立つ。

ベクトルの大きさは図より，$|\vec{a}|^2 = OA^2 = OA_1^2 + AA_1^2 = a_1^2 + a_2^2$ である
から

$$|\vec{a}| = \sqrt{a_1^2 + a_2^2}$$

である。

ベクトルの和，差，実数倍と成分

2 つのベクトルを $\vec{a} = (a_1,\ a_2)$, $\vec{b} = (b_1,\ b_2)$ とするとき，ベクトルの和，差，実数倍を成分で表すと，基本ベクトル $\vec{e_1}$, $\vec{e_2}$ を用いて

$$\vec{a} = a_1\vec{e_1} + a_2\vec{e_2}, \qquad \vec{b} = b_1\vec{e_1} + b_2\vec{e_2}$$

で表される。

よって
$$\vec{a} + \vec{b} = (a_1\vec{e_1} + a_2\vec{e_2}) + (b_1\vec{e_1} + b_2\vec{e_2})$$
$$= (a_1 + b_1)\vec{e_1} + (a_2 + b_2)\vec{e_2} = (a_1 + b_1,\ a_2 + b_2)$$

また，k を実数とするとき
$$k\vec{a} = k\,a_1\vec{e_1} + k\,a_2\vec{e_2} = (k\,a_1,\ k\,a_2)$$

が成り立つ。

ベクトルの成分による計算 ─────────────

$\vec{a} = (a_1,\ a_2)$, $\vec{b} = (b_1,\ b_2)$, k が実数のとき

$$(a_1,\ a_2) \pm (b_1,\ b_2) = (a_1 \pm b_1,\ a_2 \pm b_2) \qquad \text{(複号同順)}$$

$$k\,(a_1,\ a_2) = (k\,a_1,\ k\,a_2)$$

---

2 点におけるベクトルの成分

2 点 A $(a_1,\ a_2)$, B $(b_1,\ b_2)$ に対して，$\overrightarrow{AB}$ の成分は

$$\overrightarrow{AB} = \overrightarrow{OB} - \overrightarrow{OA}$$

$$= (b_1,\ b_2) - (a_1,\ a_2) = (b_1 - a_1,\ b_2 - a_2)$$

であるから，大きさは次のようになる。

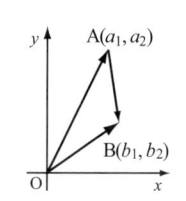

ベクトル $\overrightarrow{AB}$ の成分と大きさ ─────────────

2 点 A $(a_1,\ a_2)$, B $(b_1,\ b_2)$ について
$$\overrightarrow{AB} = (b_1 - a_1,\ b_2 - a_2), \qquad |\overrightarrow{AB}| = \sqrt{(b_1 - a_1)^2 + (b_2 - a_2)^2}$$

例 2] $\vec{a} = (2,\ 4)$ とするとき，$\vec{a}$ と同じ向きの単位ベクトルを成分で表せ。

解] $|\vec{a}| = \sqrt{2^2 + 4^2} = 2\sqrt{5}$, 向きが同じなので，$\dfrac{1}{2\sqrt{5}}\vec{a} = \left(\dfrac{1}{\sqrt{5}},\ \dfrac{2}{\sqrt{5}}\right)$ である。

例 3] 4 点 A $(-1,\ 4)$, B $(3,\ -1)$, C $(9,\ 2)$, D $(5,\ 7)$ を頂点とする四角形は，平行四辺形であることを，ベクトルを用いて示せ。

解] $\overrightarrow{\text{AD}} = (5 - (-1),\ 7 - 4) = (6,\ 3)$

$\overrightarrow{\text{BC}} = (9 - 3,\ 2 - (-1)) = (6,\ 3)$

ゆえに　$\overrightarrow{\text{AD}} = \overrightarrow{\text{BC}}$

よって，四角形 ABCD は平行四辺形である。

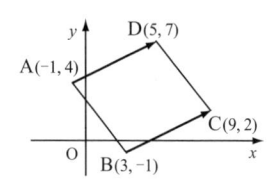

例 4] $\vec{a} = (2,\ 1)$, $\vec{b} = (-1,\ 1)$ であるとき，$\vec{c} = (2,\ 4)$ に対して，$\vec{c} = k\vec{a} + l\vec{b}$ となるような実数 k, l を求めよ。

解] $\vec{c} = k\vec{a} + l\vec{b}$ を成分で表すと

$(2,\ 4) = k(2,\ 1) + l(-1,\ 1) = (2k - l,\ k + l)$

ゆえに　$2k - l = 2$,　　$k + l = 4$

これを解いて　　$k = 2$,　　$l = 2$

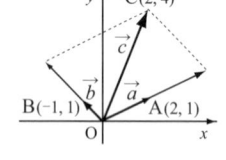

例 5] $\vec{a} = (3,\ -2)$, $\vec{b} = (1,\ 2)$, $\vec{c} = (1,\ 1)$ のとき，$\vec{a} + t\vec{b}$ と $\vec{c}$ が平行となるように，実数 t の値を定めよ。

解] $\vec{a} + t\vec{b} = (3,\ -2) + t(1,\ 2) = (3 + t,\ -2 + 2t)$

$(\vec{a} + t\vec{b}) /\!/ \vec{c}$ となる条件は，$\vec{a} + t\vec{b} = k\vec{c}$（$k$ は 0 でない実数）で，これを成分で表すと

$$(3 + t,\ -2 + 2t) = k(1,\ 1)$$

よって，$3 + t = k$,　$-2 + 2t = k$　より　　$t = 5$

練習 3] 4 点 A $(-3,\ 2)$，B $(1,\ -3)$，C $(8,\ -2)$，D $(x,\ y)$ を頂点とする四角形 ABCD が平行四辺形となるように，x, y の値を定めよ。

8.1.4　ベクトルの内積

$\vec{0}$ でない 2 つのベクトル $\vec{a}$, $\vec{b}$ が，$\vec{a} = \overrightarrow{\text{OA}}$, $\vec{b} = \overrightarrow{\text{OB}}$ のとき，$\angle \text{AOB} = \theta$ の値は，始点 O をどこにとっても一定である。この θ が $0 \leqq \theta \leqq \pi$ であるものを，ベクトル $\vec{a}$, $\vec{b}$ の **なす角** という。

ベクトル $\vec{a}$, $\vec{b}$ のなす角が θ のとき，$|\vec{a}||\vec{b}|\cos\theta$ を $\vec{a}$ と $\vec{b}$ の **内積** といい，記号で $\vec{a} \cdot \vec{b}$ と表す。

B から直線 OA に引いた垂線の足を B$'$ とすると，$\text{OB}' = |\vec{b}|\cos\theta$ となり，$\vec{a} \cdot \vec{b}$ は線分 OA と OB$'$ の長さの積に等しい。

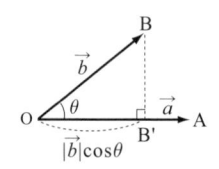

すなわち　　$\vec{a} \cdot \vec{b} = |\vec{a}||\vec{b}|\cos\theta$

である。$\vec{a} = \vec{0}$ または $\vec{b} = \vec{0}$ であるときは，内積 $\vec{a} \cdot \vec{b} = 0$ と定める。

定義からわかるように，ベクトルの内積は実数であり，同じベクトルの内積については，$\vec{a} \cdot \vec{a} = |\vec{a}||\vec{a}|\cos 0° = |\vec{a}|^2$ である*。

内積の成分表示

ベクトル $\vec{a}$, $\vec{b}$ はいずれも $\vec{0}$ でなく，平行でないとき，$\vec{a} = (a_1, a_2)$, $\vec{b} = (b_1, b_2)$ の内積を成分で表してみよう。

$\overrightarrow{\text{OA}} = \vec{a}$, $\overrightarrow{\text{OB}} = \vec{b}$, $\angle \text{AOB} = \theta$ とすると，余弦定理によって

$$\text{AB}^2 = \text{OA}^2 + \text{OB}^2 - 2\text{OA} \cdot \text{OB} \cos\theta$$

すなわち $\quad |\vec{b} - \vec{a}|^2 = |\vec{a}|^2 + |\vec{b}|^2 - 2|\vec{a}||\vec{b}|\cos\theta$

また，$\vec{a} \cdot \vec{b} = |\vec{a}||\vec{b}|\cos\theta$ であるから

$$\vec{a} \cdot \vec{b} = \frac{1}{2}\left\{|\vec{a}|^2 + |\vec{b}|^2 - |\vec{b} - \vec{a}|^2\right\}$$

したがって，成分で表すと，$\vec{a} = (a_1, a_2)$, $\vec{b} = (b_1, b_2)$ に対して

$$\vec{a} \cdot \vec{b} = \frac{1}{2}\left[(a_1^2 + a_2^2) + (b_1^2 + b_2^2) - \left\{(b_1 - a_1)^2 + (b_2 - a_2)^2\right\}\right]$$

$$= a_1 b_1 + a_2 b_2$$

この結果は，$\vec{a} = \vec{0}$ または $\vec{b} = \vec{0}$ の場合にも成り立つ。また，$\vec{a} /\!/ \vec{b}$ の場合にも成り立つ。

ベクトルのなす角

$\vec{0}$ でない 2 つのベクトル $\vec{a} = (a_1, a_2)$, $\vec{b} = (b_1, b_2)$ のなす角を θ とすると，内積の定義から次のことがいえる。

$$\cos\theta = \frac{\vec{a} \cdot \vec{b}}{|\vec{a}||\vec{b}|} = \frac{a_1 b_1 + a_2 b_2}{\sqrt{a_1^2 + a_2^2}\sqrt{b_1^2 + b_2^2}}$$

$\vec{a}$, $\vec{b}$ のなす角が $\dfrac{\pi}{2}$ のとき，$\vec{a}$ と $\vec{b}$ は **垂直** であるといい，$\vec{a} \perp \vec{b}$ で表す。

内積についてまとめると，次のことがいえる。

ベクトルの内積

$\vec{a} \cdot \vec{b} = \vec{b} \cdot \vec{a}$, $\qquad\qquad\qquad \vec{a} \cdot \vec{a} = |\vec{a}|^2$

$\vec{a} \cdot (\vec{b} + \vec{c}) = \vec{a} \cdot \vec{b} + \vec{a} \cdot \vec{c}$, $\qquad (\vec{a} + \vec{b}) \cdot \vec{c} = \vec{a} \cdot \vec{c} + \vec{b} \cdot \vec{c}$

$(k\vec{a}) \cdot \vec{b} = \vec{a} \cdot (k\vec{b}) = k(\vec{a} \cdot \vec{b})$ $\qquad$ (但し，k は実数)

ベクトル $\vec{a} = (a_1, a_2)$, $\vec{b} = (b_1, b_2)$ の内積は $\qquad \vec{a} \cdot \vec{b} = a_1 b_1 + a_2 b_2$

---

* $\vec{a} \times \vec{b}$ を $\vec{a}$ と $\vec{b}$ の外積といい，$\vec{a} \times \vec{b} = |\vec{a}||\vec{b}|\sin\theta$ である。

ベクトルのなす角は $\qquad \cos\theta = \dfrac{\vec{a}\cdot\vec{b}}{|\vec{a}||\vec{b}|} = \dfrac{a_1 b_1 + a_2 b_2}{\sqrt{a_1{}^2 + a_2{}^2}\sqrt{b_1{}^2 + b_2{}^2}}$

$\qquad\qquad\qquad\qquad\qquad$ (但し, $0 \leqq \theta \leqq \pi$)

ベクトルの垂直条件 $\qquad \vec{a} \perp \vec{b} \iff \vec{a}\cdot\vec{b} = 0 \quad (\vec{a} \neq \vec{0},\ \vec{b} \neq \vec{0})$

$\qquad$ すなわち $\qquad \vec{a} \perp \vec{b} \iff a_1 b_1 + a_2 b_2 = 0$

例 6] 1 辺の長さが 4 である正三角形 ABC において, 辺 BC の中点を M とするとき, 次の内積を求めよ.

$\quad$ (1) $\overrightarrow{AB}\cdot\overrightarrow{AC}$ $\qquad$ (2) $\overrightarrow{AB}\cdot\overrightarrow{BC}$ $\qquad$ (3) $\overrightarrow{AB}\cdot\overrightarrow{AM}$ $\qquad$ (4) $\overrightarrow{AM}\cdot\overrightarrow{BC}$

解] (1) 与式 $= |\overrightarrow{AB}||\overrightarrow{AC}|\cos\dfrac{\pi}{3} = 4\cdot4\cdot\dfrac{1}{2} = 8$

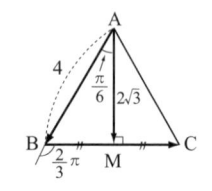

(2) 与式 $= |\overrightarrow{AB}||\overrightarrow{BC}|\cos\dfrac{2}{3}\pi = 4\cdot4\cdot\left(-\dfrac{1}{2}\right) = -8$

(3) 与式 $= |\overrightarrow{AB}||\overrightarrow{AM}|\cos\dfrac{\pi}{6} = 4\cdot2\sqrt{3}\cdot\dfrac{\sqrt{3}}{2} = 12$

(4) 与式 $= |\overrightarrow{AM}||\overrightarrow{BC}|\cos\dfrac{\pi}{2} = 2\sqrt{3}\cdot4\cdot0 = 0$

例 7] $|\vec{a}| = 3$, $|\vec{b}| = 2$, $|\vec{a}-\vec{b}| = \sqrt{7}$ のとき, $\vec{a}$, $\vec{b}$ のなす角および $|\vec{a}+\vec{b}|$ の値を求めよ.

解] $|\vec{a}-\vec{b}|^2 = |\vec{a}|^2 - 2\vec{a}\cdot\vec{b} + |\vec{b}|^2$ であるから, 条件より

$\qquad \left(\sqrt{7}\right)^2 = 3^2 - 2\vec{a}\cdot\vec{b} + 2^2 \qquad$ ゆえに $\quad \vec{a}\cdot\vec{b} = 3$

$\vec{a}$, $\vec{b}$ のなす角を θ とすると

$\qquad\qquad \cos\theta = \dfrac{\vec{a}\cdot\vec{b}}{|\vec{a}||\vec{b}|} = \dfrac{3}{3\cdot2} = \dfrac{1}{2}$

$0 \leqq \theta \leqq \pi$ であるから $\qquad \theta = \dfrac{\pi}{3}$

また $\qquad |\vec{a}+\vec{b}|^2 = |\vec{a}|^2 + 2\vec{a}\cdot\vec{b} + |\vec{b}|^2 = 3^2 + 2\cdot3 + 2^2 = 19$

ゆえに $\qquad |\vec{a}+\vec{b}| = \sqrt{19}$

例 8] 3 点 A $(3,\ 1)$, B $(4,\ -2)$, C $(0,\ 2)$ について, $\overrightarrow{AB}$, $\overrightarrow{AC}$ のなす角の余弦の値および $\triangle ABC$ の面積を求めよ.

解] $\overrightarrow{AB} = (4,\ -2) - (3,\ 1) = (1,\ -3)$

$\quad \overrightarrow{AC} = (0,\ 2) - (3,\ 1) = (-3,\ 1)$

ゆえに $\quad \overrightarrow{AB}$, $\overrightarrow{AC}$ のなす角を θ とすると

$$\cos\theta = \frac{\overrightarrow{AB}\cdot\overrightarrow{AC}}{|\overrightarrow{AB}||\overrightarrow{AC}|} = \frac{-6}{\sqrt{10}\sqrt{10}} = -\frac{3}{5}$$

$0 < \theta < \pi$ であるから，$\quad\sin\theta > 0$

ゆえに $\quad \sin\theta = \sqrt{1 - \cos^2\theta} = \dfrac{4}{5}$

したがって，△ABC の面積 S は

$$S = \frac{1}{2}|\overrightarrow{AB}||\overrightarrow{AC}|\sin\theta = \frac{1}{2}\left(\sqrt{10}\right)^2 \cdot \frac{4}{5} = 4$$

8.1.5　位置ベクトル

平面上で 1 点 O を定めると，任意の点 P の位置はベクトル $\vec{p} = \overrightarrow{OP}$ によって
定まる。このとき，$\vec{p}$ を点 O に関する P の **位置ベクトル** と
いう。$\vec{p}$ を点 P の位置を表すのに用い，位置ベクトルが $\vec{p}$ で
ある点 P を $\mathrm{P}\left(\vec{p}\right)$ と表す。

分点の位置ベクトル

2 点 $\mathrm{A}\left(\vec{a}\right)$，$\mathrm{B}\left(\vec{b}\right)$ に対して，線分 AB を $m:n$ の
比に内分する点 P の位置ベクトル $\vec{p}$ は，$\vec{a}$, $\vec{b}$ を用いて
表すと

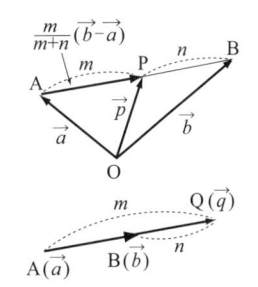

$$\vec{p} = \overrightarrow{OP} = \overrightarrow{OA} + \overrightarrow{AP} = \overrightarrow{OA} + \frac{m}{m+n}\overrightarrow{AB}$$

$$= \vec{a} + \frac{m}{m+n}(\vec{b} - \vec{a}) = \frac{n\,\vec{a} + m\,\vec{b}}{m+n}$$

同様にして，2 点 $\mathrm{A}\left(\vec{a}\right)$，$\mathrm{B}\left(\vec{b}\right)$ を結ぶ線分 AB を $m:n$ の比に外分する点 Q
の位置ベクトル $\vec{q}$ についても，次のことがいえる。

分点の位置ベクトル ―――――――――――――――――――――

2 点 $\mathrm{A}\left(\vec{a}\right)$，$\mathrm{B}\left(\vec{b}\right)$ に対して，線分 AB を $m:n$ の比に内分，外分する点 P, Q
の位置ベクトルは

$$\text{内 分}\quad \vec{p} = \frac{n\,\vec{a} + m\,\vec{b}}{m+n}, \qquad\qquad \text{外 分}\quad \vec{q} = \frac{-n\,\vec{a} + m\,\vec{b}}{m-n}$$

例 9] 三角形の頂点 A，B，C の位置ベクトルを，それぞれ $\vec{a}$, $\vec{b}$, $\vec{c}$ とするとき，
△ABC の重心の位置ベクトル $\vec{g}$ を求めよ。

解] 3 点 $\mathrm{A}\left(\vec{a}\right)$，$\mathrm{B}\left(\vec{b}\right)$，$\mathrm{C}\left(\vec{c}\right)$ を頂点とする △ABC において，辺 BC の中点を
$\mathrm{M}\left(\vec{m}\right)$ とすると

$$\vec{m} = \frac{\vec{b} + \vec{c}}{2}$$

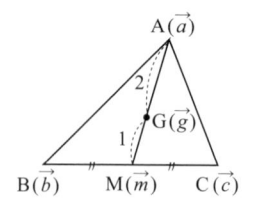

△ABC の重心 G$\left(\vec{g}\right)$ は線分 AM を $2:1$ に内分する点である。

したがって $\quad \vec{g} = \dfrac{\vec{a} + 2\,\vec{m}}{2 + 1} = \dfrac{\vec{a} + \vec{b} + \vec{c}}{3}$

例 10] 平行四辺形 OACB において，辺 OA の中点を D，辺 OB を $1:2$ に内分する点を E とし，BD と CE の交点を F とするとき，CF : FE を求めよ。

解] $\overrightarrow{OA} = \vec{a}$, $\overrightarrow{OB} = \vec{b}$ とすると

$\quad \overrightarrow{OC} = \vec{a} + \vec{b}$, $\quad \overrightarrow{OD} = \dfrac{1}{2}\,\vec{a}$, $\quad \overrightarrow{OE} = \dfrac{1}{3}\,\vec{b}$

DF : FB$= s : 1 - s$ とすれば

$\quad \overrightarrow{OF} = (1 - s)\overrightarrow{OD} + s\,\overrightarrow{OB} = \dfrac{1}{2}(1 - s)\,\vec{a} + s\,\vec{b}$ $\quad\cdots\cdots$ ①

CF : FE$= t : 1 - t$ とすれば

$\quad \overrightarrow{OF} = (1 - t)\overrightarrow{OC} + t\,\overrightarrow{OE} = (1 - t)(\vec{a} + \vec{b}) + \dfrac{t}{3}\,\vec{b}$

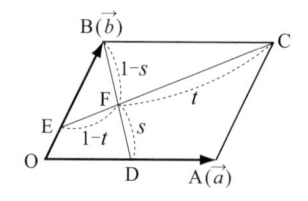

$\quad = (1 - t)\,\vec{a} + \left(1 - \dfrac{2}{3}\,t\right)\vec{b}$ $\quad\cdots\cdots$ ②

$\vec{a}$ と $\vec{b}$ は平行でないから，①，② により

$\quad \dfrac{1}{2}(1 - s) = 1 - t$, $\quad s = 1 - \dfrac{2}{3}\,t$

これを解くと $\quad s = \dfrac{1}{2}$, $\quad t = \dfrac{3}{4}$

したがって $\quad$ CF : FE$= \dfrac{3}{4} : \left(1 - \dfrac{3}{4}\right) = 3 : 1$

例 11] △ABC に対して，等式 $\overrightarrow{QA} + \overrightarrow{QB} + \overrightarrow{QC} = \overrightarrow{AB}$ を満たす点 Q は，どのような位置にあるか。

解] A，B，C，Q の位置ベクトルを，それぞれ $\vec{a}$, $\vec{b}$, $\vec{c}$, $\vec{q}$ とすると

$\quad (\vec{a} - \vec{q}) + (\vec{b} - \vec{q}) + (\vec{c} - \vec{q}) = \vec{b} - \vec{a}$

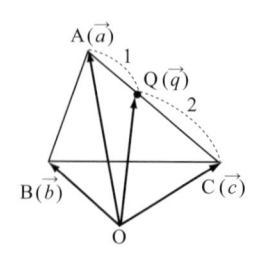

これを $\vec{q}$ について解くと，$\vec{q} = \dfrac{2\,\vec{a} + \vec{c}}{3} = \dfrac{2\,\vec{a} + \vec{c}}{1 + 2}$

よって，点 Q は辺 AC を $1:2$ の比に内分する点である。

練習 4] 四角形 OABC において，$AB^2 + OC^2 = OA^2 + BC^2$ ならば，対角線 OB と AC は直交する。ベクトルを用いてこれを証明せよ。

8.1.6　ベクトル方程式

直線の方向ベクトル

点 A $(\vec{a})$ を通り，$\vec{0}$ でないベクトル $\vec{d}$ に平行な直線を l とする。点 O に関する位置ベクトルを用いて，この直線 l を表すことを考えよう。

直線 l 上の点 P の位置ベクトルを $\vec{p}$ とすると，$\overrightarrow{AP} = \vec{0}$
または $\overrightarrow{AP} \mathbin{/\!/} \vec{d}$ であるから，$\overrightarrow{AP} = t\vec{d}$ となる実数 t がある。また

$$\overrightarrow{AP} = \overrightarrow{OP} - \overrightarrow{OA} = \vec{p} - \vec{a}$$

であるから，$\vec{p} - \vec{a} = t\vec{d}$

すなわち　$\vec{p} = \vec{a} + t\vec{d}$　……①

等式 ① を直線 l の **ベクトル方程式** といい，t を **媒介変数** という。また，ベクトル $\vec{d}$ をこの直線の **方向ベクトル** という。

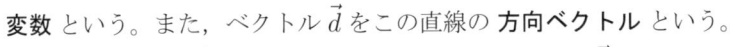

座標平面上で点 A (x_1, y_1) を通り，方向ベクトルが $\vec{d} = (c, d)$ である直線 l の方程式 ① を成分で表してみよう。

P (x, y) を直線 l 上の任意の点とし，$\vec{p} = \overrightarrow{OP}$，$\vec{a} = \overrightarrow{OA}$ とすると，$\vec{p} = (x, y)$，$\vec{a} = (x_1, y_1)$ であるから，① は

$$(x, y) = (x_1, y_1) + t(c, d) = (x_1 + tc, \ y_1 + td)$$

となり，l は次のように表すことができる。

$$\begin{cases} x = x_1 + tc \\ y = y_1 + td \end{cases} \quad \cdots\cdots ②$$

これを，t を媒介変数とする直線 l の方程式という。

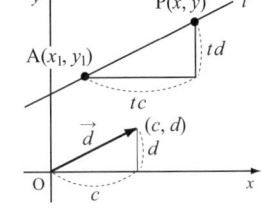

$c \neq 0$ のとき，② から t を消去すると

$$y - y_1 = \frac{d}{c}(x - x_1)$$

となり，これは点 A (x_1, y_1) を通り，傾き $\dfrac{d}{c}$ の直線の方程式である。

2 点を通る直線のベクトル方程式

異なる 2 点 A $(\vec{a})$，B $(\vec{b})$ を通る直線を l とし，直線 l 上の任意の点 P の位置ベクトルを $\vec{p} = \overrightarrow{OP}$ とする。点 P が直線 l 上にあるための条件は

$$\overrightarrow{AB} \mathbin{/\!/} \overrightarrow{AP}$$

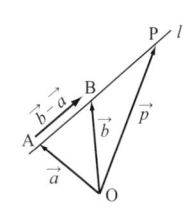

であるから，　$\overrightarrow{\mathrm{AP}} = t\,\overrightarrow{\mathrm{AB}} = t\,(\vec{b} - \vec{a})$

　一方　　　　$\overrightarrow{\mathrm{AP}} = \overrightarrow{\mathrm{OP}} - \overrightarrow{\mathrm{OA}} = \vec{p} - \vec{a}$

であるから，l のベクトル方程式は

$$\vec{p} = (1 - t)\,\vec{a} + t\,\vec{b}$$

直線の法線ベクトル

　点 A $(\vec{a})$ を通り，$\vec{0}$ でないベクトル $\vec{n}$ に垂直な直線を l とし，直線 l 上の点を P $(\vec{p})$ とすると，$\overrightarrow{\mathrm{AP}} = \vec{0}$ または $\vec{n} \perp \overrightarrow{\mathrm{AP}}$ であるから

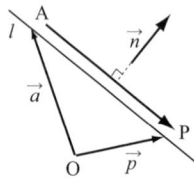

　　　　$\vec{n} \cdot \overrightarrow{\mathrm{AP}} = 0$

　ゆえに　　$\vec{n} \cdot (\vec{p} - \vec{a}) = 0$　……③

　ベクトル $\vec{n}$ のように直線 l に垂直なベクトルを，直線 l の **法線ベクトル** という。

　2 点 A, P の座標をそれぞれ $(x_1,\ y_1)$, $(x,\ y)$ とし，$\vec{n} = (a,\ b)$ として方程式 ③ を成分で表すと

$$a\,(x - x_1) + b\,(y - y_1) = 0$$

となる。ここで，$-ax_1 - by_1$ を c とおくと

$$ax + by + c = 0$$

となり，これは，ベクトル $\vec{n} = (a,\ b)$ に垂直な直線の方程式である。

　よって，$\vec{n} = (a,\ b)$ は，直線 $ax + by + c = 0$ の法線ベクトルである。

円の方程式

　位置ベクトルを用いて，円の方程式を求めよう。

　点 C $(\vec{c})$ を中心とする半径 r の円上の点を P $(\vec{p})$ とすると

$$\overrightarrow{\mathrm{CP}} = \vec{p} - \vec{c},\qquad |\overrightarrow{\mathrm{CP}}| = r$$

であるから，この円のベクトル方程式は

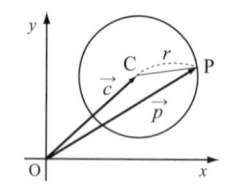

$$|\vec{p} - \vec{c}| = r$$

となる。これは両辺を 2 乗して

$$(\vec{p} - \vec{c}) \cdot (\vec{p} - \vec{c}) = r^2 \quad ……④$$

と書くこともできる。また，点 C, P の座標をそれぞれ $(a,\ b)$, $(x,\ y)$ として，方程式 ④ を成分で表せば，次の円の方程式が導かれる。

$$(x - a)^2 + (y - b)^2 = r^2$$

例 12] 次の直線の方程式を，媒介変数 t を用いた形で表せ。

(1) 点 $(5,\ -4)$ を通り，方向ベクトルが $\vec{d} = (-1,\ 3)$ の直線

(2) 2 点 A $(-2,\ 2)$, B $(3,\ 1)$ を通る直線

解] (1) $\begin{cases} x = 5 - t \\ y = -4 + 3t \end{cases}$

(2) $\overrightarrow{AB} = (5,\ -1)$ が方向ベクトルであるから，$\begin{cases} x = -2 + 5t \\ y = 2 - t \end{cases}$

例 13] 直線のベクトル方程式 $\vec{p} = s\vec{a} + t\vec{b}$, $s + t = 1$ において，s が次の値をとるとき，点 P はどのような位置にあるか。

(1) $s = \dfrac{1}{3}$　　　　(2) $s = 3$　　　　(3) $s = 0$

解] (1) $s = \dfrac{1}{3}$ のとき，$\vec{p} = \dfrac{1}{3}\vec{a} + \dfrac{2}{3}\vec{b} = \dfrac{\vec{a} + 2\vec{b}}{2 + 1}$ であるから，点 P は線分 AB を $2 : 1$ に内分する点である。

(2) $s = 3$ のとき，$\vec{p} = 3\vec{a} - 2\vec{b} = \dfrac{3\vec{a} - 2\vec{b}}{-2 + 3}$ であるから，点 P は線分 BA を $3 : 2$ に外分する点である。

(3) $s = 0$ のとき，$\vec{p} = \vec{b}$ であるから，点 P は点 B と一致する。

例 14] 2 直線 $2x + ky + 5 = 0$ と $x - 3y - 3 = 0$ とが直交するように，定数 k の値を定めよ。また，k が -1 のとき，2 直線のなす角を鋭角の範囲で求めよ。

解] 2 つの直線の法線ベクトルはそれぞれ $(2,\ k)$, $(1,\ -3)$ であるから，これらが直交すればよい。

したがって　$2 \times 1 + k \times (-3) = 0$　　ゆえに　$k = \dfrac{2}{3}$

2 つの直線の法線ベクトルは，それぞれ $(2,\ -1)$, $(1,\ -3)$ であるから

$$\cos\theta = \dfrac{|2 + 3|}{\sqrt{5}\sqrt{10}} = \dfrac{1}{\sqrt{2}}　　したがって　\theta = \dfrac{\pi}{4}$$

例 15] 2 点 A $(\vec{a})$, B $(\vec{b})$ を直径の両端とする円のベクトル方程式を，円上の点 P $(\vec{p})$ を用いて求めよ。また，A, B の座標をそれぞれ $(x_1,\ y_1)$, $(x_2,\ y_2)$ として，この円の方程式を成分で表せ。

解] $\angle APB = \dfrac{\pi}{2}$

すなわち，$\overrightarrow{AP} \cdot \overrightarrow{BP} = 0$ であるから，

　　$(\vec{p} - \vec{a}) \cdot (\vec{p} - \vec{b}) = 0$

成分で表すと，$\vec{p} - \vec{a} = (x - x_1,\ y - y_1)$

　　　　　　　　$\vec{p} - \vec{b} = (x - x_2,\ y - y_2)$

したがって　$(x - x_1)(x - x_2) + (y - y_1)(y - y_2) = 0$

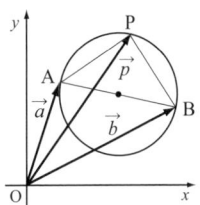

例 16] 点 C $(\vec{c})$ を中心とする半径 r の円上の点 A $(\vec{a})$ における円の接線のベクトル方程式は，$(\vec{a}-\vec{c})\cdot(\vec{p}-\vec{a})=0$ となることを示せ。但し，接線上の点を P $(\vec{p})$ とする。

解] 円上の点 A における接線は，A を通る半径に垂直であるから

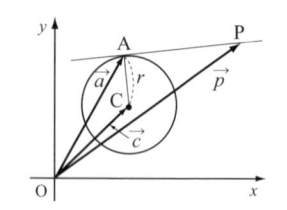

$$\mathrm{CA}\perp\mathrm{AP}\qquad \text{すなわち}\qquad \overrightarrow{\mathrm{CA}}\cdot\overrightarrow{\mathrm{AP}}=0$$

したがって，求める接線のベクトル方程式は

$$(\vec{a}-\vec{c})\cdot(\vec{p}-\vec{a})=0$$

8.2　空間におけるベクトル

8.2.1　空間の座標

空間の点の座標

空間における点を，平面と同じように座標軸を用いて表すことを考えよう。

空間内に 1 点 O を定め，点 O で互いに直交する 3 直線 Ox, Oy, Oz を引き，これらの各直線を，点 O を原点とした同じ単位の長さで座標を定めた数直線とする。このとき，Ox, Oy, Oz を **座標軸** といい，それらは，それぞれ x 軸，y 軸，z 軸という。さらに

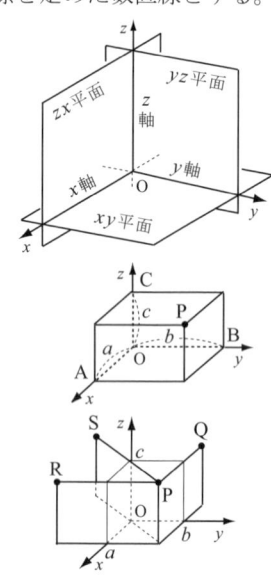

x 軸と y 軸を含む平面を xy 平面

y 軸と z 軸を含む平面を yz 平面

z 軸と x 軸を含む平面を zx 平面

といい，まとめて座標平面という。

空間における点 P の座標は，図からわかるように P (a, b, c) と表され，a, b, c をそれぞれ点 P の x 座標，y 座標，z 座標という。

例えば，点 P (a, b, c) が yz 平面，zx 平面に関して対称な点は，それぞれ Q $(-a, b, c)$, R $(a, -b, c)$ である。また，点 P が z 軸に関して対称な点は S $(-a, -b, c)$ である。

2 点間の距離

2 点 A (x_1, y_1, z_1), B (x_2, y_2, z_2) 間の距離を，座標を用いて表してみよう。

点 A, B から xy 平面に下ろした垂線の足を, それぞれ A′, B′ とし, 点 A から直線 BB′ に下ろした垂線の足を C とする。

△ABC は三平方の定理より, $\mathrm{AB}^2 = \mathrm{AC}^2 + \mathrm{BC}^2$

直線 AC, BC は
$$\mathrm{AC}^2 = \mathrm{A'B'}^2 = (x_2 - x_1)^2 + (y_2 - y_1)^2$$
$$\mathrm{BC}^2 = (z_2 - z_1)^2$$

であるから
$$\mathrm{AB}^2 = (x_2 - x_1)^2 + (y_2 - y_1)^2 + (z_2 - z_1)^2 \cdots ①$$

特に, 原点 O と点 A との距離は, 次のようになる。
$$\mathrm{OA}^2 = x_1^2 + y_1^2 + z_1^2 \quad \cdots ②$$

①, ② から, 2 点間の距離について, 次のことが成り立つ。

2 点間の距離

原点 O と, 点 A (x_1, y_1, z_1), B (x_2, y_2, z_2) について
$$\mathrm{AB} = \sqrt{(x_2 - x_1)^2 + (y_2 - y_1)^2 + (z_2 - z_1)^2}$$
$$\mathrm{OA} = \sqrt{x_1^2 + y_1^2 + z_1^2}$$

例 17] 3 点 A $(1, 0, 0)$, B $(3, 3, 1)$, C $(0, -2, 1)$ について, 次の問いに答えよ。

(1) 2 点 A, B から等距離にある z 軸上の点 P の座標を求めよ。

(2) 3 点 A, B, C から等距離にあって, 平面 $y = -1$ 上にある点 Q の座標を求めよ。

解] (1) P $(0, 0, z)$ とする。AP = BP であるから
$$(-1)^2 + z^2 = (-3)^2 + (-3)^2 + (z - 1)^2$$

これを解いて, $z = 9$ よって, 点 P の座標は $(0, 0, 9)$

(2) Q $(x, -1, z)$ とする。AQ = BQ であるから
$$(x - 1)^2 + (-1)^2 + z^2 = (x - 3)^2 + (-1 - 3)^2 + (z - 1)^2$$

ゆえに $2x + z = 12 \quad \cdots\cdots ①$

また, AQ = CQ であるから
$$(x - 1)^2 + (-1)^2 + z^2 = x^2 + (-1 + 2)^2 + (z - 1)^2$$

ゆえに $x = z \quad \cdots\cdots ②$

①, ② を解いて, $x = 4, \quad z = 4$

したがって, 点 Q の座標は $(4, -1, 4)$

練習 5] 3 点 A $(2, -1, -2)$, B $(-2, 0, 1)$, C $(3, 1, -3)$ から等距離にある xy 平面上の点 P の座標を求めよ。

8.2.2　空間のベクトル

空間においても平面の場合と同様に，大きさと向きをもつ量を **ベクトル** といい，有向線分で表す。有向線分の長さと向きで，ベクトルの大きさと向きを表す。

空間の 2 つのベクトル $\vec{a}$, $\vec{b}$ は，始点を同じ点にとることで，同じ平面上で考えることができ，平面の場合と同様に，相等，和，差，実数倍が定義される。

さらに，3 つのベクトル $\vec{a}$, $\vec{b}$, $\vec{c}$ については，図からわかるように，次の法則が得られる。

$$(\vec{a} + \vec{b}) + \vec{c} = \vec{a} + (\vec{b} + \vec{c})$$

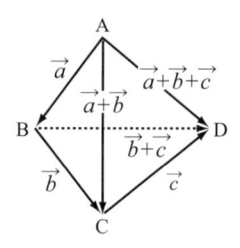

これらの法則によって，空間のベクトルの計算は，平面上のベクトルの場合と同じように行うことができる。

また，位置ベクトルについても，平面の場合と同様である。

ベクトルの成分

空間において，x 軸，y 軸，z 軸の正の向きと同じ向きの単位ベクトルをそれぞれ $\vec{e_1}$, $\vec{e_2}$, $\vec{e_3}$ で表し，これらを **基本ベクトル** という。

任意のベクトル $\vec{a}$ を基本ベクトルを用いて表すため，$\vec{a} = \overrightarrow{OA}$ となる点 A をとり，その座標を (a_1, a_2, a_3) とする。座標軸上に，点 $A_1 (a_1, 0, 0)$, $A_2 (0, a_2, 0)$, $A_3 (0, 0, a_3)$ をとると

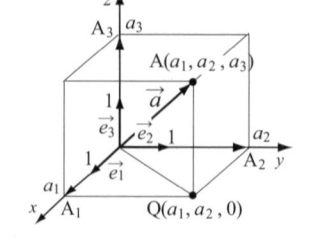

$$\overrightarrow{OA_1} = a_1\vec{e_1}, \quad \overrightarrow{OA_2} = a_2\vec{e_2}, \quad \overrightarrow{OA_3} = a_3\vec{e_3}$$

また，xy 平面上に点 $Q (a_1, a_2, 0)$ をとると

$$\overrightarrow{OA} = \overrightarrow{OQ} + \overrightarrow{QA} = \overrightarrow{OA_1} + \overrightarrow{OA_2} + \overrightarrow{OA_3}$$

よって，ベクトル $\vec{a}$ は，次の形で表される。

$$\vec{a} = a_1\vec{e_1} + a_2\vec{e_2} + a_3\vec{e_3}$$

実数 a_1, a_2, a_3 をベクトル a の **成分** といい，a_1, a_2, a_3 をそれぞれ $\vec{a}$ の **x 成分**，**y 成分**，**z 成分** という。

成分を用いてベクトルを表すときは

$$\vec{a} = (a_1,\ a_2,\ a_3) \quad \text{または} \quad \overrightarrow{OA} = (a_1,\ a_2,\ a_3)$$

と書く。また，2 つのベクトルの相等については，次のことが成り立つ。

$$(a_1,\ a_2,\ a_3) = (b_1,\ b_2,\ b_3) \quad \Longleftrightarrow \quad a_1 = b_1,\ a_2 = b_2,\ a_3 = b_3$$

ベクトルの成分による計算

$\vec{a} = (a_1,\ a_2,\ a_3),\ \ \vec{b} = (b_1,\ b_2,\ b_3)$ のとき

$$(a_1,\ a_2,\ a_3) \pm (b_1,\ b_2,\ b_3) = (a_1 \pm b_1,\ a_2 \pm b_2,\ a_3 \pm b_3) \quad \text{（複号同順）}$$

$$k\,(a_1,\ a_2,\ a_3) = (k\,a_1,\ k\,a_2,\ k\,a_3) \quad \text{（但し，k は実数）}$$

ベクトル $\vec{a} = \overrightarrow{OA} = (a_1,\ a_2,\ a_3)$ の大きさは，原点 O と点 A の距離に等しいから，平面の場合と同様に $|\vec{a}| = \sqrt{a_1{}^2 + a_2{}^2 + a_3{}^2}$ が成り立つ。

また，2 点 A $(a_1,\ a_2,\ a_3)$，B $(b_1,\ b_2,\ b_3)$ 間の距離は

$$\overrightarrow{AB} = \overrightarrow{OB} - \overrightarrow{OA} = (b_1,\ b_2,\ b_3) - (a_1,\ a_2,\ a_3)$$
$$= (b_1 - a_1,\ b_2 - a_2,\ b_3 - a_3)$$

したがって，ベクトル $\overrightarrow{AB}$ の成分と大きさは，次のようになる。

$\overrightarrow{AB}$ 成分と大きさ

2 点 A $(a_1,\ a_2,\ a_3)$，B $(b_1,\ b_2,\ b_3)$ のとき

$$\overrightarrow{AB} = (b_1 - a_1,\ b_2 - a_2,\ b_3 - a_3)$$
$$|\overrightarrow{AB}| = \sqrt{(b_1 - a_1)^2 + (b_2 - a_2)^2 + (b_3 - a_3)^2}$$

練習 6] 点 A $(3,\ 5,\ 2)$，B $(2,\ 1,\ 3)$ のとき，$\overrightarrow{AB}$ の成分表示と大きさを求めよ。

分点の座標

2 点 A $(a_1,\ a_2,\ a_3)$，B $(b_1,\ b_2,\ b_3)$ の原点 O に関する位置ベクトルを，それぞれ成分で表すと

$$\overrightarrow{OA} = (a_1,\ a_2,\ a_3), \quad \overrightarrow{OB} = (b_1,\ b_2,\ b_3)$$

となる。線分 AB を $m : n$ の比に内分する点を P とすると

$$\overrightarrow{OP} = \frac{n\,\overrightarrow{OA} + m\,\overrightarrow{OB}}{m + n}$$

であるから，点 P の座標は，次のようになる。

分点の座標————————————————————————————

2 点 A (a_1, a_2, a_3), B (b_1, b_2, b_3) を結ぶ線分 AB を $m : n$ の比に内分する点の座標は

$$\left(\frac{n a_1 + m b_1}{m + n}, \ \frac{n a_2 + m b_2}{m + n}, \ \frac{n a_3 + m b_3}{m + n} \right)$$

同様に，線分 AB を $m : n$ の比に外分する点の座標は

$$\left(\frac{-n a_1 + m b_1}{m - n}, \ \frac{-n a_2 + m b_2}{m - n}, \ \frac{-n a_3 + m b_3}{m - n} \right)$$

ベクトルの内積

空間におけるベクトル $\vec{a}$, $\vec{b}$ の内積 $\vec{a} \cdot \vec{b}$ は，始点を同じ点にとることで同じ平面上で考えることができ，平面の場合と同様に定義される。すなわち，$\vec{a} \neq \vec{0}$, $\vec{b} \neq \vec{0}$ のとき，$\vec{a}$ と $\vec{b}$ のなす角を θ とすると

$$\vec{a} \cdot \vec{b} = |\vec{a}||\vec{b}| \cos \theta \quad (\text{但し，} 0 \leq \theta \leq \pi)$$

と定義する。$\vec{a} = \vec{0}$ または $\vec{b} = \vec{0}$ のときは，内積を $\vec{a} \cdot \vec{b} = 0$ と定め，$\vec{a}$ と $\vec{b}$ のなす角が $\dfrac{\pi}{2}$ のとき，$\vec{a}$ と $\vec{b}$ は垂直であるといい，$\vec{a} \perp \vec{b}$ で表す。

空間の 2 つのベクトル $\vec{a} = (a_1, a_2, a_3)$, $\vec{b} = (b_1, b_2, b_3)$ の内積を成分で表してみよう。

ベクトル $\vec{a}$, $\vec{b}$ を同じ平面上で考えることにより

$$\vec{a} \cdot \vec{b} = \frac{1}{2} \left\{ |\vec{a}|^2 + |\vec{b}|^2 - |\vec{b} - \vec{a}|^2 \right\}$$

であるから

$$\vec{a} \cdot \vec{b} = \frac{1}{2} \Big[(a_1^2 + a_2^2 + a_3^2) + (b_1^2 + b_2^2 + b_3^2)$$
$$- \left\{ (b_1 - a_1)^2 + (b_2 - a_2)^2 + (b_3 - a_3)^2 \right\} \Big] = a_1 b_1 + a_2 b_2 + a_3 b_3$$

平面の場合と同様に，次のことが成り立つ。

内　積————————————————————————————

$\vec{0}$ でない 2 つのベクトル $\vec{a} = (a_1, a_2, a_3)$, $\vec{b} = (b_1, b_2, b_3)$ のなす角を θ とすると

$$\cos \theta = \frac{\vec{a} \cdot \vec{b}}{|\vec{a}||\vec{b}|} = \frac{a_1 b_1 + a_2 b_2 + a_3 b_3}{\sqrt{a_1^2 + a_2^2 + a_3^2} \sqrt{b_1^2 + b_2^2 + b_3^2}}$$

垂直条件　　$\vec{a} \perp \vec{b} \iff \vec{a} \cdot \vec{b} = a_1 b_1 + a_2 b_2 + a_3 b_3 = 0$

例18] 図の平行六面体*ABCD – EFGH において，$\overrightarrow{AB} = \vec{a}$, $\overrightarrow{AD} = \vec{b}$, $\overrightarrow{AE} = \vec{c}$ として，ベクトル $\overrightarrow{AG}$, $\overrightarrow{BH}$, $\overrightarrow{CE}$ および $\overrightarrow{DF}$ を $\vec{a}$, $\vec{b}$, $\vec{c}$ を用いて表せ。

解] $\overrightarrow{AG} = \overrightarrow{AE} + \overrightarrow{EF} + \overrightarrow{FG} = \vec{a} + \vec{b} + \vec{c}$

$\overrightarrow{BH} = \overrightarrow{BA} + \overrightarrow{AE} + \overrightarrow{EH} = -\vec{a} + \vec{b} + \vec{c}$

$\overrightarrow{CE} = \overrightarrow{CD} + \overrightarrow{DA} + \overrightarrow{AE} = -\vec{a} - \vec{b} + \vec{c}$

$\overrightarrow{DF} = \overrightarrow{DA} + \overrightarrow{AE} + \overrightarrow{EF} = \vec{a} - \vec{b} + \vec{c}$

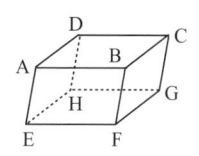

例19] 4点 A $(\vec{a})$, B $(\vec{b})$, C $(\vec{c})$, D $(\vec{d})$ を頂点とする四面体において，D と △ABC の重心 P $(\vec{p})$ を結ぶ線分 DP を $3:1$ に内分する点 G （四面体の重心）の位置ベクトル $\vec{g}$ を $\vec{a}$, $\vec{b}$, $\vec{c}$, $\vec{d}$ を用いて表せ。

解] P は △ABC の重心であるから，$\vec{p} = \dfrac{\vec{a} + \vec{b} + \vec{c}}{3}$

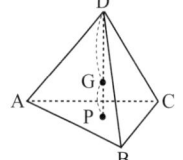

ゆえに $\vec{g} = \dfrac{\vec{d} + 3\vec{p}}{3 + 1} = \dfrac{\vec{a} + \vec{b} + \vec{c} + \vec{d}}{4}$

例20] $\vec{a} = (1,\ 2,\ 0)$, $\vec{b} = (-3,\ 2,\ 1)$, $\vec{c} = (2,\ 0,\ -2)$ のとき，実数 $k,\ l,\ m$ を用いて，$\vec{p} = (-7,\ 6,\ 13)$ を $\vec{p} = k\vec{a} + l\vec{b} + m\vec{c}$ の形で表せ。

解] $k(1,\ 2,\ 0) + l(-3,\ 2,\ 1) + m(2,\ 0,\ -2) = (-7,\ 6,\ 13)$ により

$$\begin{cases} k - 3l + 2m = -7 \\ 2k + 2l = 6 \\ l - 2m = 13 \end{cases} \qquad これらを解いて \quad k = 4,\ l = -1,\ m = -7$$

したがって $\vec{p} = 4\vec{a} - \vec{b} - 7\vec{c}$

練習7] $\vec{a} = (2,\ -3,\ 5)$ および $\vec{b} = (3,\ 3,\ 3)$ の大きさを求めよ。

練習8] 3点 A $(x_1,\ y_1,\ z_1)$, B $(x_2,\ y_2,\ z_2)$, C $(x_3,\ y_3,\ z_3)$ を頂点とする △ABC の重心の座標を求めよ。

練習9] 次の2つのベクトル $\vec{a}$, $\vec{b}$ のなす角を求めよ。

(1) $\vec{a} = (3,\ -1,\ 5)$, $\vec{b} = (-3,\ 1,\ 2)$

(2) $\vec{a} = (1,\ -\sqrt{6},\ 1)$, $\vec{b} = (1,\ 1,\ -1)$

練習10] $\vec{a} = (x,\ y,\ 2)$ が，$\vec{b} = (1,\ -2,\ 1)$ および $\vec{c} = (2,\ -3,\ -2)$ に垂直であるとき，$x,\ y$ の値を求めよ。

---

* 2つずつ平行な3組の平面で囲まれた立体を **平行六面体** という。

8.2.3　空間の図形の方程式

直線の方程式

　点 $A(\vec{a})$ を通り，$\vec{0}$ でないベクトル $\vec{d}$ に平行な直線を l，直線 l 上の点 P の位置ベクトルを $\vec{p}$ とすると，直線 l のベクトル方程式は，平面上の直線の場合と同様に，実数 t を用いて次のように表される。

$$\vec{p} = \vec{a} + t\vec{d}$$

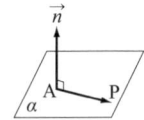

平面のベクトル方程式

　点 $A(\vec{a})$ を通り，$\vec{0}$ でないベクトル $\vec{n}$ に垂直な平面を α とすると，α 上の任意の点 $P(\vec{p})$ に対して，$\overrightarrow{AP} \cdot \vec{n} = 0$ が成り立つ。

　よって，点 $A(\vec{a})$ を通り，$\vec{n}$ に垂直な平面の方程式は

$$\vec{n} \cdot (\vec{p} - \vec{a}) = 0$$

である。

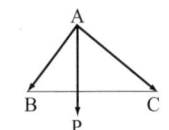

　次に，点 $P(\vec{p})$ が 3 点 $A(\vec{a})$，$B(\vec{b})$，$C(\vec{c})$ で定まる平面上にある条件は

$$\overrightarrow{AP} = s\overrightarrow{AB} + t\overrightarrow{AC}$$

である。これは，$\vec{p} - \vec{a} = s(\vec{b} - \vec{a}) + t(\vec{c} - \vec{a})$ であり

$$\vec{p} = \vec{a} + s(\vec{b} - \vec{a}) + t(\vec{c} - \vec{a}) = (1 - s - t)\vec{a} + s\vec{b} + t\vec{c}$$

したがって，3 点 $A(\vec{a})$，$B(\vec{b})$，$C(\vec{c})$ で定まる平面のベクトル方程式は

$$\vec{p} = u\vec{a} + s\vec{b} + t\vec{c} \qquad \text{但し，} u + s + t = 1$$

球の方程式

　空間において，定点 $C(\vec{c})$ から一定の距離 r にある点の集合を，点 C を中心とする半径 r の **球** または **球面** という。

　球上の点を $P(\vec{p})$ とすれば，この球のベクトル方程式は

$$|\vec{p} - \vec{c}| = r \quad \text{あるいは} \quad (\vec{p} - \vec{c}) \cdot (\vec{p} - \vec{c}) = r^2$$

と表される。このベクトルを成分で表すために

$$\vec{c} = (a, b, c), \qquad \vec{p} = (x, y, z)$$

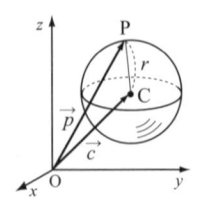

とすると，$\vec{p} - \vec{c} = (x - a, y - b, z - c)$

　これを $|\vec{p} - \vec{c}|^2 = r^2$ に代入すると，次の球面の方程式が得られる。

$$(x-a)^2 + (y-b)^2 + (z-c)^2 = r^2$$

例 21] 平行六面体 OADB − CEFG において，直線 OF と平面 ABC の交点を P とする。$\overrightarrow{OA} = \vec{a}$, $\overrightarrow{OB} = \vec{b}$, $\overrightarrow{OC} = \vec{c}$ とするとき，$\overrightarrow{OP}$ を $\vec{a}$, $\vec{b}$, $\vec{c}$ を用いて表し，点 P が三角形 ABC の重心であることを示せ。

解] P は直線 OF 上にあるから　$\overrightarrow{OP} = k\overrightarrow{OF}$,　k は実数

　$\overrightarrow{OF} = \vec{a} + \vec{b} + \vec{c}$ であるから　$\overrightarrow{OP} = k\vec{a} + k\vec{b} + k\vec{c}$

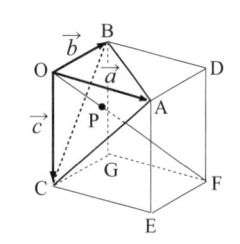

　P は平面 ABC 上にあるから
$$\overrightarrow{OP} = (1 - s - t)\vec{a} + s\vec{b} + t\vec{c}$$
　これより，$k = 1 - s - t$, $k = s$, $k = t$ から，　$k = \dfrac{1}{3}$

　よって　　　$\overrightarrow{OP} = \dfrac{\vec{a} + \vec{b} + \vec{c}}{3}$

　したがって，点 P は 三角形 ABC の重心である。

例 22] 原点 O から，2 点 A (8, 0, 10)，B (0, 8, 2) を通る直線に下した垂線の足 H の座標を求めよ。

解] H は A を通り，方向ベクトルが $\overrightarrow{AB}$ の直線上にあるから，　$\overrightarrow{OH} = \overrightarrow{OA} + t\overrightarrow{AB}$,
t は実数

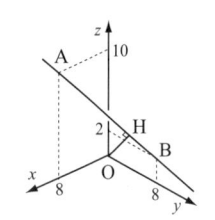

　ここで，　$\overrightarrow{OA} = (8, 0, 10)$
　　　　$\overrightarrow{AB} = \overrightarrow{OB} - \overrightarrow{OA} = (-8, 8, -8)$
であるから，　$\overrightarrow{OH} = (8 - 8t, 8t, 10 - 8t)$　$\cdots$ ①

　　　　$\overrightarrow{OH} \perp \overrightarrow{AB}$ より　　$\overrightarrow{OH} \cdot \overrightarrow{AB} = 0$

　すなわち　$-8(8 - 8t) + 8 \cdot 8t - 8(10 - 8t) = 0$

これを解いて　$t = \dfrac{3}{4}$　　したがって，① より $\overrightarrow{OH} = (2, 6, 4)$

　よって，H の座標は　　(2, 6, 4)

演　習　問　題

1. 正六角形 ABCDEF において，$\overrightarrow{AB} = \vec{a}$, $\overrightarrow{AF} = \vec{b}$ とするとき，次のベクトルを $\vec{a}$, $\vec{b}$ で表せ。

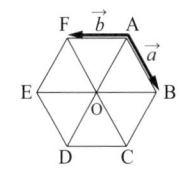

　　$\overrightarrow{DE}$, 　$\overrightarrow{CD}$, 　$\overrightarrow{BC}$, 　$\overrightarrow{EF}$, 　$\overrightarrow{CE}$, 　$\overrightarrow{AC}$, 　$\overrightarrow{AE}$, 　$\overrightarrow{BD}$, 　$\overrightarrow{AD}$

2. 次の計算をせよ。

(1) $2(\vec{a} - 2\vec{b}) - 3(2\vec{a} - 4\vec{b})$　　　(2) $\frac{1}{2}(2\vec{a} - 3\vec{b}) - \frac{1}{3}(3\vec{a} - 2\vec{b})$

3. $5\vec{a} - 3\vec{x} = 2\vec{b} - 3(\vec{a} - \vec{x})$ を満たす $\vec{x}$ を，$\vec{a}$ と $\vec{b}$ で表せ。

4. $|\vec{a}| = 2$, $|\vec{b}| = 3$, $\vec{a} \cdot \vec{b} = -1$ のとき，次の値を求めよ。

(1) $(2\vec{a} - \vec{b}) \cdot (3\vec{a} + 2\vec{b})$　　　(2) $|\vec{a} - \vec{b}|$

5. 次の条件が満たされるように，実数 t の値を定めよ。

(1) $\vec{a} = (-1, 2)$, $\vec{b} = (1, 1)$, $\vec{c} = (2, 1)$ のとき，$\vec{a} + t\vec{b}$ と $\vec{b} - \vec{c}$ が平行

(2) $\vec{a} = (2, 1)$, $\vec{b} = (1, -1)$ のとき，$\vec{a} + t\vec{b}$ と $\vec{a} - 2\vec{b}$ が垂直

6. 図のような平行四辺形 ABCD について，次の内積を求めよ。

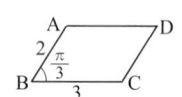

(1) $\overrightarrow{BA} \cdot \overrightarrow{BC}$　　(2) $\overrightarrow{AB} \cdot \overrightarrow{AD}$　　(3) $\overrightarrow{BC} \cdot \overrightarrow{BD}$　　(4) $\overrightarrow{AB} \cdot \overrightarrow{CD}$

7. $\triangle ABC$ の内部に点 P があり，$3\overrightarrow{PA} + 2\overrightarrow{PB} + \overrightarrow{PC} = \vec{0}$ である。AP の延長と BC との交点を D とするとき，次の値を求めよ。

(1) $AP : PD$　　　(2) $BD : DC$　　　(3) $\triangle ABP : \triangle BCP : \triangle CAP$

8. 3 点 A $(-1, 3, -5)$, B $(0, 2, -1)$, C $(a - 2, 1, b)$ が一直線上にあるように，実数 a, b の値を定めよ。

9. 3 点 A $(1, 2, 1)$, B $(2, -1, 3)$, C $(4, 5, 6)$ に対して，次の点の座標を求めよ。

(1) 四角形 ABCD が平行四辺形となるような点 D

(2) $\triangle ABE$ が正三角形となるような xy 平面上の点 E

10. 次のような直線の方程式を求めよ。

(1) 点 $(1, 3, -2)$ を通り，ベクトル $(0, 1, 0)$ に平行

(2) 2 点 $(3, 2, 1)$, $(4, 0, 0)$ を通る

11. 空間内に 3 点 A $(1, 2, 1)$, B $(1, 0, 3)$, C $(4, 1, 1)$ があるとき，次の値を定めよ。

(1) $\overrightarrow{AB}$, $\overrightarrow{AC}$　　　(2) 内積 $\overrightarrow{AB} \cdot \overrightarrow{AC}$　　　(3) $|\overrightarrow{AB}|$, $|\overrightarrow{AC}|$

(4) $\angle BAC = \theta$ とするとき，$\cos\theta$　　(5) $\sin\theta$　　(6) $\triangle ABC$ の面積

12. $\triangle ABC$ の面積が $S = \dfrac{1}{2}\sqrt{|\overrightarrow{AB}|^2|\overrightarrow{AC}|^2 - (\overrightarrow{AB} \cdot \overrightarrow{AC})^2}$ であることを証明せよ。

第 9 章

行列と行列式

9.1　行　列

9.1.1　行列とは

　数を表のような形に縦横に並べ，両側を括弧でくくってまとめたものを行列といい，行列を使うと連立 1 次方程式を簡潔に表現して扱うことができる。現在の科学技術ではコンピュータによる数値計算は不可欠であり，連立方程式を行列で解くことは重要な意義がある。また，行列は数学の方面ばかりでなく，科学，経済学，社会学などほとんどの分野で応用がなされ，重要性が高い。

　数と行列とベクトの関係は，実数 x は 1×1 行列 (x)，平面ベクトル (a, b) は 1×2 行列 $(a \; b)$ と考えることができ，行列は数やベクトルの考えを広げたより多くの情報を表すものである。

　ある学校の 3 学年の男女の生徒数は，1 年が男子 119 人，女子 201 人，2 年が 192 人と 188 人，3 年が 205 人と 195 人であるとき，これらを表のように並べるとわかりやすい。このように数の組を長方形に並べたものを **行列** といい，各々の数を行列の **成分**，横の並びを **行**，縦の並びを **列** という。

$$
\begin{array}{cccc}
 & \text{第 1 列} & \text{第 2 列} & \text{第 3 列} \\
\text{第 1 行} & \begin{pmatrix} 119 & 192 & 205 \\ \text{第 2 行} \quad 201 & 188 & 195 \end{pmatrix}
\end{array}
$$

　多数の数値を表のようにして取り扱い，その 1 つ 1 つの表を行列の形で表した

とき，その間に一定の計算方法があれば，それらをまとめて取り扱うことができ便利である。そこで，行列の演算法則の定義や，行列の性質を調べよう。

一般に，$m \times n$ 個の数 a_{ij} $(i = 1, 2, \cdots, m ; \quad j = 1, 2, \cdots, n)$ を

$$A = \begin{pmatrix} a_{11} & a_{12} & \cdots & a_{1n} \\ a_{21} & a_{22} & \cdots & a_{2n} \\ \vdots & \vdots & \ddots & \vdots \\ a_{m1} & a_{m2} & \cdots & a_{mn} \end{pmatrix}$$

の形に並べたものを m 行 n 列の行列，または $m \times n$ 行列という。行列は簡単に A, B などの大文字で表すことが多い。特に，$n \times n$ 行列を **n 次の正方行列** という。なお，その左上から右下への対角線上にある成分

$$a_{11}, \quad a_{22}, \quad a_{33}, \quad \cdots, \quad a_{nn}$$

を **対角成分** という。対角成分以外の成分がすべて 0 であるような行列を **対角行列** という。特に対角行列がすべて 1 であり，その他の成分はすべて 0 であるような正方行列を **単位行列** といい，E で表す。

$$\begin{pmatrix} 2 & 3 & 2 \\ 0 & 1 & 5 \\ 0 & 0 & 8 \end{pmatrix}, \quad \begin{pmatrix} 2 & 0 & 0 \\ 3 & 1 & 0 \\ 2 & 5 & 8 \end{pmatrix}, \quad \begin{pmatrix} 2 & 0 & 0 \\ 0 & 1 & 0 \\ 0 & 0 & 8 \end{pmatrix}, \quad \begin{pmatrix} 1 & 0 & 0 \\ 0 & 1 & 0 \\ 0 & 0 & 1 \end{pmatrix} = E$$

　　三角行列　　　　　三角行列　　　　　対角行列　　　　　単位行列

また $\begin{pmatrix} a_1 \\ a_2 \\ \vdots \\ a_n \end{pmatrix}, \quad \begin{pmatrix} a_1 & a_2 & \cdots & a_n \end{pmatrix}$

のような $n \times 1$ 行列および $1 \times n$ 行列を **n 次元ベクトル** といい，区別する場合は前者を **列ベクトル**，後者を **行ベクトル** という。平面のベクトルは 2 次元，空間のベクトルは 3 次元である。

行列の和，差，実数倍

行列の加法と実数倍の定義と基本的法則は，行列がどのような型であっても成り立つ。

同じ型の 2 つの行列

$$A = \begin{pmatrix} a_{11} & a_{12} & a_{13} \\ a_{21} & a_{22} & a_{23} \end{pmatrix}, \quad B = \begin{pmatrix} b_{11} & b_{12} & b_{13} \\ b_{21} & b_{22} & b_{23} \end{pmatrix}$$

は対応する成分がすべて等しいとき，A と B は **等しい** といい，$A = B$ と表す。

$$\begin{pmatrix} a_{11} & a_{12} & a_{13} \\ a_{21} & a_{22} & a_{23} \end{pmatrix} = \begin{pmatrix} b_{11} & b_{12} & b_{13} \\ b_{21} & b_{22} & b_{23} \end{pmatrix} \iff \begin{cases} a_{11}=b_{11}, & a_{12}=b_{12}, & a_{13}=b_{13} \\ a_{21}=b_{21}, & a_{22}=b_{22}, & a_{23}=b_{23} \end{cases}$$

すべての成分が 0 である行列を **零行列** といい，O で表す。

$$O = \begin{pmatrix} 0 & 0 & 0 \\ 0 & 0 & 0 \end{pmatrix}$$

行列 A のすべての成分の符号を逆にした行列を，$-A$ と表す。

$$-A = \begin{pmatrix} -a_{11} & -a_{12} & -a_{13} \\ -a_{21} & -a_{22} & -a_{23} \end{pmatrix}$$

行列の和と実数倍の演算を次のように定義する。同じ型の行列 A と B に対して，行列

$$\begin{pmatrix} a_{11} & a_{12} & a_{13} \\ a_{21} & a_{22} & a_{23} \end{pmatrix} + \begin{pmatrix} b_{11} & b_{12} & b_{13} \\ b_{21} & b_{22} & b_{23} \end{pmatrix} = \begin{pmatrix} a_{11}+b_{11} & a_{12}+b_{12} & a_{13}+b_{13} \\ a_{21}+b_{21} & a_{22}+b_{22} & a_{23}+b_{23} \end{pmatrix}$$

を A と B の **和** といい，$A+B$ で表す。異なる型の行列については，和は定義されない。また，行列 A と実数 k について

$$k \begin{pmatrix} a_{11} & a_{12} & a_{13} \\ a_{21} & a_{22} & a_{23} \end{pmatrix} = \begin{pmatrix} ka_{11} & ka_{12} & ka_{13} \\ ka_{21} & ka_{22} & ka_{23} \end{pmatrix}$$

を行列の **スカラー倍** といい，kA と表す。

行列の加法とスカラー倍の基本法則は，行列がどのような型であっても成り立つ。

行列の演算の基本法則

同じ型の行列 A, B, C と，それらと同じ型の零行列 O および実数 h, k に対して

$$A + B = B + A \qquad\qquad\qquad\qquad\qquad\qquad \text{交換法則}$$
$$(A + B) + C = A + (B + C), \qquad h(kA) = (hk)A \qquad \text{結合法則}$$
$$(h + k)A = hA + kA, \qquad\qquad h(A + B) = hA + hB \qquad \text{分配法則}$$
$$A + O = O + A = A, \qquad\qquad A + (-A) = (-A) + A = O$$
$$1A = A, \qquad\qquad\qquad\qquad (-1)A = -A$$

$A + (-B)$ を $A - B$ と書き，A から B を引いた **差** という。

例 1] 次の等式が成り立つように，p, q, r, s の値を求めよ。

(1) $\begin{pmatrix} p+2 & 7 \\ -4 & r \end{pmatrix} = \begin{pmatrix} 4 & q \\ 3s-1 & 5 \end{pmatrix}$　　(2) $\begin{pmatrix} p+q & p-q \\ r+s & r-s \end{pmatrix} = \begin{pmatrix} 2 & 4 \\ 6 & 2 \end{pmatrix}$

解〕(1) $p+2=4$ から $p=2$, $q=7$

$-4=3s-1$ から $s=-1$, $r=5$

ゆえに $p=2$, $q=7$, $s=-1$, $r=5$

(2) $p+q=2$, $p-q=4$ より, $p=3$, $q=-1$

$r+s=6$, $r-s=2$ より, $r=4$, $s=2$

ゆえに $p=3$, $q=-1$, $r=4$, $s=2$

例 2] $A=\begin{pmatrix} 1 & 2 & -3 \\ 3 & -1 & 5 \end{pmatrix}$, $B=\begin{pmatrix} -2 & 3 & 1 \\ -1 & 4 & 0 \end{pmatrix}$ のとき, 次の計算をせよ。

(1) $3(A+B)-4B$ 　　(2) $2(2A+B)+3(2B-A)-2A-3B$

解〕(1) $3(A+B)-4B=3A-B=3\begin{pmatrix} 1 & 2 & -3 \\ 3 & -1 & 5 \end{pmatrix}-\begin{pmatrix} -2 & 3 & 1 \\ -1 & 4 & 0 \end{pmatrix}$

$=\begin{pmatrix} 3+2 & 6-3 & -9-1 \\ 9+1 & -3-4 & 15-0 \end{pmatrix}=\begin{pmatrix} 5 & 3 & -10 \\ 10 & -7 & 15 \end{pmatrix}$

(2) $2(2A+B)+3(2B-A)-2A-3B=-A+5B$

$=-\begin{pmatrix} 1 & 2 & -3 \\ 3 & -1 & 5 \end{pmatrix}+5\begin{pmatrix} -2 & 3 & 1 \\ -1 & 4 & 0 \end{pmatrix}$

$=\begin{pmatrix} -1-10 & -2+15 & 3+5 \\ -3-5 & 1+20 & -5+0 \end{pmatrix}=\begin{pmatrix} -11 & 13 & 8 \\ -8 & 21 & -5 \end{pmatrix}$

例 3] $A=\begin{pmatrix} -2 & 3 \\ 5 & 4 \end{pmatrix}$, $B=\begin{pmatrix} -3 & 0 \\ 7 & -2 \end{pmatrix}$ のとき, 等式 $X+5B=2(3A-X)$ を満たす行列 X を求めよ。

解〕$X+5B=2(3A-X)$ より

$X=\frac{1}{3}(6A-5B)=\frac{1}{3}\left\{6\begin{pmatrix} -2 & 3 \\ 5 & 4 \end{pmatrix}-5\begin{pmatrix} -3 & 0 \\ 7 & -2 \end{pmatrix}\right\}$

$=\frac{1}{3}\begin{pmatrix} -12+15 & 18-0 \\ 30-35 & 24+10 \end{pmatrix}=\frac{1}{3}\begin{pmatrix} 3 & 18 \\ -5 & 34 \end{pmatrix}=\begin{pmatrix} 1 & 6 \\ -\frac{5}{3} & \frac{34}{3} \end{pmatrix}$

9.1.2 行列の積

2 つの行列の積を次のように定義する。例えば, 2 つの 2×2 行列の積は

$\begin{pmatrix} a & b \\ c & d \end{pmatrix}\begin{pmatrix} p & q \\ r & s \end{pmatrix}=\begin{pmatrix} ap+br & aq+bs \\ cp+dr & cq+ds \end{pmatrix}$

と表す。

　型の異なる行列の積は，例えば，2×2 行列 A と 2×3 行列 B

$$A = \begin{pmatrix} a_{11} & a_{12} \\ a_{21} & a_{22} \end{pmatrix}, \qquad B = \begin{pmatrix} b_{11} & b_{12} & b_{13} \\ b_{21} & b_{22} & b_{23} \end{pmatrix}$$

の積は，A の列と B の行の数が一致しているので

$$\begin{pmatrix} & b_{11} & b_{12} & b_{13} \\ & b_{21} & b_{22} & b_{23} \\ & \vdots & \vdots & \vdots \end{pmatrix}$$

$$\begin{pmatrix} a_{11} & a_{12} \\ a_{21} & a_{22} \end{pmatrix} \cdots \begin{pmatrix} a_{11}b_{11}+a_{12}b_{21} & a_{11}b_{12}+a_{12}b_{22} & a_{11}b_{13}+a_{12}b_{23} \\ a_{21}b_{11}+a_{22}b_{21} & a_{21}b_{12}+a_{22}b_{22} & a_{21}b_{13}+a_{22}b_{23} \end{pmatrix}$$

と計算し，2×3 行列となる。これを A と B の **積** といい，AB と表す。

　一般に，

$$(\,m \times n\, 行列\,) \times (\,n \times l\, 行列\,) = m \times l\, 行列$$

であって，行列 A の列の数と行列 B の行の数が等しいときに限り，積 AB が考えられる。

　行列の乗法と数の乗法の異なる点は，例えば

$$\begin{pmatrix} 3 & 1 \\ 1 & 2 \end{pmatrix}\begin{pmatrix} 2 & 2 \\ 1 & 0 \end{pmatrix} = \begin{pmatrix} 7 & 6 \\ 4 & 2 \end{pmatrix}, \qquad \begin{pmatrix} 2 & 2 \\ 1 & 0 \end{pmatrix}\begin{pmatrix} 3 & 1 \\ 1 & 2 \end{pmatrix} = \begin{pmatrix} 8 & 6 \\ 3 & 1 \end{pmatrix}$$

のように 2 つの正方行列 A，B について，$AB \neq BA$ となる場合があり，行列の積では，一般に交換法則は成り立たない。また，$(A+B)(A-B) = A^2 - B^2$ などの文字式の展開や因数分解の公式も，そのまま使うことはできない。

　型の異なる行列の積においては AB，BA がともに定義できても，$AB = BA$ とはならない。例えば，A が 2×3 行列，B が 3×2 行列であるとき，AB は 2 次，BA は 3 次の正方行列になり，交換法則が成り立たない。

行列の積 ————————————————————————

　行列 A，B，C，単位行列 E，零行列 O，実数 k について，次の各式の演算ができるとき，次の法則が成り立つ。

$$(AB)C = A(BC)\,, \qquad k(AB) = (kA)B = A(kB) \qquad 結合法則$$
$$A(B+C) = AB + AC\,, \quad (A+B)C = AC + BC \qquad 分配法則$$
$$AE = A\,, \quad EA = A\,, \quad AO = O\,, \quad OA = O$$

正方行列で同じ行列 A の積は

$$AA = A^2, \qquad AAA = A^3$$

のように書き，A^n を A の n 乗という。

　行列の積については，$A \neq O,\ B \neq O$ であっても $AB = O$ となることがある。例えば

$$\begin{pmatrix} 3 & 6 \\ 1 & 2 \end{pmatrix} \begin{pmatrix} 2 & -2 \\ -1 & 1 \end{pmatrix} = \begin{pmatrix} 0 & 0 \\ 0 & 0 \end{pmatrix}$$

のように，積が $AB = O$ であっても，因子が $A = O$ または $B = O$ であるとは限らない。$AB = O$ を満たすような O でない行列 $A,\ B$ を **零因子** という。

例 4] $A = \begin{pmatrix} 1 & -2 & 4 \\ -3 & 2 & 5 \end{pmatrix}$, $B = \begin{pmatrix} -2 & 3 \\ -1 & 0 \\ 2 & 4 \end{pmatrix}$ について，AB と BA を求めよ。

解] $AB = \begin{pmatrix} 1 & -2 & 4 \\ -3 & 2 & 5 \end{pmatrix} \begin{pmatrix} -2 & 3 \\ -1 & 0 \\ 2 & 4 \end{pmatrix} = \begin{pmatrix} -2+2+8 & 3+0+16 \\ 6-2+10 & -9+0+20 \end{pmatrix}$

$\qquad = \begin{pmatrix} 8 & 19 \\ 14 & 11 \end{pmatrix}$

$\quad BA = \begin{pmatrix} -2 & 3 \\ -1 & 0 \\ 2 & 4 \end{pmatrix} \begin{pmatrix} 1 & -2 & 4 \\ -3 & 2 & 5 \end{pmatrix} = \begin{pmatrix} -2-9 & 4+6 & -8+15 \\ -1+0 & 2+0 & -4+0 \\ 2-12 & -4+8 & 8+20 \end{pmatrix}$

$\qquad = \begin{pmatrix} -11 & 10 & 7 \\ -1 & 2 & -4 \\ -10 & 4 & 28 \end{pmatrix}$

例 5] $A = \begin{pmatrix} 1 & 1 \\ -3 & -2 \end{pmatrix}$ に対し，A^{100} を求めよ。

解] $A^2 = \begin{pmatrix} 1 & 1 \\ -3 & -2 \end{pmatrix} \begin{pmatrix} 1 & 1 \\ -3 & -2 \end{pmatrix} = \begin{pmatrix} -2 & -1 \\ 3 & 1 \end{pmatrix}$

$\quad A^3 = A^2 A = \begin{pmatrix} -2 & -1 \\ 3 & 1 \end{pmatrix} \begin{pmatrix} 1 & 1 \\ -3 & -2 \end{pmatrix} = \begin{pmatrix} 1 & 0 \\ 0 & 1 \end{pmatrix} = E$

$\quad A^4 = A^3 A = EA = A, \qquad A^5 = A^4 A = AA = A^2$

　したがって，$A^6,\ A^7,\ A^8,\ \cdots$ についても，$E,\ A,\ A^2,\ \cdots$ の繰り返しとなり，$A^{100} = \left(A^3\right)^{33} A = E^{33} A = \begin{pmatrix} 1 & 1 \\ -3 & -2 \end{pmatrix}$

例 6] ある都市とある村の間には，毎年，都市にあこがれて村から 10% の人が都市へ移り住み，逆に，自然にあこがれて都市の 20% の人が村に移り住む。他の市町村などからの流出入はなく，この都市と村の全体の人口にも増減はないものとして，都市と村の 16 年後の人口比を求めよ。

解] ある都市とある村の初めの人口を x_0 人，y_0 人とし，1 年後の人口をそれぞれ x_1 人，y_1 人とすると $\begin{cases} x_1 = 0.8x_0 + 0.1y_0 \\ y_1 = 0.2x_0 + 0.9y_0 \end{cases}$

行列で表すため $A = \begin{pmatrix} 0.8 & 0.1 \\ 0.2 & 0.9 \end{pmatrix}$ とすると，$\begin{pmatrix} x_1 \\ y_1 \end{pmatrix} = A \begin{pmatrix} x_0 \\ y_0 \end{pmatrix}$

2 年後は $\begin{pmatrix} x_2 \\ y_2 \end{pmatrix} = A \begin{pmatrix} x_1 \\ y_1 \end{pmatrix} = A^2 \begin{pmatrix} x_0 \\ y_0 \end{pmatrix}$

16 年後は $\begin{pmatrix} x_{16} \\ y_{16} \end{pmatrix} = A^{16} \begin{pmatrix} x_0 \\ y_0 \end{pmatrix}$

$A^2 = \begin{pmatrix} 0.66 & 0.17 \\ 0.34 & 0.83 \end{pmatrix}, \quad A^4 = \begin{pmatrix} 0.49 & 0.253 \\ 0.51 & 0.747 \end{pmatrix}, \quad A^8 = \begin{pmatrix} 0.368 & 0.31 \\ 0.632 & 0.69 \end{pmatrix}$

$A^{16} = \begin{pmatrix} 0.33 & 0.33 \\ 0.67 & 0.67 \end{pmatrix}$ よって $\begin{pmatrix} x_{16} \\ y_{16} \end{pmatrix} = \begin{pmatrix} 0.33 & 0.33 \\ 0.67 & 0.67 \end{pmatrix} \begin{pmatrix} x_0 \\ y_0 \end{pmatrix}$

このことより $\begin{cases} x_{16} = 0.33(x_0 + y_0) \\ y_{16} = 0.67(x_0 + y_0) \end{cases}$ の関係式が導かれ，人口 x_0，y_0 にかかわらず，都市と村の人口比は $1 : 2$ に近づいていくことがわかる。

練習 1] りんごとみかんの 1 個当たりの重さと値段を，りんごが 200 g で 130 円，みかんが 50 g で 20 円とする。果物セット大にはりんご 10 個とみかん 22 個，小にはりんご 5 個とみかん 15 個を詰める。果物セットの大と小をそれぞれ x，y だけ注文したときの重さと値段を行列を用いて計算せよ。

練習 2] $\begin{pmatrix} 1 & -y \\ -1 & 2 \end{pmatrix} \begin{pmatrix} x & z \\ y & x \end{pmatrix} = \begin{pmatrix} 0 & 0 \\ 0 & 0 \end{pmatrix}$ を満たす行列 $\begin{pmatrix} x & z \\ y & x \end{pmatrix}$ をすべて求めよ。

9.1.3 逆行列 (1)

$a \neq 0$ のとき，1 次方程式 $ax = b$ は，両辺に a の逆数 $\dfrac{1}{a}$ を掛けることによって，$x = \dfrac{b}{a}$ として解を求めることができた。このように，数の逆数に相当するも

のを行列についても考えよう。

　数では $a \neq 0$ のとき，$aa^{-1} = 1$，$a^{-1}a = 1$ が成り立つ。行列においても同様に考える。そこで，単位行列 E，正方行列 A に対して，等式

$$AX = XA = E$$

を満たす正方行列 X が存在するならば，X を A の **逆行列** といい，A^{-1} で表す*。

　一般に，2 次の正方行列 $A = \begin{pmatrix} a & b \\ c & d \end{pmatrix}$ が，逆行列 $X = \begin{pmatrix} x & z \\ y & u \end{pmatrix}$ をもつとすると，条件式 $AX = E$ において

$$AX = \begin{pmatrix} a & b \\ c & d \end{pmatrix}\begin{pmatrix} x & z \\ y & u \end{pmatrix} = \begin{pmatrix} ax+by & az+bu \\ cx+dy & cz+du \end{pmatrix}, \quad E = \begin{pmatrix} 1 & 0 \\ 0 & 1 \end{pmatrix}$$

であるから，次の等式が成り立つ。

$$\begin{cases} ax + by = 1 \\ cx + dy = 0 \end{cases} \quad かつ \quad \begin{cases} az + bu = 0 \\ cz + du = 1 \end{cases}$$

　これらの連立 1 次方程式から，次の関係式が得られる。

$$\left. \begin{array}{ll} x(ad-bc) = d & z(ad-bc) = -b \\ y(ad-bc) = -c & u(ad-bc) = a \end{array} \right\} \quad \cdots\cdots ①$$

$[ad - bc \neq 0$ のとき$]$

$$x = \frac{d}{ad-bc}, \quad y = \frac{-c}{ad-bc}, \quad z = \frac{-b}{ad-bc}, \quad u = \frac{a}{ad-bc}$$

したがって

$$X = \begin{pmatrix} x & z \\ y & u \end{pmatrix} = \begin{pmatrix} \dfrac{d}{ad-bc} & \dfrac{-b}{ad-bc} \\ \dfrac{-c}{ad-bc} & \dfrac{a}{ad-bc} \end{pmatrix} = \frac{1}{ad-bc}\begin{pmatrix} d & -b \\ -c & a \end{pmatrix}$$

となる†。このとき

$$XA = \frac{1}{ad-bc}\begin{pmatrix} d & -b \\ -c & a \end{pmatrix}\begin{pmatrix} a & b \\ c & d \end{pmatrix}$$

$$= \frac{1}{ad-bc}\begin{pmatrix} ad-bc & 0 \\ 0 & ad-bc \end{pmatrix} = \begin{pmatrix} 1 & 0 \\ 0 & 1 \end{pmatrix} = E$$

となり，$XA = E$ を満たす。ゆえに，X は A の逆行列である。

---

* 逆行列の場合，$\dfrac{1}{A}$ とは書かない。

† $\Delta = ad - bc$ とおくことがある。Δ (delta) は行列式を意味する英語 determinant の D に対応するギリシア文字で，デルタと読む。

[$ad - bc = 0$ のとき]

① 式からわかるように $a = b = c = d = 0$ となり，$ax + by = 1$，$cz + du = 1$ とはならない。よって，$AX = E$ を満たす行列 X は存在しない。

正方行列 A が逆行列 A^{-1} をもつ行列 A を **正則行列** という。

2 次の逆行列 ──────────────────────────

行列 $A = \begin{pmatrix} a & b \\ c & d \end{pmatrix}$ について

$ad - bc \neq 0$ のとき，A の逆行列 A^{-1} は　$A^{-1} = \dfrac{1}{ad - bc} \begin{pmatrix} d & -b \\ -c & a \end{pmatrix}$

$ad - bc = 0$ のとき，A の逆行列 A^{-1} は　存在しない。

───────────────────────────────

正方行列 A, B が逆行列 A^{-1}, B^{-1} をもつとする。逆行列の定義より
$$AA^{-1} = A^{-1}A = E$$
がいえる。このことより $A^{-1}(A^{-1})^{-1} = (A^{-1})^{-1}A^{-1} = E$ であるから，A^{-1} の逆行列は $(A^{-1})^{-1} = A$ である。

積 AB の逆行列は，$(AB)^{-1} = X$ とするとき $(AB)X = E$ であるから，両辺に A^{-1} を左から掛けると
$$A^{-1}(AB)X = A^{-1}E \qquad \text{すなわち} \quad BX = A^{-1}$$
次に，この両辺に左から B^{-1} を掛けると
$$B^{-1}BX = B^{-1}A^{-1} \qquad \text{ゆえに} \quad X = B^{-1}A^{-1}$$
よって　　$(AB)^{-1} = B^{-1}A^{-1}$

が成り立つ。

逆行列 ─────────────────────────────

正方行列 A が逆行列 A^{-1} をもつ（正則行列）とき
$$AA^{-1} = A^{-1}A = E, \qquad (A^{-1})^{-1} = A$$
同じ型の正方行列 A, B がともに逆行列をもつとき
$$(AB)^{-1} = B^{-1}A^{-1}$$

───────────────────────────────

例 7] $A = \begin{pmatrix} 4 & 3 \\ 2 & 1 \end{pmatrix}$, $B = \begin{pmatrix} 3 & 12 \\ 2 & 8 \end{pmatrix}$ について，それぞれ逆行列を求めよ。

解] A では $4 \cdot 1 - 3 \cdot 2 = -2 \neq 0$ であるから

$$A^{-1} = \begin{pmatrix} 4 & 3 \\ 2 & 1 \end{pmatrix}^{-1} = -\frac{1}{2}\begin{pmatrix} 1 & -3 \\ -2 & 4 \end{pmatrix} = \begin{pmatrix} -\frac{1}{2} & \frac{3}{2} \\ 1 & -2 \end{pmatrix}$$

B では $3 \cdot 8 - 12 \cdot 2 = 0$ であるから，逆行列は存在しない。

練習 3] 次の行列の逆行列を求めよ。

(1) $\begin{pmatrix} 5 & 7 \\ 2 & 3 \end{pmatrix}$ (2) $\begin{pmatrix} 2 & -4 \\ 3 & -6 \end{pmatrix}$ (3) $\begin{pmatrix} \sqrt{2} & 1 \\ 1 & \sqrt{2} \end{pmatrix}$ (4) $\begin{pmatrix} a-1 & a \\ 1 & 1 \end{pmatrix}$

9.2 連立 1 次方程式

9.2.1 連立 1 次方程式

行列を用いて，連立 1 次方程式を解いてみよう。

連立 1 次方程式 $\begin{cases} ax + by = p \\ cx + dy = q \end{cases}$ $\cdots$ ① は，行列を用いると

$$\begin{pmatrix} a & b \\ c & d \end{pmatrix}\begin{pmatrix} x \\ y \end{pmatrix} = \begin{pmatrix} p \\ q \end{pmatrix}$$

と表される。

ここで，$A = \begin{pmatrix} a & b \\ c & d \end{pmatrix}$, $X = \begin{pmatrix} x \\ y \end{pmatrix}$, $P = \begin{pmatrix} p \\ q \end{pmatrix}$ とおくと，この方程式は $AX = P$ と書くことができる。

行列 A を，連立 1 次方程式 ① の **係数行列** という。

A が逆行列 A^{-1} をもつとき，この両辺に左から A^{-1} を掛けると

$$A^{-1}(AX) = A^{-1}P \qquad \text{すなわち} \quad X = A^{-1}P$$

となる。

したがって，係数行列 A に対して，$ad - bc \neq 0$ ならば A^{-1} が存在するから，次のことがいえる。

連立 2 元 1 次方程式 ───────────────────────

$A = \begin{pmatrix} a & b \\ c & d \end{pmatrix}$, $X = \begin{pmatrix} x \\ y \end{pmatrix}$, $P = \begin{pmatrix} p \\ q \end{pmatrix}$, $ad - bc \neq 0$ とすると

方程式 $AX = P$ の解は $X = A^{-1}P$

　係数行列 A が逆行列 A^{-1} をもたないとき，その連立 1 次方程式 $AX = P$ は不定または不能となり，無数に多くの解をもつか，または解が存在しない。例えば，連立 1 次方程式 $\begin{cases} x - 2y = -5 \\ -2x + 4y = 10 \end{cases}$ は無数に多くの解をもち，$\begin{cases} 2x + y = 3 \\ 6x + 3y = 6 \end{cases}$ は解が存在しない。

例 8] 連立 1 次方程式 $\begin{cases} 5x + 3y = -1 \\ 2x - y = 4 \end{cases}$ を，行列を用いて解け。

解] この連立 1 次方程式は $\begin{pmatrix} 5 & 3 \\ 2 & -1 \end{pmatrix} \begin{pmatrix} x \\ y \end{pmatrix} = \begin{pmatrix} -1 \\ 4 \end{pmatrix}$ と表される。

$$A = \begin{pmatrix} 5 & 3 \\ 2 & -1 \end{pmatrix} \text{ において，} A^{-1} = \frac{1}{-5-6} \begin{pmatrix} -1 & -3 \\ -2 & 5 \end{pmatrix} = \frac{1}{11} \begin{pmatrix} 1 & 3 \\ 2 & -5 \end{pmatrix}$$

よって　$\begin{pmatrix} x \\ y \end{pmatrix} = \frac{1}{11} \begin{pmatrix} 1 & 3 \\ 2 & -5 \end{pmatrix} \begin{pmatrix} -1 \\ 4 \end{pmatrix} = \frac{1}{11} \begin{pmatrix} -1 + 12 \\ -2 - 20 \end{pmatrix} = \begin{pmatrix} 1 \\ -2 \end{pmatrix}$

すなわち　$x = 1, \ y = -2$

例 9] 次の連立 1 次方程式の解について調べよ。

(1) $\begin{cases} 2x - y = 3 \\ 4x - 2y = 6 \end{cases}$　　　　(2) $\begin{cases} x + 2y = 1 \\ 3x + 6y = 4 \end{cases}$

解] (1) この連立 1 次方程式を行列を用いて表せば

$$\begin{pmatrix} 2 & -1 \\ 4 & -2 \end{pmatrix} \begin{pmatrix} x \\ y \end{pmatrix} = \begin{pmatrix} 3 \\ 6 \end{pmatrix}$$

　このとき，$-4 - (-4) = 0$ となり，係数行列の逆行列は存在しない。第 2 式に $\frac{1}{2}$ を掛けると第 1 式と一致するから，解は無数にある。解は任意の定数 t を用いて $x = t, \ y = 2t - 3$ と表すことができる。

(2) (1) と同様に　$\begin{pmatrix} 1 & 2 \\ 3 & 6 \end{pmatrix} \begin{pmatrix} x \\ y \end{pmatrix} = \begin{pmatrix} 1 \\ 4 \end{pmatrix}$

　このとき，$6 - 6 = 0$ となり，係数行列の逆行列は存在しない。第 1 式に 3 を掛けると

$$3x + 6y = 3$$

となり，第 2 式と矛盾する。したがって，解は存在しない。

練習 4] 次の連立 1 次方程式の解について調べよ。

(1) $\begin{cases} x - 2y = 5 \\ -2x + 4y = -10 \end{cases}$　　(2) $\begin{cases} x - 2y = 5 \\ -2x + 4y = 10 \end{cases}$　　(3) $\begin{cases} 2x - y = 11 \\ x - 3y = 3 \end{cases}$

9.2.2 消去法

連立 1 次方程式の解法には逆行列による方法もあるが，どのような連立 1 次方程式にも使え，かつ，コンピュータでの計算で威力を発揮する解法に消去法がある。

連立 1 次方程式には，次の操作を行っても解は変わらないという性質がある。

　［1］ある式に 0 でない実数を掛ける。

　［2］ある式に 0 でない実数を掛けて他の式に加える，あるいは引く。

　［3］2 つの式の順序を入れ替える。

この考えに基づいて，逆行列を用いないで連立 1 次方程式の解を求めてみよう。下記に，消去法で解を求める計算手順を示す。なお，右側にはそれを行列で解く場合の行列の変形過程を示す。

　例えば，連立 2 元 1 次方程式　　　　　　行列での変形の過程

$$\begin{cases} 3x + y = -1 & \cdots \text{①} \\ x + 2y = 3 & \cdots \text{②} \end{cases} \qquad \begin{pmatrix} 3 & 1 \\ 1 & 2 \end{pmatrix}\begin{pmatrix} x \\ y \end{pmatrix} = \begin{pmatrix} -1 \\ 3 \end{pmatrix}$$

を解くには，次のようにする。

①，② を入れ替えて，第 1 行の式の x の係数を 1 にする。

$$\begin{cases} x + 2y = 3 & \cdots \text{③} \\ 3x + y = -1 & \cdots \text{④} \end{cases} \qquad \begin{pmatrix} 1 & 2 \\ 3 & 1 \end{pmatrix}\begin{pmatrix} x \\ y \end{pmatrix} = \begin{pmatrix} 3 \\ -1 \end{pmatrix}$$

④ の x の項を消去するために，④ － ③ × 3

$$\begin{cases} x + 2y = 3 & \cdots \text{③} \\ -5y = -10 & \cdots \text{⑤} \end{cases} \qquad \begin{pmatrix} 1 & 2 \\ 0 & -5 \end{pmatrix}\begin{pmatrix} x \\ y \end{pmatrix} = \begin{pmatrix} 3 \\ -10 \end{pmatrix}$$

⑤ の y の係数を 1 にするために，⑤ ÷ (-5)

$$\begin{cases} x + 2y = 3 & \cdots \text{③} \\ y = 2 & \cdots \text{⑥} \end{cases} \qquad \begin{pmatrix} 1 & 2 \\ 0 & 1 \end{pmatrix}\begin{pmatrix} x \\ y \end{pmatrix} = \begin{pmatrix} 3 \\ 2 \end{pmatrix}$$

③ の y の項を消去するために，③ － ⑥ × 2

$$\begin{cases} x = -1 & \cdots \text{⑦} \\ y = 2 & \cdots \text{⑥} \end{cases} \qquad \begin{pmatrix} 1 & 0 \\ 0 & 1 \end{pmatrix}\begin{pmatrix} x \\ y \end{pmatrix} = \begin{pmatrix} -1 \\ 2 \end{pmatrix}$$

この結果，連立 1 次方程式の解 $x = -1$，$y = 2$ が得られた。このような連立 1 次方程式の解法を **消去法** という。これらの計算手順を行列で変形する際は，それぞれの行列に対して次の操作を行っている。

［1］2 つの行を入れ替える。

［2］ある行に 0 でない実数を掛ける。

［3］ある行に他の行の実数倍を加える。

　行列に対するこのような操作を，行列の **基本変形** という。

　消去法では，係数行列と右側の列ベクトルに同じ基本変形を行って，係数行列が単位行列になったとき，右側の列ベクトルが解になる。行列で解いても，解 $x = -1$, $y = 2$ が得られる。

　行列の基本変形を行っても，係数行列を単位行列に変形できないときがある。連立 1 次方程式を解く途中で，対角成分である (i, i) 成分が 0 になる場合には，(i, i) 成分に 0 でない値がくるように行の入れ替えを行う必要がある。行の入れ替えを行ってもその対角成分が 0 になる場合には，初めに与えられた係数行列の逆行列は存在しない。

　連立 3 元 1 次方程式の場合，このような操作をして対角成分が 0 にならなくても，$(2, 1)$ 成分を 0 にしたとき同時に $(2, 2)$ 成分と $(2, 3)$ 成分が 0 になる場合や，$(3, 2)$ 成分を 0 にしたとき同時に $(3, 3)$ 成分が 0 になる場合がある。このような場合も係数行列の逆行列は存在しない。

　したがって，係数行列を単位行列に変形できない場合はもとの連立 1 次方程式は解をもたないか，または解が無数にあるかのいずれかである。

例 10］ 連立 1 次方程式 $\begin{cases} 4x + 6y + z = 5 \\ 2x - y + 5z = -3 \\ x + y + z = 0 \end{cases}$ を消去法で解け。

解］係数行列と定数項の列ベクトルを横に並べて，右側の 1 つの行列で表す。

$$\begin{pmatrix} 4 & 6 & 1 \\ 2 & -1 & 5 \\ 1 & 1 & 1 \end{pmatrix} \begin{pmatrix} x \\ y \\ z \end{pmatrix} = \begin{pmatrix} 5 \\ -3 \\ 0 \end{pmatrix} \implies \left(\begin{array}{ccc|c} 4 & 6 & 1 & 5 \\ 2 & -1 & 5 & -3 \\ 1 & 1 & 1 & 0 \end{array} \right)$$

$$\left(\begin{array}{ccc|c} 1 & 1 & 1 & 0 \\ 2 & -1 & 5 & -3 \\ 4 & 6 & 1 & 5 \end{array} \right)$$
　$(1, 1)$ 成分を 1 にするため，第 1 行と第 3 行を入れ替える。

$$\left(\begin{array}{ccc|c} 1 & 1 & 1 & 0 \\ 0 & -3 & 3 & -3 \\ 0 & 2 & -3 & 5 \end{array} \right)$$
　$(2, 1)$ 成分と $(3, 1)$ 成分を 0 にするため，第 2 行 − 第 1 行 ×2，第 3 行 − 第 1 行 ×4

$$\begin{pmatrix} 1 & 1 & 1 & 0 \\ 0 & 1 & -1 & 1 \\ 0 & 2 & -3 & 5 \end{pmatrix} \qquad \text{第 2 行 } \div (-3)$$

$$\begin{pmatrix} 1 & 0 & 2 & -1 \\ 0 & 1 & -1 & 1 \\ 0 & 0 & 1 & -3 \end{pmatrix} \qquad (1,2) \text{ 成分と } (3,2) \text{ 成分を } 0 \text{ にするため，第}$$
$$\text{1 行 } - \text{第 2 行，} -1 \times \text{第 3 行 } + \text{第 2 行 } \times 2$$

$$\begin{pmatrix} 1 & 0 & 0 & 5 \\ 0 & 1 & 0 & -2 \\ 0 & 0 & 1 & -3 \end{pmatrix} \qquad (1,3) \text{ 成分と } (2,3) \text{ 成分を } 0 \text{ にするため，第}$$
$$\text{1 行 } - \text{第 3 行 } \times 2, \text{ 第 2 行 } + \text{第 3 行}$$

よって，求める解は　$x = 5$, $y = -2$, $z = -3$

例 11] 次の連立 1 次方程式を，消去法によって解け。

$(1)\ \begin{pmatrix} 1 & 2 & 1 \\ 1 & 3 & 4 \\ 0 & 1 & 3 \end{pmatrix}\begin{pmatrix} x \\ y \\ z \end{pmatrix} = \begin{pmatrix} 5 \\ 7 \\ 2 \end{pmatrix}$ $\qquad$ $(2)\ \begin{pmatrix} 1 & 2 & 1 \\ 1 & 3 & 3 \\ 0 & 1 & 2 \end{pmatrix}\begin{pmatrix} x \\ y \\ z \end{pmatrix} = \begin{pmatrix} 3 \\ 9 \\ 4 \end{pmatrix}$

解] (1)

$$\begin{pmatrix} 1 & 2 & 1 & 5 \\ 0 & 1 & 3 & 2 \\ 0 & 1 & 3 & 2 \end{pmatrix} \qquad (2,1) \text{ 成分を } 0 \text{ にするため，第 2 行 } - \text{第 1}$$
$$\text{行（第 2 行と第 3 行が同じ）}$$

$$\begin{pmatrix} 1 & 2 & 1 & 5 \\ 0 & 1 & 3 & 2 \\ 0 & 0 & 0 & 0 \end{pmatrix} \qquad (3,2) \text{ 成分を } 0 \text{ にするため，第 3 行 } - \text{第 2}$$
$$\text{行}$$

$$\begin{pmatrix} 1 & 0 & -5 & 1 \\ 0 & 1 & 3 & 2 \\ 0 & 0 & 0 & 0 \end{pmatrix} \qquad (1,2) \text{ 成分を } 0 \text{ にするため，第 1 行 } - \text{第 2}$$
$$\text{行 } \times 2$$

したがって，解は無数にあり，$x = 5t + 1$, $y = -3t + 2$, $z = t$ の形の解である。

(2)

$$\begin{pmatrix} 1 & 2 & 1 & 3 \\ 0 & 1 & 2 & 6 \\ 0 & 1 & 2 & 4 \end{pmatrix} \qquad (2,1) \text{ 成分を } 0 \text{ にするため，第 2 行 } - \text{第 1}$$
$$\text{行（第 2 行と第 3 行が矛盾）}$$

$$\begin{pmatrix} 1 & 2 & 1 & 3 \\ 0 & 1 & 2 & 6 \\ 0 & 0 & 0 & -2 \end{pmatrix} \qquad (3,2) \text{ 成分を } 0 \text{ にするため，第 3 行 } - \text{第 2}$$
$$\text{行}$$

したがって，第 3 行の左辺 $= 0$，右辺 $= -2$ より，解をもたない。

練習 5] 次の連立 1 次方程式を，消去法によって解け。

$$(1) \begin{pmatrix} 3 & 5 & 1 \\ 2 & 4 & 3 \\ 1 & 2 & 1 \end{pmatrix} \begin{pmatrix} x \\ y \\ z \end{pmatrix} = \begin{pmatrix} -3 \\ 2 \\ 0 \end{pmatrix} \qquad (2) \begin{pmatrix} 0 & 3 & -1 \\ 3 & 2 & 0 \\ 2 & 1 & -2 \end{pmatrix} \begin{pmatrix} x \\ y \\ z \end{pmatrix} = \begin{pmatrix} 1 \\ 5 \\ -1 \end{pmatrix}$$

9.2.3　逆行列 (2)

逆行列は **9.1.3 逆行列 (1)** で示したように，連立 1 次方程式を解くことに帰着する。よって，係数行列を単位行列に変形する消去法を利用して，逆行列を求めることを考えよう。

正方行列 A が正則行列であるとき，A の逆行列 A^{-1} を X とすると，$AX = XA = E$ の関係がある。そこで，次の 3 次行列 A の逆行列を求めるには

$$A = \begin{pmatrix} 2 & 1 & 2 \\ 1 & -1 & 3 \\ 1 & 1 & 0 \end{pmatrix}, \quad X = \begin{pmatrix} x_{11} & x_{12} & x_{13} \\ x_{21} & x_{22} & x_{23} \\ x_{31} & x_{32} & x_{33} \end{pmatrix}, \quad E = \begin{pmatrix} 1 & 0 & 0 \\ 0 & 1 & 0 \\ 0 & 0 & 1 \end{pmatrix}$$

とすると

$$\begin{pmatrix} 2 & 1 & 2 \\ 1 & -1 & 3 \\ 1 & 1 & 0 \end{pmatrix} \begin{pmatrix} x_{11} & x_{12} & x_{13} \\ x_{21} & x_{22} & x_{23} \\ x_{31} & x_{32} & x_{33} \end{pmatrix} = \begin{pmatrix} 1 & 0 & 0 \\ 0 & 1 & 0 \\ 0 & 0 & 1 \end{pmatrix}$$

となり，次の 3 つの連立 1 次方程式を解くことで逆行列 X が求まる。

$$\begin{cases} 2x_{11} + x_{21} + 2x_{31} = 1 \\ x_{11} - x_{21} + 3x_{31} = 0 \\ x_{11} + x_{21} = 0 \end{cases} \begin{cases} 2x_{12} + x_{22} + 2x_{32} = 0 \\ x_{12} - x_{22} + 3x_{32} = 1 \\ x_{12} + x_{22} = 0 \end{cases} \begin{cases} 2x_{13} + x_{23} + 2x_{33} = 0 \\ x_{13} - x_{23} + 3x_{33} = 0 \\ x_{13} + x_{23} = 1 \end{cases}$$

$$\cdots\cdots\cdots\cdots ①$$

一方，消去法で解くには

$$X_1 = \begin{pmatrix} x_{11} \\ x_{21} \\ x_{31} \end{pmatrix}, \quad X_2 = \begin{pmatrix} x_{12} \\ x_{22} \\ x_{32} \end{pmatrix}, \quad X_3 = \begin{pmatrix} x_{13} \\ x_{23} \\ x_{33} \end{pmatrix}$$

とおき，次のように考える。

3 つの方程式

$$AX_1 = \begin{pmatrix} 1 \\ 0 \\ 0 \end{pmatrix} = B_1, \quad AX_2 = \begin{pmatrix} 0 \\ 1 \\ 0 \end{pmatrix} = B_2, \quad AX_3 = \begin{pmatrix} 0 \\ 0 \\ 1 \end{pmatrix} = B_3$$

を満足する X_1, X_2, X_3 を，行列 $X = (X_1 \ X_2 \ X_3)$ とおけば

$$AX = A(X_1 \ X_2 \ X_3) = (AX_1 \ AX_2 \ AX_3) = E$$

となる。よって，次の 3 つの連立 1 次方程式の行列に同時に消去法を適用すれば，逆行列が求まる。

$$
\begin{pmatrix} 2 & 1 & 2 \\ 1 & -1 & 3 \\ 1 & 1 & 0 \end{pmatrix} \begin{pmatrix} x_{11} \\ x_{21} \\ x_{31} \end{pmatrix} = \begin{pmatrix} 1 \\ 0 \\ 0 \end{pmatrix}, \quad \begin{pmatrix} 2 & 1 & 2 \\ 1 & -1 & 3 \\ 1 & 1 & 0 \end{pmatrix} \begin{pmatrix} x_{12} \\ x_{22} \\ x_{32} \end{pmatrix} = \begin{pmatrix} 0 \\ 1 \\ 0 \end{pmatrix},
$$

$$
\begin{pmatrix} 2 & 1 & 2 \\ 1 & -1 & 3 \\ 1 & 1 & 0 \end{pmatrix} \begin{pmatrix} x_{13} \\ x_{23} \\ x_{33} \end{pmatrix} = \begin{pmatrix} 0 \\ 0 \\ 1 \end{pmatrix} \qquad\qquad \cdots\cdots\cdots\cdots ②
$$

また，このような消去法で求める ② と ① は，同じものであることがわかる。

消去法での計算過程は表のようになり，係数行列 A を単位行列 E に変形すれば，右側の単位行列も同時に変形され，逆行列

$$
A^{-1} = \begin{pmatrix} -3 & 2 & 5 \\ 3 & -2 & -4 \\ 2 & -1 & -3 \end{pmatrix}
$$

が得られる。

これは 2 次行列，n 次行列でも適用できる。

	A		B_1	B_2	B_3	
2	1	2	1	0	0	
1	-1	3	0	1	0	
1	1	0	0	0	1	
2	1	2	1	0	0	
0	-3	4	-1	2	0	第2行×2－第1行
0	1	-2	-1	0	2	第3行×2－第1行
2	1	2	1	0	0	
0	-3	4	-1	2	0	
0	0	1	2	-1	-3	第3行×3＋第2行 第3行÷(-2)
2	1	2	1	0	0	
0	1	0	3	-2	-4	第2行－第3行×4 第2行÷(-3)
0	0	1	2	-1	-3	
1	0	1	-1	1	2	第1行－第2行 第1行÷2
0	1	0	3	-2	-4	
0	0	1	2	-1	-3	
1	0	0	-3	2	5	第1行－第3行
0	1	0	3	-2	-4	
0	0	1	2	-1	-3	

9.3 1 次変換

9.3.1 1 次変換

座標平面上の各点 $\mathrm{P}\,(x,\,y)$ が，ある規則によって同じ平面上の点 $\mathrm{Q}\,(x',\,y')$ に移されるとき，この対応を座標平面上の **変換** といい，記号 f などを用いて

$$
f : (x,\,y) \longrightarrow (x',\,y')
$$

と表す。また，点 Q をこの変換による点 P の **像** という。

$a,\,b,\,c,\,d$ を定数として

$$
\begin{cases} x' = ax + by \quad \cdots ① \\ y' = cx + dy \end{cases} \quad \text{あるいは} \quad \begin{pmatrix} x' \\ y' \end{pmatrix} = \begin{pmatrix} a & b \\ c & d \end{pmatrix} \begin{pmatrix} x \\ y \end{pmatrix}
$$

によって，与えられる変換を **1 次変換** といい，① をその **変換式** という。なお，1 次変換 $X' = AX$ において，A を **1 次変換を表す行列** という。また，行列 A で表される 1 次変換を単に **1 次変換 A** ということがある。

1 次変換 ―――――――――――――――――――――――――――

　座標平面上の変換 $f : (x, y) \to (x', y')$ が，次の式で表されるものを 1 次変換という。

$$\begin{cases} x' = ax + by \\ y' = cx + dy \end{cases} \quad \text{あるいは} \quad \begin{pmatrix} x' \\ y' \end{pmatrix} = \begin{pmatrix} a & b \\ c & d \end{pmatrix} \begin{pmatrix} x \\ y \end{pmatrix}$$

9.3.2　いろいろな 1 次変換

x 軸に関する対称移動

　点 (x, y) を，x 軸に関して対称な点 (x', y') に移す変換は

$$\begin{cases} x' = x \\ y' = -y \end{cases} \quad \text{あるいは} \quad \begin{pmatrix} x' \\ y' \end{pmatrix} = \begin{pmatrix} 1 & 0 \\ 0 & -1 \end{pmatrix} \begin{pmatrix} x \\ y \end{pmatrix}$$

と表される。

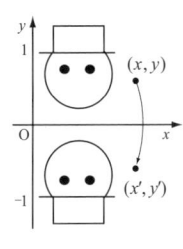

y 軸に関する対称移動

　点 (x, y) を，y 軸に関して対称な点 (x', y') に移す変換は

$$\begin{cases} x' = -x \\ y' = y \end{cases}$$

$$\text{あるいは} \quad \begin{pmatrix} x' \\ y' \end{pmatrix} = \begin{pmatrix} -1 & 0 \\ 0 & 1 \end{pmatrix} \begin{pmatrix} x \\ y \end{pmatrix}$$

と表される。

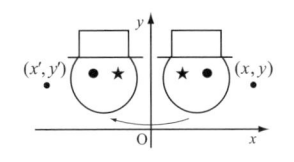

y 軸方向への 2 倍の引き伸ばし

$$\begin{cases} x' = x \\ y' = 2y \end{cases} \quad \text{あるいは} \quad \begin{pmatrix} x' \\ y' \end{pmatrix} = \begin{pmatrix} 1 & 0 \\ 0 & 2 \end{pmatrix} \begin{pmatrix} x \\ y \end{pmatrix}$$

と表される。

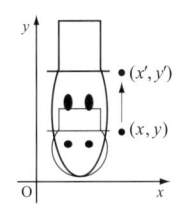

原点に関する対称移動

　点 (x, y) を，原点に関して対称移動した後の点を (x', y') とすると

$$\frac{x + x'}{2} = 0 , \quad \frac{y + y'}{2} = 0 \quad \text{より}$$

$$\begin{cases} x' = -x \\ y' = -y \end{cases} \quad \text{あるいは} \quad \begin{pmatrix} x' \\ y' \end{pmatrix} = \begin{pmatrix} -1 & 0 \\ 0 & -1 \end{pmatrix} \begin{pmatrix} x \\ y \end{pmatrix}$$

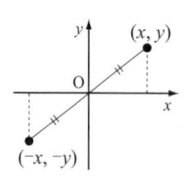

と表される。

原点を通る直線 $y = x$ に関する対称移動

点 (x, y) を点 (x', y') に移すと，中点 $\left(\dfrac{x + x'}{2} , \dfrac{y + y'}{2} \right)$ は直線 $y = x$ 上に

あるから $\quad \dfrac{y + y'}{2} = \dfrac{x + x'}{2} \quad \cdots\cdots ①$

また，直線 PQ の傾きは $\quad \dfrac{y - y'}{x - x'} = -1 \quad \cdots\cdots ②$

よって，①，② より，x'，y' について解くと

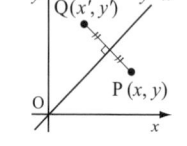

$$\begin{cases} x' = y \\ y' = x \end{cases} \quad \text{あるいは} \quad \begin{pmatrix} x' \\ y' \end{pmatrix} = \begin{pmatrix} 0 & 1 \\ 1 & 0 \end{pmatrix} \begin{pmatrix} x \\ y \end{pmatrix}$$

と表される。

一般に，原点を通る直線 $y = ax$ に関する対称移動は，次の式で与えられる。

$$\begin{cases} x' = -\dfrac{a^2 - 1}{a^2 + 1}x + \dfrac{2a}{a^2 + 1}y \\ y' = \dfrac{2a}{a^2 + 1}x + \dfrac{a^2 - 1}{a^2 + 1}y \end{cases} \quad \text{あるいは} \quad \begin{pmatrix} x' \\ y' \end{pmatrix} = \begin{pmatrix} -\dfrac{a^2 - 1}{a^2 + 1} & \dfrac{2a}{a^2 + 1} \\ \dfrac{2a}{a^2 + 1} & \dfrac{a^2 - 1}{a^2 + 1} \end{pmatrix} \begin{pmatrix} x \\ y \end{pmatrix}$$

原点の周りの回転

平面上の点を，原点の周りに角 θ だけ回転すると

$$\begin{pmatrix} 1 \\ 0 \end{pmatrix} \longrightarrow \begin{pmatrix} \cos\theta \\ \sin\theta \end{pmatrix}$$

$$\begin{pmatrix} 0 \\ 1 \end{pmatrix} \longrightarrow \begin{pmatrix} -\sin\theta \\ \cos\theta \end{pmatrix}$$

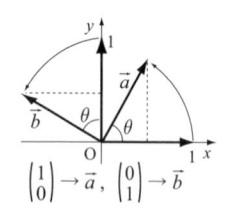

と変換される。

$$\begin{pmatrix} \cos\theta \\ \sin\theta \end{pmatrix} = \vec{a} , \quad \begin{pmatrix} -\sin\theta \\ \cos\theta \end{pmatrix} = \vec{b}$$

とおき，点 (x, y) が点 (x', y') に移ったとすると，図より

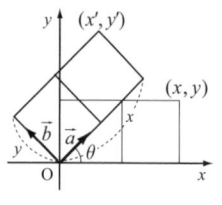

$$\begin{pmatrix} x' \\ y' \end{pmatrix} = x\vec{a} + y\vec{b} = x\begin{pmatrix} \cos\theta \\ \sin\theta \end{pmatrix} + y\begin{pmatrix} -\sin\theta \\ \cos\theta \end{pmatrix}$$

となる。すなわち，原点の周りの回転は

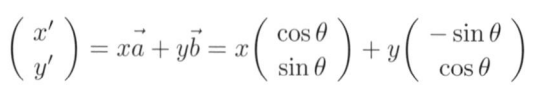

$$\begin{pmatrix} x' \\ y' \end{pmatrix} = \begin{pmatrix} \cos\theta & -\sin\theta \\ \sin\theta & \cos\theta \end{pmatrix} \begin{pmatrix} x \\ y \end{pmatrix}$$

と表される。

　x 軸，y 軸，原点，原点を通る直線に関する対称移動は，それぞれ行列で表される1次変換であるが，これ以外の点や直線に関する対称移動は1次変換ではない。

例 12] 1次変換 $\begin{cases} x' = 2x - 2y \\ y' = -3x + 2y \end{cases}$ を表す行列を求めよ。また，この1次変換によって，点 A $(1,\ 1)$，B $(-2,\ 3)$ はどのような点に移されるか。

解] 1次変換を表す行列は $\begin{pmatrix} 2 & -2 \\ -3 & 2 \end{pmatrix}$

　　点 A $(1,\ 1)$ は $\begin{pmatrix} 2 & -2 \\ -3 & 2 \end{pmatrix} \begin{pmatrix} 1 \\ 1 \end{pmatrix} = \begin{pmatrix} 0 \\ -1 \end{pmatrix}$　　　ゆえに 点 $(0,\ -1)$

　　点 B $(-2,\ 3)$ は $\begin{pmatrix} 2 & -2 \\ -3 & 2 \end{pmatrix} \begin{pmatrix} -2 \\ 3 \end{pmatrix} = \begin{pmatrix} -10 \\ 12 \end{pmatrix}$　ゆえに 点 $(-10,\ 12)$

例 13] 次のような点を対応させる1次変換を表す行列 A を求めよ。

　(1) $(1,\ 0) \rightarrow (3,\ -3)$，　　$(0,\ 1) \rightarrow (-2,\ 4)$
　(2) $(1,\ 2) \rightarrow (3,\ -3)$，　　$(2,\ 2) \rightarrow (-2,\ 4)$

解] (1) $A\begin{pmatrix} 1 \\ 0 \end{pmatrix} = \begin{pmatrix} 3 \\ -3 \end{pmatrix}$，$A\begin{pmatrix} 0 \\ 1 \end{pmatrix} = \begin{pmatrix} -2 \\ 4 \end{pmatrix}$ から $A = \begin{pmatrix} 3 & -2 \\ -3 & 4 \end{pmatrix}$

(2) $A\begin{pmatrix} 1 \\ 2 \end{pmatrix} = \begin{pmatrix} 3 \\ -3 \end{pmatrix}$，　　$A\begin{pmatrix} 2 \\ 2 \end{pmatrix} = \begin{pmatrix} -2 \\ 4 \end{pmatrix}$

　　よって　　$A\begin{pmatrix} 1 & 2 \\ 2 & 2 \end{pmatrix} = \begin{pmatrix} 3 & -2 \\ -3 & 4 \end{pmatrix}$　……①

　　$\begin{pmatrix} 1 & 2 \\ 2 & 2 \end{pmatrix}$ において，$\Delta = 2 - 4 = -2 \neq 0$ より

$$\begin{pmatrix} 1 & 2 \\ 2 & 2 \end{pmatrix}^{-1} = -\frac{1}{2}\begin{pmatrix} 2 & -2 \\ -2 & 1 \end{pmatrix}　……②$$

　　よって，①式の両辺に右から②を掛けると

$$A = \begin{pmatrix} 3 & -2 \\ -3 & 4 \end{pmatrix}\begin{pmatrix} 1 & 2 \\ 2 & 2 \end{pmatrix}^{-1} = -\frac{1}{2}\begin{pmatrix} 3 & -2 \\ -3 & 4 \end{pmatrix}\begin{pmatrix} 2 & -2 \\ -2 & 1 \end{pmatrix} = \begin{pmatrix} -5 & 4 \\ 7 & -5 \end{pmatrix}$$

例 14] ある県の都市部に x 万人，地方部に y 万人が住んでいる。毎年，都市部から地方部へ都市部人口の 5% が移住し，地方部から都市部へ地方部人口の 15% が

移住する。県全体の出生・死亡は無視し，総人口は変わらないものとし，1 年後の都市部人口を x' 万人，地方部人口を y' 万人として，1 次変換式を求めよ。また，現在の都市部人口を 120 万人，地方部 100 万人として 1 年後の人口を求めよ。

解] 1 次変換式は $\begin{cases} x' = 0.95x + 0.15y \\ y' = 0.05x + 0.85y \end{cases}$

1 年後の人口は $\begin{pmatrix} x' \\ y' \end{pmatrix} = \begin{pmatrix} 0.95 & 0.15 \\ 0.05 & 0.85 \end{pmatrix} \begin{pmatrix} 120 \\ 100 \end{pmatrix} = \begin{pmatrix} 129 \\ 91 \end{pmatrix}$

よって，1 年後の都市部人口は 129 万人，地方部人口は 91 万人

練習 6] 原点の周りに次の角だけ回転をするとき，その回転を表す行列を求めよ。また，この回転によって点 $(2, 2)$ はどのような点に移るか。

(1) $\dfrac{\pi}{6}$　　　　(2) $-\dfrac{\pi}{3}$

練習 7] 曲線 $y = x^2 - x + 2$ について，次の変換を行った場合の曲線の方程式を求めよ。

(1) 変換 $(x, y) \to (x - 1, y + 2)$　　　　(2) 変換 $(x, y) \to (-x + 1, -y - 2)$

9.3.3　合成変換，逆変換

合成変換

1 次変換 f, g を表す行列を，それぞれ A, B とし，1 次変換 f, g において

$$f : (x, y) \longrightarrow (x', y')$$
$$g : (x'; y') \longrightarrow (x'', y'')$$

のとき，点 (x, y) を点 (x'', y'') に移す変換を h とすると

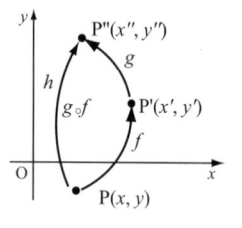

$$\begin{pmatrix} x'' \\ y'' \end{pmatrix} = B \begin{pmatrix} x' \\ y' \end{pmatrix} = B \left\{ A \begin{pmatrix} x \\ y \end{pmatrix} \right\} = BA \begin{pmatrix} x \\ y \end{pmatrix}$$

が成り立つ。よって，h は 2 次の正方行列 BA で表され，h も 1 次変換である。この変換 h を f, g の **合成変換** といい，記号で $g \circ f$ と表す。一般には，合成変換 $g \circ f$ は行列の積 BA で表される。また，行列の定理より，次のことがいえる。

合成変換 ──────────────

1 次変換 f, g を表す行列をそれぞれ A, B とするとき

合成変換 $g \circ f$ を表す行列は BA ，　$f \circ g$ を表す行列は AB

一般に，　　$g \circ f \neq f \circ g$ ，　　$h \circ (g \circ f) = (h \circ g) \circ f$

原点の周りに角 α だけ回転する変換を f，角 β だけ回転する変換を g とし，この2つの変換を引き続いて行った合成変換 $g \circ f$ は

$$\begin{pmatrix} \cos\beta & -\sin\beta \\ \sin\beta & \cos\beta \end{pmatrix} \begin{pmatrix} \cos\alpha & -\sin\alpha \\ \sin\alpha & \cos\alpha \end{pmatrix} = \begin{pmatrix} \cos(\alpha+\beta) & -\sin(\alpha+\beta) \\ \sin(\alpha+\beta) & \cos(\alpha+\beta) \end{pmatrix}$$

と表すことができる。

逆変換

点 $(x,\ y)$ を点 $(x',\ y')$ に移す1次変換 f を $X' = AX$ で表すと，行列 A が逆行列 A^{-1} をもつとき，両辺に左から A^{-1} を掛けると

$$A^{-1}X' = A^{-1}AX$$

ゆえに　　$X = A^{-1}X'$

となる。これは，点 $(x',\ y')$ を点 $(x,\ y)$ に移す1次変換であり，この1次変換を f の **逆変換** といい，記号で f^{-1} と表す。$X = A^{-1}X'$ より逆変換 f^{-1} を表す行列は A^{-1} である。

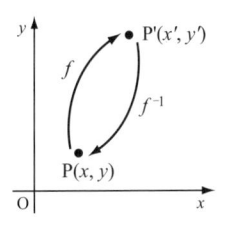

逆変換 ─────────────

1次変換 f を表す行列 A が逆行列 A^{-1} をもつとき

f の逆変換 f^{-1} を表す行列は　　A^{-1}

例15] 原点の周りに $\dfrac{\pi}{2}$ 回転する変換を f，y 軸方向へ2倍引き伸ばす変換を g とするとき，回転した後に引き伸ばす合成変換 $g \circ f$ と，引き伸ばした後に回転させる合成変換 $f \circ g$ を表す行列を求め，点 $(1,\ 2)$ はそれぞれどのような点に移るか。

解] 1次変換 f，g を表す行列をそれぞれ A，B とすると

$$A = \begin{pmatrix} \cos\dfrac{\pi}{2} & -\sin\dfrac{\pi}{2} \\ \sin\dfrac{\pi}{2} & \cos\dfrac{\pi}{2} \end{pmatrix} = \begin{pmatrix} 0 & -1 \\ 1 & 0 \end{pmatrix}, \qquad B = \begin{pmatrix} 1 & 0 \\ 0 & 2 \end{pmatrix}$$

である。したがって，$g \circ f$ と $f \circ g$ を表す行列 BA と AB は

$$BA = \begin{pmatrix} 1 & 0 \\ 0 & 2 \end{pmatrix} \begin{pmatrix} 0 & -1 \\ 1 & 0 \end{pmatrix} = \begin{pmatrix} 0 & -1 \\ 2 & 0 \end{pmatrix}$$

よって　$\begin{pmatrix} 0 & -1 \\ 2 & 0 \end{pmatrix} \begin{pmatrix} 1 \\ 2 \end{pmatrix} = \begin{pmatrix} -2 \\ 2 \end{pmatrix}$　　　点 $(-2,\ 2)$ に移る。

$$AB = \begin{pmatrix} 0 & -1 \\ 1 & 0 \end{pmatrix} \begin{pmatrix} 1 & 0 \\ 0 & 2 \end{pmatrix} = \begin{pmatrix} 0 & -2 \\ 1 & 0 \end{pmatrix}$$

よって　$\begin{pmatrix} 0 & -2 \\ 1 & 0 \end{pmatrix} \begin{pmatrix} 1 \\ 2 \end{pmatrix} = \begin{pmatrix} -4 \\ 1 \end{pmatrix}$　　　点 $(-4,\ 1)$ に移る。

例 16] 行列 $\begin{pmatrix} 2 & -1 \\ 4 & 0 \end{pmatrix}$ で表される 1 次変換により，直線 $y = x + 3$ はどのような図形に変換されるか。

解]　$\begin{pmatrix} x' \\ y' \end{pmatrix} = \begin{pmatrix} 2 & -1 \\ 4 & 0 \end{pmatrix} \begin{pmatrix} x \\ y \end{pmatrix}$ とおくと

$$\begin{pmatrix} x \\ y \end{pmatrix} = \begin{pmatrix} 2 & -1 \\ 4 & 0 \end{pmatrix}^{-1} \begin{pmatrix} x' \\ y' \end{pmatrix} = \frac{1}{4} \begin{pmatrix} 0 & 1 \\ -4 & 2 \end{pmatrix} \begin{pmatrix} x' \\ y' \end{pmatrix}$$

したがって，$\begin{cases} x = \frac{1}{4} y' \\ y = -x' + \frac{1}{2} y' \end{cases}$　を $y = x + 3$ に代入すると $y' = 4x' + 12$ となる。

　よって，書き改めて　$y = 4x + 12$　の図形になる。

例 17] 行列 $\begin{pmatrix} 1 & a \\ b & 4 \end{pmatrix}$ で表される 1 次変換により，直線 $3x + 2y = 1$ が $2x - y = 1$ に移されるように，$a,\ b$ の値を求めよ。

解]　点 $(x,\ y)$ が $(x',\ y')$ に移るとすると　$\begin{cases} x' = x + ay \\ y' = bx + 4y \end{cases}$

　$(x,\ y)$ が $3x + 2y = 1$ 上にあるとすると，$(x',\ y')$ は $2x - y = 1$ 上にあるので，$(2 - b)x + (2a - 4)y = 1$ が成り立つ。

　これが，$3x + 2y = 1$ と一致するから　$2 - b = 3,\quad 2a - 4 = 2$

　よって　　　$a = 3,\quad b = -1$

練習 8] 円 $x^2 + y^2 = a^2$ を y 軸方向に $\frac{b}{a}$ 倍してできる図形は，どのような式であるか。但し，$a > b > 0$ とする。

9.4 行列式

9.4.1 行列式の定義

行列式の概念は，連立 1 次方程式などの文字の消去問題に関連して発生したもので，行列を使った連立 1 次方程式の解法において，未知数や変数の個数がさらに多い場合に行列式が重要な役割を果たす。そこで，行列式の演算法則の定義や，行列式の性質を調べよう。

連立 1 次方程式を解くと次のようになる。

$$\begin{cases} a_1 x + b_1 y = k_1 \\ a_2 x + b_2 y = k_2 \end{cases} \qquad \text{行列では} \qquad \begin{pmatrix} a_1 & b_1 \\ a_2 & b_2 \end{pmatrix} = \begin{pmatrix} x \\ y \end{pmatrix} \begin{pmatrix} k_1 \\ k_2 \end{pmatrix}$$

解は

$$x = \frac{b_2 k_1 - b_1 k_2}{a_1 b_2 - a_2 b_1}, \; y = \frac{a_1 k_2 - a_2 k_1}{a_1 b_2 - a_2 b_1} \qquad \begin{pmatrix} x \\ y \end{pmatrix} = \frac{1}{a_1 b_2 - a_2 b_1} \begin{pmatrix} b_2 & -b_1 \\ -a_2 & a_1 \end{pmatrix} \begin{pmatrix} k_1 \\ k_2 \end{pmatrix}$$

となる。

ここで，分母の $a_1 b_2 - a_2 b_1$ は行列 $\begin{pmatrix} a_1 & b_1 \\ a_2 & b_2 \end{pmatrix}$ の成分のみを用いた式になっており，これを $\begin{vmatrix} a_1 & b_1 \\ a_2 & b_2 \end{vmatrix} = a_1 b_2 - a_2 b_1$ とする代数和を考える。

n^2 個の数を $\begin{vmatrix} a_{11} & a_{12} & \cdots & a_{1n} \\ a_{21} & a_{22} & \cdots & a_{2n} \\ \vdots & \vdots & \ddots & \vdots \\ a_{n1} & a_{n2} & \cdots & a_{nn} \end{vmatrix}$ のように n 行，n 列に配列し，両側に $|\;\;|$ を付けたものを n 次の **行列式** という。行列式は正方行列と形の上では類似しているが，正方行列は正方形に配置された数の組であるのに対し，行列式は行列を数式とみなし，法則に従い 1 つの解（代数和）を求めるものである。

Cramer（クラメル）の公式

連立 2 元 1 次方程式 $\begin{cases} a_1 x + b_1 y = k_1 \\ a_2 x + b_2 y = k_2 \end{cases}$ から y を消去すれば

$$(a_1 b_2 - a_2 b_1)x = k_1 b_2 - k_2 b_1$$

また，x を消去すれば

$$(a_1 b_2 - a_2 b_1)y = a_1 k_2 - a_2 k_1$$

ここで，x，y の係数および右辺の項の作り方に注目して

$$\begin{vmatrix} a_1 & b_1 \\ a_2 & b_2 \end{vmatrix} = a_1 b_2 - a_2 b_1$$

と定義すれば，$\begin{vmatrix} a_1 & b_1 \\ a_2 & b_2 \end{vmatrix} \neq 0$　のとき

$$x = \frac{\begin{vmatrix} k_1 & b_1 \\ k_2 & b_2 \end{vmatrix}}{\begin{vmatrix} a_1 & b_1 \\ a_2 & b_2 \end{vmatrix}} \quad , \qquad y = \frac{\begin{vmatrix} a_1 & k_1 \\ a_2 & k_2 \end{vmatrix}}{\begin{vmatrix} a_1 & b_1 \\ a_2 & b_2 \end{vmatrix}}$$

となる。

連立 3 元 1 次方程式　$\begin{cases} a_1 x + b_1 y + c_1 z = k_1 & \cdots ① \\ a_2 x + b_2 y + c_2 z = k_2 & \cdots ② \\ a_3 x + b_3 y + c_3 z = k_3 & \cdots ③ \end{cases}$

に対して，$① \times \begin{vmatrix} b_2 & c_2 \\ b_3 & c_3 \end{vmatrix} + ② \times \left(- \begin{vmatrix} b_1 & c_1 \\ b_3 & c_3 \end{vmatrix} \right) + ③ \times \begin{vmatrix} b_1 & c_1 \\ b_2 & c_2 \end{vmatrix}$

を作れば，y，z が消去されて

$$\left(a_1 \begin{vmatrix} b_2 & c_2 \\ b_3 & c_3 \end{vmatrix} - a_2 \begin{vmatrix} b_1 & c_1 \\ b_3 & c_3 \end{vmatrix} + a_3 \begin{vmatrix} b_1 & c_1 \\ b_2 & c_2 \end{vmatrix} \right) x$$

$$= k_1 \begin{vmatrix} b_2 & c_2 \\ b_3 & c_3 \end{vmatrix} - k_2 \begin{vmatrix} b_1 & c_1 \\ b_3 & c_3 \end{vmatrix} + k_3 \begin{vmatrix} b_1 & c_1 \\ b_2 & c_2 \end{vmatrix}$$

となる。右辺は，x の係数の a_1，a_2，a_3 をそれぞれ k_1，k_2，k_3 で置き換えたものになっている。ここで

$$\begin{vmatrix} a_1 & b_1 & c_1 \\ a_2 & b_2 & c_2 \\ a_3 & b_3 & c_3 \end{vmatrix} = a_1 \begin{vmatrix} b_2 & c_2 \\ b_3 & c_3 \end{vmatrix} - a_2 \begin{vmatrix} b_1 & c_1 \\ b_3 & c_3 \end{vmatrix} + a_3 \begin{vmatrix} b_1 & c_1 \\ b_2 & c_2 \end{vmatrix}$$

$$= a_1 b_2 c_3 - a_1 b_3 c_2 - a_2 b_1 c_3 + a_2 b_3 c_1 + a_3 b_1 c_2 - a_3 b_2 c_1 \quad \cdots ④$$

と定義すれば，$\begin{vmatrix} a_1 & b_1 & c_1 \\ a_2 & b_2 & c_2 \\ a_3 & b_3 & c_3 \end{vmatrix} \neq 0$　のとき

$$x = \frac{\begin{vmatrix} k_1 & b_1 & c_1 \\ k_2 & b_2 & c_2 \\ k_3 & b_3 & c_3 \end{vmatrix}}{\begin{vmatrix} a_1 & b_1 & c_1 \\ a_2 & b_2 & c_2 \\ a_3 & b_3 & c_3 \end{vmatrix}} , \quad y = \frac{\begin{vmatrix} a_1 & k_1 & c_1 \\ a_2 & k_2 & c_2 \\ a_3 & k_3 & c_3 \end{vmatrix}}{\begin{vmatrix} a_1 & b_1 & c_1 \\ a_2 & b_2 & c_2 \\ a_3 & b_3 & c_3 \end{vmatrix}} , \quad z = \frac{\begin{vmatrix} a_1 & b_1 & k_1 \\ a_2 & b_2 & k_2 \\ a_3 & b_3 & k_3 \end{vmatrix}}{\begin{vmatrix} a_1 & b_1 & c_1 \\ a_2 & b_2 & c_2 \\ a_3 & b_3 & c_3 \end{vmatrix}}$$

これを **Cramer**（クラメル）の公式 という。

　4 元以上の連立 1 次方程式も同様にして解くことができるが，その解の公式はかなり複雑である。行列式の概念はこの連立 1 次方程式の解法の研究から生まれたものである。

　④ は 3 次の行列式の **展開式** という。展開は左上から右下への対角線に平行に取った 3 元の積に ＋，右上から左下への対角線に平行に取った 3 元の積に － を付けて加え合わせればよい。これを **Sarrus（サラス）の法則** という。Sarrus の法則は 3 次行列式までで，4 次以上の行列式に適用することはできない。

サラスの法則 ────────────────────────────────

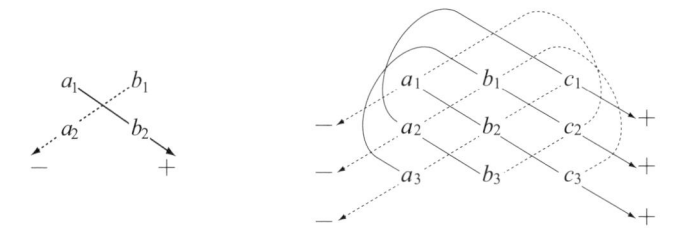

────────────────────────────────

　高次の行列式の値を定義に従って計算するのは至って煩雑である。そこで，行列式の計算で重要かつ実用的な展開法を示す。

$$\begin{vmatrix} a_{11} & 0 & 0 & \cdots & 0 \\ a_{21} & a_{22} & a_{23} & \cdots & a_{2n} \\ a_{31} & a_{32} & a_{33} & \cdots & a_{3n} \\ \vdots & \vdots & \vdots & \ddots & \vdots \\ a_{n1} & a_{n2} & a_{n3} & \cdots & a_{nn} \end{vmatrix} = (-1)^{1+1} \cdot a_{11} \begin{vmatrix} a_{22} & a_{23} & \cdots & a_{2n} \\ a_{32} & a_{33} & \cdots & a_{3n} \\ \vdots & \vdots & \ddots & \vdots \\ a_{n2} & a_{n3} & \cdots & a_{nn} \end{vmatrix}$$

　左辺の行列式の第 1 行は a_{11} 以外はすべて 0 である。このような行列式は a_{11} と，その第 1 行と第 1 列をとり除いた残りの成分から作られる行列式との積で表され，n 次行列式を $n-1$ 次行列式とすることができる。この展開は，a_{ij} がいずれの i 行あるいはいずれの j 列でも行うことができる。

例 18] Cramer の公式によって，$\begin{cases} x + 2y - z = 2 \\ 2x + 3y + z = 3 \\ x - y + 3z = 4 \end{cases}$ を解け。

解] $\begin{vmatrix} 1 & 2 & -1 \\ 2 & 3 & 1 \\ 1 & -1 & 3 \end{vmatrix} = 9 + 2 + 2 + 3 + 1 - 12 = 5$

$$\begin{vmatrix} 2 & 2 & -1 \\ 3 & 3 & 1 \\ 4 & -1 & 3 \end{vmatrix} = 18 + 3 + 8 + 12 + 2 - 18 = 25$$

$$\begin{vmatrix} 1 & 2 & -1 \\ 2 & 3 & 1 \\ 1 & 4 & 3 \end{vmatrix} = 9 - 8 + 2 + 3 - 4 - 12 = -10$$

$$\begin{vmatrix} 1 & 2 & 2 \\ 2 & 3 & 3 \\ 1 & -1 & 4 \end{vmatrix} = 12 - 4 + 6 - 6 + 3 - 16 = -5$$

よって　$x = \dfrac{25}{5} = 5, \quad y = -\dfrac{10}{5} = -2, \quad z = -\dfrac{5}{5} = -1$

練習 9] Cramer の公式によって，次の連立方程式を解け。

(1) $\begin{cases} x + 2y - z = 3 \\ 2x + 3y + z = 1 \\ 3x + 4y + 2z = 1 \end{cases}$
(2) $\begin{cases} 3x + 2y - 4z = 0 \\ 2x + 4y - 5z = -5 \\ 4x - 3y + 2z = 13 \end{cases}$

9.4.2　行列式の性質

行列式の定義から容易にわかる基本性質を挙げる。ここでは 3 次の行列式について説明するが，任意の次数の行列式についても成り立つ。

行列式の性質 ────────────────

[1] 行列式の行と列を入れ替えてもその値は変わらない。

$$\begin{vmatrix} a_1 & b_1 & c_1 \\ a_2 & b_2 & c_2 \\ a_3 & b_3 & c_3 \end{vmatrix} = \begin{vmatrix} a_1 & a_2 & a_3 \\ b_1 & b_2 & b_3 \\ c_1 & c_2 & c_3 \end{vmatrix}$$

[2] 行列式の 2 つの行または列を入れ替えれば，行列式は符号だけが変わる。

$$\begin{vmatrix} a_1 & b_1 & c_1 \\ a_2 & b_2 & c_2 \\ a_3 & b_3 & c_3 \end{vmatrix} = - \begin{vmatrix} a_1 & c_1 & b_1 \\ a_2 & c_2 & b_2 \\ a_3 & c_3 & b_3 \end{vmatrix}, \qquad \begin{vmatrix} a_1 & b_1 & c_1 \\ a_2 & b_2 & c_2 \\ a_3 & b_3 & c_3 \end{vmatrix} = - \begin{vmatrix} c_1 & b_1 & a_1 \\ c_2 & b_2 & a_2 \\ c_3 & b_3 & a_3 \end{vmatrix}$$

[3] 行列式の 1 つの行または列を k 倍すれば，行列式も k 倍される。

$$\begin{vmatrix} a_1 & b_1 & kc_1 \\ a_2 & b_2 & kc_2 \\ a_3 & b_3 & kc_3 \end{vmatrix} = k \begin{vmatrix} a_1 & b_1 & c_1 \\ a_2 & b_2 & c_2 \\ a_3 & b_3 & c_3 \end{vmatrix}$$

[4] 次の性質をもつ行列式の値はいずれも 0 である。

　1) 1 つの行または列のすべての成分が 0 である行列式

2) 2 つの行または列が一致する行列式

3) 2 つの行または列が比例している行列式

$$\begin{vmatrix} 0 & b_1 & c_1 \\ 0 & b_2 & c_2 \\ 0 & b_3 & c_3 \end{vmatrix} = 0 , \qquad \begin{vmatrix} a_1 & b_1 & a_1 \\ a_2 & b_2 & a_2 \\ a_3 & b_3 & a_3 \end{vmatrix} = 0 , \qquad \begin{vmatrix} a_1 & b_1 & ka_1 \\ a_2 & b_2 & ka_2 \\ a_3 & b_3 & ka_3 \end{vmatrix} = 0$$

[5] 行列式の 1 つの行または列の各成分が 2 つの数の和の形になっているとき，その行列式は 2 つの行列式の和で表わされる。

$$\begin{vmatrix} a_1 + a_1' & b_1 & c_1 \\ a_2 + a_2' & b_2 & c_2 \\ a_3 + a_3' & b_3 & c_3 \end{vmatrix} = \begin{vmatrix} a_1 & b_1 & c_1 \\ a_2 & b_2 & c_2 \\ a_3 & b_3 & c_3 \end{vmatrix} + \begin{vmatrix} a_1' & b_1 & c_1 \\ a_2' & b_2 & c_2 \\ a_3' & b_3 & c_3 \end{vmatrix}$$

[6] 行列式の 1 つの行または列の何倍かを，他の行または列に加えたり引いたりしても，行列式の値は変わらない。

$$\begin{vmatrix} a_1 & b_1 & c_1 \\ a_2 & b_2 & c_2 \\ a_3 & b_3 & c_3 \end{vmatrix} = \begin{vmatrix} a_1 & b_1 + ka_1 & c_1 \\ a_2 & b_2 + ka_2 & c_2 \\ a_3 & b_3 + ka_3 & c_3 \end{vmatrix}$$

証明] [1] 両辺の行列式の展開式はいずれも

$$a_1 b_2 c_3 + a_2 b_3 c_1 + a_3 b_1 c_2 - a_1 b_3 c_2 - a_2 b_1 c_3 - a_3 b_2 c_1$$

であり，等しい。

　この性質によれば，行列式の行または列について成り立つことは，列または行についても成り立つ。したがって，証明は行または列の一方についてだけ行えばよい。

[2] 両辺の行列式の展開式を比較すれば容易に導かれる。

[3] 行列式の展開式の各項は k を必ず 1 つずつ含むので，全体を k 倍したのと同じである。

[4] 1) は，行列式の展開式の各項に 0 が含まれる。

　2) は，定理 [2] より第 1 列と第 3 列を入れ替えても行列式は変わらないが，符号が負になる。

$$\begin{vmatrix} a_1 & b_1 & a_1 \\ a_2 & b_2 & a_2 \\ a_3 & b_3 & a_3 \end{vmatrix} = - \begin{vmatrix} a_1 & b_1 & a_1 \\ a_2 & b_2 & a_2 \\ a_3 & b_3 & a_3 \end{vmatrix} \qquad \text{ゆえに} \quad 2 \begin{vmatrix} a_1 & b_1 & a_1 \\ a_2 & b_2 & a_2 \\ a_3 & b_3 & a_3 \end{vmatrix} = 0$$

　3) は，定理 [3] と 2) より 0 である。

[5] 左辺の行列式の展開式は，2 つの行列式の展開式の和になる。

[6] 右辺 $= \begin{vmatrix} a_1 & b_1 & c_1 \\ a_2 & b_2 & c_2 \\ a_3 & b_3 & c_3 \end{vmatrix} + \begin{vmatrix} a_1 & ka_1 & c_1 \\ a_2 & ka_2 & c_2 \\ a_3 & ka_3 & c_3 \end{vmatrix} = \begin{vmatrix} a_1 & b_1 & c_1 \\ a_2 & b_2 & c_2 \\ a_3 & b_3 & c_3 \end{vmatrix} + 0 = \begin{vmatrix} a_1 & b_1 & c_1 \\ a_2 & b_2 & c_2 \\ a_3 & b_3 & c_3 \end{vmatrix}$

これらの性質を用いれば，行列式の計算が容易になる。

例 19] 次の行列式の値を求めよ。

(1) $\begin{vmatrix} a+b & a+4b & a+7b \\ a+2b & a+5b & a+8b \\ a+3b & a+6b & a+9b \end{vmatrix}$　　　(2) $\begin{vmatrix} 4 & 1 & 2 & 3 \\ 3 & 4 & 1 & 2 \\ 2 & 3 & 4 & 1 \\ 1 & 2 & 3 & 4 \end{vmatrix}$

解] (1) 与式 $= \begin{vmatrix} a+b & (a+b)+3b & a+7b \\ a+2b & (a+2b)+3b & a+8b \\ a+3b & (a+3b)+3b & a+9b \end{vmatrix}$

$= \begin{vmatrix} a+b & a+b & a+7b \\ a+2b & a+2b & a+8b \\ a+3b & a+3b & a+9b \end{vmatrix} + \begin{vmatrix} a+b & 3b & a+7b \\ a+2b & 3b & a+8b \\ a+3b & 3b & a+9b \end{vmatrix}$

$= 0 + \begin{vmatrix} a+b & 3b & (a+b)+6b \\ a+2b & 3b & (a+2b)+6b \\ a+3b & 3b & (a+3b)+6b \end{vmatrix}$

$= \begin{vmatrix} a+b & 3b & a+b \\ a+2b & 3b & a+2b \\ a+3b & 3b & a+3b \end{vmatrix} + \begin{vmatrix} a+b & 3b & 6b \\ a+2b & 3b & 6b \\ a+3b & 3b & 6b \end{vmatrix} = 0 + 2\begin{vmatrix} a+b & 3b & 3b \\ a+2b & 3b & 3b \\ a+3b & 3b & 3b \end{vmatrix} = 0$

(2) 第 1 行に他の 3 行を加えてから，第 1 行の共通因数 10 を外に出し，第 1 列を他の列から引く

与式 $= 10\begin{vmatrix} 1 & 1 & 1 & 1 \\ 3 & 4 & 1 & 2 \\ 2 & 3 & 4 & 1 \\ 1 & 2 & 3 & 4 \end{vmatrix} = 10\begin{vmatrix} 1 & 0 & 0 & 0 \\ 3 & 1 & -2 & -1 \\ 2 & 1 & 2 & -1 \\ 1 & 1 & 2 & 3 \end{vmatrix} = 10 \cdot (-1)^{1+1} \cdot 1 \begin{vmatrix} 1 & -2 & -1 \\ 1 & 2 & -1 \\ 1 & 2 & 3 \end{vmatrix}$

第 1 行を他の行から引く

$= 10\begin{vmatrix} 1 & -2 & -1 \\ 0 & 4 & 0 \\ 0 & 4 & 4 \end{vmatrix} = 10 \cdot (-1)^{1+1} \cdot 1 \begin{vmatrix} 4 & 0 \\ 4 & 4 \end{vmatrix} = 160$

練習 10] 次の行列式の値を求めよ。

(1) $\begin{vmatrix} a & b & 5c \\ 3a & 8b & 5c \\ 2a & 2b & 10c \end{vmatrix}$　　　(2) $\begin{vmatrix} 1 & 4 & 5 & -1 \\ 1 & -3 & 2 & 5 \\ 1 & -2 & 1 & 2 \\ 0 & 2 & 1 & 5 \end{vmatrix}$

9.4.3 行列式の展開

3 次の行列式の定義より，第 1 行あるいは第 1 列の成分でまとめれば，それぞれ

$$|A| = \begin{vmatrix} a_1 & b_1 & c_1 \\ a_2 & b_2 & c_2 \\ a_3 & b_3 & c_3 \end{vmatrix}$$

$$= a_1(b_2c_3 - b_3c_2) - b_1(a_2c_3 - a_3c_2) + c_1(a_2b_3 - a_3b_2)$$

$$= a_1 \begin{vmatrix} b_2 & c_2 \\ b_3 & c_3 \end{vmatrix} - b_1 \begin{vmatrix} a_2 & c_2 \\ a_3 & c_3 \end{vmatrix} + c_1 \begin{vmatrix} a_2 & b_2 \\ a_3 & b_3 \end{vmatrix} \quad \cdots\cdots ①$$

あるいは

$$|A| = a_1(b_2c_3 - b_3c_2) - a_2(b_1c_3 - b_3c_1) + a_3(b_1c_2 - b_2c_1)$$

$$= a_1 \begin{vmatrix} b_2 & c_2 \\ b_3 & c_3 \end{vmatrix} - a_2 \begin{vmatrix} b_1 & c_1 \\ b_3 & c_3 \end{vmatrix} + a_3 \begin{vmatrix} b_1 & c_1 \\ b_2 & c_2 \end{vmatrix} \quad \cdots\cdots ②$$

となる。

一般に，n 次の行列式 $|A|$ において，その第 i 行と第 j 列をとり除いた残りの成分から作られる $n-1$ 次の行列式に，$(-1)^{i+j}$ を掛けたものを，a_{ij} の **余因子** といい，これを A_{ij} で表す。

$$A_{ij} = (-1)^{i+j} \begin{vmatrix} a_{11} & \cdots\cdots & a_{1j} & \cdots\cdots & a_{1n} \\ \cdots & \cdots\cdots & \cdots & \cdots\cdots & \cdots \\ a_{i1} & \cdots\cdots & a_{ij} & \cdots\cdots & a_{in} \\ \cdots & \cdots\cdots & \cdots & \cdots\cdots & \cdots \\ a_{n1} & \cdots\cdots & a_{nj} & \cdots\cdots & a_{nn} \end{vmatrix} \begin{array}{l} \\ \\ \leftarrow 第\ i\ 行をとる \\ \\ \\ \end{array}$$

$$\uparrow 第\ j\ 列をとる$$

これらの余因子を用いれば，式 ①，② はそれぞれ

$$|A| = a_1 A_1 + b_1 B_1 + c_1 C_1 , \qquad |A| = a_1 A_1 + a_2 A_2 + a_3 A_3$$

と書くことができる。他の行および列についても，同じように展開することができる。

$$|A| = a_2 A_2 + b_2 B_2 + c_2 C_2 , \qquad |A| = b_1 B_1 + b_2 B_2 + b_3 B_3$$
$$|A| = a_3 A_3 + b_3 B_3 + c_3 C_3 , \qquad |A| = c_1 C_1 + c_2 C_2 + c_3 C_3$$

このような，行または列についての展開は高次の行列式についても成り立つ。4 次の行列式 $|A|$ の第 1 行についての展開は，余因子を用いて

$$|A| = \begin{vmatrix} a_{11} & a_{12} & a_{13} & a_{14} \\ a_{21} & a_{22} & a_{23} & a_{24} \\ a_{31} & a_{32} & a_{33} & a_{34} \\ a_{41} & a_{42} & a_{43} & a_{44} \end{vmatrix} = a_{11}A_{11} + a_{12}A_{12} + a_{13}A_{13} + a_{14}A_{14}$$

$$= a_{11}\begin{vmatrix} a_{22} & a_{23} & a_{24} \\ a_{32} & a_{33} & a_{34} \\ a_{42} & a_{43} & a_{44} \end{vmatrix} - a_{12}\begin{vmatrix} a_{21} & a_{23} & a_{24} \\ a_{31} & a_{33} & a_{34} \\ a_{41} & a_{43} & a_{44} \end{vmatrix}$$

$$+ a_{13}\begin{vmatrix} a_{21} & a_{22} & a_{24} \\ a_{31} & a_{32} & a_{34} \\ a_{41} & a_{42} & a_{44} \end{vmatrix} - a_{14}\begin{vmatrix} a_{21} & a_{22} & a_{23} \\ a_{31} & a_{32} & a_{33} \\ a_{41} & a_{42} & a_{43} \end{vmatrix}$$

である。第 1 列についての展開は

$$|A| = a_{11}A_{11} + a_{21}A_{21} + a_{31}A_{31} + a_{41}A_{41}$$

である。他の行や列についても同様である。このように 4 次の行列式を 3 次の行列式で表すことができ，5 次以上の行列式についても次数を減らす展開ができる。

一般には，n 次の行列式を $n-1$ 次の行列式で表すことができ，行列式の基本性質を用いて行列式を変形し，行あるいは列のいくつかの成分を 0 に変えておけば計算が簡単になる。

例 20] $\begin{vmatrix} -2 & -5 & 4 & 5 \\ -4 & 7 & 5 & 3 \\ 3 & -2 & 4 & -5 \\ 3 & 5 & -6 & -3 \end{vmatrix}$ の値を求めよ。

解] 第 1 列の 2 倍を第 3 列に加えて，第 3 列に沿うて展開すると

$$与式 = \begin{vmatrix} -2 & -5 & 0 & 5 \\ -4 & 7 & -3 & 3 \\ 3 & -2 & 10 & -5 \\ 3 & 5 & 0 & -3 \end{vmatrix}$$

$$= (-1)^{2+3} \cdot (-3)\begin{vmatrix} -2 & -5 & 5 \\ 3 & -2 & -5 \\ 3 & 5 & -3 \end{vmatrix} + (-1)^{3+3} \cdot 10\begin{vmatrix} -2 & -5 & 5 \\ -4 & 7 & 3 \\ 3 & 5 & -3 \end{vmatrix}$$

3 次行列式の計算は Sarrus の法則で展開してもよいが，第 3 行を第 1 行に加え，第 1 列の -2 倍を第 3 列に加える。

$$\begin{vmatrix} -2 & -5 & 5 \\ 3 & -2 & -5 \\ 3 & 5 & -3 \end{vmatrix} = \begin{vmatrix} 1 & 0 & 2 \\ 3 & -2 & -5 \\ 3 & 5 & -3 \end{vmatrix} = \begin{vmatrix} 1 & 0 & 0 \\ 3 & -2 & -11 \\ 3 & 5 & -9 \end{vmatrix} = \begin{vmatrix} -2 & -11 \\ 5 & -9 \end{vmatrix} = 73$$

$$\begin{vmatrix} -2 & -5 & 5 \\ -4 & 7 & 3 \\ 3 & 5 & -3 \end{vmatrix} = \begin{vmatrix} 1 & 0 & 2 \\ -4 & 7 & 3 \\ 3 & 5 & -3 \end{vmatrix} = \begin{vmatrix} 1 & 0 & 0 \\ -4 & 7 & 11 \\ 3 & 5 & -9 \end{vmatrix} = \begin{vmatrix} 7 & 11 \\ 5 & -9 \end{vmatrix} = -118$$

ゆえに　与式 $= 3 \times 73 + 10 \times (-118) = -961$

練習 11] $\begin{vmatrix} 1 & 3 & 1 & -2 \\ 4 & -1 & 3 & 4 \\ 0 & 5 & 0 & -1 \\ -2 & 7 & -6 & 5 \end{vmatrix}$ の値を求めよ。

9.4.4 行列式の積

正方行列の積と行列式の積の間の関係について，見てみよう。同じ次数の正方行列 A, B の積 AB について，例えば

2 次の正方行列 $A = \begin{pmatrix} a & b \\ c & d \end{pmatrix}$, $B = \begin{pmatrix} p & q \\ r & s \end{pmatrix}$ の積は

$$AB = \begin{pmatrix} ap + br & aq + bs \\ cp + dr & cq + ds \end{pmatrix}$$

である。その行列式は，基本性質を用いて

$$|AB| = \begin{vmatrix} ap + br & aq + bs \\ cp + dr & cq + ds \end{vmatrix} = \begin{vmatrix} ap & aq + bs \\ cp & cq + ds \end{vmatrix} + \begin{vmatrix} br & aq + bs \\ dr & cq + ds \end{vmatrix}$$

$$= p \begin{vmatrix} a & aq + bs \\ c & cq + ds \end{vmatrix} + r \begin{vmatrix} b & aq + bs \\ d & cq + ds \end{vmatrix} = p \begin{vmatrix} a & bs \\ c & ds \end{vmatrix} + r \begin{vmatrix} b & aq \\ d & cq \end{vmatrix}$$

$$= ps \begin{vmatrix} a & b \\ c & d \end{vmatrix} + qr \begin{vmatrix} b & a \\ d & c \end{vmatrix} = \begin{vmatrix} a & b \\ c & d \end{vmatrix} (ps - qr) = \begin{vmatrix} a & b \\ c & d \end{vmatrix} \begin{vmatrix} p & q \\ r & s \end{vmatrix}$$

$$= |A||B|$$

となる。

行列式の積 ―――――――――――――――――――――――

同じ次数の正方行列 A, B の積 AB の行列式について

$$|AB| = |A||B| \quad \text{が成り立つ。}$$

3 次以上の正方行列の積についても，同じ方法で証明できる。

例 21]　$\begin{vmatrix} 5 & -2 & -1 \\ 4 & -3 & 2 \\ 0 & 1 & -4 \end{vmatrix} \times \begin{vmatrix} 2 & 1 & -1 \\ 1 & 0 & 1 \\ 5 & 4 & 3 \end{vmatrix}$ を求めよ。

解]　与式 $= \begin{vmatrix} 10-2-5 & 5+0-4 & -5-2-3 \\ 8-3+10 & 4+0+8 & -4-3+6 \\ 0+1-20 & 0+0-16 & 0+1-12 \end{vmatrix} = \begin{vmatrix} 3 & 1 & -10 \\ 15 & 12 & -1 \\ -19 & -16 & -11 \end{vmatrix}$

　　　　$= -140$

9.4.5　逆行列 (3)

　9.2.3 逆行列 (2) で示したように，逆行列は連立方程式を解く消去法でも求めることができるが，ここでは行列式を用いた方法を考えよう。

　正方行列 A が正則行列であるとき，すなわち，逆行列 A^{-1} が存在するとき

$$A^{-1}A = AA^{-1} = E$$

が成り立つ。よって，この各辺の行列の行列式を考えれば，行列式の積の定理により

$$|A^{-1}||A| = |A||A^{-1}| = |E| = 1$$

となる。ゆえに，正則行列 A の行列式は 0 でないことがわかる。

　逆に，$|A| \neq 0$ ならば逆行列が存在することを，3 次の行列について考えよう。$A = \begin{pmatrix} a_1 & b_1 & c_1 \\ a_2 & b_2 & c_2 \\ a_3 & b_3 & c_3 \end{pmatrix}$ とし，各成分の余因子を対応する大文字で表し，A の逆行列 A^{-1} を X として

$$X = \frac{1}{|A|} \begin{pmatrix} A_1 & A_2 & A_3 \\ B_1 & B_2 & B_3 \\ C_1 & C_2 & C_3 \end{pmatrix} \quad 但し \quad A_1 = \begin{vmatrix} b_2 & c_2 \\ b_3 & c_3 \end{vmatrix}, \quad A_2 = \begin{vmatrix} b_1 & c_1 \\ b_3 & c_3 \end{vmatrix}, \quad \cdots\cdots$$

とおく。なお，行列 A の各列の余因子を行として並べる。そのとき，積 XA は

$$XA = \frac{1}{|A|} \begin{pmatrix} A_1a_1+A_2a_2+A_3a_3 & A_1b_1+A_2b_2+A_3b_3 & A_1c_1+A_2c_2+A_3c_3 \\ B_1a_1+B_2a_2+B_3a_3 & B_1b_1+B_2b_2+B_3b_3 & B_1c_1+B_2c_2+B_3c_3 \\ C_1a_1+C_2a_2+C_3a_3 & C_1b_1+C_2b_2+C_3b_3 & C_1c_1+C_2c_2+C_3c_3 \end{pmatrix}$$

となる。この行列の中の対角成分は，A の各列の成分とその余因子の積の和であるから，行列式 $|A|$ に等しく，その他の成分は，各列の成分と他の列の対応する成分の余因子との積の和であるから，すべて 0 となる。

ゆえに $\qquad XA = \dfrac{1}{|A|} \begin{pmatrix} |A| & 0 & 0 \\ 0 & |A| & 0 \\ 0 & 0 & |A| \end{pmatrix} = E$

となり，同様にして $AX = E$ も導かれる。すなわち，X は A の逆行列 A^{-1} であり，A は正則である。

3 次の逆行列 ———————————————————————————————

正方行列 A が正則であるための必要十分条件は $|A| \neq 0$ である。

行列 $A = \begin{pmatrix} a_1 & b_1 & c_1 \\ a_2 & b_2 & c_2 \\ a_3 & b_3 & c_3 \end{pmatrix}$ の逆行列 A^{-1} は

$$A^{-1} = \dfrac{1}{|A|} \begin{pmatrix} A_1 & A_2 & A_3 \\ B_1 & B_2 & B_3 \\ C_1 & C_2 & C_3 \end{pmatrix} = \dfrac{1}{|A|} \begin{pmatrix} \begin{vmatrix} b_2 & c_2 \\ b_3 & c_3 \end{vmatrix} & -\begin{vmatrix} b_1 & c_1 \\ b_3 & c_3 \end{vmatrix} & \begin{vmatrix} b_1 & c_1 \\ b_2 & c_2 \end{vmatrix} \\ -\begin{vmatrix} a_2 & c_2 \\ a_3 & c_3 \end{vmatrix} & \begin{vmatrix} a_1 & c_1 \\ a_3 & c_3 \end{vmatrix} & -\begin{vmatrix} a_1 & c_1 \\ a_2 & c_2 \end{vmatrix} \\ \begin{vmatrix} a_2 & b_2 \\ a_3 & b_3 \end{vmatrix} & -\begin{vmatrix} a_1 & b_1 \\ a_3 & b_3 \end{vmatrix} & \begin{vmatrix} a_1 & b_1 \\ a_2 & b_2 \end{vmatrix} \end{pmatrix}$$

———————————————————————————————

例 22] $A = \begin{pmatrix} 1 & 2 & 3 \\ 1 & 3 & 5 \\ 1 & 5 & 6 \end{pmatrix}$ の逆行列を求めよ。

解] $|A| = 18 + 15 + 10 - 9 - 12 - 25 = -3$

$$A^{-1} = -\dfrac{1}{3} \begin{pmatrix} \begin{vmatrix} 3 & 5 \\ 5 & 6 \end{vmatrix} & -\begin{vmatrix} 2 & 3 \\ 5 & 6 \end{vmatrix} & \begin{vmatrix} 2 & 3 \\ 3 & 5 \end{vmatrix} \\ -\begin{vmatrix} 1 & 5 \\ 1 & 6 \end{vmatrix} & \begin{vmatrix} 1 & 3 \\ 1 & 6 \end{vmatrix} & -\begin{vmatrix} 1 & 3 \\ 1 & 5 \end{vmatrix} \\ \begin{vmatrix} 1 & 3 \\ 1 & 5 \end{vmatrix} & -\begin{vmatrix} 1 & 2 \\ 1 & 5 \end{vmatrix} & \begin{vmatrix} 1 & 2 \\ 1 & 3 \end{vmatrix} \end{pmatrix} = -\dfrac{1}{3} \begin{pmatrix} -7 & 3 & 1 \\ -1 & 3 & -2 \\ 2 & -3 & 1 \end{pmatrix}$$

例 23] $\begin{cases} 2x + 4y - 3z = -3 \\ 3x - 8y + 6z = -1 \\ -8x + 2y - 9z = -15 \end{cases}$ を解け。

解] $A = \begin{pmatrix} 2 & 4 & -3 \\ 3 & -8 & 6 \\ -8 & 2 & -9 \end{pmatrix}$, $X = \begin{pmatrix} x \\ y \\ z \end{pmatrix}$, $P = \begin{pmatrix} -3 \\ -1 \\ -15 \end{pmatrix}$

方程式 $AX = P$ の解は，$X = A^{-1}P$ であるから

$\quad |A| = 144 - 18 - 192 + 192 + 108 - 24 = 210$

$$A^{-1} = \frac{1}{210} \begin{pmatrix} \begin{vmatrix} -8 & 6 \\ 2 & -9 \end{vmatrix} & -\begin{vmatrix} 4 & -3 \\ 2 & -9 \end{vmatrix} & \begin{vmatrix} 4 & -3 \\ -8 & 6 \end{vmatrix} \\ -\begin{vmatrix} 3 & 6 \\ -8 & -9 \end{vmatrix} & \begin{vmatrix} 2 & -3 \\ -8 & -9 \end{vmatrix} & -\begin{vmatrix} 2 & -3 \\ 3 & 6 \end{vmatrix} \\ \begin{vmatrix} 3 & -8 \\ -8 & 2 \end{vmatrix} & -\begin{vmatrix} 2 & 4 \\ -8 & 2 \end{vmatrix} & \begin{vmatrix} 2 & 4 \\ 3 & -8 \end{vmatrix} \end{pmatrix} = \begin{pmatrix} 60 & 30 & 0 \\ -21 & -42 & -21 \\ -58 & -36 & -28 \end{pmatrix}$$

よって　$\begin{pmatrix} x \\ y \\ z \end{pmatrix} = \frac{1}{210} \begin{pmatrix} 60 & 30 & 0 \\ -21 & -42 & -21 \\ -58 & -36 & -28 \end{pmatrix} \begin{pmatrix} -3 \\ -1 \\ -15 \end{pmatrix}$

$$= \frac{1}{210} \begin{pmatrix} -180 - 30 \\ 63 + 42 + 315 \\ 174 + 36 + 420 \end{pmatrix} = \frac{1}{210} \begin{pmatrix} -210 \\ 420 \\ 630 \end{pmatrix} = \begin{pmatrix} -1 \\ 2 \\ 3 \end{pmatrix}$$

すなわち　$x = -1, \quad y = 2, \quad z = 3$

練習 12] 次の行列の逆行列を求めよ。

(1) $\begin{pmatrix} 2 & -1 & -1 \\ -1 & 3 & 0 \\ -1 & 0 & 1 \end{pmatrix}$ 　　(2) $\begin{pmatrix} 3 & -4 & 2 \\ 2 & -3 & 1 \\ 1 & -5 & -1 \end{pmatrix}$

練習 13] $\begin{cases} x - y + z = 2 \\ 2x - 3y + z = -1 \\ 3x - 2y + 2z = 5 \end{cases}$ を解け。

演 習 問 題

1. 次の行列は，何行何列の行列か。

(1) $\begin{pmatrix} 3 & 2 & 1 \\ 5 & 6 & 7 \end{pmatrix}$ 　　(2) $\begin{pmatrix} 1 & 0 & 5 \\ -5 & 1 & 0 \\ 3 & 2 & 6 \end{pmatrix}$ 　　(3) $\begin{pmatrix} 1 & 4 \\ 2 & 5 \\ 3 & 6 \end{pmatrix}$

(4) $\begin{pmatrix} a & b \\ c & d \end{pmatrix}$ 　　(5) $\begin{pmatrix} a & b & c & d \end{pmatrix}$ 　　(6) $\begin{pmatrix} x \\ -y \end{pmatrix}$

2. 次の等式が成り立つように，x, y, u, v の値を定めよ。

(1) $\begin{pmatrix} x & 1 \\ 2 & 2+y \end{pmatrix} = \begin{pmatrix} 5 & u \\ u+v & 0 \end{pmatrix}$ 　　(2) $\begin{pmatrix} x+y & -u+v \\ u+v & -x+y \end{pmatrix} = \begin{pmatrix} 6 & -2 \\ 4 & 0 \end{pmatrix}$

3. 次の計算をせよ。

(1) $8\begin{pmatrix} 1 & -1 \\ -2 & 2 \end{pmatrix}$ 　　(2) $-2\begin{pmatrix} 5 & -2 \\ 4 & 1 \end{pmatrix}$ 　　(3) $\begin{pmatrix} 5 & -2 \\ 4 & 1 \end{pmatrix} - 3\begin{pmatrix} 2 & -2 \\ 0 & 4 \end{pmatrix}$

(4) $\begin{pmatrix} 3 & 2 \\ 5 & 6 \end{pmatrix}\begin{pmatrix} 1 & 4 \\ 2 & 5 \end{pmatrix}$ (5) $\begin{pmatrix} 3 & 2 & 1 \\ 5 & 6 & 7 \end{pmatrix}\begin{pmatrix} 1 & 4 \\ 2 & 5 \\ 3 & 6 \end{pmatrix}$ (6) $\begin{pmatrix} 3 & 2 \\ 1 & 2 \\ 5 & 6 \end{pmatrix}\begin{pmatrix} 3 & 2 & 1 \\ 5 & 6 & 7 \end{pmatrix}$

4. $A = \begin{pmatrix} 1 & 2 \\ -3 & 4 \end{pmatrix}$, $B = \begin{pmatrix} -1 & 3 \\ 1 & 2 \end{pmatrix}$ のとき，次の値を求めよ．

(1) $3(A+B) + 2(A-B)$ (2) $AB - BA$ (3) $(A+B)(A-B)$ (4) $A^2 - B^2$

5. 次の行列 A について，A^2, A^3, A^4, A^{100} を求めよ．

(1) $A = \begin{pmatrix} 0 & 1 \\ -1 & 0 \end{pmatrix}$ (2) $A = \begin{pmatrix} 0 & 0 & 1 \\ 0 & 1 & 0 \\ 1 & 0 & 0 \end{pmatrix}$ (3) $A = \begin{pmatrix} 1 & 0 & 0 \\ 0 & 1 & 0 \\ 1 & 0 & 1 \end{pmatrix}$

6. 次の行列 A が逆行列をもてば，求めよ．

(1) $A = \begin{pmatrix} 2 & 1 \\ 6 & 4 \end{pmatrix}$ (2) $A = \begin{pmatrix} 1 & \sqrt{2} \\ \sqrt{2} & 2 \end{pmatrix}$ (3) $A = \begin{pmatrix} 2 & -3 \\ -5 & 5 \end{pmatrix}$

7. 次の連立 1 次方程式を消去法で解け．

(1) $\begin{cases} 2x + 6y + z = 1 \\ x + 3y + z = 0 \\ -x + 2y + 2z = -3 \end{cases}$ (2) $\begin{cases} y + 2z = 2 \\ x + 3y + 3z = 4 \\ x + 2y + z = 2 \end{cases}$

(3) $\begin{cases} y + 2z = 2 \\ x + 3y + 3z = 4 \\ x + 2y + z = 1 \end{cases}$

8. ある都市圏で，都市部人口を x 万人，郊外部人口を y 万人としたとき，10 年後の都市部人口 x' 万人，郊外部人口 y' 万人の間に $\begin{cases} x' = 0.9x + 0.3y \\ y' = 0.2x + 0.8y \end{cases}$ の関係が成り立つとする。2010 年の都市部人口 100 万人，郊外部人口 50 万人とし，2020 年，2030 年，2040 年の人口を求めよ．

9. 行列 $\begin{pmatrix} 1 & 2 \\ 3 & 4 \end{pmatrix}$ で表される 1 次変換によって，直線 $2x - y + 1 = 0$ に移される元の図形を求めよ．

10. 1 次変換により，点 $(3, 1)$ が点 $(1, 0)$ に，点 $(2, 1)$ が点 $(0, 1)$ に移された。この変換によって，点 $(5, 5)$，点 $(10, 10)$ はどの点に移されるか．

11. 次の行列 A が逆行列をもてば，求めよ．

(1) $A = \begin{pmatrix} 1 & 2 & 2 \\ 2 & 1 & 2 \\ 2 & 2 & 1 \end{pmatrix}$　(2) $A = \begin{pmatrix} -2 & 1 & 2 \\ 1 & 0 & -1 \\ 0 & -1 & 1 \end{pmatrix}$　(3) $A = \begin{pmatrix} 5 & 3 & -4 \\ 1 & 2 & -3 \\ -1 & 3 & -5 \end{pmatrix}$

12. 直線 $x - y + 3 = 0$ を原点のまわりに $\dfrac{\pi}{3}$ 回転させたとき，その直線の方程式を求めよ。

13. 平面上の点を原点のまわりに $\dfrac{\pi}{2}$ 回転する変換を f, y 軸に関しての対称移動を g とする。次の変換を表す行列を求めよ。

(1) $g \circ f$　　　　(2) $f \circ g$　　　　(3) $f^{-1} \circ g \circ f$

14. 次の行列式の値を求めよ。

(1) $\begin{vmatrix} 1 & 4 & 7 \\ 2 & 5 & 8 \\ 3 & 6 & 9 \end{vmatrix}$　　　(2) $\begin{vmatrix} 2 & -1 & 3 & -2 \\ 1 & 2 & 1 & -1 \\ 3 & 5 & -5 & 3 \\ 0 & -3 & 2 & -1 \end{vmatrix}$　　(3) $\begin{vmatrix} 5 & 0 & 1 \\ 2 & 3 & 2 \\ 3 & 1 & 1 \end{vmatrix} \times \begin{vmatrix} 2 & 1 & 2 \\ 1 & 0 & 3 \\ 7 & 1 & 3 \end{vmatrix}$

(4) $5 \times \begin{vmatrix} 1 & 4 & 1 \\ 2 & 3 & 4 \\ 3 & 5 & 4 \end{vmatrix}$　　(5) $5 + \begin{vmatrix} 1 & -1 & 7 \\ 2 & 0 & 8 \\ 3 & 6 & 9 \end{vmatrix}$　　(6) $\begin{vmatrix} 1 & -1 & 2 \\ 2 & 3 & 1 \\ 3 & 0 & 1 \end{vmatrix} + \begin{vmatrix} 2 & 1 & -1 \\ 1 & 0 & 1 \\ 5 & 1 & 3 \end{vmatrix}$

第 10 章

数　列

10.1　数　列

10.1.1　数列とは

1 から始めて，つぎつぎに 2 を加えて得られる数を順に並べると

$$1, \ 3, \ 5, \ 7, \ 9, \ 11, \ 13, \ \cdots\cdots \qquad\qquad \cdots\cdots\text{①}$$

という数の列ができる。また，自然数の 2 乗を小さいものから順に第 10 番目まで並べると

$$1, \ 4, \ 9, \ 16, \ 25, \ 36, \ 49, \ 64, \ 81, \ 100 \qquad \cdots\cdots\text{②}$$

という数の列ができる。

①，② のように，ある規則に従って並べられた数の列を **数列** という。その各々の数をその数列の **項** といい，初めから順に **初項**（または第 1 項），第 2 項，第 3 項，$\cdots$ という。

数列 ① のように，項の個数が無限である数列を **無限数列**，数列 ② のように，項の個数が有限である数列を **有限数列** という。有限数列においては，項の個数を **項数**，最後の項を **末項** という。

数列を一般的に表すには，初項を a_1，第 2 項を a_2，第 3 項を a_3，$\cdots$，第 n 項を a_n，$\cdots$ のように，項の番号を添えて

$$a_1, \ a_2, \ a_3, \ \cdots, \ a_{n-1}, \ a_n, \ \cdots\cdots$$

あるいは，略して単に $\{a_n\}$ とも書く。

例えば，数列 ① は，$a_1 = 1$，$a_2 = 3$，$a_3 = 5$，$\cdots$ の正の奇数で，一般に，第 n 項は

$$a_n = 2n - 1 \quad (n = 1, 2, 3, \cdots)$$

と表すことができる。このように，数列の第 n 項 a_n が n の式で表されているとき，これを数列の **一般項** という。

練習 1〕次の数列はどのような規則のもとで作られているとみなされるか。その規則のもとで，一般項を求めよ。

(1) $\dfrac{3}{2}$, $\dfrac{4}{3}$, $\dfrac{5}{4}$, $\dfrac{6}{5}$, $\cdots$ \qquad (2) 2, $2 + \dfrac{1}{4}$, $3 + \dfrac{1}{9}$, $4 + \dfrac{1}{16}$, $\cdots$

10.1.2 等差数列

初項につぎつぎに一定の数を加えて得られる数列を **等差数列** といい，その一定の数を **公差** という。

一般に，数列 a_1, a_2, a_3, $\cdots$, a_n, $\cdots$ で，各項に公差 d を加えると，続いている 2 つの項の関係は

$$a_{n+1} = a_n + d \quad (n = 1, 2, 3, \cdots)$$

である。初項が a，公差が d である等差数列 $\{a_n\}$ の各項は，順に

$$a_1 = a, \ a_2 = a + d, \ a_3 = a + 2d, \ a_4 = a + 3d, \ \cdots\cdots$$

と表され，次のことが成り立つ。

等差数列の一般項 ————————————————————————

初項が a，公差が d である等差数列の一般項 a_n は

$$a_n = a + (n-1)d \qquad (n = 1, 2, 3, \cdots)$$

————————————————————————

公差 d は 0 であってもよい。この場合，数列は

$$a, \ a, \ a, \ a, \ \cdots, \ a, \ \cdots\cdots$$

となる。

例 1〕第 3 項が -48，第 15 項が 0 の等差数列がある。一般項を求めよ。

解〕初項を a，公差を d とすれば，$a_3 = a + 2d = -48$，$a_{15} = a + 14d = 0$

これを解くと，$a = -56$, $d = 4$ となるから，一般項 a_n は

$$a_n = -56 + (n-1) \cdot 4 = 4n - 60$$

練習 2〕第 10 項が 150，第 30 項が -250 の等差数列において，初めて負になるのは何項か。

等差数列の和

　等差数列の初項から第 n 項までの和を求めよう。初項 a，公差 d，項数 n の等差数列の末項を l とし，初項から第 n 項までの和を S_n とすると

$$S_n = a + (a + d) + (a + 2d) + \cdots + (l - d) + l \quad \cdots\cdots ①$$

① 式の右辺の項の順序を逆にして書くと

$$S_n = l + (l - d) + (l - 2d) + \cdots + (a + d) + a \quad \cdots\cdots ②$$

① と ② の辺々を加えると

$$2S_n = (a + l) + (a + l) + \cdots + (a + l) + (a + l)$$

右辺は，$(a + l)$ が n 個あるから

$$2S_n = n(a + l)$$

よって　$S_n = \dfrac{n(a + l)}{2}$

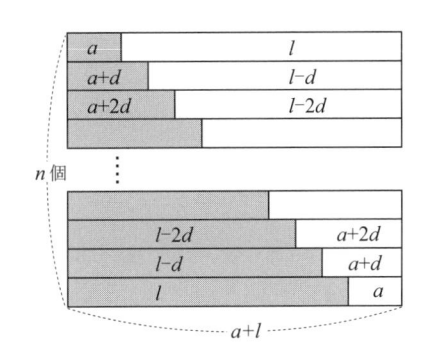

また，l は第 n 項であるから

$$l = a + (n - 1)d$$

ゆえに

$$S_n = \frac{n}{2}\{2a + (n - 1)d\}$$

等差数列の和 ――――――――――――――――――――――

　初項 a，公差 d，末項 l，項数 n の等差数列の和 S_n は

$$S_n = \frac{n}{2}(a + l) = \frac{n}{2}\{2a + (n - 1)d\}$$

---

　1 から n までの自然数の和は，初項 1，末項 n，項数 n の等差数列であるから，その和は $1 + 2 + 3 + \cdots + n = \dfrac{1}{2}n(n + 1)$ となり，1 から始まる n 個の奇数の和は $1 + 3 + 5 + \cdots + (2n - 1) = n^2$ となる。

　例えば，年始めから 1 円，2 円，$\cdots$ と毎日 1 円ずつ増やした金額を 1 年間貯めると，$\dfrac{365}{2}(1 + 365) = 66{,}795$ 円になる。

例 2] 100 から 200 までの整数のうちで，4 または 6 の倍数であるものの和を求めよ。

解]　100 から 200 までの整数のうち，4 の倍数で最小，最大はそれぞれ

$$100 = 4 \times 25, \quad 200 = 4 \times 50$$

ゆえに, このような数の和 A は

$$A = 4(25 + 26 + 27 + \cdots + 50) = 4 \cdot \frac{1}{2} \cdot 26(25 + 50) = 3900$$

また, 100 から 200 までのうち, 6 の倍数の和 B, 4 および 6 の倍数, すなわち, 12 の倍数の和 C は, それぞれ

$$B = 6(17 + 18 + 19 + \cdots + 33) = 6 \cdot \frac{1}{2} \cdot 17(17 + 33) = 2550$$

$$C = 12(9 + 10 + 11 + \cdots + 16) = 12 \cdot \frac{1}{2} \cdot 8(9 + 16) = 1200$$

したがって, 求める和 S は　　$S = A + B - C = 5250$

練習 3] 100 以下の自然数について, 次の数の和を求めよ.

(1) 3 で割っても 4 で割っても 1 余る数

(2) 3 でも 4 でも割り切れない数

10.1.3　等比数列

初項につぎつぎに一定の数を掛けて得られる数列を **等比数列** といい, その一定の数を **公比** という.

一般に, 数列 a_1, a_2, a_3, $\cdots$, a_n, $\cdots$ で, 各項に公比 r を掛けると, 続いている 2 つの項の関係は

$$a_{n+1} = a_n r \quad (n = 1, \ 2, \ 3, \ \cdots)$$

である. 初項が a, 公比が r である等比数列 $\{a_n\}$ の各項は, 順に

$$a_1 = a, \quad a_2 = ar, \quad a_3 = ar^2, \quad a_4 = ar^3, \quad \cdots$$

と表され, 次のことが成り立つ.

等比数列の一般項 ─────────────────────────────

初項 a, 公比 r の等比数列の一般項 a_n は

$$a_n = ar^{n-1} \quad (n = 1, \ 2, \ 3, \ \cdots)$$

───

例 3] 第 3 項が 12, 第 5 項が 48, 公比が正の等比数列がある. 一般項を求めよ.

解] 初項を a, 公比を r とすれば, $a_3 = ar^2 = 12$, $a_5 = ar^4 = 48$

これらの 2 式から, $a = 3$, $r = 2$

したがって, 一般項 a_n は　　$a_n = 3 \cdot 2^{n-1}$

等比数列の和

　等比数列の初項から第 n 項までの和を求めよう。初項 a，公比 r，項数 n の等比数列の初項から第 n 項までの和を S_n とすると

$$S_n = a + a\,r + a\,r^2 + \cdots + a\,r^{n-1} \qquad \cdots\cdots ①$$

① 式の両辺に r を掛けると

$$r\,S_n = a\,r + a\,r^2 + \cdots + a\,r^{n-1} + a\,r^n \quad \cdots\cdots ②$$

① と ② の辺々を引くと

$$(1-r)S_n = a(1-r^n)$$

よって，$r \neq 1$ のとき　$S_n = \dfrac{a(1-r^n)}{1-r}$

また，　$r = 1$ のとき　$S_n = a + a + a + \cdots + a = n\,a$

等比数列の和 ─────────────────────────

　初項 a，公比 r，項数 n の等比数列の和 S_n は

$$r \neq 1 \text{ のとき} \quad S_n = \frac{a(1-r^n)}{1-r} = \frac{a(r^n-1)}{r-1}$$

$$r = 1 \text{ のとき} \quad S_n = n\,a$$

例 4] 初項と第 2 項の和が 9，第 4 項までの和が 45 である等比数列において，第 7 項までの和は 381 である。この数列の初項と公比を求めよ。

解] 初項を a，公比を r とすると

$$S_2 = \frac{a(r^2-1)}{r-1} = 9, \quad S_4 = \frac{a(r^4-1)}{r-1} = 45 \quad \text{より}$$

$$\begin{cases} a = 3 \\ r = 2 \end{cases} \text{ と } \begin{cases} a = -9 \\ r = -2 \end{cases} \text{ が求まる。}$$

$[a = 3,\ r = 2 \text{ のとき}] \quad S_7 = \dfrac{3(2^7-1)}{2-1} = 3 \cdot 127 = 381$

$[a = -9,\ r = -2 \text{ のとき}]\ S_7 = \dfrac{-9\left\{(1-(-2)^7\right\}}{1-(-2)} = -3 \cdot 129 = -387$

　したがって，求める初項は 3，公比は 2

練習 4] 1 円を 1, 2, 2^2, $\cdots$, 2^n, $\cdots$ と貯めていくとすると，1,000 円以上になるのは，貯め始めてから何回目か。

10.1.4　等比数列と複利計算

単利法

　単利法とは元金だけに対して各期の利息を計算する方法で，利息は元金と期間に比例する。初めに a 円を預け，年利率 r，1 年ごとの単利で貯金すれば，n 年後の利息は anr 円，元利合計は $a(1 + nr)$ 円となる。

複利法

　複利法とは一定期間ごとに利息を元金に繰り入れ，その元利合計を次期の元金とする方法であり，初めに a 円を預け，年利率 r，1 年ごとの複利で貯金すれば，n 年後の元利合計は $a(1 + r)^n$ 円となる。

　次に，毎期の初めに一定の金額 a 円を積み立てる場合を考えてみよう。利息は 1 期ごとの複利，1 期の利率を r とすると，第 n 期末の積立金の元利合計 S 円は次のようにして求められる。

　第 1 回の積立金 a 円の第 1 期末の元利合計は $a(1 + r)$ 円，これが複利法では第 2 期の元金になるから，第 2 期末の元利合計は $a(1 + r)^2$ 円となる。同様に考えて

　　　第 1 回の積立金の第 n 期末の元利合計は　　$a(1 + r)^n$ 円

　　　第 2 回の積立金の第 n 期末の元利合計は　　$a(1 + r)^{n-1}$ 円

　　　第 3 回の積立金の第 n 期末の元利合計は　$a(1 + r)^{n-2}$ 円

　　　　　　　　　　　　　……………………………………………

　　　第 n 回の積立金の第 n 期末の元利合計は　　$a(1 + r)$ 円

である。これらの総和が積立金の元利合計となり，これは初項 $a(1+r)$，公比 $1+r$ の等比数列である。よって

$$S = a(1 + r) + a(1 + r)^2 + a(1 + r)^3 + \cdots + a(1 + r)^n$$

$$= \frac{a(1 + r)\{(1 + r)^n - 1\}}{(1 + r) - 1} = \frac{a(1 + r)\{(1 + r)^n - 1\}}{r} \quad 円$$

となる。

例 5] 100 万円を年利率 3% の 1 年ごとの複利で，10 年間預けたときの元利合計と，毎年初めに 10 万円ずつを年利率 3% の 1 年ごとの複利で，10 年間積み立てたときの元利合計を求めよ。但し，$1.03^{10} = 1.344$ とする。

解〕100 万円を 10 年間預けた場合：$100 \times (1 + 0.03)^{10} = 134.4$ 万円

10 万円ずつ 10 年間積み立てた場合：

$$S = \frac{10 \times (1 + 0.03)\left\{(1 + 0.03)^{10} - 1\right\}}{0.03} \fallingdotseq 118.1 \text{ 万円}$$

練習 5〕毎年初めに一定の金額を積み立てて，10 年間で 100 万円にしたい。いくらずつ貯金すればよいか。但し，年利率 3%，1 年ごとの複利で，$1.03^{10} = 1.344$ として計算し，百円未満は切り上げよ。

年賦償還

年賦償還とは借り受けた金額について，毎年同じ金額を一定年数支払って完済することをいう。

例えば，年初めに A 円を借り，毎年末に一定額ずつ返して n 年間でちょうど完済するには，いくらずつ返せばよいか，年利率 r，1 年ごとの複利として計算してみよう。

毎年末に a 円ずつ返還すれば，1 年末の借金額は

$$A(1 + r) - a$$

これが次年度の元金となり，2 年末の借金額は年末の返還金 a 円を引いて

$$\{A(1 + r) - a\}(1 + r) - a = A(1 + r)^2 - a(1 + r) - a$$

3 年末の借金額も同様に考えて

$$A(1 + r)^3 - a(1 + r)^2 - a(1 + r) - a$$

n 年末にちょうど返還が終わるとすれば

$$A(1 + r)^n - a(1 + r)^{n-1} - \cdots\cdots - a(1 + r) - a = 0$$

数列の形に移項すると

$$A(1 + r)^n = a + a(1 + r) + \cdots + a(1 + r)^{n-1}$$
$$A(1 + r)^n = \frac{a\left\{(1 + r)^n - 1\right\}}{r}$$

したがって　　$a = \dfrac{A\,r(1 + r)^n}{(1 + r)^n - 1}$　円

例 6〕ある年の初めに 100 万円を借り，年利率 6%，1 年ごとの複利で 10 年間で返済したい。この場合，毎年末にいくらずつ支払わなければならないか。千円未満は切り上げよ。但し，$(1.06)^{10} = 1.791$ とする。

解〕毎年末の支払額を a 円とする。

$$a = \frac{10^6 \times 0.06(1 + 0.06)^{10}}{(1 + 0.06)^{10} - 1} = \frac{107460}{0.791} = 135853$$

よって 136,000 円

10.1.5 いろいろな数列

等差数列や等比数列の他にも，一般項や初めの n 項の和が簡単に求められる数列がある。

例えば，数列 1^2, 2^2, 3^2, $\cdots$, n^2 の和 $1^2 + 2^2 + 3^2 + \cdots + n^2$ は，等式 $(k+1)^3 - k^3 = 3k^2 + 3k + 1$ を用いて，次のようにして求められる。

$$k = 1 \text{ とすると } \quad 2^3 - 1^3 = 3 \cdot 1^2 + 3 \cdot 1 + 1$$
$$k = 2 \text{ とすると } \quad 3^3 - 2^3 = 3 \cdot 2^2 + 3 \cdot 2 + 1$$
$$k = 3 \text{ とすると } \quad 4^3 - 3^3 = 3 \cdot 3^2 + 3 \cdot 3 + 1$$
$$\cdots\cdots\cdots\cdots\cdots\cdots\cdots\cdots\cdots\cdots\cdots\cdots$$
$$k = n \text{ とすると } \quad (n+1)^3 - n^3 = 3n^2 + 3n + 1$$

これらの n 個の等式の辺々を加えると

$$(n+1)^3 - 1^3 = 3(1^2 + 2^2 + 3^2 + \cdots + n^2) + 3(1 + 2 + 3 + \cdots + n) + n$$
$$= 3(1^2 + 2^2 + 3^2 + \cdots + n^2) + 3 \cdot \frac{1}{2}n(n+1) + n$$

よって
$$3(1^2 + 2^2 + 3^2 + \cdots + n^2) = (n+1)^3 - \frac{3}{2}n(n+1) - n - 1$$
$$= \frac{1}{2}n(n+1)(2n+1)$$

したがって $\quad 1^2 + 2^2 + 3^2 + \cdots + n^2 = \frac{1}{6}n(n+1)(2n+1)$

同様にして，等式 $(k+1)^4 - k^4 = 4k^3 + 6k^2 + 4k + 1$ を用いると

$$1^3 + 2^3 + 3^3 + \cdots + n^3 = \left\{\frac{1}{2}n(n+1)\right\}^2$$

が成り立つ。

練習 6] 次の和を求めよ。

(1) $1^2 + 2^2 + 3^2 + \cdots + 10^2$ 　　　(2) $11^2 + 12^2 + 13^2 + \cdots + 30^2$

和の記号 $\sum$

数列 a_1, a_2, a_3, $\cdots$ の初項から第 n 項までの和 $a_1 + a_2 + a_3 + \cdots + a_n$ を $\displaystyle\sum_{k=1}^{n} a_k$ で表すことがある。$\sum^*$ は **シグマ** と読む。例えば

---

* 和を意味する Sum の頭文字で，ギリシア文字の大文字。

$$\sum_{k=1}^{n} k = 1 + 2 + 3 + \cdots + n\,, \qquad \sum_{k=1}^{n} k^2 = 1^2 + 2^2 + 3^2 + \cdots + n^2$$

また，$a_1 = a_2 = a_3 = \cdots = a_n = c$ のときは

$$\sum_{k=1}^{n} a_k = \sum_{k=1}^{n} c = \underbrace{c + c + \cdots + c}_{n\,\text{個}} = nc$$

$$\overset{\text{最後の項番号}}{\sum}\;\genfrac{}{}{0pt}{}{\text{数列の}}{\text{一般項}}$$

添字変数=最初の項番号

である。

なお，$2^2 + 3^2 + 4^2 + 5^2$ は $\displaystyle\sum_{k=2}^{5} k^2,\; \sum_{i=2}^{5} i^2,\; \sum_{j=1}^{4} (j+1)^2$ などと表すことができる。いくつかの数列について，$\sum$ を用いた和の公式は次のとおりである。

自然数の和，自然数の平方・立方の和 ─────────

$$\sum_{k=1}^{n} c = nc \quad \text{特に,}\quad \sum_{k=1}^{n} 1 = n\,, \qquad \sum_{k=1}^{n} k = \frac{1}{2}n(n+1)$$

$$\sum_{k=1}^{n} k^2 = \frac{1}{6}n(n+1)(2n+1)\,, \qquad \sum_{k=1}^{n} k^3 = \left\{\frac{1}{2}n(n+1)\right\}^2$$

2 つの数列 $\{a_n\}$，$\{b_n\}$ について

$$\sum_{k=1}^{n} (a_k + b_k) = (a_1 + b_1) + (a_2 + b_2) + \cdots + (a_n + b_n)$$

$$= (a_1 + a_2 + \cdots + a_n) + (b_1 + b_2 + \cdots + b_n) = \sum_{k=1}^{n} a_k + \sum_{k=1}^{n} b_k$$

$$\sum_{k=1}^{n} c\,a_k = c\,a_1 + c\,a_2 + \cdots + c\,a_n = c(a_1 + a_2 + \cdots + a_n) = c\sum_{k=1}^{n} a_k$$

であるから，次のことが成り立つ。

$\sum$ の性質 ─────────

$$\sum_{k=1}^{n} (a_k \pm b_k) = \sum_{k=1}^{n} a_k \pm \sum_{k=1}^{n} b_k \qquad \text{(複号同順)}$$

$$\sum_{k=1}^{n} c\,a_k = c\sum_{k=1}^{n} a_k \qquad \text{特に,}\quad \sum_{k=1}^{n} c = nc \qquad (c\text{ は }k\text{ に無関係な数})$$

例 7] 次の数列はどのような規則で作られているとみなされるか。その規則のもとで，第 n 項までの和を求めよ。

$$1 \cdot 2,\quad 2 \cdot 3,\quad 3 \cdot 4,\quad \cdots\cdots$$

解] 一般項は $n(n+1)$ であり，求める和は

$$\sum_{k=1}^{n} k(k+1) = \sum_{k=1}^{n} k^2 + \sum_{k=1}^{n} k = \frac{n(n+1)(2n+1)}{6} + \frac{n(n+1)}{2}$$

$$= \frac{1}{3}n(n+1)(n+2)$$

例 8] 次の数列の第 n 項までの和を求めよ。

$$\frac{1}{1 \cdot 2}, \quad \frac{1}{2 \cdot 3}, \quad \frac{1}{3 \cdot 4}, \quad \cdots\cdots$$

解〕一般項は $\dfrac{1}{n(n+1)}$ であり，$\dfrac{1}{n(n+1)} = \dfrac{1}{n} - \dfrac{1}{n+1}$ であるから

$$\sum_{k=1}^{n} \frac{1}{k(k+1)} = \left(\frac{1}{1} - \frac{1}{2}\right) + \left(\frac{1}{2} - \frac{1}{3}\right) + \cdots + \left(\frac{1}{n} - \frac{1}{n+1}\right) = \frac{n}{n+1}$$

練習 7〕次の和を求めよ。

(1) $\displaystyle\sum_{k=1}^{n} (k^2 - k)$　　(2) $\displaystyle\sum_{k=1}^{n} 4(1 + 2 + \cdots + k)$　　(3) $\displaystyle\sum_{k=1}^{n} \frac{1}{(2k-1)(2k+1)}$

階差数列

数列 $a_1,\ a_2,\ a_3,\ \cdots,\ a_n,\ \cdots$ があるとき，これから

$$b_k = a_{k+1} - a_k \quad (k = 1,\ 2,\ 3,\ \cdots)$$

としてできる数列

$$b_1,\ b_2,\ b_3,\ \cdots,\ b_n,\ \cdots\cdots$$

を，もとの数列 $\{a_n\}$ の **階差数列** という。

階差数列の作り方から

$$a_n = a_1 + b_1 + b_2 + b_3 + \cdots + b_{n-1} = a_1 + \sum_{k=1}^{n-1} b_k \quad (n \geq 2)$$

例 9〕次の数列はどのような規則で作られているとみなされるか。その規則のもとで，一般項を求めよ。

$$1,\ 6,\ 13,\ 22,\ 33,\ 46,\ \cdots\cdots$$

解〕与えられた数列を $\{a_n\}$ とし，その階差数列を $\{b_n\}$ とする。$\{b_n\}$ は

$$5,\ 7,\ 9,\ 11,\ 13,\ \cdots\cdots$$

これは初項 5，公差 2 の等差数列で，一般項は $b_n = 5 + 2(n-1) = 2n + 3$ である。第 $n-1$ 項までの和は

$$\sum_{k=1}^{n-1} b_k = 2 \sum_{k=1}^{n-1} k + \sum_{k=1}^{n-1} 3 = (n-1)n + 3(n-1) = (n-1)(n+3)$$

したがって，もとの数列の第 n 項を a_n とすれば，$n \geq 2$ のとき

$$a_n = a_1 + (n-1)(n+3) = 1 + (n^2 + 2n - 3) = n^2 + 2n - 2$$

この式は $n = 1$ のときにも成り立つ。よって，一般項は $n^2 + 2n - 2$

例 10〕数列の初項から第 n 項までの和が $S_n = n^3 - n$ で与えられているとき，一般項を求めよ。

解〕$a_1 = S_1 = 1^3 - 1 = 0$

また，$n \geqq 2$ のとき
$$a_n = S_n - S_{n-1} = (n^3 - n) - \left\{ (n-1)^3 - (n-1) \right\} = 3n(n-1)$$
$a_1 = 0$ であるから，$a_n = 3n(n-1)$ は $n = 1$ のときも成り立つ。
ゆえに　　$a_n = 3n(n-1)$

練習 8] 次の数列はどのような規則で作られているとみなされるか。その規則の
もとで，一般項を求めよ。

(1) $10,\ 11,\ 10,\ 7,\ 2,\ -5,\ \cdots$　　(2) $-3,\ -2,\ 0,\ 4,\ 12,\ 28,\ \cdots$

10.2　帰納的考え方

10.2.1　漸化式

数列 $\{a_n\}$ において，どの項に 3 を加えても，次の項になるという関係がある
とき，隣り合う 2 つの項 a_n, a_{n+1} を用いて表すと
$$a_{n+1} = a_n + 3 \qquad \cdots\cdots ①$$
と書ける。

ここで，初項 5，公差 3 の等差数列 $\{a_n\}$ の各項は，① より
$$a_1 = 5, \qquad a_2 = 8, \qquad a_3 = 11, \qquad \cdots\cdots$$
と，次々と求められる。このように，(1) 初項 a_1，(2) 隣り合う 2 項 a_n, a_{n+1} と
の規則の (1) と (2) の 2 つが与えられれば，1 つの数列を定めることができ，① 式
のようなこの関係を表す式をその数列の **漸化式** （ぜんかしき）という。

漸化式を用いれば
　　初項 a，公差 d の等差数列 $\{a_n\}$ は　　$a_1 = a,\ a_{n+1} = a_n + d$
　　初項 a，公比 r の等比数列 $\{a_n\}$ は　　$a_1 = a,\ a_{n+1} = r\,a_n$
と表される。

例 11] 初項が $a_1 = 2$，漸化式が $a_{n+1} = 3a_n + 1$ である数列の一般項を求めよ。
解] $a_1,\ a_2,\ a_3,\ \cdots$ を漸化式に順次代入すると
$$a_2 = 3a_1 + 1 = 7$$
$$a_3 = 3a_2 + 1 = 22$$
$$a_4 = 3a_3 + 1 = 67$$
となる。その階差数列 $\{b_n\}$ をとると，初項 5，公比 3 の等比数列であるから，そ

の一般項は $b_n = 5 \cdot 3^{n-1}$ である。

よって，$n \geqq 2$ のとき，第 n 項は

$$a_n = a_1 + \sum_{k=1}^{n-1} b_k = 2 + \frac{5(3^{n-1} - 1)}{3 - 1} = \frac{5}{2} \cdot 3^{n-1} - \frac{1}{2}$$

これは $n = 1$ のときにも成り立つ。

例 12] 平面上に n 本の直線があって，どの 2 直線も平行でなく，どの 3 直線も 1 点で交わらないとする。これら n 本の直線が平面を a_n 個の部分に分けるとするとき，次の問いに答えよ。

(1) a_1，a_2，a_3，a_4，a_5 をそれぞれ求めよ。

(2) a_{n+1} と a_n の関係を調べ，数列 $\{a_n\}$ の漸化式を求めよ。

(3) 数列 $\{a_n\}$ の第 n 項を求めよ。

解] (1) $a_1 = 2$，$a_2 = a_1 + 2 = 4$，$a_3 = a_2 + 3 = 7$，

$a_4 = a_3 + 4 = 11$，$a_5 = a_4 + 5 = 16$

(2) $a_{n+1} = a_n + (n+1)$　$(n = 1,\ 2,\ 3,\ \cdots)$

(3) 数列 $\{a_n\}$ の階差数列を $\{b_n\}$ とすると　$b_n = n + 1$

したがって，$n \geqq 2$ のとき

$$a_n = a_1 + \sum_{k=1}^{n-1} b_k = a_1 + \sum_{k=1}^{n-1} (k+1)$$

$$= 2 + \frac{1}{2}(n-1)(n+2)$$

よって，$a_n = \dfrac{n^2 + n + 2}{2}$ で，$n = 1$ のときにも

成り立つ。

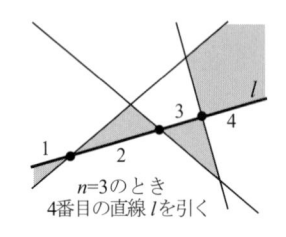

n=3のとき
4番目の直線 l を引く

練習 9] 次の関係式で定められる数列 $\{a_n\}$ の一般項を求めよ。(n は自然数)

(1) $a_1 = 1$，$a_{n+1} = 2a_n + 1$　　　(2) $a_1 = 1$，$a_{n+1} = \dfrac{1}{2}a_n + 1$

10.2.2　数学的帰納法

自然数 n を含んだ命題を証明する手段として有効なものが，数学的帰納法である。

奇数の和　　$1 + 3 + 5 + 7 + \cdots + (2n-1) = n^2$　　$\cdots\cdots$ ①

が，すべて自然数 n について成り立つことを，数学的帰納法で証明しよう。そのためには，次の [1]，[2] を示せばよい。

[1] $n = 1$ のとき，等式 ① は正しい。

[2] $n = k$ のとき，等式 ① が成り立つと仮定すれば，$n = k+1$ のときにも成り立つ。

証明] [1] $n = 1$ のとき，左辺 $= 1$，右辺 $= 1^2$ で，等式 ① は成り立つ。

[2] $n = k$ のとき，等式 ① が成り立つと仮定して，$n = k+1$ のとき ① が成り立つことを示す。

$$1 + 3 + 5 + 7 + \cdots + (2k - 1) = k^2 \quad \cdots\cdots ②$$

$n = k+1$ のとき，① の左辺を ② を用いて変形すると

$$1 + 3 + 5 + 7 + \cdots + (2k - 1) + \{2(k+1) - 1\}$$
$$= k^2 + \{2(k+1) - 1\} = (k+1)^2$$

となり，等式 ① の右辺の $n = k+1$ のときと等しくなる。

したがって，$n = k+1$ のときにも等式 ① は成り立つ。

このように [1] から，$n = 1$ のとき等式 ① が成り立つことがわかり，そこで [2] において $k = 1$ とすると，$n = 2$ のとき等式 ① が成り立つことがわかる。したがって，再び [2] を使って，$n = 3$ のとき等式 ① が成り立ち，以下，この繰り返しにより，等式 ① はすべての自然数 n について成り立つことが証明される。

このような証明方法を **数学的帰納法** という。

数学的帰納法 ————————————————

　自然数 n に関する命題が，すべての自然数 n について成り立つことを証明するには，次の 2 つのことを証明すればよい。

　[1] $n = 1$ のときに成り立つ

　[2] $n = k$ のときに成り立つと仮定すると，$n = k+1$ のときにも成り立つ

例 13] 数学的帰納法によって，次の等式を証明せよ。

$$1^3 + 2^3 + 3^3 + \cdots + n^3 = \left\{\frac{1}{2}n(n+1)\right\}^2$$

解] [1] $n = 1$ のとき，左辺 $= 1^3 = 1$，右辺 $= \left(\frac{1}{2} \cdot 1 \cdot 2\right)^2 = 1$

　ゆえに，$n = 1$ のとき等式は成り立つ。

[2] $n = k$ のとき等式が成り立つと仮定して

$$1^3 + 2^3 + 3^3 + \cdots + k^3 = \left\{\frac{1}{2}k(k+1)\right\}^2 \qquad \cdots ①$$

　$n = k+1$ のとき，① を用いて変形すると

$$1^3 + 2^3 + 3^3 + \cdots + k^3 + (k+1)^3 = \frac{1}{4}k^2(k+1)^2 + (k+1)^3$$

$$= \frac{1}{4}(k+1)^2 \left\{ k^2 + 4(k+1) \right\} = \left\{ \frac{1}{2}(k+1)(k+2) \right\}^2$$

ゆえに，等式は $n = k+1$ のときにも成り立つ。

よって，[1]，[2] が証明され，等式はすべての自然数 n に対して成り立つ。

例 14] $x > 0$ であって，n が 2 以上の自然数のとき，次の不等式を証明せよ。

$$(1+x)^n > 1 + nx$$

解] [1] $n = 2$ のとき，$(1+x)^2 = 1 + 2x + x^2 > 1 + 2x$

よって，不等式は $n = 2$ のとき成り立つ。

[2] $n \geqq 2$ として $n = k$ のとき，不等式が成り立つと仮定して

$$(1+x)^k > 1 + kx$$

$x > 0$ のとき，$1 + x > 0$ であるから，両辺に $1 + x$ を掛けると

$$(1+x)^{k+1} > (1 + kx)(1 + x)$$
$$= 1 + (k+1)x + kx^2 > 1 + (k+1)x$$

ゆえに，不等式は $n = k+1$ のときにも成り立つ。

よって，[1]，[2] が証明され，不等式は 2 以上のすべての自然数 n に対しても成り立つ。

演 習 問 題

1. 次の数列はどのような規則で作られているとみなされるか。その規則のもとで，一般項を求めよ。また，第 n 項までの和を求めよ。

(1) $2 , 9 , 16 , 23 , 30 , \cdots$

(2) $1 , 2 , 4 , 8 , 16 , \cdots$

(3) $1 , \dfrac{1}{2} , \dfrac{1}{4} , \dfrac{1}{8} , \dfrac{1}{16} , \cdots$

(4) $3 , -\dfrac{3}{2} , \dfrac{3}{4} , -\dfrac{3}{8} , \dfrac{3}{16} , \cdots$

(5) 初項が 1 ，公比が 3

(6) 第 3 項が 36 ，第 5 項が 324 の等比数列

(7) 初項が -12 ，第 5 項が 324 の等差数列

2. 次の和を記号 $\sum$ を用いずに表せ。また，その和を求めよ。

(1) $\displaystyle\sum_{k=1}^{4}(4k+1)$ (2) $\displaystyle\sum_{k=1}^{4}k^2$ (3) $\displaystyle\sum_{k=1}^{4}2^k$ (4) $\displaystyle\sum_{k=1}^{4}k^3$

(5) $\displaystyle\sum_{k=1}^{4}(-2)^{k-1}$ (6) $\displaystyle\sum_{k=1}^{4}3\cdot2^{k-1}$ (7) $\displaystyle\sum_{k=1}^{4}5$ (8) $\displaystyle\sum_{k=1}^{4}(-3)$

3. 次の和を求めよ。

(1) $\displaystyle\sum_{k=1}^{20}(4k+1)$ (2) $\displaystyle\sum_{k=1}^{20}k^2$ (3) $\displaystyle\sum_{k=1}^{20}2^k$ (4) $\displaystyle\sum_{k=1}^{20}k^3$

(5) $\displaystyle\sum_{k=1}^{20}(-2)^{k-1}$ (6) $\displaystyle\sum_{k=1}^{20}3\cdot2^{k-1}$ (7) $\displaystyle\sum_{k=1}^{20}5$ (8) $\displaystyle\sum_{k=1}^{20}(-3)$

4. 次の数列はどのような規則で作られているとみなされるか。その規則のもとで、一般項を求めよ。また、第 n 項までの和を求めよ。

(1) 2，6，12，20，30，42，56，$\cdots$

(2) 1，3，7，15，31，63，127，$\cdots$

(3) 3，33，333，3333，$\cdots$

(4) 1，$1+2$，$1+2+3$，$1+2+3+4$，$\cdots$

(5) $\dfrac{1}{1}$，$\dfrac{1}{1+2}$，$\dfrac{1}{1+2+3}$，$\dfrac{1}{1+2+3+4}$，$\cdots$

5. 杭が横一列に 2 m おきに 15 本並べてある。いま、ある杭の位置を出発点にし、1 本ずつ杭を出発点に集めたい。歩く道のりを最小にし、全部の杭を集めるのには、左から何番目の杭の位置を出発点にすればよいか。また、その道のりを求めよ。

6. 奇数の列を大きさの順に並べ、第 n 番目の群が n 個の奇数を含むように分ける。このとき、次の問いに答えよ。

$1 \mid 3,\ 5 \mid 7,\ 9,\ 11 \mid 13,\ 15,\ 17,\ 19 \mid 21,\ \cdots$

(1) 第 n 群の最初の数を求めよ。 (2) 第 n 群の数の和を求めよ。

7. 数列 $\{a_n\}$ の初めの n 項の和 S_n が $S_n = -4 + 2n - a_n$ で表されているとき、次の問いに答えよ。

(1) a_{n+1} と a_n の関係を求めよ。 (2) a_n を求めよ。

8. 3,000 万円のマンションを頭金なしで、年利率 5% の 30 年のローンで購入したい。購入後 1 年経つごとに一定額 a 円ずつ支払うものとし、次の問いに答えよ。但し、$(1.05)^{30} = 4.322$ とする。

(1) a はいくらになるか。

(2) a の上限を 150 万円とすると，30 年ローンでいくらまでのマンションが買えるか。

(3) マンションを買わずに 1 年経つごとに 150 万円を，年利率 5% の複利で 30 年間積み立てると，いくらになるか。

9. 平面上に n 個の円があり，どの 2 円も 2 点で交わり，また，どの 3 円も 1 点で交わることはない。これら n 個の円によって分けられる平面の部分の個数を a_n とするとき，次の問いに答えよ。

(1) a_1, a_2, a_3, a_4 をそれぞれ求めよ。

(2) a_{n+1} と a_n の関係を調べ，数列 $\{a_n\}$ の漸化式を求めよ。

(3) 数列 $\{a_n\}$ の第 n 項を求めよ。

第 11 章

極　限

11.1　数列の極限

11.1.1　数列の極限

　項の数が有限である数列を **有限数列** といい，項がどこまでも限りなく続く数列を **無限数列** という。ここでは無限数列について考えるので，単に数列といえば無限数列を意味するものとする。

　次の無限数列

$$1, \quad \frac{1}{2}, \quad \frac{1}{3}, \quad \cdots, \qquad \frac{1}{n}, \quad \cdots\cdots\cdots\cdots \quad ①$$

$$1, \quad 2, \quad 3, \quad \cdots, \qquad n, \quad \cdots\cdots\cdots\cdots \quad ②$$

$$-1, \quad -2, \quad -3, \quad \cdots, \qquad -n, \quad \cdots\cdots\cdots\cdots \quad ③$$

$$-1, \quad 1, \quad -1, \quad \cdots, \quad (-1)^n, \quad \cdots\cdots\cdots\cdots \quad ④$$

$$-1, \quad 2, \quad -3, \quad \cdots, \quad (-1)^n n, \quad \cdots\cdots\cdots\cdots \quad ⑤$$

において，n が限りなく大きくなるにつれて，第 n 項の値はどのようになっていくかを考えよう。

　一般に，数列

$$a_1, \quad a_2, \quad a_3, \quad \cdots, \quad a_n, \quad \cdots\cdots$$

において，n が限りなく大きくなるとき，a_n が一定の値 A に限りなく近づくならば，この数列は A に **収束** するといい，A をこの数列の **極限値** という。このことを記号で表すと，数列 $\{a_n\}$ において

$$n \to \infty \text{ のとき } \quad a_n \to A \qquad \text{または} \qquad \lim_{n \to \infty} a_n = A$$

と書き表す*。これは n が限りなく大きくなることを $n \to \infty$, a_n が A に収束することを $a_n \to A$ と表し, 記号 ∞ は **無限大** と読む。

例えば, 数列 ① は収束して, その極限値は 0 であるので, $\displaystyle\lim_{n\to\infty}\frac{1}{n}=0$ と書き表される。

収束しない数列 $\{a_n\}$ は **発散** するという。一般に, 数列 $\{a_n\}$ において, n が限りなく大きくなるとき, a_n も限りなく大きくなる場合, この数列は **正の無限大に発散** する, またはこの数列の **極限は正の無限大** であるという。a_n が負となり, その絶対値が限りなく大きくなる場合, この数列は **負の無限大に発散** する, またはこの数列の **極限は負の無限大** であるという。このことを記号で表すと, それぞれ

$$n \to \infty \text{ のとき} \quad a_n \to +\infty \qquad \text{または} \qquad \lim_{n\to\infty} a_n = +\infty$$

$$n \to \infty \text{ のとき} \quad a_n \to -\infty \qquad \text{または} \qquad \lim_{n\to\infty} a_n = -\infty$$

と書き表す。

数列の極限が $+\infty$, または $-\infty$ のとき, これを極限値とはいわない。例えば, 数列 ② と ③ は

$$\lim_{n\to\infty} n = +\infty, \qquad \lim_{n\to\infty} (-n) = -\infty$$

である。

収束もせず, 正の無限大にも負の無限大にも発散しない数列は, **振動** するといい, 極限はない。例えば, 数列 ④ では交互に 1, -1 が現れ, これが無限に繰り返され振動する。数列 ⑤ では, 項は正と負の値が無限に繰り返され, その絶対値は限りなく大きくなるので, ⑤ も振動する。

数列の極限について分類すると, 次のようになる。

数列の極限 ─────────────────────────────

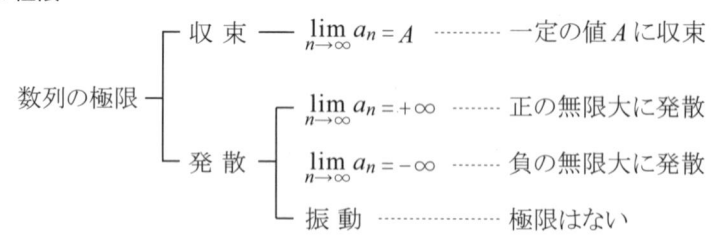

─────────────────────────────

---

* lim は limit の略で極限を意味する記号であり, リミットと読む。

発散する数列 $\{a_n\}$ については

$$\lim_{n \to \infty} |a_n| = \infty \qquad ならば \qquad \lim_{n \to \infty} \frac{1}{a_n} = 0$$

である。収束する数列については，次の性質がある。

数列の極限値

数列 $\{a_n\}$, $\{b_n\}$, $\{c_n\}$ において，$\lim_{n \to \infty} a_n = A$, $\lim_{n \to \infty} b_n = B$ のとき

[1] $\displaystyle \lim_{n \to \infty} k\, a_n = k\, A$　　（k は定数）

[2] $\displaystyle \lim_{n \to \infty} (a_n \pm b_n) = A \pm B$　　（複号同順）

[3] $\displaystyle \lim_{n \to \infty} (a_n b_n) = \left(\lim_{n \to \infty} a_n \right) \left(\lim_{n \to \infty} b_n \right) = AB$

[4] $\displaystyle \lim_{n \to \infty} \frac{a_n}{b_n} = \frac{\displaystyle \lim_{n \to \infty} a_n}{\displaystyle \lim_{n \to \infty} b_n} = \frac{A}{B}$　　（$B \neq 0$ とする）

[5] すべての n について　　$a_n \leqq b_n$ ならば $A \leqq B$

　　すべての n について　　$a_n \leqq c_n \leqq b_n$ かつ $A = B$ ならば

$$数列 \{c_n\} も収束して \quad \lim_{n \to \infty} c_n = A$$

例 1〕次の数列の極限値を求めよ。

(1) $c,\ c,\ c,\ \cdots,\ c$　　　　　　　(2) $1,\ \dfrac{3}{2},\ 2,\ \dfrac{5}{2},\ \cdots,\ \dfrac{n+1}{2}$

(3) $1,\ -2,\ 4,\ -8,\ \cdots,\ (-2)^{n-1}$

解〕(1) $\displaystyle \lim_{n \to \infty} c = c$　　(2) $\displaystyle \lim_{n \to \infty} \frac{n+1}{2} = \infty$　　(3) 振動する

例 2〕第 n 項が次の式で表される数列の極限値を求めよ。

(1) $\dfrac{2n^2 - 2n - 1}{n^2 + 2n - 3}$　　(2) $\sqrt{4n^2 + 3n} - 2n$　　(3) $n\left(\sqrt{n+1} - \sqrt{n}\right)$

解〕(1) 与式 $= \displaystyle \lim_{n \to \infty} \frac{2 - \dfrac{2}{n} - \dfrac{1}{n^2}}{1 + \dfrac{2}{n} - \dfrac{3}{n^2}} = 2$

(2) 与式 $= \displaystyle \lim_{n \to \infty} \frac{3n}{\sqrt{4n^2 + 3n} + 2n} = \lim_{n \to \infty} \frac{3}{\sqrt{4 + \dfrac{3}{n}} + 2} = \frac{3}{4}$

(3) 与式 $= \displaystyle \lim_{n \to \infty} \frac{n}{\sqrt{n+1} + \sqrt{n}} = \lim_{n \to \infty} \frac{\sqrt{n}}{\sqrt{1 + \dfrac{1}{n}} + 1} = \infty$

例 3〕極限値 $\displaystyle \lim_{n \to \infty} \frac{1}{n} \sin\left(\frac{\pi}{3} \times n\right)$ を求めよ。

解] $-1 \leqq \sin\left(\dfrac{\pi}{3} \times n\right) \leqq 1$ 　　ゆえに　$-\dfrac{1}{n} \leqq \dfrac{1}{n}\sin\left(\dfrac{\pi}{3} \times n\right) \leqq \dfrac{1}{n}$

ここで　$\displaystyle\lim_{n\to\infty}\left(-\dfrac{1}{n}\right) = 0$ ，$\displaystyle\lim_{n\to\infty}\left(\dfrac{1}{n}\right) = 0$　であるから

$$\lim_{n\to\infty}\dfrac{1}{n}\sin\left(\dfrac{\pi}{3} \times n\right) = 0$$

練習 1] 次の極限を求めよ。

(1) $\displaystyle\lim_{n\to\infty}\dfrac{-2n^3 + 4n + 7}{2n^2 + 1}$ 　　　　　　(2) $\displaystyle\lim_{n\to\infty} n^2\left(n - \sqrt{n^2 + 4}\right)$

(3) $\displaystyle\lim_{n\to\infty}\dfrac{(-1)^n}{n^2}$ 　　　　　　　　　(4) $\displaystyle\lim_{n\to\infty}\dfrac{1}{2n}\cos n\theta$

11.1.2　無限等比数列

実数 r の累乗の無限等比数列 $\{r^n\}$ の極限を，r の値を分けて調べよう。

[1] $r > 1$ のとき $r - 1 = h$ とおくと，$r = 1 + h$ であるから，二項定理により

$$r^n = (1 + h)^n = {}_nC_0 + {}_nC_1 h + {}_nC_2 h^2 + \cdots + {}_nC_n h^n$$

$$= 1 + nh + \dfrac{n(n-1)}{2}h^2 + \cdots + h^n$$

となり，$h > 0$ であるから自然数 n について，$(1 + h)^n \geqq 1 + nh$ が成り立つ[†]。

ここで，$\displaystyle\lim_{n\to\infty}(1 + nh) = +\infty$ であるから，数列の極限値の定理 [5] より

$$\lim_{n\to\infty} r^n = +\infty$$

したがって，この無限数列は，正の無限大に発散する。

[2] $r = 1$ のとき n の値に関係なく $r^n = 1$ であるから，$\displaystyle\lim_{n\to\infty} r^n = 1$

したがって，この無限数列は 1 に収束する。

[3] $0 < r < 1$ のとき $r = \dfrac{1}{s}$ とおくと，$s > 1$，$r^n = \dfrac{1}{s^n}$ である。$s > 1$ である

から $\displaystyle\lim_{n\to\infty} s^n = +\infty$ 　　よって　$\displaystyle\lim_{n\to\infty} r^n = \lim_{n\to\infty}\dfrac{1}{s^n} = 0$

したがって，この無限数列は収束して，極限値は 0 である。

[4] $r = 0$ のとき すべての n に対して $r^n = 0$ であるから，$\displaystyle\lim_{n\to\infty} r^n = 0$

したがって，この無限数列は収束して，極限値は 0 である。

[5] $-1 < r < 0$ のとき $r = -s$ とおくと，$0 < s < 1$，$|r^n| = s^n$ であり，[3]

より $\displaystyle\lim_{n\to\infty} s^n = 0$ 　　すなわち　$\displaystyle\lim_{n\to\infty}|r^n| = 0$ 　　ゆえに　$\displaystyle\lim_{n\to\infty} r^n = 0$

したがって，この無限数列は収束して，極限値は 0 である。

[6] $r = -1$ のとき この無限数列は $-1,\ 1,\ -1,\ 1,\ \cdots$ となるから，振動して極

[†] 「第 10 章 2.2 数学的帰納法」でも証明されている。

限はない。

[7] $r < -1$ のとき $r = -s$ とおくと，$s > 1$，$r^n = (-1)^n s^n$ であり，r^n の符号は交互に変わり，$\lim\limits_{n\to\infty} s^n = +\infty$ である。よって，この無限数列は振動して極限はない。

無限等比数列 $\{r_n\}$ の極限についてまとめると，次のようになる。

無限等比数列 $\{r^n\}$ の極限 ——————

$$r > 1 \text{ のとき} \qquad \lim_{n\to\infty} r^n = +\infty$$

$$r = 1 \text{ のとき} \qquad \lim_{n\to\infty} r^n = 1$$

$$|r| < 1 \text{ のとき} \qquad \lim_{n\to\infty} r^n = 0$$

$$r \leqq -1 \text{ のとき} \qquad \text{数列 } \{r^n\} \text{ は振動し，} \lim_{n\to\infty} r^n \text{ は存在しない}$$

数列 $\{r^n\}$ が収束するための必要十分条件は $-1 < r \leqq 1$ である。

例 4] 次の極限を求めよ。

(1) $\lim\limits_{n\to\infty} \dfrac{3^n - 4^n}{3^n}$ (2) $\lim\limits_{n\to\infty} \dfrac{4^n + 2^{n+1}}{2^{2n} - 3^n}$

解] (1) 与式 $= \lim\limits_{n\to\infty} \left(\dfrac{3}{3}\right)^n - \lim\limits_{n\to\infty} \left(\dfrac{4}{3}\right)^n = 1 - \infty = -\infty$

(2) 与式 $= \lim\limits_{n\to\infty} \dfrac{\left(\dfrac{4}{4}\right)^n + 2\left(\dfrac{1}{2}\right)^n}{1 - \left(\dfrac{3}{4}\right)^n} = \dfrac{1 + 0}{1 - 0} = 1$

練習 2] $r \neq -1$ のとき，次の数列の極限値を求めよ。

(1) $\left\{\dfrac{1}{r^n + 1}\right\}$ (2) $\left\{\dfrac{r^n - 1}{r^n + 1}\right\}$

11.1.3 無限等比級数

無限級数

毎年，前年に成長した長さの半分だけ次の年に成長する木は，いつまでも成長し続けるとすれば，無限の高さになるであろうか。

最初の年に高さが $1\,\mathrm{m}$ であった木は，翌年には $\dfrac{1}{2}\,\mathrm{m}$ 成長し，3 年目にはその半分の $\dfrac{1}{4}\,\mathrm{m}$ 成長する。これが繰り返されるとすると

$$1 + \frac{1}{2} + \left(\frac{1}{2}\right)^2 + \left(\frac{1}{2}\right)^3 + \cdots\cdots\cdots \qquad ①$$

と表され，これは無限に続く等比数列の和である。

一般に，無限数列 a_1，a_2，a_3，$\cdots$，a_n，$\cdots$ において，各項を前から順に ＋ の記号で結んで得られる式

$$a_1 + a_2 + a_3 + \cdots + a_n + \cdots\cdots\cdots\cdots \quad ②$$

を **無限級数** または単に **級数** という。級数 ② は記号で，$\displaystyle\sum_{n=1}^{\infty} a_n$ と書き表すことがある。

級数 ① を求めるには，いつまでも計算が続いて終わらない。そこで，級数 ② において，初項から第 n 項までの和

$$S_n = a_1 + a_2 + a_3 + \cdots + a_n = \sum_{k=1}^{n} a_k$$

を求める。これを第 n 項までの **部分和** という。次に，級数 ② の部分和を順に並べた数列

$$S_1, \quad S_2, \quad S_3, \quad \cdots, \quad S_n, \quad \cdots\cdots$$

を考え，この数列 S_n が収束して，その極限値が S であるとき，すなわち

$$\lim_{n \to \infty} S_n = \lim_{n \to \infty} \sum_{k=1}^{n} a_k = S$$

となるとき，この級数 ② は S に収束するという。また，S を級数 ② の **和** という。数列 $\{S_n\}$ が発散するときには，その和は考えない。

級数 ① の場合，$S_n = \dfrac{1\left\{1 - \left(\frac{1}{2}\right)^n\right\}}{1 - \frac{1}{2}} = 2\left(1 - \dfrac{1}{2^n}\right)$ であるから，$\displaystyle\lim_{n \to \infty} S_n = 2$

となり，木の成長は 2 m までといえる。

例 5〕次の級数の収束，発散について調べよ。

(1) $\dfrac{1}{1 \cdot 2} + \dfrac{1}{2 \cdot 3} + \dfrac{1}{3 \cdot 4} + \cdots + \dfrac{1}{n(n+1)} + \cdots\cdots$

(2) $\dfrac{1}{1 + \sqrt{2}} + \dfrac{1}{\sqrt{2} + \sqrt{3}} + \dfrac{1}{\sqrt{3} + \sqrt{4}} + \cdots + \dfrac{1}{\sqrt{n} + \sqrt{n+1}} + \cdots\cdots$

解〕(1) この級数の第 n 項までの部分和 S_n は

$$S_n = \left(\dfrac{1}{1} - \dfrac{1}{2}\right) + \left(\dfrac{1}{2} - \dfrac{1}{3}\right) + \cdots + \left(\dfrac{1}{n-1} - \dfrac{1}{n}\right) + \left(\dfrac{1}{n} - \dfrac{1}{n+1}\right)$$

$$= 1 - \dfrac{1}{n+1}$$

ゆえに $\displaystyle\lim_{n \to \infty} S_n = \lim_{n \to \infty} \left(1 - \dfrac{1}{n+1}\right) = 1$

したがって，この級数は収束し，その和は 1 である。

(2) この級数の第 n 項までの部分和 S_n は

$$S_n = -(1 - \sqrt{2}) - (\sqrt{2} - \sqrt{3}) - (\sqrt{3} - \sqrt{4}) - \cdots\cdots - (\sqrt{n} - \sqrt{n+1})$$

$$= \sqrt{n+1} - 1$$

ゆえに $\displaystyle \lim_{n\to\infty} S_n = \lim_{n\to\infty} \left(\sqrt{n+1} - 1\right) = \infty$

したがって，この級数は，正の無限大に発散する。

等比級数

初項が a，公比が r である無限等比数列 $a,\ ar,\ ar^2,\ \cdots,\ ar^{n-1},\ \cdots$ から作られる級数

$$a + ar + ar^2 + \cdots + ar^{n-1} + \cdots\cdots\cdots \quad ①$$

を，初項が a，公比が r の **無限等比級数** または単に **等比級数** という。この級数の第 n 項は ar^{n-1} であり，この無限等比級数を記号 $\sum$ で表すと，$\displaystyle \sum_{n=1}^{\infty} ar^{n-1}$ である。

　級数 ① の収束，発散について調べてみよう。級数 ① の第 n 項までの部分和を $S_n = a + ar + ar^2 + \cdots + ar^{n-1}$ とすると

[1] $a = 0$ のとき $S_n = 0$ であるから，級数 ① は収束して，その和は 0 である。

[2] $a \neq 0$ のとき

[$r = 1$ のとき] $S_n = a + a + a + \cdots + a = na$ であるから，$\{S_n\}$ は発散する。

　したがって，① は発散する。

[$|r| < 1$ のとき] $\displaystyle \lim_{n\to\infty} r^n = 0$ であるから $\displaystyle \lim_{n\to\infty} S_n = \frac{a(1-r^n)}{1-r} = \frac{a}{1-r}$

　となり，① は収束し，その和は $\dfrac{a}{1-r}$ である。

[$r \leq -1$ または $1 < r$ のとき] $\{r^n\}$ は発散するから，$\{S_n\}$ も発散する。

　したがって，① は発散する。

　以上のことから，次のようにまとめられる。

無限等比級数の収束，発散

初項 a，公比 r の無限等比級数 $a + ar + ar^2 + \cdots + ar^{n-1} + \cdots$ の収束，発散は

$a \neq 0$ のとき

　　$|r| < 1$ ならば 収束し，その和は $\dfrac{a}{1-r}$ である。

　　$|r| \geq 1$ ならば 発散する。

$a = 0$ のとき　収束し，その和は 0 である。

　無限級数の収束，発散は，部分和の数列 $\{S_n\}$ の収束，発散で定義されているか

ら，数列の極限に関する性質から，無限級数についても次の性質が成り立つ。

無限級数の和・差・実数倍 ────────────────────

無限級数 $\sum\limits_{n=1}^{\infty} a_n$，$\sum\limits_{n=1}^{\infty} b_n$ が収束し，$\sum\limits_{n=1}^{\infty} a_n = S$，$\sum\limits_{n=1}^{\infty} b_n = T$ であるとき，

$\sum\limits_{n=1}^{\infty} (h\,a_n \pm k\,b_n)$ は収束して

$$\sum_{n=1}^{\infty} (h\,a_n \pm k\,b_n) = h\,S \pm k\,T \qquad (h,\ k \text{ は定数，} \text{ 複号同順})$$

─────────────────────────────────

例 6] 一直線上で定点 A を出発した動点 P が，同じ向きに 1 回目に a m，2 回目にはさらに $\dfrac{1}{2}a$ m，3 回目にはさらに $\dfrac{1}{2^2}a$ m 進み，この運動を限りなく続けるとき，P の進んだ距離を求めよ。

解] P の進んだ距離は

$$a + \frac{1}{2}a + \frac{1}{2^2}a + \cdots + \frac{1}{2^{n-1}}a + \cdots$$

という初項 a，公比 $\dfrac{1}{2}$ の無限等比級数である。

よって $\quad S_n = \dfrac{a\left\{1 - \left(\frac{1}{2}\right)^n\right\}}{1 - \frac{1}{2}} = 2a\left(1 - \dfrac{1}{2^n}\right)$

ゆえに $\quad \lim\limits_{n\to\infty} S_n = \lim\limits_{n\to\infty} 2a\left(1 - \dfrac{1}{2^n}\right) = 2a$ となり，$2a$ に収束する。

例 7] 無限級数 $\sum\limits_{n=1}^{\infty} \left(\dfrac{5}{2^n} - \dfrac{2}{5^n}\right)$ の和を求めよ。

解] $\sum\limits_{n=1}^{\infty} \dfrac{5}{2^n}$ は初項 $\dfrac{5}{2}$，公比 $\dfrac{1}{2}$ の 無限等比級数

$\sum\limits_{n=1}^{\infty} \dfrac{2}{5^n}$ は初項 $\dfrac{2}{5}$，公比 $\dfrac{1}{5}$ の 無限等比級数

で，ともに公比の絶対値が 1 より小さいから，この 2 つの無限級数は収束する。

したがって，

$$\sum_{n=1}^{\infty} \left(\frac{5}{2^n} - \frac{2}{5^n}\right) = \sum_{n=1}^{\infty} \frac{5}{2^n} - \sum_{n=1}^{\infty} \frac{2}{5^n} = \frac{5}{2}\cdot\frac{1}{1 - \frac{1}{2}} - \frac{2}{5}\cdot\frac{1}{1 - \frac{1}{5}} = 5 - \frac{1}{2} = \frac{9}{2}$$

練習 3] 次の等比級数の収束，発散について調べ，収束するものについては，その和を求めよ。

(1) $3 + 3\left(\dfrac{1}{2}\right) + 3\left(\dfrac{1}{2}\right)^2 + \cdots + 3\left(\dfrac{1}{2}\right)^n + \cdots$

(2) $3 + 3\left(-\dfrac{3}{2}\right) + 3\left(-\dfrac{3}{2}\right)^2 + \cdots + 3\left(-\dfrac{3}{2}\right)^n + \cdots$

(3) $2 - 4 + 8 - 16 + \cdots + (-1) \cdot (-2)^n + \cdots$

循環小数

0.36097 のように，小数部分の 0 でない数字の桁が有限個である小数が **有限小数** で，$\sqrt{2} = 1.4142\cdots$ や $0.5020202\cdots$ のように，小数部分に 0 でない数字の桁が無限に多くある小数が **無限小数** である。

無限小数のうちで，特に，$0.5020202\cdots$ のように，あるところから先が同じ配列の繰り返しになっているものを **循環小数** という。

循環小数を次のように表す。

$$0.333\cdots = 0.\dot{3} \qquad 0.1232323\cdots = 0.1\dot{2}\dot{3} \qquad 0.203203203\cdots = 0.\dot{2}0\dot{3}$$

無限等比級数の考えを用いることによって，循環小数を分数に直すことができる。例えば，循環小数 $0.1\dot{2}\dot{3}$ を無限級数の形で表すと，次のようになる。

$$0.1\dot{2}\dot{3} = 0.1 + 0.023 + 0.00023 + 0.0000023 + \cdots\cdots$$

この右辺の第 2 項以下は，初項 0.023，公比 0.01 の無限等比級数で，公比の絶対値が 1 より小さいから，収束して

$$0.1\dot{2}\dot{3} = 0.1 + \frac{0.023}{1 - 0.01} = \frac{1}{10} + \frac{0.023}{0.99} = \frac{1}{10} + \frac{23}{990} = \frac{61}{495}$$

となる。

例 8] 次の循環小数を分数に直せ。

(1) $0.\dot{1}$ 　　　　(2) $0.\dot{1}2\dot{3}$

解] (1) $0.\dot{1} = \dfrac{0.1}{1 - 0.1} = \dfrac{0.1}{0.9} = \dfrac{1}{9}$ 　　(2) $0.\dot{1}2\dot{3} = \dfrac{0.123}{1 - 0.001} = \dfrac{123}{999} = \dfrac{41}{333}$

11.2　関数の極限

11.2.1　関数の極限 (1)

関数 $y = 2x^2$ の $x = 1$ に近いところでの値の変化の状態を調べよう。ここで，$x = 1 + h$ とおけば

$$y = 2(1 + h)^2 = 2(1 + 2h + h^2)$$

である。上式は h が限りなく 0 に近づくならば，$2h$ も h^2 も限りなく 0 に近づくから，y の値は限りなく 2 に近づく。

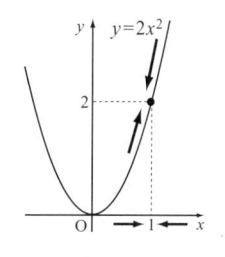

一般に，関数 $y = f(x)$ において，変数 x が a でない値をとりながら a に限り

なく近づくとき，それに応じて，関数 $f(x)$ の値が一定の値 A に限りなく近づく場合，この A を $x \to a$ のときの関数 $f(x)$ の **極限値** という。記号で次のように書き表す。

$$x \to a \text{ のとき} \quad f(x) \to A \qquad \text{または} \qquad \lim_{x \to a} f(x) = A$$

この記号を用いると，上の関数 $y = 2(1+h)^2$ については

$$\lim_{h \to 0} 2(1+h)^2 = 2 \qquad \text{すなわち} \quad \lim_{x \to 1} 2x^2 = 2$$

と表される。この極限値 2 は $x = 1$ における関数の値と同じになったが，極限値は $x \to a$ のとき関数 $f(x)$ の近づいていく値であって，$x = a$ における関数の値ではない。したがって，極限値を考えるとき，関数 $f(x)$ は $x = a$ で定義されていてもいなくてもよい。また，定義されていても，そこでの関数の値 $f(a)$ と極限値 A が一致するとは限らない。

例 9] $\lim_{x \to 1} \dfrac{x^2 - 1}{x - 1}$ の極限を求めよ。

解] $x = 1$ に対して分母は 0 となるから，$f(1)$ は定義されない。しかし，$x \neq 1$ のときには

$$\lim_{x \to 1} \frac{x^2 - 1}{x - 1} = \lim_{x \to 1} \frac{(x-1)(x+1)}{x - 1}$$
$$= \lim_{x \to 1} (x + 1) = 2$$

となり，極限値は 2 となる。

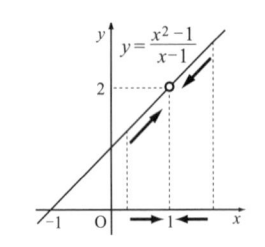

11.2.2 関数の極限 (2)

これまでは x が有限な値 a に近づくとき，関数 $f(x)$ の値が有限な値 A に近づく（極限値が A）場合であった。次に，関数 $f(x)$ の極限が有限でない場合や，$x \to \infty$，$x \to -\infty$ のときの $f(x)$ の極限について考えよう。

関数 $y = \dfrac{1}{x^2}$ において，x の値を 0 に限りなく近づけると，y の値は限りなく大きくなる。

一般に，関数 $f(x)$ において，変数 x が a に限りなく近づくとき，$f(x)$ の値が限りなく大きくなるならば，$x \to a$ のとき，$f(x)$ の極限は **正の無限大** であるといい

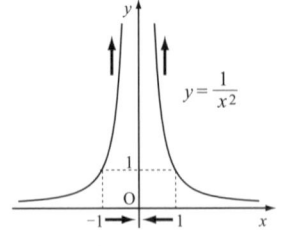

$$x \to a \text{ のとき} \quad f(x) \to +\infty \qquad \text{または} \qquad \lim_{x \to a} f(x) = +\infty$$

と書き表す。

　また，$x \to a$ のとき $f(x)$ の値が負で，その絶対値が限りなく大きくなるならば，$f(x)$ の極限は **負の無限大** であるといい

$$x \to a \text{ のとき } \quad f(x) \to -\infty \qquad \text{または} \qquad \lim_{x \to a} f(x) = -\infty$$

と書き表す。

　$\lim_{x \to a} f(x) = A$ は x が a に近づくとき，どのような近づき方をしても $f(x) \to A$ である。しかし，x の a への近づき方の違いによって，異なる極限をもつ場合がある。

　例えば，関数 $f(x) = \dfrac{1}{x}$ において，x が 0 に限りなく近づくとき

$$x > 0 \text{ ならば } \quad \frac{1}{x} \to +\infty \qquad x < 0 \text{ ならば } \quad \frac{1}{x} \to -\infty$$

となる。このように，x の 0 への近づき方の違いによって，関数 $f(x) = \dfrac{1}{x}$ の極限は異なり，$x \to 0$ のときの極限はない。

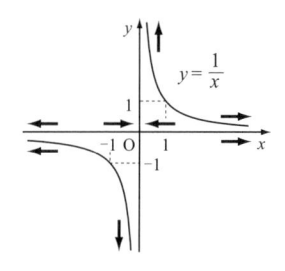

　一般に，関数 $f(x)$ において，変数 x が a に限りなく近づくとき，その近づき方の違いによって，$f(x)$ の極限が異なる場合には，$x \to a$ のときの $f(x)$ の極限はなく，$\lim_{x \to a} f(x)$ は存在しない。

　変数 x の近づき方の違いは

　　a より大きい値をとりながら，a に限りなく近づくとき　　$x \to a + 0$

　　a より小さい値をとりながら，a に限りなく近づくとき　　$x \to a - 0$

と書き表す。

　特に，$a = 0$ の場合には，$x \to +0$, $x \to -0$ と書く。この記号を用いると，上の例は $\lim_{x \to +0} \dfrac{1}{x} = +\infty$, $\lim_{x \to -0} \dfrac{1}{x} = -\infty$ と表される。

　また，x の値が限りなく大きくなると，y は 0 に限りなく近づき，x の値が負でその絶対値が限りなく大きくなるときにも，y は 0 に限りなく近づく。これらを記号を用いると，$\lim_{x \to +\infty} \dfrac{1}{x} = 0$, $\lim_{x \to -\infty} \dfrac{1}{x} = 0$ と表す。

関数の極限 ─────────────────────

$$\text{関数の極限} \begin{cases} \text{一つの有限な値（極限値）} \\ +\infty \\ -\infty \\ \text{極限がない} \end{cases}$$

数列の場合と同様に，関数の極限値に関して，次の公式が成り立つ。

関数の極限値————————————————————————

$\lim_{x \to a} f(x) = A$, $\lim_{x \to a} g(x) = B$ とし，h と k は定数のとき

[1] $\lim_{x \to a} kf(x) = k \lim_{x \to a} f(x) = kA$

[2] $\lim_{x \to a} \{f(x) \pm g(x)\} = \lim_{x \to a} f(x) \pm \lim_{x \to a} g(x) = A \pm B$ （複号同順）

[3] $\lim_{x \to a} f(x)g(x) = \left\{\lim_{x \to a} f(x)\right\} \left\{\lim_{x \to a} g(x)\right\} = AB$

[4] $\lim_{x \to a} \dfrac{f(x)}{g(x)} = \dfrac{\lim_{x \to a} f(x)}{\lim_{x \to a} g(x)} = \dfrac{A}{B}$ （a の近くで $g(x) \neq 0$）

[5] x が a の近くで常に $f(x) \leq g(x)$ ならば $A \leq B$

[6] x が a の近くで常に $f(x) \leq h(x) \leq g(x)$ かつ $A = B$

$$\text{ならば} \lim_{x \to a} h(x) = A$$

例 10] $\lim_{x \to -\infty} \left(\sqrt{x^2 - 5x} + x\right)$ の極限を求めよ。

解] $t = -x$ とおくと，$x \to -\infty$ のとき $t \to \infty$ であるから

$$\text{与式} = \lim_{t \to \infty} \left(\sqrt{t^2 + 5t} - t\right) = \lim_{t \to \infty} \frac{5t}{\sqrt{t^2 + 5t} + t} = \lim_{t \to \infty} \frac{5}{\sqrt{1 + \dfrac{5}{t}} + 1} = \frac{5}{2}$$

練習 4] 次の極限を求めよ。

(1) $\lim_{x \to \infty} \{\log(x + 2) - \log x\}$ (2) $\lim_{x \to \infty} (x^3 - 3x^2 + 2)$

11.2.3 いろいろな関数と極限

指数関数，対数関数と極限

指数関数 a^x の x が ∞ と $-\infty$ のときの極限，対数関数 $\log_a x$ の x が ∞ と正の方から 0 に限りなく近づく $+0$ のときの極限は，次のようになる。

[1] $a > 1$ のとき $\lim_{x \to \infty} a^x = \infty$, $\lim_{x \to -\infty} a^x = 0$

[2] $0 < a < 1$ のとき $\lim_{x \to \infty} a^x = 0$, $\lim_{x \to -\infty} a^x = \infty$

[3] $a > 1$ のとき $\lim_{x \to \infty} \log_a x = \infty$, $\lim_{x \to +0} \log_a x = -\infty$

[4] $0 < a < 1$ のとき $\lim_{x \to \infty} \log_a x = -\infty$, $\lim_{x \to +0} \log_a x = \infty$

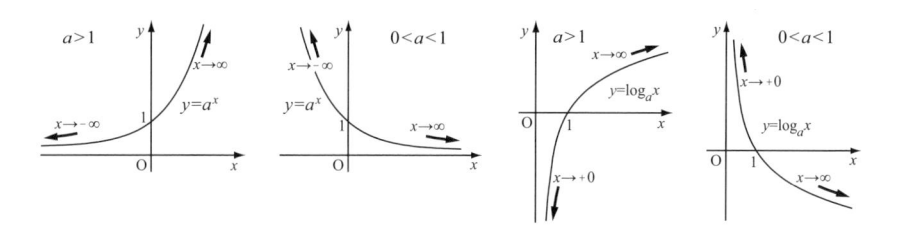

三角関数と極限

三角関数に関連する極限値について考えてみよう。

$0 < x < \dfrac{\pi}{2}$ のとき，O を中心とする半径 1 の円において，中心角 x の扇形を OAB とする。点 B から OA に下ろした垂線を BH，点 A における円 O の接線が OB の延長と交わる点を T とする。

図より面積を考えると

$$\triangle \text{OAB} \;<\; \text{扇形 OAB} \;<\; \triangle \text{OAT}$$

$\text{BH} = \sin x, \; \text{AT} = \tan x$ であるから

$$\frac{1}{2} \cdot 1 \cdot \sin x \;<\; \frac{1}{2} \cdot 1^2 \cdot x \;<\; \frac{1}{2} \cdot 1 \cdot \tan x$$

したがって，次の不等式が成り立つ。

$$0 < x < \frac{\pi}{2} \text{ のとき} \quad \sin x < x < \tan x \quad \cdots\cdots ①$$

次に，不等式 ① において，x を 0 に限りなく近づけた場合の極限を考える。すなわち $x \to 0$ であるから，$0 < |x| < \dfrac{\pi}{2}$ を考える。

$\left[\, 0 < x < \dfrac{\pi}{2} \text{ のとき} \,\right]$ $\sin x > 0$ であるから，不等式 ① の各辺を $\sin x$ で割ると

$$1 < \frac{x}{\sin x} < \frac{1}{\cos x} \qquad \text{ゆえに} \quad 1 > \frac{\sin x}{x} > \cos x$$

ここで，$x \to +0$ とすると，$\cos x \to 1$, $\dfrac{1}{\cos x} \to 1$ であるから

$$\lim_{x \to +0} \frac{\sin x}{x} = 1, \qquad \lim_{x \to +0} \frac{x}{\sin x} = 1$$

$\left[\, -\dfrac{\pi}{2} < x < 0 \text{ のとき} \,\right]$ $\dfrac{\pi}{2} > -x > 0$ であるから，$t = -x$ とおくと $x \to -0$ のとき $t \to +0$ である。よって

$$\lim_{x \to -0} \frac{\sin x}{x} = \lim_{t \to +0} \frac{\sin(-t)}{-t} = \lim_{t \to +0} \frac{\sin t}{t} = 1, \qquad \lim_{x \to -0} \frac{x}{\sin x} = 1$$

以上より，次の重要な等式が得られる。

三角関数に関する極限

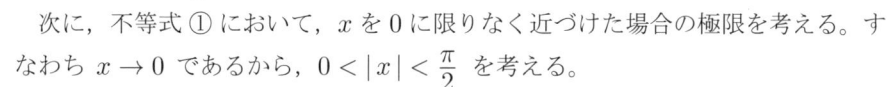

$$\lim_{x \to 0} \frac{\sin x}{x} = 1, \qquad \lim_{x \to 0} \frac{x}{\sin x} = 1$$

例 11] 次の極限を求めよ。

(1) $\displaystyle \lim_{x\to 0} \frac{\sin 5x}{x}$ (2) $\displaystyle \lim_{x\to 0} \frac{(\cos x - 1)}{x^2}$ (3) $\displaystyle \lim_{x\to\infty} (5^x - 3^x)$

解] (1) $5x = \theta$ とおくと，$x \to 0$ のとき $\theta \to 0$ であるから

$$与式 = \lim_{x\to 0} 5 \cdot \frac{\sin 5x}{5x} = 5 \lim_{\theta\to 0} \frac{\sin\theta}{\theta} = 5$$

(2) $\displaystyle 与式 = \lim_{x\to 0} \frac{(\cos x - 1)(\cos x + 1)}{x^2(\cos x + 1)} = \lim_{x\to 0} -\frac{\sin^2 x}{x^2(\cos x + 1)}$

$$= \lim_{x\to 0} \left(\frac{\sin x}{x}\right)^2 \left(-\frac{1}{\cos x + 1}\right) = 1^2 \cdot \left(-\frac{1}{2}\right) = -\frac{1}{2}$$

(3) $\displaystyle 与式 = \lim_{x\to\infty} 5^x \left\{1 - \left(\frac{3}{5}\right)^x\right\} = \infty$

練習 5] 次の極限を求めよ。

(1) $\displaystyle \lim_{x\to 0} \frac{2x}{\tan 3x}$ (2) $\displaystyle \lim_{x\to 0} \frac{\sin 3x - \sin 2x}{x}$ (3) $\displaystyle \lim_{x\to 0} \frac{\cos 3x - \cos 2x}{x^2}$

11.2.4 関数の連続性

これまでに学んだ関数のうち，$f(x) = x^2$ や
$f(x) = \sin x$ などは，すべての実数 x で定義さ
れ，そのグラフは 1 つのつながった曲線になっ
ている。このような関数 $f(x)$ においては，定義
域の任意の x の値 a に対して極限値 $\displaystyle\lim_{x\to a} f(x)$
が存在し，$\displaystyle\lim_{x\to a} f(x) = f(a)$ である。

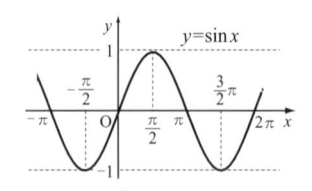

これに対し $f(x) = \tan x$, $f(x) = \dfrac{1}{x}$, $f(x) =$
$\dfrac{x}{|x|}$ のグラフは $x = \dfrac{\pi}{2}$ や $x = 0$ などのところで
切れており，x の定義域は $x \neq 0$ や $x \neq \dfrac{\pi}{2} + n\pi$
$(n = 0, \pm 1, \pm 2, \cdots)$ で，極限は

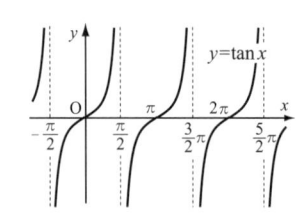

$$\lim_{x\to +0} \frac{1}{x} = +\infty, \qquad \lim_{x\to -0} \frac{1}{x} = -\infty, \qquad \lim_{x\to +0} \frac{x}{|x|} = 1$$

$$\lim_{x\to -0} \frac{x}{|x|} = -1, \qquad \lim_{x\to \frac{\pi}{2}-0} \tan x = +\infty, \qquad \lim_{x\to \frac{\pi}{2}+0} \tan x = -\infty$$

である。このような関数 $f(x)$ が $x = a$ において，極限値 $\displaystyle\lim_{x\to a} f(x)$ が有限な値を
与えないときや，極限値 $\displaystyle\lim_{x\to a} f(x)$ が存在しても $x = a$ がこの関数 $f(x)$ で定義さ
れていないときなどは，グラフは $x = a$ で切れている。

また，関数 $f(x) = \dfrac{\sin x}{x}$ の極限値が $\displaystyle\lim_{x\to 0} \frac{\sin x}{x} = 1$ のように，極限値 $\displaystyle\lim_{x\to a} f(x)$

は存在しても $f(a)$ が存在しないときには，やはりグラフは切れている。

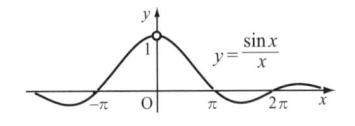

　つまり，次のいずれかが当てはまるとき，関数 $f(x)$ のグラフは $x = a$ で切れているといえる。

[1] $\displaystyle\lim_{x \to a} f(x)$ が $+\infty$，$-\infty$ となるか，または極限がない場合

[2] 極限値 $\displaystyle\lim_{x \to a} f(x)$ は存在するが，関数の値 $f(a)$ が存在しない場合

[3] 極限値 $\displaystyle\lim_{x \to a} f(x)$，関数の値 $f(a)$ は存在するが，$\displaystyle\lim_{x \to a} f(x) \neq f(a)$ の場合

　関数 $f(x)$ が $x = a$ において，$f(a)$ も $\displaystyle\lim_{x \to a} f(x)$ も存在し，かつ $\displaystyle\lim_{x \to a} f(x) = f(a)$ であるとき，$f(x)$ は $x = a$ で **連続** であるといい，この性質を $\displaystyle\lim_{\Delta x \to 0} f(a + \Delta x) = f(a)$ と書くことができる。このとき，$f(x)$ のグラフは $x = a$ でつながっている。

　関数 $f(x)$ がその定義域の点 $x = a$ で連続でないとき，$f(x)$ は $x = a$ で **不連続** であるといい，$f(x)$ のグラフは $x = a$ で切れている。

　例えば，$f(x) = x$ は x のすべての実数の値に対して連続であるから，$f(x) = x^2 (= x \cdot x)$，$f(x) = \dfrac{x}{x^2 + 1}$ も，x のすべての実数の値に対して連続である。

　よって，次のことがいえる。

関数の連続性 ─────────────────

　関数 $f(x)$，$g(x)$ が定義域の点 $x = a$ で連続ならば，次の各関数もまた，$x = a$ において 連続である。

$$h\,f(x) \pm k\,g(x)，\qquad f(x)\,g(x) \qquad (\text{但し，} h,\ k \text{ は定数})$$

$$\dfrac{f(x)}{g(x)} \qquad\qquad\qquad\qquad (\text{但し，} g(x) \neq 0)$$

区間における連続

　実数 x の値の範囲を示す区間を不等式で

$$a < x < b，\quad a \leqq x < b，\quad a < x \leqq b，\quad a \leqq x \leqq b$$

で表し，それぞれ記号では

$$(a,\ b)，\qquad [a,\ b)，\qquad (a,\ b]，\qquad [a,\ b]$$

と表す。なお，実数全体も 1 つの区間と考え，記号 $(-\infty,\ \infty)$ で表す。

　関数 $f(x)$ がある区間 A に属するすべての値 x で連続であるとき，$f(x)$ は **区間 A で連続**，または区間 A で **連続関数** であるという。

不連続な関数に，関数 $f(x) = [x]$ があり，$[\ ]$ を **ガウス記号** という。ガウス記号は，ある値を超えない最も大きな整数を表す際に用い，実数 x に対して，x を超えない最大の整数 $n \leqq x < n + 1$ なる n がただ1つ存在する。例えば，$[1.23] = 1$，$[-0.123] = -1$ である。

関数 $f(x) = [x]$ は，x の整数値において不連続な関数である。例えば，$x = 3$ において

$$\lim_{x \to 3+0} [x] = 3, \qquad \lim_{x \to 3-0} [x] = 2$$

であるから，$\lim_{x \to 3} [x]$ は存在しない。

よって，関数 $f(x) = [x]$ は $x = 3$ で不連続である。

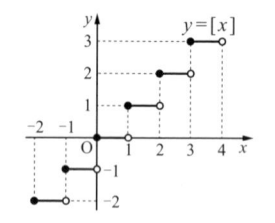

中間値の定理

関数 $f(x)$ が閉区間 $[a, b]$ で連続であれば，この区間での関数 $f(x)$ のグラフは，切れ目のない曲線になる。したがって，図からわかるように，$f(a) \neq f(b)$ のとき，$f(x)$ は $f(a)$ と $f(b)$ の間のすべての値をとり，次の定理が得られる。

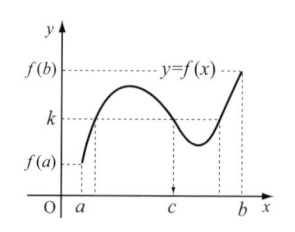

中間値の定理 ─────────────

関数 $f(x)$ が閉区間 $[a, b]$ で連続で，$f(a) \neq f(b)$ ならば $f(a)$ と $f(b)$ の間の任意の値 k に対して

$$f(c) = k \qquad (但し，a < c < b)$$

を満たす c が少なくとも1つ存在する。

───────────────────────────────

中間値の定理から，関数 $f(x)$ が閉区間 $[a, b]$ で連続で，$f(a)$ と $f(b)$ が異符号ならば，方程式 $f(x) = 0$ は $a < x < b$ の範囲に実数解を少なくとも1つはもつ。

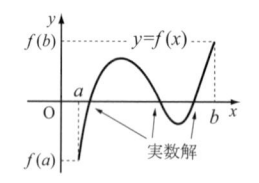

例12] 次の関数は x のどのような範囲で連続か。

(1) $\dfrac{3x + 2}{x^2 - 3x + 2}$ (2) $\sqrt{1 - x^2} - x$ (3) $3 + 2\tan x$

解] (1) $\dfrac{3x + 2}{x^2 - 3x + 2} = \dfrac{3x + 2}{(x - 2)(x - 1)}$ の定義域は，$x \neq 1$，$x \neq 2$ である。

よって，$x < 1$，$1 < x < 2$，$2 < x$ の範囲で連続

(2) $\sqrt{1 - x^2} - x$ の定義域は $1 - x^2 \geqq 0$ より，$-1 \leqq x \leqq 1$ の範囲で連続

(3) $3 + 2\tan x$ の定義域は, $x \neq \dfrac{\pi}{2} + n\pi$ $(n = 0, \pm 1, \pm 2, \cdots)$ である。

よって, $\dfrac{\pi}{2} + n\pi < x < \dfrac{\pi}{2} + (n+1)\pi$ $(n = 0, \pm 1, \pm 2, \cdots)$ の範囲で連続

練習 6] 次の関数はどのような範囲で連続か。

(1) $x + \sqrt{2 + 3x}$　　　(2) $\dfrac{3}{4^x - 2}$　　　(3) $\log\left(1 + \dfrac{1}{x}\right)$

演 習 問 題

1. 第 n 項が次の式で表される数列の極限を調べよ。

(1) $n\left(\dfrac{1}{n-1} + \dfrac{2}{n+1}\right)$　　　(2) $\sqrt{n^2 - n} - \sqrt{n^2 + n}$　　　(3) $\dfrac{2^n + 1^n}{2^{2n}}$

2. 次の極限値を求めよ。

(1) $\displaystyle\lim_{x \to a} \dfrac{x^2 - a^2}{x^3 - a^3}$　　　　　　　　(2) $\displaystyle\lim_{x \to 0} \dfrac{4^x + 1}{2^x + 1}$

(3) $\displaystyle\lim_{n \to \infty} \left(\sqrt{n+1} - \sqrt{n}\right)$　　　(4) $\displaystyle\lim_{x \to 1} \dfrac{2x^3 - x - 1}{x^2 + 3x - 4}$

(5) $\displaystyle\lim_{x \to \infty} \{\log x - \log(x-1)\}$　　(6) $\displaystyle\lim_{n \to \infty} \left(n^3 - 9n^2\right)$

(7) $\displaystyle\lim_{x \to 1} \dfrac{2x + 1}{x^2 - x + 1}$　　　　　(8) $\displaystyle\lim_{x \to 1} \dfrac{x^2 - x}{x^2 + x - 2}$

(9) $\displaystyle\lim_{n \to \infty} \dfrac{1}{n} \cos n\theta$　　　　　　(10) $\displaystyle\lim_{n \to \infty} \dfrac{1}{n} \sin n\theta$

(11) $\displaystyle\lim_{x \to 0} \dfrac{1}{x} \tan x$　　　　　　(12) $\displaystyle\lim_{x \to 0} \dfrac{\sin 2x}{\sin 3x}$

(13) $\displaystyle\lim_{x \to \infty} \dfrac{\sin x}{x}$　　　　　　(14) $\displaystyle\lim_{x \to 0} x \sin \dfrac{1}{x}$

3. 次の無限等比級数の収束, 発散を調べよ。なお, 収束するものについては, その和を求めよ。

(1) $128 + 64 + 32 + 16 + \cdots\cdots$

(2) $-1 + \dfrac{1}{10} - \dfrac{1}{100} + \dfrac{1}{1000} - \cdots\cdots$

(3) $3 - 3 + 3 - 3 + \cdots\cdots$

4. 無限等比級数 $\displaystyle\sum_{n=1}^{\infty} \dfrac{2^n + 5^n}{10^n}$ の和を求めよ。

5. ケーキを最初に半分食べ, 次に前回食べた量の半分, さらにその半分の量を食べていくとする。いつまでも食べ続けるとし, 食べられるケーキの割合を求めよ。同様に, $\dfrac{1}{3}$, $\dfrac{1}{4}$ の場合はどうなるか。

6. $\angle XOY = \dfrac{\pi}{6}$ の XOY の辺 OX 上に点 P_1 をとり，P_1 から辺 OY に垂線 P_1P_2 を引く。次に，P_2 から辺 OX に垂線 P_2P_3 を引く。以下，このように垂線を引くことを限りなく続けていくとき，$OP_1 = a$ として，次の和を求めよ。また，$\angle XOY$ が鋭角の θ のときはどうなるか。

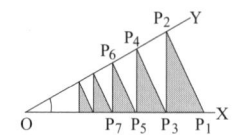

(1) $P_1P_2 + P_2P_3 + P_3P_4 + \cdots$

(2) $\triangle P_1P_2P_3 + \triangle P_3P_4P_5 + \triangle P_5P_6P_7 + \cdots$

7. 図のように，$BC = a$，$\angle A = \dfrac{\pi}{4}$，$\angle B = \dfrac{\pi}{2}$ である直角三角形 ABC 内に正方形 S_1，S_2，S_3，$\cdots$ を限りなく作るとき，これらの正方形の面積の和を求めよ。また，$\angle A = \dfrac{\pi}{6}$ のときはどうなるか。

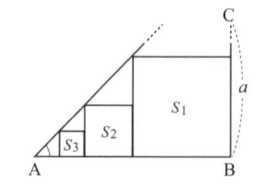

8. 平面上で，点 P が原点 O から出発して，まず，x 軸の正の方向に a だけ進み，次に，y 軸の正の方向に $\dfrac{1}{3}a$ だけ進む。以下，x 軸，y 軸それぞれ前回進んだ距離の $\dfrac{1}{2}$ と $\dfrac{1}{3}$ だけ進む運動を限りなく続ける。$OP_1 = a$，$P_1P_2 = \dfrac{1}{3}a$，$P_2P_3 = \dfrac{1}{2}OP_1$，$P_3P_4 = \dfrac{1}{3}P_1P_2$，$\cdots$ のとき，点 P の極限の位置を求めよ。

第 12 章

微分法とその応用

12.1　微分法

12.1.1　微分係数

平均の速さと瞬間の速さ

静止している物体が自然に落下するとき，落ち始めてから x 秒間に落下する距離を y m とすると，y は時刻 x の関数として

$$y = 4.9x^2$$

と表されることが知られている。したがって，物体が落下し始めて，1 秒後から a 秒後までの $(a-1)$ 秒間に落下する距離は $(4.9a^2 - 4.9 \times 1^2)$ m となる。

時刻 x(秒)	距離 y(m)
0	0
1	4.9×1^2
x	$4.9 \times x^2$

また，この間の平均の速さは，時間で割って

$$\frac{4.9a^2 - 4.9 \times 1^2}{a - 1} = 4.9(a + 1) \quad \text{m/秒}$$

となり，時間の経過にともなって変化する。いま，a を限りなく 1 に近づけると，速さは 9.8 に限りなく近づく。これは $a \to 1$ のときの極限である。

このことを，$f(x) = 4.9x^2$ として式を使って表すと

$$\lim_{a \to 1} \frac{f(a) - f(1)}{a - 1} = \lim_{a \to 1} \frac{4.9a^2 - 4.9 \times 1^2}{a - 1} = \lim_{a \to 1} 4.9(a + 1) = 9.8 \, \text{m/秒}$$

となり，これを 1 秒後における **瞬間の速さ** という。

平均変化率と微分係数

　平均の速さや瞬間の速さと同様なことを，一般の関数 $y = f(x)$ について考えよう。

　関数 $y = f(x)$ において，x の値が x_1 から x_2 まで $x_2 - x_1$ だけ変化すると，$f(x)$ の値は $f(x_1)$ から $f(x_2)$ まで $f(x_2) - f(x_1)$ だけ変化する。このときの y の変化量と x の変化量の比

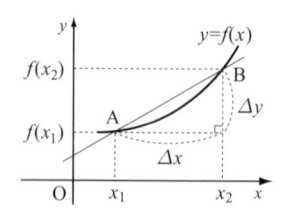

$$\frac{f(x_2) - f(x_1)}{x_2 - x_1}$$

を x が x_1 から x_2 まで変わるときの関数 $f(x)$ の **平均変化率** という。

　変数 x の値の変化量と関数 y の変化量を，Δx，Δy とすると

$$\Delta x = x_2 - x_1, \quad \Delta y = f(x_2) - f(x_1) = f(x_1 + \Delta x) - f(x_1)$$

となる。Δx，Δy をそれぞれ x，y の **増分** という。このとき平均変化率は

$$\frac{\Delta y}{\Delta x} = \frac{f(x_1 + \Delta x) - f(x_1)}{\Delta x}$$

と表される*。

　ここで，Δx が限りなく 0 に近づくときの極限値

$$\lim_{\Delta x \to 0} \frac{\Delta y}{\Delta x} = \lim_{\Delta x \to 0} \frac{f(x_1 + \Delta x) - f(x_1)}{\Delta x}$$

を考え，この極限値が定まるならば，これを関数 $y = f(x)$ の $x = x_1$ における **微分係数** または **変化率** といい，記号で $f'(x_1)$ と表す。

　微分係数 $f'(x_1)$ は，変数 x の 1 つの値 x_1 に対して考えられるものであるから，x_1 が変われば $f'(x_1)$ も変化する。x_1 の代わりに x と書き，x の各々の値に対して，その値における微分係数 $f'(x)$ を対応させることによって，1 つの新しい関数を定義することができる。この新しい関数 $y = f'(x)$ を関数 $y = f(x)$ の **導関数** という。記号では

$$y', \quad f'(x), \quad \frac{dy}{dx}, \quad \frac{d}{dx}f(x)$$

などで表す†。

---

　* Δx はデルタ x と読む。

　† y' は「ワイプライム」，$f'(x)$ は「エフプライムエックス」，$\frac{dy}{dx}$ は「ディーワイ・ディーエックス」と読む。

微分係数と導関数 ────────────────

$x = x_1$ における微分係数

$$f'(x_1) = \lim_{\Delta x \to 0} \frac{f(x_1 + \Delta x) - f(x_1)}{\Delta x} \qquad \cdots\cdots ①$$

関数 $y = f(x)$ の導関数

$$f'(x) = \lim_{\Delta x \to 0} \frac{\Delta y}{\Delta x} = \lim_{\Delta x \to 0} \frac{f(x + \Delta x) - f(x)}{\Delta x}$$

微分係数 ① は $x = x_1 + \Delta x$ とおくと，$\Delta x = x - x_1$ であり，$\Delta x \to 0$ と $x \to x_1$ は同じことであるから，次のように表すこともできる。

$$f'(x_1) = \lim_{x \to x_1} \frac{f(x) - f(x_1)}{x - x_1}$$

関数 $f(x)$ について，$x = x_1$ における微分係数 $f'(x_1)$ が存在するならば，関数 $f(x)$ は $x = x_1$ で **微分可能** であり，関数 $f(x)$ が $x = x_1$ で微分可能ならば，$f(x)$ は $x = x_1$ で連続である。

なぜなら，$f(x)$ が $x = x_1$ で微分可能ならば，$f'(x_1)$ が存在するから

$$\lim_{x \to x_1} \{f(x) - f(x_1)\} = \lim_{x \to x_1} \left\{ \frac{f(x) - f(x_1)}{x - x_1} \cdot (x - x_1) \right\}$$

$$= \lim_{x \to x_1} \frac{f(x) - f(x_1)}{x - x_1} \cdot \lim_{x \to x_1} (x - x_1) = f'(x_1) \cdot 0 = 0 \quad \text{がいえる。}$$

ゆえに，$\lim_{x \to x_1} f(x) = f(x_1)$ となるから，$f(x)$ は $x = x_1$ で連続である。

この逆は成り立たない。すなわち，$f(x)$ が $x = x_1$ で連続であっても，微分可能であるとは限らない。

例えば，関数 $f(x) = |x|$ は $x = 0$ で連続であるが，

$$\lim_{\Delta x \to +0} \frac{f(0 + \Delta x) - f(0)}{\Delta x} = \lim_{\Delta x \to +0} \frac{|\Delta x|}{\Delta x} = 1$$

$$\lim_{\Delta x \to -0} \frac{f(0 + \Delta x) - f(0)}{\Delta x} = \lim_{\Delta x \to -0} \frac{|\Delta x|}{\Delta x} = -1$$

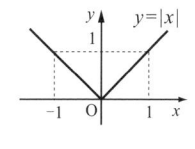

であるから，$f'(0)$ は存在しない。すなわち，$f(x) = |x|$ は $x = 0$ で微分可能ではない。

12.1.2　導関数

導関数の計算

　関数 $f(x)$ の導関数を求めることを，$f(x)$ を x で **微分する** という。次の各関数の導関数は右側の式で与えられる。なお，その導関数を定義に基づいて求めた過程を示す。

導関数

[1]　$f(x) = k$　（k は定数）　　$f'(x) = 0$

[2]　$f(x) = x$　　　　　　　　　$f'(x) = 1$

[3]　$f(x) = x^2$　　　　　　　　$f'(x) = 2x$

[4]　$f(x) = x^3$　　　　　　　　$f'(x) = 3x^2$

[5]　$f(x) = \dfrac{1}{x}$　　　　　　　　$f'(x) = -\dfrac{1}{x^2}$

---

[1]　$f'(x) = \lim\limits_{\Delta x \to 0} \dfrac{k - k}{\Delta x} = \lim\limits_{\Delta x \to 0} \dfrac{0}{\Delta x} = 0$

[2]　$f'(x) = \lim\limits_{\Delta x \to 0} \dfrac{(x + \Delta x) - x}{\Delta x} = \lim\limits_{\Delta x \to 0} \dfrac{\Delta x}{\Delta x} = \lim\limits_{\Delta x \to 0} 1 = 1$

[3]　$f'(x) = \lim\limits_{\Delta x \to 0} \dfrac{(x + \Delta x)^2 - x^2}{\Delta x} = \lim\limits_{\Delta x \to 0} \dfrac{x^2 + 2x \cdot \Delta x + (\Delta x)^2 - x^2}{\Delta x}$

　　　　　$= \lim\limits_{\Delta x \to 0} (2x + \Delta x) = 2x$

[4]　$f'(x) = \lim\limits_{\Delta x \to 0} \dfrac{(x + \Delta x)^3 - x^3}{\Delta x}$

　　　　　$= \lim\limits_{\Delta x \to 0} \dfrac{x^3 + 3x^2 \cdot \Delta x + 3x \cdot (\Delta x)^2 + (\Delta x)^3 - x^3}{\Delta x}$

　　　　　$= \lim\limits_{\Delta x \to 0} \left\{ 3x^2 + 3x \cdot \Delta x + (\Delta x)^2 \right\} = 3x^2$

[5]　$f'(x) = \lim\limits_{\Delta x \to 0} \dfrac{1}{\Delta x} \left(\dfrac{1}{x + \Delta x} - \dfrac{1}{x} \right) = \lim\limits_{\Delta x \to 0} \dfrac{1}{\Delta x} \cdot \dfrac{x - (x + \Delta x)}{(x + \Delta x)x}$

　　　　　$= \lim\limits_{\Delta x \to 0} \dfrac{-1}{x^2 + x \cdot \Delta x} = -\dfrac{1}{x^2}$

例 1] 次の関数について，括弧内の x の値における微分係数を定義に基づいて求めよ。

(1) $f(x) = x^2 + 2ax + b$　$(x = -a)$　　　　(2) $f(x) = x^3 + 3x$　$(x = -2)$

解］(1) $f'(-a)$

$$= \lim_{\Delta x \to 0} \frac{\left\{(-a + \Delta x)^2 + 2a(-a + \Delta x) + b\right\} - \left\{(-a)^2 + 2a(-a) + b\right\}}{\Delta x}$$

$$= \lim_{\Delta x \to 0} \Delta x = 0$$

(2) $f'(-2) = \lim_{\Delta x \to 0} \frac{\left\{(-2 + \Delta x)^3 + 3(-2 + \Delta x)\right\} - \left\{(-2)^3 + 3(-2)\right\}}{\Delta x}$

$$= \lim_{\Delta x \to 0} \frac{15 \cdot \Delta x - 6(\Delta x)^2 + (\Delta x)^3}{\Delta x} = \lim_{\Delta x \to 0} \left\{15 - 6 \cdot \Delta x + (\Delta x)^2\right\} = 15$$

練習 1］次の関数を x で微分せよ（a は定数）。

(1) $y = 2x$　　　(2) $y = 2ax^2$　　　(3) $y = x^3 - 3x - 4$　　　(4) $y = (3x + 2)^2$

(5) $y = -\dfrac{1}{x}$　　　(6) $y = \dfrac{1}{x + 1}$　　　(7) $y = \dfrac{1}{3}x^3 - \dfrac{1}{2}x^2 + 5ax + 12$

導関数の和，積，商

　$f(x)$, $g(x)$ が微分可能であるとき，関数の実数倍，和・差，積および商の導関数を考えよう。

［関数の実数倍］$y = kf(x)$ のとき，この関数の増分は

$$\Delta y = kf(x + \Delta x) - kf(x) = k\left\{f(x + \Delta x) - f(x)\right\}$$

$$y' = \lim_{\Delta x \to 0} \frac{k\left\{f(x + \Delta x) - f(x)\right\}}{\Delta x} = k \lim_{\Delta x \to 0} \frac{f(x + \Delta x) - f(x)}{\Delta x} = kf'(x)$$

よって　$\left\{kf(x)\right\}' = kf'(x)$

［関数の和と差］$y = f(x) + g(x)$ のとき，この関数の増分は

$$\Delta y = \left\{f(x + \Delta x) + g(x + \Delta x)\right\} - \left\{f(x) + g(x)\right\}$$

$$= \left\{f(x + \Delta x) - f(x)\right\} + \left\{g(x + \Delta x) - g(x)\right\}$$

$$y' = \lim_{\Delta x \to 0} \frac{\left\{f(x + \Delta x) - f(x)\right\} + \left\{g(x + \Delta x) - g(x)\right\}}{\Delta x}$$

$$= \lim_{\Delta x \to 0} \frac{f(x + \Delta x) - f(x)}{\Delta x} + \lim_{\Delta x \to 0} \frac{g(x + \Delta x) - g(x)}{\Delta x}$$

$$= f'(x) + g'(x)$$

　同様にして，$y = f(x) - g(x)$ のとき，$y' = f'(x) - g'(x)$ である。

　よって　$\left\{f(x) \pm g(x)\right\}' = f'(x) \pm g'(x)$

[関数の積] $y = f(x)\,g(x)$ のとき，この関数の増分は

$$\Delta y = f(x + \Delta x)\,g(x + \Delta x) - f(x)\,g(x)$$
$$= f(x + \Delta x)\,g(x + \Delta x) - f(x)\,g(x + \Delta x) + f(x)\,g(x + \Delta x) - f(x)\,g(x)$$
$$= \{f(x + \Delta x) - f(x)\}\,g(x + \Delta x) + f(x)\,\{g(x + \Delta x) - g(x)\}$$
$$y' = \lim_{\Delta x \to 0} \left\{ \frac{f(x + \Delta x) - f(x)}{\Delta x} \cdot g(x + \Delta x) + f(x) \cdot \frac{g(x + \Delta x) - g(x)}{\Delta x} \right\}$$
$$= f'(x)\,g(x) + f(x)\,g'(x)$$

よって　$\{f(x)\,g(x)\}' = f'(x)\,g(x) + f(x)\,g'(x)$

[関数の商] $y = \dfrac{1}{g(x)}$ のとき，この関数の増分は

$$\Delta y = \frac{1}{g(x + \Delta x)} - \frac{1}{g(x)} = -\frac{g(x + \Delta x) - g(x)}{g(x + \Delta x)\,g(x)}$$
$$y' = \lim_{\Delta x \to 0} \frac{\Delta y}{\Delta x} = \lim_{\Delta x \to 0} -\frac{g(x + \Delta x) - g(x)}{\Delta x} \cdot \frac{1}{g(x + \Delta x)\,g(x)}$$
$$= -\frac{g'(x)}{\{g(x)\}^2}$$

次に，$y = \dfrac{f(x)}{g(x)}$ のとき

$$\left\{ \frac{f(x)}{g(x)} \right\}' = \left\{ f(x) \cdot \frac{1}{g(x)} \right\}' = f'(x) \cdot \frac{1}{g(x)} + f(x) \cdot \left\{ \frac{1}{g(x)} \right\}'$$
$$= \frac{f'(x)}{g(x)} + f(x) \cdot \frac{-g'(x)}{\{g(x)\}^2} = \frac{f'(x)\,g(x) - f(x)\,g'(x)}{\{g(x)\}^2}$$

よって　$\left\{ \dfrac{f(x)}{g(x)} \right\}' = \dfrac{f'(x)\,g(x) - f(x)\,g'(x)}{\{g(x)\}^2}$

導関数の和，積，商

$f(x)$，$g(x)$ が微分可能な関数で，k が定数のとき

[1] $y = kf(x)$　ならば　　　　$y' = kf'(x)$

[2] $y = f(x) \pm g(x)$　ならば　$y' = f'(x) \pm g'(x)$　　　　（複号同順）

[3] $y = f(x)\,g(x)$　ならば　　$y' = f'(x)\,g(x) + f(x)\,g'(x)$

[4] $y = \dfrac{f(x)}{g(x)}$　ならば　　　$y' = \dfrac{f'(x)\,g(x) - f(x)\,g'(x)}{\{g(x)\}^2}$

　　特に，$y = \dfrac{1}{g(x)}$　ならば　$y' = -\dfrac{g'(x)}{\{g(x)\}^2}$

x^n の導関数

　n を正の整数とするとき，関数 $y = x^n$ の導関数について，一般に

$$(x^n)' = n\,x^{n-1} \qquad \cdots\cdots ①$$

が成り立つ。この公式を数学的帰納法によって証明しよう。

[1] $n = 1$ のとき　$(x)' = 1$，　$n\,x^{n-1} = 1 \cdot x^0 = 1$

　ゆえに，等式 ① は成り立つ。

[2] $n = k$ のとき　等式 ① が成り立つと仮定すると

$$\left(x^k\right)' = k\,x^{k-1} \qquad \cdots\cdots ②$$

　$n = k + 1$ のとき

$$\left(x^{k+1}\right)' = \left(x^k \cdot x\right)' = \left(x^k\right)' \cdot x + x^k \cdot (x)' = \left(k\,x^{k-1}\right) \cdot x + x^k \cdot 1$$
$$= k\,x^k + x^k = (k+1)\,x^k$$

となり，等式 ① の $n = k + 1$ のときと等しくなる。

　よって，[1], [2] により，等式はすべての自然数 n について成り立つ。

　次に，n が負の整数の場合を考えよう。m を正の整数とするとき

$$\left(\frac{1}{x^m}\right)' = -\frac{(x^m)'}{(x^m)^2} = -\frac{m\,x^{m-1}}{x^{2m}} = -\frac{m}{x^{m+1}}$$

であるから

$$(x^{-m})' = -m\,x^{-m-1}$$

と書くことができる。

　ゆえに，$(x^n)' = n\,x^{n-1}$ は，n が負の整数のときにも成り立ち，$n = 0$ の場合も $(1)' = 0$ により　$(x^n)' = n\,x^{n-1}$　となる。

別解] 対数関数の導関数を利用する方法で，$f(x) = x^n$ の両辺の対数をとると

$$\log f(x) = n \log x$$

　両辺を x で微分すると，　$\dfrac{f'(x)}{f(x)} = \dfrac{n}{x}$

　ゆえに　$f'(x) = f(x) \cdot \dfrac{n}{x} = n\,x^{n-1}$

x^n の導関数 (1) ─────────────────────

$$n \text{ が整数のとき} \qquad (x^n)' = n\,x^{n-1}$$

例 2］次の関数を微分せよ。

(1) $f(x) = (2x^2 + 1)(x^3 - 2x)$ 　　　(2) $f(x) = \dfrac{2x - 1}{x^2 - 4}$

(3) $f(x) = x^{-5}$ 　　　(4) $f(x) = 2x - 3 + \dfrac{1}{x^2}$

解］(1) $f(x) = 2x^5 - 3x^3 - 2x$

$\qquad f'(x) = 10x^4 - 9x^2 - 2$

(2) $f'(x) = \dfrac{(2x - 1)'(x^2 - 4) - (2x - 1)(x^2 - 4)'}{(x^2 - 4)^2}$

$\qquad = \dfrac{2(x^2 - 4) - (2x - 1) \cdot 2x}{(x^2 - 4)^2} = -\dfrac{2(x^2 - x + 4)}{(x^2 - 4)^2}$

(3) $f'(x) = -5x^{-6} = -\dfrac{5}{x^6}$

(4) $f'(x) = 2 - 2x^{-3} = 2 - \dfrac{2}{x^3}$

練習 2］次の関数を微分せよ。

(1) $y = \dfrac{1}{3}x^3 - 4x + 5$ 　　(2) $y = \dfrac{x^3 + 1}{x^2 + 1}$ 　　(3) $y = (x + 1)(2x^2 + 3)$

12.1.3　合成関数，逆関数，陰関数の導関数

合成関数の導関数

　y が u の関数で $y = f(u)$，さらに u が x の関数 $u = g(x)$ で，この 2 つの関数がともに微分可能であるとき，**合成関数** $y = f(g(x))$ は x の関数となる。この合成関数 $y = f(g(x))$ の導関数を求めよう。

　$y = f(u)$，$u = g(x)$ のそれぞれの導関数を

$$\frac{dy}{du} = f'(u), \qquad \frac{du}{dx} = g'(x)$$

とし，x の増分 Δx に対する u の増分を Δu，Δu に対する y の増分を Δy とすると，$\Delta u \to 0$ のとき $\Delta x \to 0$ であるから

$$\frac{dy}{dx} = \lim_{\Delta x \to 0} \frac{\Delta y}{\Delta x} = \lim_{\Delta x \to 0}\left(\frac{\Delta y}{\Delta u} \cdot \frac{\Delta u}{\Delta x}\right) = \lim_{\Delta x \to 0}\frac{\Delta y}{\Delta u} \cdot \lim_{\Delta x \to 0}\frac{\Delta u}{\Delta x}$$

$$= \lim_{\Delta u \to 0}\frac{\Delta y}{\Delta u} \cdot \lim_{\Delta x \to 0}\frac{\Delta u}{\Delta x} = \frac{dy}{du} \cdot \frac{du}{dx}$$

となる。よって，次の公式が成り立つ。

合成関数の導関数

　$y = f(u)$ および $u = g(x)$ が微分可能な関数であるとき，合成関数 $y = f(g(x))$ の導関数は

$$\frac{dy}{dx} = \frac{dy}{du} \cdot \frac{du}{dx}$$

$$\{f\,(g(x))\}' = f'(u) \cdot g'(x) = f'\,(g(x)) \cdot g'(x)$$

例 3] $y = (x^3 + 3)^2$ の導関数を求めよ。

解] $u = x^3 + 3$ とおくと，$y = u^2$ となり

$$\frac{du}{dx} = 3x^2\,, \qquad \frac{dy}{du} = 2u$$

よって $\quad \dfrac{dy}{dx} = \dfrac{dy}{du} \cdot \dfrac{du}{dx} = 2u \cdot 3x^2 = 6x^2(x^3 + 3)$

また，次のようにも表される。

$$\left\{(x^3 + 3)^2\right\}' = 2(x^3 + 3)^{2-1} \cdot \left(x^3 + 3\right)' = 6x^2(x^3 + 3)$$

練習 3] 次の関数を微分せよ。

(1) $y = (5x+1)^3$ (2) $y = (x^2+x)^4$ (3) $y = \dfrac{1}{(5x - 1)^2}$ (4) $y = \dfrac{1}{\left(5x^2 - x\right)^2}$

逆関数の導関数

関数 $y = f(x)$ が微分可能であるとき，その逆関数

$$y = f^{-1}(x) \qquad \cdots\cdots ①$$

の導関数を求めよう。① は

$$x = f(y) \qquad \cdots\cdots ②$$

と同値であるから，② の両辺を x の関数とみて，それぞれ x で微分すると

左辺は $\quad \dfrac{d}{dx}\,x = 1$

右辺は $\quad \dfrac{d}{dx}f(y) = \dfrac{d}{dy}f(y) \cdot \dfrac{dy}{dx} = \dfrac{dx}{dy} \cdot \dfrac{dy}{dx}$

よって $\quad 1 = \dfrac{dx}{dy} \cdot \dfrac{dy}{dx}$

ゆえに，次の関係が成り立つ。

逆関数の導関数

$$\frac{dy}{dx} = \frac{1}{\dfrac{dx}{dy}}$$

例 4] $y = x^2 - x$ より $\dfrac{dx}{dy}$ を求め，$\dfrac{dx}{dy} \cdot \dfrac{dy}{dx} = 1$ であることを示せ。

解〕両辺を x で微分すると　　$\dfrac{dy}{dx} = 2x - 1$

　　次に，y で微分すると

$$1 = \frac{d}{dy}x^2 - \frac{d}{dy}x = \frac{d}{dx}x^2 \cdot \frac{dx}{dy} - \frac{d}{dx}x \cdot \frac{dx}{dy} = 2x \cdot \frac{dx}{dy} - \frac{dx}{dy}$$

　　ゆえに　$\dfrac{dx}{dy} = \dfrac{1}{2x-1}$，　　　よって　$\dfrac{dx}{dy} \cdot \dfrac{dy}{dx} = \dfrac{1}{2x-1} \cdot (2x-1) = 1$

例 5〕 関数 $y = x^{\frac{1}{4}}$ の導関数を求めよ。

解〕$y = x^{\frac{1}{4}}$ は $y = x^4$ $(x > 0)$ の逆関数である。すなわち，$y = x^{\frac{1}{4}}$ の両辺を 4 乗すると，$x = y^4$ となる。したがって

$$\frac{dy}{dx} = \frac{1}{\dfrac{dx}{dy}} = \frac{1}{4y^3} = \frac{1}{4}\left(x^{\frac{1}{4}}\right)^{-3} = \frac{1}{4}x^{-\frac{3}{4}}$$

　　上記の例は，x^r の導関数において r が分数の場合である。そこで次に，公式 $(x^n)' = n\,x^{n-1}$ の n が任意の有理数 r の場合にもこの公式が成り立つことを示す。

　　q は正の整数，p は任意の整数として，関数 $y = x^{\frac{p}{q}}$ を考える。$u = x^{\frac{1}{q}}$ とおくと，$y = u^p$ となるから

$$\frac{dy}{dx} = \frac{dy}{du} \cdot \frac{du}{dx} = p\,u^{p-1} \cdot \frac{1}{q}x^{\frac{1}{q}-1} = \frac{p}{q}x^{\frac{p-1}{q}+\frac{1}{q}-1} = \frac{p}{q}x^{\frac{p}{q}-1}$$

したがって，r が有理数の場合にも次の公式が成り立つ。

x^r の導関数 (2) ────────────────────────────

$$r \text{ が有理数のとき} \qquad (x^r)' = r\,x^{r-1}$$

──

例 6〕 次の関数を微分せよ。

　　(1) $y = \dfrac{1}{\sqrt[3]{x^4}}$　　　　　　　(2) $y = \sqrt{2 - x^2}$

解〕(1) $y' = \left(\dfrac{1}{\sqrt[3]{x^4}}\right)' = \left(x^{-\frac{4}{3}}\right)' = -\dfrac{4}{3}x^{-\frac{7}{3}} = -\dfrac{4}{3\sqrt[3]{x^7}} = -\dfrac{4}{3x^2\sqrt[3]{x}}$

(2) $u = 2 - x^2$ とおくと，$y = u^{\frac{1}{2}}$ であるから

$$\frac{dy}{dx} = \frac{dy}{du} \cdot \frac{du}{dx} = \frac{1}{2}u^{-\frac{1}{2}} \cdot (-2x) = -\frac{x}{\sqrt{2-x^2}}$$

練習 4〕 次の関数を微分せよ。

　　(1) $y = x^3\sqrt{x}$　　　(2) $y = \dfrac{x-2}{\sqrt[3]{x}}$　　　(3) $y = \sqrt[3]{(5-3x)^2}$

陰関数の導関数

2 つの変数 x, y の関係が，関数 $F(x, y) = 0$ のような方程式の形で与えられるとき **陰関数** といい，$y = f(x)$ の形で与えられるとき **陽関数** という。例えば，$x^2 + y^2 = a^2$ において y を x の関数とみれば，y は x の陰関数であり，$y = \pm\sqrt{a^2 - x^2}$ とすると，y は x の陽関数である。そこで，陰関数の導関数を考えてみよう。

原点を中心とする半径 a の円の方程式

$$x^2 + y^2 = a^2 \qquad \cdots\cdots ①$$

が与えられたとき，① を y について解くと

$$y = \sqrt{a^2 - x^2} \quad \cdots\cdots ② \qquad y = -\sqrt{a^2 - x^2} \quad \cdots\cdots ③$$

となり，① は 2 つの関数 ②，③ を表していると考えられる。

関数 ② の導関数は $-a < x < a$ のとき $\dfrac{dy}{dx} = -\dfrac{x}{\sqrt{a^2 - x^2}}$ で，② を代入すると

$$\frac{dy}{dx} = -\frac{x}{y} \qquad \cdots\cdots ④$$

となる。関数 ③ の導関数も同様にして，④ で表される。

また，④ は次のようにして求めることができる。

① の両辺を x で微分すると $\dfrac{d}{dx}x^2 + \dfrac{d}{dx}y^2 = 0$ となる。ここで，y^2 を x で微分するには，合成関数の微分法を用いて

$$\frac{d}{dx}y^2 = \frac{d}{dy}y^2 \cdot \frac{dy}{dx} = 2y\frac{dy}{dx}$$

となる。

よって $2x + 2y\dfrac{dy}{dx} = 0$, すなわち $\dfrac{dy}{dx} = -\dfrac{x}{y}$ （但し，$y \neq 0$）
となる。

このように，x と y の関係が陰関数で与えられたとき，その両辺を微分することによって，$\dfrac{dy}{dx}$ を求めることができる。

例 7] 次の関数について $\dfrac{dy}{dx}$ を求めよ。

(1) $9x^2 + 4y^2 - 36 = 0$ (2) $3x + 2y = 5$ (3) $xy = 5$

解] (1) 与えられた方程式の両辺を x で微分すると

$$\frac{d}{dx}(9x^2) + \frac{d}{dx}(4y^2) - \frac{d}{dx}(36) = 0 \quad \text{これは} \ \ 18x + \frac{d}{dy}(4y^2) \cdot \frac{dy}{dx} - 0 = 0$$

よって $18x + 8y \cdot \dfrac{dy}{dx} = 0$ ゆえに，$y \neq 0$ のとき $\dfrac{dy}{dx} = -\dfrac{9x}{4y}$

(2) $\dfrac{d}{dx}(3x) + \dfrac{d}{dx}(2y) = \dfrac{d}{dx}(5)$，$3 + \dfrac{d}{dy}(2y) \cdot \dfrac{dy}{dx} = 0$，$3 + 2 \cdot \dfrac{dy}{dx} = 0$，$\dfrac{dy}{dx} = -\dfrac{3}{2}$

(3) $x' \cdot y + x \cdot y' = 0$ よって $y' = -\dfrac{y}{x}$

練習 5] $x,\ y$ の関係が $\dfrac{x^2}{a^2} + \dfrac{y^2}{b^2} = 1$（楕円の方程式）で与えられているとき，$\dfrac{dy}{dx}$ を求めよ。

媒介変数と導関数

x と y の関係が媒介変数表示 $x = f(t)$，$y = g(t)$ で与えられるとき，$x = f(t)$ から t は x の関数と考えられ，$t = \varphi(x)$ と表して $y = g(t)$ に代入すると，$y = g(\varphi(x))$ となる。この関数 y は x の関数になる。

そこで，$f(t)$，$g(t)$ がともに微分可能ならば，$\dfrac{dy}{dx}$ は次のように求めることができる。t の増分 Δt に対する $x,\ y$ の増分をそれぞれ Δx，Δy とすれば

$$\frac{\Delta y}{\Delta x} = \frac{\dfrac{\Delta y}{\Delta t}}{\dfrac{\Delta x}{\Delta t}}$$

と表される。ここで，$\displaystyle\lim_{\Delta t \to 0} \frac{\Delta x}{\Delta t} = \frac{dx}{dt}$，$\displaystyle\lim_{\Delta t \to 0} \frac{\Delta y}{\Delta t} = \frac{dy}{dt}$ であり，$\Delta x \to 0$ のとき，$\Delta t \to 0$ であるから

$$\frac{dy}{dx} = \lim_{\Delta x \to 0} \frac{\Delta y}{\Delta x} = \frac{\displaystyle\lim_{\Delta t \to 0} \frac{\Delta y}{\Delta t}}{\displaystyle\lim_{\Delta t \to 0} \frac{\Delta x}{\Delta t}} = \frac{\dfrac{dy}{dt}}{\dfrac{dx}{dt}}$$

となる。よって，次の関係が成り立つ。

媒介変数で表された関数の微分法

$$x = f(t),\quad y = g(t) \text{ のとき} \qquad \frac{dy}{dx} = \frac{\dfrac{dy}{dt}}{\dfrac{dx}{dt}} = \frac{g'(t)}{f'(t)}$$

例 8] x の関数 y が t の媒介変数として $x = 3t - 1$，$y = t^2 + 1$ で表されるとき，導関数 $\dfrac{dy}{dx}$ を t の関数として表せ。

解] $\dfrac{dx}{dt} = 3$，$\dfrac{dy}{dt} = 2t$ であるから $\dfrac{dy}{dx} = \dfrac{2}{3}t$

練習 6] $x = \dfrac{t}{1+t}$，$y = \dfrac{t^2}{1+t}$ であるとき，導関数 $\dfrac{dy}{dx}$ を t の関数として表せ。

12.2 いろいろな関数の導関数

12.2.1 三角関数の導関数

微分積分法では特に断らない限り，角は弧度法で表される。角を弧度法以外で表すと，三角関数を微分するときに余分な係数が掛かり，一般には結果が複雑になる。

三角関数の正弦の差を積に変形する公式

$$\sin A - \sin B = 2 \cos \frac{A+B}{2} \sin \frac{A-B}{2}$$

は弧度法でも成立する。これと三角関数に関する極限値の $\lim\limits_{x \to 0} \dfrac{\sin x}{x} = 1$ を用いて，三角関数の導関数を求めよう。

[$\sin x$ の導関数]

$$\frac{d}{dx} \sin x = \lim_{\Delta x \to 0} \frac{\sin(x + \Delta x) - \sin x}{\Delta x} = \lim_{\Delta x \to 0} \frac{2 \cos\left(x + \frac{\Delta x}{2}\right) \sin \frac{\Delta x}{2}}{\Delta x}$$

$$= \lim_{\Delta x \to 0} \cos\left(x + \frac{\Delta x}{2}\right) \cdot \frac{\sin \frac{\Delta x}{2}}{\frac{\Delta x}{2}} = \cos x \cdot 1 = \cos x$$

ゆえに $\qquad (\sin x)' = \cos x$

[$\cos x$ の導関数]

$\cos x = \sin\left(\dfrac{\pi}{2} + x\right)$ と，合成関数 $y = \sin u$, $u = \dfrac{\pi}{2} + x$ の導関数より

$$\frac{d}{dx} \cos x = \frac{dy}{du} \cdot \frac{du}{dx} = \cos u \times 1 = \cos\left(\frac{\pi}{2} + x\right) = -\sin x$$

ゆえに $\qquad (\cos x)' = -\sin x$

[$\tan x$ の導関数]

$\tan x = \dfrac{\sin x}{\cos x}$ であるから，商の導関数の公式より

$$\frac{d}{dx} \tan x = \frac{(\sin x)' \cos x - \sin x (\cos x)'}{\cos^2 x} = \frac{\cos^2 x + \sin^2 x}{\cos^2 x} = \frac{1}{\cos^2 x}$$

ゆえに $\qquad (\tan x)' = \dfrac{1}{\cos^2 x}$

三角関数の導関数 ————————————————————————

$$(\sin x)' = \cos x, \qquad (\cos x)' = -\sin x, \qquad (\tan x)' = \frac{1}{\cos^2 x}$$

その他に次の公式がある。

$$\left(\sin^{-1} x\right)' = \frac{1}{\sqrt{1-x^2}}\ , \qquad \left(\cos^{-1} x\right)' = -\frac{1}{\sqrt{1-x^2}}\ , \qquad \left(\tan^{-1} x\right)' = \frac{1}{x^2+1}$$

$$\left(\sin^{-1} \frac{x}{a}\right)' = \frac{1}{\sqrt{a^2-x^2}}\ \ (a>0)\ , \qquad \left(\frac{1}{a}\tan^{-1} \frac{x}{a}\right)' = \frac{1}{x^2+a^2}\ \ (a>0)$$

半径 a の円が x 軸に接しながら x 軸上を滑らないで転がるとき，周上の定点 P の描く曲線を **サイクロイド** という。身近には，反射板を取り付けて走っている自転車を横から眺めると，このサイクロイド曲線が見られる。サイクロイドの方程式は回転角 θ を媒介変数とし

$$x = a(\theta - \sin\theta)\ , \qquad y = a(1 - \cos\theta)$$

で表される。

サイクロイドの方程式の導関数は

$$\frac{dx}{d\theta} = a(1-\cos\theta)\ , \qquad \frac{dy}{d\theta} = a\sin\theta$$

であるから

$$\frac{dy}{dx} = \frac{a\sin\theta}{a(1-\cos\theta)} = \frac{\sin\theta}{1-\cos\theta}$$

となる。

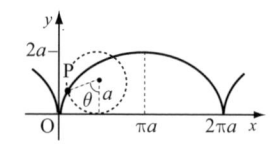

例 9] $\tan x$ の導関数を定義に基づいて求めよ。

解]
$$\begin{aligned}
(\tan x)' &= \lim_{\Delta x \to 0} \frac{\tan(x+\Delta x) - \tan x}{\Delta x} \\
&= \lim_{\Delta x \to 0} \frac{\dfrac{\sin(x+\Delta x)}{\cos(x+\Delta x)} - \dfrac{\sin x}{\cos x}}{\Delta x} \\
&= \lim_{\Delta x \to 0} \frac{\sin(x+\Delta x)\cos x - \cos(x+\Delta x)\sin x}{\Delta x \cdot \cos(x+\Delta x) \cdot \cos x} \\
&= \lim_{\Delta x \to 0} \frac{\sin\{(x+\Delta x) - x\}}{\Delta x \cdot \cos(x+\Delta x) \cdot \cos x} \\
&= \lim_{\Delta x \to 0} \frac{\sin \Delta x}{\Delta x} \cdot \lim_{\Delta x \to 0} \frac{1}{\cos(x+\Delta x) \cdot \cos x} = \frac{1}{\cos^2 x}
\end{aligned}$$

例 10] 次の関数を微分せよ。

(1) $\tan 2x$ 　　　 (2) $\cos^2 3x$ 　　　 (3) $\sin\left(3x + \dfrac{\pi}{3}\right)$

解] (1) $(\tan 2x)' = \dfrac{1}{\cos^2 2x}\ (2x)' = \dfrac{2}{\cos^2 2x}$

(2) $\left(\cos^2 3x\right)' = 2\cos 3x\ (\cos 3x)' = 2\cos 3x\ (-3\sin 3x) = -3\sin 6x$

(3) $\left\{\sin\left(3x + \dfrac{\pi}{3}\right)\right\}' = 3\cos\left(3x + \dfrac{\pi}{3}\right)$

例 11] 楕円の方程式 $\dfrac{x^2}{a^2} + \dfrac{y^2}{b^2} = 1$ は，図の角 θ を
媒介変数とすると，$x = a\cos\theta$，$y = b\sin\theta$ と表される。$\dfrac{dy}{dx}$ を θ の式で表せ。

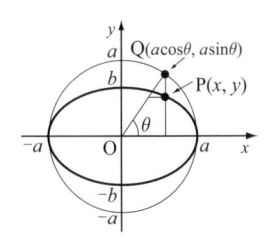

解] $\dfrac{dx}{d\theta} = -a\sin\theta$，$\dfrac{dy}{d\theta} = b\cos\theta$

ゆえに，$\dfrac{dy}{dx} = -\dfrac{b\cos\theta}{a\sin\theta}$

練習 7] 次の関数を微分せよ。

(1) $y = \sin^2 x \cos^3 x$　　(2) $\dfrac{\sin x}{1 + \cos x}$　　(3) $y = \sqrt{1 + \sin^2 x}$

12.2.2　対数関数，指数関数の導関数

対数関数の導関数

対数関数 $f(x) = \log_a x$ $(a > 0,\ a \neq 1,\ x > 0)$ の導関数を求めよう。

$$f'(x) = (\log_a x)' = \lim_{\Delta x \to 0} \frac{\log_a(x + \Delta x) - \log_a x}{\Delta x}$$

$$= \lim_{\Delta x \to 0}\left\{\frac{1}{x} \cdot \frac{x}{\Delta x}\log_a\left(1 + \frac{\Delta x}{x}\right)\right\} = \frac{1}{x}\lim_{\Delta x \to 0}\log_a\left(1 + \frac{\Delta x}{x}\right)^{\frac{x}{\Delta x}}$$

ここで，$\dfrac{\Delta x}{x} = h$ とおくと，$\Delta x \to 0$ のとき，$h \to 0$ であるから

$$f'(x) = \frac{1}{x}\lim_{h \to 0}\log_a(1 + h)^{\frac{1}{h}}$$

となる。

$h \to 0$ のときの $(1 + h)^{\frac{1}{h}}$ の極限値を調べるために，$|h| < 0.1$ の範囲の h で，$(1 + h)^{\frac{1}{h}}$ を計算すると，次の表のようになる。

h	$(1+h)^{\frac{1}{h}}$
0.1	2.59374$\cdots$
0.01	2.70481$\cdots$
0.001	2.71692$\cdots$
0.0001	2.71814$\cdots$
0.00001	2.71826$\cdots$
$\cdots\cdots\cdots$	$\cdots\cdots$

h	$(1+h)^{\frac{1}{h}}$
-0.1	2.86797$\cdots$
-0.01	2.73199$\cdots$
-0.001	2.71964$\cdots$
-0.0001	2.71841$\cdots$
-0.00001	2.71829$\cdots$
$\cdots\cdots\cdots$	$\cdots\cdots$

この表から，$h \to 0$ のとき，$(1 + h)^{\frac{1}{h}}$ は一定の値に限りなく近づくことがわか

る。この極限値を e で表し，e は $e = \lim_{h \to 0}(1+h)^{\frac{1}{h}} = 2.7182818\cdots$ という無理数であることが知られている。

この値 e を用いると，$f(x) = \log_a x$ の導関数は

$$f'(x) = \frac{1}{x}\lim_{h \to 0}\log_a(1+h)^{\frac{1}{h}} = \frac{1}{x}\log_a e = \frac{1}{x\log_e a}$$

となる。特に，底の a が e の対数関数 $f(x) = \log_e x$ については

$$f'(x) = \frac{1}{x}$$

である。

e を底とする対数を **自然対数** といい，e を自然対数の **底** という。微分法や積分法では底として e を用いることが多く，自然対数 $\log_e x$ については底 e を省略して $\log x$ と書く[‡]。

関数 $\log |x|$ の導関数について調べよう。

$$x > 0 \ \text{のとき} \quad \frac{d}{dx}\log|x| = \frac{d}{dx}\log x = \frac{1}{x}$$

$$x < 0 \ \text{のとき} \quad \frac{d}{dx}\log|x| = \frac{d}{dx}\log(-x) = \frac{1}{-x}\cdot(-1) = \frac{1}{x}$$

ゆえに $\quad (\log|x|)' = \dfrac{1}{x}$

一般に，関数 $y = \log|f(x)|$ の導関数については，$f(x) = u$ とおくと

$$\frac{dy}{dx} = \frac{d}{du}\log|u|\cdot\frac{du}{dx} = \frac{1}{u}f'(x) = \frac{f'(x)}{f(x)}$$

となり，次のことがいえる。

$$(\log|f(x)|)' = \frac{f'(x)}{f(x)}$$

対数関数の導関数

$$(\log_a x)' = \frac{1}{x\log a}\ , \qquad\qquad (\log_a|x|)' = \frac{1}{x\log a}$$

$$(\log x)' = \frac{1}{x}\ , \qquad\qquad\qquad (\log|x|)' = \frac{1}{x}$$

例 12] 次の関数を微分せよ。

(1) $\log 3x$ 　　　　　(2) $(\log x)^3$ 　　　　　(3) $\log\left|\dfrac{x+1}{x-1}\right|$

解] (1) $(\log 3x)' = (\log 3 + \log x)' = \dfrac{1}{x}$ 　または $\dfrac{(3x)'}{3x} = \dfrac{1}{x}$

(2) $\left\{(\log x)^3\right\}' = 3(\log x)^2\cdot\dfrac{1}{x} = \dfrac{3(\log x)^2}{x}$

[‡] 常用対数と区別するために，$\ln x$（エル・エヌ・エックス）と書くこともある。

(3) $\left(\log\left|\dfrac{x+1}{x-1}\right|\right)' = (\log|x+1| - \log|x-1|)' = \dfrac{1}{x+1} - \dfrac{1}{x-1} = -\dfrac{2}{x^2-1}$

例 13] 関数 $y = \dfrac{(x-1)(x-2)^2}{(x+1)^3}$ を微分せよ。

解] 両辺の絶対値の対数をとると

$$\log|y| = \log|x-1| + 2\log|x-2| - 3\log|x+1|$$

この両辺を x で微分すると

$$\frac{1}{y} \cdot \frac{dy}{dx} = \frac{1}{x-1} + \frac{2}{x-2} - \frac{3}{x+1} = \frac{2(4x-5)}{(x-1)(x-2)(x+1)}$$

ゆえに　　$\dfrac{dy}{dx} = y \cdot \dfrac{2(4x-5)}{(x-1)(x-2)(x+1)} = \dfrac{2(x-2)(4x-5)}{(x+1)^4}$

指数関数の導関数

指数関数 $y = a^x \ (a > 0, \ a \neq 1)$ の導関数について考えよう。

$y = a^x$ の両辺の対数をとると

$$\log y = x\log a \quad (y > 0)$$

この両辺を x で微分すると

$$\frac{d}{dy}\log y \cdot \frac{dy}{dx} = \log a \qquad よって \quad \frac{1}{y} \cdot \frac{dy}{dx} = \log a$$

ゆえに　　$\dfrac{dy}{dx} = a^x \log a$

特に，$a = e$ のときは　　$\dfrac{dy}{dx} = e^x \log e = e^x$

指数関数の導関数 ────────────────────

$$(a^x)' = a^x \log a \,, \qquad\qquad (e^x)' = e^x$$

────────────────────────────────

公式 $(x^r)' = r\,x^{r-1}$ は，r が有理数のときに成り立つことは既に学んだ。α が実数のとき，関数 $y = x^\alpha$ の導関数について考えよう。

$y = x^\alpha$ の両辺の絶対値の対数をとると

$$\log|y| = \alpha\log|x| \qquad\qquad \cdots\cdots ①$$

① の両辺をそれぞれ x の関数とみて，x で微分すると

$$\frac{d}{dy}\log|y| \cdot \frac{dy}{dx} = \alpha\frac{1}{x} \qquad よって \quad \frac{1}{y} \cdot \frac{dy}{dx} = \alpha\frac{1}{x}$$

ゆえに　　$\dfrac{dy}{dx} = \alpha\dfrac{y}{x} = \alpha\dfrac{x^\alpha}{x} = \alpha\,x^{\alpha-1}$

となり，α が実数の場合にも成り立つ。

x^α の導関数 (3) ————————————————————————

α が実数のとき　　　$(x^\alpha)' = \alpha\, x^{\alpha-1}$

————————————————————————————————————

例 14] 次の関数を微分せよ。

(1) e^{-2x}　　　　(2) a^{3x+1}　　　　(3) e^{-x^3}　　　　(4) $e^{2x}\log x$

解] (1) $\left(e^{-2x}\right)' = e^{-2x}\cdot(-2x)' = -2e^{-2x}$

(2) $\left(a^{3x+1}\right)' = a^{3x+1}\log a\cdot(3x+1)' = 3a^{3x+1}\log a$

(3) $\left(e^{-x^3}\right)' = -3x^2 e^{-x^3}$

(4) $(e^{2x}\log x)' = 2e^{2x}\log x + e^{2x}\dfrac{1}{x} = e^{2x}\left(2\log x + \dfrac{1}{x}\right)$

例 15] $y = x^x\ (x > 0)$ を微分せよ。

解] 両辺の対数をとると，$\log y = x\log x$

　　($x > 0$ であるから $y > 0$ であり，絶対値をとる必要はない)

　　両辺を x で微分すると

　　　　$\dfrac{1}{y}\dfrac{dy}{dx} = \log x + x\dfrac{1}{x} = \log x + 1$　　　　よって　　$\dfrac{dy}{dx} = y(\log x + 1)$

　ゆえに　　　$\dfrac{dy}{dx} = x^x(\log x + 1)$

練習 8] 次の関数を微分せよ。

(1) 20^{-x}　　　　(2) $e^{3x}\sin x$　　　　(3) $x^3 e^{2x-1}$　　　　(4) $\dfrac{e^x + e^{-x}}{e^x - e^{-x}}$

(5) $\log\dfrac{1}{|\tan x|}$　　　　(6) $\log\left|x + \sqrt{x^2 + a}\right|$　　　　(7) $\dfrac{\sqrt{2x+3}}{(x+4)^2(x+1)}$

12.2.3　高次導関数

　関数 $y = f(x)$ の導関数 $y' = f'(x)$ は，また，x の関数である。y' がさらに微分可能ならば，その導関数 y'' を考えることができる。$y' = f'(x)$ の導関数をもとの関数 $y = f(x)$ の **第 2 次導関数** といい，y'' などと表す。すなわち，$f''(x) = \lim\limits_{\Delta x \to 0}\dfrac{f'(x + \Delta x) - f'(x)}{\Delta x}$ である。

　第 2 次導関数に対して，$y = f(x)$ の導関数 y' を **第 1 次導関数** という。関数

$y = f(x)$ の第 2 次導関数 y'' の導関数を $y = f(x)$ の第 3 次導関数といい，y''' などと表す。

一般に，関数 $y = f(x)$ を n 回微分して得られる関数を，$y = f(x)$ の **第 n 次導関数** といい，記号で

$$y^{(n)}, \qquad f^{(n)}(x), \qquad \frac{d^n y}{dx^n}, \qquad \frac{d^n}{dx^n} f(x)$$

などで表す[§]。第 2 次以上の導関数を **高次導関数** という。

例 16] 関数 $y = x^\alpha$ （α は実数）の第 n 次導関数を求めよ。

解]
$$y' = \alpha x^{\alpha-1}$$
$$y'' = \alpha(\alpha-1)x^{\alpha-2}$$
$$y''' = \alpha(\alpha-1)(\alpha-2)x^{\alpha-3}$$
$$\cdots\cdots\cdots\cdots$$

一般に，第 n 次導関数は

$$y^{(n)} = \alpha(\alpha-1)(\alpha-2)\cdots(\alpha-n+1)\,x^{\alpha-n}$$

この例において，特に，α が自然数で，$\alpha = n$ のときには

$$\frac{d^n}{dx^n}(x^n) = n(n-1)(n-2)\cdots 2\cdot 1 = n!$$

したがって，$y = x^n$ （n は自然数）のとき，その第 m 次導関数 $(m > n)$ は常に 0 である。すなわち

$$\frac{d^m}{dx^m}(x^n) = 0 \qquad (\text{但し，} m > n, \ n \text{ は自然数})$$

12.3 微分の応用

12.3.1 接線の方程式

微分係数の幾何学的意味を考えてみよう。

曲線 $y = f(x)$ について，その曲線上の 2 点を

$$\mathrm{A}\left(x_1, f(x_1)\right), \qquad \mathrm{B}\left(x_1 + \Delta x, f(x_1 + \Delta x)\right)$$

とする。$f(x)$ の平均変化率

$$\frac{f(x_1 + \Delta x) - f(x_1)}{\Delta x}$$

[§] $y^{(n)}$ はワイ・エヌ・プライム，$\dfrac{d^n y}{dx^n}$ はディーエヌワイ・ディーエックスエヌと読む。

は，直線 AB の傾きであり，その直線の方程式は

$$y - f(x_1) = \frac{f(x_1 + \Delta x) - f(x_1)}{\Delta x}(x - x_1)$$

である。点 B が曲線に沿って限りなく定点 A に
近づくことは，Δx が限りなく 0 に近づくことに
あたる。ゆえに

$$f'(x_1) = \lim_{\Delta x \to 0} \frac{f(x_1 + \Delta x) - f(x_1)}{\Delta x}$$

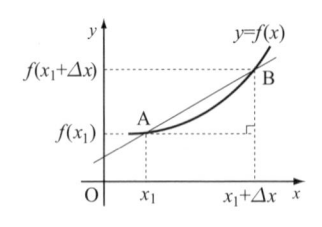

は，つまり，$f(x)$ の x_1 における微分係数は，曲線 $y = f(x)$ 上の点 A $(x_1,\ f(x_1))$
における **接線** の傾きを表す。このとき，点 A を **接点** という。

したがって，接線の方程式は次のようになる。

接線の方程式

曲線 $y = f(x)$ 上の点 $(x_1,\ f(x_1))$ における接線の方程式は

$$y - f(x_1) = f'(x_1)(x - x_1)$$

例 17] 曲線 $y = \sqrt{x}$ について，点 $(1,\ 1)$ における接線の方程式を求めよ。また，
点 $(0,\ 3)$ から引いた接線の方程式も求めよ。

解] $y' = \dfrac{1}{2\sqrt{x}}$ であるから，$x = 1$ のとき $y' = \dfrac{1}{2}$ であ
る。よって，点 $(1,\ 1)$ における接線の傾きは $\dfrac{1}{2}$ である
ので，接線の方程式は

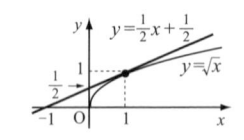

$$y - 1 = \frac{1}{2}(x - 1) \qquad ゆえに \qquad y = \frac{1}{2}x + \frac{1}{2}$$

次に，点 $(0,\ 3)$ から引いた接線と曲線との接点の座標を $(a^2,\ a)$ とする。なお，
$a > 0$ である。点 $(a^2,\ a)$ における接線の傾きは $y' = \dfrac{1}{2a}$ であり，接線の方程式は
$y - a = \dfrac{1}{2a}(x - a^2)$ である。

これが点 $(0,\ 3)$ を通るので，$3 - a = \dfrac{1}{2a}(0 - a^2)$ よって $a = 6$

接線の方程式は $y = \dfrac{1}{12}x + 3$ である。

例 18] 曲線 $y = x^3 - x$ で，$x = -1$ におけるこの曲線の接線の方程式を求めよ。

解] $f(x) = x^3 - x$ とおくと $f'(x) = 3x^2 - 1$

$x = -1$ のとき，この曲線上の y の座標は 0 であるから

$$y - 0 = f'(-1)(x + 1) \qquad よって \qquad y = 2x + 2$$

練習 9] 楕円 $\dfrac{x^2}{8} + \dfrac{y^2}{2} = 1$ の曲線上の点 $(2,\ 1)$ における接線の方程式を求めよ。

12.3.2 微分の例

関数 $y = f(x)$ において，変数 x, y がさまざまな量を表すとき，その導関数の意味を考えてみよう。

一辺の長さ x の正方形の面積は $S(x) = x^2$ であり，一辺の長さが $x + h$ になったときの正方形の面積の増分は

$$S(x + h) - S(x)$$

であり，図の塗りつぶした部分の面積を表している。

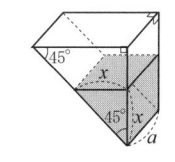

ここで，h を十分に小さくすると，増分した面積は近似的に

$$S(x + h) - S(x) \fallingdotseq 2xh$$

と書くことができる。両辺を h で割って，$h \to 0$ とすると

$$\lim_{h \to 0} \frac{S(x + h) - S(x)}{h} \ \to \ 2x$$

よって，$S'(x) = 2x$ となり，**面積を微分したものは長さ** になることがわかる。

次に，図のような奥行きが a の直角二等辺三角形の水槽に水を貯める。高さ x までの水の体積を $V(x)$ とすると，$V(x) = \dfrac{1}{2} ax^2$ であり，このとき，$V'(x) = ax$ となる。

この $V'(x)$ の意味について考えてみよう。ここで，高さ x での水面の面積を $g(x)$ とする。いま，水面が x から $x + h$ まで上昇したとすると，そのときの $V(x)$ の増分は $V(x + h) - V(x)$ である。ここで h を十分に小さくすると，増分した水の量は，近似的に

$$V(x + h) - V(x) \fallingdotseq g(x) \cdot h$$

と書くことができる。両辺を h で割って，$h \to 0$ とすると

$$\lim_{h \to 0} \frac{V(x + h) - V(x)}{h} \ \to \ g(x)$$

よって，$V'(x) = g(x) = ax$ となり，**体積を高さで微分したものは面積** になることがわかる。

ある量 y が特定の値 x に合わせて変動するとき，微分することはある量全体から瞬間を取り出して，その瞬間の変化率を求めることである。体積（3 次元）を微分するとその表面積（2 次元），面積を微分するとその周囲の線の長さ（1 次元）が求まる。なお，微分は次元を一つ下げる働きがある。

12.3.3 平均値の定理

ロルの定理

関数 $f(x)$ が閉区間 $[a, b]$ で連続なときは，必ず $[a, b]$ で最大値および最小値が存在する（最大値・最小値の定理）。この定理を用いてロルの定理を証明し，ロルの定理を用いて平均値の定理を証明しよう。

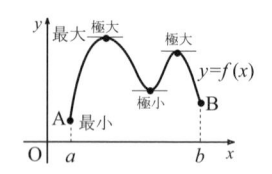

ロルの定理 は図形的にいうと，「曲線 $y = f(x)$ の接線は，$f(a) = f(b)$ である点 $A(a, f(a))$ と 点 $B(b, f(b))$ を結ぶ直線 AB に平行になるような接点 $C(c, f(c))$ をもち，接点 C は $a < c < b$ に少なくとも 1 つ存在する」ということである。また，平均値の定理はロルの定理で直線 AB が x 軸に平行でなくなった場合をいう。

ロルの定理 ―――――――――――――――――――――――――

関数 $f(x)$ が閉区間 $[a, b]$ で連続で，開区間 (a, b) で微分可能であるとき，$f(a) = f(b)$ ならば
$$f'(c) = 0 \qquad （但し，a < c < b）$$
を満たす c が存在する。

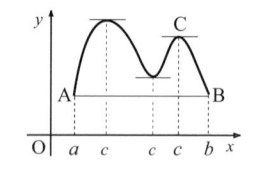

――――――――――――――――――――――――――――――――

証明] 1) $a \leqq x \leqq b$ で常に $f(x) = 0$ のときは，$f'(x) = 0$ で定理は成り立つ。

2) $a \leqq x \leqq b$ で $f(x) > 0$ である x の値が存在するとき，$f(x)$ は $a \leqq x \leqq b$ で連続であるから，この区間で最大値をとる（最大値・最小値の定理）。その最大値を $f(c)$ とすると，$a < c < b$ で，絶対値が十分小さい Δx に対して
$$a < c + \Delta x < b \qquad かつ \qquad f(c + \Delta x) \leqq f(c)$$
が成り立つ。したがって，$f(c + \Delta x) - f(c) \leqq 0$ となり

$\Delta x > 0$ ならば $\dfrac{f(c + \Delta x) - f(c)}{\Delta x} \leqq 0$

ゆえに $\displaystyle \lim_{\Delta x \to +0} \frac{f(c + \Delta x) - f(c)}{\Delta x} = f'(c) \leqq 0 \quad \cdots\cdots ①$

$\Delta x < 0$ ならば $\dfrac{f(c + \Delta x) - f(c)}{\Delta x} \geqq 0$

ゆえに $\displaystyle \lim_{\Delta x \to -0} \frac{f(c + \Delta x) - f(c)}{\Delta x} = f'(c) \geqq 0 \quad \cdots\cdots ②$

よって，$f(x)$ は $a < x < b$ で微分可能であるから

$$f'(c) \leq 0 \quad かつ \quad f'(c) \geq 0 \ より \qquad f'(c) = 0$$

3) $a \leq x \leq b$ で $f(x) < 0$ である x の値が存在するときは，$f(x)$ が最小値をとるときの x の値 c について，同様に考えることができる。

この定理は，図のように $f'(c) = 0$ が何個あるかわからないが，少なくとも 1 個は存在することを保証する定理である。

平均値の定理

ロルの定理で，直線 AB が x 軸に平行でない場合を考えると，**平均値** の定理が出てくる。

平均値の定理 ――――――――――――――――

関数 $f(x)$ が閉区間 $[a,\ b]$ で連続で，開区間 $(a,\ b)$ で微分可能であるとき

$$\frac{f(b) - f(a)}{b - a} = f'(c) \qquad (但し，\ a < c < b)$$

を満たす c が存在する。

証明] $F(x) = f(x) - f(a) - m(x - a)$，$m = \dfrac{f(b) - f(a)}{b - a}$ とおくと，$F(x)$ は $[a,\ b]$ で連続，$(a,\ b)$ で微分可能であり

$$F'(x) = f'(x) - m$$

$F(x)$ は $F(a) = 0$，$F(b) = 0$ を満たすから，ロルの定理より

$$F'(c) = f'(c) - m = 0，\qquad a < c < b$$

すなわち，$f'(c) = \dfrac{f(b) - f(a)}{b - a}，\quad a < c < b$

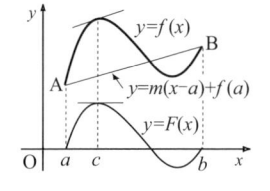

となる c が存在する。

平均値の定理は，微分積分で出てくる $x = c$ というような局部的な性質を，$[a,\ b]$ のような大域的にも成り立つことを証明するときに使われる 1 つの有力な手段である。

例 19] 閉区間 $[a,\ b]$ で $a = -1$，$b = 2$ に対し，関数 $f(x) = 2x^2 - 3$ について平均値の定理を満たす c の値を求めよ。

解] $f(x)$ は $-1 < x < 2$ で微分可能で，$f'(x) = 4x$ である。すなわち，$f(x)$ は $[-1,\ 2]$ で連続で微分可能であるから，平均値の定理より

$$\frac{2 \cdot 2^2 - 3 - 2 \cdot (-1)^2 + 3}{2 - (-1)} = 4c$$

で，c は $-1 < c < 2$ を満たす値が存在し，　$c = \dfrac{1}{2}$

例 20] 閉区間 $[a,\ b]$ で $a = 1$，$b = e$ に対し，関数 $f(x) = 2\log x$ について平均値の定理を満たす c の値を求めよ。

解] $f(x)$ は $x > 0$ で微分可能で，$f'(x) = \dfrac{2}{x}$ である。すなわち，$f(x)$ は $[1,\ e]$ で連続で微分可能であるから，平均値の定理より $\dfrac{2}{e-1} = \dfrac{2}{c}$ で，c は $1 < c < e$ を満たす値が存在し，$c = e - 1$

例 21] 平均値の定理を用いて，$x > 0$ のとき，次の不等式を証明せよ。

$$\frac{1}{x+1} < \log(x+1) - \log x < \frac{1}{x}$$

解] 関数 $f(x) = \log x$ は $x > 0$ で微分可能で，$f'(x) = \dfrac{1}{x}$ であるから，$x > 0$ のとき，平均値の定理により

$$\frac{\log(x+1) - \log x}{(x+1) - x} = \frac{1}{c}, \quad x < c < x+1$$

が成り立つような数 c がある。

また，$0 < x < c < x+1$ であるから　$\dfrac{1}{x+1} < \dfrac{1}{c} < \dfrac{1}{x}$

したがって　$\dfrac{1}{x+1} < \log(x+1) - \log x < \dfrac{1}{x}$

12.3.4 関数の増減，極大・極小

関数の増減

区間における関数 $f(x)$ の値の増減と導関数 $f'(x)$ の符号の関係について考えよう。関数 $f(x)$ が閉区間 $[a,\ b]$ で連続のとき，関数 $f(x)$ の $x = p$ における微分係数 $f'(x)$ は，点 $\mathrm{P}\,(p,\ f(p))$ における接線の傾きに等しい。

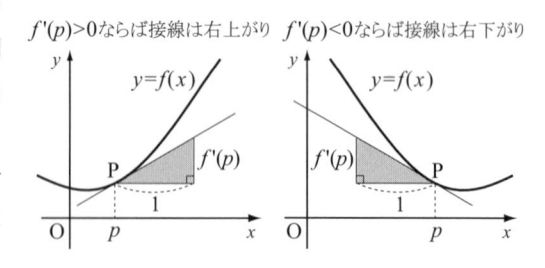

したがって，$f'(p) > 0$ ならば接線は右上がり，$f'(p) < 0$ ならば，接線は右下がりであることがわかる。

接点 P の近くでは関数 $f(x)$ のグラフは接線とほぼ一致し，接線が右上がりのと

き $f(x)$ は増加し，接線は右下がりのとき $f(x)$ は減少を表している。よって，次のことがいえる。

関数の増減

関数 $f(x)$ が閉区間 $[a, b]$ で連続で，開区間 (a, b) において

[1] 常に $f'(x) > 0$ ならば，$f(x)$ は 増加 する。

[2] 常に $f'(x) < 0$ ならば，$f(x)$ は 減少 する。

例 22] 定義域 $x > 0$ において，関数 $y = \log x$ と $y = -\log x$ の増減を調べよ。

解] 定義域 $x > 0$ において

$$y' = \frac{1}{x} > 0 \quad と \quad y' = -\frac{1}{x} < 0$$

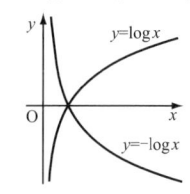

である。よって，$x > 0$ において，$y = \log x$ は増加し，$y = -\log x$ は減少する。

極大・極小

微分可能な関数 $f(x)$ について，$f'(c) = 0$ で，$f'(x)$ が $x = c$ の前後で異符号ならば，$f(x)$ は $x = c$ で **極値** をとる。これを証明しよう。

$f(c)$ が極大値をとる場合，$|\Delta x|$ が十分小さければ，$f(c + \Delta x) < f(c)$ であるから

$\Delta x > 0$ のとき $\dfrac{f(c + \Delta x) - f(c)}{\Delta x} < 0$

ゆえに $\displaystyle\lim_{\Delta x \to +0} \dfrac{f(c + \Delta x) - f(c)}{\Delta x} \leqq 0$

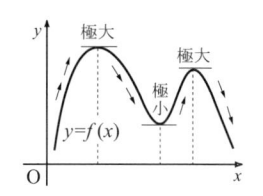

$\Delta x < 0$ のとき $\dfrac{f(c + \Delta x) - f(c)}{\Delta x} > 0$

ゆえに $\displaystyle\lim_{\Delta x \to -0} \dfrac{f(c + \Delta x) - f(c)}{\Delta x} \geqq 0$

$f(x)$ は $x = c$ で微分可能であるから

$$f'(c) \leqq 0 \qquad かつ \qquad f'(c) \geqq 0$$

ゆえに，$f'(c) = 0$ となり，$f(x)$ は $x = c$ で極大値をとる。

$f(x)$ が $x = c$ で極小になる場合についても同様に証明される。

関数によっては，微分できない点で極値をとることがある。例えば，関数 $y = |x|$ は $x = 0$ で $f'(x)$ は存在しない。よって，微分可能ではないが，$x = 0$ で極小値 0 をとる。

　一般に，連続な関数 $f(x)$ の極値を求めるには，$f'(x) = 0$ となる点と，微分可能でない点について，その前後での関数の値の変化を調べればよい。

極値の判定

c を内部に含むある区間で考える。

[1] 関数 $f(x)$ が $x = c$ で極値をとるならば，$f'(c) = 0$

[2] $x < c$ のとき $f'(x) > 0$ で，$x > c$ のとき $f'(x) < 0$ ならば，

　　　$f(x)$ は $x = c$ で極大になり，$f(c)$ が **極大値** である。

　　$x < c$ のとき $f'(x) < 0$ で，$x > c$ のとき $f'(x) > 0$ ならば，

　　　$f(x)$ は $x = c$ で極小になり，$f(c)$ が **極小値** である。

例 23] 関数 $f(x) = \dfrac{2x}{x^2 + 1}$ の極値を求めよ。

解]
$$f'(x) = \frac{(2x)' \cdot (x^2 + 1) - 2x \cdot (x^2 + 1)'}{(x^2 + 1)^2}$$
$$= \frac{2(1 - x^2)}{(x^2 + 1)^2}$$

x	$\cdots$	-1	$\cdots$	1	$\cdots$
y'	$-$	0	$+$	0	$-$
y	$\searrow$	極小 -1	$\nearrow$	極大 1	$\searrow$

増減表より，$x = -1$ のとき極小値 -1，$x = 1$ のとき極大値 1 になる。

例 24] 関数 $f(x) = x^3 + 6kx^2 + 12x$ が極値をもたないような定数 k の値の範囲を求めよ。

解] $f'(x) = 3x^2 + 12kx + 12$

　x^3 の係数が正であるから，$f(x)$ が極値をもたない条件は常に

　　$f'(x) = 3(x^2 + 4kx + 4) \geqq 0$　　すなわち　$x^2 + 4kx + 4 \geqq 0$

　そのための条件は，$x^2 + 4kx + 4 = 0$ の判別式を D とすると

　　$\dfrac{D}{4} = 4k^2 - 4 \leqq 0$　　　　すなわち　$k^2 \leqq 1$

　したがって，求める k の値の範囲は　$-1 \leqq k \leqq 1$

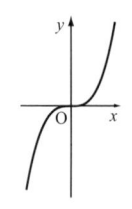

最大・最小

　関数 $f(x)$ が閉区間 $[a,\ b]$ で連続であるとき，$f(x)$ はこの区間で必ず最大値，最小値をもつ。その最大値，最小値は，$f(x)$ の極大，極小を求め，極値と両端の関数の値 $f(a)$，$f(b)$ とを比較することで求められる。

例 25] 底面の辺の長さが a の正方形で，a と高さ h の和が一定の長さ l の四角柱

について，その体積の最大値を求めよ。

解] $a + h = l$ とすると，$h = l - a$ であるから，
$0 < a < l$ で，体積 V は

$$V = a^2 h = a^2(l - a)$$

a について微分すると

$$\frac{dV}{da} = -3a^2 + 2la = -3a\left(a - \frac{2}{3}l\right)$$

よって，$a = \frac{2}{3}l$ のとき，V は最大となり

最大値は $\frac{4}{27}l^3$

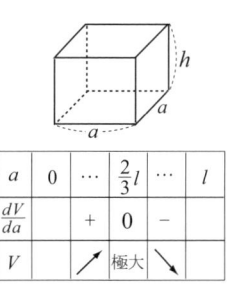

a	0	$\cdots$	$\frac{2}{3}l$	$\cdots$	l
$\frac{dV}{da}$		$+$	0	$-$	
V		↗	極大	↘	

例 26] 1 辺が長さ 50 cm の正方形の厚紙から，図のように塗りつぶしの部分を切り落とし，破線に沿って折り曲げて，ふたつきの直方体の箱をつくるとき，箱の体積の最大値を求めよ。

解] 高さを x cm とすると，体積 $V(x)$ cm³ は

$$V(x) = x(25 - x)(50 - 2x)$$
$$= 2(x^3 - 50x^2 + 625x) \quad (0 < x < 25)$$
$$V'(x) = 2(3x^2 - 100x + 625)$$
$$= 6(x - 25)\left(x - \frac{25}{3}\right)$$

よって，$x = \frac{25}{3}$ のとき　最大値 $\dfrac{125,000}{27}$ cm³

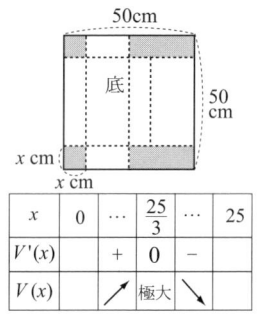

x	0	$\cdots$	$\frac{25}{3}$	$\cdots$	25
$V'(x)$		$+$	0	$-$	
$V(x)$		↗	極大	↘	

練習 10] 次の関数の最大値と最小値を，指定された範囲で求めよ。

(1) $y = x^3 - x^2 - x - 1$ $[-1, 2]$ (2) $y = -x(x - 3)^2$ $[-1, 4]$

練習 11] 図のような放物線 $y = -x^2 + 9x$ $(0 \leqq x \leqq 9)$ がある。この曲線上の点 P (x, y) から垂線を下ろし，x 軸との交点を H とする。△POH の面積 S を最大にする x を求めよ。

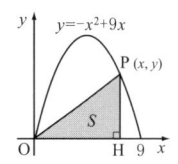

12.3.5 第 2 次導関数とグラフ

極値の判定

第 2 次導関数 $f''(x)$ の値の正負は，$f(x)$ のどのような性質を表しているのかをみる。$f''(x)$ は $f'(x)$ の導関数であるから，第 1 次導関数の場合と同様に，$f'(x)$

の値の増減は $f''(x)$ の値の正負によって判定することができる。そこで，第 2 次導関数を用いて極値を判定する方法を考えよう。

関数 $f(x)$ は第 2 次導関数をもち，$f'(c) = 0$，$f''(c) > 0$ のとき

$$f''(c) = \lim_{\Delta x \to 0} \frac{f'(c + \Delta x) - f'(c)}{\Delta x} = \lim_{\Delta x \to 0} \frac{f'(c + \Delta x)}{\Delta x} > 0$$

であるから，Δx が 0 に限りなく近いとき，$f'(c + \Delta x)$ と Δx とは同符号をもつ。

したがって，Δx が 0 に限りなく近くて

$$\Delta x < 0 \quad \text{すなわち，} \quad x = c + \Delta x < c \quad \text{のとき} \quad f'(x) < 0$$

$$\Delta x > 0 \quad \text{すなわち，} \quad x = c + \Delta x > c \quad \text{のとき} \quad f'(x) > 0$$

であるから，$f(x)$ は $x = c$ で極小となる。

同様に $f'(c) = 0$，$f''(x) < 0$ のとき，$f(x)$ は $x = c$ で極大となる。

第 2 次導関数による極値の判定

[1] $f'(c) = 0$，$f''(c) > 0$　ならば，$f(x)$ は $x = c$ で　極小　となる。

[2] $f'(c) = 0$，$f''(c) < 0$　ならば，$f(x)$ は $x = c$ で　極大　となる。

曲線 $y = f(x)$ が $x = c$ で $f''(c) = 0$ となり，$x = c$ の前後で $f''(c)$ の符合が異符号になれば，曲線上の点 $(c, f(c))$ は曲線 $y = f(x)$ の **変曲点** という。

第 1 次導関数と第 2 次導関数の符号による曲線の変化をまとめると，図のようになる。

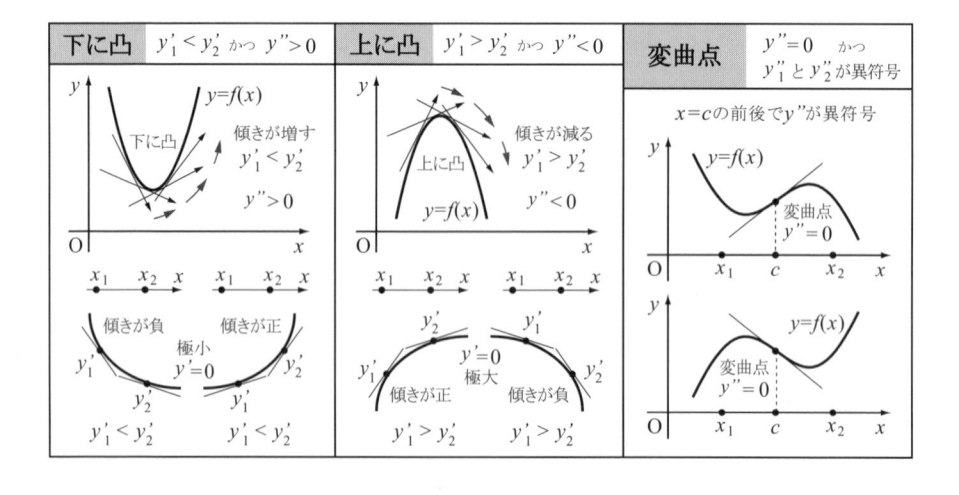

$f'(c) = f''(c) = 0$ となる場合は，これだけから $f(x)$ が $x = c$ で極値をとるかどうかを判定することはできない。例えば，$y = x^3$，$y = x^4$ は，いずれも $f'(0) = f''(0) = 0$ となる。しかし，x^3 は $x = 0$ で極値をとらず変曲点であり，一方，x^4 は $x = 0$ で極小値をとる。

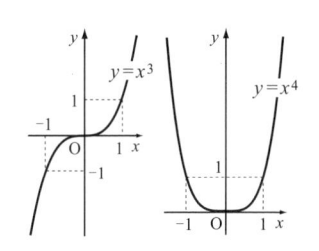

このように，$f'(c) = f''(c) = 0$ の場合には，$f(x)$ が $x = c$ で極値をとる場合ととらない場合とがある。

例 27] 関数 $f(x) = x^3 - 6x^2 + 9x$ の極値と，変曲点があれば変曲点を求めよ。

解] $f'(x) = 3x^2 - 12x + 9$, $\quad f''(x) = 6x - 12$

$f'(x) = 0$ を解くと，$\quad x = 1,\ 3$

増減の表より，$x = 1$ で極大となり，最大値は $f(1) = 4$

$\qquad\qquad\qquad x = 3$ で極小となり，極小値は $f(3) = 0$

また，$f''(x) = 0$ を解くと $x = 2$ で，その前後で $f''(x)$ は異符号になるので，$x = 2$ は変曲点である。

x	$\cdots$	1	$\cdots$	2	$\cdots$	3	$\cdots$
y'	+	0	−			0	+
y''	−	−	−	0	+	+	+
y	↗	極大	↘	変曲点	↘	極小	↗

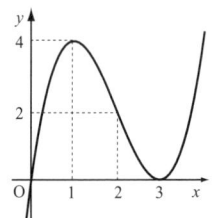

練習 12] 次の曲線の凹凸を調べよ。また，変曲点があれば求めよ。

(1) $y = \dfrac{x^4}{4} - x^3$ 　　(2) $y = -e^{-x^2}$ 　　(3) $y = \log(x^2 + 2)$

曲線の概形

曲線の概形を描くには，一般に，次のような事柄を調べるとよい。

(1) 曲線が存在する範囲

(2) 座標軸やその他の特殊な直線との交点

(3) 座標軸，原点などに関する対称性

(4) 増減や極値 　　(5) 凹凸や変曲点 　　(6) 漸近線

漸近線をもつ曲線のグラフは漸近線を調べることによって，一層，正確なグラ

フを描くことができる。

　例えば，曲線 $y = x + \dfrac{1}{x-1}$ では，$f(x) = x + \dfrac{1}{x-1}$ とおくと

$$\lim_{x \to 1+0} f(x) = \infty , \qquad \lim_{x \to 1-0} f(x) = -\infty$$

であるから，y 軸に平行な直線 $x = 1$ は漸近線である。

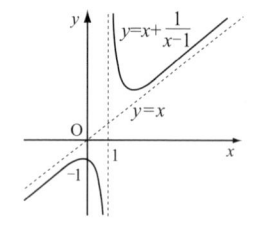

　また，　$\displaystyle\lim_{x \to \infty} (y - x) = \lim_{x \to \infty} \dfrac{1}{x-1} = 0$

$$\lim_{x \to -\infty} (y - x) = \lim_{x \to -\infty} \dfrac{1}{x-1} = 0$$

であるから，直線 $y = x$ も漸近線である。

　したがって，曲線 $y = x + \dfrac{1}{x-1}$ のグラフは図のようになる。

例 28] 関数 $f(x) = \dfrac{2x}{x^2 + 1}$ のグラフを描け。

解] $f'(x) = \dfrac{(2x)' \cdot (x^2 + 1) - 2x \cdot (x^2 + 1)'}{(x^2 + 1)^2} = \dfrac{2(1 - x^2)}{(x^2 + 1)^2}$

$$f''(x) = \frac{\{2(1 - x^2)\}' \cdot (x^2 + 1)^2 - 2(1 - x^2) \cdot \{(x^2 + 1)^2\}'}{(x^2 + 1)^4}$$

$$= \frac{4x(x^2 - 3)}{(x^2 + 1)^3}$$

x	$\cdots$	$-\sqrt{3}$	$\cdots$	-1	$\cdots$	0	$\cdots$	1	$\cdots$	$\sqrt{3}$	$\cdots$
y'		$-$		0		$+$		0		$-$	
y''	$-$	0	$+$	$+$	$+$	0	$-$	$-$	$-$	0	$+$
y	↘	変曲点	↘	-1	↗	変曲点	↗	1	↘	変曲点	↘

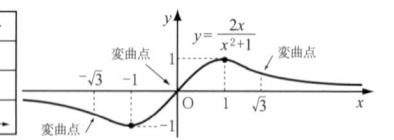

　増減表より，$x = -1$ のとき極小値 -1，$x = 1$ のとき極大値 1 になり，変曲点は x が $-\sqrt{3},\ 0,\ \sqrt{3}$ のときである。

例 29] 関数 $y = x + 2\sin x \ (0 \leqq x \leqq 2\pi)$ のグラフを描け。

解] $y' = 1 + 2\cos x, \qquad y'' = -2\sin x$

　$0 < x < 2\pi$ の範囲で $y' = 0$ となるのは $x = \dfrac{2}{3}\pi,\ \dfrac{4}{3}\pi$ のときであり，また，$y'' = 0$ となるのは $x = \pi$ のときである。

　$y',\ y''$ の符号を調べて，この関数の増減やグラフの凹凸を表に示す。その結果

$$x = \frac{2}{3}\pi \ \text{で}\ \ 極大値\ \frac{2}{3}\pi + \sqrt{3}, \qquad x = \frac{4}{3}\pi \ \text{で}\ \ 極小値\ \frac{4}{3}\pi - \sqrt{3}$$

のグラフになる。

x	0	$\cdots$	$\frac{2}{3}\pi$	$\cdots$	π	$\cdots$	$\frac{4}{3}\pi$	$\cdots$	2π
y'		$+$	0		$-$		0	$+$	
y''		$-$	$-$	$-$	0	$+$	$+$	$+$	
y	0	$\nearrow$	極大	$\searrow$	変曲点	$\searrow$	極小	$\nearrow$	2π

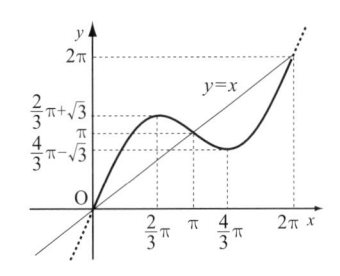

練習 13] 次の曲線の漸近線を求めよ。また，変曲点があれば求めよ。

(1) $y = \dfrac{2x^2 + x + 7}{x + 1}$ (2) $y = \dfrac{x^2 + 3}{x^2 - 1}$ (3) $y = \dfrac{3x}{x^2 - 1}$

12.3.6 方程式・不等式への応用

関数の増減やグラフを利用して，方程式の実数解や個数を調べたり，不等式を証明したりすることができる。

例 30] 3 次方程式 $2x^3 + 3x^2 - 12x + a = 0$ が，異なる正の解 2 個と負の解 1 個をもつような実数 a の値の範囲を求めよ。

解] 方程式 $2x^3 + 3x^2 - 12x + a = 0$ の実数の解は，次の 2 つの関数のグラフの共有点の x 座標である。

$$y = -2x^3 - 3x^2 + 12x \quad \cdots\cdots \text{①}$$

$$y = a$$

① から，$y' = -6x^2 - 6x + 12 = -6(x+2)(x-1)$ であるから，① の増減の表とそのグラフは右のようになる。

x	$\cdots$	-2	$\cdots$	1	$\cdots$
y'	$-$	0	$+$	0	$-$
y	$\searrow$	極小 -20	$\nearrow$	極大 7	$\searrow$

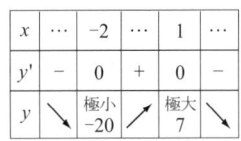

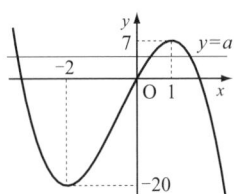

したがって，方程式が異なる正の解 2 個と負の解 1 個をもつような a の値の範囲は $0 < a < 7$

12.4 速度，近似式

12.4.1 速度，加速度

速度，加速度

数直線上を運動する点 P の座標 x が，時刻 t の関数として $x = f(t)$ で表される

とき，t の増分 Δt に対する $f(t)$ の平均変化率

$$\frac{\Delta x}{\Delta t} = \frac{f(t + \Delta t) - f(t)}{\Delta t}$$

は，時刻が t から $t + \Delta t$ の間の P の平均速度を表す。平均速度の Δt を限りなく 0 に近づけたとき，すなわち，座標 x の時刻 t における微分係数

$$\lim_{\Delta t \to 0} \frac{\Delta x}{\Delta t} = \frac{dx}{dt} = f'(t) = v$$

を P の時刻 t における **速度** といい，速度 v の絶対値 $|v|$ を **速さ** という。

速度を v とするとき，速度 v は，また時刻 t の関数である。そこで，速度 v の時刻 t における微分係数

$$\lim_{\Delta t \to 0} \frac{\Delta v}{\Delta t} = \frac{dv}{dt} = \frac{d^2 x}{dt^2} = f''(t) = \alpha$$

を P の時刻 t における **加速度** という。

例 31] 直線軌道を走るある電車が，ブレーキをかけてから t 秒間に走る距離を x m とすると，$x = 30t - 0.6t^2$ であるという。

(1) ブレーキをかけたときの速度と，t 秒後の速度を求めよ。

(2) ブレーキをかけてから止まるまでに走る距離を求めよ。

解] (1) $x' = 30 - 1.2t$　　よって　30 m/秒 と $30 - 1.2t$ m/秒

(2) 速度が 0 になるので，$30 - 1.2t = 0$

これを解くと　$t = 25$

よって，止まるまでに 25 秒掛かり，その距離は

$$x = 30 \times 25 - 0.6 \times 25^2 = 375 \text{ m}$$

例 32] 図のように，長さ 25 cm の線分 AB の一端 A は x 軸上の正の部分に，他端 B は y 軸上の正の部分にあり，A は 4 cm/秒 の速さで原点 O に近づいている。A が原点から 15 cm の位置にきたときの B の速度と加速度を求めよ。

解] A の座標を $(x, 0)$，B の座標を $(0, y)$ とすると

$$x^2 + y^2 = 25^2 \quad \cdots\cdots \text{①}$$

x，y は t の関数であるから，① の両端を t で微分すると

$$x \frac{dx}{dt} + y \frac{dy}{dt} = 0 \quad \cdots\cdots \text{②}$$

さらに，② の両辺を t で微分すると

$$\left(\frac{dx}{dt}\right)^2 + x \frac{d^2 x}{dt^2} + \left(\frac{dy}{dt}\right)^2 + y \frac{d^2 y}{dt^2} = 0 \quad \cdots\cdots \text{③}$$

$x = 15$ のとき，① から $y = 20$

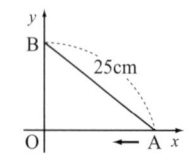

また，題意により

$\dfrac{dx}{dt} = -4$，これを t で微分すると加速度であるから $\dfrac{d^2x}{dt^2} = 0$ となり，②，③ に代入して

$$\frac{dy}{dt} = 3，\qquad \frac{d^2y}{dt^2} = -\frac{5}{4}$$

したがって，B の速度は上に向かって　3 cm/秒

加速度は下に向かって　$\dfrac{5}{4}$ cm/秒^2

例 33] 地上から真上に，毎秒 29.4 m の初速度で投げ上げられた物体の t 秒後の高さを h m とするとき，空気の抵抗を無視すると $h = 29.4\,t - 4.9\,t^2$ である。

(1) 初速度はいくらか。　　(2) 加速度はいくらか。

(3) 最高点に達したときの時刻 t_0 と，そのときの高さはいくらか。

(4) 再び地上に落ちるまでの時間を t_0 で表せ。また，その時の速度はいくらか。

解] (1) $h(t) = 29.4\,t - 4.9\,t^2$ とする。

$$t \text{ 秒後の速度}\quad v\,(t) = \frac{dh(t)}{dt} = 29.4 - 9.8\,t$$

よって，初速度は　29.4 m/秒

(2) t 秒後の加速度　$\alpha\,(t) = \dfrac{dv(t)}{dt} = \dfrac{d}{dt}\,(29.4 - 9.8\,t) = -9.8$

加速度は一定で　-9.8 m/秒^2

(3) 最高点に達したときの時刻 t_0 においては

$$v\,(t_0) = 0 \text{ より}\quad 29.4 - 9.8\,t_0 = 0 \qquad \text{よって}\quad t_0 = 3.0$$

最高点の高さは　$h(3.0) = 29.4 \times 3 - 4.9 \times 3^2 = 44.1$ m

(4) 再び地上に落ちるまでの時刻を t とすると

$$29.4\,t - 4.9\,t^2 = 0，\quad t \neq 0 \text{ より } t = 6 \text{ 秒} \qquad \text{よって}\quad t = 2\,t_0$$

そのときの速度は　$v\,(6) = 29.4 - 9.8 \times 6 = -29.4$ m/秒

例 34] しぼんだゴム風船に毎秒 60 cm^3 の割合で空気を入れ，体積が増加している。このゴム風船が半径 10 cm になった瞬間の半径の増加する速度を求めよ。但し，ゴム風船は球状を保ちながら体積が増えていくものとする。

解] 体積を V cm^3 とすると，時刻 t での体積は $V = 60\,t$

時刻 t におけるゴム風船の半径を r cm とすると，　$V = \dfrac{4}{3}\pi r^3$

V を r で微分すると　$\dfrac{dV}{dr} = 4\pi r^2$

よって，V を t について微分すると

$$\frac{dV}{dt} = \frac{dV}{dr} \cdot \frac{dr}{dt} = 4\pi r^2 \cdot \frac{dr}{dt}$$

また，ゴム風船の体積の変化率は $\dfrac{dV}{dt} = 60 \, (\text{cm}^3/\text{s})$ であるから

$$60 = 4\pi r^2 \cdot \frac{dr}{dt} \qquad \text{よって} \quad \frac{dr}{dt} = \frac{15}{\pi r^2}$$

ゆえに，$r = 10$ のとき　$\dfrac{dr}{dt} = \dfrac{3}{20\pi}$ cm/s

練習 14] 半径が $8 \, \text{cm}$ で深さが $12 \, \text{cm}$ の直円錐の容器が，その軸を鉛直に頂点を下に向けて置かれている。これに毎秒 $4 \, \text{cm}^3$ の割合で水を注ぎ入れる。水面の高さが $6 \, \text{cm}$ に達したとき，水面の上昇する速さと，水面の面積の広がる速さを求めよ。

練習 15] 図のように，水面からの高さが $9 \, \text{m}$ の位置で $0.5 \, \text{m}/$秒 の速さで綱を引いて，ボートを引き寄せている。綱の長さが $15 \, \text{m}$ になったときのボートの速さを求めよ。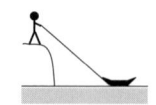

練習 16] $V \, \text{cm}^3$ の水を入れると深さが $\sqrt[3]{V^2} \, \text{cm}$ になる容器がある。この容器に毎秒 $3 \, \text{cm}^3$ の割合で水を注ぎ入れるとき，水の深さが $h \, \text{cm}$ のときの水の上昇する速度を求めよ。

平面上の運動

　平面上を運動する点の速度と加速度について調べよう。

　平面上を運動する点 P の座標が $\bigl(x(t), \, y(t)\bigr)$，$x = x(t)$ と $y = y(t)$ の時刻 t の関数として与えられているとき

$$v_x = \frac{dx}{dt}, \qquad v_y = \frac{dy}{dt}$$

はそれぞれ x 軸方向，y 軸方向の速度を表す。これらの組 $(v_x, \, v_y)$ を点 P の **速度ベクトル** といい，$\vec{v}$ で表す。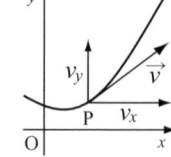

　P の速度ベクトル $\vec{v} = (v_x, \, v_y)$ に対して

$$|\vec{v}| = \sqrt{v_x{}^2 + v_y{}^2} = \sqrt{\left(\frac{dx}{dt}\right)^2 + \left(\frac{dy}{dt}\right)^2}$$

は，点 P の **速さ** または速度ベクトルの大きさである。

また，$\quad \alpha_x = \dfrac{dv_x}{dt} = \dfrac{d^2x}{dt^2}\,, \quad \alpha_y = \dfrac{dv_y}{dt} = \dfrac{d^2y}{dt^2}$

はそれぞれ x 軸方向，y 軸方向の加速度を表す。また，これらの組 $(\alpha_x,\, \alpha_y)$ を点 P の **加速度ベクトル** といい，$\vec{\alpha}$ で表す。

P の加速度ベクトル $\vec{\alpha} = (\alpha_x,\, \alpha_y)$ に対して

$$|\vec{\alpha}| = \sqrt{\alpha_x{}^2 + \alpha_y{}^2} = \sqrt{\left(\dfrac{d^2x}{dt^2}\right)^2 + \left(\dfrac{d^2y}{dt^2}\right)^2}$$

を点 P の加速度ベクトルの大きさという。

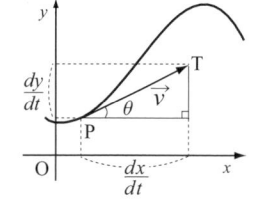

なお，点 P の速度 $\vec{v}$ を，図のように $\vec{v} = \overrightarrow{\mathrm{PT}}$ と表し，$\vec{v}$ と x 軸の正の向きとのなす角を θ とすると

$$\tan\theta = \dfrac{dy}{dt} \div \dfrac{dx}{dt} = \dfrac{dy}{dx}$$

である。よって，直線 PT は，点 P の描く曲線の接線である。

例 35] 時刻 t における動点 P $(x,\, y)$ の位置が，$x = \omega t - \sin\omega t$，$y = 1 - \cos\omega t$ で与えられるとき，点 P の速さと加速度ベクトルの大きさを求めよ。

解] $\dfrac{dx}{dt} = \omega(1 - \cos\omega t)\,, \qquad \dfrac{dy}{dt} = \omega\sin\omega t$

$\dfrac{d^2x}{dt^2} = \omega^2\sin\omega t\,, \qquad \dfrac{d^2y}{dt^2} = \omega^2\cos\omega t$

であるから，速度ベクトル $\vec{v}$ と加速度ベクトル $\vec{\alpha}$ は

$$\vec{v} = \big(\omega(1 - \cos\omega t),\, \omega\sin\omega t\big)\,, \quad \vec{\alpha} = \big(\omega^2\sin\omega t,\, \omega^2\cos\omega t\big)$$

また，速さは $\quad \sqrt{\omega^2(1 - \cos\omega t)^2 + \omega^2\sin^2\omega t} = \left|\, 2\omega\sin\dfrac{\omega t}{2}\,\right|$

加速度ベクトルの大きさは $\quad \sqrt{\omega^4\sin^2\omega t + \omega^4\cos^2\omega t} = \omega^2$

練習 17] 座標平面上を運動する点 P $(x,\, y)$ の時刻 t における座標が $x = 2t$，$y = 2t^2 + 1$ であるとき，点 P の時刻 t における速度 $\vec{v}$ と加速度 $\vec{\alpha}$ を求めよ。

12.4.2 近似式

$|h|$ が十分小さいとき，関数 $f(x)$ の $x = a + h$ における値 $f(a + h)$ の近似値を，接線を利用して求める式を考えよう。

$$\text{関数} \quad y = f(x) \quad \cdots\cdots \text{①}$$

が $x = a$ で微分可能であるとき，曲線 ① 上の点 A $\big(a,\, f(a)\big)$ における接線の方程式は

$$y = f'(a)(x - a) + f(a) \quad \cdots\cdots ②$$

である。

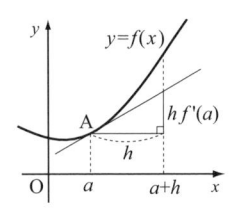

　曲線 ① は点 A のごく近くでは接線 ② に極めて近いから，$|h|$ が十分小さいとき，$x = a + h$ において，関数 ① の値 $f(a + h)$ は，関数 ② の値 $f'(a)h + f(a)$ にほぼ等しい。

　したがって，$h \fallingdotseq 0$ のとき，次の近似式が得られる。

$$f(a + h) \fallingdotseq f(a) + h\,f'(a) \quad \cdots\cdots ③$$

　特に，③ で $a = 0$，$h = x$ とおけば，x が十分 0 に近い $(x \fallingdotseq 0)$ とき，近似式

$$f(x) \fallingdotseq f(0) + x\,f'(0)$$

が得られる。

近似式 ――――――――――――――――――――――――――――

　　[1] $h \fallingdotseq 0$ のとき　　　$f(a + h) \fallingdotseq f(a) + h\,f'(a)$

　　[2] $x \fallingdotseq 0$ のとき　　　$f(x) \fallingdotseq f(0) + x\,f'(0)$

―――――――――――――――――――――――――――――――――――

[1] の近似式は $y = f(x)$ において，x の増分 Δx に対する y の増分を Δy とすると，$|\Delta x|$ が十分小さいとき

$$\Delta y \fallingdotseq y'\Delta x$$

と言い換えることができる。

[2] の近似式を使えば，$f(x) = (1 + x)^k$ は，次のような近似式になる。

$$f'(x) = k(1 + x)^{k-1}$$

であるから，$f(0) = 1$，$f'(0) = k$ であり，$x \fallingdotseq 0$ のとき，近似式

$$(1 + x)^k \fallingdotseq 1 + kx$$

が得られる。

　ここで，k に 2，3，$\dfrac{1}{2}$，$-\dfrac{1}{2}$ を代入すれば，$x \fallingdotseq 0$ のとき，近似式

$$(1 + x)^2 \fallingdotseq 1 + 2x, \qquad (1 + x)^3 \fallingdotseq 1 + 3x$$

$$\sqrt{1 + x} \fallingdotseq 1 + \frac{1}{2}x, \qquad \frac{1}{\sqrt{1 + x}} \fallingdotseq 1 - \frac{1}{2}x$$

が得られる。

例 36] 半径 $6.00\ \text{cm}$ の金属球を温めて，半径が $6.02\ \text{cm}$ になった。このとき，球の体積は約何 cm^3 増加したか。

解〕半径が x cm の球の体積を y cm^3 とすると

$$y = \frac{4}{3}\pi x^3 , \qquad \frac{dy}{dx} = 4\pi x^2$$

したがって，$|\Delta x|$ が十分小さいとき　$\Delta y \fallingdotseq 4\pi x^2 \cdot \Delta x$

よって　　$\Delta y \fallingdotseq 4 \times 3.14 \times 6.00^2 \times 0.02 = 9.04$ cm^3

例 37〕 次の式の近似値を求めよ。

(1) $\sqrt[3]{1.003}$ 　　　　(2) $\dfrac{1}{\sqrt{9.09}}$ 　　　　(3) $\sin 29°$

解〕(1) 与式 $= \sqrt[3]{1.003} = (1 + 0.003)^{\frac{1}{3}} \fallingdotseq 1 + \dfrac{1}{3} \times 0.003 = 1.001$

(2) 与式 $= \dfrac{1}{3\sqrt{1.01}} = \dfrac{1}{3} \times (1 + 0.01)^{-\frac{1}{2}} \fallingdotseq \dfrac{1}{3}\left(1 - \dfrac{1}{2} \times 0.01\right) = 0.332$

(3) 与式 $\fallingdotseq \sin 0° + \cos 0° \times 29° = \dfrac{29°}{180°}\pi = 0.506$

演 習 問 題

1. 次の関数を微分せよ。

(1) $y = 4x^2 - 1$ 　　　　(2) $y = 3x^2 + 2x + 1$ 　　(3) $y = -2$

(4) $y = (2x - 1)(x + 3)$ 　　(5) $y = x(2x - 1)$ 　　(6) $y = (2x - 1)^3$

(7) $y = \sqrt[3]{x^2 + 1}$ 　　　(8) $y = \cos(5x + 2)$ 　　(9) $y = \sqrt{4 - 3x^2}$

(10) $y = x + \sin^2 x$ 　　　(11) $y = \sin^2 4x$ 　　　(12) $y = \log(x^2 + 1)$

(13) $y = 4^x$ 　　　　　　(14) $y = 5x\,e^{2x}$ 　　　　(15) $y = \sqrt{x + 4}$

(16) $y = \dfrac{1}{\sqrt{x}}$ 　　　　(17) $y = \sqrt{\dfrac{x + 1}{x - 1}}$ 　　(18) $y = \dfrac{x^3}{x + 2}$

2. 次の関数を〔　〕内の文字を変数として微分せよ。

(1) $h = v_0 + v\,t - \dfrac{1}{2}\,g\,t^2$ 〔t〕 　　　(2) $V = \dfrac{4}{3}\,\pi r^3$ 〔r〕

(3) $S = \pi r^2$ 〔r〕 　　　　　　　　(4) $y = as^3 + bs^2 + cs + d$ 〔s〕

(5) $x = 2^{\,y}$ 〔y〕 　　　　　　　　(6) $x = v_0\,t\cos\theta$ 〔t〕

(7) $f(t) = \dfrac{1}{3}\,a\,t^2 + b\,t^2 + c$ 〔t〕 　　(8) $\beta = h + v_0\,t\sin\theta - \dfrac{1}{2}\,g\,t^2$ 〔θ〕

3. 1 辺が 12 cm の正方形の厚紙から，図のように塗りつぶした部分を切り落とし，破線に沿って折り曲げてふたのない箱をつくりたい。箱の容積が最大になる深さと，そのときの容積を求めよ。

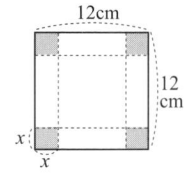

4. 球の半径が 2 における球の体積の変化率を求めよ。

5. 楕円 $\dfrac{x^2}{\left(2\sqrt{3}\right)^2} + \dfrac{y^2}{2^2} = 1$ の曲線上の次の点における接線の方程式を求めよ。

  (1) $(0,\ 2)$ (2) $(3,\ 1)$ (3) $(3,\ -1)$

6. 曲線 $y = \log x$ について，曲線上の点 $(x_0,\ y_0)$ における接線の方程式と，原点を通る接線の方程式を求めよ。

7. 半径 $9\,\mathrm{cm}$ の円の紙から，図のように扇形の部分を切り取って直円錐をつくる。この直円錐の高さを h として，その体積 V の最大値を求めよ。

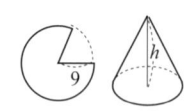

8. 底面の半径が $3\,\mathrm{cm}$，高さが $9\,\mathrm{cm}$ の直円錐に，図のように内接する直円柱をつくりたい。直円柱の体積が最大になるような半径と高さおよびそのときの体積を求めよ。

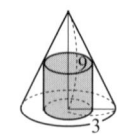

9. 図のような先端におもりをつけた長さ l のひもを天井からつるして回転させる。そのときにできる円錐の体積の最大値を求めよ。

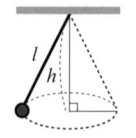

10. x 軸上に動点 P がある。時刻 t における P の座標は $-t^3 + 3t^2 + 9t$ とするとき，$t = 1$ のときの P の速度と加速度を求めよ。

11. 半径 $10\,\mathrm{cm}$ の球がある。毎秒 $1\,\mathrm{cm}$ の割合で球の半径が大きくなっていくとき，5 秒後における球の表面積 S と体積 V の変化の速度を求めよ。また，半径が $13\,\mathrm{cm}$ になった瞬間における体積の変化の速度を求めよ。

12. 水面から $40\,\mathrm{m}$ の高さの岸壁から，$60\,\mathrm{m}$ の綱で船を引き寄せている。毎秒 2 m の速さで綱を引き寄せるとき，5 秒後の船の速さを求めよ。

13. 座標平面上を運動する点 P の時刻 t における座標 $(x,\ y)$ が，$x = 2\cos t$，$y = \sin 2t$ で表されるとき，$t = \dfrac{\pi}{3}$ における速さと加速度の大きさを求めよ。

14. 一辺が $4\,\mathrm{cm}$ で深さ $20\,\mathrm{cm}$ の正四角柱がある。これに毎秒 $3\,\mathrm{cm}^3$ の割合で水を注ぎ入れる。水深が $7\,\mathrm{cm}$ に達したときの水面を上昇する速さを求めよ。

15. 1 辺が $2.00\,\mathrm{cm}$ の立方体の各辺の長さを，すべて $0.03\,\mathrm{cm}$ ずつ小さくすると，立方体の体積は約何 cm^3 減少するか。

16. ある球を熱したところ，体積が $\alpha\%$ 増加した。半径および表面積はそれぞれ何 $\%$ 増加したか。

第 13 章

積分法とその応用

13.1 不定積分

13.1.1 不定積分とは

微分法では，曲線 $y = f(x)$ 上の一点 (x_1, y_1) における接線の傾きは $f'(x_1)$ であることを学んだ。その逆の曲線上の各点における接線の傾きから，曲線の方程式はどのようにしたら求まるであろうか。このような問題を考えるためには，微分すると $f(x)$ となるような関数を求めることが必要になってくる。そこで，微分と逆の演算について考えてみよう。

例えば，微分して $2x$ になるような関数はどのような関数であろうか。x^2 を微分すれば $2x$ になる。しかし，$x^2 + 2$ も $x^2 - 2$ も，さらに一般に，C を定数として $x^2 + C$ も微分すれば $2x$ になる。

微分すると $f(x)$ となる関数がとにかく 1 つあれば，実はそのような関数は無数にあり，しかも，それらの関数の差は定数である。このことは，次のようにしてわかる。

いま，微分すると $f(x)$ となる 1 つの関数を $F(x)$ とする。また，関数 $G(x)$ も微分すると $f(x)$ となるとすると

$$F'(x) = f(x), \qquad G'(x) = f(x)$$

そこで，その差を $R(x) = G(x) - F(x)$ とおけば

$$R'(x) = G'(x) - F'(x) = f(x) - f(x) = 0$$

となる。ところが，導関数が 0 である関数，すなわち，微分係数が常に 0 である

関数は定数に限る。よって，C を定数として $R(x) = C$ とおけば

$$G(x) - F(x) = C \qquad \text{ゆえに} \qquad G(x) = F(x) + C$$

逆に，C を任意の定数としても，この $G(x)$ は $F(x)$ と同じ導関数をもつ。

一般に，微分すると $f(x)$ となる関数（ここでは $F(x)$ や $G(x)$）を $f(x)$ の **原始関数** という。例えば，x^2 は $2x$ の原始関数の 1 つである。

$f(x)$ の原始関数の 1 つを $F(x)$ とするとき，原始関数の一般形は C を任意の定数として，$F(x) + C$ という形で表される。このとき，$f(x)$ から $F(x)$ を求めることを

$$\int f(x)\,dx = F(x) + C$$

と書き*，$\int f(x)dx$ は，$f(x)$ の 1 つの原始関数である。なお，$\int f(x)\,dx$ を $f(x)$ の **不定積分** という。また，$\int f(x)dx$ は **$f(x)$ を x について積分する** といい，C を **積分定数** という。したがって

$$\frac{d}{dx}\int f(x)\,dx = F'(x) = f(x)$$

の関係がある。すなわち，「微分する」と「積分する」は逆の関係にある。

不定積分の計算

関数の定数倍や和の不定積分の性質も，微分の公式から導くことができる。関数 $f(x)$，$g(x)$ の原始関数をそれぞれ $F(x)$，$G(x)$ とすれば
$F(x) = \int f(x)\,dx$，$G(x) = \int g(x)\,dx$ であるから
$$\{F(x) + G(x)\}' = F'(x) + G'(x) = f(x) + g(x) \quad \text{の性質より}$$

$$\int \{f(x) + g(x)\}dx = F(x) + G(x) + C \qquad \cdots\cdots ①$$

一方，$\int f(x)\,dx + \int g(x)\,dx = F(x) + G(x) + (C_1 + C_2) \quad \cdots\cdots ②$

となり，② の右辺の形の関数は $C = C_1 + C_2$ とおくと，① = ② となる。

よって，微分の公式に基づいて，次の公式が得られる。

不定積分の公式 ─────────────

$$\int k f(x)\,dx = k \int f(x)\,dx \qquad (k \text{ は定数})$$

$$\int \{f(x) \pm g(x)\}dx = \int f(x)\,dx \pm \int g(x)\,dx \qquad (\text{複号同順})$$

───────────────

* $\int$ はローマ字 S の古い字体で和 Sum を意味し，「インテグラル」と読む。

x^n の積分公式

不定積分に関するいろいろな公式を，微分の公式から導くことができる。C を積分定数とすると

$$f(x) = x \text{ ならば,} \quad x' = 1 \text{ であるから} \quad \int 1\,dx = x + C$$

$$f(x) = \frac{x^2}{2} \text{ ならば,} \quad \left(\frac{x^2}{2}\right)' = x \text{ であるから} \quad \int x\,dx = \frac{x^2}{2} + C$$

$$f(x) = \frac{x^3}{3} \text{ ならば,} \quad \left(\frac{x^3}{3}\right)' = x^2 \text{ であるから} \quad \int x^2\,dx = \frac{x^3}{3} + C$$

一般に，n が正の整数または 0 のとき，$\left(\dfrac{1}{n+1}x^{n+1}\right)' = x^n$ となるから

$$\int x^n\,dx = \frac{1}{n+1}x^{n+1} + C$$

が成り立つ。

また，α が実数のとき，$\left(\dfrac{1}{\alpha+1}x^{\alpha+1}\right)' = x^\alpha$ が成り立つので

$$\alpha \neq -1 \text{ のとき} \quad \int x^\alpha\,dx = \frac{1}{\alpha+1}x^{\alpha+1} + C$$

$$\alpha = -1 \text{ のとき} \quad x^{-1} = \frac{1}{x}, \quad \left(\log|x|\right)' = \frac{1}{x} \text{ より} \quad \int \frac{1}{x}\,dx = \log|x| + C$$

が得られる[*]。

x^α の不定積分

$$\int x^\alpha\,dx = \frac{1}{\alpha+1}x^{\alpha+1} + C \qquad (\text{但し，} \alpha \neq -1)$$

$$\int x^{-1}\,dx = \int \frac{1}{x}\,dx = \log|x| + C$$

例 1] 次の不定積分を求めよ。

(1) $\int (3x^2 - 2x + 3)\,dx$ 　　　　(2) $\displaystyle\int \frac{(\sqrt{x}-1)^2}{x}\,dx$

解] (1) $\int (3x^2 - 2x + 3)\,dx = \int 3x^2\,dx - \int 2x\,dx + \int 3\,dx$

$$= 3\int x^2\,dx - 2\int x\,dx + 3\int dx$$

$$= 3\left(\frac{1}{3}x^3 + C_1\right) - 2\left(\frac{1}{2}x^2 + C_2\right) + 3(x + C_3)$$

$$= x^3 - x^2 + 3x + (3C_1 - 2C_2 + 3C_3)$$

ここで，$3C_1 - 2C_2 + 3C_3$ をまとめて C で表せば

---

[*] $\int 1\,dx$ は簡単に $\int dx$ と書く。

$$\int (3x^2 - 2x + 3)\,dx = x^3 - x^2 + 3x + C$$

(2)　与式 $= \displaystyle\int \frac{x - 2\sqrt{x} + 1}{x}\,dx = \int \left(1 - 2x^{-\frac{1}{2}} + x^{-1}\right) dx$

$$= x - 4\sqrt{x} + \log|x| + C$$

例 2] 曲線上の点 $(x,\,y)$ における接線の傾きが $3x^2$ であるような 曲線 $y = f(x)$ のうちで，点 $(1,\,3)$ を通るものを求めよ。

解]　求める曲線 $y = f(x)$ の接線の傾きが $3x^2$ であるから　　$f'(x) = 3x^2$

ゆえに　$f(x) = \int 3x^2\,dx = x^3 + C$

曲線が点 $(1,\,3)$ を通るから　$f(1) = 3$

ゆえに　$1^3 + C = 3$，　　　　すなわち　$C = 2$

したがって，求める曲線は　　$y = x^3 + 2$

練習 1] 次の不定積分を求めよ。

(1) $\int 5\,dx$　　(2) $\int 5x\,dx$　　(3) $\int 5x^2\,dx$　　(4) $\displaystyle\int \frac{5}{x}\,dx$　　(5) $\displaystyle\int \frac{1}{5x^2}\,dx$

(6) $\int (-5x^2 + 4x - 3)\,dx$　　(7) $\int (x-1)(x+1)\,dx$　　(8) $\int (x-1)^2\,dx$

(9) $\int (x-1)(3x+1)\,dx$　　(10) $\int (3x-2)^3\,dx$　　(11) $\int \sqrt{x}\left(\sqrt{x} - 1\right)^2 dx$

練習 2] 2 点 $(1,\,2)$，$(-1,\,0)$ を通る曲線 $y = f(x)$ 上の点 $(x,\,y)$ における接線の傾きが x^2 に比例するとき，$f(x)$ を求めよ。

三角関数・指数関数の積分公式

$(\sin x)' = \cos x$，　　　　$(\cos x)' = -\sin x$，　　　　$(\tan x)' = \dfrac{1}{\cos^2 x}$

$(e^x)' = e^x$，　　　　　　$(a^x)' = a^x \log a$

であることより，次のことが成り立つ。

三角関数・指数関数の不定積分 ─────────────────────

$\int \sin x\,dx = -\cos x + C$，　　　　　$\int \cos x\,dx = \sin x + C$

$\displaystyle\int \frac{1}{\cos^2 x}\,dx = \tan x + C$，　　　　$\displaystyle\int \frac{1}{\sin^2 x}\,dx = -\frac{1}{\tan x} + C$

$\int e^x\,dx = e^x + C$，　　　　　　　$\int a^x\,dx = \dfrac{a^x}{\log a} + C$

───

例 3] 次の不定積分を求めよ。

(1) $\int (2^x + \sin x)\,dx$　　(2) $\displaystyle\int \frac{\sin^2 x}{1 + \cos x}\,dx$　　(3) $\int (\tan^2 x + e^x)\,dx$

解] (1) 与式 $= \dfrac{2^x}{\log 2} - \cos x + C$

(2) 与式 $= \displaystyle\int \dfrac{1 - \cos^2 x}{1 + \cos x}\,dx = \int (1 - \cos x)\,dx = x - \sin x + C$

(3) 与式 $= \displaystyle\int \left(\dfrac{1}{\cos^2 x} - 1 + e^x \right) dx = \tan x - x + e^x + C$

練習 3] 次の不定積分を求めよ。

(1) $\displaystyle\int (2\tan^2 x + \cos x)\,dx$ (2) $\displaystyle\int (e^x + 4^x)\,dx$ (3) $\displaystyle\int (\tan x + 1)\cos x\,dx$

13.1.2 置換積分法

合成関数の導関数は既に学んだように，例えば，合成関数 $y = (x^2 + 2)^4$ の導関数は

$$y' = 4(x^2 + 2)^3 \cdot (x^2 + 2)' = 4(x^2 + 2)^3 \cdot 2x$$

となり，積分すると

$$\int 4(x^2 + 2)^3 \cdot 2x\,dx = (x^2 + 2)^4 + C$$

となる。

一般に，$y = F(x)$, $x = g(t)$ において，合成関数 $F(x) = F(g(t))$ は t の関数となる。また，$F(x)$, $g(t)$ は，それぞれ微分可能であるとし，$F'(x) = f(x)$ とする。

これを t について微分すると，合成関数の微分法により

$$\frac{d}{dt} F(x) = \frac{d}{dx} F(x) \cdot \frac{dx}{dt} = f(x) \frac{dx}{dt} = f(x)\,g'(t) = f(g(t))\,g'(t)$$

したがって $F(x) = \displaystyle\int f(x)\,\dfrac{dx}{dt}\,dt = \int f(g(t))\,g'(t)\,dt$

であるから，次の公式が得られる。このように変数を変換して積分する方法を **置換積分法** という。

置換積分の公式 ───────────────

$$x = g(t) \text{ のとき } \quad \int f(x)\,dx = \int f(x)\,\frac{dx}{dt}\,dt = \int f(g(t))\,g'(t)\,dt$$

積分される関数が，上の式の右の形をしている場合は，文字 x と t を入れ換えると

$$\int f(g(x))\,g'(x)\,dx = \int f(t)\,\frac{dt}{dx}\,dx = \int f(t)\,dt$$

が得られるので，$g(x) = t$ とおいて，$\displaystyle\int f(t)\,dt$ を求めればよい。

　一般に，不定積分が $\int f(ax+b)\,dx$ の形では

　$ax+b=t$ とおくと $\dfrac{dt}{dx}=a$ であるから，　$dx=\dfrac{1}{a}\,dt$ より

$$\int f(ax+b)\,dx = \int f(t)\cdot\frac{1}{a}\,dt = \frac{1}{a}\int f(t)\,dt \quad (\text{但し，}\ a\neq 0)$$

が成り立つ。

　また，不定積分が $\displaystyle\int \frac{g'(x)}{g(x)}\,dx$ の形では，$g(x)=t$ とおくと $\dfrac{dt}{dx}=g'(x)$ であるから

$$\int \frac{g'(x)}{g(x)}\,dx = \int \frac{g'(x)}{t}\cdot\frac{1}{g'(x)}\,dt = \int \frac{1}{t}\,dt = \log|t| + C = \log|g(x)| + C$$

となる。

　なお，$\bigl\{(ax+b)^n\bigr\}' = an(ax+b)^{n-1}$ を利用すれば

$$\int (ax+b)^n\,dx = \frac{1}{a(n+1)}(ax+b)^{n+1} + C \quad (\text{但し，}\ a\neq 0, n\neq -1)$$

が得られる。

不定積分 ────────────────────────────

$$\int \frac{g'(x)}{g(x)}\,dx = \log|g(x)| + C$$

$$\int (ax+b)^n\,dx = \frac{1}{a(n+1)}(ax+b)^{n+1} + C \quad (\text{但し，}\ a\neq 0, n\neq -1)$$

例 4] 次の不定積分を求めよ。但し，$a,\ b$ は定数，$a\neq 0$ とする。

(1) $\int \sin(3x+1)\,dx$　　(2) $\displaystyle\int \frac{1}{ax+b}\,dx$　　(3) $\int 2x(x^2-1)^4\,dx$

(4) $\displaystyle\int \frac{e^x}{\left(1+e^x\right)^3}\,dx$　　(5) $\displaystyle\int \frac{2x-1}{x^2-x+2}\,dx$　　(6) $\displaystyle\int \frac{1}{\tan x}\,dx$

解] (1) $3x+1=t$ とおくと $\dfrac{dt}{dx}=3$ であるから，　$dx=\dfrac{1}{3}\,dt$

　与式 $= \displaystyle\int \sin t\cdot\frac{1}{3}\,dt = \frac{1}{3}\int \sin t\,dt$

　　　$= \dfrac{1}{3}(-\cos t) + C = -\dfrac{1}{3}\cos(3x+1) + C$

(2) $ax+b=t$ とおくと $\dfrac{dt}{dx}=a$ であるから，　$dx=\dfrac{1}{a}\,dt$

　与式 $= \displaystyle\int \frac{1}{t}\cdot\frac{1}{a}\,dt = \frac{1}{a}\int \frac{1}{t}\,dt = \frac{1}{a}\log|t| + C = \frac{1}{a}\log|ax+b| + C$

(3) $x^2-1=t$ とおくと $\dfrac{dt}{dx}=2x$ であるから，　$dx=\dfrac{1}{2x}\,dt$

$$与式 = \int 2xt^4 \cdot \frac{1}{2x}\, dt = \int t^4\, dt = \frac{1}{5}\, t^5 + C = \frac{1}{5}\, (x^2 - 1)^5 + C$$

(4) $1 + e^x = t$ とおくと $\dfrac{dt}{dx} = e^x$ であるから, $dx = \dfrac{1}{e^x}\, dt$

$$与式 = \int \frac{e^x}{t^3} \cdot \frac{1}{e^x}\, dt = \int \frac{1}{t^3}\, dt = -\frac{1}{2\, t^2} + C = -\frac{1}{2(1 + e^x)^2} + C$$

(5) $与式 = \displaystyle\int \dfrac{(x^2 - x + 2)'}{x^2 - x + 2}\, dx = \log|\, x^2 - x + 2\,| + C$

(6) $与式 = \displaystyle\int \dfrac{\cos x}{\sin x}\, dx = \int \dfrac{(\sin x)'}{\sin x}\, dx = \log|\sin x| + C$

練習 4] 次の不定積分を求めよ.

(1) $\displaystyle\int \dfrac{-x}{\sqrt{1 - x}}\, dx$
(2) $\displaystyle\int 2x\sqrt{1 - x^2}\, dx$
(3) $\displaystyle\int 2x e^{x^2 + 2}\, dx$

(4) $\displaystyle\int \dfrac{\log x}{x}\, dx$
(5) $\displaystyle\int \dfrac{1}{x \log x}\, dx$
(6) $\displaystyle\int \dfrac{x^2 + 2}{x^3 + 6x + 3}\, dx$

13.1.3 部分積分法

　直接に積分できない関数もそれを変形すれば, 間接的に積分できる場合がある. 2 つの関数の積の導関数については

$$\{f(x)\, g(x)\}' = f'(x)\, g(x) + f(x)\, g'(x)$$

が成り立つ. この両辺を積分すると

$$f(x)\, g(x) = \int f'(x)\, g(x)\, dx + \int f(x)\, g'(x)\, dx$$

　よって, 次の公式が得られ, このような積分方法を **部分積分法** という.

部分積分の公式 ───────────

$$\int f(x)\, g'(x)\, dx = f(x)\, g(x) - \int f'(x)\, g(x)\, dx$$

例 5] 次の不定積分を求めよ.

(1) $\int x \sin x\, dx$
(2) $\int \log x\, dx$
(3) $\int 2x^2 e^x\, dx$
(4) $\int \cos^2 x\, dx$

解] (1) $f(x) = x \qquad g'(x) = \sin x$

$\qquad\qquad f'(x) = 1 \qquad g(x) = -\cos x$

と考えると, 部分積分法により

$$与式 = x(-\cos x) - \int 1 \cdot (-\cos x)\, dx = -x \cos x + \sin x + C$$

(2) $f(x) = \log x \qquad g'(x) = 1$

$\qquad f'(x) = \dfrac{1}{x} \qquad g(x) = x$

と考えると，部分積分法により

$$\text{与式} = x \log x - \int x \cdot \frac{1}{x}\, dx = x \log x - x + C$$

(3) $f(x) = x^2 \qquad g'(x) = e^x$

$\qquad f'(x) = 2x \qquad g(x) = e^x$

$\qquad \text{与式} = 2\left(x^2 e^x - \int 2x e^x\, dx\right) = 2x^2 e^x - 4\int x e^x\, dx$

さらに $\quad h(x) = x \qquad k'(x) = e^x$

$\qquad\qquad h'(x) = 1 \qquad k(x) = e^x$

と考えると，部分積分法により

$$\int x e^x\, dx = x e^x - \int e^x\, dx = x e^x - e^x + C$$

ゆえに $\quad \text{与式} = 2x^2 e^x - 4(x e^x - e^x) + C = 2(x^2 - 2x + 2)e^x + C$

(4) $I = \int \cos^2 x\, dx = \int \cos x \cos x\, dx$

$\qquad f(x) = \cos x \qquad g'(x) = \cos x$

$\qquad f'(x) = -\sin x \qquad g(x) = \sin x$

と考えると，部分積分法により

$$I = \sin x \cos x + \int \sin^2 x\, dx = \sin x \cos x + \int (1 - \cos^2 x)\, dx$$
$$= \sin x \cos x + x + C - I$$

ゆえに $\quad I = \dfrac{1}{2}(\sin x \cos x + x) + C$

練習 5] 次の不定積分を求めよ。

(1) $\int 2x \log x\, dx$ $\qquad$ (2) $\int x^2 \sin x\, dx$ $\qquad$ (3) $\int \log(2x + 1)\, dx$

(4) $\int x e^x\, dx$ $\qquad$ (5) $\int x e^{-2x}\, dx$ $\qquad$ (6) $\int \sin^2 x\, dx$

13.1.4　いろいろな関数の不定積分

不定積分の例

　不定積分を求めるには，置換積分や部分積分を行うことで，既知の積分に直す工夫が必要な場合がある。また，分数関数は部分分数に分解したり，三角関数は 2 倍角の公式や積を和または差に直す公式で変形すると，積分が求まる場合がある。

　分数式や根号の中が分数式あるいは 2 次式である無理式の不定積分には，次の公式を用いると便利である。

いろいろな関数の不定積分

[1] $\displaystyle\int \frac{1}{x^2 - a^2}\,dx = \frac{1}{2a}\log\left|\frac{x-a}{x+a}\right| + C \quad (a \neq 0)$

[2] $\displaystyle\int \frac{1}{x^2 + a^2}\,dx = \frac{1}{a}\tan^{-1}\frac{x}{a} + C \quad (a \neq 0)$

[3] $\displaystyle\int \frac{1}{\sqrt{a^2 - x^2}}\,dx = \sin^{-1}\frac{x}{a} + C \quad (a > 0)$

[4] $\displaystyle\int \frac{1}{\sqrt{x^2 + A}}\,dx = \log\left|x + \sqrt{x^2 + A}\right| + C \quad (A \neq 0)$

[5] $\displaystyle\int \sqrt{x^2 + A}\,dx = \frac{1}{2}\left(x\sqrt{x^2 + A} + A\log\left|x + \sqrt{x^2 + A}\right|\right) + C \quad (A \neq 0)$

[6] $\displaystyle\int \sqrt{a^2 - x^2}\,dx = \frac{1}{2}\left(x\sqrt{a^2 - x^2} + a^2\sin^{-1}\frac{x}{a}\right) + C \quad (a > 0)$

証明]　[1] $\displaystyle\int \frac{1}{x^2 - a^2}\,dx = \int \frac{1}{2a}\left(\frac{1}{x-a} - \frac{1}{x+a}\right)dx$

$\displaystyle = \frac{1}{2a}\left(\log|x-a| - \log|x+a|\right) + C = \frac{1}{2a}\log\left|\frac{x-a}{x+a}\right| + C \quad (a \neq 0)$

[2] $x = a\tan\theta$ とおく $\left(-\dfrac{\pi}{2} < \theta < \dfrac{\pi}{2}\right)$, $\quad \dfrac{dx}{d\theta} = \dfrac{a}{\cos^2\theta}$ より $\quad dx = \dfrac{a}{\cos^2\theta}d\theta$

一方, $\tan\theta = \dfrac{x}{a}$ の逆関数は $\theta = \tan^{-1}\dfrac{x}{a}$

与式 $\displaystyle = \int \frac{1}{a^2\tan^2\theta + a^2}\cdot\frac{a}{\cos^2\theta}\,d\theta = \int \frac{\cos^2\theta}{a^2}\cdot\frac{a}{\cos^2\theta}\,d\theta = \frac{1}{a}\int d\theta$

$\displaystyle = \frac{1}{a}\theta + C = \frac{1}{a}\tan^{-1}\frac{x}{a} + C \quad (a \neq 0)$

[3] $x = a\sin\theta$ とおく $\left(-\dfrac{\pi}{2} \leq \theta \leq \dfrac{\pi}{2}\right)$, $\quad \dfrac{dx}{d\theta} = a\cos\theta$ より $\quad dx = a\cos\theta\,d\theta$

一方, $\sin\theta = \dfrac{x}{a}$ の逆関数は $\theta = \sin^{-1}\dfrac{x}{a}$

与式 $\displaystyle = \int \frac{1}{\sqrt{a^2 - a^2\sin^2\theta}}\cdot a\cos\theta\,d\theta = \int \frac{1}{a\cos\theta}\cdot a\cos\theta\,d\theta = \frac{1}{a}\int d\theta$

$\displaystyle = \frac{1}{a}\theta + C = \frac{1}{a}\sin^{-1}\frac{x}{a} + C \quad (a \neq 0) \quad$ 注) $(\theta$ の範囲で $\cos\theta > 0)$

[4] $\sqrt{x^2 + A} = t - x \cdots ①$ とおけば $\quad x^2 + A = t^2 - 2tx + x^2$

ゆえに $\quad x = \dfrac{t^2 - A}{2t}$, $\quad \dfrac{dx}{dt} = \dfrac{t^2 + A}{2t^2}$

x の式を ① に代入して $\quad \sqrt{x^2 + A} = t - \dfrac{t^2 - A}{2t} = \dfrac{t^2 + A}{2t}$

与式 $\displaystyle = \int \frac{1}{\dfrac{t^2 + A}{2t}}\cdot\frac{t^2 + A}{2t^2}\,dt = \int \frac{1}{t}\,dt = \log|t| + C$

$$= \log \left| x + \sqrt{x^2 + A} \right| + C \quad (A \neq 0)$$

[5] [4] より， 与式 $= \displaystyle\int \frac{t^2 + A}{2t} \cdot \frac{t^2 + A}{2t^2} \, dt = \int \frac{t^4 + 2At^2 + A^2}{4t^3} \, dt$

$$= \frac{1}{4} \int \left(t + \frac{A^2}{t^3} + \frac{2A}{t} \right) + C = \frac{1}{4} \left(\frac{t^2}{2} - \frac{A^2}{2t^2} + 2A \log|t| \right) + C$$

$$= \frac{1}{2} \left(\frac{t^2 - A}{2t} \cdot \frac{t^2 + A}{2t} + A \log|t| \right) + C$$

$$= \frac{1}{2} \left(x\sqrt{x^2 + A} + A \log \left| x + \sqrt{x^2 + A} \right| \right) + C$$

[6] $x = a \sin\theta$ とおく $\left(-\dfrac{\pi}{2} \leqq \theta \leqq \dfrac{\pi}{2} \right)$, $\quad \dfrac{dx}{d\theta} = a \cos\theta$ より $\quad dx = a \cos\theta \, d\theta$

一方， $\sin\theta = \dfrac{x}{a}$ の逆関数は $\quad \theta = \sin^{-1}\dfrac{x}{a}$

与式 $= \displaystyle\int \sqrt{a^2 - a^2 \sin^2\theta} \cdot a \cos\theta \, d\theta = \int a \cos\theta \cdot a \cos\theta \, d\theta = a^2 \int \cos^2\theta \, d\theta$

$$= a^2 \cdot \frac{1}{2} \int (\cos 2\theta + 1) \, d\theta = \frac{a^2}{2} \left(\frac{1}{2} \sin 2x + x \right) + C$$

$$= \frac{1}{2} (a \sin\theta \cdot a \cos\theta + a^2 \theta) + C = \frac{1}{2} \left(x\sqrt{a^2 - x^2} + a^2 \sin^{-1}\frac{x}{a} \right) + C$$

分数式の積分

　分数式の積分は，例えば， $\dfrac{2x}{(x+1)(x+2)} = \dfrac{a}{x+1} + \dfrac{b}{x+2}$ $\quad\cdots\cdots$ ①

が成り立つように，定数 a, b を求めて分解すると解ける場合がある。このように
1 つの分数式を，分母の次数が低い 2 つ以上の分数式の和の形に変形することを，
部分分数に分解する という。

例 6] 次の不定積分を求めよ。

(1) $\displaystyle\int \frac{2x}{(x+1)(x+2)} \, dx$ 　　(2) $\displaystyle\int \frac{x-3}{(x+1)(x^2+1)} \, dx$ 　　(3) $\displaystyle\int \frac{1}{1 - e^{2x}} \, dx$

解] (1) ① 式の分母を払うと

$$2x = a(x+2) + b(x+1) = (a+b)x + (2a+b)$$

したがって $\quad a+b = 2, \ 2a+b = 0$ より $\quad a = -2, \ b = 4$

与式 $= -2 \displaystyle\int \frac{1}{x+1} \, dx + 4 \int \frac{1}{x+2} \, dx$

$$= -2 \log|x+1| + 4 \log|x+2| + C = \log \frac{(x+2)^4}{(x+1)^2} + C$$

(2) $\dfrac{x-3}{(x+1)(x^2+1)} = \dfrac{a}{x+1} + \dfrac{bx+c}{x^2+1}$ とおいて，分母を払うと

$$x - 3 = a(x^2+1) + (x+1)(bx+c) = (a+b)x^2 + (b+c)x + a + c$$

ゆえに $a + b = 0$, $b + c = 1$, $a + c = -3$

よって $a = -2$, $b = 2$, $c = -1$

$$与式 = -2 \int \frac{1}{x+1}\, dx + \int \frac{2x}{x^2+1}\, dx - \int \frac{1}{x^2+1}\, dx$$

$$= -2 \log|x+1| + \log|x^2+1| - \tan^{-1} x + C = \log \frac{x^2+1}{(x+1)^2} - \tan^{-1} x + C$$

(3) $1 - e^{2x} = t$ とおくと $\dfrac{dt}{dx} = -2e^{2x}$ よって $dx = \dfrac{1}{2(t-1)}\, dt$

$$与式 = \int \frac{1}{t} \cdot \frac{1}{2(t-1)}\, dt = \frac{1}{2} \int \left(\frac{1}{t-1} - \frac{1}{t} \right) dt$$

$$= \frac{1}{2} \big(\log|t-1| - \log|t| \big) + C = x - \frac{1}{2} \log|1 - e^{2x}| + C$$

練習 6] $\displaystyle \int \frac{3x^2 - 3x - 9}{(x+2)(x-1)^2}$ の不定積分を求めよ。

ヒント：$\dfrac{a}{x+2} + \dfrac{b(x-1)+c}{(x-1)^2} = \dfrac{a}{x+2} + \dfrac{b}{x-1} + \dfrac{c}{(x-1)^2}$ の形に変形

無理式の積分

$\sqrt[n]{\dfrac{ax+b}{cx+d}}$ を含む式の積分は，$\sqrt[n]{\dfrac{ax+b}{cx+d}} = t$，すなわち，$\dfrac{ax+b}{cx+d} = t^n$ とおいて解くとよい（但し，$ad - bc \neq 0$，n は 0 でない整数）。

$\sqrt{ax^2 + bx + c}$ （但し，$a \neq 0$）を含む式の積分は，a を次のように正と負に分けて考える。

[$a < 0$ の場合] 方程式 $ax^2 + bx + c = 0$ が異なる実数解をもたなければ，x のすべての実数値に対して $ax^2 + bx + c \leq 0$ であるので，2 つの実数解 α, β $(\alpha < \beta)$ をもつものと仮定する。そのとき，

$$ax^2 + bx + c = a(x - \alpha)(x - \beta)$$

と因数分解され，この 2 次式は区間 (α, β) で正である。よって，この区間で

$$\sqrt{ax^2 + bx + c} = \sqrt{-a}\,(\beta - x)\sqrt{\frac{x - \alpha}{\beta - x}}$$

となり，根号内が 2 次式から 1 次式の分数となる。よって，根号部分を t とおく。

[$a > 0$ の場合] $\sqrt{ax^2 + bx + c} = t - \sqrt{a}\,x$ とおくと，積分できる。

例 7] $\displaystyle \int \sqrt{\frac{x-1}{2-x}}\, dx$ の不定積分を求めよ。

解] $\sqrt{\dfrac{x-1}{2-x}} = t$ とおくと $\dfrac{x-1}{2-x} = t^2$ ゆえに $x = \dfrac{2t^2+1}{t^2+1}$

$$\frac{dx}{dt} = \frac{4\,t\,(t^2+1) - (2\,t^2+1)\cdot 2\,t}{\left(t^2+1\right)^2} = \frac{2\,t}{\left(t^2+1\right)^2}$$

よって，$\displaystyle\int \sqrt{\frac{x-1}{2-x}}\,dx = \int t\,\frac{2\,t}{\left(t^2+1\right)^2}\,dt$ となる。部分積分法より

$$f(t) = t \qquad g'(t) = \frac{2\,t}{\left(t^2+1\right)^2} \qquad (t^2+1 = s \text{ で置換積分法を利用})$$

$$f'(x) = 1 \qquad g(t) = \frac{-1}{t^2+1}$$

ゆえに 与式 $\displaystyle = \frac{-t}{t^2+1} + \int \frac{1}{t^2+1}\,dt = -\frac{1}{\dfrac{x-1}{2-x}+1}\sqrt{\frac{x-1}{2-x}} + \tan^{-1} t + C$

$$= -\sqrt{(x-1)(2-x)} + \tan^{-1}\sqrt{\frac{x-1}{2-x}} + C$$

$\sin x,\ \cos x$ の積分

置換積分法を用いると解くことができる場合がある。

例 8] 次の不定積分を求めよ。

$(1)\ \displaystyle\int \frac{1}{\sin x}\,dx \qquad\qquad (2)\ \displaystyle\int \frac{1}{\cos x}\,dx \qquad\qquad (3)\ \int \cos^3 x\,dx$

解] (1) $\displaystyle\frac{1}{\sin x} = \frac{\sin x}{\sin^2 x} = \frac{\sin x}{1-\cos^2 x}$ であるから

$\cos x = t$ とおくと $\displaystyle\frac{dt}{dx} = -\sin x$ また，$-1 \leqq \cos x \leqq 1$

$\displaystyle 与式 = \int \frac{\sin x}{1-t^2}\cdot\frac{1}{-\sin x}\,dt = \int \frac{1}{t^2-1}\,dt = \frac{1}{2}\int\left(\frac{1}{t-1} - \frac{1}{t+1}\right)dt$

$\displaystyle\qquad = \frac{1}{2}\log\left|\frac{t-1}{t+1}\right| + C = \frac{1}{2}\log\frac{1-\cos x}{1+\cos x} + C$

(2) $\displaystyle\frac{1}{\cos x} = \frac{\cos x}{\cos^2 x} = \frac{\cos x}{1-\sin^2 x}$ であるから

$\sin x = t$ とおくと $\displaystyle\frac{dt}{dx} = \cos x$ また，$-1 \leqq \sin x \leqq 1$

$\displaystyle 与式 = \int \frac{1}{1-t^2}\,dt = \frac{1}{2}\int\left(\frac{1}{1+t} + \frac{1}{1-t}\right)dt$

$\displaystyle\qquad\qquad = \frac{1}{2}\log\left|\frac{1+t}{1-t}\right| + C = \frac{1}{2}\log\frac{1+\sin x}{1-\sin x} + C$

(3) $\cos^3 x = (1-\sin^2 x)\cos x$, $\sin x = t$ とおくと $\displaystyle\frac{dt}{dx} = \cos x$

$\displaystyle 与式 = \int (1-t^2)\cos x\cdot\frac{1}{\cos x}\,dt = \int(1-t^2)\,dt = -\frac{1}{3}\,t^3 + t + C$

$\displaystyle\qquad = -\frac{1}{3}\sin^3 x + \sin x + C$

13.2 定積分

13.2.1 定積分の定義，公式

定積分の定義

微分と積分の関係を，直線の方程式と面積で考えよう。

例えば，図のように直線の方程式 $y_1 = x + 1$，$y_2 = -2x + 2$ のそれぞれと，x 軸および 2 直線（縦線）で囲まれた部分の面積を S_1，S_2 とすると

$$S_1(x) = \frac{1}{2}(x + 1 + 2)(x - 1) = \frac{1}{2}(x^2 + 2x - 3)$$

$$S_2(x) = \frac{1}{2}(-2x + 2 + 2)x = -x^2 + 2x$$

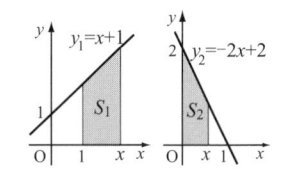

となる。これらの面積の関数 $S(x)$ から導関数を求めると

$$S_1'(x) = x + 1, \qquad S_2'(x) = -2x + 2$$

となり，$S'(x) = f(x)$，すなわち，$S(x)$ は $f(x)$ の不定積分であり，直線の方程式が求まる。

次に，積分と面積の関係で，面積 $S(x)$ は関数 $f(x)$ の不定積分の 1 つであることを示そう。

関数 $f(x)$ が閉区間 $[a, b]$ で連続で，かつ $f(x) \geqq 0$ であるとする。x が $a \leqq x \leqq b$ である任意の数をとるとき，曲線 $y = f(x)$ と x 軸および a から x で囲まれる部分の面積を $S(x)$ とすると，$S(x)$ は x の関数である。

面積は

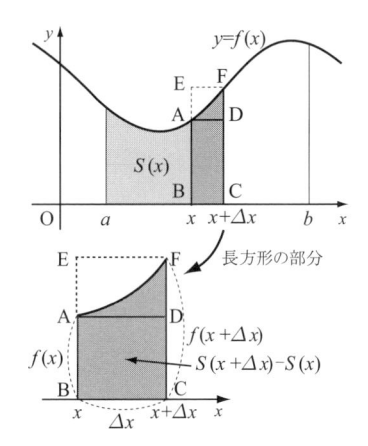

$$\begin{array}{ccccc}
\text{ABCD} & < & \text{ABCF} & < & \text{EBCF} \\
\text{長方形} & & \text{求める面積} & & \text{長方形}
\end{array}$$

となる。すなわち，$f(x) \cdot \Delta x < S(x + \Delta x) - S(x) < f(x + \Delta x) \cdot \Delta x$ であり，$\Delta x > 0$ のとき，各辺を Δx で割ると

$$f(x) < \frac{S(x + \Delta x) - S(x)}{\Delta x} < f(x + \Delta x)$$

となる。ここで，$\Delta x \to 0$ のとき，$f(x + \Delta x) \to f(x)$ となるから

$$\lim_{\Delta x \to 0} \frac{S(x + \Delta x) - S(x)}{\Delta x} = f(x)$$

このことは，$\Delta x < 0$ のときにも成り立つ。ゆえに，$S'(x) = f(x)$ となり

$$\int f(x)\,dx = \int S'(x)\,dx = S(x) + C$$

よって，面積を表す関数 $S(x)$ は $f(x)$ の不定積分の 1 つである。

次に，閉区間 $[a,\ b]$ で考えよう。$f(x)$ の不定積分の 1 つを $F(x)$ とすると，$S(x),\ F(x)$ はともに $f(x)$ の不定積分であるから

$$S(x) = F(x) + C \qquad (C\ \text{は積分定数})$$

と表される。関数 $S(x)$ は a から x までの部分の面積を表すから

$$S(a) = F(a) + C = 0 \qquad \text{よって} \qquad C = -F(a)$$

となる。

ゆえに $\qquad S(x) = F(x) - F(a)$

である。閉区間 $[a,\ b]$ で考えると，$x = a$ から $x = b$ までの部分の面積 S は

$$S = S(b) = F(b) - F(a)$$

となる。

ここまでは，閉区間 $[a,\ b]$ で常に $f(x) \geqq 0$ という条件であったが，一般に，$f(x)$ が閉区間 $[a,\ b]$ で連続であり，$F(x)$ がその不定積分であるとき，$f(x) < 0$ の場合も，$F(b) - F(a)$ を考えることができる。

よって，関数 $f(x)$ の不定積分の 1 つを $F(x)$ とするとき，2 つの実数 a, b に対して，$F(b) - F(a)$ を関数 $f(x)$ の a から b までの **定積分** といい，記号で $\int_a^b f(x)\,dx$ と表す[†]。この定積分を求めることを，関数 $f(x)$ を a から b まで **積分する** といい，$a,\ b$ をそれぞれ定積分の 下端（かたん）および 上端（じょうたん）という。a と b の大小関係は，$a < b,\ a = b,\ a > b$ のどれであってもよい。

定積分の定義 ――――――――――――――

関数 $f(x)$ の不定積分の 1 つを $F(x)$ とするとき

$$\int_a^b f(x)\,dx = \Big[\,F(x)\,\Big]_a^b = F(b) - F(a)$$

――――――――――――――――――――――――

[†] 「インテグラル a から b まで $f(x)\,dx$」と読む。

定積分の公式

　関数の定積分について，次のことが成り立つ。但し，k を定数，$f(x)$，$g(x)$ の不定積分の 1 つを $F(x)$，$G(x)$ とする。

[1] $\int_a^a f(x)\,dx = \Big[\,F(x)\,\Big]_a^a = F(a) - F(a) = 0$

[2] $\int_a^b f(x)\,dx = \Big[\,F(x)\,\Big]_a^b = F(b) - F(a) = -\{F(a) - F(b)\}$

$\qquad = -\Big[\,F(x)\,\Big]_b^a = -\int_b^a f(x)\,dx$

[3] $\int_a^b f(x)\,dx = \Big[\,F(x)\,\Big]_a^b = F(b) - F(a)$

$\quad \int_a^b f(t)\,dt = \Big[\,F(t)\,\Big]_a^b = F(b) - F(a)$

　よって，定積分の値は積分変数を表す文字には関係しない。

[4] $\int_a^b k f(x)\,dx = \Big[\,kF(x)\,\Big]_a^b = kF(b) - kF(a) = k\{F(b) - F(a)\} = k\int_a^b f(x)\,dx$

[5] $\int_a^b \{f(x) \pm g(x)\}dx = \Big[\,F(x) \pm G(x)\,\Big]_a^b$

$\qquad = \{F(b) \pm G(b)\} - \{F(a) \pm G(a)\} = \Big[\,F(x)\,\Big]_a^b \pm \Big[\,G(x)\,\Big]_a^b$

$\qquad = \int_a^b f(x)\,dx \pm \int_a^b g(x)\,dx$

[6] $\int_a^c f(x)\,dx + \int_c^b f(x)\,dx = F(c) - F(a) + F(b) - F(c)$

$\qquad = F(b) - F(a) = \int_a^b f(x)\,dx$

定積分の公式 ―――――――――――――――――――――

[1] $\int_a^a f(x)\,dx = 0$

[2] $\int_a^b f(x)\,dx = -\int_b^a f(x)\,dx$

[3] $\int_a^b f(x)\,dx = \int_a^b f(t)\,dt$ 　（積分変数の文字には無関係）

[4] $\int_a^b k f(x)\,dx = k\int_a^b f(x)\,dx$ 　（k は定数）

[5] $\int_a^b \{f(x) \pm g(x)\}dx = \int_a^b f(x)\,dx \pm \int_a^b g(x)\,dx$ 　（複号同順）

[6] $\int_a^b f(x)\,dx = \int_a^c f(x)\,dx + \int_c^b f(x)\,dx$

関数 $f(x)$ が負の場合

定積分 $\int_a^b |f(x)|\,dx$ の値を求めるためには

$$f(x) \geqq 0 \text{ のとき} \qquad |f(x)| = f(x)$$
$$f(x) \leqq 0 \text{ のとき} \qquad |f(x)| = -f(x)$$

であるから，関数 $f(x)$ の値が正の部分と負の部分に区間を分けて考えればよい。

例 9] 次の定積分の値を求めよ。

(1) $\int_1^2 x^2\,dx$　　　　　　(2) $\int_0^\pi \sin x\,dx$　　　　　　(3) $\int_1^2 \dfrac{3x+2}{x^2}\,dx$

(4) $\int_0^\pi \sin x \sin 2x\,dx$　　　(5) $\int_{-2}^2 |x^2+2x-3|\,dx$　　　(6) $\int_{-1}^1 |e^x - 1|\,dx$

解] (1) 与式 $= \left[\dfrac{x^3}{3}\right]_1^2 = \dfrac{8}{3} - \dfrac{1}{3} = \dfrac{7}{3}$

(2) 与式 $= \left[-\cos x\right]_0^\pi = -\cos \pi + \cos 0 = 1 + 1 = 2$

(3) 与式 $= \int_1^2 \left(\dfrac{3}{x} + \dfrac{2}{x^2}\right) dx = 3\int_1^2 \dfrac{1}{x}\,dx + 2\int_1^2 \dfrac{1}{x^2}\,dx$

　　　$= 3\left[\log x\right]_1^2 + 2\left[-\dfrac{1}{x}\right]_1^2 = 3\log 2 + 1$

(4) 与式 $= \int_0^\pi \left\{-\dfrac{1}{2}(\cos 3x - \cos x)\right\} dx$

　　　$= -\dfrac{1}{2}\left(\int_0^\pi \cos 3x\,dx - \int_0^\pi \cos x\,dx\right) = -\dfrac{1}{2}\left(\left[\dfrac{\sin 3x}{3}\right]_0^\pi - \left[\sin x\right]_0^\pi\right) = 0$

(5) $x^2+2x-3 = (x+3)(x-1)$ であるから，区間 $[-2,\,2]$ において

$$|x^2+2x-3| = \begin{cases} x^2+2x-3 & (1 \leq x \leq 2) \\ -x^2-2x+3 & (-2 \leq x \leq 1) \end{cases}$$

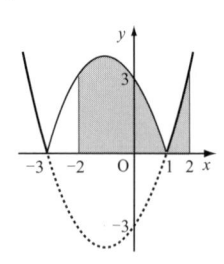

与式 $= \int_1^2 (x^2+2x-3)\,dx + \int_{-2}^1 (-x^2-2x+3)\,dx$

　　$= \left[\dfrac{1}{3}x^3 + x^2 - 3x\right]_1^2 + \left[-\dfrac{1}{3}x^3 - x^2 + 3x\right]_{-2}^1$

　　$= \dfrac{34}{3}$

(6) $x \leqq 0$ のとき　$|e^x - 1| = -(e^x - 1) = 1 - e^x$

　　$x \geqq 0$ のとき　$|e^x - 1| = e^x - 1$

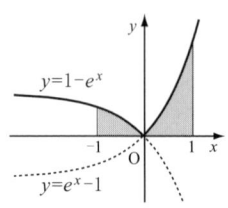

与式 $= \int_{-1}^0 (1 - e^x)\,dx + \int_0^1 (e^x - 1)\,dx$

　　$= \left[x - e^x\right]_{-1}^0 + \left[e^x - x\right]_0^1 = e + \dfrac{1}{e} - 2$

練習 7] 次の定積分の値を求めよ。

(1) $\int_0^1 (3x^2 + 2e^x)\,dx$ (2) $\int_0^{\frac{2}{3}\pi} |\sin 2x|\,dx$ (3) $\int_{-3}^3 \sqrt{|x-1|}\,dx$

(4) $\int_0^\pi |\cos x|\,dx$ (5) $\int_1^9 |\sqrt{x}-1|\,dx$ (6) $\int_0^{\frac{\pi}{2}} \sin^2 x\,dx$ (7) $\int_1^2 \dfrac{x-3}{\sqrt{x}}\,dx$

(8) $\int_{-1}^1 (e^x - e^{-x})\,dx - \int_{-1}^0 (e^x - e^{-x})\,dx$ (9) $\int_1^e \dfrac{x^2 - 2x + 2}{x}\,dx$

13.2.2 置換積分法，部分積分法

置換積分法

不定積分 $\int f(x)\,dx$ を求める際，置換積分法により複雑な積分を簡単な式の積分に直すことができた。同じように，$f(x)$ の定積分の置換積分法について考えよう。

微分可能な関数 $x = g(t)$ において，区間 $a \leqq x \leqq b$ には 区間 $\alpha \leqq t \leqq \beta$ が対応し，$a = g(\alpha)$, $b = g(\beta)$ であるものとする。

$F(x) = \int f(x)\,dx$ において $x = g(t)$ とすれば，不定積分の置換積分法により

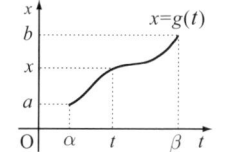

$$F(g(t)) = \int f(g(t))\,g'(t)\,dt$$

となる。このとき，$f(g(t))\,g'(t)$ の α から β までの定積分は

$$\int_\alpha^\beta f(g(t))\,g'(t)\,dt = \Big[\,F(g(t))\,\Big]_\alpha^\beta$$
$$= F(g(\beta)) - F(g(\alpha)) = F(b) - F(a) = \int_a^b f(x)\,dx$$

x	$a \to b$
t	$\alpha \to \beta$

となるから，定積分に関して，次の **置換積分法** の公式が成り立つ。

置換積分の公式 ────────────────

$x = g(t)$ とするとき，$a = g(\alpha)$, $b = g(\beta)$ ならば

$$\int_a^b f(x)\,dx = \int_\alpha^\beta f(g(t))\,\frac{dx}{dt}\,dt = \int_\alpha^\beta f(g(t))\,g'(t)\,dt$$

x	$a \to b$
t	$\alpha \to \beta$

部分積分法

不定積分の部分積分法の公式により，定積分について，次のことが成り立つ。

部分積分の公式 ────────────────

$$\int_a^b f(x)\,g'(x)\,dx = \Big[\,f(x)\,g(x)\,\Big]_a^b - \int_a^b f'(x)\,g(x)\,dx$$

例10] 次の定積分の値を求めよ。

(1) $\displaystyle\int_1^e \frac{\log x^2}{x}\,dx$　　　(2) $\displaystyle\int_{-2}^2 \frac{x}{\sqrt{x+2}}\,dx$　　　(3) $\displaystyle\int_{-1}^1 \sqrt{x^2+3}\,dx$

(4) $\displaystyle\int_0^2 \sqrt{4-x^2}\,dx$　　　(5) $\displaystyle\int_0^{\frac{\pi}{3}} x\cos x\,dx$　　　(6) $\displaystyle\int_1^e x\log x\,dx$

解] (1) $t=\log x$ とおくと，$\dfrac{dt}{dx}=\dfrac{1}{x}$

x と t の対応は表に示す。

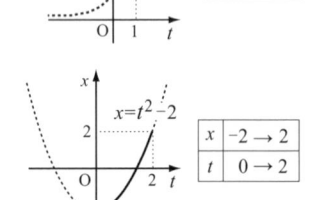

x	$1 \to e$
t	$0 \to 1$

与式 $=\displaystyle\int_0^1 \frac{2t}{x}\cdot x\,dt = 2\int_0^1 t\,dt = 2\left[\frac{t^2}{2}\right]_0^1 = 1$

(2) $t=\sqrt{x+2}$ とおくと，$x=t^2-2$ であるから，

$dx=2t\,dt$

x と t の対応は表に示す。

x	$-2 \to 2$
t	$0 \to 2$

与式 $=\displaystyle\int_0^2 \frac{t^2-2}{t}\cdot 2t\,dt = 2\left[\frac{t^3}{3}-2t\right]_0^2 = -\frac{8}{3}$

(3) $\sqrt{x^2+3}=t-x$ とおくと，

$x=\dfrac{t^2-3}{2t}$，$\sqrt{x^2+3}=\dfrac{t^2+3}{2t}$ となり，$\dfrac{dx}{dt}=\dfrac{t^2+3}{2t^2}$

x と t の対応は表に示す。

x	$-1 \to 1$
t	$1 \to 3$

与式 $=\displaystyle\int_1^3 \frac{t^2+3}{2t}\cdot\frac{t^2+3}{2t^2}\,dt = \frac{1}{4}\int_1^3\left(t+\frac{9}{t^3}+\frac{6}{t}\right)dt$

$=\dfrac{1}{4}\left[\dfrac{t^2}{2}-\dfrac{9}{2t^2}+6\log|t|\right]_1^3 = 2+\dfrac{3}{2}\log 3$

(4) $x=2\sin\theta$ とおと，$\dfrac{dx}{d\theta}=2\cos\theta$ より　$dx=2\cos\theta\,d\theta$

x と θ の対応は表に示す。

x	$0 \to 2$
θ	$0 \to \frac{\pi}{2}$

$0\leqq\theta\leqq\dfrac{\pi}{2}$ において，$\cos\theta\geqq 0$ であるから

与式 $=\displaystyle\int_0^{\frac{\pi}{2}}\sqrt{4-4\sin^2\theta}\cdot 2\cos\theta\,d\theta = 4\int_0^{\frac{\pi}{2}}\cos^2\theta\,d\theta = 4\int_0^{\frac{\pi}{2}}\frac{1+\cos 2\theta}{2}\,d\theta$

$=2\left[\theta+\dfrac{1}{2}\sin 2\theta\right]_0^{\frac{\pi}{2}} = \pi$

(5) $f(x)=x$　　　$g'(x)=\cos x$

　　$f'(x)=1$　　　$g(x)=\sin x$

と考えると，部分積分法により

与式 $=\left[x\sin x\right]_0^{\frac{\pi}{3}} - \displaystyle\int_0^{\frac{\pi}{3}}\sin x\,dx = \dfrac{\pi}{3}\cdot\dfrac{\sqrt{3}}{2} - \left[-\cos x\right]_0^{\frac{\pi}{3}} = \dfrac{\sqrt{3}}{6}\pi - \dfrac{1}{2}$

(6) $f(x)=\log x$　　　$g'(x)=x$

$$f'(x) = \frac{1}{x} \qquad g(x) = \frac{x^2}{2}$$

$$\text{与式} = \left[\frac{x^2}{2}\log x\right]_1^e - \int_1^e \frac{1}{x}\cdot\frac{x^2}{2}\,dx = \frac{e^2}{2} - \left[\frac{x^2}{4}\right]_1^e = \frac{e^2+1}{4}$$

練習 8] 次の定積分の値を求めよ。

(1) $\int_1^e x^2 \log x\,dx$ 　　　　 (2) $\int_0^3 x\sqrt{x+1}\,dx$ 　　　　 (3) $\int_1^e \log x\,dx$

(4) $\int_{-1}^{\sqrt{2}} \sqrt{4-x^2}\,dx$ 　　 (5) $\int_0^1 \frac{1}{x^2+3}\,dx$ 　　 (6) $\int_{-2}^1 (2x+1)^3\,dx$

偶関数・奇関数の定積分

　偶関数，奇関数の性質を使うと，定積分の計算を簡単にすることができる。偶関数，奇関数の定積分について，次のことが成り立つ。

偶関数，奇関数の定積分 ──────────────

　関数 $f(x)$ が偶関数 $f(-x) = f(x)$ ならば　　$\int_{-a}^a f(x)\,dx = 2\int_0^a f(x)\,dx$

　関数 $f(x)$ が奇関数 $f(-x) = -f(x)$ ならば　$\int_{-a}^a f(x)\,dx = 0$

──────────────────────────────

証明] $\int_{-a}^a f(x)\,dx = \int_{-a}^0 f(x)\,dx + \int_0^a f(x)\,dx$ において，右辺の第 1 項において $x = -t$ とおくと

偶関数の場合は

$$\int_{-a}^0 f(x)\,dx = \int_a^0 f(-t)(-1)\,dt = \int_0^a f(-t)\,dt = \int_0^a f(t)\,dt$$

　　　ゆえに　　　$\int_{-a}^a f(x)\,dx = 2\int_0^a f(x)\,dx$

奇関数の場合は

$$\int_{-a}^0 f(x)\,dx = \int_a^0 f(-t)(-1)\,dt = \int_0^a f(-t)\,dt = -\int_0^a f(t)\,dt$$

　　　ゆえに　　　$\int_{-a}^a f(x)\,dx = 0$

例 11] $\int_{-1}^1 (x^3 + x^2 + x + 1)\,dx$ の定積分を求めよ。

解] $x^3 + x^2 + x + 1 = (x^3 + x) + (x^2 + 1)$ で，$x^3 + x$ は奇関数，$x^2 + 1$ は偶関数だから

$$\text{与式} = \int_{-1}^1 (x^3 + x)\,dx + \int_{-1}^1 (x^2 + 1)\,dx = 0 + 2\int_0^1 (x^2 + 1)\,dx$$

$$= 2\left[\frac{x^3}{3} + x\right]_0^1 = \frac{8}{3}$$

13.2.3 積分で表された関数

微分と積分を結ぶ重要な定理を導こう。

連続な関数 $f(x)$ に対して，定積分 $\int_a^x f(t)\,dt$ は x の関数で，$f(x)$ の不定積分の 1 つを $F(x)$ とすれば，定積分の定義から

$$\int_a^x f(t)\,dt = F(x) - F(a)$$

となる。両辺を x について微分すると

$$\frac{d}{dx} \int_a^x f(t)\,dt = \left\{F(x) - F(a)\right\}' = F'(x) = f(x)$$

となり，x の関数 $\int_a^x f(t)\,dt$ は $f(x)$ の不定積分の 1 つである。

微分と積分の関係 ─────────────────────────

$$\frac{d}{dx} \int_a^x f(t)\,dt = f(x)$$

─────────────────────────────────────

例 12] 等式 $\int_1^x f(t)\,dt = x^2 + ax - 5$ を満たす定数 a の値と関数 $f(x)$ を求めよ。

解] 両辺を x について微分すると

$$左辺：\frac{d}{dx} \int_1^x f(t)\,dt = f(x) \qquad 右辺：\frac{d}{dx}(x^2 + ax - 5) = 2x + a$$

与えられた等式で $x = 1$ とおき，$\int_a^a f(t)\,dt = 0$ を利用すると

$$0 = 1 + a - 5 \qquad すなわち \quad a = 4$$

したがって $\qquad f(x) = 2x + 4$

練習 9] 等式 $\int_a^x f(t)\,dt = x^2 + 2x + 1$ を満たす関数 $f(x)$ と，定数 a の値を求めよ。

13.2.4 区分求積法と定積分

区分求積と定積分

これまでは定積分を原始関数をもとにして考えたが，定積分を定義する最も本質的な方法を，ここでは示そう。

閉区間 $[a,\ b]$ で定義された関数 $y = f(x)$ が，この区間で連続で常に $f(x) \geqq 0$ のとき，曲線 $y = f(x)$ と x 軸および 2 直線 $x = a,\ x = b$ で囲まれた部分の面積 S は，定積分を用いると

$$S = \int_a^b f(x)\,dx$$

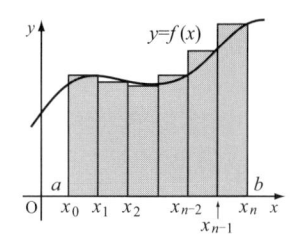

と表される。

　一方，閉区間 $[a, b]$ を n 等分し，a, b および各分点を順に

$$x_0(= a),\ x_1,\ x_2,\ \cdots,\ x_n(= b)$$

とし，各区間の幅を $\Delta x = \dfrac{b - a}{n}$ とおくとき，図のような n 個の長方形の面積の和は

$$S_n = f(x_1) \cdot \Delta x + f(x_2) \cdot \Delta x + f(x_3) \cdot \Delta x + \cdots + f(x_n) \cdot \Delta x$$

$$= \sum_{k=1}^{n} f(x_k) \cdot \Delta x$$

である。ここで，n を限りなく大きくすると，S_n は限りなく S に近づき

$$\lim_{n \to \infty} S_n = S$$

がいえる。したがって，次の関係が得られる。

区分求積と定積分 ─────────────────────

$$\lim_{n \to \infty} \sum_{k=1}^{n} f(x_k) \cdot \Delta x = \int_a^b f(x)\,dx \quad \left(但し，\ x_k = a + k \cdot \Delta x,\ \Delta x = \frac{b - a}{n}\right)$$

　この関係は，関数 $f(x)$ が閉区間 $[a, b]$ で連続ならば，常に $f(x) < 0$ のときにも当てはまる。

　また，S_n の代わりに，図のような和

$$T_n = f(x_0) \cdot \Delta x + f(x_1) \cdot \Delta x + f(x_2) \cdot \Delta x + \cdots + f(x_{n-1}) \cdot \Delta x$$

$$= \sum_{k=0}^{n-1} f(x_k) \cdot \Delta x$$

を考えても

$$\lim_{n \to \infty} \sum_{k=0}^{n-1} f(x_k) \cdot \Delta x$$

$$= \int_a^b f(x)\,dx$$

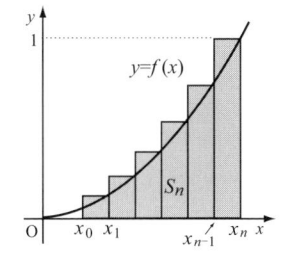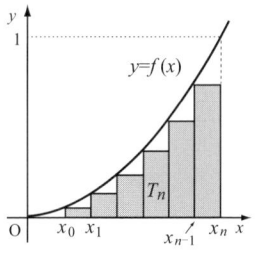

となり，結果は同じである。

　一般に，面積や体積を求めたい図形をいくつかの図形に分割してその和をつくり，その分割を無限にしたときの極限値でもってもとの図形の面積や体積を求める方法を，**区分求積法** という。

　また，区分求積法と定積分の関係から得られる式

$$\lim_{n\to\infty} \frac{1}{n} \sum_{k=1}^{n} f\left(\frac{k}{n}\right) = \int_0^1 f(x)\,dx$$

を用いると，数列の和の極限値を定積分の計算で求めることができる。

例 13] 放物線 $y = x^2$ と x 軸および直線 $x = 1$ で囲まれた部分の面積 S を，区分求積法で求めよ。

解] 区間 $[0,\,1]$ を n 等分し，n 個の長方形を作り，その面積の和を S_n とすると

$$S_n = \frac{1}{n}\left\{\left(\frac{1}{n}\right)^2 + \left(\frac{2}{n}\right)^2 + \cdots + \left(\frac{n}{n}\right)^2\right\} = \frac{1}{n}\sum_{k=1}^{n}\left(\frac{k}{n}\right)^2 = \frac{1}{n^3}\sum_{k=1}^{n} k^2$$

$$= \frac{1}{n^3}\cdot\frac{1}{6}n(n+1)(2n+1) = \frac{1}{6}\left(1+\frac{1}{n}\right)\left(2+\frac{1}{n}\right)$$

ここで，n を限りなく大きくすると，S_n は S に限りなく近づくから

$$S = \lim_{n\to\infty} S_n = \lim_{n\to\infty}\frac{1}{6}\left(1+\frac{1}{n}\right)\left(2+\frac{1}{n}\right) = \frac{1}{3}$$

これは，定積分 $S = \int_0^1 x^2\,dx = \left[\dfrac{x^3}{3}\right]_0^1 = \dfrac{1}{3}$ から得られる答えと同じである。

例 14] 数列の和 $S = \lim\limits_{n\to\infty}\left(\dfrac{1}{n+1} + \dfrac{1}{n+2} + \dfrac{1}{n+3} + \cdots + \dfrac{1}{2n}\right)$ の極限値を求めよ。

解] $S = \lim\limits_{n\to\infty}\dfrac{1}{n}\left(\dfrac{1}{1+\dfrac{1}{n}} + \dfrac{1}{1+\dfrac{2}{n}} + \dfrac{1}{1+\dfrac{3}{n}} + \cdots + \dfrac{1}{1+\dfrac{n}{n}}\right)$

$$= \lim_{n\to\infty}\frac{1}{n}\sum_{k=1}^{n}\left(\frac{1}{1+\dfrac{k}{n}}\right)$$

ここで，$f(x) = \dfrac{1}{1+x}$ とおくと

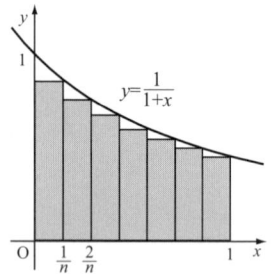

$$S = \lim_{n\to\infty}\frac{1}{n}\sum_{k=1}^{n} f\left(\frac{k}{n}\right) = \int_0^1 \frac{1}{1+x}\,dx$$

$$= \big[\log|1+x|\big]_0^1 = \log 2$$

定積分と不等式

定積分の定義より

$$\int_a^b f(x)\,dx = \lim_{n\to\infty}\sum_{k=1}^{n} f(x_k)\cdot\Delta x$$

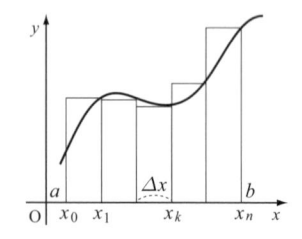

であるので，この区間で，常に $f(x) > 0$ ならば，右辺の極限値は正である。すなわち

　　閉区間 $[a,\,b]$ で $f(x) \geqq 0$ ならば

$$\int_a^b f(x)\,dx \geq 0$$

であり，等号が成り立つときは，常に $f(x) = 0$ のとき
に限る。

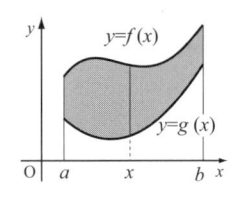

したがって，次の結果が得られる。

定積分と不等式 ──────

閉区間 $[a,\ b]$ で連続な 2 つの関数 $f(x),\ g(x)$ について，

常に $f(x) \geq g(x)$ ならば $\quad \int_a^b f(x)\,dx \geq \int_a^b g(x)\,dx$

（等号が成り立つのは，常に $f(x) = g(x)$ のときに限る）

例 15] n が自然数のとき，次の不等式を証明せよ。

$$\log(n+1) < 1 + \frac{1}{2} + \frac{1}{3} + \cdots + \frac{1}{n}$$

解] $0 < k < x < k+1$ のとき，関数 $y = \dfrac{1}{x}$ は閉区間 $[k,\ k+1]$ で減少するから

$$\int_k^{k+1} \frac{1}{x}\,dx < \int_k^{k+1} \frac{1}{k}\,dx = \frac{1}{k}$$

$$(k = 1,\ 2,\ \cdots,\ n)$$

この式で $k = 1,\ 2,\ \cdots,\ n$ とおき，辺々を加え
ると

$$\sum_{k=1}^{n} \int_k^{k+1} \frac{1}{x}\,dx < 1 + \frac{1}{2} + \frac{1}{3} + \cdots + \frac{1}{n}$$

ここで，$\displaystyle \sum_{k=1}^{n} \int_k^{k+1} \frac{1}{x}\,dx = \int_1^{n+1} \frac{1}{x}\,dx = \Big[\log x\Big]_1^{n+1} = \log(n+1)$

ゆえに $\quad \log(n+1) < 1 + \dfrac{1}{2} + \dfrac{1}{3} + \cdots + \dfrac{1}{n}$

13.3 面積・体積・曲線の長さ

13.3.1 面 積

関数 $y = f(x)$ は閉区間で連続であるとする。この区間で，常に $f(x) \geq 0$ なら
ば，曲線 $y = f(x)$ と x 軸および 2 直線 $x = a,\ x = b$ とで囲まれる部分の面積 S
は

$$S = \int_a^b f(x)\, dx$$

である。また, $f(x)$ がこの区間で, 正の値も負の値も

とる場合には, 曲線 $y = f(x)$ と, x 軸および 2 直線

$x = a,\ x = b\ (a < b)$ とで囲まれる部分の総面積は

$$S = \int_a^b |f(x)|\, dx$$

で表される。

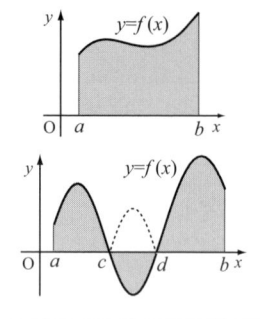

面積と定積分

閉区間 $[a,\ b]$ で, 曲線 $y = f(x)$ と x 軸および 2 直線 $x = a,\ x = b$ で囲まれた
部分の面積 S は

$$S = \int_a^b |f(x)|\, dx$$

同様に, 区間 $\alpha \leqq y \leqq \beta$ で連続な関数 $x = g(y)$ のグラフ
と, y 軸および 2 直線 $y = \alpha,\ y = \beta\ (\alpha < \beta)$ とで囲まれる
部分の総面積は

$$S = \int_\alpha^\beta |g(y)|\, dy$$

で表される。

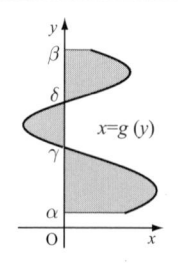

例 16] 曲線 $y = \sin x\ (0 \leqq x \leqq 2\pi)$ と, x 軸とで囲まれる部分の面積 S を求
めよ。

解] 求める面積を S とすると

$$S = \int_0^{2\pi} |\sin x|\, dx = \int_0^\pi \sin x\, dx + \int_\pi^{2\pi} (-\sin x)\, dx$$
$$= \left[-\cos x \right]_0^\pi + \left[\cos x \right]_\pi^{2\pi} = 2 + 2 = 4$$

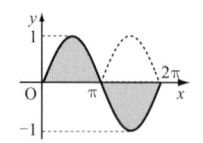

例 17] 曲線 $y = \log x$ と, x 軸, y 軸および直線 $y = 1$ とで囲まれる部分の面積
S を求めよ。

解] 曲線 $y = \log x$ と直線 $y = 1$ との交点は $(e,\ 1)$ である。

また, $y = \log x\ (1 \leqq x \leqq e)$ ならば

$$x = e^y\ (0 \leqq y \leqq 1)$$

よって, 曲線 $x = e^y$ と y 軸および 2 直線 $y = 0,\ y = 1$
とで囲まれる部分の面積 S は

$$S = \int_0^1 e^y\, dy = \left[e^y \right]_0^1 = e - 1$$

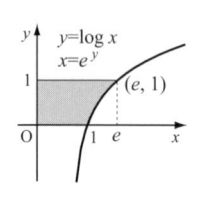

2 曲線の間の面積

曲線 $y = f(x)$, $y = g(x)$ および 2 直線 $x = a$, $x = b\,(a < b)$ で囲まれた部分の面積 S を定積分で表してみよう。

[1] 閉区間 $[a, b]$ で, $f(x) \geqq g(x) \geqq 0$ であるとき

$$S = \int_a^b f(x)\,dx - \int_a^b g(x)\,dx = \int_a^b \{f(x) - g(x)\}dx$$

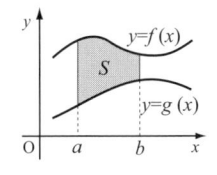

[2] 閉区間 $[a, b]$ で, $f(x) \geqq g(x)$ であるが, $f(x)$ や $g(x)$ が負の値をとるとき

この区間で常に $g(x) + p \geqq 0$

となるように, 適当な正の数 p を選び, 両曲線を y 軸の正の方向に p だけ平行移動する。

$$S = \int_a^b \{(f(x) + p) - (g(x) + p)\}dx$$
$$= \int_a^b \{f(x) - g(x)\}dx$$

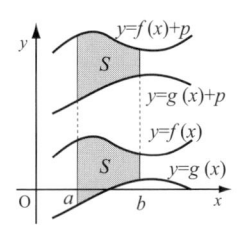

[3] 閉区間 $[a, c]$ で $f(x) \geqq g(x)$, 閉区間 $[c, b]$ で $f(x) \leqq g(x)$ であるとき, 区間を $[a, c]$ と $[c, b]$ に分けて考える。

$$S = \int_a^c \{f(x) - g(x)\}dx + \int_c^b \{g(x) - f(x)\}dx$$
$$= \int_a^c |f(x) - g(x)|\,dx + \int_c^b |f(x) - g(x)|\,dx$$

したがって, $\quad S = \int_a^b |f(x) - g(x)|\,dx$

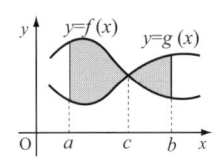

2 曲線の間の面積 ─────────

2 曲線 $y = f(x)$, $y = g(x)$ と, 2 直線 $x = a$, $x = b\,(a < b)$ で囲まれた部分の面積 S は

$$S = \int_a^b |f(x) - g(x)|\,dx$$

例 18] 次の 2 つの放物線で囲まれた部分の面積 S を求めよ。

$$y = x^2 + 2x - 4, \qquad y = -x^2 + 2x + 4$$

解] 2 つの放物線は図のようになり, それらの交点の x 座標は

$$x^2 + 2x - 4 = -x^2 + 2x + 4$$

ゆえに、 $x = \pm 2$ となり

$$S = \int_{-2}^{2} \left\{ (-x^2 + 2x + 4) - (x^2 + 2x - 4) \right\} dx$$

$$= \int_{-2}^{2} (8 - 2x^2) \, dx = \left[8x - \frac{2}{3} x^3 \right]_{-2}^{2} = \frac{64}{3}$$

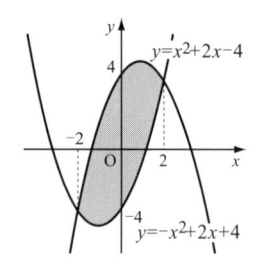

例 19] $0 \leqq x \leqq \pi$ において, 2 曲線 $y = \sin 2x$, $y = \sin x$ で囲まれた部分の面積を求めよ。

解] $\sin 2x = \sin x$ とすると, $2 \sin x \cos x - \sin x = 0$ となり

$$\sin x (2 \cos x - 1) = 0$$

ゆえに, $0 \leqq x \leqq \pi$ の範囲にある 2 曲線の交点の x 座標は 0, $\dfrac{\pi}{3}$, π

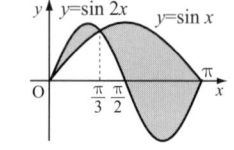

したがって, 求める面積 S は

$$S = \int_{0}^{\pi} |\sin 2x - \sin x| \, dx$$

$$= \int_{0}^{\frac{\pi}{3}} (\sin 2x - \sin x) \, dx + \int_{\frac{\pi}{3}}^{\pi} (\sin x - \sin 2x) \, dx$$

$$= \left[-\frac{1}{2} \cos 2x + \cos x \right]_{0}^{\frac{\pi}{3}} + \left[-\cos x + \frac{1}{2} \cos 2x \right]_{\frac{\pi}{3}}^{\pi} = \frac{5}{2}$$

練習 10] 次の図形の面積を求めよ。

(1) 放物線 $y = x^2 + 2x - 3$ と直線 $y = -x + 7$ で囲まれた部分

(2) 2 つの曲線 $y = \sin x + 1$, $y = \cos x$ $(0 \leqq x \leqq 2\pi)$ で囲まれた部分

(3) 楕円 $\dfrac{x^2}{a^2} + \dfrac{y^2}{b^2} = 1$ $(a > 0, \ b > 0)$ の面積

13.3.2 体 積

平面上で, 曲線や直線で囲まれた面積は積分を用いて求められると同様に, 立体である体積も積分を応用して求めることができる。

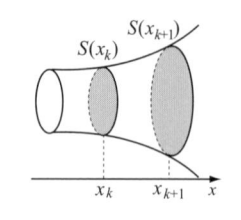

ある立体が与えられ, 1 つの直線を x 軸と定め, これに垂直な平面を作れば, この平面による立体の切り口の面積は x の関数とみなされる。これを $S(x)$ で表す。

数直線上で閉区間 $[a, \ b]$ を n 等分する点の座標を, a に近い方から順に, $x_0(= a)$, x_1, x_2, $\cdots$, x_{n-1}, $x_n(= b)$ とする。点 x_k と点 x_{k+1} において, x

軸に垂直な 2 つの平面を作れば，それらの間に挟まれた部分の体積は，底面積が $S(x_k)$，高さが $\Delta x = \dfrac{b-a}{n}$ の体積 $S(x_k) \cdot \Delta x$ に近いとみなされる。

よって，$x = a$ と $x = b$ とを通り，x 軸に垂直な 2 つの平面の間に挟まれた立体の部分の体積 V は

$$V = \lim_{n \to \infty} \sum_{k=1}^{n} S(x_k) \cdot \Delta x = \int_a^b S(x)\, dx$$

と表される。

回転体の体積

曲線 $y = f(x)$ と，x 軸および 2 直線 $x = a$，$x = b$ $(a < b)$ で囲まれた部分が，x 軸を軸として一回転するときにできる立体の体積を求めよう。

x 軸上の閉区間 $[a, b]$ の一点 x を通り，x 軸に垂直な平面でこれを切れば，切り口は半径 $|f(x)|$ の円であり，$S(x)$ は $\pi\{f(x)\}^2$ に等しい。

したがって，その体積 V は

$$V = \pi \int_a^b \{f(x)\}^2 dx$$

と表される。

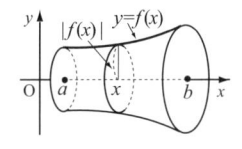

回転体の体積 ―――――

曲線 $y = f(x)$ と，x 軸および 2 直線 $x = a$，$x = b$ $(a < b)$ で囲まれた部分を，x 軸の周りに 1 回転してできる立体の体積 V は

$$V = \pi \int_a^b \{f(x)\}^2 dx = \pi \int_a^b y^2\, dx$$

曲線 $x = g(y)$ と y 軸および 2 直線 $y = \alpha$，$y = \beta$ $(\alpha < \beta)$ で囲まれた部分を，y 軸の周りに 1 回転してできる立体の体積 V は，次の式で与えられる。

$$V = \pi \int_\alpha^\beta \{g(y)\}^2 dy = \pi \int_\alpha^\beta x^2\, dy$$

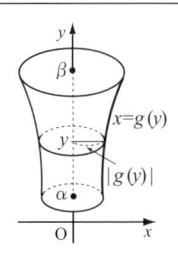

例 20] 放物線 $y = x^2$ と直線 $y = a$ とで囲まれた部分を，y 軸の周りに 1 回転してできる立体の体積を求めよ。

解] 求める体積を V とすれば

$$V = \pi \int_0^a x^2\, dy = \pi \int_0^a y\, dy = \pi \left[\frac{y^2}{2} \right]_0^a = \frac{\pi}{2}\, a^2$$

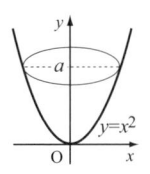

例 21] 円 $x^2 + (y-p)^2 = r^2$ を，x 軸の周りに 1 回転してできる立体の体積 V を求めよ。但し，$0 < r < p$ とする。

解] $0 < r < p$ であるから，円は $y > 0$ の部分に含まれる。

$x^2 + (y-p)^2 = r^2$ を y について解くと

$$y = p \pm \sqrt{r^2 - x^2}$$

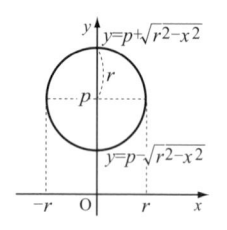

上側の半円 $y = p + \sqrt{r^2 - x^2}$ と，2 直線 $x = -r$，$x = r$ および x 軸で囲まれた部分を，x 軸の周りに 1 回転してできる立体の体積を V_1 とすると

$$V_1 = \pi \int_{-r}^{r} \left(p + \sqrt{r^2 - x^2} \right)^2 dx$$

下側の半円 $y = p - \sqrt{r^2 - x^2}$ と，2 直線 $x = -r$，$x = r$ および x 軸で囲まれた部分を，x 軸の周りに 1 回転してできる立体の体積を V_2 とすると

$$V_2 = \pi \int_{-r}^{r} \left(p - \sqrt{r^2 - x^2} \right)^2 dx$$

したがって，求める体積 V は，$V = V_1 - V_2$ であるから

$$V = \pi \int_{-r}^{r} \left\{ \left(p + \sqrt{r^2 - x^2} \right)^2 - \left(p - \sqrt{r^2 - x^2} \right)^2 \right\} dx$$

$$= 8\pi p \int_0^r \sqrt{r^2 - x^2}\, dx$$

ここで，$x = r \sin\theta$ とおくと，$\dfrac{dx}{d\theta} = r \cos\theta$

$x = r$ のとき $\theta = \dfrac{\pi}{2}$，$x = 0$ のとき $\theta = 0$

$$V = 8\pi r^2 p \int_0^{\frac{\pi}{2}} \cos^2\theta\, d\theta = 4\pi r^2 p \int_0^{\frac{\pi}{2}} (1 + \cos 2\theta)\, d\theta = 2\pi^2 r^2 p$$

練習 11] 半径 r の球の体積を，積分を用いて求めよ。

13.3.3 曲線の長さ

積分を用いて，曲線の弧の長さを計算することができる。

曲線の方程式が，媒介変数 t を用いて

$$x = f(t)，\quad y = g(t) \quad (a \leq t \leq b)$$

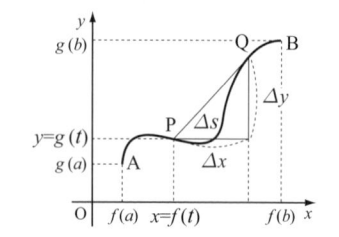

で与えられ，$f(t)$，$g(t)$ は，それぞれ微分可能で導関数は連続とする。また，$t = a$，b の 2 点を A $\left(f(a), g(a) \right)$，B $\left(f(b), g(b) \right)$ とする。

始点 A $\left(f(a), g(a) \right)$ から点 P $\left(f(t), g(t) \right)$ までの曲線の長さ s は t の関数で表

される。t の増分 Δt に対する x と y の増分を Δx, Δy とし, s の増分を Δs とする。Q を限りなく P に近づけると, 弧 $\overset{\frown}{\mathrm{PQ}}$ と線分 $\overline{\mathrm{PQ}}$ の長さは等しいと考えられる。点 P $\big(f(t),\, g(t)\big)$ と 点 Q $\big(f(t+\Delta t),\, g(t+\Delta t)\big)$ の間の弧の長さ Δs は Δt が十分に小さい正の値のとき, 線分 $\overline{\mathrm{PQ}}$ で近似されるから

$$\Delta s \fallingdotseq \sqrt{(\Delta x)^2 + (\Delta y)^2}$$

ゆえに $\quad \dfrac{\Delta s}{\Delta t} \fallingdotseq \sqrt{\left(\dfrac{\Delta x}{\Delta t}\right)^2 + \left(\dfrac{\Delta y}{\Delta t}\right)^2}$

ここで, $\Delta t \to 0$ とすれば $\quad \dfrac{ds}{dt} = \sqrt{\left(\dfrac{dx}{dt}\right)^2 + \left(\dfrac{dy}{dt}\right)^2}$

これを a から b まで積分すると, 曲線の長さになる。

したがって, 2 点 A $\big(f(a),\, g(a)\big)$, B $\big(f(b),\, g(b)\big)$ 間の曲線の弧の長さ L は, 次の公式で求められる。

曲線の長さ (1) ―――――――――――――――――

曲線 $x = f(t)$, $y = g(t)$ $(a \leq t \leq b)$ の長さを L とすると

$$L = \int_a^b \sqrt{\left(\frac{dx}{dt}\right)^2 + \left(\frac{dy}{dt}\right)^2}\, dt = \int_a^b \sqrt{\big\{f'(t)\big\}^2 + \big\{g'(t)\big\}^2}\, dt$$

曲線の方程式が $y = f(x)$ $(a \leq x \leq b)$ で与えられる場合には

$$dl = \sqrt{(dx)^2 + (dy)^2}$$
$$= \sqrt{(dx)^2 \left\{1 + \left(\frac{dy}{dx}\right)^2\right\}} = dx\sqrt{1 + \left(\frac{dy}{dx}\right)^2}$$

両辺を dx で割ると $\quad \dfrac{dl}{dx} = \sqrt{1 + \left(\dfrac{dy}{dx}\right)^2}$

したがって, これを a から b まで積分すると曲線の長さになる。2 点 AB 間の曲線の弧の長さ L は, 次の公式で求められる。

曲線の長さ (2) ―――――――――――――――――

曲線 $y = f(x)$ $(a \leq t \leq b)$ の長さを L とすると

$$L = \int_a^b \sqrt{1 + \left(\frac{dy}{dx}\right)^2}\, dx = \int_a^b \sqrt{1 + \big\{f'(x)\big\}^2}\, dx$$

例 22] サイクロイド $x = a(\theta - \sin\theta)$, $y = a(1 - \cos\theta)$ $(a > 0,\ 0 \leq \theta \leq 2\pi)$ の弧の長さ L を求めよ。

解〕 $\dfrac{dx}{d\theta} = a(1 - \cos\theta)$,　$\dfrac{dy}{d\theta} = a\sin\theta$　であるから

$$L = \int_0^{2\pi} a\sqrt{(1 - \cos\theta)^2 + \sin^2\theta}\, d\theta = a\int_0^{2\pi}\sqrt{2(1 - \cos\theta)}\, d\theta$$

$$= 2a\int_0^{2\pi}\sqrt{\sin^2\dfrac{\theta}{2}}\, d\theta$$

$0 \leqq \theta \leqq 2\pi$ では　$\sin\dfrac{\theta}{2} \geqq 0$　であるから

$$L = 2a\int_0^{2\pi}\sin\dfrac{\theta}{2}\, d\theta = 2a\left[-2\cos\dfrac{\theta}{2}\right]_0^{2\pi} = 8a$$

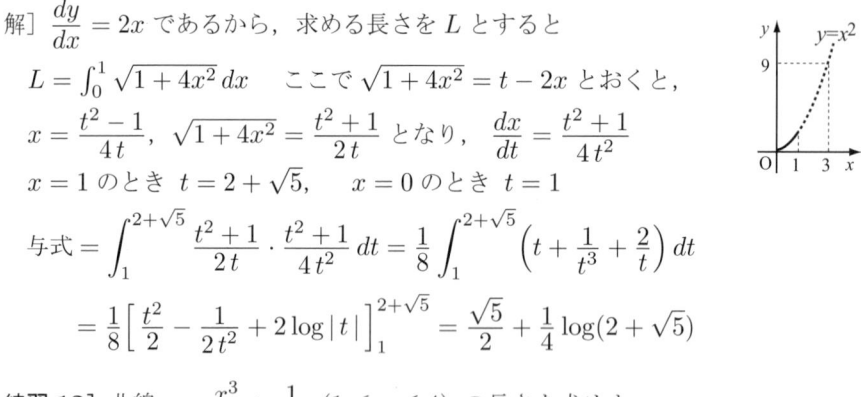

例 23〕 曲線 $y = x^2$ $(0 \leqq x \leqq 1)$ の長さを求めよ。

解〕 $\dfrac{dy}{dx} = 2x$ であるから，求める長さを L とすると

$$L = \int_0^1\sqrt{1 + 4x^2}\, dx \quad \text{ここで} \sqrt{1 + 4x^2} = t - 2x \text{ とおくと,}$$

$$x = \dfrac{t^2 - 1}{4t},\ \sqrt{1 + 4x^2} = \dfrac{t^2 + 1}{2t} \text{ となり,}\ \dfrac{dx}{dt} = \dfrac{t^2 + 1}{4t^2}$$

$x = 1$ のとき $t = 2 + \sqrt{5}$,　　$x = 0$ のとき $t = 1$

$$\text{与式} = \int_1^{2+\sqrt{5}}\dfrac{t^2 + 1}{2t}\cdot\dfrac{t^2 + 1}{4t^2}\, dt = \dfrac{1}{8}\int_1^{2+\sqrt{5}}\left(t + \dfrac{1}{t^3} + \dfrac{2}{t}\right) dt$$

$$= \dfrac{1}{8}\left[\dfrac{t^2}{2} - \dfrac{1}{2t^2} + 2\log|t|\right]_1^{2+\sqrt{5}} = \dfrac{\sqrt{5}}{2} + \dfrac{1}{4}\log(2 + \sqrt{5})$$

練習 12〕 曲線 $y = \dfrac{x^3}{3} + \dfrac{1}{4x}$ $(1 \leqq x \leqq 4)$ の長さを求めよ。

13.3.4　速度と距離

積分の考えを用いて，物体の運動について考えよう。

ある電車が駅を出発して t 秒後の速度が $2.0\,t$ m/秒 であるとき，この電車が駅を出発して 20 秒間に進んだ距離を積分の考えを用いて求めよう。

0 秒から 20 秒の間を n 等分し，各分点を $t_0(= 0)$, t_1, t_2, $\cdots$, $t_n(= 20)$ とする。その間の速度は一定とみなすと，$\Delta t = \dfrac{20 - 0}{n}$ 時間に進んだ距離は $2.0\,t_k \cdot \Delta t$ m となり，これは 1 つの長方形の面積で表される。よって，0 秒から 20 秒までに進んだ距離は，図のような n 個の長方形の面積の和

$$S_n = v(t_1)\cdot\Delta t + v(t_2)\cdot\Delta t + \cdots + v(t_n)\cdot\Delta t = \sum_{k=1}^{n} v(t_k)\cdot\Delta t$$

となる。ここで，n を限りなく大きくすると，S_n は

$$\lim_{n \to \infty} S_n = \int_0^{20} 2.0\,t\,dt$$

といえる。よって，0 秒から 20 秒までに進んだ距離は

$$\int_0^{20} 2.0\,t\,dt = \left[\,t^2\,\right]_0^{20} = 400\ \text{m}$$

である。

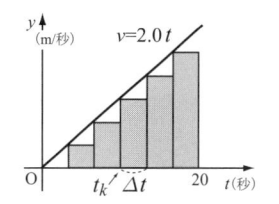

　したがって，時刻 t のときの速度が $v(t)$ であるとき，時刻が a から b までの間に移動する距離は，図の長方形の面積の和，すなわち，$\int_a^b v(t)\,dt$ である。

　道のり とは，ある物体が動いた距離の総和のことで，一般に，次のことがいえる。

直線上の運動 ——————

　数直線上を運動する点 P の速度 v を時刻 t の関数とみて，$v = f(t)$ とおく。また，$t = a$ のときの P の座標を x_0 とする。

・時刻 b における P の座標 x は　　　　　　$x = x_0 + \int_a^b f(t)\,dt$

・$t = a$ から $t = b$ までの P の位置の変化量 s は　$s = \int_a^b f(t)\,dt$

・$t = a$ から $t = b$ までの P の道のり l は　　$l = \int_a^b |f(t)|\,dt$

　平面上を運動する点の道のりについて考えよう。

　座標平面上を運動する点 P の座標 $(x,\,y)$ が時刻 t の関数として

$$x = f(t), \qquad y = g(t)$$

で表されているとき，P が時刻 $t = t_1$ から $t = t_2$ までの間に動いた道のり l は，P がその間に描いた曲線の長さに等しいから

$$l = \int_{t_1}^{t_2} \sqrt{\left(\frac{dx}{dt}\right)^2 + \left(\frac{dy}{dt}\right)^2}\,dt = \int_{t_1}^{t_2} \sqrt{\{f'(t)\}^2 + \{g'(t)\}^2}\,dt$$

例 24] ある急行電車の A 駅から B 駅までの速度は，A 駅を出発して最高速度が $3\ \text{km/分}$ になるまで $0.5\ \text{km/分}$ ずつ速度を上げ，$3\ \text{km/分}$ に達したらその速度を保つ。そして，B 駅の手前から $0.5\ \text{km/分}$ ずつ速度を下げ，A 駅を出発して 20 分で B 駅に到着するものとする。このとき，A 駅から B 駅まで電車の走った距離を求めよ。

解] A 駅を出発してから速度が $3\ \text{km/分}$ に達するまでの時間は 6 分，B 駅に到着する 6 分前から速度を下げるので，求める距離は

$$\int_0^6 0.5\,t\,dt + \int_6^{14} 3\,dt + \int_{14}^{20}(-0.5\,t + 10)\,dt$$
$$= 2\left[\frac{t^2}{4}\right]_0^6 + \left[3\,t\right]_6^{14} = 18 + 24 = 42 \text{ km}$$

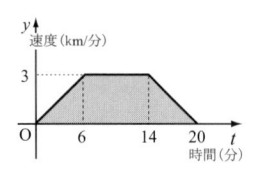

例 25] 地上 10 m の高さから真上に，毎秒 29.4 m の初速度で投げ上げられた物体の t 秒後の速度 v m/秒 は，空気の抵抗を無視すると $v = 29.4 - 9.8\,t$ で表される。投げ上げてから 4 秒後の物体の高さを求めよ。また，この物体が最も高い位置に来るのは，投げ上げてから何秒後か。そのときの高さも求めよ。

解] 図のように，投げ上げた点 A を通り水平面に垂直な直線，すなわち，鉛直線を x 軸にとり，物体の t 秒後の高さを x とすると，$t = 0$ のとき $x = 10$ である。
ゆえに，4 秒後の高さを h m とすると

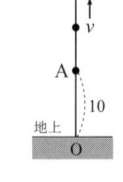

$$h = 10 + \int_0^4 (29.4 - 9.8\,t)\,dt = 10 + \left[29.4\,t - 4.9\,t^2\right]_0^4$$
$$= 10 + 29.4 \times 4 - 4.9 \times 4^2 = 49.2 \text{ m}$$

次に，物体が最高点に達したときは $v = 0$ となる。
このとき，$29.4 - 9.8\,t = 0$，すなわち $t = 3.0$
そのときの高さ h は

$$h = 10 + \int_0^3 (29.4 - 9.8\,t)\,dt = 10 + \left[29.4\,t - 4.9\,t^2\right]_0^3 = 54.1 \text{ m}$$

よって，3 秒後が最も高く，そのときの高さは 54.1 m

演 習 問 題

1. 次の不定積分を求めよ。

(1) $\int (3x^2 - 5x + 4)\,dx$

(2) $\int \left(\frac{1}{2}x^2 - \sqrt{5}\,x + 2\right) dx$

(3) $\int \left(4x^3 - 3x^2 + 2x - 1\right) dx$

(4) $\int (x - 2)(x + 3)\,dx$

(5) $\int (1 - 3x)^2\,dx$

(6) $\int \left\{(2x + 3)^3 - 2x\right\} dx$

(7) $\int e^{x-1}\,dx$

(8) $\int \left(e^{2x-1} + 4e^x\right) dx$

(9) $\int a^{-\frac{x}{3}}\,dx$

(10) $\int 3^x\,dx$

(11) $\int \sqrt{2x + 3}\,dx$

(12) $\int \frac{1}{3x + 1}\,dx$

(13) $\int \frac{(\sqrt{x} + 1)^2}{x\sqrt{x}}\,dx$

(14) $\int \frac{(x - 2)^2}{x^4}\,dx$

2. 次の不定積分を求めよ。

(1) $\int (2\sin x + 1)\, dx$ (2) $\int (2\tan x + 1)\cos x\, dx$

(3) $\int (3\sin x - 2e^x)\, dx$ (4) $\int (4\cos x - 3^x)\, dx$

(5) $\displaystyle\int \frac{3x+2}{\sqrt{x}}\, dx$ (6) $\displaystyle\int \frac{3x+2}{\sqrt[3]{x}}\, dx$

(7) $\displaystyle\int \frac{x^3 + 2x - 1}{x^2}\, dx$ (8) $\displaystyle\int \frac{x^4 + 2x^2 + 3x + 4}{x^3}\, dx$

(9) $\int \sqrt{1-2x}\, dx$ (10) $\displaystyle\int \frac{1}{\sqrt{1-2x}}\, dx$

(11) $\displaystyle\int \cos\left(4 - \frac{x}{2}\right) dx$ (12) $\int \cos 5x\, dx$

(13) $\int \sin(2x+3)\, dx$ (14) $\int \sin x \cos^2 x\, dx$

(15) $\displaystyle\int \frac{1}{e^x - e^{-x}}\, dx$ (16) $\displaystyle\int \frac{1}{(x+a)^n}\, dx \quad (n \neq 1)$

3. 次の定積分を求めよ。

(1) $\int_0^1 (x+2)\, dx$ (2) $\int_{-1}^1 \left(3x^2 + 1\right) dx$

(3) $\int_2^3 \left(2x^2 + 6x + 7\right) dx$ (4) $\int_{-2}^1 \left(x^3 - x + 1\right) dx$

(5) $\int_{-1}^2 (x^2 + 1)(x-2)\, dx$ (6) $\int_{-1}^1 (x-1)^3\, dx + \int_{-1}^1 x(x-1)\, dx$

(7) $\int_{-1}^3 |\, x \,|\, dx$ (8) $\int_{-2}^4 \left|\, x^2 - 2x - 3 \,\right| dx$

(9) $\int_0^4 |\, x - 2 \,|\, dx$ (10) $\int_0^4 |\, x(x-3) \,|\, dx$

4. 放物線 $y = -x^2 + 1$ と直線 $y = x - 1$ がある。次の図形の面積を求めよ。

(1) 放物線と x 軸とで囲まれる部分の図形の面積

(2) 放物線と 直線とで囲まれる部分の図形の面積

5. $a > 0$ のとき，次の定積分を求めよ。

(1) $\int_0^a \sqrt{a^2 - x^2}\, dx$ (2) $\int_0^a \sqrt{a^2 + x^2}\, dx$ の値

6. 発射から t 秒後の速度が $v = 3\,t^2$ m/秒 で進むロケットが，真上に発射された。発射して 30 秒間にロケットが進む距離を求めよ。

7. 物体を静かに落下させたとき，落下の速度を $9.8\,t$ m/秒 とする。手を離してから，3 秒間で落ちる距離を求めよ。

8. $t = 0$ のときの初速度が $20\,\mathrm{m/秒}$ で，x 軸上を $(t - 3)\,\mathrm{m/秒}^2$ の加速度で運動する物体の t 秒後の速度と位置を求めよ。

9. $0 \leqq x \leqq 1$ の間の曲線 $y = \dfrac{1}{2}(e^x + e^{-x})$ の長さを求めよ。

10. 直線上を点 P が，時刻 t における速度が $v = \sin \pi t$ で動くとき，$t = 0$ から $t = 4$ までに移動する距離と，実際に動いた道のりを求めよ。

11. 半径 $9\,\mathrm{cm}$ の球形の容器に，毎秒 $3\,\mathrm{cm}^3$ の割合で水を注ぐ。

(1) 水の深さが $h\,\mathrm{cm}$ のときの水の量 $V\,\mathrm{cm}^3$ を求めよ。但し，$0 \leqq h \leqq 18$ とする。

(2) 水の深さが $6\,\mathrm{cm}$ になったときの水面の上昇する速度を求めよ。

12. 半径 r の半球形のボールに，底から半分まで水を入れたとき，その量はボールの全容量の何 % になるか。

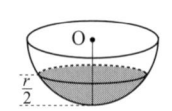

13. 放物線 $y = x^2 - 4|x| + 3$ と x 軸とで囲まれる部分の面積と，その部分を x 軸に 1 回転してできる体積を求めよ。

第 14 章

個数の処理

14.1 集　合

14.1.1 集合の表し方

1 から 10 までの自然数の集まりやすべての整数の集まりのように，ある条件を満たす「もの」の集まりを **集合** という。例えば，偶数全体の集まり，平面上で 1 つの円の内部にある点全体の集まり，20 歳の日本人全体の集まりなどは集合である。しかし，老人の集まり，美人の集まりなどは条件が明確でなく，集合とはいわない。

また，集合をつくっている 1 つ 1 つの「もの」を，その集合の **要素** という。例えば，1 から 10 までの自然数のうち，偶数全体の集合を M とすると，M は 2, 4, 6, 8, 10 を要素とする集合である。この集合の表し方には

$$M = \{\, 2,\ 4,\ 6,\ 8,\ 10 \,\} \quad \text{または} \quad M = \{\, x \,|\, 1 \le x \le 10,\ x \text{ は偶数} \,\}$$

のように，要素を並べて $\{\ \}$ でくくったものと，要素 x の条件を，式や文章で書く表し方がある。

例えば，自然数のうち，3 の倍数全体の集合 A は

$$A = \{\, 3,\ 6,\ 9,\ 12,\ \cdots \,\} \quad \text{または} \quad A = \{\, 3n \,|\, n \text{ は自然数} \,\}$$

自然数のうち，偶数全体の集合を B，奇数全体の集合 C は

$$B = \{\, 2n \,|\, n \text{ は自然数} \,\}, \quad C = \{\, 2n + 1 \,|\, n = 0,\ 1,\ 2,\ 3,\ \cdots \,\}$$

などと表す。

a が集合 A の要素であるとき，a は集合 A に **属する** といい，記号で

$$a \in A \quad \text{または} \quad A \ni a$$

と表す。また, b が集合 A の要素でないとき, b は集合 A に **属さ ない** といい

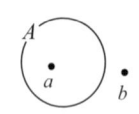

$$b \notin A \quad \text{または} \quad A \not\ni b$$

と表す。

部分集合

2 つの集合 A, B について, 集合 A の要素がすべて集合 B にも属しているとき, すなわち, $x \in A$ ならば $x \in B$ が成り立つとき, A は B の **部分集合** であるといい, 記号で

$$A \subset B \quad \text{または} \quad B \supset A$$

と表す。

集合 A と集合 B の要素がすべて一致しているとき, すなわち, $A \subset B$ かつ $B \subset A$ が成り立つとき, A と B は **等しい** といい, $A = B$ と表す。

記号 $\subset$, $=$ などで表される集合の間の関係を **包含関係** という。集合の包含関係については, 次のことが成り立つ。

$$A \subset B, \ B \subset C \ \implies \ A \subset C$$

共通部分と和集合

2 つの集合 A, B について, A と B のどちらにも共通に属する要素全体の集合を, A と B の **共通部分 (積集合** ともいう) といい, 記号で

$$A \cap B$$

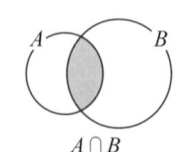

と表す。すなわち, $A \cap B = \{x \mid x \in A \text{ かつ } x \in B\}$ である。

また, 集合 A か集合 B の少なくとも一方に属する要素全体の集合を, A と B の **和集合** といい

$$A \cup B$$

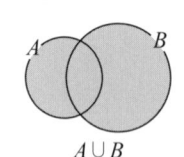

と表す。すなわち, $A \cup B = \{x \mid x \in A \text{ または } x \in B\}$ である。

例えば, $A = \{1, 2, 5, 6\}$, $B = \{1, 2, 4\}$ のとき, $A \cap B = \{1, 2\}$, $A \cup B = \{1, 2, 4, 5, 6\}$ である。

2 つの集合 A, B が共通の要素を 1 つももたないとき, すなわち, $A \cap B$ に属する要素が存在しないとき, これも 1 つの集合と考える。このような要素を 1 つももたない集合を **空集合** という。記号は ϕ を用い, $A \cap B = \phi$ と表す。また, ど

のような集合 A についても，空集合は A の部分集合と考える。すなわち，$\phi \subset A$ である。

　例えば，自然数のうち偶数全体の集合を A，奇数全体の集合を B とすると，$A \cap B = \phi$ である。

　3つの集合 A, B, C について，A, B, C の共通部分を $A \cap B \cap C$，和集合を $A \cup B \cup C$ と表す。

　例えば，$A = \{ x \mid -2 \leqq x \leqq 1 \}$

　　　　　$B = \{ x \mid -3 \leqq x \leqq 2 \}$

　　　　　$C = \{ x \mid 0 \leqq x \leqq 3 \}$

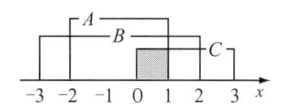

とすると

$$A \cap B \cap C = \{ x \mid 0 \leqq x \leqq 1 \}, \quad A \cup B \cup C = \{ x \mid -3 \leqq x \leqq 3 \}$$

である。

補集合

　1つの集合の部分集合だけを考えるとき，もとの集合 U を **全体集合** という。全体集合 U の部分集合 A に対して，U の要素であって A の要素でないもの全体の集合を A の **補集合** といい，$\overline{A}$ で表す。このとき

$$A \cup \overline{A} = U , \quad A \cap \overline{A} = \phi , \quad \overline{(\overline{A})} = A$$

が成り立つ。

　一般に，$A \cap B$, $A \cup B$ の補集合について，次の **ド・モルガンの法則** が成り立つ。

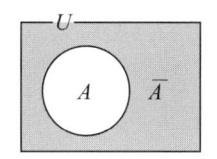

ド・モルガンの法則 ────────────────

$$\overline{A \cap B} = \overline{A} \cup \overline{B} , \qquad \overline{A \cup B} = \overline{A} \cap \overline{B}$$

　この法則は，次の図からも成り立つことがわかる。

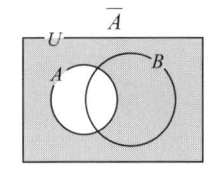 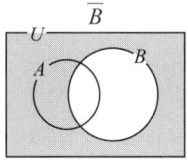 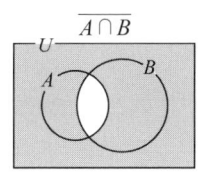 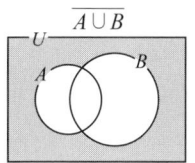

　一般に，補集合の包含関係については，次のことが成り立つ。

$$A \subset B \quad \Longrightarrow \quad \overline{A} \supset \overline{B}$$

練習 1] 数全体の集合を全体集合 U とする。このとき，2 つの集合

$$A = \{\, x \,|\, x < -2 \,\text{または}\, x > 8 \,\}, \quad B = \{\, x \,|\, x \geqq 4 \,\}$$

について，集合 $A \cap B$，$A \cup B$，$\overline{A} \cup \overline{B}$，$\overline{A} \cap \overline{B}$ を求めよ。

14.1.2　集合の要素の個数

要素が有限個である集合を **有限集合** といい，無限に多くの要素からなる集合を **無限集合** という。A が有限集合のとき，その要素の個数を $n(A)$ で表す。

例えば，$A = \{\, x \,|\, x \,\text{は素数},\ x < 10 \,\}$ とすれば，$A = \{\, 2,\ 3,\ 5,\ 7 \,\}$ であるから，$n(A) = 4$ である。

2 つの集合 A，B に対して，図のような部分の集合の要素の個数を，それぞれ p，q，r　$(n(A \cap B) = r)$ とするとき，和集合 $A \cup B$ の個数を集合 A と B で表してみよう。

$$n(A) = p + r, \quad n(B) = q + r$$

$$n(A \cup B) = p + q + r$$

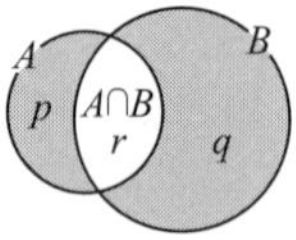

ゆえに　$n(A) + n(B) = (p + r) + (q + r)$

$$= (p + q + r) + r = n(A \cup B) + n(A \cap B)$$

よって　$n(A \cup B) = n(A) + n(B) - n(A \cap B)$

特に，$A \cap B = \phi$，　すなわち，$n(A \cap B) = 0$ のとき

$$n(A \cup B) = n(A) + n(B)$$

また，全体集合 U を有限集合とすると，U の部分集合 A と補集合 $\overline{A}$ の間には

$$A \cup \overline{A} = U, \quad A \cap \overline{A} = \phi$$

という関係があるから，$\overline{A}$ の要素の個数は，$n(\overline{A}) = n(U) - n(A)$ となる。

集合の要素の個数 ───────────────────────────

集合 A，B について

$$n(A \cup B) = n(A) + n(B) - n(A \cap B)$$

特に，$A \cap B = \phi$ のとき　　　$n(A \cup B) = n(A) + n(B)$

U が全体集合のとき　　　　　$n(\overline{A}) = n(U) - n(A)$

3つの有限集合 A, B, C の和集合 $A \cup B \cup C$ の要素の個数を求めるために，図のような部分の集合の要素の個数をそれぞれ a, b, c, d, e, f, g とする。

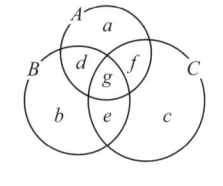

$$n(A) = a + d + f + g, \qquad n(B) = b + d + e + g$$

$$n(C) = c + e + f + g, \qquad n(A \cap B \cap C) = g$$

$$n(A) + n(B) + n(C) = (a + d + f + g) + (b + d + e + g) + (c + e + f + g)$$

$$= (a + b + c + d + e + f + g) + (d + g) + (e + g) + (f + g) - g$$

$$= n(A \cup B \cup C) + n(A \cap B) + n(B \cap C) + n(C \cap A) - n(A \cap B \cap C)$$

よって，3つの有限集合 A, B, C の和集合 $A \cup B \cup C$ の要素の個数は

$$n(A \cup B \cup C) = n(A) + n(B) + n(C)$$
$$-n(A \cap B) - n(B \cap C) - n(C \cap A) + n(A \cap B \cap C)$$

となる。

例 1] 生徒に数学と英語の試験を行ったところ，数学に 80 点以上をとった生徒が 25 人，英語に 80 点以上をとった生徒が 35 人，また，両方とも 80 点以上をとった生徒が 15 人いた。少なくとも片方だけ 80 点以上をとった生徒は何人か。

解] 数学と英語の試験で 80 点以上の生徒の集合をそれぞれ A, B とする。

$$n(A) = 25, \ n(B) = 35, \ n(A \cap B) = 15$$

少なくとも片方だけ 80 点以上をとった生徒の数を求めるには，$n(A \cup B)$ を求めればよいので

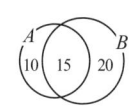

$$n(A \cup B) = n(A) + n(B) - n(A \cap B) = 25 + 35 - 15 = 45 \ 人$$

例 2] 1 から 200 までの整数のうち，3 の倍数全体の集合を A とし，4 の倍数全体の集合を B とする。このとき，$n(A)$, $n(B)$, $n(A \cap B)$, $n(A \cup B)$ を求めよ。

解] 集合 A は，3 から $198 = 3 \cdot 66$ までの 3 の倍数全体で

$$A = \{\, 3 \cdot 1, \ 3 \cdot 2, \ 3 \cdot 3, \ \cdots, \ 3 \cdot 66 \,\}$$

したがって　$n(A) = 66$

集合 B は，4 から $200 = 4 \cdot 50$ までの 4 の倍数全体で

$$B = \{\, 4 \cdot 1, \ 4 \cdot 2, \ 4 \cdot 3, \ \cdots, \ 4 \cdot 50 \,\}$$

したがって　$n(B) = 50$

$A \cap B$ の要素は 3 と 4 の公倍数，すなわち 12 の倍数である。

よって，$A \cap B$ は 12 から $192 = 12 \cdot 16$ までの 12 の倍数全体で

$$A \cap B = \{\, 12 \cdot 1, \ 12 \cdot 2, \ 12 \cdot 3, \ \cdots, \ 12 \cdot 16 \,\}$$

したがって $\quad n(A \cap B) = 16$

ゆえに $\quad n(A \cup B) = n(A) + n(B) - n(A \cap B) = 66 + 50 - 16 = 100$

練習 2] 1 から 200 までの整数全体の集合を U とし，U の要素のうち，3 でも 4 でも割り切れない数の個数を求めよ。

練習 3] 生徒 50 人に数学と英語の試験を行ったところ，数学が 80 点以上の生徒は 28 人，英語が 80 点以上の生徒は 24 人，数学と英語がともに 80 点以上の生徒は 16 人であった。数学と英語がともに 80 点未満であった生徒は何人か。

14.1.3　自然数の列

　身の回りの数などを数え上げるとき，ある規則に従って並んだ自然数の列が現れることがある。

　例えば，次の図の黒丸のように三角形状に並んだ点の総数は，自然数の列

$$1, \quad 3, \quad 6, \quad 10, \quad 15, \quad \cdots\cdots$$

が得られる。この自然数の列に含まれる数を **三角数** という。

　この自然数の列には，$1, \ 1+2, \ 1+2+3, \ \cdots$ という規則性がみられる。

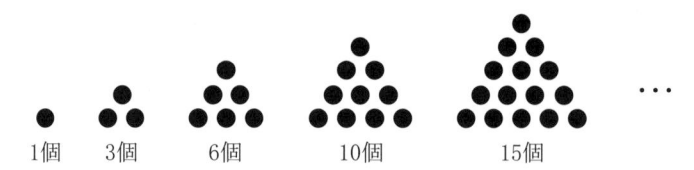

1個　　3個　　　6個　　　　10個　　　　　15個

　また，次の図のように黒丸の個数を順に並べて得られる自然数の列

$$1, \quad 4, \quad 9, \quad 16, \quad 25, \quad \cdots\cdots$$

に含まれる数を **四角数** という。

　この自然数の列には，$1^2, \ 2^2, \ 3^2, \ \cdots$ という規則性がみられる。

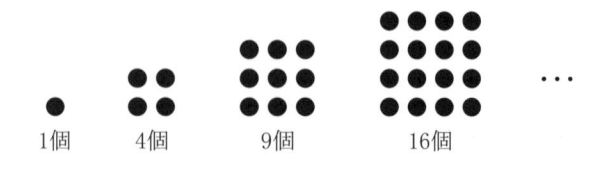

1個　　　4個　　　　9個　　　　　16個

トーナメント戦の試合数

図のような4回戦が決勝戦のトーナメント戦がある。但し，引き分けも不戦勝もないものとする。

このとき，各回の試合数を，決勝戦から1回戦まで順にさかのぼって数えると，それぞれ 1, 2, 2^2, 2^3 である。

一方，競技者の総数は 2^4 である。そして，1試合で1人の敗者が出るから，試合の総数は，敗者の人数に一致し，$2^4 - 1$ である。よって，次の等式が得られる。

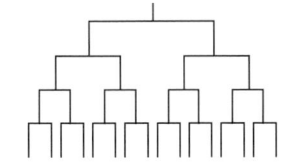

$$1 + 2 + 2^2 + 2^3 = 2^4 - 1 = 15$$

例 3] 平面上に7本の直線があり，どの2本も平行でなく，また，どの3本も同一の点を通らないものとする。このとき，これらの7本の直線によってできる交点の個数を求めよ。

解] 1本目と2本目の直線を引くと，交点が1つでき，3本目の直線を引くと，既にある2本の直線と異なる点で交わるから，交点は2つ増える。同様に考えていくと，4本目，5本目，6本目，7本目の直線を引くことにより，交点はそれぞれ3個，4個，5個，6個増える。

よって，求める交点の個数は　$1 + 2 + 3 + 4 + 5 + 6 = 21$ 個

14.1.4 場合の数

ある事柄が起こる場合，起こりうるすべての場合の個数を，その事柄の **場合の数** という。場合の数を調べるには，起こりうるすべての場合を，もれなく，しかも重複することなく数え上げなければならない。そこで，正しく分類し整理するための方法や基本となる法則について考えよう。

数 1, 2, 3 を一列に並べるとき，その並べ方は全部で

123, $\quad 132$, $\quad 213$, $\quad 231$, $\quad 312$, $\quad 321$

の6通りである。

場合の数を調べるとき，各々の場合を次々に枝分かれしていく図に示すと，わかりやすいことがある。

右のような図を **樹形図** という。

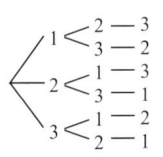

例 4] 3 個のさいころ a, b, c を同時に投げるとき，目の和が 5 になる場合をすべて求めよ。また，さいころに区別がないときはどうなるか。

解] a, b, c の順に，目の数を並べて考える。目の和が 5 になる場合の樹形図をつくると図のようになり，求める場合は次の 6 通りである。

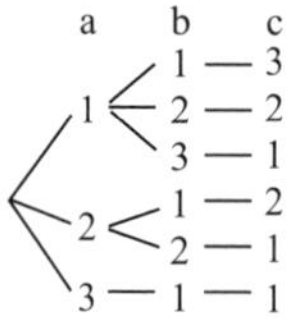

$$113, \quad 122, \quad 131, \quad 212, \quad 221, \quad 311$$

3 個のさいころに区別がないときは，例えば，113 で表された場合と，311 で表された場合を，同じ場合と考えなければならない。したがって，このとき，目の和が 5 になる場合は，次の 2 通りである。

$$113, \qquad 122$$

和の法則

大きさの異なる 2 個のさいころを同時に投げるとき，目の和が 5 以下の奇数になる場合の数を求めてみよう。

目の数の和が 5 以下の奇数になるのは，その和が 3 か 5 になるときである。それぞれの場合について表をつくって調べると

大	1	2
小	2	1

大	1	2	3	4
小	4	3	2	1

A : 目の和が 3 になる場合は　2 通り

B : 目の和が 5 になる場合は　4 通り

また，A と B の場合は同時には起こらない。したがって，求める場合の数は 2＋4 通り，すなわち，6 通りである。

一般に，場合の数について，次の **和の法則** が成り立つ。

和の法則 ─────────────

2 つの事柄 A, B は同時には起こらないとするとき，

　　A の起こり方が p 通り，B の起こり方が q 通りならば，

　　　　　A または B のどちらかが起こる場合の数は $p＋q$ 通りある。

───────────────────────────────

事柄 A, B の起こる場合の全体をそれぞれ集合 A, B で表すと，事柄 A, B の起こる場合の数は $n(A)$, $n(B)$ で表され，和の法則は集合の要素の個数

$$A \cap B = \phi \text{ のとき} \quad n(A \cup B) = n(A) + n(B)$$

に他ならない。

3つ以上の事柄についても，同様に和の法則が成り立つ。

練習 4] 1,000 円，5,000 円，10,000 円の 3 種類の紙幣のすべてを使って 37,000 円を支払いたい。15 枚以下の紙幣で支払うものとすれば，支払い方法は何通りあるか。

積の法則

　3つの市 A，B，C があり，市と市を結ぶ道として，A市と B 市の間に，2 本の道 i，j，B 市と C 市の間に，3 本の道 l，m，n があるとする。このとき，A 市から B 市を通って C 市に行く方法は，何通りあるかを考えてみよう。

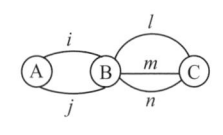

　A 市から B 市へ行くには，i または j を通る 2 通りの方法があり，その各々の場合について，B 市から C 市へ行く道の選び方が l，m，n の 3 通りずつある。よって，全体で 2×3 通り，すなわち，6 通りの方法がある。

　一般に，場合の数について，次の **積の法則** が成り立つ。

積の法則 ────────────────────────

　2つの事柄 A，B があって，A の起こり方は p 通りあり，その各々について，B の起こり方が q 通りずつあるならば，

$\qquad$ A と B がともに起こる場合の数は $p \times q$ 通りある。

────────────────────────────

　2つの集合 A，B について，A の要素 a と B の要素 b からつくられた組 (a, b) 全体の集合を A と B の **直積** といい，$A \times B$ で表す。すなわち

$$A \times B = \{(a, b) \mid a \in A, \ b \in B\}$$

　一般に，有限集合 A，B の直積 $A \times B$ の要素の個数について，次の等式が成り立つ。

$$n(A \times B) = n(A) \times n(B)$$

　3つ以上の事柄についても，同様に積の法則が成り立つ。

例 5] ある山を登るのに A，B，C，D，E，F の 6 つのルートがある。この山に登って下るのに，次の場合，何通りのルートの選び方があるか。

(1) 登りと下りが同じルートでもよいとき

(2) 登りと下りが違うルートのとき

解] (1) 登りが 6 通り，下りが 6 通りなので　　$6 \times 6 = 36$ 通り

(2) 同じルートを通らずに下る方法は，それぞれに 5 通りあるので

$$6 \times 5 = 30 \text{ 通り}$$

例 6] A 市から B 市へはバス路線が 2 つ，電車の路線が 1 つある。また，B 市から C 市へはバス路線と電車の路線が 1 つずつある。次の場合，路線の決め方は何通りあるか。

　(1) A 市から B 市を通って C 市に行く

　(2) (1) の場合に，少なくとも一度はバスを利用する

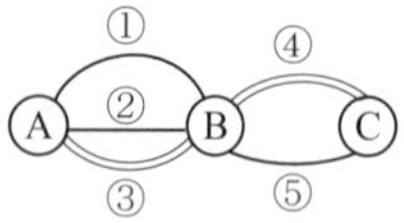

解] (1) A 市から B 市へは 3 通り，B 市から C 市へは 2 通りあり，どちらもともに起こる場合の数であるから，　$3 \times 2 = 6$ 通り

(2) 電車だけ（③と④）で行く方法が 1 通りあるので，　$6 - 1 = 5$ 通り

練習 5] 大きさの異なる 2 個のさいころを投げるとき，次の問いに答えよ。

　(1) 目の出方は全体で何通りあるか。

　(2) 異なる目が出る場合は何通りあるか。

　(3) 目の数の積が奇数の場合と，偶数になる場合は何通りあるか。

練習 6] 図のように A から B へ行くには，l を経由（3 本から 2 本へ）して行く方法と，m（3 本から 2 本へ）と n（2 本から 3 本へ）を経由して行く方法がある。A から B へ行くには何通りのルートがあるか。

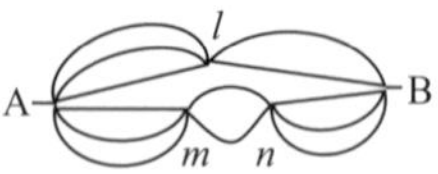

14.2　順列と組合せ

14.2.1　順　列

　場合の数を調べる有力な方法の 1 つとして，順列の考えがある。

　ある集合からいくつかのものを取り出して，順序をつけて並べるときのその並べ方の個数について考えよう。

　異なる a，b，c，d の 4 枚の絵の中から，3 枚を選んで一列に並べて壁に飾りたい。その並べ方は次頁の樹形図のようになり，その総数は 24 通りある。

　その総数の求め方は，1 番目の絵の選び方は a，b，c，d のどれをとってもよいから 4 通りある。1 番目の絵が定まると，その各々の絵に対して 2 番目の絵の選び方は，1 番目の絵を除いた残りの 3 枚の絵から 1 つとればよいから 3 通りある。

1番目と2番目の絵の各々に対して，3番目の絵の選び方は，1番目と2番目の絵を除いた残りの2枚の絵から1つとればよいから，2通りある。したがって，並べ方の総数は積の法則により，次のようになる。

$$4 \times 3 \times 2 = 24$$

一般に，いくつかのものを順序をつけて一列に並べたものを 順列 という。また，n 個の異なるものの中から r 個をとって一列に並べた順列を，**n 個のものから r 個をとる順列** といい，その総数を $_n\mathrm{P}_r$ で表す。但し，このとき $r \leqq n$ である。

上の例では，4個のものから3個をとる順列であり，その並べ方の総数は $_4\mathrm{P}_3 = 4 \times 3 \times 2 = 24$ である。

一般に，n 個の異なるものから，r 個をとって並べるとき，その選び方は，順に

$$\begin{array}{ccccc} 1\,番目, & 2\,番目, & 3\,番目, & \cdots, & r\,番目 \\ n, & n-1, & n-2, & \cdots, & n-r+1 \end{array}$$

通りあり，この順列*の総数は積の法則により

$$_n\mathrm{P}_r = n(n-1)(n-2)\cdots(n-r+1)$$

である。特に，n 個の異なるもの全部を一列に並べる場合，すなわち，$r = n$ の場合の順列の総数は

$$_n\mathrm{P}_n = n(n-1)(n-2)\cdots 3 \cdot 2 \cdot 1$$

となる。この式の右辺は，1 から n までのすべての自然数の積である。これを n の 階乗 といい，記号で **$n\,!$** と表す。すなわち

$$n\,! = n(n-1)(n-2)\cdots 3 \cdot 2 \cdot 1$$

である。

順列の個数 $_n\mathrm{P}_r$

n 個の異なるものから r 個をとる順列の総数は

$$_n\mathrm{P}_r = \underbrace{n(n-1)(n-2)\cdots(n-r+1)}_{r\,個の積}$$

特に，$r = n$ のとき

$$_n\mathrm{P}_n = n(n-1)(n-2)\cdots 3 \cdot 2 \cdot 1 = n\,!$$

---

* $_n\mathrm{P}_r$ の P は，順列を意味する permutation の頭文字である。

$_n\mathrm{P}_r$ を階乗を用いて表すと

$[\,r < n\ \text{のとき}\,]\ n(n-1)((n-2)\cdots(n-r+1)$

$$= \frac{n(n-1)\cdots(n-r+1)(n-r)\cdots 3\cdot 2\cdot 1}{(n-r)\cdots 3\cdot 2\cdot 1} = \frac{n!}{(n-r)!}$$

よって $_n\mathrm{P}_r = \dfrac{n!}{(n-r)!}$ …… ①

$[\,r = n\ \text{のとき}\,]$ ① 式の右辺の分母は $0!$ となる。そこで，$0! = 1$ と定めると，① 式は $r = n$ のときにも成り立つ。

例 7] 男性 2 人，女性 3 人が一列に並ぶとき，男性が隣り合うような並び方は何通りあるか。

解] 隣り合う男性 2 人をまとめて 1 人と考えると，並び方の総数は $_4\mathrm{P}_4$ 通りある。その各々に対して，男性 2 人の並び方が $_2\mathrm{P}_2$ 通りある。

　よって，積の法則により並び方の総数は

$$_4\mathrm{P}_4 \times _2\mathrm{P}_2 = 4! \times 2! = 48\ \text{通り}$$

（女）［男］［男］（女）（女）

例 8] 0 から 5 までの整数 6 個の数字の中から，異なる数字を用いてできる次のような整数は何個あるか。

(1) 5 桁の整数　　(2) 両端の数字が奇数である 5 桁の整数

解] (1) 万の位は，0 以外の数字 1 から 5 のどれをとってもよいから，その選び方は 5 通りある。万の位の数字を決めたとき，千，百，十，一の位の数字の並べ方は，残りの 5 個の数字から 4 個をとる順列の個数だけあるから，その総数は $_5\mathrm{P}_4$ 通りある。よって，求める整数の個数は　$5 \times _5\mathrm{P}_4 = 5 \times 5\cdot 4\cdot 3\cdot 2 = 600\ \text{個}$

(2) 両端に奇数 1，3，5 をおく置き方は $_3\mathrm{P}_2$ 通りある。その各々について，中間の 3 つの数字の並べ方は，残りの 4 個の数字から 3 個をとる順列の個数だけある。

　よって，その総数は $_4\mathrm{P}_3$ 通り

　したがって，求める整数の個数は

$$_3\mathrm{P}_2 \times _4\mathrm{P}_3 = 3\cdot 2 \times 4\cdot 3\cdot 2 = 144\ \text{個}$$

（奇）○○○（奇）

練習 7] 男性 4 人，女性 3 人の写真撮影の際，図のように二列に並んで，前列には女性，後列には男性が並ぶようにしたい。並び方は何通りあるか。

［男］［男］［男］［男］
（女）（女）（女）

練習 8] 7 人の子供がおり，そのうち 3 人は兄弟である。子供達が一列に並ぶのに，兄弟 3 人が隣り合うような並び方は何通りあるか。

重複順列

n 個の異なるものから同一のものを何回もとることを許して r 個をとる順列を，ちょうふく **重複順列** という。

一般に，重複順列の個数については，次のことが成り立つ。

重複順列の個数 ─────────────

n 個のものから，r 個をとる重複順列の総数は　　　n^r

例 9] 1 から 6 までの整数を用いて 3 桁の整数をつくる場合，何個つくられるか。但し，同じ数字を重複して用いてもよい。

解] 百，十，一の各位の数字の選び方は，他の位の数字の選び方と無関係に，それぞれ 1，2，3，4，5，6 のどれを選んでもよいから，6 通りずつある。

したがって，求める個数は　　$6 \times 6 \times 6 = 216$ 個

練習 9] 4 人を，3 つの部屋 A，B，C に入れる方法は何通りあるか。但し，1 人も入らない部屋があってもよい。

円順列

いくつかの異なるものを円形に並べたものを，**円順列** という。円順列の数を考えるときには，右の図のように，同じ位置関係（一方を回転すると他方に重なる）にあるものは同じ順列とみる。

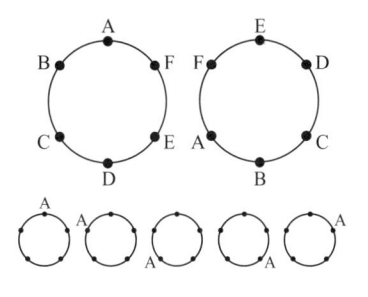

例えば，円形のテーブルの周りに，5 人を並べる方法を考えてみよう。

5 人を一列に並べる方法は，全部で 5! 通りある。しかし，これを円形にすると，両端の人が隣り合うことで，図のような 5 通りずつ同じ輪ができる。したがって，並べ方の総数は　　$\dfrac{5!}{5} = 4! = 24$　　である。

または，5 人のうち 1 人の位置を定めて，残りの 4 人の並べ方を考えればよい。したがって，求める円順列の数は　　$(5 - 1)! = 4! = 24$　　となる。

一般に，円順列の個数については，次のことが成り立つ。

円順列の数 ───────────────────────────

異なる n 個のものを円形に並べる方法の総数は　　$\dfrac{{}_n\mathrm{P}_n}{n} = (n-1)!$

───

例 10] 両親とその子供 4 人が円形のテーブルの周りに座るとき，次のような座り方は何通りあるか。

(1) すべての座り方　　　　　(2) 両親が向かい合う座り方

(3) 両親が隣り合う座り方　　(4) 両親が隣り合わない座り方

解] (1) $(6-1)! = 5! = 120$ 通り

(2) 向かい合う両親を 1 人と考えると，座り方の総数は

$$(5-1)! = 4! = 24 \text{ 通り}$$

(3) 隣り合う両親を 1 人と考えると 4! 通りあり，その各々の座り方に対して，両親を入れ換える方法が 2! 通りある。ゆえに，$4! \times 2! = 48$ 通り

(4) $120 - 48 = 72$ 通り

練習 10] 男性 5 人と女性 5 人が円形のテーブルの周りに座るとき，男女が交互に並ぶ座り方は何通りあるか。

14.2.2　組合せ

場合の数を調べる有力な方法として順列の考えがあり，順列では，取り出したものの並べ方が問題であった。これに対して，並べ方は問題にしないで，どれとどれを取り出すかということだけを問題にして，いくつの組がつくられるかを考える。例えば，クラスの中で当番を選ぶというような場合など，誰と誰が当番になるかが問題であって，選ばれた生徒の順序は問題でない。

a，b，c，d の 4 個の文字から 3 個の文字をとる順列の総数は ${}_4\mathrm{P}_3 = 24$ である。それらの順列を次に示す。

a b c	a b d	a c d	b c d
a c b	a d b	a d c	b d c
b a c	b a d	c a d	c b d
b c a	b d a	c d a	c d b
c a b	d a b	d a c	d b c
c b a	d b a	d c a	d c b

この 24 個のうち，縦に並んでいる順列は同一の文字からなり，文字の順序だけ

が異なっている。文字の順序を問題にしなければ，これらは集合 $A =\{$a, b, c, d$\}$ の 3 個の要素からなる部分集合であると考えることができ，書き並べると

$$\{a,\ b,\ c\}\quad \{a,\ b,\ d\}\quad \{a,\ c,\ d\}\quad \{b,\ c,\ d\}\quad \cdots\cdots ①$$

である。

このように，4 個の文字から 3 個の文字を選び，順序を考えない組が何組できるかを，計算により求めよう。求める組の総数を m（上の例では 4）とする。① の組の 1 つ，例えば，$\{a,\ b,\ c\}$ の 3 つの要素を一列に並べる順列の個数は ${}_3\mathrm{P}_3 = 3!$（個）であり，① の組のどれからも 3! 個の順列が得られるから，全体で $m \times 3!$ 個の順列ができる。これらは，4 個の文字から 3 個をとる順列の全体に一致し，その総数は ${}_4\mathrm{P}_3$ である。

よって，組の総数 m は $\qquad m \times 3! = {}_4\mathrm{P}_3$

ゆえに $$m = \frac{{}_4\mathrm{P}_3}{3!} = \frac{4 \cdot 3 \cdot 2}{3 \cdot 2 \cdot 1} = 4$$

となる。

n 個の異なるものから，順序を問題にしないで，r 個を取り出してつくる組を，**n 個のものから r 個をとる組合せ** といい，その総数を ${}_n\mathrm{C}_r$ で表す[†]。

上の例では，4 個の文字から 3 個の文字を選ぶ方法の数は，${}_4\mathrm{C}_3$ で表される。

一般に，n 個の異なるものから r 個の組を選び出す方法の数は ${}_n\mathrm{C}_r$ である。その各組において，選んだ r 個を一列に並べる並べ方の数は，どれも ${}_r\mathrm{P}_r = r!$ であるから，これら全体の並べ方の数は，n 個の異なるものから r 個をとって並べる方法 ${}_n\mathrm{P}_r$ に等しい。よって

$$ {}_n\mathrm{C}_r \times r! = {}_n\mathrm{P}_r $$

が成り立つ。ゆえに

$$ {}_n\mathrm{C}_r = \frac{{}_n\mathrm{P}_r}{r!} = \frac{n(n-1)\cdots(n-r+1)}{r(r-1)\cdots 2 \cdot 1} = \frac{n!}{r!\,(n-r)!} $$

を得る。$0! = 1$ であるから，${}_n\mathrm{C}_0 = 1$，${}_n\mathrm{P}_0 = 1$ と定めると，上の式は，$r = 0$ のときにも成り立つ。

組合せの数 ${}_n\mathrm{C}_r$

n 個の異なるものから r 個をとる組合せの総数は

$$ {}_n\mathrm{C}_r = \frac{{}_n\mathrm{P}_r}{r!} = \frac{n(n-1)\cdots(n-r+1)}{r(r-1)\cdots 2 \cdot 1} = \frac{n!}{r!\,(n-r)!} $$

[†] ${}_n\mathrm{C}_r$ の C は，組合せを意味する combination の頭文字である。

特に，　　$_nC_1 = n$,　　　　$_nC_n = 1$

また，n 個の異なるものから r 個を選び出すことは，$n - r$ 個を残すこと，つまり，残す $n - r$ 個を選ぶことと同じである。よって，選び方の数 $_nC_r$ と $_nC_{n-r}$ は等しい。

$_nC_r$ の性質 ─────────────────────────

$$_nC_r = {}_nC_{n-r} \quad (0 \leq r \leq n)$$

─────────────────────────────────

例 11] 図のような碁盤の目の道がある。A から B に行く最短ルートは何通りあるか。

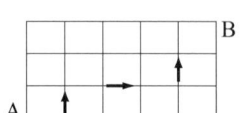

解] 横に 5 個の目，縦に 3 個の目だけ行けばよいから，縦横合わせて 8 個の目のうち，どれか 3 個の目だけを縦にすればよい。

したがって　$_8C_3 = \dfrac{8!}{3!\,5!} = 56$ 通り

例 12] 先生 1 名と学生 13 名の中から，9 名の野球チームをつくる場合，次の組合せは何通りあるか。

(1) 合計 14 名のうちから 9 名を選ぶ

(2) 先生を含めて 9 名を選ぶ

(3) 先生を含めないで 9 名を選ぶ

解] (1) 14 名から 9 名を選ぶ組合せの総数は　$_{14}C_9 = \dfrac{14!}{9!\,5!} = 2{,}002$ 通り

(2) 学生 13 の中から 8 名を選べばよいから　$_{13}C_8 = \dfrac{13!}{8!\,5!} = 1{,}287$ 通り

(3) 学生 13 名の中から 9 名を選べばよいから　$_{13}C_9 = \dfrac{13!}{9!\,4!} = 715$ 通り

練習 11] 男性 7 人，女性 5 人の中から，役員を 3 人選びたい。次の場合，何通りあるか。

(1) 男女の区別なく 3 人を選ぶ

(2) 3 人のうち，女性が少なくとも 1 人役員になるように選ぶ

練習 12] 円周上に異なる 7 点があるとき，次の図形は何個あるか。

(1) これらの 2 点を結んでできる直線

(2) これらの 3 点を結んでできる三角形

14.2.3 二項定理

組合せの考えを使って，二項式の累乗 $(a+b)^n$ の展開式を求めよう。

まず，$n = 2,\ 3$ の場合は
$$(a+b)^2 = a^2 + 2ab + b^2$$
$$(a+b)^3 = a^3 + 3a^2b + 3ab^2 + b^3$$
と展開できる。

次に，$n = 4$ の場合は
$$(a+b)^4 = (a+b)(a+b)(a+b)(a+b)$$
で，この展開式は，4 個の因数 $(a+b)$ の各々から，a または b を 1 つずつ取り出して掛け合わせて得られる単項式の和である。そのすべての単項式の次数は 4 次となり，それは
$$a^4, \qquad a^3b, \qquad a^2b^2, \qquad ab^3, \qquad b^4$$
の 5 個で，これらの係数を求めたらよい。

a^4 の個数は，どの因数からも b を取り出さないから ${}_4\mathrm{C}_0$ 個で，その係数は ${}_4\mathrm{C}_0$ である。a^3b の個数は 4 個の因数の 1 つから b を，残りの因数からは a を取り出す方法で ${}_4\mathrm{C}_1$ 個で，その係数は ${}_4\mathrm{C}_1$ である。

同様に考えると，展開式は
$$(a+b)^4 = {}_4\mathrm{C}_0\, a^4 + {}_4\mathrm{C}_1\, a^3b + {}_4\mathrm{C}_2\, a^2b^2 + {}_4\mathrm{C}_3\, ab^3 + {}_4\mathrm{C}_4\, b^4$$
となることがわかる。

一般に，$(a+b)^n$ の展開式における $a^{n-r}b^r$ の個数は，n 個の因数 $(a+b)$ のうち，r 個から b を，残りの $(n-r)$ 個から a を取り出す方法で ${}_n\mathrm{C}_r$ 個，つまり，その係数は ${}_n\mathrm{C}_r$ である。したがって，次の **二項定理** が成り立つ。

二項定理 ————————————————————————
$$(a+b)^n = {}_n\mathrm{C}_0\, a^n + {}_n\mathrm{C}_1\, a^{n-1}b + {}_n\mathrm{C}_2\, a^{n-2}b^2 + \cdots$$
$$\cdots + {}_n\mathrm{C}_r\, a^{n-r}b^r + \cdots + {}_n\mathrm{C}_{n-1}\, ab^{n-1} + {}_n\mathrm{C}_n\, b^n$$

${}_n\mathrm{C}_r\, a^{n-r}b^r$ を $(a+b)^n$ の展開式における **一般項** という。また，係数 ${}_n\mathrm{C}_r$ は **二項係数** ともよばれる。

$(a + b + c)^n$ の展開式

任意の自然数 n に対して

$$(a+b+c)^n = (a+b+c)(a+b+c)(a+b+c) \cdots (a+b+c)$$

の展開式を考えよう。

$(a+b)^n$ のときと同様に考えると, $(a+b+c)^n$ の展開式は, n 個の因数 $(a+b+c)$ の各々から, $a,\ b,\ c$ のいずれかを選び出し, それらを掛け合わせてできる単項式の和である。また, その単項式の次数は n 次にならなければならない。そこで

$$a^p\, b^q\, c^r \qquad 但し,\ n = p + q + r$$

とおくと, $a^p\, b^q\, c^r$ の係数は, 組合せの考えを用いると

$$\frac{n!}{p!\, q!\, r!}$$

となる。よって, $(a+b+c)^n$ の展開式の一般項は, 次のようになる。

$$\frac{n!}{p!\, q!\, r!}\, a^p\, b^q\, c^r \qquad 但し,\ n = p + q + r$$

例えば, $(a+b+c)^8$ の展開式における $a^3\, b^3\, c^2$ の係数は, $\dfrac{8!}{3!\, 3!\, 2!} = 560$ である。

例 13] 次の展開式における項の係数を求めよ。

(1) $(x + 3)^5$ の展開式における x^3 の係数

(2) $\left(x^2 - \dfrac{1}{x}\right)^6$ の展開式における x^3 の係数

解] (1) 二項定理で, $a = x,\ b = 3,\ n = 5$ として, $r = 2$ の項を考えると, x^3 の係数は

$$_5\mathrm{C}_2 \cdot 3^2 = \frac{5 \cdot 4}{2 \cdot 1} \cdot 3^2 = 90$$

(2) 与えられた式の展開式の一般項は

$$_6\mathrm{C}_r \cdot (x^2)^{6-r} \cdot \left(-\frac{1}{x}\right)^r = (-1)^r \cdot {_6\mathrm{C}_r} \cdot x^{12-3r}$$

ゆえに, x^3 の項になるのは $12 - 3r = 3$, すなわち, $r = 3$ のときである。そのとき, x^3 の係数は $\quad (-1)^3 \cdot {_6\mathrm{C}_3} = -20$

練習 13] 次の式を展開せよ。

(1) $(x + 1)^5$ (2) $(3x - 2y)^4$ (3) $\left(2x - \dfrac{1}{x}\right)^4$

練習 14] $(x + y + z)^6$ の展開式の $x^2 y^3 z$ の係数を求めよ。

14.2.4 同じものを含む場合の順列

n 個のものを一列に並べる順列において，n 個のうちにいくつか同じものがある場合の総数は，組合せの考えを用いて求めることができる。

例えば，a, a, a, b, b, c（a は 3 個，b は 2 個）の 6 個の文字全部を一列に並べる順列の総数はいくつかを考えよう。

この並べ方の数は，6 個の文字を 6 個の場所におく置き方の数と同じである。a をおく 3 個の場所の選び方は $_6C_3$ 通りある。その各々に対して，b をおく選び方は，残りの 3 個の場所から 2 個を選ぶ $_3C_2$ 通りある。c の置き方は残りの 1 個所におく $_1C_1$ 通りである。したがって，求める並べ方の総数は

$$_6C_3 \times {}_3C_2 \times {}_1C_1 = \frac{6 \cdot 5 \cdot 4}{3 \cdot 2 \cdot 1} \times \frac{3 \cdot 2}{2 \cdot 1} \times \frac{1}{1} = \frac{6!}{3! \, 2! \, 1!}$$

と表され，60 通りある。

一般に，同じものを含む順列の個数については，次のことがいえる。

同じものを含む順列の数 ─────────

a が p 個，b が q 個，$\cdots$，d が s 個，合計で n 個のものがあるとき，これらのものを全部並べてできる順列の総数は

$$\frac{n!}{p! \, q! \, \cdots \, s!} \quad (n = p + q + \cdots + s)$$

例 14] りんご 3 個，みかん 2 個，なし 2 個を一列に並べるとき，

(1) 並べ方は全部で何通りあるか。

(2) このうち，りんご 3 個が隣り合うような並べ方は何通りあるか。

解] (1) $\dfrac{7!}{3! \, 2! \, 2!} = 210$ 通り　　(2) りんごを 1 つと考えて $\dfrac{5!}{1! \, 2! \, 2!} = 30$ 通り

例 15] $x + y + z = 8$ を満たすような，0 または正の整数 x, y, z の組は何通りあるか。また，正の整数だけの組は何通りあるか。

解] ○を 1 とし，x, y, z の値を○の数で表し，その間に 2 本の仕切り | を入れて，例えば

$$\underbrace{○○}_{x} | \underbrace{○○○○}_{y} | \underbrace{○○}_{z} \qquad \underbrace{○○○}_{x} | | \underbrace{○○○○○}_{z}$$

のように分ける。| で分けられた第 1 の部分の○は x，第 2 の部分の○は y，第 3 の部分の○は z を表すことにすれば，すべての組合せを得る。これは 8 個の○と

2 個の | との順列と同じであるから，定理により

$$\frac{10!}{8!\,2!} = 45\,通り$$

　正の整数だけの組は，x, y, z は 1 以上であるから，まず 8 のうち 1 を 1 つずつ x, y, z に分配し，残り 5 を条件を満たすように分配すればよい。よって，5 個の○を並べ，その間に 2 本の仕切り | を入れて，例えば

○○ | ○ | ○○　　　　　　○○ | | ○○○

のように分ける。上と同様に，5 個の○と 2 個の | との順列と考えると

$$\frac{7!}{5!\,2!} = 21\,通り$$

　一般に，n 個の異なるものから繰り返しを許して r 個をとる組合せ数は，$n-1$ 個の仕切り | と r 個の○の順列の数である。これは，$(n-1)+r$ 個の場所から，r 個の○の場所を選ぶことから $_{(n-1)+r}C_r$ である。このような組合せを **重複組合せ** といい，$_nH_r$ で表す。

　例 15 は　$_3H_8 = {}_{3+8-1}C_8 = {}_{10}C_8 = \dfrac{10!}{8!\,2!}$

　　　　　　　$_3H_5 = {}_7C_5 = \dfrac{7!}{5!\,2!}$

と表される。

重複組合せ数 ────────────────────────────

　　　　　n 個のものから，r 個を選ぶ重複組合せ数は　　　　$_nH_r$

──

練習 15] 果物の詰め合わせかごを，りんご，みかん，なしの合計 12 個でつくりたい。どの果物も少なくとも 1 個は入れることにすると，何通りの詰め方が考えられるか。

練習 16] $(a+b+c)^8$ を展開するとき，何種類の異なる項があるか。

練習 17] 同じ品質のりんご 9 個を異なる器 3 つに盛り分ける。盛り方は何通りあるか。

練習 18] 4 つのクラスから 6 人の委員を選出する方法は何通りあるか。また，各クラスから 1 人は必ず選ぶとすると何通りあるか。

演 習 問 題

1. 50 人の生徒に通学方法を聞いたところ，自転車を利用する生徒が 32 人，バスを利用する生徒が 24 人いた。自転車とバスの両方を利用すると思われる生徒数を範囲で答えよ。また，自転車もバスも利用しない生徒は，多くて何人か。

2. 世帯数が 100 の地域で，A 新聞をとっている世帯数は 46，B 新聞をとっている世帯数は 58，A，B の 2 つの新聞をとっている世帯数は 15 である。次の世帯数を求めよ。

(1) A 新聞と B 新聞のうち少なくとも 1 つはとっている世帯数

(2) A 新聞と B 新聞のうちいずれか 1 つだけをとっている世帯数

(3) A 新聞と B 新聞のいずれもとっていない世帯数

3. 12 チームがトーナメント方式で対戦するときの試合数を求めよ。但し，どの試合も勝敗が決まり，引き分けはないものとする。

4. 5 人が一列に並ぶ並び方の数と，5 人が円形のテーブルに座る座り方は何通りか。また，5 人のうち 3 人が一列に並ぶ並び方の数と，5 人の中から 3 人を選ぶ方法は何通りあるか。

5. 10 円硬貨が 4 個，50 円硬貨が 3 個，100 円硬貨が 3 個ある。これらの一部または全部を使ってちょうど支払える金額は何通りあるか。

6. 野球選手 9 人の打順を決めるのに，特定の 3 人の強打者は 3 番，4 番，5 番のいずれかにし，捕手を 8 番，投手を 9 番におく。打順の決め方は何通りあるか。また，自由に 9 人の打順を決めるときはどうなるか。

7. 6 つの異なる玩具を，2 つずつ 3 人の子供 a，b，c に配りたい。分け方は何通りあるか。

8. 赤，白，青の札が 5 枚ずつあり，同じ色の 5 枚の札には，それぞれ 1 から 5 までの異なる数字が 1 つずつ書いてある。この中から 4 枚抜き出すとき，次のような場合は何通りあるか。

(1) 札の色がすべて同じ場合　　　　(2) 札の数字が 2 種類である場合

9. 6 個の数字 0，1，2，3，4，5 がある。

(1) 異なる 3 個の数字を用いてできる 3 桁の整数はいくつあるか。

(2) (1) のうち偶数はいくつあるか。

10. 候補者が 3 人，選挙人が 9 人いる。次の投票について答えよ。

(1) 1 人 1 票の記名投票のとき，その結果は何通りあるか。

(2) 1 人 1 票の無記名投票のとき，票の分かれ方は何通りあるか。

11. 男性 5 人，女性 4 人がいる。次の選び方は何通りあるか。

(1) 9 人 から 3 人を選ぶ方法

(2) 9 人 から 3 人を選んで 1 列に並べる方法

(3) 男性 2 人，女性 1 人を選んで 1 列に並べる方法

第 15 章

確　率

15.1　確率とその基本性質

15.1.1　確率の意味

　1 枚の硬貨を投げるとき，表が出るか裏が出るかは，偶然に支配されることであり，前もってそれを知ることはできない。しかし，表と裏のどちらかが出るので，表が出ると期待される割合も，裏が出ると期待される割合も，ともに同じ割合で半々，すなわち，0.5 であると考えてよい。

　また，このように偶然に支配される現象にも，その現象の実験や観測などを繰り返した結果には規則性が認められることがある。例えば，1 枚の硬貨を何回か投げる実験をすると，投げた回数が少ない間は，表の出る割合（表の出た回数／投げた回数）にかなりばらつきが見られるが，投げた回数が多くなるにつれ次第にばらつきは小さくなり，0.5 に近づくことが知られている。このことからも表が出ると期待される割合は 0.5 であると考えられる。

　このように，ある事柄の起こる現象を確率で数学的に考えてみよう。

試行と事象

　硬貨を投げるとか，さいころを投げるとか，袋から玉を取り出すなどのように，同じ状態のもとで繰り返し行うことができて，その結果が偶然に支配されるような実験や観察を，一般に 試行 という。

　また，試行の結果として起こる事柄を **事象** といい，A, B, C などの文字を用い

て表す。そして，起こり得る可能性のある事象の全体を，その試行の **全事象** とい
い，U などで表す。事象 A，B，C は全事象 U の部分集合を用いて表すことがで
きる。特に，全事象 U のただ 1 つの要素からなる部分集合で表される事象を **根元**^(こんげん)
事象 という。また，何ごとも起こらないということを 1 つの事象と考えて，これ
を **空**^(くう)事象 という。

　例えば，1 個のさいころを投げる試行において，出る目について考えると

$$\text{全事象}：U = \{1,\ 2,\ 3,\ 4,\ 5,\ 6\}$$
$$\text{根元事象}：\{1\},\ \{2\},\ \{3\},\ \{4\},\ \{5\},\ \{6\}$$

　また，2 の目が出るという事象を A，偶数の目が出るという事象を B とする
とき

$$A = \{2\},\qquad B = \{2,\ 4,\ 6\}$$

で表される。

確率の定義

　我々の回りで起こる現象には，偶然に支配されると考えられる事柄がきわめて
多い。こうした事柄についてはどの程度の確実性をもって，どのような結果が期
待できるかということを考える必要がある。このように，ある事柄の起こる「確
からしさ」の程度を数量的に表したものが，**確率** である。

　一般に，1 つの試行においてある事象 A が起こると期待される割合を，**事象 A
の起こる確率** という。起こり得るすべての結果が N 個（全事象 U の根元事象の
個数が $n(U) = N$）で，事象 A の起こる場合の数が a 個（$n(A) = a$）であるとき，
事象 A の確率を $\dfrac{a}{N}$ で定め，$P(A)$ で表す*。

事象 A の起こる確率─────────────────────────────

　各根元事象が同様に確からしい試行において，その全事象を U とすると，事象
A の起こる確率 $P(A)$ は

$$P(A) = \frac{\text{事象 } A \text{ の起こる場合の数}}{\text{起こり得るすべての場合の数}} = \frac{n(A)}{n(U)}$$

──

　このように定義された確率を **数学的確率** といい，数学的確率の値は場合の数を
計算することによって求められる。但し，このとき，「起こり得るすべての場合」

───────────────────
　* $P(A)$ の P は，確率を意味する probability の頭文字である。

の各々の起こり方が，すべて同程度に期待できる（**同様に確からしい**）という前提でなければならない。

例 1〕次の枚数の硬貨を投げて，表が 2 枚出る確率を求めよ。

　(1) 2 枚　　　　　　(2) 4 枚　　　　　　(3) 6 枚

解〕(1) 2 枚の硬貨の場合，表と裏のすべての出方は

　　　　　（表，表），（表，裏），（裏，表），（裏，裏）

の 4 通りである。その 4 個の根元事象は，同じ程度の確からしさで起こると考えられるから，事象 { (表，表) } の確率は $\frac{1}{4}$ である。

(2) 4 枚の硬貨を投げたとき，表と裏の出方の総数は，$n(U) = 2^4 = 16$ である。この 16 個の根元事象は，同じ程度の確からしさで起こる。このうち，2 枚が表である場合の数 $n(A)$ は，4 個の異なるものから 2 個を取り出す組合せの数であり，$n(A) = {}_4\mathrm{C}_2 = 6$ である。よって　$P(A) = \frac{6}{16} = \frac{3}{8}$

(3) 表と裏の出方の総数は，$n(U) = 2^6 = 64$

　このうち，2 枚が表である場合の数 $n(A)$ は，6 個の異なるものから 2 個を取り出す組合せの数であり，$n(A) = {}_6\mathrm{C}_2 = 15$ である。よって　$P(A) = \frac{15}{64}$

練習 1〕袋の中に白石 4 個と黒石 6 個が入っている。よくかき混ぜて，石を同時に 3 個取り出すとき，白石 1 個と黒石 2 個が出る確率を求めよ。

統計的確率

　確率を実際の問題に応用するとき，各根元事象が同様に確からしいと考えられない場合がある。

　その代表的な例として，男女の出生比率がある。表は 1990 年から 1998 年までの我が国の出生児数である。この表から出生児が男である割合は，一定の値 0.514 にほぼ等しいとみなしてよいことがわかる。

年次	出生児数n	男児数r	$\frac{r}{n}$
1990	1,221,585	626,971	0.513
1992	1,208,989	622,136	0.515
1994	1,238,328	635,915	0.514
1996	1,206,555	619,793	0.514
1998	1,203,147	617,414	0.513

（人口動態統計より）

　このように，同じような条件のもとで実験や観測を大量に繰り返した結果には，起こりやすさの程度にはある一定の値が認められることがある。同じ試行を n 回繰り返して，事象 A が r 回起こったとき，r を総数 n で割った $\frac{r}{n}$ を **相対度数** と

いう。n が十分大きいとき，相対度数 $\dfrac{r}{n}$ が一定の値 p に近くなるならば，この p を事象 A の起こる **統計的確率** という。

　例えば，表から，我が国における出生児が男である統計的確率は，0.514 である といってよい。

15.1.2　確率の基本性質

　各根元事象が同様に確からしい試行において，つまり，数学的確率について成り立ついくつかの基本的な性質を学ぼう。

　各根元事象の起こり方がすべて同様に確からしい試行において，その全事象を U とする。このとき，起こり得るすべての場合の数は $n(U)$ であり，事象 A の起こる場合の数は $n(A)$ であるから，事象 A の起こる確率は $P(A) = \dfrac{n(A)}{n(U)}$ である。

　ここで，一般に，$0 \leqq n(A) \leqq n(U)$ が成り立つから，この各辺を $n(U)$ で割ると

$$0 \leqq \frac{n(A)}{n(U)} \leqq 1 \qquad \text{すなわち} \qquad 0 \leqq P(A) \leqq 1$$

が導かれる。

　$P(A) = 1$ は $A = U$ と同じであり，これは起こる事象がすべて A である。また，$P(A) = 0$ は $A = \phi$ と同じであり，事象 A が決して起こらないことを表している。

　以上のことをまとめると，確率には次の性質がある。

確率の基本性質 (1) ────────────────────────

　　　[1]　任意の事象 A に対して　　　$0 \leqq P(A) \leqq 1$
　　　[2]　全事象 U の起こる確率は　　$P(U) = 1$
　　　　　　空事象 ϕ の起こる確率は　$P(\phi) = 0$

────────────────────────────────

和事象の確率

　例えば，1 個のさいころを投げる試行において

　　　　「偶数の目が出る」という事象を　　　A
　　　　「4 以上の目が出る」という事象を　　B

とすると，これらは，全事象 $U = \{1,\ 2,\ 3,\ 4,\ 5,\ 6\}$ の部分集合として

$$A = \{2,\ 4,\ 6\}, \qquad B = \{4,\ 5,\ 6\}$$

と表される。

このとき，「出る目が，偶数かつ 4 以上である」という事象は，集合 {4, 6} で表され，これは A と B の共通部分 $A \cap B$ である。また，「出る目が，偶数または 4 以上である」という事象は，集合 {2, 4, 5, 6} で表され，これは A と B の和集合 $A \cup B$ である。

このように，2 つの事象 A, B について，「A と B がともに起こる」事象は，A と B の **積事象** といい，$A \cap B$ で表される。また，「A または B が起こる」という事象は，A と B の **和事象** といい，$A \cup B$ で表される。

また，1 個のさいころを投げる試行において，偶数の目が出る事象と 5 の目が出る事象は，決して同時には起こらない。

一般に，ある試行において，2 つの事象 A, B が決して同時に起こることがないとき，事象 A, B は互いに **排反**（はいはん）であるという。

2 つの事象 A, B の和集合 $A \cup B$ の起こる場合の数は

$$n(A \cup B) = n(A) + n(B) - n(A \cap B)$$

が成り立つ。この両辺を $n(U)$ で割ると

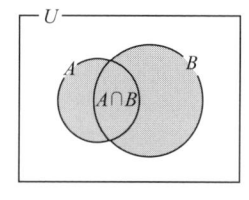

$$P(A \cup B) = P(A) + P(B) - P(A \cap B) \cdots ①$$

の和事象の確率が得られる。

2 つの事象 A, B が互いに排反であるとき，$A \cap B = \phi$, すなわち，$n(A \cap B) = 0$ であるから，$P(A \cap B) = 0$ となり，① は

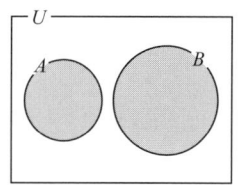

$$P(A \cup B) = P(A) + P(B)$$

となる。これを **確率の加法定理** という。

確率の基本性質 (2) ―――――――――――――――――――――――

[3] 事象 A, B に対して　　$P(A \cup B) = P(A) + P(B) - P(A \cap B)$

　　　特に，事象 A, B が互いに排反ならば

$$P(A \cup B) = P(A) + P(B) \qquad （確率の加法定理）$$

―――――――――――――――――――――――――――――――――――

3 つ以上の排反事象についても，加法定理は成り立つ。例えば，3 つの事象 A, B, C が互いに排反であるとき

$$P(A \cup B \cup C) = P(A) + P(B) + P(C)$$

が成り立つ。

例 2] 袋の中に白石 4 個と黒石 6 個が入っている。よくかき混ぜて，石を同時に 3 個取り出すとき，黒石が 2 個以上出る確率を求めよ。

解] 起こり得る場合の総数は　$_{10}C_3 = 120$

　　黒石が 2 個以上出るのは次の 2 つの場合であり，これらは互いに排反である。

　　　　A：白石が 1 個，黒石が 2 個出る場合

　　　　B：3 個とも黒石が出る場合

　　事象 A の起こる場合の数は $_4C_1 \times _6C_2 = 60$，　　確率は $P(A) = \dfrac{60}{120}$

　　事象 B の起こる場合の数は $_6C_3 = 20$，　　確率は $P(B) = \dfrac{20}{120}$

　　よって，求める確率は

$$P(A \cup B) = P(A) + P(B) = \frac{60}{120} + \frac{20}{120} = \frac{2}{3}$$

練習 2] 00 から 99 までの番号が付けられたくじがある。くじの当選番号は，1 等が 09，20，45，71，86 の 5 本，2 等は末尾の数字が 0，5 の 2 種類である。このくじを 1 本引くとき，当たる確率を求めよ。但し，1 本のくじが 1 等も 2 等ともともに当たることもある。

余事象の確率

　全事象を U とする。事象 A に対して，「事象 A が起こらない」という事象を，A の**余事象**といい，$\overline{A}$ で表す。事象 A と余事象 $\overline{A}$ は，互いに排反であるから，加法定理により

$$P(A \cup \overline{A}) = P(A) + P(\overline{A})$$

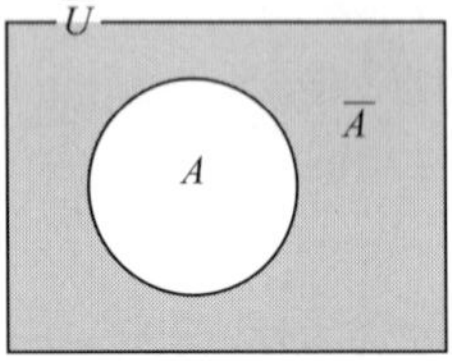

が成り立つ。ここで，$P(A \cup \overline{A}) = P(U) = 1$ であるから，余事象の確率について，次の公式が得られる。

余事象の確率

$$P(\overline{A}) = 1 - P(A)$$

例 3] 15 本のくじの中に 5 本の当たりくじがある。この中から同時に 3 本のくじを引くとき，次の確率を求めよ。

　(1) 3 本ともはずれる確率　　　(2) 少なくとも 1 本は当たる確率

解]「3 本ともはずれる」という事象を A とする。

(1) 起こり得る場合の総数は $\quad {}_{15}C_3 = 455$

3本ともはずれる場合の数は $\quad {}_{10}C_3 = 120$

よって，求める確率は $\quad P(A) = \dfrac{120}{455} = \dfrac{24}{91}$

(2) 「少なくとも1本は当たる」という事象は，事象 A の余事象 $\overline{A}$ であるから，求める確率は $\quad P(\overline{A}) = 1 - P(A) = 1 - \dfrac{24}{91} = \dfrac{67}{91}$

練習 3] 袋の中に白石4個と黒石6個が入っている。よくかき混ぜて，石を同時に3個取り出すとき，次の確率を求めよ。

(1) 3個が全部白石である確率 　　(2) 3個が全部黒石である確率

(3) 3個が全部同じ色である確率 　(4) 少なくとも1個は白石である確率

練習 4] ある製品50個の中に5個の不良品が含まれているという。この中から同時に3個取り出すとき，次の確率を求めよ。

(1) 不良品が1個以下である 　　　(2) 不良品が2個以下である

15.2 確率の計算

15.2.1 条件つき確率

3本中1本が当たるくじの箱 A_1 と，5本中3本が当たるくじの箱 A_2 がある。どちらかの箱を選んでくじを1回引くとき，当たる確率を求めよう。

箱 A_1，A_2 のどちらかを選ぶ確率は $\dfrac{1}{2}$ であり，箱 A_1 を選んだときは当たる確率が $\dfrac{1}{3}$，箱 A_2 を選んだときは当たる確率が $\dfrac{3}{5}$ である。

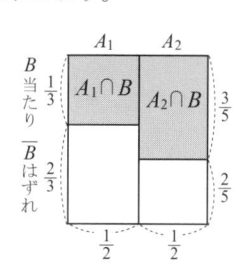

一般に，事象 A という条件のもとで事象 B が起こる確率を $P_A(B)$ と書き，条件 A のもとで B の起こる **条件つき確率** という。

この場合，4つの事象 $A_1 \cap B$，$A_2 \cap B$，$A_1 \cap \overline{B}$，$A_2 \cap \overline{B}$ が考えられる。

$$P(A_1 \cap B) = P(A_1) \times P_{A_1}(B) = \frac{1}{2} \cdot \frac{1}{3} = \frac{1}{6}$$

$$P(A_2 \cap B) = P(A_2) \times P_{A_2}(B) = \frac{1}{2} \cdot \frac{3}{5} = \frac{3}{10}$$

したがって，くじの当たる確率は

$$P(B) = P(A_1 \cap B) + P(A_2 \cap B) = \frac{1}{6} + \frac{3}{10} = \frac{7}{15}$$

　一般に，積事象 $A \cap B$ の確率については，次の **乗法定理** が成り立つ。これは，統計的確率についても成り立つ。

確率の乗法定理 (1)

$$P(A \cap B) = P(A) \times P_A(B)$$

例 4] 観劇客は 80% が女性で，60% が 50 歳以上の女性である。女性の中から任意に 1 人を選び出したとき，その人が 50 歳以上である確率を求めよ。

解] 選び出された観劇客が，「女性である」という事象を A，「50 歳以上である」という事象を B とすると

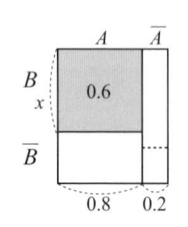

$$P(A) = \frac{80}{100}, \qquad P(A \cap B) = \frac{60}{100}$$

よって，求める確率は

$$P_A(B) = \frac{P(A \cap B)}{P(A)} = \frac{60}{100} \div \frac{80}{100} = \frac{3}{4}$$

練習 5] 住民 100 人に賛否を問うたところ，表のような回答を得た。次の確率を求めよ。

(1) 回答者の中から任意に 1 人を選んだとき，男性である確率

(2) 回答者の中から任意に 1 人を選んだとき，男性の賛成者である確率

	賛成	反対	計
男	34	18	52
女	26	22	48
計	60	40	100

(3) 男性の中から任意に 1 人を選んだとき，賛成者である確率

15.2.2　事象の独立と従属

　2 枚の硬貨を投げるとき，一方の硬貨の表が出る確率は，もう一方の硬貨の表裏の出方には無関係である。また，くじ引きで引いたくじをもとに戻せば，次に引くくじは，前のくじの結果に影響されない。このような場合を考えてみよう。

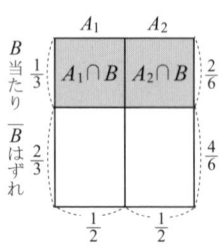

　前頁の条件つき確率では，箱 A_1，A_2 のどちらかを選ぶかで，くじの当たる確率が $P(A_1 \cap B) = \dfrac{1}{6}$，$P(A_2 \cap B) = \dfrac{3}{10}$ と異なった。しかし，箱 A_1 に 3 本中 1 本，箱 A_2 に 6 本中 2 本が当たるくじが入っていたら，どうなるであろうか。

箱 A_1 あるいは A_2 を選んだときに当たる確率は $P_{A_1}(B) = \frac{1}{3}$, $P_{A_2}(B) = \frac{1}{3}$, 全体として当たる確率は $P(B) = \frac{1}{3}$ となり, $P_{A_1}(B) = P(B)$ となる。

　一般に, 2 つの事象 A, B に対して

$$P_A(B) = P(B)$$

が成り立つ場合は, 条件 A のもとで事象 B の起こる確率が変わらないとき, 事象 B は事象 A に **独立** であるといい, 乗法定理は次のようになる。また, 事象 A と B が独立でないとき, A と B は **従属** であるという。

確率の乗法定理 (2) ────────────────────

　事象 A と事象 B が独立である　$\iff$　$P(A \cap B) = P(A) \times P(B)$

　　　　　　　　　　　　　　　　　　$\left(\text{但し,}\quad P(A) \neq 0,\ P(B) \neq 0\right)$

────────────────────────────────

　一般に, 3 つの事象 A, B, C があって, そのうちのどの 2 つの事象も互いに独立であるばかりでなく, また, どの 2 つの事象の積事象も残りの 1 つの事象と独立であるとき, 事象 A, B, C は **独立** であるという。

　このとき, 2 つの事象 A, B は独立であるから

$$P(A \cap B) = P(A) \times P(B)$$

また, 積事象 $A \cap B$ と事象 C は独立であるから

$$P((A \cap B) \cap C) = P(A \cap B) \times P(C)$$

よって　　　$P(A \cap B \cap C) = P(A \cap B) \times P(C) = P(A) \times P(B) \times P(C)$

となり, 独立な 3 つの事象について

　事象 A, B, C が独立　$\iff$　$P(A \cap B \cap C) = P(A) \times P(B) \times P(C)$

が成り立つ。3 つより多くの事象の独立についても, 同様に考えることができる。

例 5] 1 つのさいころを投げて, 出る目の数が偶数である事象を A, 4 以上である事象を B, 3 以上である事象を C とする。

　(1) A と B は独立であるか　　　　　(2) A と C は独立であるか

解] $A = \{2,\ 4,\ 6\}$, 　$B = \{4,\ 5,\ 6\}$, 　$C = \{3,\ 4,\ 5,\ 6\}$

(1) $A \cap B = \{4,\ 6\}$, 　$P(A) = \frac{1}{2}$, 　$P(B) = \frac{1}{2}$, 　$P(A \cap B) = \frac{1}{3}$

　　　　$P(A \cap B) \neq P(A) \times P(B)$ であるから, A と B は従属

(2) $A \cap C = \{4,\ 6\}$, 　$P(C) = \frac{2}{3}$, 　$P(A \cap C) = \frac{1}{3}$

　　　　$P(A \cap C) = P(A) \times P(C)$ であるから, A と C は独立

反復試行

　いくつかの試行 S_1, S_2, $\cdots$, S_n が互いに他の試行の結果に影響を及ぼさない
とき，つまり，独立であるとき，試行 S_1 の結果として起こる事象を A_1，試行 S_2
の結果として起こる事象を A_2, $\cdots$，試行 S_n の結果として起こる事象を A_n とす
る。このとき，事象 A_1, A_2, $\cdots$, A_n は独立で

$$P(A_1 \cap A_2 \cap \cdots \cap A_n) = P(A_1) \times P(A_2) \times \cdots \times P(A_n)$$

が成り立つ。

　特に，同じ条件のもとで，ある試行を n 回繰り返し行う反復試行は独立試行で
ある。この反復試行において，事象 A がちょうど r 回起こる場合の数は $_nC_r$ 通り
あり，それらは互いに排反である。1 回の試行で事象 A の起こる確率が p である
とき，そのどの場合の確率も独立な試行の定理により $p^r(1-p)^{n-r}$ である。事
象 A がちょうど r 回起こる確率は，次のようになる。

反復試行の確率 ──────────────

　ある試行において事象 A の起こる確率を p，その余事象の確率を $q = 1 - p$ と
する。この試行を独立に n 回繰り返すとき，事象 A がちょうど r 回起こる確率は

$$_nC_r\, p^r q^{n-r} \qquad \left(\text{但し，} q = 1 - p, \quad (r = 0,\ 1,\ 2,\ \cdots,\ n) \right)$$

──────────────────────────

　ここで $r = 0$ のとき p^0，$r = n$ のとき $(1-p)^0$ が現れるが，これらはいずれも
1 に等しいと定める。

例 6] 1 個のさいころを 4 個続けて投げる反復試行において，1 の目がちょうど 3
回出る確率と，同じ目がちょうど 3 回出る確率を求めよ。

解] 1 の目が出る確率 $P(A) = \dfrac{1}{6}$，　1 の目が出
ない確率 $P(\overline{A}) = 1 - \dfrac{1}{6} = \dfrac{5}{6}$

　1 の目がちょうど 3 回出る確率は表のように
$_4C_3 = 4$ 通りあり，これらは互いに排反である。
よって，① の場合の確率は，独立な試行の定理
により

	1回目	2回目	3回目	4回目
①	出	出	出	×
②	出	出	×	出
③	出	×	出	出
④	×	出	出	出

$$\frac{1}{6} \cdot \frac{1}{6} \cdot \frac{1}{6} \cdot \frac{5}{6} = \left(\frac{1}{6}\right)^3 \left(\frac{5}{6}\right)$$

であり，同様に ② 〜 ④ の確率もそれぞれ $\left(\dfrac{1}{6}\right)^3 \left(\dfrac{5}{6}\right)$ である。

したがって，1の目がちょうど3回出る確率は

$$_4\mathrm{C}_3\left(\frac{1}{6}\right)^3\left(\frac{5}{6}\right) = \frac{5}{324}$$

また，同じ目がちょうど3回出る場合は6通りあり，それらは互いに排反であるから，求める確率は $6 \times \dfrac{5}{324} = \dfrac{5}{54}$

例 7] ある野球の試合で，ストライクボールを $\dfrac{1}{3}$ の割合で投げる投手がいる。この投手がフォアボールを出す確率を求めよ。

解] フォアボールを出す場合は，表のように3つの排反な事象しかない。よって，その確率は

	ストライク	ボール
1		××× ┊ ×
2	○	××× ┊ ×
3	○○	××× ┊ ×

$$_3\mathrm{C}_0\left(\frac{1}{3}\right)^0\left(\frac{2}{3}\right)^3 \times \frac{2}{3} + {}_4\mathrm{C}_1\left(\frac{1}{3}\right)\left(\frac{2}{3}\right)^3 \times \frac{2}{3}$$

$$+ {}_5\mathrm{C}_2\left(\frac{1}{3}\right)^2\left(\frac{2}{3}\right)^3 \times \frac{2}{3} = \frac{496}{729}$$

練習 6] 3個のさいころを同時に投げたとき，ちょうど1個だけに1の目が出る確率と，2個のさいころに1の目が出る確率を求めよ。

練習 7] ある試験には，それぞれ3つの選択肢をもった問題が4問出題される。どの問いにも正解が1つあり，これにでたらめに答えたとき，次の確率を求めよ。

(1) 3問以上正解になる確率　　　(2) 少なくとも1問正解になる確率

15.2.3 確率の計算

これまで述べてきた和事象の確率や余事象の確率，確率の乗法定理などを合わせて利用すると，複雑な事象の確率を計算することができる。

例 8] 13本のくじの中に3本の当たりくじがある。このくじを，a，b，cの3人がこの順に1本ずつ引くとき，a，b，cそれぞれの当たる確率を求めよ。但し，引いたくじはもとに戻さないものとする。

解] 1) aが当たるのは，b，cのくじ引きには関係がなく $\dfrac{3}{13}$

2) bが当たりくじを引く事象は，「aが当たり，bが当たる」と「aがはずれ，bが当たる」事象であり，これらは互いに排反である。$P(A \cap B) = P(A) \times P_A(B)$ を用い，aが当たったときbの当たる確率は $P_A(B) = \dfrac{2}{12}$，aがはずれたときbが当たる確率は $P_{\overline{A}}(B) = \dfrac{3}{12}$ であるから，bが当たる確率は

$$\frac{3}{13} \times \frac{2}{12} + \frac{10}{13} \times \frac{3}{12} = \frac{3}{13}$$

3) c が当たりくじを引く事象は，「a が当たり，b が当たり，c が当たる」，「a が当たり，b がはずれ，c が当たる」，「a がはずれ，b が当たり，c が当たる」，「a がはずれ，b がはずれ，c が当たる」の 4 つの事象であり，これらは互いに排反である。したがって，c が当たる確率は

$$\frac{3}{13} \times \frac{2}{12} \times \frac{1}{11} + \frac{3}{13} \times \frac{10}{12} \times \frac{2}{11} + \frac{10}{13} \times \frac{3}{12} \times \frac{2}{11} + \frac{10}{13} \times \frac{9}{12} \times \frac{3}{11} = \frac{3}{13}$$

以上の結果より，a，b，c の間に有利さに違いはない。

例 9] 上の例で，引いたくじをすぐにもとに戻すとき，a，b，c それぞれの当たる確率を求めよ。

解] a が当たるのは，b，c のくじ引きには関係がなく $\frac{3}{13}$，　b，c も同様で $\frac{3}{13}$

例 10] 13 本のくじの中に 3 本の当たりくじがある。a, b の 2 人のうち，まず a がこのくじを 1 本引き，当たったときはくじをもとに戻さず，はずれたときはもとに戻すことにする。次に，b が 1 本のくじを引くとき，b の当たる確率を求めよ。

解] b が当たるには，次の 2 つの場合があり，互いに排反である。

A：a，b がともに当たる場合，　　B：a がはずれ，b が当たる場合

事象 A の起こる確率は　　$P(A) = \frac{3}{13} \times \frac{2}{12} = \frac{1}{26}$

事象 B の起こる確率は　　$P(B) = \frac{10}{13} \times \frac{3}{13} = \frac{30}{169}$

よって，b の当たる確率は

$$P(A \cup B) = P(A) + P(B) = \frac{1}{26} + \frac{30}{169} = \frac{73}{338}$$

例 11] ある製品を製造する 2 つの工場 A，B があり，A 工場の製品には 2%，B 工場の製品には 3% の不良品が含まれているとする。これら A 工場の製品と B 工場の製品を，5：4 の割合で混ぜた大量の製品の中から 1 個を取り出すとき，次の確率を求めよ。

　(1) それが不良品である確率

　(2) 不良品であったときに，それが A 工場の製品である確率

解] 取り出した 1 個が，A 工場の製品であるという事象を C，B 工場の製品であるという事象を D，不良品であるという事象を E で表す。このとき，C と D は互いに排反であり

$$P(C) = \frac{5}{9}, \quad P(D) = \frac{4}{9}, \quad P_C(E) = \frac{2}{100}, \quad P_D(E) = \frac{3}{100}$$

(1) 不良品が A 工場の製品である場合と，B 工場の製品である場合があるから

$$P(E) = P(C \cap E) + P(D \cap E) = P(C) \times P_C(E) + P(D) \times P_D(E)$$
$$= \frac{5}{9} \times \frac{2}{100} + \frac{4}{9} \times \frac{3}{100} = \frac{11}{450}$$

(2) 求める確率は，条件つき確率 $P_E(C)$ であるから

$$P_E(C) = \frac{P(C \cap E)}{P(E)} = \frac{10}{900} \div \frac{11}{450} = \frac{5}{11}$$

練習8] 10 本のくじの中に 3 本の当たりくじがある。このくじを a, b, c の 3 人がこの順に 1 本ずつ引くとき，次の確率を求めよ。但し，引いたくじはもとに戻すものとする。

(1) 3 人とも当たる確率　　(2) a と b が当たり，c がはずれる確率

(3) 3 人ともはずれる確率　　(4) 誰か 1 人だけが当たる確率

練習9] ある工場において，製品 2 個を入れた箱を大量につくっている。製品の不良品率は 3%，箱の不良品率は 1% であるとき，製品 2 個を入れた箱のおよそ何 % が，箱，製品ともに良品であると考えてよいか。

練習10] ある地方の天気が，晴れの日は翌日が晴れになる確率が 0.6, 曇りが 0.3, 雨が 0.1 になるという。翌日の天気予報の確率は表のとおりであるとき，次の確率を求めよ。

ある日＼翌日	晴れ	曇り	雨
晴れ	0.6	0.3	0.1
曇り	0.4	0.3	0.3
雨	0.1	0.4	0.5

(1) 晴れの日の翌々日が晴れ

(2) 雨の日の翌々日が晴れまたは曇り

15.3　確率分布

15.3.1　確率変数と確率分布

2 枚の硬貨を投げる試行においては，表表，表裏，裏表，裏裏の 4 通りの結果が考えられる。表の出ることを 1, 裏の出ることを 0, 表の出る枚数を X とし，各結果の起こる確率を表にし，まとめたものが右の表である。X は，0, 1, 2 のどれかの値をとる変数である。

結果	表表	表裏	裏表	裏裏	計
X	2	1	1	0	
確率	$\frac{1}{4}$	$\frac{1}{4}$	$\frac{1}{4}$	$\frac{1}{4}$	1

結果	0	1	2	計
確率	$\frac{1}{4}$	$\frac{2}{4}$	$\frac{1}{4}$	1

一般に，上の X のように，試行の結果によってその値が定まり，それぞれの値に対して，その値をとる確率が定まっているような変数 X を **確率変数** という。確率変数 X のとる値が x_1, x_2, $\cdots\cdots$, x_n

であるとき，$X = x_i$ となる事象の起こる確率を p_i とすると，x_i と p_i の対応が得られる。この対応を X の **確率分布** といい，確率 p_i は

$$p_1 \geqq 0,\ p_2 \geqq 0,\ \cdots\cdots,\ p_n \geqq 0,\qquad p_1 + p_2 + \cdots\cdots + p_n = 1$$

である。確率分布を示すには，右下のような表が用いられる。

確率変数 X が値 x_i をとる確率を

$$P(X = x_i)\qquad または\qquad P(x_i)$$

と表す。また，X が x_i 以上 x_j 以下の値をとる確率は

X	x_1	x_2	$\cdots$	x_n	計
P	p_1	p_2	$\cdots$	p_n	1

$$P(x_i \leqq X \leqq x_j)$$

と表す。

例えば，2 枚の硬貨を投げる場合，確率は次のようになる。

$$P(X = 0) = \frac{1}{4},\qquad P(X = 1) = \frac{1}{2},\qquad P(1 \leqq X \leqq 2) = \frac{3}{4}$$

例 12] ある工場で製品 4 個入りの箱をつくっている。1,000 個の各箱について，その中の不良品の個数を調べたところ，表のような度数分布表を得た。任意に 1 つの箱を取るとき，その中の不良品の個数 X の確率分布を示す表をつくれ。

不良品数	0	1	2	計
度　　数	912	85	3	1000

解] X のとる値は，0 から 4 までの整数である。X がそれらの値をとる確率は，調査した箱が多いから，上の表から計算

X	0	1	2	3	4	計
P	0.912	0.085	0.003	0	0	1

される相対度数であると考えてよい。よって，X の確率分布は表のようになる。

練習 11] 1,000 本のくじの中に，賞金 10,000 円，5,000 円，1,000 円の当たりくじがそれぞれ 5 本，30 本，100 本ある。このくじを 1 本引くときに得る賞金を X 円とする。確率変数 X の確率分布を求めよ。

15.3.2　期待値

表のような賞金が当たる総数 100 本のくじがある。この中から 1 本のくじを引いたとき，賞金額はどのくらい期待できるだろうか。

賞金額を確率変数 X と考えると，各等の当たる確率は当たる本数を総数 100 本で割った値である。

また，賞金の総額は

等級	1等	2等	3等	はずれ
賞金	10,000	5,000	1,000	0円
本数	1本	4本	10本	85本
確率	$\frac{1}{100}$	$\frac{4}{100}$	$\frac{10}{100}$	$\frac{85}{100}$

$$10000 \times 1 + 5000 \times 4 + 1000 \times 10 + 0 \times 85 = 40000 \ (\text{円})$$

である。この総額をくじの総数 100 で割った金額 400 円が，1 本のくじについて期待できる金額であると考えられる。ここで，その期待できる金額は

$$10000 \times \frac{1}{100} + 5000 \times \frac{4}{100} + 1000 \times \frac{10}{100} + 0 \times \frac{85}{100} = 400 \ (\text{円})$$

と表すことができる。左辺は賞金とそれが当たる確率との積の和になっている。

　一般に，確率変数 X がとりうる値 x_1, x_2, $\cdots\cdots$, x_n に対して，その確率がそれぞれ p_1, p_2, $\cdots\cdots$, p_n であるとするとき

$$E(X) = x_1 p_1 + x_2 p_2 + \cdots\cdots + x_n p_n = \sum_{i=1}^{n} x_i p_i$$

を，確率変数 X の **期待値** または **平均値** といい，$E(X)$ で表す[†]。

　2 枚の硬貨を 1 回投げる試行において，表の出る回数とそれぞれの起こる確率は表のようになる。この試行において期待値は次のとおりである。

表数	0	1	2
確率	$\frac{1}{4}$	$\frac{2}{4}$	$\frac{1}{4}$

$$0 \times \frac{1}{4} + 1 \times \frac{1}{2} + 2 \times \frac{1}{4} = 1$$

例 13] 1 個のさいころを投げて，3 以下の目が出ると 300 円，4 か 5 の目が出ると 500 円，6 の目が出ると 800 円相当の賞品が得られるとする。この試行において，さいころを 1 回投げて得られる賞品額の期待値を求めよ。

解] 賞品額とそれぞれが得られる確率を表に示す。

$$300 \times \frac{3}{6} + 500 \times \frac{2}{6} + 800 \times \frac{1}{6} = 450$$

賞金	300	500	800
確率	$\frac{3}{6}$	$\frac{2}{6}$	$\frac{1}{6}$

　よって，求める期待値は 450 円

例 14] ある野球場で試合が行われるとき，晴れであればアイスクリームが 2,000 個，曇りであれば 1,000 個売れ，雨のときは 1 個も売れないという。アイスクリームは 1 個につき売れれば 60 円の利益，売れなければ 30 円の損失が見込まれる。試合の前日の天気予報で晴れ，曇り，雨の確率がそれぞれ 0.3，0.5，0.2 であるとき，業者はアイスクリームを何個仕入れておけば最大の利益が期待できるか。

解] 前日に仕入れる個数を x とし，利益の期待値を y とする。

(1) $0 \leqq x \leqq 1000$ のとき

$$y = 60x \times 0.3 + 60x \times 0.5 + (-30)x \times 0.2$$
$$= 42x \ (\text{円})$$

(2) $1000 \leqq x \leqq 2000$ のとき

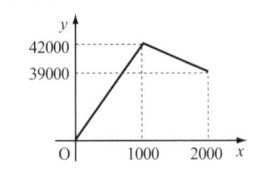

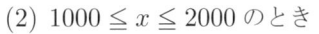

[†] E は，期待値を意味する expectation の頭文字である。

$$y = 60x \times 0.3 + \{60 \times 1000 + (-30)(x - 1000)\} \times 0.5 + (-30)x \times 0.2$$
$$= 45000 - 3x \ (円)$$

グラフから 1,000 個のとき，最大利益 42,000 円が期待できる。

例 15] あるバス停における発車時刻は，毎時 0 分，15 分，40 分の 3 回とするとき，発車時刻を知らない人が，バス停へ来てから待たされる時間の期待値を求めよ。

解] 利用者がバス停に来る時刻 X 分は $0 < X \leqq 60$ の値をとる確率変数で，この間のどの時刻であってもまったく偶然で，同様に確からしい。これは，確率密度関数 $f(x)^{\ddagger}$ の値がどの x に対しても一定で，$f(x) = a \ (0 < x \leqq 60)$ ということである。

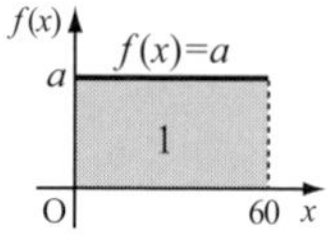

よって，図のように長方形の面積は 1 であり

$$f(x) = \frac{1}{60} \quad (0 < x \leqq 60)$$
$$P\,(0 < X \leqq 15) = \frac{15}{60}, \quad P\,(15 < X \leqq 40) = \frac{25}{60}$$
$$P\,(40 < X \leqq 60) = \frac{20}{60}$$

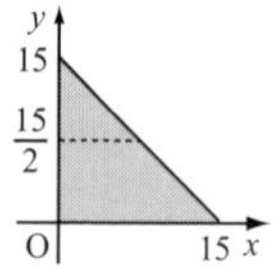

次に，バス待ち時間 Y 分は，$0 < X \leqq 15$ では
$Y = 15 - X$ で，この時間帯における期待値は，三角形の面積を時間の 15 で割った 7.5 分である。同様に考えると，求める期待値は次のようになる。

$$7.5 \cdot \frac{15}{60} + 12.5 \cdot \frac{25}{60} + 10 \cdot \frac{20}{60} = \frac{625}{60} = 10 \ 分 \ 25 \ 秒$$

練習 12] 次の 2 つの場合のいずれかが選べるとき，どちらを選んだ方が，得られる金額の期待値が大きいか。

a：確実に 3 万円得られる場合

b：5 万円得られる確率が 70% で，何も得られない確率が 30% である場合

練習 13] 1 問が 25 点の正誤を選ぶ二者択一の問題が 4 問出題される 100 点満点の試験がある。これにでたらめに答えたとき，得点の期待値はいくらか。

15.3.3　確率分布の平均と分散

確率変数 X の確率分布が表のように与えられているとき，X の **平均値**（また

$\ddagger$ 確率変数 X が $(a, \ b)$ 内の値をとる確率 P が $P(a < X < b) = \int_a^b f(x)\,dx$ のとき，関数 $f(x)$ を X の **確率密度関数** という（「第 16 章 2.2 正規分布」を参照）。

は単に **平均**）は

$$m = E(X) = \sum_{i=1}^{n} x_i p_i$$

X	x_1	x_2	$\cdots$	x_n	計
P	p_1	p_2	$\cdots$	p_n	1

で表される。平均値と期待値は同じもので，確率変数 X の期待値は平均値に期待される X の値であるが，実際に試行を繰り返すとき，X のとる値は変動して散らばった値をとる。そこで，確率変数 X のとる値の散らばる程度を表すために，X から平均値 m を引いた隔たり $(X-m)^2$ を考える。この $(X-m)^2$ もまた 1 つの確率変数となる。

$(X-m)^2$	$(x_1-m)^2$	$(x_2-m)^2$	$\cdots$	$(x_n-m)^2$	計
P	p_1	p_2	$\cdots$	p_n	1

確率変数 $(X-m)^2$ の平均値を $V(X)$ で表すと

$$V(X) = E\left((X-m)^2\right) = \sum_{i=1}^{n}(x_i-m)^2 p_i$$

となり，$V(X)$ を確率変数 X の **分散** という。

分散 $V(X)$ は，X の平均 m からの偏差の 2 乗 $(X-m)^2$ の平均値である。しかし，その単位は X の単位の 2 乗である。そこで，X の単位と一致させるために，分散の正の平方根をとる。それを X の **標準偏差** といい，$\sigma(X)$ で表す。すなわち

$$\sigma(X) = \sqrt{V(X)}$$

である。標準偏差は平均値の周りのちらばり程度を表しており，$\sigma(X)$ の値が小さいと X のとる値は，分布の平均 m の近くに集中していると考えられる。

確率変数の分散を表す式　$V(X) = \sum_{i=1}^{n}(x_i-m)^2 p_i$　を変形すると

$$\begin{aligned}
V(X) &= \sum_{i=1}^{n}(x_i-m)^2 p_i = \sum_{i=1}^{n}(x_i^2 p_i - 2m x_i p_i + m^2 p_i) \\
&= \sum_{i=1}^{n} x_i^2 p_i - 2m \sum_{i=1}^{n} x_i p_i + m^2 \sum_{i=1}^{n} p_i
\end{aligned}$$

となる。ここで，$\sum_{i=1}^{n} x_i p_i = m$ ，$\sum_{i=1}^{n} p_i = 1$ であるから

$$V(X) = \sum_{i=1}^{n} x_i^2 p_i - 2m^2 + m^2 = \sum_{i=1}^{n} x_i^2 p_i - m^2$$

$\sum_{i=1}^{n} x_i^2 p_i$ は確率変数 X^2 の平均であるから

$$V(X) = E(X^2) - m^2 = E(X^2) - \left\{E(X)\right\}^2$$

となる。

確率分布の平均，分散，標準偏差 ────────────

平　　均　$m = E(X) = \displaystyle\sum_{i=1}^{n} x_i p_i$

分　　散　$V(X) = E\left((X - m)^2\right) = \displaystyle\sum_{i=1}^{n} (x_i - m)^2 p_i$

$\qquad\quad V(X) = E(X^2) - m^2 = \displaystyle\sum_{i=1}^{n} x_i^2 p_i - m^2$

標準偏差　$\sigma(X) = \sqrt{V(X)}$

例 16] 1 つのさいころを振って，出る目の数を X とするとき，X の平均値，分散および標準偏差を求めよ。

解] $E(X) = 1 \cdot \dfrac{1}{6} + 2 \cdot \dfrac{1}{6} + 3 \cdot \dfrac{1}{6} + 4 \cdot \dfrac{1}{6} + 5 \cdot \dfrac{1}{6} + 6 \cdot \dfrac{1}{6} = \dfrac{7}{2}$

$V(X) = \dfrac{1}{6}\left(1 - \dfrac{7}{2}\right)^2 + \dfrac{1}{6}\left(2 - \dfrac{7}{2}\right)^2 + \dfrac{1}{6}\left(3 - \dfrac{7}{2}\right)^2 + \cdots\cdots + \dfrac{1}{6}\left(6 - \dfrac{7}{2}\right)^2 = \dfrac{35}{12}$

ゆえに　$\sigma(X) = \sqrt{\dfrac{35}{12}} = \dfrac{\sqrt{105}}{6}$

例 17] 100 円硬貨 2 枚と，500 円硬貨 1 枚の計 3 枚を同時に投げるとき，表の出る硬貨の金額の和 X の確率分布を求めよ。また，確率変数 X の平均値，標準偏差を求めよ。

解] $E(X) = 0 \cdot \dfrac{1}{8} + 100 \cdot \dfrac{2}{8} + \cdots + 700 \cdot \dfrac{1}{8} = 350$

$V(X) = (0 - 350)^2 \cdot \dfrac{1}{8} + (100 - 350)^2 \cdot \dfrac{2}{8} +$

$\qquad\quad \cdots + (700 - 350)^2 \cdot \dfrac{1}{8} = 67500$

$\sigma(X) = \sqrt{67500} = 150\sqrt{3}$

X	0	100	200	500	600	700
P	$\dfrac{1}{8}$	$\dfrac{2}{8}$	$\dfrac{1}{8}$	$\dfrac{1}{8}$	$\dfrac{2}{8}$	$\dfrac{1}{8}$

練習 14] ある工場の製品は 25 個に 1 個の割合で不合格品が出た。この製品 2 個入りの箱が 2,500 個つくられたとき，合格品のみの箱は何個あると考えてよいか。

15.3.4　同時確率分布

　学科と実技の両方に合格しないと資格を得られない試験で 100 人が受験をし，表のような試験結果が得られた。

　この結果を用いて学科，実技を X，Y の 2 つの確率変数

学科＼実技	合格	不合格	計
合　格	26	19	45
不合格	6	49	55
計	32	68	100

X＼Y	1	0	計
1	$\dfrac{26}{100}$	$\dfrac{19}{100}$	$\dfrac{45}{100}$
0	$\dfrac{6}{100}$	$\dfrac{49}{100}$	$\dfrac{55}{100}$
計	$\dfrac{32}{100}$	$\dfrac{68}{100}$	1

とし，合格を 1，不合格を 0 とした確率分布は表のようになる。

　このような 2 つの確率変数 X，Y の確率は

　　　X のとる値が　x_1，x_2，$\cdots\cdots$，x_n

　　　Y のとる値が　y_1，y_2，$\cdots\cdots$，y_m

であるとき，「$X = x_i$ かつ $Y = y_j$」という事象の
起こる確率を p_{ij} とすると，記号では

$$P(X = x_i, \ Y = y_j) = p_{ij}$$

X\\Y	y_1	y_2	$\cdots$	y_m	計
x_1	p_{11}	p_{12}	$\cdots$	p_{1m}	p_1
x_2	p_{21}	p_{22}	$\cdots$	p_{2m}	p_2
$\vdots$		$\cdots\cdots\cdots\cdots$			$\vdots$
x_n	p_{n1}	p_{n2}	$\cdots$	p_{nm}	p_n
計	q_1	q_2	$\cdots$	q_m	1

と表す。また，この 2 つの確率変数 X，Y は，すべての i と j の組合せについて，
(x_i, y_j) と p_{ij} との対応が得られる。この対応を X と Y の **同時確率分布** という。

例 18] 12 本のくじの中に 2 本の当たりくじがある。a がくじを 1 本引き，残りの
くじから b が 2 本引くとき，a，b の当たりくじの数をそれぞれ X，Y とする。X
と Y の同時確率分布を求めよ。

解] X のとりうる値は 0，1 で　$P(X = 0) = \dfrac{5}{6}$，　$P(X = 1) = \dfrac{1}{6}$

$[X = 0 \text{ のとき }]$ 残り 11 本の中に 2 本の当たりくじがあるから，$Y = 0$，1，2 の
場合を考えたらよい。

$$P(X = 0, Y = 0) = \frac{5}{6} \cdot \frac{{}_9\mathrm{C}_2}{{}_{11}\mathrm{C}_2} = \frac{6}{11}$$

$$P(X = 0, Y = 1) = \frac{5}{6} \cdot \frac{{}_2\mathrm{C}_1 \times {}_9\mathrm{C}_1}{{}_{11}\mathrm{C}_2} = \frac{3}{11}$$

$$P(X = 0, Y = 2) = \frac{5}{6} \cdot \frac{{}_2\mathrm{C}_2}{{}_{11}\mathrm{C}_2} = \frac{1}{66}$$

$[X = 1 \text{ のとき }]$ 同様に考えて

$$P(X = 1, Y = 0) = \frac{1}{6} \cdot \frac{{}_{10}\mathrm{C}_2}{{}_{11}\mathrm{C}_2} = \frac{3}{22}$$

$$P(X = 1, Y = 1) = \frac{1}{6} \cdot \frac{{}_1\mathrm{C}_1 \times {}_{10}\mathrm{C}_1}{{}_{11}\mathrm{C}_2} = \frac{1}{33}$$

$$P(X = 1, Y = 2) = 0 \ (\text{ありえない})$$

X\\Y	0	1	2	計
0	$\frac{6}{11}$	$\frac{3}{11}$	$\frac{1}{66}$	$\frac{55}{66}$
1	$\frac{3}{22}$	$\frac{1}{33}$	0	$\frac{1}{6}$
計	$\frac{15}{22}$	$\frac{10}{33}$	$\frac{1}{66}$	1

よって，同時確率分布は表のようになる。

練習 15] ある商店街では買物客に 2 枚の硬貨 A，B を同時に投げてもらい，硬貨
A が表のときは 100 円券，裏のときは 50 円券，硬貨 B が表のときは 500 円券，
裏のときは券なしのサービスを行う。硬貨投げの結果，硬貨 A によって決まる金
額を X，硬貨 B によって決まる金額を Y とするとき，確率変数 X，Y，$X + Y$
の平均，分散，標準偏差を求めよ。

15.3.5　二項分布

　1 回の試行で事象 A の起こる確率が p であるとき，この試行を n 回繰り返すと，事象 A がちょうど r 回起こる確率 P_r は，反復試行における確率であるから
$$P_r = {}_n\mathrm{C}_r \, p^r q^{n-r} \quad (\text{但し，} q = 1 - p)$$
である。すなわち，n 回の試行のうち事象 A の起こる回数を確率変数 X で表すと，X が
$$0, \quad 1, \quad 2, \quad \cdots\cdots, \quad r, \quad \cdots\cdots, \quad n$$
の値をとる確率は，それぞれ
$${}_n\mathrm{C}_0 \, q^n, \quad {}_n\mathrm{C}_1 \, p \, q^{n-1}, \quad \cdots\cdots, \quad {}_n\mathrm{C}_r \, p^r q^{n-r}, \quad \cdots\cdots, \quad {}_n\mathrm{C}_n \, p^n$$
となる。
　これは，二項定理における展開式
$$(q + p)^n = {}_n\mathrm{C}_0 \, q^n + {}_n\mathrm{C}_1 \, p \, q^{n-1} + \cdots\cdots + {}_n\mathrm{C}_r \, p^r q^{n-r} + \cdots\cdots + {}_n\mathrm{C}_n \, p^n$$
の各項になっているので，この確率分布を **二項分布** といい，$B(n, p)$ で表す[§]。但し，$0 \leqq p \leqq 1$，$q = 1 - p$ とする。

X	0	1	$\cdots$	r	$\cdots$	n	計
P	${}_n\mathrm{C}_0 q^n$	${}_n\mathrm{C}_1 p \, q^{n-1}$	$\cdots$	${}_n\mathrm{C}_r p^r q^{n-r}$	$\cdots$	${}_n\mathrm{C}_n p^n$	1

二項分布の平均と標準偏差

　1 回の試行で事象 A の起こる確率が p である試行を n 回行うとき，確率変数 $X_1, X_2, \cdots, X_n$ は，$i = 1, 2, \cdots, n$ に対し，第 i 回目の試行において A が起これば $X_i = 1$，起こらなければ $X_i = 0$ とする。

X_i	1	0	計
確率	p	q	1

　このとき，n 回の反復試行で A の起こる回数 X は
$$X = X_1 + X_2 + \cdots\cdots + X_n$$
と表され，どの X_i の確率分布も表のようになり，X_i は独立な確率変数である。
　各々の X_i について
$$E(X_i) = 1 \times p + 0 \times q = p$$
$$V(X_i) = 1^2 \times p + 0^2 \times q - p^2 = p(1 - p) = pq$$
であるから，X の平均値および標準偏差は，次のようになる。

[§] $B(n, p)$ の B は，二項分布を意味する binomial distribution の頭文字である。

二項分布の平均，分散，標準偏差 ──────────

平　　均　　$E(X) = E(X_1 + X_2 + \cdots + X_n) = \sum_{i=1}^{n} E(X_i) = n\,p$

分　　散　　$V(X) = V(X_1 + X_2 + \cdots + X_n) = \sum_{i=1}^{n} V(X_i) = n\,p\,q$

標準偏差　　$\sigma(X) = \sqrt{V(X)} = \sqrt{n\,p\,q}$

──────────

例 19] 正誤を選ぶ二者択一の問題が 10 問ある。これにでたらめに答えたとき，正解数が 8 以上ある確率を求めよ。

解] 正解数が r ある確率を P_r とすると

$$P_r = {}_{10}\mathrm{C}_r \left(\frac{1}{2}\right)^r \left(\frac{1}{2}\right)^{10-r} = \frac{1}{2^{10}} \cdot {}_{10}\mathrm{C}_r$$

よって　　$P_8 = 0.044$ ，　　$P_9 = 0.010$ ，　　$P_{10} = 0.001$

したがって，正解数が 8 以上ある確率を P とすると

$$P = P_8 + P_9 + P_{10} = 0.055$$

例 20] ある航空路線では，予約した人がキャンセルする確率が 0.05 である。座席数 100 に対して 103 人に航空券を販売しているとき，座席が不足する確率を求めよ。但し，$(0.95)^{101} = 0.0056$，$(0.95)^{102} = 0.0053$，$(0.95)^{103} = 0.0051$ とする。

解] 予約した 103 人のうち，飛行機を利用する人数を X とすると，X は二項分布 $B(103,\ 0.95)$ に従う。

飛行機を利用する人が r 人の確率は　　$P_r = {}_{103}\mathrm{C}_r \cdot 0.95^r \cdot 0.05^{103-r}$

座席が不足するのは $X \geq 101$ のときであるから

$$P = {}_{103}\mathrm{C}_{101} \cdot 0.95^{101} \cdot 0.05^2 + {}_{103}\mathrm{C}_{102} \cdot 0.95^{102} \cdot 0.05 + {}_{103}\mathrm{C}_{103} \cdot 0.95^{103}$$
$$= 0.106$$

練習 16] ある製品を製造する際の不良品の生じる確率は 0.03 であることがわかっている。この製品を 500 個製造するとき，その中に含まれる不良品の個数 X の平均と標準偏差を求めよ。

演　習　問　題

1. ある寮では，a，b，c の 3 人が毎日 1 人の掃除当番をくじ引きで決めている。次の確率を求めよ。

(1) 5 日間のうち，a が 3 日となる確率

(2) 7 日間のうち，a が 3 日，b が 2 日となる確率

2. 新生児が男児である確率は 0.514 であり，生後 1 年間に死亡する確率は男児で 0.008，女児で 0.006 とする。このとき，新生児が生後 1 年間生存する確率を求めよ。

3. A，B の野球チームが試合をするとき，1 試合目に A が勝つ確率は $\frac{2}{3}$ で，2 試合目に A が勝つ確率は，1 試合目に A が勝った場合は $\frac{3}{4}$，負けた場合は $\frac{2}{5}$ である。A が 1 勝 1 負となる確率を求めよ。

4. ある野球チームの 3 人の打者の打率は，それぞれ 0.25，0.35，0.3 である。3 人がこの順で 1 回ずつ打席に立つとき，次の確率を求めよ。

(1) 3 人がともにヒットを打つ　　　(2) 3 人のうち 1 人だけがヒットを打つ

(3) 3 人のうち少なくとも 1 人はヒットを打つ

5. 6 打席に 2 本の割合でヒットを打つ野球選手が，4 打席で少なくとも 1 本ヒットを打つ確率を求めよ。

6. 3 枚の硬貨を投げて表の枚数が 1 枚ならば 500 円，2 枚ならば 1,000 円，表だけか裏だけが出れば 2,000 円もらうゲームがある。もらう金額の期待値はいくらか。

7. ある製品の山から 10 個を抜き取り，その中に不良品が何個入っているかを検査することを多数回繰り返し，次の相対度数表を得た。

この表で，不良品の数の相対度数を不良品がその個数だけ入っている確率とみなして，次の値を求めよ。

不良品の数	0	1	2	3	4	5	6	7	8	9	10
相対度数	0.30	0.25	0.20	0.12	0.07	0.05	0.01	0	0	0	0

(1) 検査を 5 回繰り返して行うとき，少なくとも 1 回 3 個以上の不良品が入っている確率

(2) 1 回の検査で入っている不良品の数の期待値

8. 正誤を選ぶ二者択一の問題が 20 問あり，これにでたらめに答えたとする。正解数を確率変数 X とし，X の平均，分散，標準偏差を求めよ。また，正解数が 3 つ以下しかない確率を求めよ。

第 16 章

統計処理

16.1 度数分布

16.1.1 資料の整理

いろいろな統計調査によって得られた資料を有意義に活用するために，資料の整理の仕方について考えてみよう。

身長の測定値，テストの得点，交通事故の件数などのように，ある集団について調査の対象としている性質を数量で表したものを **変量**，得られた変量の値の集まりを，この調査の **資料（データ）** という。身長の測定値などは連続的な値をとるので **連続変量** といい，交通事故などの件数はとびとびの値をとるので **離散変数** という。連続変数は資料全体の傾向を読みやすくするために，変量の値の範囲をいくつかの同じ幅の区間に分類して整理する。

次の値は，ある中学校の生徒 50 名の身長を測定したものである。

157.3	156.9	158.0	155.3	153.6	161.2	162.0	161.5	160.4	163.1
165.0	158.3	158.4	165.5	164.1	164.8	154.2	147.3	162.5	158.3
163.9	161.2	171.0	162.1	157.4	166.2	171.0	164.2	163.0	169.7
170.5	162.6	158.5	171.2	169.3	160.1	159.3	167.7	155.0	156.2
162.7	151.8	175.0	171.7	166.8	158.2	157.0	147.5	153.9	163.0

（単位：cm）

次ページの表は，上の測定値を範囲を 5 cm ずつに区切り整理したものである。この各区間を **階級**，階級の中央の値を **階級値**，各階級に入っている資料の個数を **度数** という。そして，各階級に度数を対応させた表を **度数分布表** という。階級の幅は，資料全体の傾向を最もよく表すような大きさにする。

　度数分布の状態を表すグラフは，横軸に変量を，縦軸に度数をとる。階級の幅を底辺とし，度数を高さとする長方形をすき間なく並べたものを **ヒストグラム** という。ヒストグラムの各長方形の上の辺の中点を結んで得られる折れ線グラフを，**度数折れ線** という。度数折れ線に沿ってなめらかな曲線を描いたものを，**度数分布曲線** という。

階級(cm) 以上-未満	階級値	度 数
145-150	147.5	2
150-155	152.5	4
155-160	157.5	14
160-165	162.5	17
165-170	167.5	7
170-175	172.5	5
175-180	177.5	1
合 計		50

　総度数が多い連続変量の場合，階級を細かく分けるにしたがって，ヒストグラムや度数折れ線は度数分布曲線に近づく。ゆえに，度数分布曲線は，度数分布の極限の形，または，理想形と考えることができる。

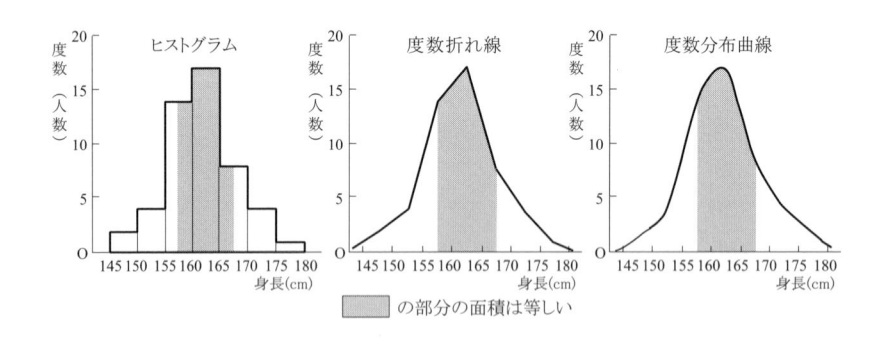

の部分の面積は等しい

累積度数

　各階級以下，または各階級以上の度数を加え合わせたものを **累積度数**（るいせきどすう）といい，それらを表にまとめたものを **累積度数分布表** という。

　一般に，累積度数ではある値は全体の中の何番目くらい，または，ある値より小さい値はどのくらいあるかなどを，容易に知ることができる。

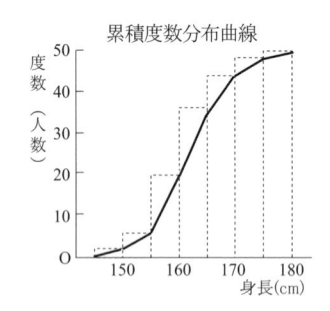

相対度数

　各階級の度数を資料全体の個数で割った値をその階級の **相対度数** といい，相対度数の表を **相対度数分布表** という。

　次の表は，小学生の身長の経年変化を調べるため，ある小学校の昭和 45 年度の

6 年生 115 人と，平成 10 年度の 6 年生
65 人の身長を整理したものである。こ
のとき，2 つの年度の児童の総数が異
なっているため，各年度の度数を直接
比較しても意味がない。このような場
合には，相対度数を用いて比較すると
よい。2 つの年度の相対度数の折れ線
を描くと，28 年間に児童の身長の伸び
た様子の全体的傾向がよくわかる。

　一般に，異なる個数の資料からなる 2
つの資料群を比較するには，相対度数
を用いるのがよい。

階級(cm)	階級値	昭和45年		平成10年	
以上−未満		度数	相対度数	度数	相対度数
120−126	123	6	0.052	0	0.000
126−132	129	29	0.249	2	0.031
132−138	135	44	0.386	12	0.185
138−144	141	30	0.261	18	0.277
144−150	147	5	0.043	22	0.338
150−156	153	1	0.009	8	0.123
156−162	159	0	0.000	3	0.046
合　計		115	1.000	65	1.000

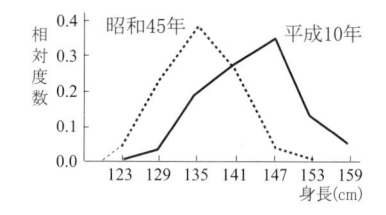

16.1.2　資料の代表値

　資料の分布状態は，度数分布表やヒストグラムなどで知ることができる。さら
に，資料の分布の特徴を適当な 1 つの数値で表すことも大切である。資料全体を
代表し，しかも，その全体の特徴や傾向を示す数値を，その資料の **代表値** といい，
代表値として平均値，中央値，最頻値がよく用いられる。

　変量 x がとる n 個の値 $x_1,\ x_2,\ \cdots,\ x_n$ に対して

$$\overline{x} = \frac{x_1 + x_2 + \cdots + x_n}{n}$$

を，変量 x の **平均値** といい，$\overline{x}$ で表す。記号 Σ * を用いると，平均値は $\overline{x} = \dfrac{1}{n}\displaystyle\sum_{i=1}^{n} x_i$
で表される。

　資料が，表のような度数分布表に整理されているときの平均値は

$$\overline{x} = \frac{1}{n}(x_1 f_1 + x_2 f_2 + \cdots + x_k f_k) = \frac{1}{n}\sum_{i=1}^{k} x_i f_i$$

$$\text{但し，}\ n = f_1 + f_2 + \cdots + f_k = \sum_{i=1}^{k} f_i$$

x	度数
x_1	f_1
x_2	f_2
$\vdots$	$\vdots$
x_k	f_k
計	n

と表される。

平均値
$$\overline{x} = \frac{x_1 + x_2 + \cdots + x_n}{n} = \frac{1}{n}\sum_{i=1}^{n} x_i$$

---

　* ギリシア文字の大文字でシグマと読む（「第 10 章　1.5 いろいろな数列」を参照）。

$$\overline{x} = \frac{1}{n}\sum_{i=1}^{k} x_i f_i \qquad \left(\text{但し，}\ n = \sum_{i=1}^{k} f_i\right)$$

　度数分布表からは変量の個々の値がないため，正確な平均値は求められない。しかし，変量の各値を階級値で置き換えて $\overline{x}$ を求めると，平均値の近似値が得られる。この $\overline{x}$ をもとの資料の平均値とみなしてよい。

　また，平均値に近いと見られる値を **仮平均** として利用すれば，計算が簡単になる。仮平均を x_0 とすると，平均値は

$$\overline{x} = x_0 + \frac{1}{n}\{(x_1 - x_0) + (x_2 - x_0) + \cdots + (x_n - x_0)\}$$

で求められる。

　資料を大きさの順に並べたとき，その中央の位置にある値を **中央値** または **メジアン** という。資料の個数が偶数の場合は，中央に最も近い 2 個の値の相加平均をとって中央値とする。資料の中に極端に飛び離れた数値があると，平均値はその影響を大きく受けるが，中央値は直接その影響を受けない。

　資料を度数分布表にまとめたとき，度数が最も大きい階級の階級値を **最頻値**（さいひんち） または **モード** という。すなわち，度数折れ線の最も高いところを表す階級値が最頻値である。洋服や靴など，最も売れ行きのよいサイズなどを知りたい場合には，最頻値はよい代表値である。

例 1］次の表は，A 市のある月の気温の度数分布表である。平均気温を求めよ。

気温 x	29	30	31	32	33	34	35	計
日数 f	1	3	4	6	7	5	4	30

解］仮平均を $x_0 = 32$ として計算すると，次のようになる。

$x_i - x_0$	−3	−2	−1	0	1	2	3	計
$(x_i - x_0)f_i$	−3	−6	−4	0	7	10	12	16

よって　$\overline{x} = 32 + \dfrac{16}{30} = 32.53$ 度

練習 1］次の資料の平均値を求めよ。

(1) 9, 6, 1, 4, 5, 3, 7, 4, 5, 6

(2)

階級値	0-2	2-4	4-6	6-8	8-10	計
度　数	2	3	5	4	1	15

練習 2］次の 10 個の資料について，平均値，メジアン，モードを求めよ。

　　　2, 3, 7, 5, 26, 7, 3, 6, 4, 3

16.1.3　資料の散らばり

　パン職人 A, B が 100 g のパンを作っている。規格検査のためパンの重さを量ったところ，A, B ともに平均 100 g のパンを作っていた。しかし，度数折れ線を描いたところ図のようになった。重さが 100 g と大きく違うパンは規格外として廃棄するとき，無駄の少ないパンを作る職人ははたしてどちらであろうか。

　A と B では平均値は同じでも変量の値の散らばりが異なっている。このように，資料の統計的性質を示すには代表値だけでは不十分で，変量の値の散らばり度合いも重要である。

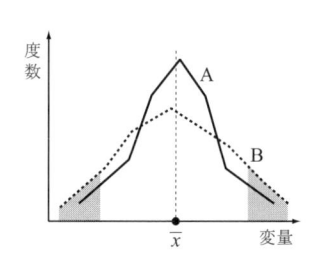

　そこで，データ（資料）の特性を知るための図化や，平均値の周りのデータの散らばりの度合いを数量化することを考えよう。

四分位数，箱ひげ図

　あるデータにおいて，データを小さい順に並べ最大値から最小値を引いた値をそのデータの分布の **範囲** または **レンジ** という。範囲はすべての値を含む大きさを表しているため，極端に飛び離れた値を含む場合もあり，平均値はその影響を大きく受ける。そこで，データを小さい順に並び替え，データ全体をデータの個数がほぼ等しい 4 つのグループに分ける。そのときのその境にある値を **四分位数**(しぶんいすう) という。

　データ数が偶数と奇数の場合の求め方を右図に示す。なお，2 分割した最小値を含む方のデータの中央値が **第 1 四分位数**，全体の中央値が **第 2 四分位数**，最大値を含む方のデータの中央値が **第 3 四分位数** という。

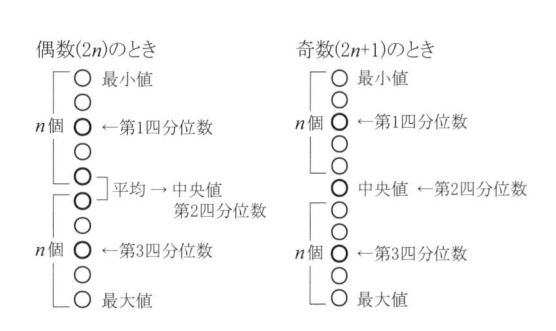

　これらの四分位数を用いてデータの分布を表すには **箱ひげ図** を用いる。例えば，この章の冒頭の 50 名の 身長のデータは最小値 147.3 cm，最大値 175.0 cm，

平均 161.5 cm，第 1 四分位数 157.4 cm，第 2 四分位数 161.8 cm，第 3 四分位数 165.0 cm である。これらの値を箱ひげ図で表すと図のようになる。

　このように，平均値と中央値は異なり，データの分布は第 1 四分位数から第 3 四分位数の間に集中していることが見てとれる。

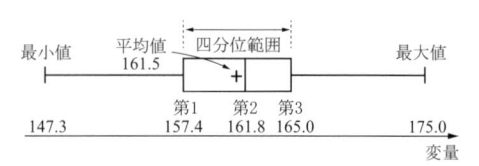

　また，右図はある都市の平成 26 年の月別の一日の平均気温を折れ線と箱ひげ図を用いて表したものである。点線は月別の一日の平均気温を線で結んだ折れ線グラフであるが，箱ひげ図を用いると，平均気温の最高値，最低値，中央値，四分位範囲などを表すことができ，ヒスト

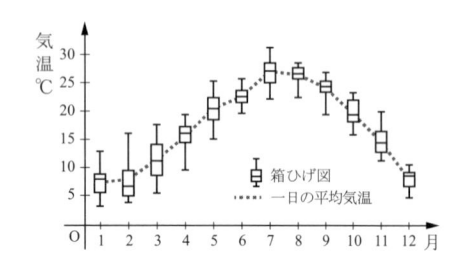

グラムや折れ線グラフと比べ，複数のデータの分布を比較するのに適している。

分散，標準偏差

　変量 x がとる n 個の値 x_1，x_2，$\cdots$，x_n に対して，これらの各値 x_i から平均値 $\overline{x}$ を引いた値（$x_i - \overline{x}$ を x_i の $\overline{x}$ からの**偏差**（へんさ）という）の和は 0 になるので，隔たりの程度を表す量として，偏差の 2 乗

$$(x_1 - \overline{x})^2，(x_2 - \overline{x})^2，\cdots，(x_n - \overline{x})^2$$

を考える。その相加平均は次の式で表される。

$$\frac{1}{n}\left\{(x_1 - \overline{x})^2 + (x_2 - \overline{x})^2 + \cdots + (x_n - \overline{x})^2\right\} = \frac{1}{n}\sum_{i=1}^{n}(x_i - \overline{x})^2$$

これは，平均値 $\overline{x}$ の周りにおける変量 x の散らばりの度合いを表す 1 つの量と考えられる。なお，これを変量 x の**分散**といい，σ^2 で表す。すなわち

$$\sigma^2 = \frac{1}{n}\sum_{i=1}^{n}(x_i - \overline{x})^2$$

　分散 σ^2 の単位は，変量 x の測定単位の 2 乗（例えば，cm のときは cm^2）となり，変量 x の単位と異なる。よって，これを避けるため，同一単位の分散の正の平方根 σ を用いることが多く，この σ を変量 x の**標準偏差**という。すなわち

$$\sigma = \sqrt{\frac{1}{n}\sum_{i=1}^{n}(x_i - \overline{x})^2}$$

　分散および標準偏差をより求めやすくするために，$\sum_{i=1}^{n}(x_i-\overline{x})^2$ を次のように変形する。

$$\sum_{i=1}^{n}(x_i-\overline{x})^2 = \sum_{i=1}^{n}\left\{x_i^2-2x_i\overline{x}+(\overline{x})^2\right\} = \sum_{i=1}^{n}x_i^2-2\overline{x}\sum_{i=1}^{n}x_i+\sum_{i=1}^{n}(\overline{x})^2$$

$$= \sum_{i=1}^{n}x_i^2-2\overline{x}n\left(\frac{1}{n}\sum_{i=1}^{n}x_i\right)+n(\overline{x})^2$$

$$= \sum_{i=1}^{n}x_i^2-2n(\overline{x})^2+n(\overline{x})^2 = \sum_{i=1}^{n}x_i^2-n(\overline{x})^2$$

　よって，変量 x の n 個の値 x_1, x_2, $\cdots$, x_n の標準偏差は，次の [1] 式で，資料が度数分布表をもつときは，[2] 式で表される。

標準偏差 ────────────────────────────────────

	x	度数
	x_1	f_1
	x_2	f_2
	$\vdots$	$\vdots$
	x_k	f_k
	計	n

$$[1]\quad \sigma = \sqrt{\frac{1}{n}\sum_{i=1}^{n}(x_i-\overline{x})^2} = \sqrt{\frac{1}{n}\sum_{i=1}^{n}x_i^2-(\overline{x})^2}$$

$$[2]\quad \sigma = \sqrt{\frac{1}{n}\sum_{i=1}^{k}(x_i-\overline{x})^2 f_i} = \sqrt{\frac{1}{n}\sum_{i=1}^{k}x_i^2 f_i-(\overline{x})^2}$$

$$\left(\text{但し，}\ n=\sum_{i=1}^{k}f_i\right)$$

標準偏差の意味

　標準偏差 σ は分布の中心線（平均値）からの距離を表し，一般に，標準偏差 σ が大きいと，度数折れ線は山が低く横に広がった形になる。σ が小さいと山が高くて平均値 $\overline{x}$ の周りに集中した形になる傾向があり，σ が小さいほど資料の集中度がよいといえる。

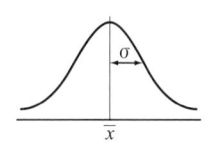

　このように，標準偏差はばらつきの程度を表す尺度として用いられ，標準偏差の大きさと資料の集中度を数量で知るには，**チェビシェフの定理** を用いるとよい。

　この定理は，n 個の資料 x_1, x_2, $\cdots$, x_n のうち，平均値 $\overline{x}$ からのずれが $\pm k\sigma$ 以内に p 個あったとすると

　　　$|x-\overline{x}| \leqq k\sigma$ を満足するものを x_1, x_2, $\cdots$, x_p

　　　$|x-\overline{x}| > k\sigma$ を満足するものを x_{p+1}, x_{p+2}, $\cdots$, x_n

$$\sigma^2 = \frac{1}{n}\sum_{i=1}^{n}(x_i-\overline{x})^2 = \frac{1}{n}\sum_{i=1}^{p}(x_i-\overline{x})^2 + \frac{1}{n}\sum_{i=p+1}^{n}(x_i-\overline{x})^2$$

$$\geq \frac{1}{n}\sum_{i=p+1}^{n}(x_i-\overline{x})^2 \geq \frac{1}{n}\sum_{i=p+1}^{n}k^2\sigma^2 = k^2\sigma^2\cdot\frac{1}{n}(n-p)$$

すなわち　$\sigma^2 \geq k^2\sigma^2\left(1-\dfrac{p}{n}\right)$　となり，　$\sigma^2 > 0$ であるから　$p \geq \left(1-\dfrac{1}{k^2}\right)n$

これは，度数折れ線を表すグラフの横軸を変量 x，

その原点を平均値 $\overline{x}$ とし，標準偏差 σ の幅を単位と

して目盛ると

$\pm 2\sigma$ の外に出る資料の度数は，全体の $\dfrac{1}{4}$ 以下

$\pm 3\sigma$ の外に出る資料の度数は，全体の $\dfrac{1}{9}$ 以下

ということを示している。

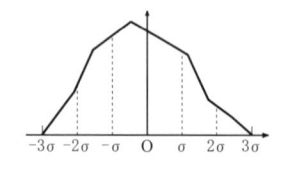

チェビシェフの定理

n 個の資料 $x_1,\ x_2,\ \cdots,\ x_n$ の平均値が $\overline{x}$，標準偏差が σ の度数分布で

$|x_i-\overline{x}| \leq k\,\sigma\ (k>1)$ を満たす x_i の度数は $\left(1-\dfrac{1}{k^2}\right)n$ 以上 である。

$|x_i-\overline{x}| \geq k\,\sigma\ (k>1)$ を満たす x_i の度数は $\dfrac{n}{k^2}$ 以下 である。

例 2] 300 人の平均値が 60 点，標準偏差が 5 点である試験結果がある。

(1) 得点が 50 点と 70 点の間の人数は何人より多いと考えられるか。

(2) 得点が 80 点より大きいかまたは 40 点以下は何人と考えられるか。

解] (1) $\overline{x}-k\sigma = 50$，$\overline{x}+k\sigma = 70$ より　$k = 2$

チェビシェフの定理より　$60-2\cdot 5 \leq x \leq 60+2\cdot 5$ を満たす x の度数は

$\left(1-\dfrac{1}{k^2}\right)n$ より大きいので　$\left(1-\dfrac{1}{2^2}\right)\times 300 = 225$

よって，225 人より多いと考えられる。

(2) $\overline{x}-k\sigma = 40$，$\overline{x}+k\sigma = 80$ より　$k = 4$

チェビシェフの定理より　$60-4\cdot 5 \leq x$ または $x \geq 60+4\cdot 5$ を満たす x の

度数は $\dfrac{n}{k^2}$ 以下なので　$\dfrac{1}{4^2}\times 300 = 18.75$

よって，18 人以下と考えられる

例 3] A，B の 2 人が 100 g のパンを作っている。それぞれに 5 個ずつ取り出して

量ったら表のようになった。どちらが均一なパンを作っているか。

A	95	80	105	115	105
B	95	110	85	110	100

解〕A の場合：$\overline{x} = 100 + \dfrac{1}{5}(-5 - 20 + 5 + 15 + 5) = 100 \text{ g}$

$$\sigma^2 = \frac{1}{5}\left\{(-5)^2 + (-20)^2 + 5^2 + 15^2 + 5^2\right\} = 140$$

　　よって　$\sigma = \sqrt{140} = 11.83 \text{ g}$

B の場合：同様にして　$\overline{x} = 100 \text{ g}, \quad \sigma^2 = 90, \quad \sigma = \sqrt{90} = 9.49 \text{ g}$

　　よって，B の方が標準偏差が小さので，A より均一なパンを作っているといえる。

例 4〕 例 1 のデータを用い，気温の標準偏差を求めよ。

解〕$\displaystyle\sum_{i=1}^{7} f_i = 30$ ，仮平均を $x_0 = 32$ とおくと

$\displaystyle\sum_{i=1}^{7}(x_i - x_0)f_i = 16$

$\overline{x} = 32 + \dfrac{16}{30} = 32.53$

$\displaystyle\sum_{i=1}^{7}(x_i - \overline{x})^2 f_i = 79.47$

$\sigma = \sqrt{\dfrac{79.47}{30}} = 1.63 \text{ 度}$

気温 x	日数 f	$x_i - x_0$	$(x_i - x_0)f_i$	$x_i - \overline{x}$	$(x_i - \overline{x})^2$	$(x_i - \overline{x})^2 f_i$
29	1	−3	−3	−3.53	12.48	12.48
30	3	−2	−6	−2.53	6.42	19.25
31	4	−1	−4	−1.53	2.35	9.40
32	6	0	0	−0.53	0.28	1.70
33	7	1	7	0.47	0.22	1.53
34	5	2	10	1.47	2.15	10.76
35	4	3	12	2.47	6.09	24.34
計	30	0	16	−3.73		79.47

練習 3〕 次の表は試験の成績をまとめた得点の度数分布表である。得点の平均値と標準偏差を求めよ。

得点	20	30	40	50	60	70	80	90	計
人数	2	0	7	11	10	12	5	3	50

練習 4〕 100 人が受けた試験の平均点が 55 点，標準偏差が 5 点であった。65 点以上または 45 点未満の人は何人いるか。

16.1.4　相関関係

　あるクラスの生徒 30 人の数学と物理のテストの得点をそれぞれ x, y とし，点 (x, y) を座標平面上にとると，次頁の図のようになった。このような図を **散布図**（**相関図**）という。

　この散布図では，点全体が右上がりに分布していることから，数学の得点が高い

生徒は物理の得点も高いという傾向が読みとれる。

　一般に，2 つの変量の間に一方が増えると他方も増える傾向があるとき，2 つの変量の間に**正の相関関係** があるといい，一方が増えると他方が減る傾向があるとき，2 つの変量の間に **負の相関関係** があるという。

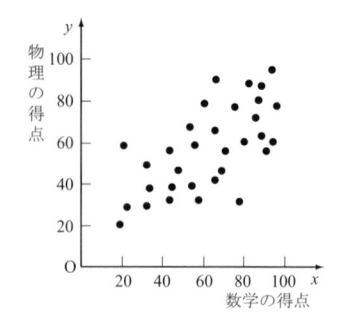

　正の相関，負の相関ともに，1 つの直線に接近して分布しているほど相関が強く，離れて分布しているほど相関が弱いという。

　下の図において，A は B より，C は D より相関が強く，E と F にはどちらの傾向も認められないので，相関関係がないという。特に，F は全く相関関係がないときである。

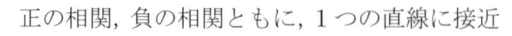

相関係数

　2 つの変量の相関関係の強さを 1 つの数値で表すことを考えよう。2 つの変量 x, y の値は各対象ごとに定まるから，対象の数が n 個である変量の値は，n 個の組で表される。

$$(x_1, y_1), \ (x_2, y_2), \ \cdots\cdots, \ (x_n, y_n)$$

　これらを座標平面上の点として図示したものが相関図で，2 つの変量 x と y の平均値は

$$\overline{x} = \frac{1}{n} \sum_{i=1}^{n} x_i, \qquad \overline{y} = \frac{1}{n} \sum_{i=1}^{n} y_i$$

となり，x と y の標準偏差は

$$\sigma_x = \sqrt{\frac{1}{n} \sum_{i=1}^{n} (x_i - \overline{x})^2}, \qquad \sigma_y = \sqrt{\frac{1}{n} \sum_{i=1}^{n} (y_i - \overline{y})^2}$$

である。

　さらに，偏差 $x_i - \overline{x}$, $y_i - \overline{y}$ の積の平均を考える。これを **共分散**（きょうぶんさん）といい，σ_{xy} で表すと

$$\sigma_{xy} = \frac{1}{n} \sum_{i=1}^{n} (x_i - \overline{x})(y_i - \overline{y})$$

共分散を x, y の標準偏差 σ_x, σ_y の積で割った値を，2 つの変数 x, y の **相関係数** という。

$$r = \frac{\sigma_{xy}}{\sigma_x \sigma_y} = \frac{\sum\limits_{i=1}^{n}(x_i - \overline{x})(y_i - \overline{y})}{\sqrt{\sum\limits_{i=1}^{n}(x_i - \overline{x})^2 \cdot \sum\limits_{i=1}^{n}(y_i - \overline{y})^2}}$$

相関係数 r については，一般に，次のことが成り立つ。

$$-1 \leqq r \leqq 1$$

相関係数 r は 1 に近いほど正の相関関係が強く，-1 に近いほど負の相関関係が強くなる。また，r が 0 に近いほど相関関係は弱くなる。

相関係数 ─────────────────────────────

$$r = \frac{\sigma_{xy}}{\sigma_x \sigma_y} = \frac{\sum\limits_{i=1}^{n}(x_i - \overline{x})(y_i - \overline{y})}{\sqrt{\sum\limits_{i=1}^{n}(x_i - \overline{x})^2 \cdot \sum\limits_{i=1}^{n}(y_i - \overline{y})^2}} \quad , \quad -1 \leqq r \leqq 1$$

─────────────────────────────────────

標準化

パンの重さや身長などのように，資料の分布は単位も平均値も散らばりもさまざまである。そこで，平均値を 0，標準偏差を 1 にする操作を行うと，これらの分布を同じ問題として普遍的に取り扱うことができ，非常に便利である。

変量 x の平均値 $\overline{x}$, 標準偏差 σ と

$$t = \frac{x - \overline{x}}{\sigma}$$

を用いて x を t に変換すると，変量 t は平均値 0，標準偏差 1 になる。このような変換を **標準化** あるいは **基準化** といい，t の値を **基準値** という。

相関係数は，変量 x, y の基準値を $t = \dfrac{x - \overline{x}}{\sigma_x}$, $s = \dfrac{y - \overline{y}}{\sigma_y}$ とすると

$$r = \frac{1}{n} \sum_{i=1}^{n} \frac{(x_i - \overline{x})(y_i - \overline{y})}{\sigma_x \sigma_y} = \frac{1}{n} \sum_{i=1}^{n} \left(\frac{x_i - \overline{x}}{\sigma_x} \cdot \frac{y_i - \overline{y}}{\sigma_y} \right) = \frac{1}{n} \sum_{i=1}^{n} t_i s_i$$

とも書ける。

偏差値

　一般に，テストの得点 x の分布を考えたとき，標準化したものに 100 点満点を念頭において，次の変形を行うことがある。

$$z = 50 + \frac{x - \overline{x}}{\sigma} \times 10$$

　このような x を素点，z を **偏差値** という。例えば，ある学年の英語，国語，数学の試験の平均値と標準偏差および A 君の得点が表のようになったとき，この学年における A 君の成績は，どの教科が最も優れているといえるか。

	英語	国語	数学
学年の平均値	60	62	59
学年の標準偏差	18	13	14
A 君 の 得 点	78	74	75

　各教科の A 君の得点を平均 0，標準偏差 1 に標準化すると

　　英語 $\dfrac{78 - 60}{18} = 1.0,$　　国語 $\dfrac{74 - 62}{13} \fallingdotseq 0.9,$　　数学 $\dfrac{75 - 59}{14} \fallingdotseq 1.1$

となり，数学が最も優れていることがわかる。

　また，偏差値を計算すると

　英語 $50 + 1.0 \times 10 = 60$，国語 $50 + 0.9 \times 10 = 59$，数学 $50 + 1.1 \times 10 = 61$

となり，数学が最も偏差値が高く，優れていることがわかる。

例 5] 10 本の同じ種類の木の太さ x cm と高さ y m を測ったところ，表のようになった。この 2 つの変量の平均値，分散，共分散および相関係数を求めよ。

木の番号	1	2	3	4	5	6	7	8	9	10
太さ x	21	27	29	19	35	24	26	32	23	24
高さ y	14	16	18	14	22	16	18	21	16	15

解]　平均値：$\overline{x} = \dfrac{260}{10} = 26$ cm

　　　　　　$\overline{y} = \dfrac{170}{10} = 17$ m

標準偏差：$\sigma_x = \sqrt{\dfrac{218}{10}} = 4.7$ cm

　　　　　$\sigma_y = \sqrt{\dfrac{68}{10}} = 2.6$ m

共分散：$\sigma_{xy} = \dfrac{116}{10} = 11.6$

相関係数：$r = \dfrac{116}{\sqrt{218 \times 68}}$

　　　　　　　$= 0.953$

x	y	$x_i - \overline{x}$	$y_i - \overline{y}$	$(x_i - \overline{x})^2$	$(y_i - \overline{y})^2$	$(x_i - \overline{x})(y_i - \overline{y})$
21	14	−5	−3	25	9	15
27	16	1	−1	1	1	−1
29	18	3	1	9	1	3
19	14	−7	−3	49	9	21
35	22	9	5	81	25	45
24	16	−2	−1	4	1	2
26	18	0	1	0	1	0
32	21	6	4	36	16	24
23	16	−3	−1	9	1	3
24	15	−2	−2	4	4	4
計260	170	0	0	218	68	116

練習 5] 次の表は 10 人の高校生の身長と体重である。身長と体重の平均値と標準偏差および相関係数を求めよ。

学籍番号	1	2	3	4	5	6	7	8	9	10
身長(cm)	160	172	180	176	157	186	173	164	184	188
体重(kg)	49	65	63	55	49	72	56	53	66	72

16.1.5　最小二乗法

2 つの変量 x, y のデータが n 組の (x_i, y_i) で与えられたとき，これらを xy 平面上の点の座標とみなして，この x と y の間の関係を直線あるいは曲線の式で推定してみよう。その直線あるいは曲線式を

$$y = f(x) \quad \cdots\cdots ①$$

とすると，y_i を観測値といい，$f(x_i)$ を x_i に対する **理論値** という。このとき

$$d_i = y_i - f(x_i)$$

とおき，d_i を **偏差** という。

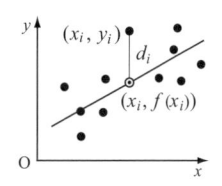

直線あるいは曲線 ① 式が点 (x_i, y_i) のすべてを通れば，偏差はすべて 0 となる。そこで，偏差ができるだけ小さく，① 式が資料に最もよく当てはまるという状態を考える。その方法として，偏差の平方和

$$\sum_{i=1}^{n} \{y_i - f(x_i)\}^2$$

を最小にする。この方法を **最小二乗法** という。なお，このような方法で得られる式のうち，特に，① 式が直線の場合を **回帰直線** という。

回帰直線

n 個のデータ (x_i, y_i) $(i = 1, 2, \cdots, n)$ に当てはまる回帰直線 $y = ax + b$ を求めよう。それには，係数 a, b を変数と考え

$$F(a, b) = \sum_{i=1}^{n} (y_i - ax_i - b)^2 \quad \cdots\cdots ②$$

が最小になるように，a, b を定めればよく，それには ② 式を a, b で偏微分[†] し

$$\frac{\partial F(a, b)}{\partial a} = 0, \qquad \frac{\partial F(a, b)}{\partial b} = 0$$

[†] 多変量の関数で他の変数は一定にしておき，一つの変数について微分をする。∂ はアルファベットの書体の 1 つで表示された d で，「ラウンド d」などと読む。

をつくればよい。そこで，② 式を展開して

$$F(a,\ b) = \sum_{i=1}^{n} y_i^2 + \left(\sum_{i=1}^{n} x_i^2\right)a^2 - 2\left(\sum_{i=1}^{n} x_i y_i\right)a$$
$$+ 2\left(\sum_{i=1}^{n} x_i\right)ab - 2\left(\sum_{i=1}^{n} y_i\right)b + nb^2$$

a で偏微分し，0 とおくと

$$\left(\sum_{i=1}^{n} x_i^2\right)a - \left(\sum_{i=1}^{n} x_i y_i\right) + \left(\sum_{i=1}^{n} x_i\right)b = 0 \qquad\cdots\cdots\cdots ③$$

b で偏微分し，0 とおくと $\quad \left(\sum_{i=1}^{n} x_i\right)a - \left(\sum_{i=1}^{n} y_i\right) + nb = 0 \qquad\cdots\cdots ④$

となる。③，④ より a と b を求める。

$$a = \frac{n\left(\sum_{i=1}^{n} x_i y_i\right) - \left(\sum_{i=1}^{n} x_i\right)\left(\sum_{i=1}^{n} y_i\right)}{n\left(\sum_{i=1}^{n} x_i^2\right) - \left(\sum_{i=1}^{n} x_i\right)^2}$$

$$b = \frac{\left(\sum_{i=1}^{n} x_i^2\right)\left(\sum_{i=1}^{n} y_i\right) - \left(\sum_{i=1}^{n} x_i\right)\left(\sum_{i=1}^{n} x_i y_i\right)}{n\left(\sum_{i=1}^{n} x_i^2\right) - \left(\sum_{i=1}^{n} x_i\right)^2}$$

あるいは，もっと式を簡単にするために，④ 式の両辺を n で割ると

$$\frac{1}{n}\left(\sum_{i=1}^{n} x_i\right)a - \frac{1}{n}\left(\sum_{i=1}^{n} y_i\right) + b = 0$$

となり $\quad b = \overline{y} - a\overline{x}$

これを ③ 式に代入し，両辺を n で割ると

$$\frac{1}{n}\left(\sum_{i=1}^{n} x_i^2\right)a - \frac{1}{n}\left(\sum_{i=1}^{n} x_i y_i\right) + \overline{x}(\overline{y} - a\overline{x}) = 0$$

となり $\quad a = \dfrac{\dfrac{1}{n}\left(\displaystyle\sum_{i=1}^{n} x_i y_i\right) - \overline{x}\,\overline{y}}{\dfrac{1}{n}\left(\displaystyle\sum_{i=1}^{n} x_i^2\right) - (\overline{x})^2}$

これを変形すると $\quad a = \dfrac{\displaystyle\sum_{i=1}^{n}(x_i - \overline{x})(y_i - \overline{y})}{\displaystyle\sum_{i=1}^{n}(x_i - \overline{x})^2}$

が得られる。

回帰直線の方程式

n 個のデータ (x_i, y_i) の回帰直線の方程式 $y = ax + b$ の回帰係数は

$$a = \frac{\sum_{i=1}^{n}(x_i - \overline{x})(y_i - \overline{y})}{\sum_{i=1}^{n}(x_i - \overline{x})^2} , \qquad b = \overline{y} - a\,\overline{x}$$

例 6] 次の表は 5 年ごとのある地域の出生数（人）である。年と出生数の関係を示し，その回帰直線を求め，2020 年の出生数を予測せよ。

年	1990	1995	2000	2005	2010
出生数	200	190	190	170	150

解] 年を x，出生数を y とおくと

$\overline{x} = 2000$ ， $\overline{y} = 180$ ，

$r_{xy} = \dfrac{-600}{\sqrt{250 \times 1600}}$

　　　$= -0.949$

よって，年と出生数は反比例の関係である。

年	出生数	$x_i - \overline{x}$	$y_i - \overline{y}$	$(x_i - \overline{x})^2$	$(y_i - \overline{y})^2$	$(x_i - \overline{x})(y_i - \overline{y})$
1990	200	-10	20	100	400	-200
1995	190	-5	10	25	100	-50
2000	190	0	10	0	100	0
2005	170	5	-10	25	100	-50
2010	150	10	-30	100	900	-300
計	900	0	0	250	1600	-600

回帰直線を $y = ax + b$ とすると

$$a = \frac{-600}{250} = -\frac{12}{5}, \quad b = 180 - \left(-\frac{12}{5}\right) \times 2000 = 4980$$

よって，回帰直線は　　$y = -\dfrac{12}{5}x + 4980$

2020 年の出生数は　　$y = -\dfrac{12}{5} \times 2020 + 4980 = 132$ 人

練習 6] 次の表は 5 人の生徒の英語と数学の得点である。英語と数学の平均値，標準偏差，相関係数および回帰直線を求めよ。また，この回帰直線を使うと，英語を 50 点とったときの数学の理論値は何点であるか。

英語	15	45	50	80	85
数学	20	50	65	90	75

16.2　統計的な推測

16.2.1　母集団と標本

　実験，観測，調査などから得られた資料の数値から，何らかの現象や傾向，集団の性質を，確率と結びつけて明らかにする方法が必要である。そこで，統計的な推測について考えよう。

　統計調査には国勢調査のように，調査対象全体をもれなく調べる **全数調査** と，世論調査や工場製品の品質検査のような対象全体から一部を抜き出して調べる **標本調査** がある。

　全数調査は多くの労力，時間，費用を必要とし，また，製品の良否の検査のために製品を傷つけたり，破壊したりする。よって，製品全部について検査を行うことはできないから，全数調査よりも標本調査の方が多く利用されている。

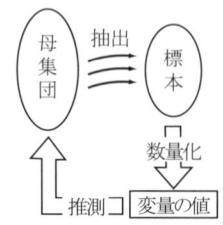

　標本調査の場合，調査の対象となる全体を **母集団**，母集団に属する個々の対象を **個体** という。また，調査のため抜き出された個体の集合を **標本** という。標本を抜き出すことを **抽出**，標本に属する個体の総数を **標本の大きさ** という。

　母集団から抽出された標本を調べることで，母集団の特徴をとらえることを **統計的推測** という。統計的推測を行うには，母集団の性質をよく反映するような標本を抽出することが重要であり，標本に属する個体が特別なものに偏らないように選ぶことが必要である。

標本の抽出

　標本を抽出する方法としては，抽出された標本に確率の理論が適用できるように，母集団に属する各個体がどれも公平に抽出される **無作為抽出**（むさくいちゅうしゅつ）が用いられる。それによって抽出された標本を **無作為標本** といい，無作為抽出には乱数さいや乱数表が利用される。

[乱数さいによる無作為抽出]

　乱数さいとは正二十面体のさいころで，0 から 9 までの数字を 2 回ずつ書き込んだものである。

　乱数さいを用いて 0 から 999 までの 1000 個の数字の中から無作為に数字を取り出すには，色の違う乱数さい 3 つをそれぞれ百の位，十の位，一の位と定め，同時に投げて数を読んでいけばよい。

[乱数表による無作為抽出]

　乱数表とは 0 から 9 までの数字を不規則に並べ，上下，左右，斜めのいずれの並びを取っても，0 から 9 までの数字が同じ割合で現れるように数字を並べた表

である。

　巻末の乱数表を用いて，例えば，50 個の個体から 10 個を無作為抽出するには，まず，50 個の個体に 1 から 50 までの番号を付ける。乱数表のどの行から出発するかを定めるために，乱数表の総行数と同じ枚数だけのカードに番号を付け，これをよくきって 1 枚を抜き出し，そのカードの番号によって行を定める。列についても同様にする。

　例えば，それが 73 行，19 列とすれば，乱数は次のようになる。

91	88	02	25	46	36	85	82	55	23
49	62	73	69	66	58	47	58	30	76
02	15	69	25	29	29	91	$\cdots$	$\cdots$	$\cdots$

そこで，51 以上の数や 00 は除き，また重複するものも除いて，初めの方から順に 10 組を選ぶと

| 02 | 25 | 46 | 36 | 23 | 49 | 47 | 30 | 15 | 29 |

となる。よって，これらの番号のものを抜き取り，無作為標本とする。このように無作為抽出されたものには，確率の理論が適用できる。

　母集団の中から標本を抽出するとき，毎回，元に戻しながら個体を 1 個ずつ取り出すことを **復元抽出**，取り出した個体を元に戻さず標本を抽出することを **非復元抽出** という。

　復元抽出は独立な試行であるが，非復元抽出は何が抽出されたかが次の試行の結果に影響を与えるので，独立な試行ではない。しかし，母集団の個体の数が十分大きく，かつ，取り出した標本の大きさと母集団の大きさとの比が小さいとき，非復元抽出で得られた標本を近似的に，復元抽出で得られた標本とみなしてよい。

例 7] 全生徒 500 人にある事柄の賛否を問うた結果，賛成 423 人，反対 77 人であった。いま，全生徒の中から 3 人を無作為に復元抽出と非復元抽出で選ぶとき，最初と 2 番目の生徒が賛成で，3 番目の生徒が反対である事象の確率をそれぞれ求めよ。

解] 復元抽出では，最初と 2 番目の生徒が賛成で，3 番目の生徒が反対である事象の確率は

$$\frac{423}{500} \times \frac{423}{500} \times \frac{77}{500} = 0.11022$$

　　非復元抽出では

$$\frac{423}{500} \times \frac{422}{499} \times \frac{77}{498} = 0.11062$$

　したがって，2 つの確率は約 0.11 であり，その差は非常に小さく，近似的に等しい。

標本平均の分布

　大きさ n の母集団において，階級値を x_i，度数を f_i とすると，相対度数 $\dfrac{f_i}{n}$ は，ある資料が階級値 x_i の階級に属する確率とみられる。この確率分布を **母集団分布**，母集団分布の平均値，分散，標準偏差を **母平均**，**母分散**，**母標準偏差** といい，それぞれ m，σ^2，σ で表すと

$$m = \frac{1}{n}\sum_{i=1}^{k} x_i f_i = \sum_{i=1}^{k} x_i \cdot \frac{f_i}{n} = \sum_{i=1}^{k} x_i p_i$$

$$\sigma^2 = \frac{1}{n}\sum_{i=1}^{k}(x_i - m)^2 f_i = \sum_{i=1}^{k} x_i^2 p_i - m^2$$

X (階級値)	x_1	x_2	$\cdots$	x_k	計
f (度　数)	f_1	f_2	$\cdots$	f_k	n
P (確　率)	p_1	p_2	$\cdots$	p_k	1

となる。このように $\dfrac{f_i}{n}$ を p_i で置き換えると，度数分布から確率分布の平均値，分散，標準偏差に移る。

　母集団の中から無作為抽出した大きさ N の標本を X_1，X_2，$\cdots$，X_N とすれば，標本の平均値は

$$\overline{X} = \frac{1}{N}\left(X_1 + X_2 + \cdots + X_N\right) = \frac{1}{N}\sum_{i=1}^{N} X_i$$

で表され，$\overline{X}$ を **標本平均** という。

　母集団の大きさが十分大きいとき，母平均 m，母標準偏差 σ の母集団の中から抽出する，大きさ N の無作為標本 X_1，X_2，$\cdots$，X_N の標本平均 $\overline{X}$ の期待値 $E(\overline{X})$ と標準偏差 $\sigma(\overline{X})$ を考えよう。

　X_1，X_2，$\cdots$，X_N の各々は大きさ 1 の標本で，それぞれの期待値および分散はすべて母平均，母分散に等しいので

$$E(X_1) = E(X_2) = \cdots\cdots = E(X_N) = m$$

$$\sigma(X_1) = \sigma(X_2) = \cdots\cdots = \sigma(X_N) = \sigma$$

復元抽出の場合，X_1，X_2，$\cdots$，X_N は独立であるから

$$E(\overline{X}) = E\left(\frac{X_1 + X_2 + \cdots + X_N}{N}\right) = \frac{1}{N}E(X_1 + X_2 + \cdots + X_N)$$

$$= \frac{1}{N}\left\{E(X_1) + E(X_2) + \cdots + E(X_N)\right\} = \frac{1}{N}\left(N \times m\right) = m$$

$$V(\overline{X}) = V\left(\frac{X_1 + X_2 + \cdots + X_N}{N}\right)$$

$$= \frac{1}{N^2}\{V(X_1) + V(X_2) + \cdots + V(X_N)\} = \frac{1}{N^2}(N \times \sigma^2) = \frac{\sigma^2}{N}$$

となり，期待値は母平均に一致し，標準偏差 $\sigma(\overline{X})$ は $\dfrac{\sigma}{\sqrt{N}}$ となる。このことより，標本の大きさ N を大きくしていくとき，$\sigma(\overline{X})$ は小さくなり，標本平均 $\overline{X}$ が母平均に近い値をとる確率が高くなる。

非復元抽出の場合も，N に比べて母集団の大きさが十分大きいとき，復元抽出とみなしてよいので，次のことが成り立つ。

標本平均の分布 ─────────────────────────

母平均 m，母標準偏差 σ の母集団から，大きさ N の無作為標本を抽出するとき，標本平均 $\overline{X}$ の期待値 $E(\overline{X})$ と標準偏差 $\sigma(\overline{X})$ は

$$E(\overline{X}) = m, \qquad \sigma(\overline{X}) = \frac{\sigma}{\sqrt{N}}$$

例 8] 日本の 17 歳女子の身長の平均値は 158.1 cm で，標準偏差は 22 cm であるとする。このとき，17 歳女子 100 人を無作為抽出で選ぶとき，100 人の身長の標本平均 $\overline{X}$ の期待値と標準偏差を求めよ。

解] 標本平均 $\overline{X}$ の期待値は母平均に一致するから $E(\overline{X}) = 158.1$ cm

標準偏差は $\sigma(\overline{X}) = \dfrac{22}{\sqrt{100}} = 2.2$ cm

標本比率の分布

母集団全体の中のある特定の性質をもつ個体の割合を **母比率** といい，母集団から抽出された標本の中のある特定の性質をもつ個体の割合を，**標本比率** という。標本比率 R について考えよう。

ある特定の性質をもつ母比率が p である母集団から，大きさ N の無作為標本を抽出する。そのとき，標本の中にある特性をもつ個体の個数を X とすると，標本比率は $R = \dfrac{X}{N}$ で与えられる。X は確率変数で二項分布 $B(n, p)$ に従う（「第 15 章 3.5 二項分布」）ので，ある特性をもつ標本比率 R は

$$E(R) = E\left(\frac{X}{N}\right) = \frac{1}{N}E(X) = \frac{1}{N} \cdot Np = p$$

$$V(R) = V\left(\frac{X}{N}\right) = \frac{1}{N^2}V(X) = \frac{p(1-p)}{N}$$

したがって，次のことが成り立つ。

標本比率の分布 ─────────────────────────

母比率 p である母集団から，大きさ N の無作為標本を抽出するとき，標本比率

R の期待値 $E(R)$ と標準偏差 $\sigma(R)$ は

$$E(R) = p, \qquad \sigma(R) = \sqrt{\frac{p(1-p)}{N}}$$

例 9] 製品が多数入っている箱があり，その中の良品の割合は 80% である。この箱の中から，標本として無作為に 50 個の製品を抽出するとき，i 番目に抽出された製品が良品なら 1，不良品なら 0 の値を対応させる確率変数 X_i について，標本平均 $\overline{X}$ の期待値と標準偏差を求めよ。次に，標本偏差を 4% 以下にするためには，抽出する標本の大きさは少なくとも何個以上必要か。

解] 母平均 m は　$m = 1 \times 0.8 + 0 \times 0.2 = 0.8$　　よって　$E(\overline{X}) = 0.8$

$$\sigma(\overline{X}) = \sqrt{\frac{0.8(1-0.8)}{50}} = 0.056 \qquad よって \quad \sigma(X) = 0.056\,(5.6\%)$$

$$\sqrt{\frac{0.8(1-0.8)}{N}} \leqq 0.04 \qquad 左辺 > 0 \text{ なので，両辺を平方すると}$$

$$N \geqq \frac{0.4}{0.04^2} = 250 \qquad よって \quad 250 \text{ 個以上}$$

16.2.2　正規分布

連続量をとる確率変数

　各階級の相対度数の値を面積とする長方形のヒストグラムでは，その長方形の面積の和は 1 となる。

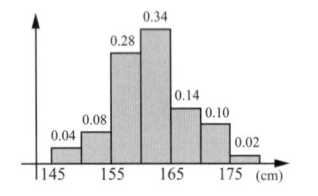

　自然現象や社会現象の観測値の分布は，資料の総数を増し，ヒストグラムの階級の幅を細かくするにしたがって，度数折れ線から 1 つのなめらかな度数分布曲線に近づく。

　そこで，一般に，連続的な値をとる確率変数 X の確率分布を考えるには，曲線 $y = f(x)$ において，$a \leqq x \leqq b$ となる確率が図の塗りつぶされた部分の面積で表されるようにする。なお，この曲線を X の **分布曲線** という。

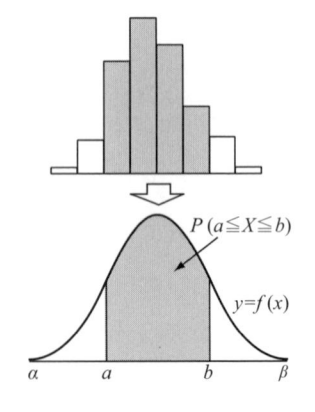

　度数分布曲線の方程式を　$y = f(x)$　とすると，

区間 $a \leqq x \leqq b$ の中にはいる度数は，曲線 $y = f(x)$ と 2 直線 $x = a$，$x = b$ および x 軸で囲まれる図形の面積で表され，それは積分 $\int_a^b f(x)\,dx$ で与えられる。

したがって，変量 X が区間 $a \leqq x \leqq b$ の中の値をとる確率は

$$\text{相対度数} \quad \frac{\int_a^b f(x)\,dx}{\int_\alpha^\beta f(x)\,dx}$$

で与えられる。特に，$\int_\alpha^\beta f(x)\,dx = 1$ とすると

$$P\,(a \leqq X \leqq b) = \int_a^b f(x)\,dx \quad \cdots\cdots\cdots ①$$

一般に，X が連続した実数値をとる変数で，X が区間 $a \leqq x \leqq b$ の中の値をとる確率が関数 $f(x)$ を用いて ① のように与えられたとき，X を連続的な確率変数といい，$f(x)$ を X の **確率密度関数** という。

確率変数 X が確率密度関数 $f(x)$ をもつとき，$x = a$ および $x = b$ の境界線は単なる縦線で面積は 0 であるから，等号にこだわらなくてよい。

したがって $\quad P\,(a < X < b) = P\,(a \leqq X < b)$
$$= P\,(a < X \leqq b) = P\,(a \leqq X \leqq b)$$

正規分布

連続的な確率密度関数の代表的なものに正規分布があり，これは度数折れ線の理想形として考えられたものである。身長や体重，測定誤差，一定の工程でつくられる製品の重さや長さなどは，正規分布に従うとみなしてよいことが多い。

例えば，ある年齢の女子の身長などでは，調査結果の相対度数の折れ線の形は，図のような左右対称な曲線に近いことが多い。調査結果の平均値が m，標準偏差が σ のとき，この曲線の方程式は

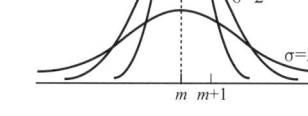

$$f(x) = \frac{1}{\sqrt{2\pi}\,\sigma}\,e^{-\frac{(x-m)^2}{2\sigma^2}} \quad \cdots\cdots ①$$

$$(e \text{ は自然対数の底で，} 2.71828\cdots)$$

で表される。また，曲線 ① は次の性質を持っている。

[1] 直線 $x = m$ に関して対称で，$f(x)$ の値は $x = m$ で最大，x 軸を漸近線とする。

[2] この曲線と x 軸とで挟まれた部分の面積は 1 である。

[3] σ が大きくなると山が低くなり，横に広がる。

確率変数 X の分布曲線が ① で与えられるとき，X は **正規分布** $N(m, \sigma^2)$ に従うといい，曲線 ① を **正規分布曲線**，m と σ^2 を正規分布 $N(m, \sigma^2)$ の **平均値** と **分散** という。

標準正規分布

平均 0，標準偏差 1 の正規分布 $N(0, 1)$ を **標準正規分布** という。正規分布 $N(m, \sigma^2)$ に従う確率変数 X に対して，確率変数 $Z = \dfrac{X - m}{\sigma}$ とおくと，Z は標準正規分布 $N(0, 1)$ に従い，Z の確率密度関数は

$$f(z) = \frac{1}{\sqrt{2\pi}} e^{-\frac{z^2}{2}}$$

となる。このように，平均値 0，標準偏差 1 の標準正規分布 $N(0, 1)$ に従う確率変数 Z をつくることを，確率変数の **標準化** という。

正規分布の標準化 ─────────────────────

確率変数 X が正規分布 $N(m, \sigma^2)$ に従うとき

$$Z = \frac{X - m}{\sigma}$$

とおくと，確率変数 Z は標準正規分布 $N(0, 1)$ に従う。

───────────────────────────────────

標準化をして，標準正規分布に従う確率変数に直せば，巻末の **正規分布表** から確率を求めることができる。

例えば，$P(0 \leq Z \leq 1.23)$ は
$p(1.23) = 0.39065$ と求められ
$P(Z \leq 1.23)$ は
$\qquad 0.5 + p(1.23) = 0.89065$
$P(Z > 1.23)$ は
$\qquad 0.5 - p(1.23) = 0.10935$
$P(|Z| \leq 1.23)$ は
$\qquad 2 \times p(1.23) = 0.7813$
$P(|Z| > 1.23)$ は
$\qquad 1 - 2 \times p(1.23) = 0.2187$
となる。

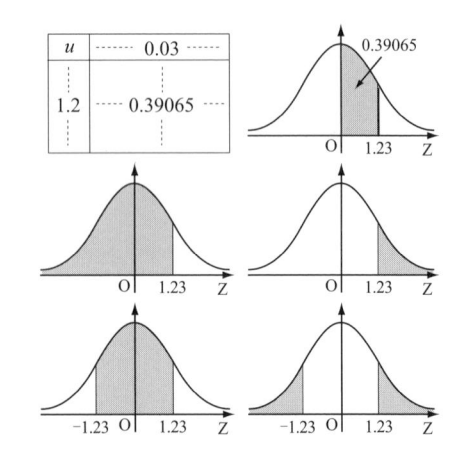

u	⋯⋯ 0.03 ⋯⋯
1.2	⋯⋯ 0.39065

例 10] 変数 X が平均値 m，標準偏差 σ の正規分布 $N(m, \sigma^2)$ に従うとき，次のことが成り立つことを示せ。

$P(m - \sigma \leq X \leq m + \sigma)$ は約 68.27%

$P(m - 2\sigma \leq X \leq m + 2\sigma)$ は約 95.45%

$P(m - 3\sigma \leq X \leq m + 3\sigma)$ は約 99.73%

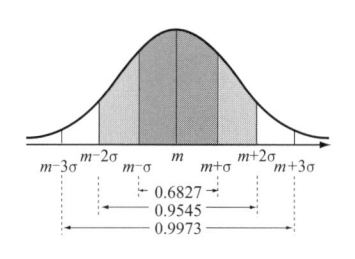

解] $Z = \dfrac{X - m}{\sigma}$ とおくと，$X = m + Z\sigma$

となり，$k = 1, 2, 3$ に対し，それぞれ

$m - k\sigma \leq X \leq m + k\sigma$ と $-k \leq Z \leq k$

とは同値である。また，Z は標準正規分布 $N(0, 1)$ に従うから

$$P(m - \sigma \leq X \leq m + \sigma) = P(-1 \leq Z \leq 1) = 2 \times p(1)$$
$$= 2 \times 0.34134 = 0.68268 = 68.27\%$$
$$P(m - 2\sigma \leq X \leq m + 2\sigma) = P(-2 \leq Z \leq 2)$$
$$= 2 \times p(2) = 2 \times 0.47725 = 0.9545 = 95.45\%$$
$$P(m - 3\sigma \leq X \leq m + 3\sigma) = P(-3 \leq Z \leq 3)$$
$$= 2 \times p(3) = 2 \times 0.49865 = 0.9973 = 99.73\%$$

正規分布の応用

正規分布は，日常の身近な問題を統計的に処理するのにも役立つ。

例 11] ある高等学校の 3 年女子 300 人の身長が，平均値 158 cm，標準偏差 5 cm の正規分布に大体従うものとする。このとき，身長が 152 cm から 162 cm までの生徒の人数はおよそ何人か。

解] $Z = \dfrac{X - 158}{5}$ とおくと，Z は標準正規分布 $N(0, 1)$ に従う。

$$P(152 \leq X \leq 162) = P\left(\frac{152 - 158}{5} \leq Z \leq \frac{162 - 158}{5}\right)$$
$$= P(-1.2 \leq Z \leq 0.8) = p(1.2) + p(0.8) = 0.38493 + 0.28814 = 0.67307$$
ゆえに，求める生徒の数は　$300 \times 0.67307 = 201.9$　　　約 202 人

例 12] 150 人の生徒の成績 X が，平均値 60 点，標準偏差 8 点の正規分布に従うものとするとき，次の問いに答えよ。

(1) 成績が 50 点から 80 点までの生徒の人数は約何人か。

(2) 上位 40 番以内にはいるには，何点以上をとればよいか。

解] (1) $Z = \dfrac{X - 60}{8}$ とおくと，Z は標準正規分布 $N(0, 1)$ に従う。

$$P\left(50 \le X \le 80\right) = P\left(\frac{50-60}{8} \le Z \le \frac{80-60}{8}\right)$$
$$= P\left(-1.25 \le Z \le 2.5\right) = p\left(1.25\right) + p\left(2.5\right) = 0.39435 + 0.49379 = 0.88814$$

ゆえに　　$150 \times 0.88814 = 133.22$　　約 133 人

(2) 上から 40 番は，上から $\frac{40}{150} = 0.267$（26.7%）のところに当たる。

よって　　$p\left(z\right) = \int_0^z f\left(z\right) dz = 0.5 - 0.267 = 0.233$

となる z の値を，正規分布表から求めて

$$z \fallingdotseq 0.62$$

これに対する x の値は $0.62 = \dfrac{x-60}{8}$ より

$$x = 64.96$$

ゆえに，大体 65 点以上とればよい。

例 13] クラスの成績 X の平均値が 60，標準偏差が 8 のとき，表のように平均値を中心にして 8 点区切りで 5 段階の点数を付けたい。成績は正規分布に従うものとして，55 人のクラスでそれぞれの評点はほぼ何人ずつになるか。

解] $Z = \dfrac{X-60}{8}$ とおくと

　　$X = 48,\ 56,\ 64,\ 72$ は $Z = -1.5,\ -0.5,\ 0.5,\ 1.5$

また，$p\left(0.5\right) = 0.19146,\ p\left(1.5\right) = 0.43319$ より

　　$P\left(X < 48\right) = P\left(Z < -1.5\right)$
　　　　　　　　　　$= 0.5 - p\left(1.5\right) = 0.5 - 0.43319 = 0.06681$

ゆえに　　$55 \times 0.06681 = 3.67$

$P\left(48 \le X < 56\right) = P\left(-1.5 \le Z < -0.5\right)$

$= p\left(1.5\right) - p\left(0.5\right) = 0.43319 - 0.19146$

$= 0.24173$

ゆえに　　$55 \times 0.24173 = 13.30$

$P\left(56 \le X < 64\right) = P\left(-0.5 \le Z < 0.5\right)$

$= 2 \times p\left(0.5\right) = 2 \times 0.19146 = 0.38292$

ゆえに　　$55 \times 0.38292 = 21.06$

成　績	得　点
$X < 48$	1
$48 \le X < 56$	2
$56 \le X \le 64$	3
$64 < X \le 72$	4
$72 < X$	5

したがって，評点 1 ～ 5 の順に，ほぼ 4 人，13 人，21 人，13 人，4 人

練習 7] 高校 3 年男性 300 人の身長は，平均値 170 cm，標準偏差 6 cm の正規分布に従うものとする。次の問いに答えよ。

(1) 身長が 164 cm から 176 cm までの生徒は約何人いるか。

(2) 身長が 180 cm の男子は，300 人中高い方から約何番目の高さであるか。

(3) 高い方から 50 人の中に入るには，何 cm 以上あればよいか。

二項分布と正規分布

　正規分布と二項分布との関連について考えよう。独立試行において，1 回の試行で事象 A が起こる確率を p とする。このとき，この試行を n 回行う反復試行において，A の起こる回数を X とするとき，確率変数 X の確率分布は

$$P_r = {}_nC_r\, p^r (1-p)^{n-r} \qquad (r = 0,\ 1,\ 2,\ \cdots,\ n)$$

となる。この分布を **二項分布** といい，$B(n,\ p)$ で表す。また，このときの X の期待値，分散，標準偏差は，次のようになる。

$$E(X) = np,\quad V(X) = np(1-p),\quad \sigma(X) = \sqrt{np(1-p)}$$

　さいころを投げる試行で，$n = 10$, $p = \dfrac{1}{6}$ のとき，1 の目の出る回数を X とすると，$X = r$ となる確率は ${}_{10}C_r \left(\dfrac{1}{6}\right)^r \left(\dfrac{5}{6}\right)^{10-r}$ である。$r = 0,\ 1,\ 2,\ \cdots,\ 10$ のときのそれぞれの確率を計算してグラフを描いたものが図の $n = 10$ である。

　さらに，$n = 20,\ 30,\ 50$ の場合の二項分布のグラフを描くと，二項分布 $B(n,\ p)$ のグラフは n が大きくなるにつれて，ほぼ左右対称となり，正規分布曲線に近づくことがわかる。

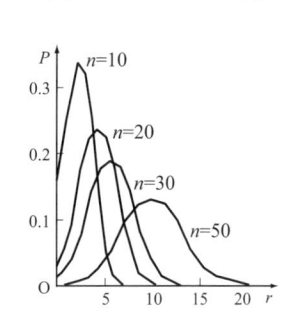

　このことより，二項分布 $B(n,\ p)$ に従う変数 X は n が大きいとき，平均 np, 標準偏差は $\sqrt{np(1-p)}$ の正規分布 $N(np,\ np(1-p))$ に従うとみなすことができる。これを **ラプラスの定理** という。

二項分布の正規分布による近似

　二項分布 $B(n,\ p)$ に従う確率変数 X を標準化した

$$Z = \frac{X - np}{\sqrt{np(1-p)}}$$

は，n が十分に大きいとき，Z は近似的に標準正規分布 $N(0,\ 1)$ に従う。

例 14] 勝率 6 割の野球チームが 100 試合するとき，次の確率を求めよ。

(1) 勝ち数が 55 以下となる確率　　　(2) 勝ち数が 70 以上となる確率

解〕(1) $X = 55$ のとき　$Z = \dfrac{55 - 100 \times 0.6}{\sqrt{100 \times 0.6 \times 0.4}} = -1.02$

　　したがって，正規分布表から

$P(X \leqq 55) = P(Z \leqq -1.02) = 0.5 - p(1.02) = 0.5 - 0.34614 = 0.15386$

(2) $X = 70$ のとき　$Z = \dfrac{70 - 100 \times 0.6}{\sqrt{100 \times 0.6 \times 0.4}} = 2.04$

　　したがって，正規分布表から

$P(70 \leqq X) = P(2.04 \leqq Z) = 0.5 - p(2.04) = 0.5 - 0.47932 = 0.02068$

練習 8] 賛否の割合がちょうど半々である意見に対して，100 人を任意に選んで意見を求めたとき，45 人以下の賛成者が出る確率を求めよ。

標本平均の分布と正規分布

　母集団の中から無作為に大きさ n の標本を抽出した分布について，次のことがいえる。

標本平均の分布

　母平均 m，母標準偏差 σ の母集団から無作為に抽出した大きさ n の標本平均 $\overline{X}$ の分布は，n が大きいとき，近似的に正規分布 $N\left(m, \dfrac{\sigma^2}{n}\right)$ に従うとみなすことができる。特に，母集団分布が正規分布のときは，n が大きくなくても，常に正規分布 $N\left(m, \dfrac{\sigma^2}{n}\right)$ に従う。

例 15] ある県の高校 3 年生男子の身長は，平均値 m cm，標準偏差 7 cm の正規分布に従っているという。この母集団から無作為抽出によって大きさ 100 の標本を取り出すとき，その標本平均 $\overline{X}$ と母平均 m との差が 1 cm 以下である確率を求めよ。

解〕標本の大きさ $n = 100$，母標準偏差 $\sigma = 7$ のとき，$|\overline{X} - m| \leqq 1$ である確率を求める。標準化すれば $Z = \dfrac{\overline{X} - m}{\dfrac{\sigma}{\sqrt{n}}}$ は，標準正規分布 $N(0, 1)$ に従う確率変数であり

$$|Z| \leqq \dfrac{1}{\dfrac{7}{\sqrt{100}}} = \dfrac{10}{7} = 1.43$$

　正規分布表から

$$P(|Z| \leqq 1.43) = 2 \times p(1.43) = 2 \times 0.42364 = 0.84728$$

したがって，m と $\overline{X}$ との差が 1 cm 以下である確率は約 0.85 である。

例 16] 母平均 50，母標準偏差 10 の母集団から大きさ 25 の標本を抽出するとき，標本平均 $\overline{X}$ が 53 より大きくなる確率を求めよ。

解] 標本平均 $\overline{X}$ の分布は $N\left(50, \dfrac{10^2}{25}\right)$，すなわち $N(50, 2^2)$ とみなしてよいので，$\overline{X}$ を標準化した $Z = \dfrac{\overline{X} - 50}{2}$ の分布は $N(0, 1)$ となる。

$$P(\overline{X} > 53) = P\left(Z > \frac{53 - 50}{2}\right) = P(Z > 1.5)$$
$$= 0.5 - P(0 \leq Z \leq 1.5) = 0.5 - p(1.5) = 0.5 - 0.43319 = 0.06681$$

例 17] 全国の有権者の内閣支持率が 50% であるとき，無作為に抽出した 2,500 人の有権者の内閣支持率を R とする。R が 49% 以上 51% 以下である確率を求めよ。

解] $p = 0.5$，$n = 2500$ とすると $\dfrac{0.5\,(1 - 0.5)}{2500} = 0.01^2$

標本の支持率 R は，ほぼ正規分布 $N(0.5, 0.01^2)$ に従う。

よって，$Z = \dfrac{R - 0.5}{0.01}$ は近似的に $N(0, 1)$ に従う。

$$P(0.49 \leq R \leq 0.51) = P\left(\frac{0.49 - 0.5}{0.01} \leq Z \leq \frac{0.51 - 0.5}{0.01}\right)$$
$$= P(-1 \leq Z \leq 1) = 2\,p(1) = 2 \times 0.34134 = 0.68268$$

練習 9] ある会社でつくられる電球の寿命は，平均値が 1,500 時間，標準偏差が 110 時間である。電球の中から無作為に 100 個取り出し，その寿命の標本平均 $\overline{X}$ について，次の確率を求めよ。

(1) $P\left(\overline{X} < 1480\right)$ (2) $P\left(1470 < \overline{X} < 1510\right)$

16.2.3 推 定

一般に，母集団の大きさが大きいと母平均や母標準偏差などを調べることは容易ではない。そこで，標本調査を通じて母集団を **推定** することを考えよう。推定には点推定と区間推定がある。

母平均 m や母標準偏差 σ が未知の母集団から，大きさ n の標本を無作為抽出したとき，その標本平均や標準偏差を求めれば，それらが母平均や母標準偏差の近似値と考えることができる。このように母集団に属する一つの数値を推定する方法を **点推定** という。この場合，標本平均 $\overline{X}$ の値は，標本を取り出すごとに変わるので，母平均 m がどの程度の信頼性があるかわからない。そこで，次のような

方法で母平均を推定する。

標本の大きさ n が大きいとき，標本平均 $\overline{X}$ は近似的に正規分布 $N\left(m, \dfrac{\sigma^2}{n}\right)$ に従うから，これを標準化した $\dfrac{\overline{X} - m}{\dfrac{\sigma}{\sqrt{n}}}$ は標準正規分布 $N(0, 1)$ に従う。よって，正規分布表より

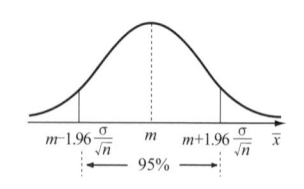

$$P\left(\left| \dfrac{\overline{X} - m}{\dfrac{\sigma}{\sqrt{n}}} \right| \leqq k \right) = 0.95$$

を満たす k の値は約 1.96 である。これより

$$P\left(\overline{X} - 1.96\,\dfrac{\sigma}{\sqrt{n}} \leqq m \leqq \overline{X} + 1.96\,\dfrac{\sigma}{\sqrt{n}} \right) = 0.95$$

が得られる。よって，区間

$$\overline{X} - 1.96\,\dfrac{\sigma}{\sqrt{n}} \leqq m \leqq \overline{X} + 1.96\,\dfrac{\sigma}{\sqrt{n}}$$

を母平均 m に対する **信頼度 95%** の **信頼区間** といい，この信頼区間を定めることによって母平均を推定する。このような方法を **区間推定** という。信頼区間は標本平均 $\overline{X}$ によって決まり，$\overline{X}$ の値が変われば信頼区間も変わるので，母平均 m を含まない信頼区間が生じることもある。よって，信頼度 95% という意味は，n 回標本抽出を行って得られた n 個の信頼区間のうち，母平均 m を含むものが 95% あるということである。

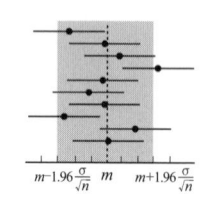

母平均の区間推定

母標準偏差 σ の母集団からとった大きさ n の標本平均が $\overline{X}$ で，n が大きいとき，母平均 m の信頼度 95% の信頼区間は

$$\overline{X} - 1.96\,\dfrac{\sigma}{\sqrt{n}} \leqq m \leqq \overline{X} + 1.96\,\dfrac{\sigma}{\sqrt{n}}$$

母平均 m を推定するとき，実際には母標準偏差 σ の値がわからないことが多い。そのような場合には，σ の代わりに標本標準偏差 $\sigma(\overline{X}) = \sqrt{\dfrac{1}{n} \displaystyle\sum_{i=1}^{n}(X_i - \overline{X})^2}$ を用いる。

例 18] たくさんの鶏のいる養鶏場で，100 羽を無作為に選び体重を量ったところ，平均値が $1.85\,\mathrm{kg}$，標準偏差が $0.9\,\mathrm{kg}$ であった。鶏全体の平均体重を 95% の信頼

度で区間推定せよ。

解] 母標準偏差がわからないので，σ の代わりに標本から得られた標本標準偏差 $\sigma(\overline{X}) = 0.9\,\text{kg}$ を用いる。

$$1.96 \times \frac{\sigma(\overline{X})}{\sqrt{n}} = \frac{1.96 \times 0.9}{\sqrt{100}} = 0.18$$

ゆえに，鶏全体の平均体重の 95% の信頼区間は　　$1.67 \leqq m \leqq 2.03$

例 19] 身長の標準偏差が 5.5 cm のとき，身長の平均値を 0.5 cm 以内の精度で求めるには，何人以上を抽出して調査を行うとよいか。95% の信頼度で考えよ。

解] 抽出する人数を n とすると

$$1.96 \times \frac{5.5}{\sqrt{n}} < 0.5 \qquad \text{ゆえに} \quad n > \left(\frac{1.96 \times 5.5}{0.5}\right)^2 = 464.8$$

よって　　約 465 人以上

練習 10] ある教科の全国共通のテストの結果は，過去の資料から標準偏差が 15 点の正規分布にほぼ従うとみなされるという。このテストの全国平均点を誤差 1 点以内で推定するには，何人以上を抽出して調べればよいか。また，誤差 2 点以内ではどうなるか，95% の信頼度で考えよ。

母比率の推定

　母集団全体の中のある特定の性質をもつ個体の割合を **母比率**，標本の中のある特定の性質をもつ個体の割合を **標本比率** という。信頼区間の考え方は，母比率の推定にも用いることができる。

　例えば，大量生産されている製品の中から大きさ n の無作為標本を抽出したところ，不良品が X 個あった。そのとき，標本における製品の不良率は $R = \dfrac{X}{n}$ であり，R は「不良品」という特性の標本比率である。

　不良品の母比率を p とすると，無作為標本中の不良品の個数 X は，二項分布 $B(n,\ p)$ に従う確率変数であるから，その期待値 $E(X)$，標準偏差 $\sigma(X)$ は

$$E(X) = np, \qquad \sigma(X) = \sqrt{np(1-p)}$$

n が大きいとき，X は近似的に正規分布 $N(np,\ np(1-p))$ に従うと考えてよいから，標準化した $Z = \dfrac{X - np}{\sqrt{np(1-p)}}$ は標準正規分布 $N(0,\ 1)$ に従う。よって

$$P\left(-1.96 \leqq \frac{X - np}{\sqrt{np(1-p)}} \leqq 1.96\right) = 0.95$$

括弧内の不等式を変形すると

$$P\left(np - 1.96\sqrt{np(1-p)} \leqq X \leqq np + 1.96\sqrt{np(1-p)}\right) = 0.95$$

括弧の中の各項を n で割って，$\dfrac{X}{n} = R$ とおくと

$$P\left(p - 1.96\sqrt{\dfrac{p(1-p)}{n}} \leqq R \leqq p + 1.96\sqrt{\dfrac{p(1-p)}{n}}\right) = 0.95$$

ここで n が大きいとき，$R \fallingdotseq p$ とみなしてよいから

$$P\left(R - 1.96\sqrt{\dfrac{R(1-R)}{n}} \leqq p \leqq R + 1.96\sqrt{\dfrac{R(1-R)}{n}}\right) = 0.95$$

したがって，次のことが成り立つ。

母比率の区間推定 ―――――――――――――――――――――

標本の大きさ n が大きいとき，標本比率を R とすると，母比率 p の信頼度 95% の信頼区間は

$$R - 1.96\sqrt{\dfrac{R(1-R)}{n}} \leqq p \leqq R + 1.96\sqrt{\dfrac{R(1-R)}{n}}$$

例 20] ある県の高校 3 年生から無作為に 400 人を選び，虫歯がある生徒を数えたところ，80 人であった。この県の高校 3 年生の虫歯の保有率 p を 95% の信頼度で推定せよ。

解] $R = \dfrac{80}{400} = 0.2$, $\quad \sqrt{\dfrac{R(1-R)}{n}} = \sqrt{\dfrac{0.2 \times 0.8}{400}} = 0.02$

よって，虫歯の保有率 p に対する信頼度 95% の信頼区間は

$$0.2 - 1.96 \times 0.02 \leqq p \leqq 0.2 + 1.96 \times 0.02$$

すなわち $0.161 \leqq p \leqq 0.239$

練習 11] ある市で，大学誘致についての賛否を市民の中から無作為抽出により 100 人を選んで調べたところ，60% が賛成であった。全市民の何パーセントが賛成しているかを信頼度 95% で推定せよ。なお，1,000 人を選んで調べたところ同様に 60% が賛成であった場合，信頼区間はどうなるか。

練習 12] 製品に約 3% の不良品が出ているとき，真の不良率 p と標本における不良率 R との差が 0.5% 以下であるように信頼度 95% で推定するとすれば，抽出する標本の大きさ n を何個以上としなければならないか。

16.2.4　検　定

仮説の検定

　さいころを 720 回投げたとき，1 の目の出る回数を X とする。そのとき，その確率が $p = \dfrac{1}{6}$ ならば，X は二項分布 $B\left(720,\, \dfrac{1}{6}\right)$ に従い，$X = r$ となる確率，期待値，標準偏差は

$$P_r = {}_{720}\mathrm{C}_r \left(\frac{1}{6}\right)^r \left(\frac{5}{6}\right)^{720-r}, \quad E(X) = 720 \times \frac{1}{6} = 120, \quad \sigma(X) = \sqrt{720 \times \frac{1}{6} \times \frac{5}{6}} = 10$$

となる。

　さいころを 720 回投げ，1 の目が 95 回出たときは，さいころの 1 の目の出る確率 p は $\dfrac{1}{6}$ であるといえるであろうか。そこで，事象の起こる回数 X の期待値からの隔たり $|X - 120|$ について考えてみよう。

　$X = 95$ のとき，隔たりは $|X - 120| = 25$ であり，$X = 95$ のとき 確率 $p = \dfrac{1}{6}$ であるとすれば，$|X - 120| \geqq 25$ となる X についても，$p = \dfrac{1}{6}$ であるとするのは当然である。X を標準化した確率変数 $Z = \dfrac{X - 120}{10}$ は，標準正規分布 $N(0,\, 1)$ に従うと考えてよいので，正規分布表より

$$P(|X - 120| \geqq 25) = P(|Z| \geqq 2.5) = 2 \times (0.5 - 0.49379) = 0.01242$$

となり，$p = \dfrac{1}{6}$ のとき，$|X - 120| \geqq 25$ となる事象の確率は非常に小さいということがわかった。このように確率が小さい事象が起こると考えるよりは，$p \neq \dfrac{1}{6}$ と考える方が自然である。よって，この場合，1 の目が 95 回出たときのさいころの 1 の目の出る確率 p は $\dfrac{1}{6}$ とはいえない。

　一般に，母集団から抽出した無作為標本を用いて，この母集団について立てたある仮定が正しいかどうかを判断する方法を，**仮説検定** または単に **検定** といい，この仮定を **仮説** という。

　仮説の検定では **棄却域** を設け，標本から計算された数値がこの棄却域に入っていれば，仮説は正しくないものと判断して，この **仮説を棄てる** または **棄却する**。また，標本値が棄却域に入っていれば，この結果は **有意である** といい，そうでないとき，結果は **有意でない** という。有意な場合には，その標本値を説明するのに別の仮説が必要なことを意味している。

　この方式を使うと，正しい仮説を正しくないものとして棄却する可能性もある。

よって，そのような誤りの起こる確率 α を，ふつう 0.05 または 0.01 とする。このとき，α を **危険率** または **有意水準** という。

母平均，母比率の検定

母平均が m，母標準偏差が σ である母集団（m, σ が不明なときは標本から得られる値を用いる）から，無作為抽出した大きさ n の標本平均 $\overline{X}$ について

$$P\left(\left|\frac{\overline{X}-m}{\frac{\sigma}{\sqrt{n}}}\right| \leqq 1.96\right) = 0.95$$

が成り立つことは **2.3 推定** で学んだ。この式を用いて，母平均についての仮説の検定を考えよう。

標本平均 $\overline{X}$ の標準化 $Z = \dfrac{\overline{X}-m}{\frac{\sigma}{\sqrt{n}}}$ は，標準正規分布 $N(0,\ 1)$ に従うと考えてよいので

$$P\left(|Z| \leqq 1.96\right) = 0.95 \qquad すなわち \qquad P\left(|Z| > 1.96\right) = 0.05$$

ここで，母平均が m であるという仮説を考えると，危険率 5% で「$|Z| > 1.96$ のとき，仮説を棄却する」という検定ができる。

次に，特定の性質をもつ割合が p である母集団から大きさ n の無作為標本を抽出し，この標本の中に特定の性質をもつ個数を X とする。このとき，母比率が p であるという仮説の検定を考えよう。

n が大きいとき，標本比率 $R = \dfrac{X}{n}$ は近似的に正規分布 $N\left(p,\ \dfrac{p(1-p)}{\sqrt{n}}\right)$ に従うと考えてよいので

$$Z = \frac{X - np}{\sqrt{np(1-p)}} = \frac{\frac{X}{n}-p}{\sqrt{\frac{p(1-p)}{n}}} = \frac{R-p}{\sqrt{\frac{p(1-p)}{n}}}$$

とおくと，Z は標準正規分布 $N(0,\ 1)$ に従うと考えてよい。

よって，母比率の検定も母平均の検定と同様に考えられ，次のことがいえる。

母平均，母比率の検定

母平均が m という仮説について

危険率 5% で $\left|\dfrac{\overline{X}-m}{\frac{\sigma}{\sqrt{n}}}\right| > 1.96$ ならば，仮説を棄却する。

母比率が p であるという仮説について

$$危険率\ 5\%\ で\ \left| \frac{X - np}{\sqrt{np(1-p)}} \right| > 1.96\ ならば，仮説を棄却する。$$

例 21] ある県全体の中学校で知能検査を行ったところ，その平均値は 56.1 であった。ところで，A 中学校の生徒のうち，400 人を抽出してその平均値を求めると 55.4 であった。A 中学校全体の平均値と県の平均値は変わらないといってよいか。但し，標準偏差は 16.6 とし，危険率 5% で検定せよ。

解] 「A 中学校全体の平均値も 56.1 である」と仮説を立てる。

$$m = 56.1, \quad \overline{X} = 55.4, \quad \sigma = 16.6, \quad n = 400$$

$$\left| \frac{\overline{X} - m}{\frac{\sigma}{\sqrt{n}}} \right| = \frac{|55.4 - 56.1|}{\frac{16.6}{\sqrt{400}}} = 0.843 < 1.96$$

　よって，仮説は棄却されず，危険率 5% で，A 中学校全体の平均値と県の平均値は同じといえる。

別解] $P\left(\left| \dfrac{\overline{X} - 56.1}{\frac{16.6}{\sqrt{400}}} \right| \leqq 1.96 \right) = 0.95$ より　　$\overline{X} = 56.1 \pm 1.96 \times \dfrac{16.6}{\sqrt{400}}$

$$P(54.5 \leqq \overline{X} \leqq 57.7) = 0.95$$

　よって，$\overline{X} = 55.4$ は 95% の信頼区間内にあるので，仮説は正しい。

例 22] ある県の 17 歳男子の身長は平均値が 170.2 cm，標準偏差が 5 cm である。ところで，ある市で 100 人の 17 歳男子を無作為抽出してその平均値を求めると 168.8 cm であった。ある市の平均値は県の平均値と異なるといってよいか。但し，標準偏差は同じものとし，危険率 5% で検定せよ。

解] 「ある市の身長の平均値も 170.2 cm である」と仮説を立てる。

$$m = 170.2\ \text{cm}, \quad \overline{X} = 168.8, \quad \sigma = 5\ \text{cm}, \quad n = 100$$

$$\left| \frac{\overline{X} - m}{\frac{\sigma}{\sqrt{n}}} \right| = \frac{|168.8 - 170.2|}{\frac{5}{\sqrt{100}}} = 2.8 > 1.96$$

　よって，仮説は棄却され，危険率 5% で，ある市の平均値と県の平均値は異なるといえる。

別解］　$P\left(\left| \dfrac{\overline{X} - 170.2}{\frac{5}{\sqrt{100}}} \right| \leq 1.96 \right) = 0.95$　より

$$\overline{X} = 170.2 \pm 1.96 \times \dfrac{5}{\sqrt{100}}$$

$$P(169.2 \leq \overline{X} \leq 171.2) = 0.95$$

よって，$\overline{X} = 168.8$ は棄却域にあるので，仮説は棄却される。

練習 13] ある市長選挙で A と B の 2 人が立候補した。無作為に選んだ有権者 900 人を対象に調べたところ，A，B の支持者はそれぞれ 480 人と 420 人であった。2 人の支持率に差があると判定してよいか。危険率 5% で検定せよ。

練習 14] ある大学の入学試験で全受験者の平均点が 250 点，標準偏差が 48 点であった。このうち，A 高校からの受験者 64 名は平均点が 260 点であるとき，A 高校からの受験者は，受験者全体に比べて優秀であるといえるか。危険率 5% で検定せよ。

片側検定

　これまでの検定は，棄却域を両側にとる **両側検定** であった。しかし，例えば，新しい機械からつくられる製品に含まれる不良品の割合は，従来の機械のそれより悪くなることはないと考えると，棄却域を一方だけ設定すればよい。これを **片側検定** といい，棄却域が左側にあるか右側にあるかにより，左側検定，右側検定という。よって，棄却域は $p(u) = 0.5 - 0.05 = 0.45$ より，$u = 1.64$ となり，$\overline{X}$ を標準化した確率変数の棄却域の範囲は次のようになる。

片側検定 ─────

　母平均 m である仮説について，危険率を 5% とするとき

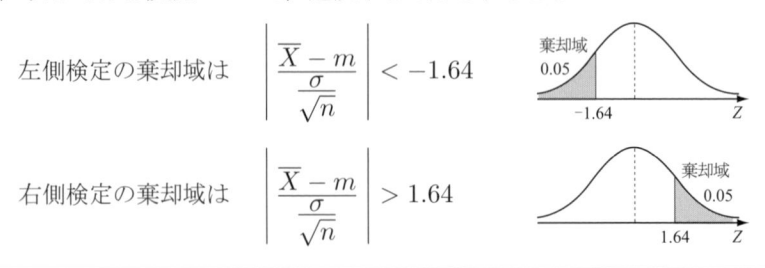

左側検定の棄却域は　$\left| \dfrac{\overline{X} - m}{\frac{\sigma}{\sqrt{n}}} \right| < -1.64$

右側検定の棄却域は　$\left| \dfrac{\overline{X} - m}{\frac{\sigma}{\sqrt{n}}} \right| > 1.64$

例 23] ある製品は，従来の機械でつくっていたときは 20% の不良品が出たが，新

しい機械で 100 個試作したところ，12 個だけ不良品が出た。新しい機械は従来の
機械より優れているといえるか。危険率 5% で検定せよ。

解〕新しい機械になっても，「製品の不良率 p は 20% である」という仮説を立て
て，右側検定をする。

$X = 12$，$n = 100$，$p = 0.2$ なので

$$\left| \frac{X - np}{\sqrt{np(1-p)}} \right| = \frac{|12 - 100 \times 0.2|}{\sqrt{100 \times 0.2 \times 0.8}} = \frac{|-8|}{4} = 2 > 1.64$$

よって，棄却域にあるので仮説は棄却される。すなわち，危険率 5% で新しい
機械の方が優れているといえる。

演 習 問 題

1. ある人が 1,000 万円を株に投資しようか，年利率 4% の公債を買おうか迷って
いる。1 年後の株の価格は 20% 上昇するか，不変であるか，10% 下落するか，そ
のいずれかが起こるものとし，その確率をそれぞれ 0.3, 0.4, 0.3 とする。期間は
1 年間とし，どちらに資金運用した方が得であるか。

2. 10 人の年齢と年収は表のとおりである。このとき，年収の平均値，メジアン，
モード，標準偏差を求めよ。さらに，年齢と年収の相関係数を求めよ。

年　　齢	65	25	35	60	60	30	55	50	55	45
年収(万円)	4,000	300	350	800	750	350	650	540	620	500

3. 10 人の生徒の英語と数学の得点は表のとおりである。このとき，英語，数学の
平均値と標準偏差，相関係数および回帰直線を求めよ。また，英語が 65 点のとき
の数学の理論値を求めよ。

英語	56	68	84	76	74	86	58	66	72	60
数学	60	61	80	80	72	82	51	72	84	68

4. 確率変数 X が正規分布 $N(50, 10^2)$ に従うとき，次の確率を求めよ。

(1) $P(40 \leq X \leq 60)$　　(2) $P(X \leq 50)$　　(3) $P(X \leq 38)$　　(4) $P(X \geq 65)$

5. ある菓子会社の 400 個の袋菓子の 1 袋の内容量は平均 200 g，標準偏差は 6 g
で正規分布にほぼ従う。内容量の多い方から 50 番目の重さを求めよ。

6. ある高校の女子 250 名の身長分布は，平均値 157 cm，標準偏差 5 cm の正規分布に近似するという。

   (1) 150 cm から 165 cm までの生徒は何人いるか。

   (2) 160 cm 以上の生徒は何人いるか。

7. ある団体のメンバーの体重は平均 50 kg，標準偏差 2 kg の正規分布に従う。

   (1) 体重が 47 kg から 56 kg までのメンバーは全体の何 % であるか。

   (2) 4 人を無作為に選んだとき，標本平均が 52 kg 以上となる確率を求めよ。

8. 身長の平均値が 160 cm，標準偏差が 5 cm の正規分布に従うグループがある。

   (1) 156 cm から 163 cm までの人は全体の何 % であるか。

   (2) 4 人を無作為に抽出したとき，標本平均が 165 cm 以上となる確率を求めよ。

9. ある大学の学生から無作為に 500 人を抽出して，パソコンの所有の有無を調べたところ，345 人が所有していた。この大学の学生のパソコンの所有率を信頼度 95% で区間推定せよ。

10. ある地域の有権者 5,000 人を無作為抽出し，ある政党の支持率を調べたところ 2,200 人が支持した。この地域のある政党の支持率を信頼度 95% で推定せよ。

11. ある地域の 1 世帯 1 ヶ月当たりの消費支出は，標準偏差 4 万円の正規分布に従っているとする。この地域で消費支出の平均値の誤差が 5 千円以内になるように推定するには，信頼度 95% で何世帯以上の標本を抽出する必要があるか，検定せよ。

12. ある町で市との合併を住民に調査して次の結果を得たとき，この町に住む人の過半数が合併に賛成すると考えることができるか。危険率 5% で検定せよ。

   (1) 調査対象 100 人のうち，賛成する人が 54 人いたとき

   (2) 調査対象 1,000 人のうち，賛成する人が 540 人いたとき

13. ある商品のアンケートをとると，従来の回収率は 31% であった。今回，アンケート形式を変えて予備アンケートを実施したところ，任意に選ばれた 1,000 人のうち 340 人から回収することができた。アンケート形式を変えたことは，回収率に影響を与えたと考えてよいか。危険率 5% で検定せよ。

練習および演習問題の解答

【第 1 章】 数と式

練習 1] 整数：-3, 2, 0　　有理数：-3, $-\dfrac{5}{4}$, $\sqrt{4}$, 0, $\dfrac{2}{3}$, $0.\dot{3}$, -1.3

無理数：3π, $\sqrt{14}$　　小さい順：-3, -1.3, $-\dfrac{5}{4}$, 0, $0.\dot{3}$, $\dfrac{2}{3}$, $\sqrt{4}$, $\sqrt{14}$, 3π

練習 2] $24 = 2 \times 2 \times 2 \times 3$, $54 = 2 \times 3 \times 3 \times 3$ より　最大公約数 6, 最小公倍数 216

練習 3] (1) $\dfrac{200}{75} = \dfrac{8}{3}$　　(2) $\dfrac{5 \times 7}{6 \times 7} + \dfrac{3 \times 6}{7 \times 6} = \dfrac{53}{42}$　　(3) $\dfrac{3}{5} \times (-4) = -\dfrac{12}{5}$

(4) $\dfrac{5}{8} \times \left(1 - \dfrac{1}{2}\right) = \dfrac{5}{16}$　　(5) $\dfrac{3 \times 5}{4 \times 5} - \dfrac{9 \times 2}{10 \times 2} = -\dfrac{3}{20}$　　(6) $\dfrac{1}{2 \times 2} = \dfrac{1}{4}$

(7) $\dfrac{5}{6} \times \dfrac{5}{3} = \dfrac{25}{18}$　　(8) $\dfrac{12 - 15}{20} \times \dfrac{10}{2} = -\dfrac{3}{4}$

練習 4] (1) $\left(\dfrac{3}{3}\right)^0 = 1^0 = 1$　　(2) $\dfrac{(-1)^3}{3^{2 \times 3}} = -\dfrac{1}{729}$　　(3) $\dfrac{25}{25^0} = 25$

(4) $\left(-\dfrac{2}{10} \times \dfrac{5}{10}\right)^2 = \dfrac{1}{100}$　　(5) $(-0.1)^3 = \left(-\dfrac{1}{10}\right)^3 = -\dfrac{1}{1000}$

練習 5] (1) $\dfrac{\sqrt{3}}{\sqrt{6}} = \dfrac{\sqrt{2}}{2}$　　(2) $-\dfrac{7\sqrt{2}}{3\sqrt{7}} = -\dfrac{\sqrt{14}}{3}$　　(3) $\dfrac{3 \times \sqrt{5} \times \sqrt{2}}{\sqrt{3} \times \sqrt{5}} = \sqrt{6}$

(4) $\dfrac{\sqrt{5} \times \sqrt{3}}{\sqrt{7} \times \sqrt{3}} = \dfrac{\sqrt{35}}{7}$

練習 6] (1) $-7x^2 - 2\sqrt{6} + 14$　　(2) $\dfrac{\sqrt{6} - \sqrt{5}}{6 - 5} + \dfrac{2(\sqrt{5} - \sqrt{3})}{5 - 3} = \sqrt{6} - \sqrt{3}$

練習 7] (1) $\left\{(a + b) - 2\right\}^2 = a^2 + b^2 + 2ab - 4a - 4b + 4$

(2) $\left\{(a + b) + c\right\}^3 = a^3 + b^3 + c^3 + 3a^2b + 3ab^2 + 3b^2c + 3bc^2 + 3c^2a + 3ca^2 + 6abc$

(3) $\left\{(a + b) - c\right\}^3 = a^3 + b^3 - c^3 + 3a^2b + 3ab^2 - 3b^2c + 3bc^2 + 3c^2a - 3ca^2 - 6abc$

(4) $\left\{(x^2 + 1) - x\right\}\left\{(x^2 + 1) + x\right\} = x^4 + x^2 + 1$

練習 8] (1) $(a^2 - 4)(a^2 - 2) = (a - 2)(a + 2)(a^2 - 2)$

(2) $x^3 - (2y)^3 = (x - 2y)(x^2 + 2xy + 4y^2)$

(3) $2x^2 - 3(y + 1)x + y^2 - 9 = 2x^2 - 3(y + 1)x + (y - 3)(y + 3)$

$= (2x - y + 3)(x - y - 3)$　　(4) $x^2(y - z) - x(y^2 - z^2) + yz(y - z)$

$= (y - z)\left\{x^2 - x(y + z) + yz\right\} = -(y - z)(z - x)(x - y)$

(5) $x^2 + x = X$ とおく　$(X - 13)(X - 1) + 11 = (X - 12)(X - 2)$

$= (x^2 + x - 12)(x^2 + x - 2) = (x + 4)(x - 3)(x + 2)(x - 1)$

練習 9] 商 $x - 3a$, 残り $4a^2$

演 習 問 題

1. (1) 無理数　　(2) 無理数　　(3) 有理数　　(4) 有理数　　(5) 無理数　　(6) 有理数

2. (1) $-2a + 2$　　(2) 6　　(3) $2a - 2$

3. (1) 12　　(2) 2　　(3) -2　　(4) 12

4. (1) できない　　(2) ○　　(3) ○　　(4) ○　　(5) 1　　(6) 5　　(7) 7　　(8) ± 9

5. (1) $-\dfrac{1}{45}$　　(2) $\dfrac{1}{6} \times \dfrac{7}{5} = \dfrac{7}{30}$　　(3) $\dfrac{7}{12}x$　　(4) $\dfrac{x - 5y}{6}$　　(5) a^3　　(6) 8

(7) 9　　(8) $|-1| = 1$　　(9) $2 \times \dfrac{100}{25} = 8$　　(10) 36　　(11) $3.53 \times 10 = 35.3$

6. (1) $\sqrt{2} \times \sqrt{3} \times 3\sqrt{2 \times 3} = 18$　　(2) $\dfrac{4 \times \sqrt{7} \times \sqrt{5} \times \sqrt{3} \times \sqrt{5}}{2 \times 5 \times \sqrt{3}} = 2\sqrt{7}$

　(3) $3\sqrt{2} + 2\sqrt{2} - 4\sqrt{2} = \sqrt{2}$　　(4) $9\sqrt{3} + 8\sqrt{3} - 6\sqrt{3} = 11\sqrt{3}$　　(5) $12 + 7\sqrt{6}$

　(6) $\sqrt{14}^2 - \sqrt{6}^2 = 8$　　(7) $\sqrt{11} \times \sqrt{11} \times \sqrt{6} \times 11 = 121\sqrt{6}$

　(8) $\sqrt{2^3 \times 3^2} + \sqrt{3^2} = 6\sqrt{2} + 3$　　(9) $\dfrac{5 + 2\sqrt{5} + 1}{5 - 1} + \dfrac{\sqrt{5} + \sqrt{1}}{2} = 2 + \sqrt{5}$

　(10) $\dfrac{1}{2\sqrt{5}} + \dfrac{2}{3\sqrt{5}} = \dfrac{7\sqrt{5}}{30}$

7. (1) $\dfrac{\sqrt{34}}{10} = 0.5831$　　(2) $\sqrt{3.4} \times 10 = 18.44$　　(3) $\sqrt{34} \times 10 = 58.31$

8. $\dfrac{\sqrt{a} - \sqrt{b}}{(\sqrt{a} + \sqrt{b})(\sqrt{a} - \sqrt{b})} = \dfrac{\sqrt{a} - \sqrt{b}}{a - b}$

9. (1) 5　　(2) 1　　(3) $x^2 + y^2 = (x + y)^2 - 2xy = 23$

10. $\dfrac{x^2 - x - 6}{(x + 3)(x + 1)} = \dfrac{(x - 3)(x + 2)}{(x + 3)(x + 1)}$

11. (1) $-5a(4a^2 - 7ab + 3b^2) = -5a(4a - 3b)(a - b)$　　(2) $(x - 1)(y - 1)$

　(3) $(x + y)(x - y + 6)$　　(4) $2(a - 2b)(a + 2b)$　　(5) $(a + 1)^2 - b^2 = (a + b + 1)(a - b + 1)$

12. $3x^2 - 2x - 3$

13. $A = (x + 1)B - 2$, $B = (x + 1)(x^2 + 1) + 1$ より　$A = (x + 1)\{(x + 1)(x^2 + 1) + 1\} - 2$
よって　$x - 1$

【第2章】 方程式と不等式

練習1] 右辺 $= 2x^2 + (-6 - b)x + 3b$ より　$a = -2$, $b = -4$

練習2] (1) $x = -3$　　(2) $x = -4$　　(3) $x = -\dfrac{3}{4}$　　(4) $x = \dfrac{12}{7}$

　(5) $x < 1$ のとき $x = 1$ となり 不適, $1 \leqq x < 2$ のとき $x = 1$, $x \geqq 2$ のとき
　$x = 3$　よって　$x = 1, 3$　　(6) $x = -2$, $y = 5$　　(7) $x = 3$, $y = 2$

練習3] (1) $x = -4\sqrt{2}$, $-\sqrt{2}$　　(2) $x = \dfrac{1}{2}$, 1　　(3) $x = \dfrac{3}{5}$

練習4](1) $-2\sqrt{3}$　　(2) $2\sqrt{3}$　　(3) $-2\sqrt{3}\,i$　　(4) $2\sqrt{3}\,i$　　(5) $2\sqrt{3}$　　(6) -3

　(7) $-2 - 2i$　　(8) 0　　(9) $-\dfrac{1}{13} + \dfrac{5}{13}i$　　(10) $1 - 2\sqrt{2}\,i$

練習5] (1) $(x - 1)(x + 1)(x^2 - 4) = 0$ より　$x = \pm 1$, ± 2　　(2) $(x - 1)(x^2 + x - 1) = 0$
　より　$x = 1$, $\dfrac{-1 \pm \sqrt{5}}{2}$　　(3) $(x - 1)(x + 1)(x^2 + 3x - 3) = 0$ より　$x = \pm 1$,
　$\dfrac{-3 \pm \sqrt{21}}{2}$　　(4) $(x - 1)(x^2 + x + 1) = 0$ より　$x = 1$, $\dfrac{-1 \pm \sqrt{3}\,i}{2}$

　(5) $(x + 1)(x^2 - x + 1) = 0$ より　$x = -1$, $\dfrac{1 \pm \sqrt{3}\,i}{2}$　　(6) $(x - 2)(x + 1)^2 = 0$ より
　$x = -1$（重解）, 2

練習6] (1) $x = -1$, $y = 2$, $z = 2$　　(2) $x = -3$, $y = 4$, $z = 5$

　(3) $x = 0$, $y = 2$ と $x = -2$, $y = 0$

練習7] もとの長方形の土地の縦を x m, 横を y m とする。

$$\begin{cases} (x-5)(y+10) = 2xy \\ (x+10)(y-4) = \dfrac{1}{2}xy \end{cases} \text{より}\quad 縦\,20\,\text{m}\,,\ 横\,6\,\text{m}$$

練習 8] (1) $x > -2$　　(2) $x < \dfrac{4}{3}$　　(3) $x \leqq -\dfrac{5}{2}$　　(4) $x < -\dfrac{2}{3}$　　(5) $-2 \leqq x < 3$

練習 9] (1) $(x-2)(x-1) < 0$ より　$1 < x < 2$　　(2) $(x+2)^2 + 2 < 0$ より　解なし

(3) $-3 < x < 4$　　(4) $(x-2)(x+1) \leqq 0$ より　$-1 \leqq x \leqq 2$　　(5) $1 < x < 2$

(6) $(2x+3)^2 \leqq 0$ より　$x = -\dfrac{3}{2}$ のみ

練習 10] (1) $\begin{cases} 5x - 9 \leqq 2x \\ 2x < 3x + 8 \end{cases}$ より　$-8 < x \leqq 3$　　(2) $-1 \leqq x \leqq 4$　　(3) $3 < x \leqq 5$

演 習 問 題

1. (1) $x = -1 \pm \sqrt{5}$　　(2) $x = 2$　　(3) $x = 4$　　(4) $x = \dfrac{3 \pm \sqrt{57}}{4}$　　(5) $x = \dfrac{-3 \pm \sqrt{21}}{4}$

(6) $x \geqq -2$ のとき $x = 1$, $x < -2$ のとき $x = -5$　よって　$x = -5\,,\ 1$

(7) $x + 3 = A$ とおく　$x = -4\,,\ 1$　　(8) $(x^2+4)(x^2-2) = 0$ より　$x = \pm\sqrt{2}\,,\ \pm 2i$

(9) $x + 1 = \pm 10$ より　$x = -11\,,\ 9$　　(10) $x = \dfrac{3 \pm \sqrt{71}\,i}{10}$　　(11) $(x^2+3)(x^2+1) = 0$

より　$x = \pm i\,,\ \pm\sqrt{3}\,i$　　(12) $x = \pm 3i$

2. $8x - \dfrac{3}{8} = -\dfrac{5}{24}$ より　$x = \dfrac{1}{48}$

3. $x - 1$ で割り切れるので $1 - a + 2a = 0$ より　$a = -1$, もう 1 つの解は $x = -2$

4. (1) $(-a)^2 - 4(a^2 - 3a) \geqq 0$ より　$0 \leqq a \leqq 4$, $(-2)^2 - a \cdot a \geqq 0$ より　$-2 \leqq a \leqq 2$

よって　$0 \leqq a \leqq 2$　　(2) (1) より　$-2 \leqq a < 0$, $2 < a \leqq 4$

5. 15% の食塩水を x g, 7% の食塩水を y g とする。

$$\begin{cases} x + y = 400 \\ 0.15x + 0.07y = 0.11 \times 400 \end{cases} \text{より}\quad x = 200\,,\ y = 200\quad \text{よって}\ 200\,\text{g ずつ}$$

6. 1 辺を x m とすると, もう 1 辺は $(35 - x)$ m となる。$x(35 - x) = 300$

よって　15 m と 20 m

7. (1) $x \geqq 3$　　(2) $x < 2$　　(3) $a \leqq \dfrac{100}{123}$

8. $-2 < x < 3$ より　$-1\,,\ 0\,,\ 1\,,\ 2$

9. (1) $(x-2)^2 + 1 > 0$ であるから, 求める解は実数全体　　(2) $(x+11)^2 \leqq 0$ である

から　$x = -11$ のみ　　(3) $(x-3)^2 + 3 < 0$ より　解なし

(4) $(x-a)(x-1) > 0$ より　$a < 1$ のとき $x < a\,,\ 1 < x$, $a = 1$ のとき $x \neq 1$,

$a > 1$ のとき $x < 1\,,\ a < x$

10. 両辺に $(x-5)^2$ を掛ける。$(x-3)(x-5)(x-6) \leqq 0$ より　$x \leqq 3\,,\ 5 < x \leqq 6$

11. (1) $(x+1)(x^2+5x+6) = 0$ より　$x = -1\,,\ -2\,,\ -3$　　(2) $(x-1)(x^2-4) = 0$

より　$x = -2\,,\ 1\,,\ 2$　　(3) $(x-1)(x+1)(x^2-5x+6) = 0$ より　$x = -1\,,\ 1\,,\ 2\,,\ 3$

12. (1) $\begin{cases} x = 2 \\ y = -1 \end{cases}$　　(2) $\begin{cases} x = 4 \\ y = -10 \end{cases}$, $\begin{cases} x = -2 \\ y = 2 \end{cases}$

(3) $\begin{cases} x = \dfrac{3-\sqrt{5}}{2} \\ y = \dfrac{3+\sqrt{5}}{2} \end{cases}$, $\begin{cases} x = \dfrac{3+\sqrt{5}}{2} \\ y = \dfrac{3-\sqrt{5}}{2} \end{cases}$

13. $(x+10)(x-4) \leq x^2$ より $x \leq \dfrac{20}{3}$, なお $x-4 > 0$ より $4 < x \leq \dfrac{20}{3}$

14. 与式 $= k$ とおくと, $x = k(y+z)$, $y = k(z+x)$, $z = k(x+y)$

辺々を加えると $x+y+z = 2k(x+y+z)$ より $k = \dfrac{1}{2}$ または $x+y+z = 0$

$x+y+z = 0$ のとき $\dfrac{x}{y+z} = -1$ よって $\dfrac{1}{2}$, -1 に等しい。

【第3章】 関数

練習 1] $y = 20 + 4x$

練習 2] (1) $\dfrac{2}{4} \times 2 + 0.5 = 1.5$ 1.5 時間

(2) $\begin{cases} 0 \leq x \leq 0.5 \text{ のとき} & y = -4x + 2 \\ 0.5 \leq x \leq 1 \text{ のとき} & y = 0 \\ 1 \leq x \leq 1.5 \text{ のとき} & y = 4x - 4 \end{cases}$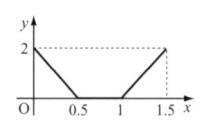

練習 3] (1) $y = a(x-1)^2 + 3$ とおく $y = 2x^2 - 4x + 5$

(2) $y = ax^2 + bx + c$ とおく $y = x^2 - 3x + 5$

練習 4] $y = x(30-x) = -(x-15)^2 + 225$ 縦 15 m, 横 15 m のとき, 最大面積 225 m^2

練習 5] 2次関数が x 軸と共有点をもたないことであり, $D < 0$ より $a > 9$

練習 6] 2次関数が x 軸と 2点で交わるには, $D > 0$

$(a+1)^2 - 4(a+1) > 0$ より $a < -1$, $a > 3$

練習 7] $y = (x+1)^2 - 5$ は $(-1, -5)$ を頂点とするグラフ

(1) $-y = x^2 + 2x - 4$ より $y = -(x+1)^2 + 5$

(2) $y = (-x)^2 + 2(-x) - 4 = (x-1)^2 - 5$

(3) $-y = \{(-x)^2 + 2(-x) - 4\}$ より $y = -(x-1)^2 + 5$

(4) $y - 5 = (x-1)^2 + 2(x-1) - 4$ より $y = x^2$

練習 8] $y = -\dfrac{1}{x+1} - 1$

$y = -\dfrac{1}{x}$ のグラフを, x 軸方向に -1, y 軸方向に -1 だけ平行移動

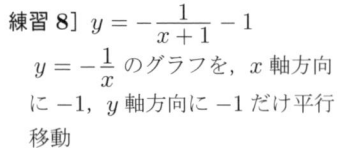
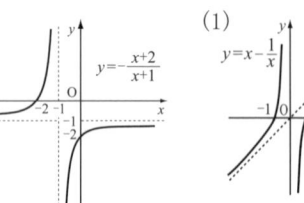
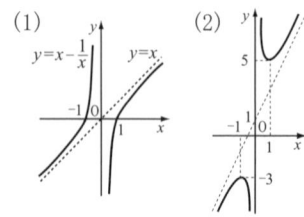

練習 9] (1) 漸近線 $y = x$, $x = 0$

(2) 漸近線 $y = 2x + 1$, $x = 0$

練習 10] (1) 定義域 $x \leq 2$, 値域 $y \geq 0$

(2) 定義域 $x \geq -2$, 値域 $y \leq 0$

(3) 定義域 $x \leq 4$, 値域 $y \geq -3$

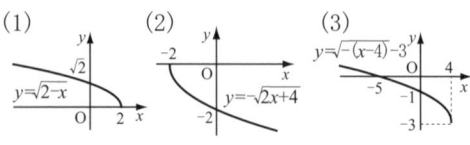

練習 11] $g(f(x)) = 2f(x) = 2\sqrt{x+2}$, 定義域 $x \geq -2$

$f(g(x)) = \sqrt{2f(x)+2} = \sqrt{2x+2}$, 定義域 $x \geq -1$

練習 12] x について解き，文字の x と y を入れ換える。

(1) 逆関数 $y = 2x - 6$ ，定義域 $2 \leqq x \leqq 4$ ，値域 $-2 \leqq y \leqq 2$

(2) 逆関数 $y = -\dfrac{x+1}{x-1}$ ，定義域 $x \neq 1$ ，値域 $y \neq -1$ $\left(y = -1 - \dfrac{2}{x-1} \text{ より} \right)$

(3) 逆関数 $y = \sqrt{x-1}$ ，定義域 $x \geqq 1$ ，値域 $y \geqq 0$

<h2 align="center">演 習 問 題</h2>

1. $\begin{cases} 0 \leqq x \leqq 2 \text{ のとき} & y = 3x \\ 2 \leqq x \leqq 2.5 \text{ のとき} & y = 6 \\ 2.5 \leqq x \leqq 3.9 \text{ のとき} & y = 5x - 6.5 \end{cases}$

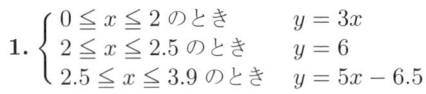

2. (1) $a > 0$ ，$b < 0$ ，$c < 0$ ，$D > 0$

(2) $a > 0$ ，$b > 0$ ，$c > 0$ ，$D < 0$ 　　(3) $a > 0$ ，$b = 0$ ，$c = 0$ ，$D = 0$

(4) $a < 0$ ，$b > 0$ ，$c < 0$ ，$D < 0$ 　　(5) $a < 0$ ，$b < 0$ ，$c > 0$ ，$D > 0$

3. $y = 2(x+1)^2 + 3$ は $(-1, 3)$ を頂点とするグラフ

(1) $y = 2(-x)^2 + 4(-x) + 5 = 2(x-1)^2 + 3$

(2) $-y = 2x^2 + 4x + 5$ より　$y = -2(x+1)^2 - 3$

(3) 逆関数を求める。$y = \sqrt{\dfrac{x-3}{2}} - 1$ $(x \geqq 3,\ y \geqq -1)$ ，

$y = -\sqrt{\dfrac{x-3}{2}} - 1$ $(x \geqq 3,\ y \leqq -1)$

(4) $-y = 2(-x)^2 + 4(-x) + 5$ より　$y = -2(x-1)^2 - 3$

4. (1) $y = a(x-2)^2 + b$ とおく　$y = -2x^2 + 8x - 5$

(2) $y = a(x+5)(x-1)$ とおく　$y = -x^2 - 4x + 5$

5. (1) $y = -2(x-1)^2 + 6 = -2x^2 + 4x + 4$ 　　(2) $y = ax^2 + bx + c$ が 3 点を通る

ことより，a ，b ，c を求める。$y = -x^2 + 4x + 3$

6. 2 点で交わるには $D > 0$ より　$1^2 - 1 \cdot a > 0$ 　ゆえに　$a < 1$

7. $y = -(x-2)^2 + 1$ は $(2, 1)$ を頂点とする上に凸のグラフ

(1) $x = 1$ のとき 最大値 0 ，$x = -1$ のとき 最小値 -8

(2) $x = 2$ のとき 最大値 1 ，$x = 0$ のとき 最小値 -3

(3) $x = 2$ のとき 最大値 1 ，$x = 4$ のとき 最小値 -3

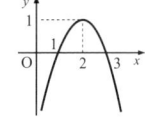

8. $(x+2)\left(x - \dfrac{1}{2}\right) < 0$ より　$2x^2 + 3x - 2 < 0$ 　よって　$a = 3$ ，$b = -2$

9. $y = (x-2)^2 + 2$ は $(2, 2)$ を頂点とする下に凸のグラフ

$x = 0$ のとき 最大値 6 ，$x = 2$ のとき 最小値 2

10. $y = (x-2)^2 + 2$ のグラフの軸は $x = 2$ であるから，定義域に 2 を含まない

$0 < a < 2$ と，含む $2 \leqq a$ の場合に分けて考える。

$0 < a < 2$ のとき $x = a$ で最小値 $a^2 - 4a + 6$ ，　$2 \leqq a$ のとき $x = 2$ で最小値 2

11. $y = -(x-2)^2 + 2$ は $(2, 2)$ を頂点とする上に凸のグラフ

$x = 2$ のとき 最大値 2 ，$x = 0$ ，4 のとき 最小値 -2

12. $y = -(x-2)^2 + 2$ のグラフの軸は $x = 2$ であるから，定義域に 2 を含まない

$0 < a < 2$ と，含む $2 \leqq a$ の場合に分けて考える。

$0 < a < 2$ のとき $x = a$ で最大値 $-a^2 + 4a - 2$，　$2 \leqq a$ のとき $x = 2$ で最大値 2

13. (1) $y = 2(x-3)^2 + 4$　①$3$，②$4$，③$3$，④$(3, 4)$

(2) $y = -2(x+2)^2 + 5$　①-2，②$5$，③-2，④$(-2, 5)$

(3) $y = (x+3)^2 - 2$　①-3，②-2，③-3，④$(-3, -2)$

14. (1) $(x-3)(x+1) > 0$ より　$x < -1$，$x > 3$

(2) $(x-1)(x+3) \leqq 0$ より　$-3 \leqq x \leqq 1$

(3) $(x-1)^2 > 0$ より　$x = 1$ 以外のすべての実数

(4) $(x-1)^2 < 0$ より　解なし

15. (1) $x \leqq 3 + \dfrac{1}{x-3}$ と変形し，$(x-3)^2$ を両辺に掛けて分母を払う $(x \neq 3)$。

$(x-2)(x-3)(x-4) \leqq 0$ となり　$x \leqq 2$，$3 < x \leqq 4$

(2) $x \geqq 2$ であり，両辺を 2 乗すると $(x-2)(x-3) \geqq 0$ となり　$x \geqq 3$

(3) $x \geqq -\dfrac{3}{2}$ であり，両辺を 2 乗すると $(x-\sqrt{2})(x+\sqrt{2}) > 0$ となり

$-\dfrac{3}{2} \leqq x < -\sqrt{2}$，$x > \sqrt{2}$

16. (1) $y = -\dfrac{1}{x+1} + 3$　①$-$，②$1$，③$3$，④-1，⑤$3$

(2) $y = \dfrac{6}{x-2} + 3$　①$+$，②$6$，③$3$，④$2$，⑤$3$

17. (1) グラフ ①，定義域 $x \geqq 0$，値域 $y \geqq 0$

(2) グラフ ③，定義域 $x \geqq 0$，値域 $y \leqq 0$

(3) グラフ ②，定義域 $x \leqq 0$，値域 $y \geqq 0$

(4) グラフ ④，定義域 $x \leqq 0$，値域 $y \leqq 0$

18. x について解き，文字の x と y を入れ換える。

(1) $y = \sqrt{-2x}$

$(x \leqq 0)$

(2) $y = -\sqrt{\dfrac{x+1}{2}}$

$(x \geqq -1)$

(3) $y = \dfrac{1}{x-2} + 2$

$(x \neq 2)$　(4) $y = x^2 - 3$ $(x \geqq 0)$

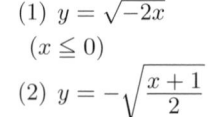 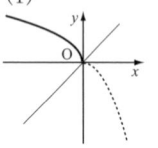 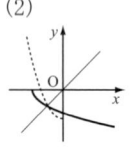 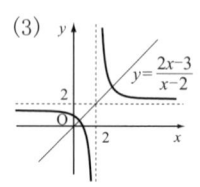 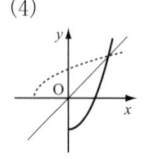

19. $y = x(20-2x) = -2(x-5)^2 + 50$ $(0 < x < 10)$

よって　$5\,\mathrm{cm}$ のとき，最大面積 $50\,\mathrm{cm}^2$

20. 道幅を $x\,\mathrm{m}$ とすると $1 \leqq x < 4$，農地面積は $(12-x)(12-2x) \geqq 80$

$(x-2)(x-16) \geqq 0$ より　$x \leqq 2$，$x \geqq 16$　　よって　$1 \leqq x \leqq 2$

【第4章】 指数関数と対数関数

練習 1] (1) $\dfrac{1}{2^3} = \dfrac{1}{8}$　(2) $\dfrac{1}{(-4)^3} = -\dfrac{1}{64}$　(3) $6^0 = 1$　(4) $\left(\dfrac{4}{5}\right)^{-1} = \dfrac{5}{4}$

練習 2] (1) a^0　(2) a^{-1}　(3) a^{-9}　(4) $a^{3-3} = a^0$　(5) $a^{-2\times3} = a^{-6}$

練習 3] (1) $\sqrt{6^2} = 6$　(2) $|-5| = 5$　(3) $\sqrt[4]{3^4} = 3$　(4) $\sqrt[4]{0.1^4} = 0.1$　(5) 3

練習 4] (1) $\left(3^3\right)^{\frac{2}{3}} = 9$　　　(2) $\left(10^{-2}\right)^{-1.5} = 1000$　　　(3) $\dfrac{1}{\sqrt[6]{64}} = \dfrac{1}{\sqrt[6]{2^6}} = \dfrac{1}{2}$

（4) $\left(3^4\right)^{-\frac{1}{4}} = \dfrac{1}{3}$　　　(5) $\sqrt[3]{6^3} = 6$

練習 5] (1) $2^{\frac{1}{5}-\frac{8}{15}+\frac{2}{3}} = 2^{\frac{1}{3}} = \sqrt[3]{2}$　　　(2) $2^{\frac{3}{2}+\frac{1}{4}+\frac{2}{8}} = 4$　　　(3) $\left(\dfrac{3}{2}\right)^{4\times\left(-\frac{3}{2}\right)\times\frac{1}{6}} = \dfrac{2}{3}$

（4) $2^{\frac{4}{6}-\frac{5}{3}} = \dfrac{1}{2}$

練習 6] (1) x 軸に関して対称　　(2) y 軸に関して対称　　(3) 原点に関して対称

（4) y 軸方向に 1 だけ平行移動　　(5) y 軸方向に 2 倍

練習 7] (1) $2^{\frac{1}{2}}$, $2^{\frac{2}{5}}$, $2^{\frac{3}{7}}$, $2^{\frac{4}{9}}$ より $\sqrt[5]{4} < \sqrt[7]{8} < \sqrt[9]{16} < \sqrt{2}$

（2) $3^{-\frac{1}{2}}$, $3^{-\frac{2}{3}}$, $3^{-\frac{3}{8}}$, $3^{-\frac{4}{9}}$ より $\sqrt[3]{\dfrac{1}{9}} < \sqrt{\dfrac{1}{3}} < \sqrt[9]{\dfrac{1}{81}} < \sqrt[8]{\dfrac{1}{27}}$

練習 8] (1) 0　　　(2) 1　　　(3) -1　　　(4) 3　　　(5) 4

練習 9] (1) $\log_3(18\times 8 \div 2^4) = \log_3 9 = 2$　　　(2) $(\log_2 3)\left(\dfrac{\log_2 2^3}{\log_2 3^2}\right) = \dfrac{3}{2}$

（3) $\dfrac{\log_3 2^3}{\log_3 3^4} \cdot \dfrac{\log_3 3}{\log_3 2} = \dfrac{3}{4}$　　　(4) $\dfrac{\log_3 3^2}{\log_3 3^{\frac{1}{2}}} = 4$　　　(5) $\dfrac{\log_3 2^3}{\log_3 2^2} = \dfrac{3}{2}$

（6) $\dfrac{\log_3 2^6}{\log_3 3^2} \cdot \dfrac{1}{\log_3 2} = 3$

練習 10] $\log_{10} 3^{30} = 30\log_{10} 3 = 14.313$ より　　$14 < \log_{10} 3^{30} < 15$

よって　$10^{14} < 3^{30} < 10^{15}$ となり　15 桁

練習 11] x 年後に 1.3 倍以上になるとすると　$a(1+0.03)^x \geqq 1.3 \times a$, $a > 0$ であり，

両辺の常用対数をとると，底 10 は 1 より大きいから　$x\log_{10} 1.03 \geqq \log_{10} 1.3$

常用対数表より　$x \geqq \dfrac{0.1139}{0.0128} = 8.898$　　よって　9 年後

演 習 問 題

1. (1) $3^{3\times\frac{1}{3}} = 3$　　(2) $5^{2\times\left(-\frac{1}{2}\right)} = \dfrac{1}{5}$　　(3) $3^{2\times\left(-\frac{1}{2}\right)} = \dfrac{1}{3}$　　(4) $2^{3\times\left(-\frac{2}{3}\right)} = \dfrac{1}{4}$

（5) $25^0 = 1$　　(6) -27　　(7) 81　　(8) $(-9)^3 = -729$　　(9) $3^{5-2} = 27$

（10) $3^{-7+5-2} = \dfrac{1}{81}$　　(11) $\left(2^{3-8}\right)^{-2} = 2^{10} = 1024$　　(12) $3^{-7+5+2} = 3^0 = 1$

（13) $2^{\frac{1}{3}+\frac{2}{3}} = 2$　　(14) $2^{\frac{1}{3}\times\frac{3}{2}} = \sqrt{2}$　　(15) $3^{\frac{3-1+4}{6}} = 3$

2. (1) $a^{\frac{3}{2}-\frac{3}{4}+\frac{1}{2}+\frac{3}{4}} = a^2$　　(2) $x^{1+\frac{1}{2}-\frac{9}{6}} = x^0 = 1$

（3) $a^{\frac{1}{3}+\frac{1}{2}-\frac{1}{3}} b^{\frac{4}{3}+\frac{3}{2}-\frac{5}{6}} = \sqrt{a}\, b^2$　　(4) $x^{\frac{1}{2}+\frac{1}{2}} + 2x^{\frac{1}{2}-\frac{1}{2}} + x^{-\frac{1}{2}-\frac{1}{2}} = x + \dfrac{1}{x} + 2$　　(5) $a-b$

（6) $a - \sqrt[3]{a^2 b} + \sqrt[3]{ab^2} + \sqrt[3]{a^2 b} - \sqrt[3]{ab^2} + b = a + b$

3. (1) から (4) は式を y とおき，両辺の対数をとる。

（1) $\log_2 y = \log_2 3 \cdot \log_2 2$ より　3　　(2) $\log_2 y = -\log_2 3 \cdot \log_2 2$ より　$\dfrac{1}{3}$

（3) $\log_2 y = -2\log_2 3 \cdot \log_2 2$ より　$\dfrac{1}{9}$　　(4) $\log_2 y = \log_2 3 \cdot \log_2 2^2$ より　9

（5) $\log_{10} 10^{\frac{2}{3}} = \dfrac{2}{3}$　　(6) $5^0 = 1$ より　0　　(7) $\log_{25} 25 + \log_{25} 5 = 1 + \dfrac{\log_5 5}{\log_5 5^2} = \dfrac{3}{2}$

（8) $\log_{25} 25^{-1} + \log_{25} 5^{-1} = -1 + \dfrac{\log_5 5^{-1}}{\log_5 5^2} = -\dfrac{3}{2}$

4. (1) $16^5 = 2^{20}$, $8^8 = 2^{24}$, $4^{13} = 2^{26}$ より $16^5 < 8^8 < 4^{13}$

(2) $2^{30} = 8^{10}$, $3^{20} = 9^{10}$, $5^{15} = \left(5^{\frac{3}{2}}\right)^{10}$ より $2^{30} < 3^{20} < 5^{15}$

(3) $5^{-50} = \left(5^{-2}\right)^{25}$, $3^{-75} = \left(3^{-3}\right)^{25}$, $2^{-100} = \left(2^{-4}\right)^{25}$ より $3^{-75} < 5^{-50} < 2^{-100}$

(4) $\left(\frac{1}{2}\right)^{-\frac{1}{3}}$, $\left(\frac{1}{2}\right)^{0}$, $\left(\frac{1}{2}\right)^{\frac{1}{2}}$ であり，底が 1 より小さいので $0.5^{\frac{1}{2}} < 1 < 0.5^{-\frac{1}{3}}$

(5) $2 = \log_3 9$, $2\log_9 4 = \log_3 4$ より $2\log_9 4 < \log_3 6 < 2$

(6) $\log_2 8 = 3$, $\log_4 8 = \frac{3}{2}$, $\log_8 16 = \frac{4}{3}$ より $\log_8 16 < \log_4 8 < \log_2 8$

5. (1) ①と③，②と④，⑤と⑦，⑥と⑧　　(2) ①と②，③と④，⑤と⑥，⑦と⑧

(3) ①と④，②と③，⑤と⑧，⑥と⑦　　(4) ①と⑤，②と⑦，③と⑥，④と⑧

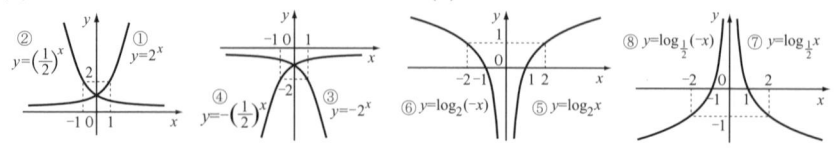

6. (1) $\log_3 3x = \log_3 3 + \log_3 x = \log_3 x + 1$ よって y 軸方向に 1 だけ平行移動

(2) $\log_3 \frac{1}{x} = \log_3 1 - \log_3 x = -\log_3 x$ よって x 軸に関して対称

7. (1) $\left(x^{\frac{1}{2}} + x^{-\frac{1}{2}}\right)^2 = x + 2 + x^{-1}$ より $4^2 - 2 = 14$

(2) $\left(x + x^{-1}\right)^2 = x^2 + 2 + x^{-2}$ より $14^2 - 2 = 194$

8. $\log_{10} 5^{20} = 20\log_{10} \frac{10}{2} = 20(\log_{10} 10 - \log_{10} 2) = 13.98$ より $13 < \log_{10} 5^{20} < 14$

よって $10^{13} < 5^{20} < 10^{14}$ となり 14 桁

9. $y = A \cdot 1.05^x$

10. x 年後の人口は 1.03^x 百万人であるから， $1.03^x \geq 2$

両辺の常用対数をとり，対数表より $x \geq \dfrac{\log_{10} 2}{\log_{10} 1.03} = 23.5$ 24 年後

11. $\left(\dfrac{9}{10}\right)^x \leq \dfrac{1}{2}$ 両辺の常用対数をとり，

$x(\log_{10} 9 - \log_{10} 10) \leq \log_{10} 1 - \log_{10} 2$ より $x \geq 6.57$ 6.6 年後

12. x 時間後のバクテリアの個数は 40×2^{3x}, よって $40 \times 2^{3x} \geq 10^4$

両辺の常用対数をとり， $3x\log_{10} 2 \geq 3 - 2\log_{10} 2$ より $x \geq 2.655$ 2.7 時間後

13. x 年後の元利合計は 100×1.05^x, よって $100 \times 1.05^x \geq 150$

両辺の常用対数をとり， $x\log_{10} 1.05 \geq \log_{10} 1.5$ より $x \geq 8.30$ 9 年後

14. (1) 1 年間で土地の値段が a 倍になるとすると $a = 2^{\frac{1}{10}}$ よって $y = 100a^x = 100 \cdot 2^{\frac{x}{10}}$

(2) 15 年後：$y = 100 \cdot 2^{\frac{15}{10}} = 100 \times \left(\sqrt{2}\right)^3 = 282.8$ 万円

25 年後：$y = 100 \cdot 2^{\frac{25}{10}} = 100 \times \left(\sqrt{2}\right)^5 = 565.7$ 万円

5 年前：$y = 100 \cdot 2^{\frac{-5}{10}} = \dfrac{100}{\sqrt{2}} = 70.7$ 万円

(3) $100 \cdot 2^{\frac{x}{10}} \geq 1000$ 両辺の常用対数をとり， $\dfrac{x}{10}\log_{10} 2 \geq 1$ より $x \geq 33.22$

33.3 年後

【第 5 章】 三角関数

練習 1] (1) $\sin\alpha = \dfrac{3}{5}$, $\cos\alpha = \dfrac{4}{5}$, $\tan\alpha = \dfrac{3}{4}$, $\alpha \fallingdotseq 37°$, $\sin\beta = \dfrac{4}{5}$, $\cos\beta = \dfrac{3}{5}$,

$\tan\beta = \dfrac{4}{3}$, $\beta \fallingdotseq 53°$ 　　(2) $\sin\alpha = \dfrac{1}{\sqrt{5}}$, $\cos\alpha = \dfrac{2}{\sqrt{5}}$, $\tan\alpha = \dfrac{1}{2}$, $\alpha \fallingdotseq 27°$,

$\sin\beta = \dfrac{2}{\sqrt{5}}$, $\cos\beta = \dfrac{1}{\sqrt{5}}$, $\tan\beta = 2$, $\beta \fallingdotseq 63°$ 　　(3) $\sin\alpha = \dfrac{3}{\sqrt{10}}$,

$\cos\alpha = \dfrac{1}{\sqrt{10}}$, $\tan\alpha = 3$, $\alpha \fallingdotseq 72°$, $\sin\beta = \dfrac{1}{\sqrt{10}}$, $\cos\beta = \dfrac{3}{\sqrt{10}}$, $\tan\beta = \dfrac{1}{3}$,

$\beta \fallingdotseq 18°$

練習 2] (1) $\sin\alpha = \dfrac{2}{3} = 0.666$ より $\alpha \fallingdotseq 42°$, $\beta \fallingdotseq 90 - 42 = 48°$, $\sin\alpha = 0.6691$,

$\cos\alpha = 0.7431$, $\tan\alpha = 0.9004$, $\sin\beta = 0.7431$, $\cos\beta = 0.6691$, $\tan\beta = 1.1106$

(2) $\tan\alpha = \dfrac{7}{4} = 1.75$ より $\alpha \fallingdotseq 60°$, $\beta \fallingdotseq 30°$, $\sin\alpha = 0.8660$, $\cos\alpha = 0.5000$,

$\tan\alpha = 1.7321$, $\sin\beta = 0.5000$, $\cos\beta = 0.8660$, $\tan\beta = 0.5774$

(3) $\tan\beta = \dfrac{\sqrt{2}}{1} = 1.4142$ より $\beta \fallingdotseq 55°$, $\alpha \fallingdotseq 90 - 55 = 35°$

$\sin\alpha = 0.5736$, $\cos\alpha = 0.8192$, $\tan\alpha = 0.7002$,

$\sin\beta = 0.8192$, $\cos\beta = 0.5736$, $\tan\beta = 1.4281$

練習 3] (1) $\cos 60° = \dfrac{\mathrm{AC}}{6} = \dfrac{1}{2}$ より $\mathrm{AC} = 3$, $\sin 60° = \dfrac{\mathrm{BC}}{6} = \dfrac{\sqrt{3}}{2}$ より $\mathrm{BC} = 3\sqrt{3}$

(2) $\tan 45° = \dfrac{\mathrm{BC}}{2} = 1.0$ より $\mathrm{BC} = 2$, $\cos 45° = \dfrac{2}{\mathrm{AB}} = \dfrac{1}{\sqrt{2}}$ より $\mathrm{AB} = 2\sqrt{2}$

(3) $\tan 30° = \dfrac{\mathrm{BC}}{5} = \dfrac{1}{\sqrt{3}}$ より $\mathrm{BC} = \dfrac{5}{\sqrt{3}}$, $\cos 30° = \dfrac{5}{\mathrm{AB}} = \dfrac{\sqrt{3}}{2}$ より $\mathrm{AB} = \dfrac{10}{\sqrt{3}}$

練習 4] (1) $\sin(90° - 20°) = \cos 20°$ 　　(2) $\cos(90° - 5°) = \sin 5°$

(3) $\tan(90° - 35°) = \dfrac{1}{\tan 35°}$ 　　(4) $\sin(180° - 30°) = \sin 30°$

(5) $\cos(0° - 45°) = \cos 45°$ 　　(6) $\tan(180° - 20°) = -\tan 20°$

(7) $\sin(90° + 30°) = \cos 30°$ 　　(8) $\cos(90° + 20°) = -\sin 20°$

(9) $\cos(180° - 35°) = -\cos 35°$ 　　(10) $\tan(0° - 30°) = -\tan 30°$

練習 5] (1) $\sin\theta$ 　　(2) $\sin\theta$ 　　(3) $-\sin\theta$ 　　(4) $\cos\theta$ 　　(5) $-\tan\theta$ 　　(6) $-\tan\theta$

(7) $-\sin\theta$ 　　(8) $\tan\theta$

練習 6]

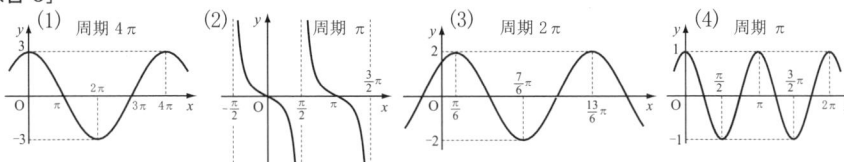

練習 7] (1) $\dfrac{\pi}{4}$ 　　(2) $\dfrac{\pi}{3}$ 　　(3) $\dfrac{\pi}{6}$ 　　(4) $\dfrac{\pi}{3}$

練習 8] $\cos^2\alpha = 1 - \left(\dfrac{3}{5}\right)^2 = \left(\dfrac{4}{5}\right)^2$, $0 < \alpha < \dfrac{\pi}{2}$ より $\cos\alpha = \dfrac{4}{5}$

$\cos^2\beta = 1 - \left(\dfrac{2}{3}\right)^2 = \left(\dfrac{\sqrt{5}}{3}\right)^2$, $\dfrac{\pi}{2} < \beta < \pi$ より $\cos\beta = -\dfrac{\sqrt{5}}{3}$

(1) $\dfrac{3}{5}\cdot\left(-\dfrac{\sqrt{5}}{3}\right) + \dfrac{4}{5}\cdot\dfrac{2}{3} = \dfrac{-3\sqrt{5}+8}{15}$ 　　(2) $\dfrac{3}{5}\cdot\left(-\dfrac{\sqrt{5}}{3}\right) - \dfrac{4}{5}\cdot\dfrac{2}{3} = \dfrac{-3\sqrt{5}-8}{15}$

(3) $\dfrac{4}{5} \cdot \left(-\dfrac{\sqrt{5}}{3}\right) - \dfrac{3}{5} \cdot \dfrac{2}{3} = \dfrac{-4\sqrt{5} - 6}{15}$ (4) $\dfrac{4}{5} \cdot \left(-\dfrac{\sqrt{5}}{3}\right) + \dfrac{3}{5} \cdot \dfrac{2}{3} = \dfrac{-4\sqrt{5} + 6}{15}$

練習 9] $f(\theta) = 2\left(\dfrac{\sqrt{3}}{2}\sin\theta + \dfrac{1}{2}\cos\theta\right) = 2\sin\left(\theta + \dfrac{\pi}{6}\right)$

(1) $\theta = \dfrac{\pi}{3}$ のとき最大値 2, $\theta = \dfrac{4}{3}\pi$ のとき最小値 -2

(2) $\sin\left(\theta + \dfrac{\pi}{6}\right) = \dfrac{1}{2}$ より θ は 0 と $\dfrac{2}{3}\pi$ (3) $\dfrac{2}{3}\pi < \theta < 2\pi$

練習 10] (1) $\cos A = \dfrac{6^2 + 5^2 - 4^2}{2 \cdot 6 \cdot 5} = 0.75$ より $\angle A \fallingdotseq 41°$, $\cos B = \dfrac{5^2 + 4^2 - 6^2}{2 \cdot 5 \cdot 4}$

$= 0.125$ より $\angle B \fallingdotseq 83°$, $\cos C = \dfrac{4^2 + 6^2 - 5^2}{2 \cdot 4 \cdot 6} = 0.5625$ より $\angle A \fallingdotseq 56°$

(2) $\cos A = \dfrac{5^2 + 7^2 - 3^2}{2 \cdot 5 \cdot 7} = 0.928$ より $\angle A \fallingdotseq 22°$, $\cos B = \dfrac{7^2 + 3^2 - 5^2}{2 \cdot 7 \cdot 3}$

$= 0.786$ より $\angle B \fallingdotseq 38°$, $\cos C = \dfrac{3^2 + 5^2 - 7^2}{2 \cdot 3 \cdot 5} = -0.50$ より $\angle C = 120°$

練習 11] (1) $s = 8$, $S = \sqrt{8 \cdot 4 \cdot 2 \cdot 2} = 8\sqrt{2}$ (2) $s = 8$, $S = \sqrt{8 \cdot 5 \cdot 2 \cdot 1} = 4\sqrt{5}$

練習 12] $\mathrm{OP} = \dfrac{80}{\cos 30°} = \dfrac{160}{\sqrt{3}}$, $\mathrm{OQ} = \dfrac{40}{\cos 30°} = \dfrac{80}{\sqrt{3}}$,

$\mathrm{PQ}^2 = \mathrm{OP}^2 + \mathrm{OQ}^2 - 2 \cdot \mathrm{OP} \cdot \mathrm{OQ} \cdot \cos 60° = 6400$ よって $\mathrm{PQ} = 80$ m

練習 13] $\angle \mathrm{APB} = 180° - 75° - 60° = 45°$, $\mathrm{AP} = \dfrac{100 \cdot \sin 60°}{\sin 45°} = 50\sqrt{6}$ より

$\mathrm{PH} = \sin 30° \times 50\sqrt{6} = 61.2$ m

練習 14] 対角線の交点を O とし, $\angle \mathrm{DOC} = \theta$, $\mathrm{AO} = x$, $\mathrm{DO} = y$

とおき, 4 つの三角形の面積の和を考える。

$S = \dfrac{1}{2}x(b - y)\sin\theta + \dfrac{1}{2}(a - x)(b - y)\sin(\pi - \theta)$

$+ \dfrac{1}{2}(a - x)y\sin\theta + \dfrac{1}{2}xy\sin(\pi - \theta) = \dfrac{1}{2}ab\sin\theta$

演 習 問 題

1. (1) $-\sin\dfrac{\pi}{6} = -\dfrac{1}{2}$ (2) $\cos\dfrac{\pi}{6} = \dfrac{\sqrt{3}}{2}$ (3) $-\tan\dfrac{\pi}{6} = -\dfrac{1}{\sqrt{3}}$

(4) $\sin\left(7\pi - \dfrac{\pi}{4}\right) = \sin\left(\pi - \dfrac{\pi}{4}\right) = \sin\dfrac{\pi}{4} = \dfrac{1}{\sqrt{2}}$ (5) $\cos\left(\pi - \dfrac{\pi}{3}\right) = -\cos\dfrac{\pi}{3} = -\dfrac{1}{2}$

(6) $\cos\left(\pi - \dfrac{\pi}{3}\right) = -\cos\dfrac{\pi}{3} = -\dfrac{1}{2}$ (7) $\sin\left(\pi - \dfrac{\pi}{6}\right) = \sin\dfrac{\pi}{6} = \dfrac{1}{2}$

(8) $\cos\left(\pi + \dfrac{\pi}{6}\right) = -\cos\dfrac{\pi}{6} = -\dfrac{\sqrt{3}}{2}$

2. (1) $\cos^2\theta = 1 - \left(\dfrac{1}{2}\right)^2 = \left(\dfrac{\sqrt{3}}{2}\right)^2$, θ が第 1 象限より $\cos\theta = \dfrac{\sqrt{3}}{2}$, $\tan\theta = \dfrac{1}{\sqrt{3}}$

(2) $\cos^2\theta = 1 - \left(\dfrac{\sqrt{5}}{3}\right)^2 = \left(\dfrac{2}{3}\right)^2$, θ が第 2 象限より $\cos\theta = -\dfrac{2}{3}$, $\tan\theta = -\dfrac{\sqrt{5}}{2}$

(3) $\dfrac{1}{\cos^2\theta} = 1 + \left(\dfrac{1}{2}\right)^2 = \left(\dfrac{\sqrt{5}}{2}\right)^2$, θ が第 3 象限より $\cos\theta = -\dfrac{2}{\sqrt{5}}$, $\sin\theta = -\dfrac{1}{\sqrt{5}}$

3. (1) $\cos^2\theta = 1 - \left(\dfrac{1}{4}\right)^2 = \left(\dfrac{\sqrt{15}}{4}\right)^2$, $0 < \theta < \pi$ より $\cos\theta = \pm\dfrac{\sqrt{15}}{4}$, $\tan\theta = \pm\dfrac{1}{\sqrt{15}}$

(複号同順) (2) $\dfrac{1}{\cos^2\theta} = 1 + (-2)^2 = 5$, $\tan\theta < 0$ より $\cos\theta = -\dfrac{1}{\sqrt{5}}$, $\sin\theta = \dfrac{2}{\sqrt{5}}$

4. (1) $\sin\left(\pi + \dfrac{\pi}{8}\right) = -\sin\dfrac{\pi}{8} = -a$　　　(2) $\cos\left(\dfrac{\pi}{2} + \dfrac{\pi}{8}\right) = -\sin\dfrac{\pi}{8} = -a$

(3) $\cos\left(\pi + \dfrac{5}{8}\pi\right) = -\cos\dfrac{5}{8}\pi = a$

5. (1) $\dfrac{7}{6}\pi$, $\dfrac{11}{6}\pi$　　(2) $\dfrac{\pi}{3}$, $\dfrac{5}{3}\pi$　　(3) $\dfrac{5}{6}\pi$, $\dfrac{7}{6}\pi$　　(4) $\dfrac{\pi}{6}$, $\dfrac{7}{6}\pi$

(5) $0 \leqq \theta \leqq \dfrac{5}{4}\pi$, $\dfrac{7}{4}\pi \leqq \theta < 2\pi$　　(6) $0 \leqq \theta < \dfrac{\pi}{3}$, $\dfrac{5}{3}\pi < \theta < 2\pi$

(7) $\dfrac{\pi}{6} < \theta < \dfrac{11}{6}\pi$　　(8) $0 \leqq \theta \leqq \dfrac{\pi}{3}$, $\dfrac{5}{3}\pi \leqq \theta < 2\pi$

(9) $0 \leqq \theta \leqq \dfrac{\pi}{3}$, $\dfrac{2}{3}\pi \leqq \theta < 2\pi$

6. (1) $\cos 75° = \cos(45° + 30°) = \cos 45° \cos 30° - \sin 45° \sin 30° = \dfrac{\sqrt{6} - \sqrt{2}}{4}$

(2) $\sin 75° = \dfrac{\sqrt{6} + \sqrt{2}}{4}$　より　$\tan 75° = 2 + \sqrt{3}$

(3) $\sin 15° = \sin(60° - 45°) = \sin 60° \cos 45° - \cos 60° \sin 45° = \dfrac{\sqrt{6} - \sqrt{2}}{4}$

(4) $\cos 15° = \dfrac{\sqrt{6} + \sqrt{2}}{4}$　より　$\tan 15° = 2 - \sqrt{3}$

7. $\sin^2\alpha = 1 - \left(\dfrac{12}{13}\right)^2 = \left(\dfrac{5}{13}\right)^2$, α が第 1 象限より　$\sin\alpha = \dfrac{5}{13}$,

$\cos^2\beta = 1 - \left(-\dfrac{4}{5}\right)^2 = \left(\dfrac{3}{5}\right)^2$, β が第 3 象限より　$\cos\beta = -\dfrac{3}{5}$

(1) $\dfrac{5}{13} \cdot \left(-\dfrac{3}{5}\right) + \dfrac{12}{13} \cdot \left(-\dfrac{4}{5}\right) = -\dfrac{63}{65}$　　(2) $\dfrac{12}{13} \cdot \left(-\dfrac{3}{5}\right) - \dfrac{5}{13} \cdot \left(-\dfrac{4}{5}\right) = -\dfrac{16}{65}$

(3) $\dfrac{5}{13} \cdot \left(-\dfrac{3}{5}\right) - \dfrac{12}{13} \cdot \left(-\dfrac{4}{5}\right) = \dfrac{33}{65}$　　(4) $\dfrac{12}{13} \cdot \left(-\dfrac{3}{5}\right) + \dfrac{5}{13} \cdot \left(-\dfrac{4}{5}\right) = -\dfrac{56}{65}$

8. 水平方向 $4000 \times \cos 15° = 3{,}864$ m ,　　　垂直方向 $4000 \times \sin 15° = 1{,}035$ m ,

斜面方向 $\dfrac{2000}{\sin 15°} = 7{,}728$ m

9. $\tan\theta = \dfrac{18}{30} = 0.6$　より　θ は 約 $31°$

10. (1) 残りの辺の長さは $\sqrt{6^2 + 8^2} = 10$, $\sin\alpha = \dfrac{4}{5}$, $\cos\alpha = \dfrac{3}{5}$, $\tan\alpha = \dfrac{4}{3}$,

α は約 $53°$, 　$\sin\beta = \dfrac{3}{5}$, $\cos\beta = \dfrac{4}{5}$, $\tan\beta = \dfrac{3}{4}$, β は約 $37°$

(2) 点線の三角形の残りの辺の長さは 8 , $\sin(180° - \alpha) = \sin\alpha = \dfrac{3}{5}$, $\cos\alpha = -\dfrac{4}{5}$,

$\tan\alpha = -\dfrac{3}{4}$, α は約 $144°$, 　実線の三角形の残りの辺の長さは $\sqrt{18^2 + 6^2} = 6\sqrt{10}$,

$\sin\beta = \dfrac{1}{\sqrt{10}}$, $\cos\beta = \dfrac{3}{\sqrt{10}}$, $\tan\beta = \dfrac{1}{3}$, β は約 $18°$

11. $\cos\dfrac{\theta}{2} = \dfrac{45}{50} = 0.9$　三角関数表より　$\dfrac{\theta}{2} = 26°$　よって　$\theta = 52°$

12. (1) $2 \times 1200 \times \pi \times \dfrac{5°}{360°} = 104.7$　よって　105 cm

(2) 10 秒後 $5 \times 10 = 50°$, 　20 秒後 $5 \times 20 = 100°$

(3) 1 秒後 $12 - 12 \times \cos 5° = 0.046$ m , 　2 秒後 $12 - 12 \times \cos 10° = 0.182$ m , $\cdots$,

10 秒後 $12 - 12 \times \cos 50° = 4.286$ m 　(4) (3) より $y = 12 \times (1 - \cos t \cdot 5°)$,

$-1 \leqq \cos t \cdot 5° \leqq 1$ より　$\cos t \cdot 5° = -1$ のとき, y は最大になる。

よって　$t = 36$ 秒のとき, y は最大で　そのときの高さは 24 m

13. (1) $5 + 2\tan\dfrac{\pi}{4} = 7.0$ m　　(2) $5 + 2\tan\dfrac{\pi}{3} = 8.46$ m　　(3) $5 + 2\tan\left(-\dfrac{\pi}{6}\right) = 3.85$ m

14. $\angle APB = 180° - 50° - 25° - 40° = 65°$, $\angle AQB = 180° - 25° - 40° - 30° = 85°$

△APB にて正弦定理 $\dfrac{AP}{\sin 40°} = \dfrac{30}{\sin 65°}$ より $AP = \dfrac{30 \cdot \sin 40°}{\sin 65°} = 21.3$

△AQB にて正弦定理 $\dfrac{AQ}{\sin 70°} = \dfrac{30}{\sin 85°}$ より $AQ = \dfrac{30 \cdot \sin 70°}{\sin 85°} = 28.3$

△APQ にて余弦定理より $PQ = \sqrt{21.3^2 + 28.3^2 - 2 \cdot 21.3 \cdot 28.3 \cdot \cos 50°} = 21.9$ m

【第6章】 図形と方程式

練習 1] (1) $\dfrac{1 \cdot 8 + 5 \cdot (-4)}{5 + 1} = -2$ (2) $\dfrac{5 \cdot 8 + 1 \cdot (-4)}{1 + 5} = 6$

(3) $\dfrac{-2 \cdot 8 + 3 \cdot (-4)}{3 - 2} = -28$ (4) $\dfrac{-3 \cdot 8 + 2 \cdot (-4)}{2 - 3} = 32$

練習 2] (1) 内分 : $x = \dfrac{1 \cdot 4 + 3 \cdot (-2)}{3 + 1} = -\dfrac{1}{2}$, $y = \dfrac{1 \cdot 3 + 3 \cdot 1}{3 + 1} = \dfrac{3}{2}$ $\left(-\dfrac{1}{2}, \dfrac{3}{2}\right)$

外分 : $x = \dfrac{-1 \cdot 4 + 3 \cdot (-2)}{3 - 1} = -5$, $y = \dfrac{-1 \cdot 3 + 3 \cdot 1}{3 - 1} = 0$ $(-5, 0)$

(2) 内分 : $x = \dfrac{3 \cdot 4 + 1 \cdot (-2)}{1 + 3} = \dfrac{5}{2}$, $y = \dfrac{3 \cdot 3 + 1 \cdot 1}{1 + 3} = \dfrac{5}{2}$ $\left(\dfrac{5}{2}, \dfrac{5}{2}\right)$

外分 : $x = \dfrac{-3 \cdot 4 + 1 \cdot (-2)}{1 - 3} = 7$, $y = \dfrac{-3 \cdot 3 + 1 \cdot 1}{1 - 3} = 4$ $(7, 4)$

練習 3] (1) $y = -2x + 1$ (2) $y = -1$ (3) $y = 2x + 6$ (4) $x = -3$ (5) $y = 3x$

練習 4] $3x - 2y + 4 = 0$ の傾きは $\dfrac{3}{2}$ であるので，平行 : (2) と (4) ，   垂直 : (1) と (3)

練習 5] (1) $d = \dfrac{|3 \cdot 0 - 4 \cdot 0 - 2|}{\sqrt{3^2 + (-4)^2}} = \dfrac{|-2|}{5} = \dfrac{2}{5}$

(2) $d = \dfrac{|4 \cdot 5 + 3 \cdot (-1) - 2|}{\sqrt{4^2 + 3^2}} = \dfrac{|15|}{5} = 3$

練習 6] 求める方程式を $x^2 + y^2 + lx + my + n = 0$ とおくと

$\begin{cases} 4 + 49 + 2l + 7m + n = 0 \\ 64 + 1 + 8l + m + n = 0 \\ 4 + 25 + 2l - 5m + n = 0 \end{cases}$ より $\begin{cases} l = -4 \\ m = -2 \\ n = -31 \end{cases}$ よって $(x - 2)^2 + (y - 1)^2 = 6^2$

練習 7] $(a^2 + 1)x^2 - 6ax + 5 = 0$ より $D = 4a^2 - 5$

(1) $D > 0$ より $a < -\dfrac{\sqrt{5}}{2}$, $a > \dfrac{\sqrt{5}}{2}$ (2) $D = 0$ より $a = \pm\dfrac{\sqrt{5}}{2}$

(3) $D < 0$ より $-\dfrac{\sqrt{5}}{2} < a < \dfrac{\sqrt{5}}{2}$

練習 8] (1) $-1 \cdot x + \sqrt{3} \cdot y = 2^2$ より $-x + \sqrt{3}y - 4 = 0$

(2) $1 \cdot x + 3 \cdot y = 10$ より $x + 3y - 10 = 0$

練習 9] 接点を (x_1, y_1) とすれば，接線は $x_1 x + y_1 y = 9$ ，これが点 $(3, -6)$ を通るので $x_1 = 2y_1 + 3$ ，これを円の方程式に代入すると

接点は $\begin{cases} x_1 = 3 \\ y_1 = 0 \end{cases}$ と $\begin{cases} x_1 = -\dfrac{9}{5} \\ y_1 = -\dfrac{12}{5} \end{cases}$ よって $x = 3$, $3x + 4y + 15 = 0$

練習 10] 2点からの距離の和が一定であるため楕円であり，2つの焦点を標準形に直すと $(-4, 0)$, $(4, 0)$ である。これより，x 軸方向に 2，y 軸方向に 1 だけ平行移動した楕円である。距離の和が $2a = 10$ より $a = 5$ ，$\sqrt{a^2 - b^2} = 4$ より $b = 3$

よって $\dfrac{(x-2)^2}{5^2} + \dfrac{(y-1)^2}{3^2} = 1$

練習 11] (1) $x = r\cos\theta = 1 \times \cos\dfrac{\pi}{2} = 0$, $y = r\sin\theta = 1 \times \sin\dfrac{\pi}{2} = 1$ よって $(0,\,1)$

(2) $x = 4 \times \cos\dfrac{2}{3}\pi = -2$, $y = 4 \times \sin\dfrac{2}{3}\pi = 2\sqrt{3}$ よって $(-2,\,2\sqrt{3})$

(3) $x = \sqrt{3} \times \cos(-\pi) = -\sqrt{3}$, $y = \sqrt{3} \times \sin(-\pi) = 0$ よって $(-\sqrt{3},\,0)$

練習 12] (1) $x = r\cos\theta$, $y = r\sin\theta$ を式に代入

$\cos\theta \neq 0$ のとき $r(\tan\theta - \tan\alpha) = 0$ より $r = 0$, $\theta = \alpha + n\pi$,

$\cos\theta = 0$ のとき $r = 0$ よって $\theta = \alpha + n\pi$ (n は整数)

(2) $r^2\cos^2\theta - r^2\sin^2\theta = 3$ より $r^2\cos 2\theta = 3$ (3) $r(\cos\theta + \sin\theta) = 2$

練習 13] 点 P の直交座標を $(x,\,y)$, 極座標を $(r,\,\theta)$ とすれば $\begin{cases} x = r\cos\theta \\ y = r\sin\theta \\ r^2 = x^2 + y^2 \end{cases}$

(1) $x + y = 5$ (2) 両辺に r を掛けると $r^2 = r\sin\theta$, $x^2 + y^2 = r\sin\theta$ となり

ゆえに $x^2 + y^2 - y = 0$

(3) $r^2\sin 2\theta = r^2\, 2\sin\theta\cos\theta = 2\,r\sin\theta \cdot r\cos\theta = 2xy = 4$ より $xy = 2$

練習 14] P, Q をそれぞれ $x,\,y$ ずつとる。$\begin{cases} 2x + y \geqq 5 \\ x + 3y \geqq 10 \\ x \geqq 0,\, y \geqq 0 \end{cases}$, 目的関数は $x + y = k$

P を $1\,\mathrm{g}$, Q を $3\,\mathrm{g}$ とるとき, 最小費用 250 円となる。

演 習 問 題

1. (1) $\sqrt{(1+2)^2 + (4-8)^2} = 5$, $y - 8 = \dfrac{4-8}{1+2}(x+2)$ より $y = -\dfrac{4}{3}x + \dfrac{16}{3}$

(2) $\sqrt{3^2 + (-2)^2} = \sqrt{13}$, $y + 2 = \dfrac{-2}{3}(x-3)$ より $y = -\dfrac{2}{3}x$

(3) $\sqrt{(6-3)^2 + (-2+2)^2} = 3$, $y_1 = y_2$ より $y = -2$

(4) $\sqrt{(7-4)^2 + (3-2)^2} = \sqrt{10}$, $y - 3 = \dfrac{3-2}{7-4}(x-7)$ より $y = \dfrac{1}{3}x + \dfrac{2}{3}$

2. (1) $d = \dfrac{|1 \cdot 0 + 1 \cdot 0 + 5|}{\sqrt{1^2 + 1^2}} = \dfrac{5\sqrt{2}}{2}$

(2) $d = \dfrac{|1 \cdot 2 + 2 \cdot (-2) + 2|}{\sqrt{1^2 + 2^2}} = \dfrac{0}{\sqrt{5}} = 0$ (点 $(2,\,-2)$ は直線上の点)

(3) $d = \dfrac{|1 \cdot 0 + 1 \cdot 0 - 5|}{\sqrt{1^2 + 1^2}} = \dfrac{|-5|}{\sqrt{2}} = \dfrac{5\sqrt{2}}{2}$

(4) $d = \dfrac{|4 \cdot (-1) + (-3) \cdot (-2) - 5|}{\sqrt{4^2 + (-3)^2}} = \dfrac{|-3|}{5} = \dfrac{3}{5}$

3. (1) S の座標を $(x,\,y)$ とする。PR と QS の中点が等しいことより, $\dfrac{3-1}{1+1} = \dfrac{-2+x}{1+1}$,

$\dfrac{6-1}{1+1} = \dfrac{1+y}{1+1}$ よって S $(4,\,4)$ (2) $\sqrt{(-2-4)^2 + (1-4)^2} = 3\sqrt{5}$

(3) QS の直線の方程式は $y - 1 = \dfrac{4-1}{4+2}(x+2)$ より $x - 2y + 4 = 0$

この直線に点 P から垂線を引いたときの距離は $\dfrac{|1 \cdot 3 - 2 \cdot 6 + 4|}{\sqrt{1^2 + (-2)^2}} = \sqrt{5}$

平行四辺形の面積は $3\sqrt{5} \times \sqrt{5} = 15$

4. x 軸上の点を $(x, 0)$，y 軸上の点を $(0, y)$ とおくと

$$\sqrt{(-1-x)^2 + 5^2} = \sqrt{(1-x)^2 + (-3)^2} \quad \text{より} \quad (-4, 0)$$
$$\sqrt{(-1)^2 + (5-y)^2} = \sqrt{1^2 + (-3-y)^2} \quad \text{より} \quad (0, 1)$$

5. 2 直線の交点は $(2, -1)$ である。(1) $x = 2$ (2) $y = mx$ とおくと，これが点 $(2, -1)$ を通るので $m = -\dfrac{1}{2}$ よって $x + 2y = 0$ (3) 直線の傾きは $-\dfrac{2}{3}$，これに垂直な直線の傾きは $\dfrac{3}{2}$，$y + 1 = \dfrac{3}{2}(x - 2)$ よって $3x - 2y - 8 = 0$

別解] 与えられた 2 直線の交点を通る直線を $(x - y - 3) + k(2x + y - 3) = 0$ とおくと $(1 + 2k)x + (k - 1)y - 3 - 3k = 0$ (1) $k - 1 = 0$ より $x = 2$

(2) $(0, 0)$ を代入して $k = -1$ よって $x + 2y = 0$

(3) $-\dfrac{1 + 2k}{k - 1} = \dfrac{3}{2}$ より $k = \dfrac{1}{7}$ よって $3x - 2y - 8 = 0$

6. $x + y = k$ とおき，円との交点を求める。

$2y^2 - 2ky + k^2 - 8 = 0$ の $D = (-k)^2 - 2(k^2 - 8) = 0$ より $k = \pm 4$

$k = 4$ のとき $\begin{cases} x = 2 \\ y = 2 \end{cases}$ で 最大値 4 ， $k = -4$ のとき $\begin{cases} x = -2 \\ y = -2 \end{cases}$ で 最小値 -4

7. (1) $(x - 3)^2 + (y + 2)^2 = 4^2$ (2) 直径：$\sqrt{(4 + 2)^2 + (5 + 1)^2} = 6\sqrt{2}$

中心の座標：$x = \dfrac{4 - 2}{2} = 1$，$y = \dfrac{5 - 1}{2} = 2$ よって $(x - 1)^2 + (y - 2)^2 = 18$

(3) 半径は 3 よって $(x - 2)^2 + (y + 3)^2 = 3^2$

(4) $x^2 + y^2 + ax + by + c = 0$ とおき，これが 3 点を通るので $\begin{cases} 3a - 2b + c + 13 = 0 \\ a + 4b + c + 17 = 0 \\ 5a + c + 25 = 0 \end{cases}$

これより $a = -4$，$b = -2$，$c = -5$ よって $(x - 2)^2 + (y - 1)^2 = 10$

8. (1) $t = \dfrac{y}{3}$ を $x = t^2 + 1$ に代入する。 放物線 $y^2 = 9(x - 1)$

(2) $t = x + 3$ を $y = 2t^2 + 5$ に代入する。 放物線 $y = 2(x + 3)^2 + 5$

(3) $\sin\theta = \dfrac{x - 1}{3}$，$\cos\theta = \dfrac{y + 2}{5}$ これを $\sin^2\theta + \cos^2\theta = 1$ に代入する。

楕円 $\dfrac{(x - 1)^2}{3^2} + \dfrac{(y + 2)^2}{5^2} = 1$

9. すべて境界を含む。

(1)	(2)	(3)	(4)
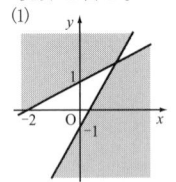	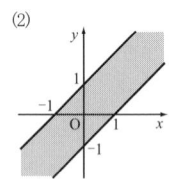	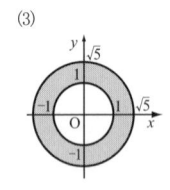	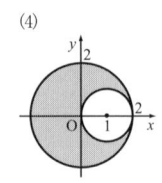

10. $y \leqq \dfrac{1}{2}x + 1$，$y \geqq 2x - 2$，$y \geqq -x + 1$ を満たす領域

11. A, B をそれぞれ x，y ずつつくる。 $\begin{cases} 5x + 2y \leqq 120 \\ 3x + 2y \leqq 80 \\ x \geqq 0, \ y \geqq 0 \end{cases}$ ，目的関数は $x + y = k$

A を $20\,\mathrm{kg}$，B を $10\,\mathrm{kg}$ つくるとき，最大利益 130 万円となる。

【第 7 章】 複素数

練習 1] (1) $|z_1 - z_2| = |5 - 10i| = \sqrt{5^2 + (-10)^2} = 5\sqrt{5}$

(2) $|z_1 - z_2| = |-5 + 5i| = \sqrt{(-5)^2 + 5^2} = 5\sqrt{2}$

練習 2] (1) $\sqrt{1^2 + (-2)^2} = \sqrt{5}$ (2) $\sqrt{(-5)^2} = 5$ (3) $\sqrt{4^2 + (-3)^2} = 5$

練習 3] (1) $z = -i$ とおく $|z| = 1$，z の偏角の 1 つは $-\dfrac{\pi}{2}$ であるから

$z = 1 \cdot \left\{ \cos\left(-\dfrac{\pi}{2}\right) + i\sin\left(-\dfrac{\pi}{2}\right) \right\} = \cos\left(-\dfrac{\pi}{2}\right) + i\sin\left(-\dfrac{\pi}{2}\right)$，O を中心に $-\dfrac{\pi}{2}$ 回転

(2) $z = 3$ とおく $|z| = 3$，z の偏角の 1 つは $0°$ であるから

$z = 3 \cdot (\cos 0 + i\sin 0)$，3 倍に拡大した点

(3) $z = 1 - i$ とおく $|z| = \sqrt{2}$，z の偏角の 1 つは $-\dfrac{\pi}{4}$ であるから

$z = \sqrt{2} \cdot \left\{ \cos\left(-\dfrac{\pi}{4}\right) + i\sin\left(-\dfrac{\pi}{4}\right) \right\}$，O を中心に $-\dfrac{\pi}{4}$ 回転し，$\sqrt{2}$ 倍に拡大した点

(4) $z = -1 + \sqrt{3}$ とおく $|z| = 2$，z の偏角の 1 つは $\dfrac{2}{3}\pi$ であるから

$z = 2\left(\cos\dfrac{2}{3}\pi + i\sin\dfrac{2}{3}\pi \right)$，O を中心に $\dfrac{2}{3}\pi$ 回転し，2 倍に拡大した点

練習 4] $|z_1| = 1$，$\arg z_1 = \dfrac{\pi}{6}$， $|z_2| = 2$，$\arg z_1 = \dfrac{2}{3}\pi$

$z_1 z_2 = 2\left(\cos\dfrac{5}{6}\pi + i\sin\dfrac{5}{6}\pi \right)$， $\dfrac{z_1}{z_2} = \dfrac{1}{2}\left\{ \cos\left(-\dfrac{\pi}{2}\right) + i\sin\left(-\dfrac{\pi}{2}\right) \right\}$

練習 5] (1) $z = \cos 4 \cdot \dfrac{\pi}{4} + i\sin 4 \cdot \dfrac{\pi}{4} = \cos\pi + i\sin\pi = -1$

(2) $|z| = \sqrt{2}$，$\arg z = \dfrac{\pi}{4}$， $z^3 = (\sqrt{2})^3\left(\cos 3 \cdot \dfrac{\pi}{4} + i\sin 3 \cdot \dfrac{\pi}{4} \right) = -2 + 2i$

(3) $|z| = 1$，$\arg z = \dfrac{\pi}{2}$， $z^{10} = 1^{10}\left(\cos 10 \cdot \dfrac{\pi}{2} + i\sin 10 \cdot \dfrac{\pi}{2} \right) = -1$

練習 6] (1) $2i = 2\left(\cos\dfrac{\pi}{2} + i\sin\dfrac{\pi}{2} \right) = r^2(\cos 2\theta + i\sin 2\theta)$

これより $r = \sqrt{2}$，$\theta = \dfrac{\pi}{4} + n\pi$ （n は整数） したがって $n = 0$，1 とおくと

$z_0 = \sqrt{2}\left(\cos\dfrac{\pi}{4} + i\sin\dfrac{\pi}{4} \right) = 1 + i$， $z_1 = \sqrt{2}\left(\cos\dfrac{5}{4}\pi + i\sin\dfrac{5}{4}\pi \right) = -1 - i$

(2) $-27 = 3^3(\cos\pi + i\sin\pi) = r^3(\cos 3\theta + i\sin 3\theta)$

これより $r = 3$，$\theta = \dfrac{\pi}{3} + \dfrac{2}{3}n\pi$ （n は整数） したがって $n = 0$，1，2 とおくと

$z_0 = 3\left(\cos\dfrac{\pi}{3} + i\sin\dfrac{\pi}{3} \right) = \dfrac{3}{2}(1 + \sqrt{3}i)$， $z_1 = 3(\cos\pi + i\sin\pi) = -3$，

$z_2 = 3\left(\cos\dfrac{5}{3}\pi + i\sin\dfrac{5}{3}\pi \right) = \dfrac{3}{2}(1 - \sqrt{3}i)$

(3) $16 = 2^4(\cos 0 + i\sin 0) = r^4(\cos 4\theta + i\sin 4\theta)$

これより $r = 2$，$\theta = 0 + \dfrac{n\pi}{2}$ （n は整数） したがって $n = 0$，1，2，3 とおくと

$z_0 - 1 = 2(\cos 0 + i\sin 0) = 2$ よって $z_0 = 3$

同様にして $z_1 = 1 + 2i$， $z_2 = -1$， $z_3 = 1 - 2i$

演 習 問 題

1. (1) $10 + i$ (2) $75i$ (3) -1 (4) $37 + 5i$ (5) $\dfrac{1 - 21i}{34}$ (6) -1

2. (1) $|z_1 - z_2| = |6 + 8i| = \sqrt{6^2 + 8^2} = 10$

(2) $|z_1 - z_2| = |-3 - 6i| = \sqrt{(-3)^2 + (-6)^2} = 3\sqrt{5}$

3. (1) $(3-i)(-1+2i) = -1 + 7i$ (2) $(3+i)(-1-2i) = -1 - 7i$

    (3) $\dfrac{3-i}{-1+2i} = -1 - i$ (4) $\dfrac{3+i}{-1-2i} = -1 + i$

4. (1) $\begin{cases} x + 4y = 7 \\ 3x - 2y = 7 \end{cases}$ の連立方程式を解いて $\begin{cases} x = 3 \\ y = 1 \end{cases}$

    (2) $\begin{cases} 2x + y = -1 \\ x - 2y = 7 \end{cases}$ の連立方程式を解いて $\begin{cases} x = 1 \\ y = -3 \end{cases}$

5. (1) $2r$, θ (2) $\overline{z} = r(\cos\theta - i\sin\theta) = r\{\cos(-\theta) + i\sin(-\theta)\}$ より r , $-\theta$

    (3) $i = \cos\dfrac{\pi}{2} + i\sin\dfrac{\pi}{2}$, $\dfrac{z}{i} = r\left\{\cos\left(\theta - \dfrac{\pi}{2}\right) + i\sin\left(\theta - \dfrac{\pi}{2}\right)\right\}$ より r , $\theta - \dfrac{\pi}{2}$

    (4) $\dfrac{1}{z} = \dfrac{1}{r}\{\cos(-\theta) + i\sin(-\theta)\}$ より $\dfrac{1}{r}$, $-\theta$

    (5) $1 + i = \sqrt{2}\left(\cos\dfrac{\pi}{4} + i\sin\dfrac{\pi}{4}\right)$ より $\sqrt{2}\,r$, $\theta + \dfrac{\pi}{4}$

    (6) $z^2 = r^2(\cos 2\theta + i\sin 2\theta)$ より r^2 , 2θ

6. $z_1 = \sqrt{2}\left\{\cos\left(-\dfrac{\pi}{4}\right) + i\sin\left(-\dfrac{\pi}{4}\right)\right\}$, $z_2 = 2\left(\cos\dfrac{\pi}{3} + i\sin\dfrac{\pi}{3}\right)$

    (1) $(\sqrt{2})^2\left\{\cos 2\cdot\left(-\dfrac{\pi}{4}\right) + i\sin 2\cdot\left(-\dfrac{\pi}{4}\right)\right\} = -2i$

    (2) $2^6\left\{\cos\left(6\cdot\dfrac{\pi}{3}\right) + i\sin\left(6\cdot\dfrac{\pi}{3}\right)\right\} = 64$

    (3) $\left(\dfrac{2}{\sqrt{2}}\right)^{12}\left\{\cos 12\cdot\left(\dfrac{\pi}{3} + \dfrac{\pi}{4}\right) + i\sin 12\cdot\left(\dfrac{\pi}{3} + \dfrac{\pi}{4}\right)\right\} = -64$

    (4) $(3 + \sqrt{3}\,i)^6 = (2\sqrt{3})^6\left\{\cos\left(6\cdot\dfrac{\pi}{6}\right) + i\sin\left(6\cdot\dfrac{\pi}{6}\right)\right\} = -1728$

    (5) (2) と (4) より $\dfrac{-1728}{64} = -27$

7. (1) $x = r(\cos\theta + i\sin\theta)$ とおくと $x^4 = 48 = 48(\cos 0 + i\sin 0)$

    よって $x = \sqrt[4]{48}\left(\cos\dfrac{0 + 2n\pi}{4} + i\sin\dfrac{0 + 2n\pi}{4}\right)$ (n は整数)

    $n = 0$, 1 , 2 , 3 とおくと, x は $\pm 2\sqrt[4]{3}$, $\pm 2\sqrt[4]{3}\,i$

    (2) $x^2 = 2\left(\cos\dfrac{4}{3}\pi + i\sin\dfrac{4}{3}\pi\right)$

    よって $x = \sqrt{2}\left(\cos\dfrac{\dfrac{4}{3}\pi + 2n\pi}{2} + i\sin\dfrac{\dfrac{4}{3}\pi + 2n\pi}{2}\right)$ (n は整数)

    $n = 0$, 1 とおくと, x は $\pm\dfrac{\sqrt{2} - \sqrt{6}\,i}{2}$

8. (1) $z\cdot\left(\cos\dfrac{\pi}{2} + i\sin\dfrac{\pi}{2}\right) = (2 + 4i)i = -4 + 2i$

    (2) $z\cdot\left\{\cos\left(-\dfrac{\pi}{6}\right) + i\sin\left(-\dfrac{\pi}{6}\right)\right\} = (2 + 4i)\left(\dfrac{\sqrt{3}}{2} - \dfrac{1}{2}i\right) = 2 + \sqrt{3} + (2\sqrt{3} - 1)i$

    (3) $z\cdot\left(\cos\dfrac{2}{3}\pi + i\sin\dfrac{2}{3}\pi\right) = (2 + 4i)\left(-\dfrac{1}{2} + \dfrac{\sqrt{3}}{2}i\right) = -1 - 2\sqrt{3} + (\sqrt{3} - 2)i$

9. (1) $2^{\frac{n}{2}}\left(\cos\dfrac{n\pi}{4} + i\sin\dfrac{n\pi}{4}\right) - 2^{\frac{n}{2}}\left\{\cos\left(-\dfrac{n\pi}{4}\right) + i\sin\left(-\dfrac{n\pi}{4}\right)\right\} = 2^{\frac{n+2}{2}}i\sin\dfrac{n\pi}{4}$

    (2) $2^{\frac{n}{2}}\left(\cos\dfrac{n\pi}{4} + i\sin\dfrac{n\pi}{4}\right) + 2^{\frac{n}{2}}\left\{\cos\left(-\dfrac{n\pi}{4}\right) + i\sin\left(-\dfrac{n\pi}{4}\right)\right\} = 2^{\frac{n+2}{2}}\cos\dfrac{n\pi}{4}$

10. $\dfrac{z_1 - z_2}{z_1 - z_3} = i$ ゆえに $\left|\dfrac{z_1 - z_2}{z_1 - z_3}\right| = 1$

すなわち $|z_1 - z_2| = |z_1 - z_3|$ かつ $\arg \dfrac{z_1 - z_2}{z_1 - z_3} = \dfrac{\pi}{2}$

よって $P_1P_2 = P_1P_3$ かつ $\angle P_2P_1P_3 = \dfrac{\pi}{2}$, ゆえに $\angle P_1$ が 直角の 直角二等辺三角形

【第8章】 ベクトル

練習1] (1) $\dfrac{4}{3}\vec{a} + 2\vec{b}$ (2) $\vec{a} + \vec{b} + \dfrac{1}{4}\vec{c}$

練習2] $\vec{x} = -\vec{a} + \dfrac{2}{3}\vec{b}$

練習3] $\overrightarrow{AB} = (4, -5)$, $\overrightarrow{DC} = (8-x, -2-y)$ より D= (4, 3)

練習4] $\overrightarrow{OA} = \vec{a}$, $\overrightarrow{OB} = \vec{b}$, $\overrightarrow{OC} = \vec{c}$ とすれば, 条件より $|\vec{b}-\vec{a}|^2 + |\vec{c}|^2 = |\vec{a}|^2 + |\vec{c}-\vec{b}|^2$

展開し $|\vec{a}||\vec{b}|\cos\theta_1 = |\vec{b}||\vec{c}|\cos\theta_2$ これは $\vec{a}\cdot\vec{b} = \vec{b}\cdot\vec{c}$ となる。

ゆえに $\vec{b}\cdot(\vec{c}-\vec{a}) = 0$ よって $OB \perp AC$

練習5] 点 P = (x, y, 0) とする。 条件より PA = PB = PC である。

PA = PB より $4x - y - 2 = 0$, PB = PC より $5x + y - 7 = 0$ ゆえに P = (1, 2, 0)

練習6] $\overrightarrow{AB} = (2-3, 1-5, 3-2) = (-1, -4, 1)$

$|\overrightarrow{AB}| = \sqrt{(-1)^2 + (-4)^2 + 1^2} = 3\sqrt{2}$

練習7] $|\vec{a}| = \sqrt{2^2 + (-3)^2 + 5^2} = \sqrt{38}$, $|\vec{b}| = \sqrt{3^2 + 3^2 + 3^2} = 3\sqrt{3}$

練習8] BC の中点 M は $\left(\dfrac{x_2 + x_3}{2}, \dfrac{y_2 + y_3}{2}, \dfrac{z_2 + z_3}{2}\right)$

$\triangle ABC$ の重心は AM を $2:1$ に内分する点であるから, $x = \dfrac{1 \cdot x_1 + 2 \cdot \dfrac{x_2 + x_3}{2}}{2 + 1}$

よって $\left(\dfrac{x_1 + x_2 + x_3}{3}, \dfrac{y_1 + y_2 + y_3}{3}, \dfrac{z_1 + z_2 + z_3}{3}\right)$

練習9] $\vec{a}, \vec{b}$ のなす角を θ とする。

(1) $\cos\theta = \dfrac{3 \times (-3) + (-1) \times 1 + 5 \times 2}{\sqrt{3^2 + (-1)^2 + 5^2}\,\sqrt{(-3)^2 + 1^2 + 2^2}} = 0$ より $\theta = \dfrac{\pi}{2}$

(2) $\cos\theta = \dfrac{1 \times 1 + (-\sqrt{6}) \times 1 + 1 \times (-1)}{\sqrt{1^2 + (-\sqrt{6})^2 + 1^2}\,\sqrt{1^2 + 1^2 + (-1)^2}} = -\dfrac{1}{2}$ より $\theta = \dfrac{2}{3}\pi$

練習10] $\begin{cases} \vec{a}\cdot\vec{b} = x - 2y + 2 = 0 \\ \vec{a}\cdot\vec{c} = 2x - 3y - 4 = 0 \end{cases}$ より $x = 14$, $y = 8$

演 習 問 題

1. $\overrightarrow{DE} = \overrightarrow{BA} = -\vec{a}$, $\overrightarrow{CD} = \overrightarrow{AF} = \vec{b}$, $\overrightarrow{BC} = \overrightarrow{AO} = \overrightarrow{AB} + \overrightarrow{BO} = \vec{a} + \vec{b}$,

$\overrightarrow{EF} = -\overrightarrow{AO} = -\vec{a} - \vec{b}$, $\overrightarrow{CE} = \overrightarrow{CD} + \overrightarrow{DE} = \vec{b} - \vec{a}$, $\overrightarrow{AC} = \overrightarrow{AB} + \overrightarrow{BC} = 2\vec{a} + \vec{b}$,

$\overrightarrow{AE} = \overrightarrow{AF} + \overrightarrow{FE} = \vec{a} + 2\vec{b}$, $\overrightarrow{BD} = \overrightarrow{BC} + \overrightarrow{CD} = \vec{a} + 2\vec{b}$, $\overrightarrow{AD} = 2\overrightarrow{AO} = 2\vec{a} + 2\vec{b}$

2. (1) $-4\vec{a} + 8\vec{b}$ (2) $-\dfrac{5}{6}\vec{b}$

3. $\vec{x} = \dfrac{4}{3}\vec{a} - \dfrac{1}{3}\vec{b}$

4. (1) $6\vec{a}\cdot\vec{a} + \vec{a}\cdot\vec{b} - 2\vec{b}\cdot\vec{b} = 5$ (2) $\vec{a}\cdot\vec{a} - 2\vec{a}\cdot\vec{b} + \vec{b}\cdot\vec{b} = 15$

5. (1) 平行となる条件: $(\vec{a} + t\vec{b}) = k(\vec{b} - \vec{c})$ (k は 0 でない実数)

$$\begin{cases} -1 + t = -k \\ 2 + t = 0 \end{cases} \quad \text{より} \quad t = -2, \ k = 3$$

(2) 垂直となる条件：$(\vec{a} + t\vec{b}) \cdot (\vec{a} - 2\vec{b}) = 0$

$$\begin{cases} \vec{a} + t\vec{b} = (2 + t, \ 1 - t) \\ \vec{a} - 2\vec{b} = (0, \ 3) \end{cases} \quad \text{これより} \ (2 + t) \cdot 0 + (1 - t) \cdot 3 = 0 \quad \text{よって} \ t = 1$$

6. (1) $2 \times 3 \times \cos \dfrac{\pi}{3} = 3$　　(2) $2 \times 3 \times \cos \dfrac{2}{3}\pi = -3$

(3) $\overrightarrow{BC}(\overrightarrow{BC} + \overrightarrow{CD}) = 3^2 \cos 0 - 3 \times 2 \times \cos \dfrac{2}{3}\pi = 9 - (-3) = 12$

(4) $2 \times 2 \times \cos \pi = -4$

7. $-3\overrightarrow{AP} + 2(\overrightarrow{AB} - \overrightarrow{AP}) + (\overrightarrow{AC} - \overrightarrow{AP}) = 0$ となり $\quad \overrightarrow{AP} = \dfrac{3}{6} \cdot \dfrac{2\overrightarrow{AB} + \overrightarrow{AC}}{1 + 2}$

(1) $\dfrac{2\overrightarrow{AB} + \overrightarrow{AC}}{1 + 2}$ は辺 BC 上の点 D の位置，辺 AP は辺 AD の $\dfrac{3}{6}$ の長さ　よって　$1 : 1$

(2) $\dfrac{2\overrightarrow{AB} + \overrightarrow{AC}}{1 + 2}$ は辺 BC を $1 : 2$ に内分した点　よって　$1 : 2$

(3) $\triangle ABP = \dfrac{1}{2}\triangle ABD = \dfrac{1}{2} \cdot \dfrac{1}{3}\triangle ABC = \dfrac{1}{6}\triangle ABC$

同様に $\triangle CAP = \dfrac{1}{3}\triangle ABC, \quad \triangle BCP = \dfrac{1}{2}\triangle ABC \quad$ ゆえに $1 : 3 : 2$

8. $\overrightarrow{AC} = t\overrightarrow{AB}$ となる実数 t が存在する。

$(a - 2 + 1, \ 1 - 3, \ b + 5) = (t, \ -t, \ 4t) \quad$ よって　$a = 3, \quad b = 3, \quad t = 2$

9. (1) D の座標を (x, y, z) とする。$\overrightarrow{AD} = \overrightarrow{BC}$ より　D $(3, 8, 4)$

(2) E の座標を $(x, y, 0)$ とする。$AE^2 = BE^2 = AB^2$ より

E は $(4, 0, 0)$ と $\left(-\dfrac{1}{5}, \ -\dfrac{7}{5}, \ 0\right)$

10. (1) $(x, y, z) = (1, 3, -2) + t(0, 1, 0) = (1, 3 + t, -2)$

よって　$(x と z が一定で y が動く)$ y 軸に平行で zx 平面に垂直

(2) $(x, y, z) = (1 - t)(3, 2, 1) + t(4, 0, 0) = (3 + t, 2 - 2t, 1 - t)$

$$\begin{cases} x = 3 + t \\ y = 2 - 2t \\ z = 1 - t \end{cases} \quad \text{より} \quad x - 3 = \dfrac{2 - y}{2} = 1 - z$$

11. (1) $\overrightarrow{AB} = (0, -2, 2), \quad \overrightarrow{AC} = (3, -1, 0) \quad$ (2) 2

(3) $|\overrightarrow{AB}| = 2\sqrt{2}, \ |\overrightarrow{AC}| = \sqrt{10} \quad$ (4) $\dfrac{\sqrt{5}}{10}$　　(5) $\dfrac{\sqrt{95}}{10}$　　(6) $\sqrt{19}$

12. $0 < \theta < \pi$ より $\sin \theta > 0$, 　面積 $S = \dfrac{1}{2}|\overrightarrow{AB}||\overrightarrow{AC}|\sin \theta$ と内積を用いて

$$\sin \theta = \sqrt{1 - \cos^2 \theta} = \sqrt{1 - \dfrac{(\overrightarrow{AB} \cdot \overrightarrow{AC})^2}{|\overrightarrow{AB}|^2|\overrightarrow{AC}|^2}} = \dfrac{\sqrt{|\overrightarrow{AB}|^2|\overrightarrow{AC}|^2 - (\overrightarrow{AB} \cdot \overrightarrow{AC})^2}}{|\overrightarrow{AB}||\overrightarrow{AC}|}$$

よって　$S = \dfrac{1}{2}\sqrt{|\overrightarrow{AB}|^2|\overrightarrow{AC}|^2 - (\overrightarrow{AB} \cdot \overrightarrow{AC})^2}$ が成り立つ

【第9章】 行列と行列式

練習 1] 重さを w, 値段を p とすると

$$\begin{pmatrix} w \\ p \end{pmatrix} = \begin{pmatrix} 200 & 50 \\ 130 & 20 \end{pmatrix} \begin{pmatrix} 10 & 5 \\ 22 & 15 \end{pmatrix} \begin{pmatrix} x \\ y \end{pmatrix} = \begin{pmatrix} 3100 & 1750 \\ 1740 & 950 \end{pmatrix} \begin{pmatrix} x \\ y \end{pmatrix}$$

よって $\begin{cases} w = 3100x + 1750y \\ p = 1740x + 950y \end{cases}$

練習 2] $\begin{pmatrix} x - y^2 & z - xy \\ -x + 2y & -z + 2x \end{pmatrix} = \begin{pmatrix} 0 & 0 \\ 0 & 0 \end{pmatrix}$ よって $\begin{pmatrix} 4 & 8 \\ 2 & 4 \end{pmatrix}$ と $\begin{pmatrix} 0 & 0 \\ 0 & 0 \end{pmatrix}$

練習 3] (1) $\begin{pmatrix} 3 & -7 \\ -2 & 5 \end{pmatrix}$ (2) 逆行列は存在しない (3) $\begin{pmatrix} \sqrt{2} & -1 \\ -1 & \sqrt{2} \end{pmatrix}$

(4) $\begin{pmatrix} -1 & a \\ 1 & 1-a \end{pmatrix}$

練習 4] (1) $A = \begin{pmatrix} 1 & -2 \\ -2 & 4 \end{pmatrix}$ A の逆行列は存在しない。

解は無数にあり，任意の定数 t を用いて $\begin{cases} x = 2t + 5 \\ y = t \end{cases}$

(2) $A = \begin{pmatrix} 1 & -2 \\ -2 & 4 \end{pmatrix}$ A の逆行列は存在しない。

第 1 式と第 2 式は矛盾し，解は存在しない

(3) $A^{-1} = -\dfrac{1}{5} \begin{pmatrix} -3 & 1 \\ -1 & 2 \end{pmatrix}$ よって $\begin{cases} x = 6 \\ y = 1 \end{cases}$

練習 5] (1) $\begin{cases} x = 0 \\ y = -1 \\ z = 2 \end{cases}$ (2) $\begin{cases} x = 1 \\ y = 1 \\ z = 2 \end{cases}$

練習 6] (1) $\begin{pmatrix} x' \\ y' \end{pmatrix} = \begin{pmatrix} \cos\frac{\pi}{6} & -\sin\frac{\pi}{6} \\ \sin\frac{\pi}{6} & \cos\frac{\pi}{6} \end{pmatrix} \begin{pmatrix} 2 \\ 2 \end{pmatrix} = \dfrac{1}{2} \begin{pmatrix} \sqrt{3} & -1 \\ 1 & \sqrt{3} \end{pmatrix} \begin{pmatrix} 2 \\ 2 \end{pmatrix}$

$= \begin{pmatrix} -1 + \sqrt{3} \\ 1 + \sqrt{3} \end{pmatrix}$

(2) $\begin{pmatrix} x' \\ y' \end{pmatrix} = \begin{pmatrix} \cos\left(-\frac{\pi}{3}\right) & -\sin\left(-\frac{\pi}{3}\right) \\ \sin\left(-\frac{\pi}{3}\right) & \cos\left(-\frac{\pi}{3}\right) \end{pmatrix} \begin{pmatrix} 2 \\ 2 \end{pmatrix} = \dfrac{1}{2} \begin{pmatrix} 1 & \sqrt{3} \\ -\sqrt{3} & 1 \end{pmatrix} \begin{pmatrix} 2 \\ 2 \end{pmatrix}$

$= \begin{pmatrix} 1 + \sqrt{3} \\ 1 - \sqrt{3} \end{pmatrix}$

練習 7] (1) $\begin{cases} x' = x - 1 \\ y' = y + 2 \end{cases} \rightarrow \begin{cases} x = x' + 1 \\ y = y' - 2 \end{cases}$

この $x,\ y$ が曲線上にあるので曲線式に代入し，書き改めると $y = x^2 + x + 4$

(2) $\begin{cases} x' = -x + 1 \\ y' = -y - 2 \end{cases} \rightarrow \begin{cases} x = -x' + 1 \\ y = -y' - 2 \end{cases}$

この $x,\ y$ が曲線上にあるので曲線式に代入し，書き改めると $y = -x^2 + x - 4$

練習 8] $\begin{pmatrix} x' \\ y' \end{pmatrix} = \begin{pmatrix} 1 & 0 \\ 0 & \frac{b}{a} \end{pmatrix} \begin{pmatrix} x \\ y \end{pmatrix}$ より $\begin{cases} x' = x \\ y' = \frac{b}{a}y \end{cases} \rightarrow \begin{cases} x = x' \\ y = \frac{a}{b}y' \end{cases}$

これを式に代入し書き改めると $\dfrac{x^2}{a^2} + \dfrac{y^2}{b^2} = 1$ となり楕円の式

練習 9] (1) $\begin{cases} x = \dfrac{3}{1} = 3 \\ y = \dfrac{-1}{1} = -1 \\ z = \dfrac{-2}{1} = -2 \end{cases}$ (2) $\begin{cases} x = \dfrac{38}{19} = 2 \\ y = \dfrac{-19}{19} = -1 \\ z = \dfrac{19}{19} = 1 \end{cases}$

練習 10] (1) 与式 $= 2 \begin{vmatrix} a & b & 5c \\ 3a & 8b & 5c \\ a & b & 5c \end{vmatrix} = 0$ （第 1 行と第 3 行が同じ）

(2) 与式 $= \begin{vmatrix} 1 & 4 & 5 & -1 \\ 0 & -7 & -3 & 6 \\ 0 & -6 & -4 & 3 \\ 0 & 2 & 1 & 5 \end{vmatrix} = (-1)^{1+1} \cdot 1 \begin{vmatrix} -7 & -3 & 6 \\ -6 & -4 & 3 \\ 2 & 1 & 5 \end{vmatrix} = 65$

練習 11] 第 3 行に沿うて展開すると

与式 $= (-1)^{3+2} \times 5 \begin{vmatrix} 1 & 1 & -2 \\ 4 & 3 & 4 \\ -2 & -6 & 5 \end{vmatrix} + (-1)^{3+4} \times (-1) \begin{vmatrix} 1 & 3 & 1 \\ 4 & -1 & 3 \\ -2 & 7 & -6 \end{vmatrix} = -170$

練習 12] (1) $\dfrac{1}{2} \begin{pmatrix} 3 & 1 & 3 \\ 1 & 1 & 1 \\ 3 & 1 & 5 \end{pmatrix}$ (2) $-\dfrac{1}{2} \begin{pmatrix} 8 & -14 & 2 \\ 3 & -5 & 1 \\ -7 & 11 & -1 \end{pmatrix}$

練習 13] $A = \begin{pmatrix} 1 & -1 & 1 \\ 2 & -3 & 1 \\ 3 & -2 & 2 \end{pmatrix}$, $|A| = 2$, $A^{-1} = \dfrac{1}{2} \begin{pmatrix} -4 & 0 & 2 \\ -1 & -1 & 1 \\ 5 & -1 & -1 \end{pmatrix}$, $\begin{cases} x = 1 \\ y = 2 \\ z = 3 \end{cases}$

演 習 問 題

1. (1) 2 行 3 列 (2) 3 行 3 列 (3) 3 行 2 列 (4) 2 行 2 列 (5) 1 行 4 列 (6) 2 行 1 列

2. (1) $x = 5$, $y = -2$, $u = 1$, $v = 1$ (2) $x = 3$, $y = 3$, $u = 3$, $v = 1$

3. (1) $\begin{pmatrix} 8 & -8 \\ -16 & 16 \end{pmatrix}$ (2) $\begin{pmatrix} -10 & 4 \\ -8 & -2 \end{pmatrix}$ (3) $\begin{pmatrix} -1 & 4 \\ 4 & -11 \end{pmatrix}$ (4) $\begin{pmatrix} 7 & 22 \\ 17 & 50 \end{pmatrix}$

(5) $\begin{pmatrix} 10 & 28 \\ 38 & 92 \end{pmatrix}$ (6) $\begin{pmatrix} 19 & 18 & 17 \\ 13 & 14 & 15 \\ 45 & 46 & 47 \end{pmatrix}$

4. (1) $\begin{pmatrix} 4 & 13 \\ -14 & 22 \end{pmatrix}$ (2) $\begin{pmatrix} 11 & -3 \\ 12 & -11 \end{pmatrix}$ (3) $\begin{pmatrix} -20 & 10 \\ -28 & 14 \end{pmatrix}$ (4) $\begin{pmatrix} -9 & 7 \\ -16 & 3 \end{pmatrix}$

5. (1) $A^2 = \begin{pmatrix} -1 & 0 \\ 0 & -1 \end{pmatrix}$, $A^3 = \begin{pmatrix} 0 & -1 \\ 1 & 0 \end{pmatrix}$, $A^4 = \begin{pmatrix} 1 & 0 \\ 0 & 1 \end{pmatrix}$, $(A^4)^{25} = \begin{pmatrix} 1 & 0 \\ 0 & 1 \end{pmatrix}$

(2) $A^2 = A^4 = \begin{pmatrix} 1 & 0 & 0 \\ 0 & 1 & 0 \\ 0 & 0 & 1 \end{pmatrix}$, $A^3 = \begin{pmatrix} 0 & 0 & 1 \\ 0 & 1 & 0 \\ 1 & 0 & 0 \end{pmatrix}$, $A^{100} = \begin{pmatrix} 1 & 0 & 0 \\ 0 & 1 & 0 \\ 0 & 0 & 1 \end{pmatrix}$

(3) $A^2 = \begin{pmatrix} 1 & 0 & 0 \\ 0 & 1 & 0 \\ 2 & 0 & 1 \end{pmatrix}, A^3 = \begin{pmatrix} 1 & 0 & 0 \\ 0 & 1 & 0 \\ 3 & 0 & 1 \end{pmatrix}, A^4 = \begin{pmatrix} 1 & 0 & 0 \\ 0 & 1 & 0 \\ 4 & 0 & 1 \end{pmatrix}, A^{100} = \begin{pmatrix} 1 & 0 & 0 \\ 0 & 1 & 0 \\ 100 & 0 & 1 \end{pmatrix}$

6. (1) $A^{-1} = \dfrac{1}{2} \begin{pmatrix} 4 & -1 \\ -6 & 2 \end{pmatrix}$　　　　(2) 逆行列は存在しない　　　(3) $A^{-1} = -\dfrac{1}{5} \begin{pmatrix} 5 & 3 \\ 5 & 2 \end{pmatrix}$

7. (1) $\begin{cases} x = 1 \\ y = 0 \\ z = -1 \end{cases}$　　(2) 解は無数にある $\begin{cases} x = 3t - 2 \\ y = -2t + 2 \\ z = t \end{cases}$　　(3) 解は存在しない

8. $A = \begin{pmatrix} 0.9 & 0.3 \\ 0.2 & 0.8 \end{pmatrix}$ とおくと　$A^2 = \begin{pmatrix} 0.87 & 0.51 \\ 0.34 & 0.70 \end{pmatrix}$,　$A^3 = \begin{pmatrix} 0.885 & 0.669 \\ 0.446 & 0.662 \end{pmatrix}$

$\begin{pmatrix} x' \\ y' \end{pmatrix} = A \begin{pmatrix} 100 \\ 50 \end{pmatrix} = \begin{pmatrix} 105 \\ 60 \end{pmatrix}$,　　2020 年：105 万人と 60 万人

$\begin{pmatrix} x'' \\ y'' \end{pmatrix} = A^2 \begin{pmatrix} 100 \\ 50 \end{pmatrix} = \begin{pmatrix} 112.5 \\ 69 \end{pmatrix}$,　　2030 年：112.5 万人と 69 万人

$\begin{pmatrix} x''' \\ y''' \end{pmatrix} = A^3 \begin{pmatrix} 100 \\ 50 \end{pmatrix} = \begin{pmatrix} 121.95 \\ 77.7 \end{pmatrix}$,　　2040 年：121.95 万人と 77.7 万人

9. $\begin{cases} x' = x + 2y \\ y' = 3x + 4y \end{cases}$　これが $2x - y + 1 = 0$ 上にあるので式に代入　$x = 1$

10. $\begin{pmatrix} 1 \\ 0 \end{pmatrix} = \begin{pmatrix} a & b \\ c & d \end{pmatrix} \begin{pmatrix} 3 \\ 1 \end{pmatrix}$, $\begin{pmatrix} 0 \\ 1 \end{pmatrix} = \begin{pmatrix} a & b \\ c & d \end{pmatrix} \begin{pmatrix} 2 \\ 1 \end{pmatrix}$ より $\begin{pmatrix} a & b \\ c & d \end{pmatrix} = \begin{pmatrix} 1 & -2 \\ -1 & 3 \end{pmatrix}$

$\begin{pmatrix} x' \\ y' \end{pmatrix} = \begin{pmatrix} 1 & -2 \\ -1 & 3 \end{pmatrix} \begin{pmatrix} 5 \\ 5 \end{pmatrix} = \begin{pmatrix} -5 \\ 10 \end{pmatrix}$, $\begin{pmatrix} x'' \\ y'' \end{pmatrix} = \begin{pmatrix} 1 & -2 \\ -1 & 3 \end{pmatrix} \begin{pmatrix} 10 \\ 10 \end{pmatrix} = \begin{pmatrix} -10 \\ 20 \end{pmatrix}$

点 $(5,\ 5)$ は点 $(-5,\ -10)$ へ，　点 $(10,\ 10)$ は点 $(-10,\ 20)$ へ移動

11. (1) $\dfrac{1}{5} \begin{pmatrix} -3 & 2 & 2 \\ 2 & -3 & 2 \\ 2 & 2 & -3 \end{pmatrix}$　　(2) $\begin{pmatrix} 1 & 3 & 1 \\ 1 & 2 & 0 \\ 1 & 2 & 1 \end{pmatrix}$　　(3) $\begin{pmatrix} 1 & -3 & 1 \\ -8 & 29 & -11 \\ -5 & 18 & -7 \end{pmatrix}$

12. $\begin{pmatrix} x' \\ y' \end{pmatrix} = \begin{pmatrix} \cos\dfrac{\pi}{3} & -\sin\dfrac{\pi}{3} \\ \sin\dfrac{\pi}{3} & \cos\dfrac{\pi}{3} \end{pmatrix} \begin{pmatrix} x \\ y \end{pmatrix}$ より $\begin{cases} x = \dfrac{1}{2}x' + \dfrac{\sqrt{3}}{2}y' \\ y = -\dfrac{\sqrt{3}}{2}x' + \dfrac{1}{2}y' \end{cases}$　これが直線上

にあるので，式に代入し書き改めると　$(1 + \sqrt{3})x - (1 - \sqrt{3})y + 6 = 0$

13. (1) 与式 $= \begin{pmatrix} -1 & 0 \\ 0 & 1 \end{pmatrix} \begin{pmatrix} 0 & -1 \\ 1 & 0 \end{pmatrix} = \begin{pmatrix} 0 & 1 \\ 1 & 0 \end{pmatrix}$

(2) 与式 $= \begin{pmatrix} 0 & -1 \\ 1 & 0 \end{pmatrix} \begin{pmatrix} -1 & 0 \\ 0 & 1 \end{pmatrix} = \begin{pmatrix} 0 & -1 \\ -1 & 0 \end{pmatrix}$

(3) 与式 $= \begin{pmatrix} 0 & 1 \\ -1 & 0 \end{pmatrix} \begin{pmatrix} -1 & 0 \\ 0 & 1 \end{pmatrix} \begin{pmatrix} 0 & -1 \\ 1 & 0 \end{pmatrix} = \begin{pmatrix} 0 & 1 \\ 1 & 0 \end{pmatrix} \begin{pmatrix} 0 & -1 \\ 1 & 0 \end{pmatrix} = \begin{pmatrix} 1 & 0 \\ 0 & -1 \end{pmatrix}$

14. (1) 0　　(2) -1　　(3) -28　　(4) 45　　(5) 35　　(6) 9

【第 10 章】 数列

練習 1] (1) $\dfrac{n+2}{n+1}$ $(n = 1,\ 2,\ 3,\ \cdots)$ (2) $n + \dfrac{1}{n^2}$ $(n = 1,\ 2,\ 3,\ \cdots)$

練習 2] $a_{10} = a_1 + 9d = 150$, $a_{30} = a_1 + 29d = -250$ より, $a_1 = 330$, $d = -20$
$a_n = 330 + (n-1) \times (-20) < 0$ より $n > 17.5$ よって 18 項

練習 3](1) 条件を満たす数は $12n+1$ $(n = 0, 1, 2, \cdots)$, $S = 12(1+2+\cdots+8)+9 = 441$
(2) $A = 3(1 + 2 + \cdots + 33) = 3 \times \dfrac{33}{2}(1 + 33) = 1683$

$B = 4(1 + 2 + \cdots + 25) = 4 \times \dfrac{25}{2}(1 + 25) = 1300$

$C = 12(1 + 2 + \cdots + 8) = 12 \times \dfrac{8}{2}(1 + 8) = 432$, $\quad A + B - C = 2551$

1 から 100 までの自然数の和 $S = \dfrac{100}{2}(1 + 100) = 5050$ よって $S - 2551 = 2499$

練習 4] $S_n = \dfrac{1 \cdot (2^n - 1)}{2 - 1} \geqq 1000$ より $2^n \geqq 1001$, $n \geqq 9.967$ よって 10 回目

練習 5] $S = a(1 + 0.03) + a(1 + 0.03)^2 + \cdots + a(1 + 0.03)^{10}$
$= \dfrac{a(1 + 0.03)\{(1 + 0.03)^{10} - 1\}}{(1 + 0.03) - 1} = 11.81a = 10^6$ よって 84,700 円

練習 6] (1) $S = \dfrac{1}{6} \times 10(10 + 1)(2 \times 10 + 1) = 385$

(2) $S = \dfrac{1}{6} \times 30(30 + 1)(2 \times 30 + 1) - 385 = 9070$

練習 7] (1) $\displaystyle\sum_{k=1}^{n} k^2 - \sum_{k=1}^{n} k = \dfrac{1}{6}n(n+1)(2n+1) - \dfrac{1}{2}n(n+1) = \dfrac{1}{3}n(n+1)(n-1)$

(2) $\displaystyle\sum_{k=1}^{n} 4 \times \dfrac{1}{2}k(k+1) = \dfrac{1}{3}n(n+1)(2n+1) + n(n+1) = \dfrac{2}{3}n(n+1)(n+2)$

(3) $\dfrac{1}{2}\displaystyle\sum_{k=1}^{n} \left(\dfrac{1}{2k-1} - \dfrac{1}{2k+1}\right) = \dfrac{1}{2}\left(1 - \dfrac{1}{2n+1}\right) = \dfrac{n}{2n+1}$

練習 8] (1) 階差数列は 初項 1, 公差 -2
$n \geqq 2$ のとき $a_n = a_1 + \displaystyle\sum_{k=1}^{n-1}(-2k+3) = -n^2 + 4n + 7$ 一般項 $-n^2 + 4n + 7$
これは $n = 1$ のときも成り立つ
(2) 階差数列は 初項 1, 公比 2 $n \geqq 2$ のとき $a_n = a_1 + \displaystyle\sum_{k=1}^{n-1} 2^{k-1} = -3 + \dfrac{1(2^{n-1} - 1)}{2 - 1}$
$= 2^{n-1} - 4$ 一般項 $2^{n-1} - 4$ これは $n = 1$ のときも成り立つ

練習 9] (1) $a_{n+1} + 1 = 2(a_n + 1)$ より $\{a_{n+1} + 1\}$ は初項 2, 公比 2 の等比数列
$a_n = 2^n - 1$
(2) $a_{n+1} - 2 = \dfrac{1}{2}(a_n - 2)$ より $\{a_{n+1} - 2\}$ は初項 -1, 公比 $\dfrac{1}{2}$ の等比数列
$a_n = 2 - \left(\dfrac{1}{2}\right)^{n-1}$

演 習 問 題

1. (1) 初項 2, 公差 7 の等差数列 $a_n = 7n - 5$, $S_n = \dfrac{n}{2}(7n - 3)$
(2) 初項 1, 公比 2 の等比数列 $a_n = 2^{n-1}$, $S_n = 2^n - 1$
(3) 初項 1, 公比 $\dfrac{1}{2}$ の等比数列 $a_n = \dfrac{1}{2^{n-1}}$, $S_n = 2 - \dfrac{1}{2^{n-1}}$

(4) 初項 3，公比 $-\dfrac{1}{2}$ の等比差数列　$a_n = 3 \cdot \left(-\dfrac{1}{2}\right)^{n-1}$，$S_n = 2\left\{1 - \left(-\dfrac{1}{2}\right)^n\right\}$

(5) $a_n = 3^{n-1}$，$S_n = \dfrac{1}{2}(3^n - 1)$

(6) 初項 4，公比 ± 3　$r = 3$ のとき：$a_n = 4 \cdot 3^{n-1}$，$S_n = 2(3^n - 1)$

$r = -3$ のとき：$a_n = 4 \cdot (-3)^{n-1}$，$S_n = -(-3)^n + 1$

(7) $a_5 - a_1 = 4d = 336$ より　$d = 84$　$a_n = 84n - 96$，$S_n = 42n^2 - 54n$

2. (1) $5 + 9 + 13 + 17 = 44$　(2) $1^2 + 2^2 + 3^2 + 4^2 = 30$　(3) $2 + 4 + 8 + 16 = 30$

(4) $1^3 + 2^3 + 3^3 + 4^3 = 100$　(5) $(-2)^0 + (-2)^1 + (-2)^2 + (-2)^3 = -5$

(6) $3 + 6 + 12 + 24 = 45$　(7) $5 + 5 + 5 + 5 = 20$　(8) $-3 - 3 - 3 - 3 = -12$

3. (1) $4\left(\dfrac{1}{2} \times 20 \times 21\right) + 20 = 860$　(2) $\dfrac{1}{6} \times 20 \times 21 \times 41 = 2870$

(3) $\dfrac{2(2^{20} - 1)}{2 - 1} = 2097150$　(4) $\left(\dfrac{1}{2} \times 20 \times 21\right)^2 = 44100$

(5) $\dfrac{1\left\{(-2)^{20} - 1\right\}}{-2 - 1} = -349525$　(6) $\dfrac{3(2^{20} - 1)}{2 - 1} = 3145725$　(7) $5 \times 20 = 100$

(8) $(-3) \times 20 = -60$

4. (1) 階差数列は初項 4，公差 2，　$n \geqq 2$ のとき $a_n = a_1 + \displaystyle\sum_{k=1}^{n-1}(2k + 2) = n(n+1)$，

$S_n = \dfrac{1}{3}n(n+1)(n+2)$　これは $n = 1$ のときも成り立つ

(2) 階差数列は初項 2，公比 2，　$n \geqq 2$ のとき $a_n = a_1 + \displaystyle\sum_{k=1}^{n-1} 2^k = 2^n - 1$，

$S_n = 2^{n+1} - n - 2$　これは $n = 1$ のときも成り立つ

(3) 階差数列は初項 30，公比 10，　$n \geqq 2$ のとき $a_n = a_1 + \displaystyle\sum_{k=1}^{n-1} 3 \times 10^k$

$= \dfrac{1}{3}\left(10^n - 1\right)$，　$S_n = \dfrac{1}{27}\left(10^{n+1} - 9n - 10\right)$　これは $n = 1$ のときも成り立つ

(4) 階差数列は初項 2，公差 1，　$n \geqq 2$ のとき $a_n = a_1 + \displaystyle\sum_{k=1}^{n-1}(k + 1)$

$= \dfrac{1}{2}n(n+1)$，　$S_n = \dfrac{1}{6}n(n+1)(n+2)$　これは $n = 1$ のときも成り立つ

(5) (4) より　$a_n = \dfrac{2}{n(n+1)} = 2\left(\dfrac{1}{n} - \dfrac{1}{n+1}\right)$，　$S_n = \dfrac{2n}{n+1}$

これは $n = 1$ のときも成り立つ

5. 左から r 番目の杭から出発したとして，歩く道のりを l m とすると

$l = 4(r - 8)^2 + 224$　左から 8 番目の位置から出発すると，最小 224 m となる。

6. (1) 群数列の第 $n-1$ 群までの項数は $\dfrac{1}{2}(n-1)n$，第 n 群の最初の数は奇数の列 $\{2n - 1\}$

の第 $\left\{\dfrac{1}{2}(n-1)n + 1\right\}$ 番目の項であるから　$n^2 - n + 1$

(2) 第 n 群は，初項 $n^2 - n + 1$，公差 2，項数 n の等差数列であるから　n^3

7. (1) $S_{n+1} - S_n = 2 - a_{n+1} + a_n$ より　$a_{n+1} = \dfrac{1}{2}a_n + 1$

(2) $a_1 = S_1 = -1$，　(1) の結果を変形して　$a_{n+1} - 2 = \dfrac{1}{2}(a_n - 2)$

$\{a_n - 2\}$ は初項 -3，公比 $\dfrac{1}{2}$ の等比数列であるから　$a_n - 2 = (-3)\left(\dfrac{1}{2}\right)^{n-1}$

よって $a_n = 2 - \dfrac{3}{2^{n-1}}$

8. (1) $a = \dfrac{3000 \times 0.05(1+0.05)^{30}}{(1+0.05)^{30} - 1} = 195.2$ 195.2 万円

(2) $150 = \dfrac{A \times 0.05(1+0.05)^{30}}{(1+0.05)^{30} - 1}$ $A = 2{,}305.9$ 万円

(3) $S = \dfrac{150(1+0.05)\left\{(1+0.05)^{30} - 1\right\}}{0.05} = 10464.1$ 10,464.1 万円

9. (1) $a_1 = 2$, $a_2 = 4$, $a_3 = 8$, $a_4 = 14$ (2) $a_{n+1} = a_n + 2n$

(3) $a_n = a_1 + \displaystyle\sum_{k=1}^{n-1} 2k = n^2 - n + 2$

【第 11 章】 極限

練習 1] (1) $\displaystyle\lim_{n\to\infty} \dfrac{-2n + \dfrac{4}{n} + \dfrac{7}{n^2}}{2 + \dfrac{1}{n^2}} = -\infty$

(2) $\displaystyle\lim_{n\to\infty} \dfrac{n^2\left(n^2 - n^2 - 4\right)}{n + \sqrt{n^2 + 4}} = \lim_{n\to\infty} \dfrac{-4n^2}{n + \sqrt{n^2 + 4}} = \lim_{n\to\infty} \dfrac{-4n}{1 + \sqrt{1 + \dfrac{4}{n^2}}} = -\infty$

(3) $-\dfrac{1}{n^2} \leq \dfrac{(-1)^n}{n^2} \leq \dfrac{1}{n^2}$, $\displaystyle\lim_{n\to\infty}\left(-\dfrac{1}{n^2}\right) = 0$, $\displaystyle\lim_{n\to\infty}\dfrac{1}{n^2} = 0$ よって 0

(4) $-\dfrac{1}{2n} \leq \dfrac{1}{2n}\cos n\theta \leq \dfrac{1}{2n}$, $\displaystyle\lim_{n\to\infty}\left(-\dfrac{1}{2n}\right) = 0$, $\displaystyle\lim_{n\to\infty}\dfrac{1}{2n} = 0$ よって 0

練習 2] (1) $|r| < 1$ のとき 1 に収束, $r = 1$ のとき $\dfrac{1}{2}$ に収束, $|r| > 1$ のとき 0 に収束

(2) $|r| < 1$ のとき -1 に収束, $r = 1$ のとき 0 に収束,

$|r| > 1$ のとき $\displaystyle\lim_{n\to\infty} \dfrac{1 - \left(\dfrac{1}{r}\right)^n}{1 + \left(\dfrac{1}{r}\right)^n} = 1$ で, 1 に収束

練習 3] (1) 公比が $\dfrac{1}{2}$ なので収束する。 $S_n = \dfrac{3}{1 - \dfrac{1}{2}} = 6$

(2) 公比が $-\dfrac{3}{2}$ なので発散する。

(3) 初項 2, 公比 -2 の無限等比級数で, 公比が -2 なので発散する。

練習 4] (1) $\displaystyle\lim_{x\to\infty} \log\dfrac{x+2}{x} = \lim_{x\to\infty} \log\dfrac{1 + \dfrac{2}{x}}{1} = \log 1 = 0$

(2) $\displaystyle\lim_{x\to\infty} x^3\left(1 - \dfrac{3}{x} + \dfrac{2}{x^3}\right) = \infty$

練習 5] (1) $\displaystyle\lim_{x\to 0} \dfrac{\dfrac{2}{3}\cdot 3x}{\dfrac{\sin 3x}{\cos 3x}} = \lim_{x\to 0} \dfrac{3x}{\sin 3x}\cdot\dfrac{2}{3}\cdot\cos 3x = \dfrac{2}{3}$

(2) $\displaystyle\lim_{x\to 0} 3\cdot\dfrac{\sin 3x}{3x} - \lim_{x\to 0} 2\cdot\dfrac{\sin 2x}{2x} = 3 - 2 = 1$

(3) $\displaystyle \lim_{x \to 0} \frac{-2 \sin \frac{3x+2x}{2} \cdot \sin \frac{3x-2x}{2}}{x^2} = \lim_{x \to 0} (-2) \cdot \frac{5}{2} \cdot \frac{1}{2} \cdot \frac{\sin \frac{5}{2}x}{\frac{5}{2}x} \cdot \frac{\sin \frac{1}{2}x}{\frac{1}{2}x} = -\frac{5}{2}$

練習6] (1) $\sqrt{2+3x} \geq 0$ より $x \geq -\frac{2}{3}$ で連続

(2) $4^x - 2 \neq 0$ より $x \neq \frac{1}{2}$ となり，$x < \frac{1}{2}$，$x > \frac{1}{2}$ で連続

(3) $1 + \frac{1}{x} > 0$ より x の符号が不明なため x^2 を掛けると $x < -1$，$x > 0$ で連続

<h3 align="center">演 習 問 題</h3>

1. (1) $\displaystyle \lim_{n \to \infty} \left(\frac{1}{1 - \frac{1}{n}} + \frac{2}{1 + \frac{1}{n}} \right) = 3$，3 に収束

(2) $\displaystyle \lim_{n \to \infty} \frac{n^2 - n - n^2 - n}{\sqrt{n^2 - n} + \sqrt{n^2 + n}} = \lim_{n \to \infty} \frac{-2}{\sqrt{1 - \frac{1}{n}} + \sqrt{1 + \frac{1}{n}}} = -1$，$-1$ に収束

(3) $\displaystyle \lim_{n \to \infty} \left(\frac{1}{2^n} + \frac{1}{2^{2n}} \right) = 0$，0 に収束

2. (1) $\displaystyle \lim_{x \to a} \frac{x+a}{x^2 + ax + a^2} = \frac{2}{3a}$ 　　(2) $\displaystyle \frac{4^0 + 1}{2^0 + 1} = \frac{2}{2} = 1$

(3) $\displaystyle \lim_{n \to \infty} \frac{n + 1 - n}{\sqrt{n+1} + \sqrt{n}} = \frac{1}{\infty} = 0$ 　　(4) $\displaystyle \lim_{x \to 1} \frac{(x-1)(2x^2 + 2x + 1)}{(x+4)(x-1)} = \frac{5}{5} = 1$

(5) $\displaystyle \lim_{x \to \infty} \log \frac{x}{x-1} = \lim_{x \to \infty} \log \frac{1}{1 - \frac{1}{x}} = \log 1 = 0$ 　　(6) $\displaystyle \lim_{n \to \infty} n^3 \left(1 - \frac{9}{n} \right) = +\infty$

(7) $\displaystyle \frac{3}{1} = 3$ 　　(8) $\displaystyle \lim_{x \to 1} \frac{x(x-1)}{(x+2)(x-1)} = \lim_{x \to 1} \frac{x}{x+2} = \frac{1}{3}$

(9) $-1 \leq \cos n\theta \leq 1$，$n > 0$ であるから $-\frac{1}{n} \leq \frac{\cos n\theta}{n} \leq \frac{1}{n}$，

また $\displaystyle \lim_{n \to \infty} \left(-\frac{1}{n} \right) = 0$，$\displaystyle \lim_{n \to \infty} \frac{1}{n} = 0$ 　よって 0

(10) $-1 \leq \sin n\theta \leq 1$，$n > 0$ であるから $-\frac{1}{n} \leq \frac{\sin n\theta}{n} \leq \frac{1}{n}$，

また $\displaystyle \lim_{n \to \infty} \left(-\frac{1}{n} \right) = 0$，$\displaystyle \lim_{n \to \infty} \frac{1}{n} = 0$ 　よって 0

(11) $\displaystyle \lim_{x \to 0} \frac{1}{\cos x} \cdot \frac{\sin x}{x} = \lim_{x \to 0} \frac{1}{\cos x} = 1$ 　　(12) $\displaystyle \lim_{x \to 0} \frac{\sin 2x}{2x} \cdot \frac{3x}{\sin 3x} \cdot \frac{2}{3} = \frac{2}{3}$

(13) $0 \leq |\sin x| \leq 1$ だから $0 \leq \left| \frac{\sin x}{x} \right| \leq \frac{1}{|x|}$，$\displaystyle \lim_{x \to \infty} \frac{1}{|x|} = 0$ 　よって 0

(14) $\left| \frac{\sin x}{x} \right| \leq 1$ だから $0 \leq \left| x \sin \frac{1}{x} \right| \leq |x|$

ゆえに $0 \leq \displaystyle \lim_{x \to 0} \left| x \sin \frac{1}{x} \right| \leq \lim_{x \to 0} |x| = 0$ 　よって 0

3. (1) 初項 128，公比が $\frac{1}{2}$ なので収束する。$\displaystyle \lim_{x \to \infty} S_n = \frac{128}{1 - \frac{1}{2}} = 256$

(2) 初項 -1，公比が $-\frac{1}{10}$ なので収束する。$\displaystyle \lim_{x \to \infty} S_n = \frac{-1}{1 + \frac{1}{10}} = -\frac{10}{11}$

(3) 初項 3，公比が -1，振動する。

4. $\displaystyle\sum_{n=1}^{\infty}\frac{2^n}{10^n}+\sum_{n=1}^{\infty}\frac{5^n}{10^n}=\sum_{n=1}^{\infty}\left(\frac{1}{5}\right)^n+\sum_{n=1}^{\infty}\left(\frac{1}{2}\right)^n$　　初項 $\frac{1}{5}$, 公比 $\frac{1}{5}$ と, 初項 $\frac{1}{2}$, 公比 $\frac{1}{2}$ で,

いずれも収束する。よって $\displaystyle\lim_{n\to\infty}S_n=\dfrac{\frac{1}{5}}{1-\frac{1}{5}}+\dfrac{\frac{1}{2}}{1-\frac{1}{2}}=\dfrac{5}{4}$

5. $\frac{1}{2}$ の場合 : $\frac{1}{2}+\left(\frac{1}{2}\right)^2+\left(\frac{1}{2}\right)^2+\cdots$ 　　　　$S_n=1-\left(\frac{1}{2}\right)^n$, 　$\displaystyle\lim_{n\to\infty}S_n=1$

$\frac{1}{3}$ の場合 : $\frac{1}{3}+\left(\frac{1}{3}\right)^2+\left(\frac{1}{3}\right)^2+\cdots$ 　　　　$S_n=\frac{1}{2}\left\{1-\left(\frac{1}{3}\right)^n\right\}$, 　$\displaystyle\lim_{n\to\infty}S_n=\frac{1}{2}$

$\frac{1}{4}$ の場合 : $\frac{1}{4}+\left(\frac{1}{4}\right)^2+\left(\frac{1}{4}\right)^2+\cdots$ 　　　　$S_n=\frac{1}{3}\left\{1-\left(\frac{1}{4}\right)^n\right\}$, 　$\displaystyle\lim_{n\to\infty}S_n=\frac{1}{3}$

6. (1) $a\sin\frac{\pi}{6}+a\sin\frac{\pi}{6}\cos\frac{\pi}{6}+a\sin\frac{\pi}{6}\cos^2\frac{\pi}{6}+\cdots \Rightarrow \frac{a}{2}+\frac{a}{2}\cdot\frac{\sqrt{3}}{2}+\frac{a}{2}\cdot\left(\frac{\sqrt{3}}{2}\right)^2+\cdots$

$0<\cos\frac{\pi}{6}<1$ より 　$S_n=\dfrac{\frac{a}{2}\left\{1-\left(\frac{\sqrt{3}}{2}\right)^n\right\}}{1-\frac{\sqrt{3}}{2}}=\dfrac{a}{2-\sqrt{3}}\left\{1-\left(\frac{\sqrt{3}}{2}\right)^n\right\}$

よって $\displaystyle\lim_{n\to\infty}\frac{a}{2-\sqrt{3}}\left\{1-\left(\frac{\sqrt{3}}{2}\right)^n\right\}=(2+\sqrt{3})a$

$S_n=\dfrac{a\cos\theta\left(1-\cos^n\theta\right)}{1-\cos\theta}$, $0<\cos\theta<1$ より $\displaystyle\lim_{n\to\infty}\frac{a\sin\theta\left(1-\cos^n\theta\right)}{1-\cos\theta}=\frac{a\sin\theta}{1-\cos\theta}$

(2) $\frac{1}{2}a^2\sin^3\frac{\pi}{6}\cos\frac{\pi}{6}+\frac{1}{2}a^2\sin^3\frac{\pi}{6}\cos^5\frac{\pi}{6}+\frac{1}{2}a^2\sin^3\frac{\pi}{6}\cos^9\frac{\pi}{6}+\cdots$

$0<\cos^4\frac{\pi}{6}<1$ より

$S_n=\dfrac{\frac{1}{2}a^2\sin^3\frac{\pi}{6}\cos\frac{\pi}{6}\left\{1-\left(\cos^4\frac{\pi}{6}\right)^n\right\}}{1-\cos^4\frac{\pi}{6}}=\dfrac{a^2\sin\frac{\pi}{6}\cos\frac{\pi}{6}\left(1-\cos^{4n}\frac{\pi}{6}\right)}{2\left(1+\cos^2\frac{\pi}{6}\right)}$

よって $\displaystyle\lim_{n\to\infty}\frac{a^2\sin\frac{\pi}{6}\cos\frac{\pi}{6}\left(1-\cos^{4n}\frac{\pi}{6}\right)}{2\left(1+\cos^2\frac{\pi}{6}\right)}=\frac{\sqrt{3}}{14}a^2$ 　　　同様に 　$\dfrac{a^2\sin\theta\cos\theta}{2\left(1+\cos^2\theta\right)}$

7. 1辺を a_n とする。$\frac{\pi}{4}$ の場合 　$a_1=\frac{1}{2}a$, $a_{n+1}=\frac{1}{2}a_n$ （n は自然数）

$\left(\frac{1}{2}a\right)^2+\left(\frac{1}{2}a_1\right)^2+\left(\frac{1}{2}a_2\right)^2+\cdots\cdots \Rightarrow \left(\frac{1}{2}a\right)^2+\left\{\left(\frac{1}{2}\right)^2a\right\}^2+\left\{\left(\frac{1}{2}\right)^3a\right\}^2+\cdots\cdots$

$S_n=\dfrac{\left(\frac{1}{2}a\right)^2\left\{1-\left(\frac{1}{2}\right)^{2n}\right\}}{1-\left(\frac{1}{2}\right)^2}=\dfrac{a^2}{3}\left\{1-\left(\frac{1}{2}\right)^{2n}\right\}$, 　よって $\displaystyle\lim_{n\to\infty}\frac{a^2}{3}\left(1-\frac{1}{2^{2n}}\right)=\frac{a^2}{3}$

$\frac{\pi}{6}$ の場合 　$a_1=\dfrac{\sqrt{3}}{\sqrt{3}+1}a$, $a_{n+1}=\dfrac{\sqrt{3}}{\sqrt{3}+1}a_n$ （n は自然数）

$S_n=\dfrac{3a^2}{1+2\sqrt{3}}\left\{1-\left(\dfrac{\sqrt{3}}{\sqrt{3}+1}\right)^{2n}\right\}$, 　　ここで $0<\dfrac{\sqrt{3}}{\sqrt{3}+1}<1$

よって $\displaystyle\lim_{n\to\infty}\frac{3a^2}{1+2\sqrt{3}}\left\{1-\left(\dfrac{\sqrt{3}}{\sqrt{3}+1}\right)^{2n}\right\}=\dfrac{3(2\sqrt{3}-1)}{11}a^2$

8. P が近づいていく点を $(x,\ y)$ とすれば,

$x=a+\frac{1}{2}a+\left(\frac{1}{2}\right)^2a+\cdots\cdots$, 　　　　$y=\frac{1}{3}a+\left(\frac{1}{3}\right)^2a+\left(\frac{1}{3}\right)^3a+\cdots\cdots$

$$S_{nx} = 2a\left\{1 - \left(\frac{1}{2}\right)^n\right\}, \quad \text{よって} \quad \lim_{n\to\infty} 2a\left(1 - \frac{1}{2^n}\right) = 2a$$

$$S_{ny} = \frac{1}{2}a\left\{1 - \left(\frac{1}{3}\right)^n\right\}, \quad \text{よって} \quad \lim_{n\to\infty} \frac{1}{2}a\left(1 - \frac{1}{3^n}\right) = \frac{1}{2}a \quad \text{ゆえに} \quad \left(2a, \ \frac{1}{2}a\right)$$

【第 12 章】 微分法とその応用

練習 1] (1) 2　　　(2) $4ax$　　　(3) $3x^2 - 3$　　　(4) $6(3x + 2)$　　　(5) $\dfrac{1}{x^2}$

(6) $-\dfrac{1}{(x+1)^2}$　　　(7) $x^2 - x + 5a$

練習 2] (1) $x^2 - 4$　　　(2) $\dfrac{x(x^3 + 3x - 2)}{(x^2 + 1)^2}$　　　(3) $6x^2 + 4x + 3$

練習 3] (1) $u = 5x + 1$ とおくと　$y = u^3$ より　$15(5x + 1)^2$

(2) $u = x^2 + x$ とおくと　$y = u^4$ より　$4(2x + 1)(x^2 + x)^3$

(3) $u = 5x - 1$ とおくと　$y = \dfrac{1}{u^2}$ より　$-\dfrac{10}{(5x - 1)^3}$

(4) $u = 5x^2 - x$ とおくと　$y = \dfrac{1}{u^2}$ より　$-\dfrac{2(10x - 1)}{(5x^2 - x)^3}$

練習 4] (1) $y = x^{\frac{7}{2}}$ より　$\dfrac{7}{2}x^2\sqrt{x}$

(2) $y = x^{\frac{2}{3}} - 2x^{-\frac{1}{3}}$ より　$\dfrac{2}{3} \cdot \dfrac{x + 1}{x\sqrt[3]{x}}$

(3) $u = 5 - 3x$ とおくと　$y = u^{\frac{2}{3}}$ より　$-\dfrac{2}{\sqrt[3]{5 - 3x}}$

練習 5] $\dfrac{d}{dx}\left(\dfrac{x^2}{a^2}\right) + \dfrac{d}{dx}\left(\dfrac{y^2}{b^2}\right) = \dfrac{d}{dx}1, \quad \dfrac{2x}{a^2} + \dfrac{d}{dy}\left(\dfrac{y^2}{b^2}\right) \cdot \dfrac{dy}{dx} = 0, \quad \dfrac{2x}{a^2} + \dfrac{2y}{b^2} \cdot \dfrac{dy}{dx} = 0$

よって $\dfrac{dy}{dx} = -\dfrac{b^2 x}{a^2 y}$

練習 6] $\dfrac{dx}{dt} = \dfrac{1}{(1 + t)^2}, \quad \dfrac{dy}{dt} = \dfrac{t^2 + 2t}{(1 + t)^2}, \quad \text{よって} \quad \dfrac{dy}{dx} = \dfrac{dy}{dt} \div \dfrac{dx}{dt} = t^2 + 2t$

練習 7] (1) $\sin x \cos^2 x (2 - 5\sin^2 x)$　　　(2) $\dfrac{1}{1 + \cos x}$　　　(3) $\dfrac{\cos x \sin x}{\sqrt{1 + \sin^2 x}}$

練習 8] (1) $-20^{-x} \cdot \log 20$　　　(2) $e^{3x}(3\sin x + \cos x)$　　　(3) $(3 + 2x)x^2 e^{2x - 1}$

(4) $-\dfrac{4}{(e^x - e^{-x})^2}$　　　(5) 与式 $= \log|\cos x| - \log|\sin x|$ より　$-\dfrac{1}{\cos x \sin x}$

(6) $\dfrac{1}{\sqrt{x^2 + a}}$　　　(7) 与式を y とおいて，両辺の絶対値の対数をとる。

$\log|y| = \dfrac{1}{2}\log|2x + 3| - 2\log|x + 4| - \log|x + 1|$,

$\dfrac{1}{y} \cdot \dfrac{dy}{dx} = \dfrac{-5x^2 - 16x - 14}{(2x + 3)(x + 4)(x + 1)}, \quad \text{よって} \quad \dfrac{dy}{dx} = \dfrac{-5x^2 - 16x - 14}{\sqrt{2x + 3}(x + 4)^3(x + 1)^2}$

練習 9] 両辺を x で微分すると　$\dfrac{d}{dx}\dfrac{x^2}{8} + \dfrac{d}{dy}\dfrac{y^2}{2} \cdot \dfrac{dy}{dx} = 0$, $\quad \dfrac{dy}{dx} = -\dfrac{x}{4y}$

これが点 $(2, 1)$ を通るので，傾きは $-\dfrac{1}{2}$, $\quad$ よって $\quad y = -\dfrac{1}{2}x + 2$

練習 10] (1) 最大値：1 ($x = 2$ のとき)，最小値：-2 ($x = \pm 1$ のとき)

(2) 最大値：16 ($x = -1$ のとき)，最小値：-4 ($x = 1, \ 4$ のとき)

練習 11] 三角形の面積：$S = -\dfrac{1}{2}x^3 + \dfrac{9}{2}x^2$, $\quad S' = -\dfrac{3}{2}x(x - 6)$

よって $x = 6$ のとき　最大値 54

練習 12] (1) 変曲点 $(0, 0)$, $(2, -4)$, $\quad 0 < x < 2$ のとき 上に凸,

$x < 0$, $x > 2$ のとき 下に凸 (2) 変曲点 $\left(\pm \dfrac{\sqrt{2}}{2}, -\dfrac{\sqrt{e}}{e} \right)$,

$x < -\dfrac{\sqrt{2}}{2}$, $x > \dfrac{\sqrt{2}}{2}$ のとき 上に凸,　$-\dfrac{\sqrt{2}}{2} < x < \dfrac{\sqrt{2}}{2}$ のとき 下に凸

(3) 変曲点 $(\pm\sqrt{2}, \log 4)$, $\quad x < -\sqrt{2}$, $x > \sqrt{2}$ のとき 上に凸,

$-\sqrt{2} < x < \sqrt{2}$ のとき 下に凸

練習 13] (1) 漸近線 $y = 2x - 1$, $x = -1$ (2) 漸近線 $y = 1$, $x = \pm 1$

(3) 漸近線 $y = 0$, $x = \pm 1$, 変曲点 $(0, 0)$

練習 14] $V = \dfrac{\pi}{3} r^2 h$, $\dfrac{r}{h} = \dfrac{2}{3}$, $V = \dfrac{4\pi}{27} h^3$ より $\quad \dfrac{dV}{dt} = \dfrac{dV}{dh} \cdot \dfrac{dh}{dt} = \dfrac{4\pi}{9} h^2 \cdot \dfrac{dh}{dt}$

$\dfrac{dV}{dt} = 4$, $h = 6$ を代入すると $\quad \dfrac{dh}{dt} = \dfrac{1}{4\pi}$ cm/秒

水面の面積を S とすると $S = \dfrac{4\pi}{9} h^2$, $\quad \dfrac{dS}{dt} = \dfrac{dS}{dh} \cdot \dfrac{dh}{dt}$,

$\dfrac{dS}{dt} = \dfrac{8\pi}{9} h \cdot \dfrac{1}{4\pi} = \dfrac{4}{3}$ cm^2/秒

練習 15] 岸からボートまでの距離を x m, 綱の長さを z m とすると,

$z^2 = x^2 + 9^2 \cdots$ ①, $\quad \dfrac{dz}{dt} = -0.5$ (綱が短くなるので負), x と z は時間 t の関数で

あるから, ① の両辺を t で微分する。$\quad \dfrac{dx}{dt} = \dfrac{z}{x} \cdot \dfrac{dz}{dt} = -\dfrac{z}{2x}$

$z = 15$ m のとき $x = 12$ m であるから $\quad \dfrac{dx}{dt} = -\dfrac{5}{8}$ よって $\dfrac{5}{8}$ m/ 秒 で岸に近づく

練習 16] 水の深さが h cm のときの水の量を V cm^3 とする。$h = \sqrt[3]{V^2}$, $\dfrac{dV}{dt} = \dfrac{3}{2} h^{\frac{1}{2}} \cdot \dfrac{dh}{dt}$

V の増加量の割合は $\dfrac{dV}{dt} = 3$ cm^3/秒 よって $\dfrac{dh}{dt} = \dfrac{2}{\sqrt{h}}$

練習 17] $\dfrac{dx}{dt} = 2$, $\quad \dfrac{dy}{dt} = 4t$, $\quad \dfrac{d^2 x}{dt^2} = 0$, $\quad \dfrac{d^2 y}{dt^2} = 4$

よって $\vec{v} = (2, 4t)$, $\quad \vec{\alpha} = (0, 4)$

演 習 問 題

1. (1) $8x$ (2) $6x + 2$ (3) 0 (4) $4x + 5$ (5) $4x - 1$ (6) $6(2x - 1)^2$

(7) $\dfrac{2x}{3\sqrt[3]{(x^2 + 1)^2}}$ (8) $-5\sin(5x + 2)$ (9) $-\dfrac{3x}{\sqrt{4 - 3x^2}}$

(10) $1 + 2\sin x \cdot \cos x$ (11) $8\sin 4x \cos 4x$ (12) $\dfrac{2x}{x^2 + 1}$ (13) $4^x \log 4$

(14) $5e^{2x}(1 + 2x)$ (15) $\dfrac{1}{2\sqrt{x + 4}}$ (16) $-\dfrac{1}{2x\sqrt{x}}$

(17) $u = \dfrac{x + 1}{x - 1}$ とおく $\quad \dfrac{dy}{du} = \dfrac{1}{2\sqrt{u}}$, $\dfrac{du}{dx} = \dfrac{2}{(x - 1)^2}$

よって $\dfrac{dy}{dx} = \dfrac{dy}{du} \cdot \dfrac{du}{dx} = \dfrac{1}{(x - 1)^2} \cdot \sqrt{\dfrac{x - 1}{x + 1}}$

(18) 両辺の対数をとると $\quad \log |y| = 3\log |x| - \log |x + 2|$, 両辺を x で微分すると

$\dfrac{1}{y} \cdot \dfrac{dy}{dx} = \dfrac{2(x + 3)}{x(x + 2)}$ よって $\dfrac{dy}{dx} = \dfrac{2x^2(x + 3)}{(x + 2)^2}$

2. (1) $\dfrac{dh}{dt} = v - g\,t$　　(2) $\dfrac{dV}{dr} = 4\pi r^2$　　(3) $\dfrac{dS}{dr} = 2\pi r$

　　(4) $\dfrac{dy}{ds} = 3as^2 + 2bs + c$　　(5) $\dfrac{dx}{dy} = 2^y \log 2$　　(6) $\dfrac{dx}{dt} = v_0 \cos\theta$

　　(7) $f'(t) = \dfrac{2}{3}at + 2bt$　　(8) $\dfrac{d\beta}{d\theta} = v_0\,t\cos\theta$

3. 容積を $y\,\mathrm{cm}^3$, 深さを $x\,\mathrm{cm}\ (0 < x < 6)$ とすると　$y = x(12 - 2x)^2$,

　　$y' = 12(x - 6)(x - 2)$　よって　深さ $2\,\mathrm{cm}$ のとき,　容積は最大 $128\,\mathrm{cm}^3$ になる。

4. $\dfrac{dV}{dr} = 4\pi r^2 = 16\pi$

5. 傾き $\dfrac{dy}{dx} = -\dfrac{x}{3y}$,　これが指定された点を通る。　　(1) 傾き $-\dfrac{0}{3 \times 2} = 0$

　　よって $y - 2 = 0$ より　$y = 2$　　(2) 傾き $-\dfrac{3}{3 \times 1} = -1$ より　$y = -x + 4$

　　(3) 傾き $-\dfrac{3}{3 \times (-1)} = 1$ より　$y = x - 4$

6. $y' = \dfrac{1}{x}$,　$y - y_0 = \dfrac{1}{x_0}(x - x_0)$　すなわち, 接線の方程式 $y = \dfrac{x}{x_0} - 1 + \log x_0$

　　これが原点を通るので　$y = \dfrac{1}{e}x$

7. 底面の半径を r とすると $V = \dfrac{\pi}{3}(9^2 - h^2)h$,　$V' = \pi(3\sqrt{3} - h)(3\sqrt{3} + h)$

　　高さが $3\sqrt{3}$ のとき, 体積は最大 $54\sqrt{3}\pi\,\mathrm{cm}^3$ になる。

8. $V = \pi r^2(9 - 3r)$,　$V' = 9\pi r(2 - r)$

　　半径 $2\,\mathrm{cm}$, 高さ $3\,\mathrm{cm}$ のとき, 体積は最大 $12\pi\,\mathrm{cm}^3$

9. 円錐の高さを $h\ (0 < h < l)$ とすると　$V = \dfrac{1}{3}\pi(l^2 - h^2)h$,　$V' = \dfrac{1}{3}\pi(l^2 - 3h^2)$

　　$h = \dfrac{l}{\sqrt{3}}$ のとき, 体積は最大 $\dfrac{2\sqrt{3}}{27}\pi l^3$

10. $x = -t^3 + 3t^2 + 9t$ とする。　速度 $\dfrac{dx}{dt} = -3t^2 + 6t + 9$,　加速度 $\dfrac{dv}{dt} = -6(t - 1)$

　　$t = 1$ を代入し　P の速度 : 12　加速度 : 0

11. t 秒後の表面積と体積は $S = 4\pi(t + 10)^2$,　$V = \dfrac{4\pi}{3}(t + 10)^3$ より

　　$\dfrac{dS}{dt} = 8\pi(t + 10)$,　$\dfrac{dV}{dt} = 4\pi(t + 10)^2$　変化の速度 : $120\pi\,\mathrm{cm}^2/$秒,　$900\pi\,\mathrm{cm}^3/$秒

　　半径を $r\,\mathrm{cm}$ とすると　$\dfrac{dV}{dt} = \dfrac{d}{dr}\dfrac{4\pi}{3}r^3 \cdot \dfrac{dr}{dt}$,　$\dfrac{dr}{dt} = 1$,　$r = 13$ より　$676\pi\,\mathrm{cm}^3/$秒

12. t 秒後の船と岸壁の距離を $x\,\mathrm{m}$ とすると　$40^2 + x^2 = (60 - 2\,t)^2$

　　両辺を t で微分すると　$\dfrac{d}{dx}x^2 \cdot \dfrac{dx}{dt} = -4(60 - 2t)$,　$t = 5$ のとき $x = 30$

　　よって　岸へ向かって $\dfrac{10}{3}\,\mathrm{m}/$秒

13. $\dfrac{dx}{dt} = -2\sin t = -\sqrt{3}$,　$\dfrac{dy}{dt} = 2\cos 2t = -1$　よって　速さ $|\vec{v}| = 2$

　　$\dfrac{d^2x}{dt^2} = -2\cos t = -1$,　$\dfrac{d^2y}{dt^2} = -4\sin 2t = -2\sqrt{3}$　よって　加速度 $|\vec{\alpha}| = \sqrt{13}$

14. $V = 16h$,　$\dfrac{dV}{dt} = \dfrac{dV}{dh} \cdot \dfrac{dh}{dt} = 16 \cdot \dfrac{dh}{dt} = 3$　よって　水の上昇する速さ $\dfrac{3}{16}\,\mathrm{cm}/$秒

15. $y = x^3$ より　$\Delta y \fallingdotseq 3x^2 \cdot \Delta x = 3 \times 2.00^2 \times 0.03 = 0.36$　よって　$0.36\,\mathrm{cm}^3$

16. 半径を r, 体積を V, 表面積を S とすると $V = \dfrac{4\pi}{3}r^3$,　$S = 4\pi r^2$

　　$\dfrac{\Delta V}{\Delta r} \fallingdotseq \dfrac{dV}{dr} = 4\pi r^2 = \dfrac{3V}{r}$ より　$\dfrac{\Delta V}{V} \fallingdotseq 3\dfrac{\Delta r}{r}$　よって　$\dfrac{\Delta r}{r} = \dfrac{1}{3}\alpha\,\%$

$$\frac{\Delta S}{\Delta r} \fallingdotseq \frac{dS}{dr} = 8\pi r = \frac{2S}{r} \quad \text{より} \quad \frac{\Delta S}{S} \fallingdotseq 2\frac{\Delta r}{r} \quad \text{よって} \quad \frac{\Delta S}{S} = \frac{2}{3}\alpha\ \%$$

【第13章】 積分法とその応用

練習 1] (1) $5x + C$ (2) $\frac{5}{2}x^2 + C$ (3) $\frac{5}{3}x^3 + C$ (4) $5\log|x| + C$

(5) $\frac{1}{5}\int x^{-2}\,dx = -\frac{1}{5x} + C$ (6) $-\frac{5}{3}x^3 + 2x^2 - 3x + C$

(7) $\int (x^2 - 1)\,dx = \frac{x^3}{3} - x + C$ (8) $\int (x^2 - 2x + 1)\,dx = \frac{x^3}{3} - x^2 + x + C$

(9) $\int (3x^2 - 2x - 1)\,dx = x^3 - x^2 - x + C$

(10) $\int (27x^3 - 54x^2 + 36x - 8)\,dx = \frac{27}{4}x^4 - 18x^3 + 18x^2 - 8x + C$

(11) $\int \left(x^{\frac{3}{2}} - 2x + x^{\frac{1}{2}}\right)dx = \frac{2}{5}x^2\sqrt{x} - x^2 + \frac{2}{3}x\sqrt{x} + C$

練習 2] 題意より $y' = kx^2$ (k は定数) と表すことができるので,

$f(x) = \int kx^2\,dx = \frac{k}{3}x^3 + C$ これが2点を通ることより, k と C を求める。

$f(x) = x^3 + 1$

練習 3] (1) $\displaystyle\int 2\left(\frac{1}{\cos^2 x} - 1\right)dx + \int \cos x\,dx = 2\tan x - 2x + \sin x + C$

(2) $e^x + \dfrac{4x}{\log 4} + C$

(3) $\displaystyle\int \left(\frac{\sin x}{\cos x} + 1\right)\cos x\,dx = \int (\sin x + \cos x)\,dx = -\cos x + \sin x + C$

練習 4] (1) $1 - x = t$ とおく $\displaystyle\int \frac{t-1}{\sqrt{t}} \times (-1)\,dt = \int \left(t^{-\frac{1}{2}} - t^{\frac{1}{2}}\right)dt = \frac{2}{3}(x+2)\sqrt{1-x} + C$

(2) $1 - x^2 = t$ とおく $\displaystyle\int 2x \cdot \sqrt{t} \cdot \frac{1}{-2x}\,dt = -\int t^{\frac{1}{2}}\,dt = -\frac{2}{3}(1-x^2)\sqrt{1-x^2} + C$

(3) $x^2 + 2 = t$ とおく $\displaystyle\int 2x \cdot e^t \cdot \frac{1}{2x}\,dt = \int e^t\,dt = e^{x^2+2} + C$

(4) $\log x = t$ とおく $\displaystyle\int \frac{t}{x} \times x\,dt = \int t\,dt = \frac{(\log x)^2}{2} + C$

(5) $\log x = t$ とおく $\displaystyle\int \frac{1}{xt} \times x\,dt = \int \frac{1}{t}\,dt = \log|\log x| + C$

(6) $x^3 + 6x + 3 = t$ とおく $\displaystyle\int \frac{x^2+2}{t} \times \frac{1}{3(x^2+2)}\,dt = \frac{1}{3}\int \frac{1}{t}\,dt$

$= \frac{1}{3}\log|x^3 + 6x + 3| + C$

練習 5] (1) $f(x) = \log x$, $g'(x) = 2x$ とおく $\displaystyle x^2\log x - \int \frac{1}{x} \cdot x^2\,dx = x^2\log x - \frac{x^2}{2} + C$

(2) $f(x) = x^2$, $g'(x) = \sin x$ とおく   与式 $= -x^2\cos x + \int 2x\cos x\,dx$

さらに $h(x) = x$, $k'(x) = \cos x$ とおく

$-x^2\cos x + 2(x\sin x - \int \sin x\,dx) = (2 - x^2)\cos x + 2x\sin x + C$

(3) $f(x) = \log(2x+1)$, $g'(x) = 1$ とおく

$\displaystyle x\log(2x+1) - \int \frac{2x}{2x+1}\,dx = \left(x + \frac{1}{2}\right)\log(2x+1) - x + C$

(4) $f(x) = x$, $g'(x) = e^x$ とおく $\displaystyle xe^x - \int e^x\,dx = (x-1)e^x + C$

(5) $f(x) = x$, $g'(x) = e^{-2x}$ とおく $\quad -\frac{1}{2}xe^{-2x} + \frac{1}{2}\int e^{-2x}\,dx = -\frac{1}{2}\left(x + \frac{1}{2}\right)e^{-2x} + C$

(6) $f(x) = \sin x$, $g'(x) = \sin x$ とおく $\quad I = -\sin x\cos x + \int \cos^2 x\,dx$

$= -\sin x\cos x + x - I + C$ これより $\quad \frac{1}{2}(x - \sin x\cos x) + C$

別解 : $\displaystyle \int \frac{1 - \cos 2x}{2}\,dx = \frac{x}{2} - \frac{1}{4}\sin 2x + C$

練習 6] $a(x^2 - 2x + 1) + b(x^2 + x - 2) + c(x + 2) = 3x^2 - 3x - 9$

これを解いて $\quad a = 1$, $b = 2$, $c = -3$ $\quad \displaystyle \int \frac{1}{x+2}\,dx + \int \frac{2}{x-1}\,dx$

$\displaystyle - \int \frac{3}{(x-1)^2}\,dx = \log|x+2| + 2\log|x-1| + \frac{3}{x-1} + C$

練習 7] (1) $\left[x^3 + 2e^x\right]_0^1 = 2e - 1$

(2) $\displaystyle \int_0^{\frac{\pi}{2}} \sin 2x\,dx + \int_{\frac{\pi}{2}}^{\frac{2}{3}\pi} (-\sin 2x)\,dx = -\frac{1}{2}\left[\cos 2x\right]_0^{\frac{\pi}{2}} + \frac{1}{2}\left[\cos 2x\right]_{\frac{\pi}{2}}^{\frac{2}{3}\pi} = \frac{5}{4}$

(3) $\displaystyle \int_{-3}^1 \sqrt{1-x}\,dx + \int_1^3 \sqrt{x-1}\,dx = -\frac{2}{3}\left[(1-x)^{\frac{3}{2}}\right]_{-3}^1 + \frac{2}{3}\left[(x-1)^{\frac{3}{2}}\right]_1^3 = \frac{4}{3}(4 + \sqrt{2})$

(4) $\displaystyle \int_0^{\frac{\pi}{2}} \cos x\,dx + \int_{\frac{\pi}{2}}^{\pi} (-\cos x)\,dx = \left[\sin x\right]_0^{\frac{\pi}{2}} - \left[\sin x\right]_{\frac{\pi}{2}}^{\pi} = 2$

(5) $\displaystyle \int_1^9 \left(\sqrt{x} - 1\right)dx = \left[\frac{2}{3}x^{\frac{3}{2}} - x\right]_1^9 = \frac{28}{3}$

(6) $\displaystyle \int_0^{\frac{\pi}{2}} \frac{1 - \cos 2x}{2}\,dx = \left[\frac{x}{2} - \frac{1}{4}\sin 2x\right]_0^{\frac{\pi}{2}} = \frac{\pi}{4}$

(7) $\displaystyle \int_1^2 \left(\sqrt{x} - \frac{3}{\sqrt{x}}\right)dx = \left[\frac{2}{3}x^{\frac{3}{2}}\right]_1^2 - \left[6x^{\frac{1}{2}}\right]_1^2 = -\frac{14}{3}\sqrt{2} + \frac{16}{3}$

(8) $\displaystyle \int_{-1}^0 \left(e^x - e^{-x}\right)dx + \int_0^1 \left(e^x - e^{-x}\right)dx - \int_{-1}^0 \left(e^x - e^{-x}\right)dx$

$= \displaystyle \int_0^1 \left(e^x - e^{-x}\right)dx = \left[e^x + e^{-x}\right]_0^1 = e + \frac{1}{e} - 2$

(9) $\displaystyle \int_1^e \left(x - 2 + \frac{2}{x}\right)dx = \left[\frac{x^2}{2} - 2x + 2\log x\right]_1^e = \frac{e^2}{2} - 2e + \frac{7}{2}$

練習 8] (1) $f(x) = \log x$, $g'(x) = x^2$ とおく $\quad \left[\frac{x^3}{3}\log x\right]_1^e - \int_1^e \frac{1}{x}\cdot\frac{x^3}{3}\,dx$

$= \displaystyle \frac{e^3}{3} - \left[\frac{x^3}{9}\right]_1^e = \frac{2}{9}e^3 + \frac{1}{9}$

(2) $\sqrt{x+1} = t$ とおく $\quad \displaystyle \int_1^2 (t^2 - 1)\cdot t\cdot 2t\,dt = 2\left[\frac{t^5}{5} - \frac{t^3}{3}\right]_1^2 = \frac{116}{15}$

(3) $f(x) = \log x$, $g'(x) = 1$ とおく $\quad \left[x\log x\right]_1^e - \int_1^e \frac{1}{x}\cdot x\,dx = 1$

(4) $x = 2\sin\theta$ とおく $\quad \displaystyle \int_{-\frac{\pi}{6}}^{\frac{\pi}{4}} 2\cos\theta\cdot 2\cos\theta\,d\theta = 2\int_{-\frac{\pi}{6}}^{\frac{\pi}{4}} (1 + \cos 2\theta)\,d\theta$

$= \displaystyle 2\left[\theta + \frac{1}{2}\sin 2\theta\right]_{-\frac{\pi}{6}}^{\frac{\pi}{4}} = \frac{5}{6}\pi + \frac{2 + \sqrt{3}}{2}$

(5) $x = \sqrt{3}\tan\theta$ とおく $\quad \displaystyle \int_0^{\frac{\pi}{6}} \frac{1}{3(\tan^2\theta + 1)}\cdot\frac{\sqrt{3}}{\cos^2\theta}\,d\theta = \frac{\sqrt{3}}{3}\int_0^{\frac{\pi}{6}} d\theta = \frac{\sqrt{3}}{18}\pi$

(6) $t = 2x + 1$ とおく $\quad \displaystyle \int_{-3}^3 t^3\cdot\frac{1}{2}\,dt = \frac{1}{8}\left[t^4\right]_{-3}^3 = 0$

練習 9] 両辺を x について微分すると,

左辺：$\dfrac{d}{dx}\displaystyle\int_a^x f(t)\,dt = f(x)$ ，　右辺：$\dfrac{d}{dx}(x^2+2x+1) = 2x+2$

与えられた等式で $x=a$ とおき $\displaystyle\int_a^a f(t)\,dt = 0$ を利用すると

$a^2+2a+1 = 0$ となり $a=-1$　　よって $f(x)=2x+2$

練習 10] (1) 放物線と直線の交点は $x=-5$, 2

$S = \displaystyle\int_{-5}^{2}\left\{(-x+7)-(x^2+2x-3)\right\}dx = \left[-\dfrac{x^3}{3}-\dfrac{3}{2}x^2+10x\right]_{-5}^{2} = \dfrac{343}{6}$

(2) 交点の座標は $(0,\,1)$, $\left(\dfrac{3}{2}\pi,\,0\right)$, $(2\pi,\,1)$

$S = \displaystyle\int_0^{\frac{3}{2}\pi}(\sin x+1-\cos x)\,dx + \int_{\frac{3}{2}\pi}^{2\pi}(\cos x-\sin x-1)\,dx$

$= \Big[-\cos x+x-\sin x\Big]_0^{\frac{3}{2}\pi} + \Big[\sin x+\cos x-x\Big]_{\frac{3}{2}\pi}^{2\pi} = 4+\pi$

(3) $y = \pm\dfrac{b}{a}\sqrt{a^2-x^2}$　$(-a\le x\le a)$

$S = \displaystyle\int_{-a}^{a}\left\{\dfrac{b}{a}\sqrt{a^2-x^2}-\left(-\dfrac{b}{a}\sqrt{a^2-x^2}\right)\right\}dx = 4\cdot\dfrac{b}{a}\int_0^{a}\sqrt{a^2-x^2}\,dx$

ここで，$x=a\sin\theta$ とおく　$S = 4ab\displaystyle\int_0^{\frac{\pi}{2}}\dfrac{1+\cos 2\theta}{2}\,\theta = 2ab\left[\theta+\dfrac{1}{2}\sin 2\theta\right]_0^{\frac{\pi}{2}} = \pi ab$

練習 11] 円 $x^2+y^2=r^2$ を，x 軸の回りに 1 回転させると体積が求まる。

$V = \pi\displaystyle\int_{-r}^{r}y^2\,dx = \pi\int_{-r}^{r}(r^2-x^2)\,dx = 2\pi\left[r^2x-\dfrac{x^3}{3}\right]_0^{r} = \dfrac{4}{3}\pi r^3$

練習 12] $\dfrac{dy}{dx} = x^2-\dfrac{1}{4x^2}$ ，　$L = \displaystyle\int_1^4\sqrt{\left(x^2+\dfrac{1}{4x^2}\right)^2}\,dx = \left[\dfrac{x^3}{3}-\dfrac{1}{4x}\right]_1^4 = \dfrac{339}{16}$

演 習 問 題

1. (1) $x^3-\dfrac{5}{2}x^2+4x+C$　　　(2) $\dfrac{1}{6}x^3-\dfrac{\sqrt{5}}{2}x^2+2x+C$

(3) $x^4-x^3+x^2-x+C$　　　(4) $\displaystyle\int(x^2+x-6)\,dx = \dfrac{1}{3}x^3+\dfrac{1}{2}x^2-6x+C$

(5) $\displaystyle\int(9x^2-6x+1)\,dx = 3x^3-3x^2+x+C$

別解：$1-3x=t$ とおく　　$\displaystyle\int t^2\cdot\left(-\dfrac{1}{3}\right)dt = -\dfrac{1}{9}(1-3x)^3+C$

(6) $2x+3=t$ とおく　　$\displaystyle\int t^3\cdot\dfrac{1}{2}\,dt - 2\int x\,dx = \dfrac{1}{8}(2x+3)^4-x^2+C$

$= 2x^4+12x^3+26x^2+27x+C$　　　(7) $x-1=t$ とおく　　$\displaystyle\int e^t\,dt = e^{x-1}+C$

(8) $\dfrac{1}{2}e^{2x-1}+4e^x+C$　　　(9) $-\dfrac{3}{\log a}a^{-\frac{x}{3}}+C$　　　(10) $\dfrac{3^x}{\log 3}+C$

(11) $2x+3=t$ とおく　　$\displaystyle\int t^{\frac{1}{2}}\cdot\dfrac{1}{2}\,dt = \dfrac{1}{3}t^{\frac{3}{2}}+C = \dfrac{1}{3}(2x+3)\sqrt{2x+3}+C$

(12) $\dfrac{1}{3}\log|3x+1|+C$　　　(13) $\displaystyle\int\left(x^{-\frac{1}{2}}+2x^{-1}+x^{-\frac{3}{2}}\right)dx = 2\left(\log x+\sqrt{x}-\dfrac{1}{\sqrt{x}}\right)+C$

(14) $\displaystyle\int\left(\dfrac{1}{x^2}-\dfrac{4}{x^3}+\dfrac{4}{x^4}\right)dx = -\dfrac{1}{x}+\dfrac{2}{x^2}-\dfrac{4}{3x^3}+C$

2. (1) $-2\cos x+x+C$　　　(2) $\displaystyle\int(2\sin x+\cos x)\,dx = -2\cos x+\sin x+C$

(3) $-3\cos x-2e^x+C$　　　(4) $4\sin x-\dfrac{3^x}{\log 3}+C$

(5) $\displaystyle\int\left(3x^{\frac{1}{2}}+2x^{-\frac{1}{2}}\right)dx = 2\sqrt{x}(x+2)+C$

(6) $\int \left(3x^{\frac{2}{3}} + 2x^{-\frac{1}{3}}\right) dx = \frac{9}{5}x\sqrt[3]{x^2} + 3\sqrt[3]{x^2} + C$

(7) $\int \left(x + \frac{2}{x} - \frac{1}{x^2}\right) dx = \frac{1}{2}x^2 + \frac{1}{x} + 2\log|x| + C$

(8) $\int \left(x + \frac{2}{x} + \frac{3}{x^2} + \frac{4}{x^3}\right) dx = \frac{x^2}{2} + 2\log|x| - \frac{3}{x} - \frac{2}{x^2} + C$

(9) $1 - 2x = t$ とおく $\quad \int t^{\frac{1}{2}} \cdot \left(-\frac{1}{2}\right) dt = -\frac{1}{3}(1-2x)\sqrt{1-2x} + C$

(10) $1 - 2x = t$ とおく $\quad \int t^{-\frac{1}{2}} \cdot \left(-\frac{1}{2}\right) dt = -\sqrt{1-2x} + C$

(11) $4 - \frac{x}{2} = t$ とおく $\quad \int \cos t \cdot (-2) dt = -2\sin\left(4 - \frac{x}{2}\right) + C$

(12) $\frac{1}{5}\sin 5x + C$ $\quad$ (13) $2x + 3 = t$ とおく $\quad \int \sin t \cdot \frac{1}{2} dt = -\frac{1}{2}\cos(2x+3) + C$

(14) $\sin x = -(\cos x)'$ であるから $\cos x = t$ とおく $\quad -\int t^2 dt = -\frac{1}{3}\cos^3 x + C$

(15) $e^x = t$ とおく $\quad \int \frac{1}{t^2 - 1} dt = \frac{1}{2}\int\left(\frac{1}{t-1} - \frac{1}{t+1}\right) dt = \frac{1}{2}\log\frac{|e^x - 1|}{e^x + 1} + C$

(16) $\frac{1}{-n+1}(x+a)^{-n+1} + C$

3. (1) $\left[\frac{x^2}{2} + 2x\right]_0^1 = \frac{5}{2}$ $\quad$ (2) $\left[x^3 + x\right]_{-1}^1 = 4$ $\quad$ (3) $\left[\frac{2}{3}x^3 + 3x^2 + 7x\right]_2^3 = \frac{104}{3}$

(4) $\left[\frac{x^4}{4} - \frac{x^2}{2} + x\right]_{-2}^1 = \frac{3}{4}$ $\quad$ (5) $\int_{-1}^2 (x^3 - 2x^2 + x - 2) dx$

$= \left[\frac{1}{4}x^4 - \frac{2}{3}x^3 + \frac{1}{2}x^2 - 2x\right]_{-1}^2 = -\frac{27}{4}$ $\quad$ (6) $\left[\frac{1}{4}(x-1)^4 + \frac{x^3}{3} - \frac{x^2}{2}\right]_{-1}^1 = -\frac{10}{3}$

(7) $\int_{-1}^0 (-x) dx + \int_0^3 x\,dx = \left[-\frac{x^2}{2}\right]_{-1}^0 + \left[\frac{x^2}{2}\right]_0^3 = 5$

(8) $\int_{-2}^{-1}(x^2 - 2x - 3) dx + \int_{-1}^3 -(x^2 - 2x - 3) dx + \int_3^4 (x^2 - 2x - 3) dx$

$= \left[\frac{x^3}{3} - x^2 - 3x\right]_{-2}^{-1} - \left[\frac{x^3}{3} - x^2 - 3x\right]_{-1}^3 + \left[\frac{x^3}{3} - x^2 - 3x\right]_3^4 = \frac{46}{3}$

(9) $\int_0^2 -(x-2) dx + \int_2^4 (x-2) dx = \left[-\frac{x^2}{2} + 2x\right]_0^2 + \left[\frac{x^2}{2} - 2x\right]_2^4 = 4$

(10) $\int_0^3 -x(x-3) dx + \int_3^4 x(x-3) dx = \left[-\frac{x^3}{3} + \frac{3}{2}x^2\right]_0^3 + \left[\frac{x^3}{3} - \frac{3}{2}x^2\right]_3^4 = \frac{19}{3}$

4. (1) $\int_{-1}^1 (-x^2 + 1) dx = \left[-\frac{x^3}{3} + x\right]_{-1}^1 = \frac{4}{3}$

(2) 放物線と直線の交点は $x = -2\,,\ 1$ $\quad$ 区間 $-2 \leqq x \leqq 1$ では $-x^2 + 1 \geqq x - 1$

であるから $\quad S = \int_{-2}^1 \left\{(-x^2 + 1) - (x-1)\right\} dx = \left[-\frac{x^3}{3} - \frac{x^2}{2} + 2x\right]_{-2}^1 = \frac{9}{2}$

5. (1) $x = a\sin\theta$ とおく $\quad \int_0^{\frac{\pi}{2}} a\cos\theta \cdot a\cos\theta\,d\theta = \frac{a^2}{2}\int_0^{\frac{\pi}{2}} (1 + \cos 2\theta) d\theta$

$= \frac{a^2}{2}\left[\theta + \frac{1}{2}\sin 2\theta\right]_0^{\frac{\pi}{2}} = \frac{\pi}{4}a^2$ $\quad$ (2) $\sqrt{a^2 + x^2} = t - x$ とおく $\quad x = \frac{t^2 - a^2}{2t}$

$\int_a^{(1+\sqrt{2})a} \left(\frac{t}{4} + \frac{a^2}{2t} + \frac{a^4}{4t^3}\right) dt = \frac{a^2}{2}\left\{\sqrt{2} + \log(1 + \sqrt{2})\right\}$

6. $\int_0^{30} 3t^2\,dt = \left[t^3\right]_0^{30} = 27000$ $\quad$ 27 km

7. $\int_0^3 9.8\,t\,dt = \left[\frac{9.8}{2}t^2\right]_0^3 = 44.1$ $\quad$ 44.1 m

8. t 秒後の物体の速度を v（m/秒），物体の位置の座標を x m とする。

$v = \int_0^t (t-3)\,dt + 20 = \dfrac{t^2}{2} - 3t + 20$ m/秒

$x = \displaystyle\int_0^t \left(\dfrac{t^2}{2} - 3t + 20 \right) dt + 0 = \dfrac{t^3}{6} - \dfrac{3}{2}t^2 + 20t$ m

9. $y' = \dfrac{1}{2}(e^x - e^{-x})$　　$L = \displaystyle\int_0^1 \sqrt{1 + \dfrac{1}{4}(e^x - e^{-x})^2}\,dx = \dfrac{1}{2}\int_0^1 (e^x + e^{-x})\,dx$

$= \dfrac{1}{2}\left(e - \dfrac{1}{e} \right)$

10. 移動距離：$\int_0^4 \sin \pi t\,dt = 0$,　　道のり：$\sin \pi t$ は周期 1 の周期関数であるから

$l = 4\int_0^1 |\sin \pi t|\,dt = \dfrac{8}{\pi}$

11. (1) 円 $x^2 + y^2 = 9^2$ より，$x^2 = 81 - y^2$ を y 軸の回りに 1 回転させると水の容積
が求まる。　$V = \pi \displaystyle\int_{-9}^{-9+h} (81 - y^2)\,dy = \dfrac{\pi}{3}(27h^2 - h^3)$ cm^3

(2) $\dfrac{dV}{dt} = 3$,　$\dfrac{dV}{dh} = \pi h(18 - h)$,　$\dfrac{dV}{dt} = \dfrac{dV}{dh} \cdot \dfrac{dh}{dt} = \pi h(18 - h) \cdot \dfrac{dh}{dt} = 3$

$h = 6$ を代入して　$\dfrac{dh}{dt} = \dfrac{1}{24\pi}$ cm/秒

12. ボールの体積：$\pi \displaystyle\int_{-r}^0 (r^2 - y^2)\,dy = \dfrac{2}{3}\pi r^3$

ボール半分の体積：$\pi \displaystyle\int_{-r}^{-\frac{r}{2}} (r^2 - y^2)\,dy = \dfrac{5}{24}\pi r^3$　　よって　31.3%

13. $x \geqq 0$ のとき $y = x^2 - 4x + 3$,　$x \leqq 0$ のとき $y = x^2 + 4x + 3$

$S = 2\left\{ \displaystyle\int_0^1 (x^2 - 4x + 3)\,dx + \int_1^3 -(x^2 - 4x + 3)\,dx \right\} = \dfrac{16}{3}$

$V = 2\pi \displaystyle\int_0^3 (x^2 - 4x + 3)^2\,dx = \dfrac{36}{5}\pi$

【第 14 章】 個数の処理

練習 1] $A \cap B = \{x \mid x > 8\}$,　$A \cup B = \{x \mid x < -2$ または $x \geqq 4\}$,

$\overline{A} \cup \overline{B} = \overline{A \cap B} = \{x \mid x \leqq 8\}$,　$\overline{A} \cap \overline{B} = \overline{A \cup B} = \{x \mid -2 \leqq x < 4\}$

練習 2] 3 の倍数 $n(A) = 66$,　4 の倍数 $n(B) = 50$,　12 の倍数 $n(A \cap B) = 16$,

3 でも 4 でも割り切れない数全体の集合 $\overline{A} \cap \overline{B} = \overline{A \cup B}$ より

$n(\overline{A} \cap \overline{B}) = n(\overline{A \cup B}) = n(U) - n(A \cup B) = 200 - (66 + 50 - 16) = 100$

練習 3] 数学と英語がともに 80 点未満の生徒の集合は $\overline{A} \cap \overline{B}$,

よって　$n(\overline{A} \cap \overline{B}) = 50 - (28 + 24 - 16) = 14$ 人

練習 4] 使用する 1,000 円，5,000 円，10,000 円紙幣の枚数を x, y, z とする。

$\begin{cases} x + 5y + 10z = 37 \\ x + y + z \leqq 15 \end{cases}$　　但し，$x \geqq 1$,　$y \geqq 1$,　$z \geqq 1$

$z = 1$ のとき：$x + 5y = 27$ より　$(7, 4, 1)$, $(2, 5, 1)$,

$z = 2$ のとき：$x + 5y = 17$ より　$(12, 1, 2)$, $(7, 2, 2)$, $(2, 3, 2)$,

$z = 3$ のとき：$x + 5y = 7$ より　$(2, 1, 3)$　　よって　$2 + 3 + 1 = 6$ 通り

練習 5] (1) $6 \times 6 = 36$ 通り　　(2) $6 \times 5 = 30$ 通り

(3) 奇数：$3 \times 3 = 9$ 通り，　偶数：$36 - 9 = 27$ 通り

練習 6] l を通るルートは $3 \times 2 = 6$ 通り，　m, n を通るルートは $3 \times 2 \times 3 = 18$ 通り

よって $6 + 18 = 24$ 通り

練習 7] 男性の並び方は $_4\mathrm{P}_4$ 通り, 女性の並び方は $_3\mathrm{P}_3$ 通り

よって $_4\mathrm{P}_4 \times _3\mathrm{P}_3 = 4 \cdot 3 \cdot 2 \cdot 1 \times 3 \cdot 2 \cdot 1 = 144$ 通り

練習 8] 兄弟 3 人をひとかたまりと考えると, 合計 5 人の順列と考えられるので $_5\mathrm{P}_5$,
その各々の順列の中で, その兄弟の並び方は $_3\mathrm{P}_3$ 通り,

よって $_5\mathrm{P}_5 \times _3\mathrm{P}_3 = 120 \times 6 = 720$ 通り

練習 9] 4 人それぞれに A または B または C の部屋を割り当てると考えると, 3 個の
A, B, C から繰り返しを許して 4 個を取り出す重複順列の個数に等しい。

よって $3^4 = 81$ 通り

練習 10] 男性 5 人の座り方は $(5-1)!$ 通り, その各々の並び方に対して女性 5 人は,
男性と男性の間の 5 ヶ所に座ればよい。 よって $4! \times _5\mathrm{P}_5 = 2,880$ 通り

練習 11] (1) 12 人の中から 3 人を選ぶ方法の数は $_{12}\mathrm{C}_3 = 220$ 通り

(2) 男性ばかり選ぶ方法の数は $_7\mathrm{C}_3 = 35$ 通り よって $220 - 35 = 185$ 通り

練習 12] (1) $_7\mathrm{C}_2 = \dfrac{7!}{2! \times 5!} = 21$ 通り (2) $_7\mathrm{C}_3 = \dfrac{7!}{3! \times 4!} = 35$ 通り

練習 13] (1) 与式 $= _5\mathrm{C}_0\, x^5 + _5\mathrm{C}_1\, x^4 + _5\mathrm{C}_2\, x^3 + _5\mathrm{C}_3\, x^2 + _5\mathrm{C}_4\, x + _5\mathrm{C}_5\, x^0$
$= x^5 + 5x^4 + 10x^3 + 10x^2 + 5x + 1$

(2) 与式 $= _4\mathrm{C}_0\,(3x)^4 \cdot (-2y)^0 + _4\mathrm{C}_1\,(3x)^3 \cdot (-2y)^1 + _4\mathrm{C}_2\,(3x)^2 \cdot (-2y)^2$
$+ _4\mathrm{C}_3\,(3x)^1 \cdot (-2y)^3 + _4\mathrm{C}_4\,(3x)^0 \cdot (-2y)^4 = 81x^4 - 216x^3 y + 216x^2 y^2 - 96xy^3 + 16y^4$

(3) 与式 $= _4\mathrm{C}_0\,(2x)^4 \cdot \left(-\dfrac{1}{x}\right)^0 + _4\mathrm{C}_1\,(2x)^3 \cdot \left(-\dfrac{1}{x}\right)^1 + _4\mathrm{C}_2\,(2x)^2 \cdot \left(-\dfrac{1}{x}\right)^2$
$+ _4\mathrm{C}_3\,(2x)^1 \cdot \left(-\dfrac{1}{x}\right)^3 + _4\mathrm{C}_4\,(2x)^0 \cdot \left(-\dfrac{1}{x}\right)^4 = 16x^4 - 32x^2 + 24 - \dfrac{8}{x^2} + \dfrac{1}{x^4}$

練習 14] $\dfrac{6!}{2! \times 3! \times 1!} = 60$

練習 15] りんご, みかん, なしをそれぞれ x, y, z 個詰めるとすると, $x + y + z = 12$,
12 個のうち x, y, z それぞれ 1 個は詰めるので, 残りの 9 個の○を並べ, その間に 2
本の仕切り | を入れて考える。 よって $_3\mathrm{H}_9 = _{3+9-1}\mathrm{C}_9 = _{11}\mathrm{C}_9 = \dfrac{11!}{9! \, 2!} = 55$ 通り

練習 16] 与式の展開式の異なる項数は, a, b, c の 3 個のものから 8 個を選ぶ重複組み
合わせである。 よって $_3\mathrm{H}_8 = _{3+8-1}\mathrm{C}_8 = _{10}\mathrm{C}_8 = \dfrac{10!}{8! \, 2!} = 45$ 個

練習 17] りんごに区別はないので, 3 つの器のりんごの個数で決まる。

よって $_3\mathrm{H}_9 = _{3+9-1}\mathrm{C}_9 = _{11}\mathrm{C}_9 = \dfrac{11!}{9! \, 2!} = 55$ 通り

練習 18] 4 クラスから 6 人の委員の選出 : $_4\mathrm{H}_6 = _{4+6-1}\mathrm{C}_6 = _9\mathrm{C}_6 = \dfrac{9!}{6! \, 3!} = 84$ 通り

クラスから必ず 1 人の委員の選出 : $_4\mathrm{H}_2 = _{4+2-1}\mathrm{C}_2 = _5\mathrm{C}_2 = \dfrac{5!}{2! \, 3!} = 10$ 通り

演 習 問 題

1. 自転車を利用する生徒を A, バスを利用する生徒を B とする。 $32 + 24 - 50 = 6$ より
$6 \leqq n(A \cap B) \leqq 24$ 自転車とバスを利用 $6 \sim 24$ 人,
$32 \leqq n(A \cup B) \leqq 50$ 自転車もバスも利用なし $n(\overline{A \cup B}) \leqq 50 - 32 = 18$ 人

2. 全世帯の集合を U ，A 新聞を取っている世帯の集合を A ，B 新聞を取っている世帯の集合を B とすると，$n(A) = 46$，$n(B) = 58$，$n(A \cap B) = 15$

(1) $n(A \cup B) = 46 + 58 - 15 = 89$ 世帯

(2) $n(A \cup B) - n(A \cap B) = 89 - 15 = 74$ 世帯

(3) $n(\overline{A} \cap \overline{B}) = n(\overline{A \cup B}) = 100 - 89 = 11$ 世帯

3. 試合をするごとに 1 チームが敗退するので，1 チームだけが残るには 11 試合が必要

4. 5 人が一列に並ぶ：${}_5P_5 = 120$ 通り， 5 人が円形に座る：$(5-1)! = 24$ 通り，
5 人のうち 3 人が一列に並ぶ：${}_5P_3 = 60$ 通り， 5 人のうち 3 人を選ぶ：${}_5C_3 = 10$ 通り

5. 10 円硬貨で支払える金額は 0，10，20，30，40 円の 5 通り，その各々の金額に対して，
50 円と 100 円硬貨を使用して支払える金額は，0，50，100，$\cdots$，450 円の 10 通りで，
$5 \times 10 = 50$ 通り。但し，0 円となる場合が 1 通りあるので， $5 \times 10 - 1 = 49$ 通り

6. 強打者の打順の決め方は 3!， それと捕手と投手を除いた 4 人の打順の決め方は 4!
よって $3! \times 4! = 144$ 通り 自由な打順の決め方は ${}_9P_9 = 9! = 362{,}880$ 通り

7. a に与える玩具の選び方は ${}_6C_2$ 通り， b には残り 4 つから 2 つ選ぶので ${}_4C_2$ 通り，
c には 1 通り よって ${}_6C_2 \times {}_4C_2 \times 1 = 90$ 通り

8. (1) 1 種類の色の選び方は ${}_3C_1$ 通り， 同じ色の 5 枚から 4 枚選ぶ選び方は ${}_5C_4$ 通り
よって ${}_3C_1 \times {}_5C_4 = 15$ 通り

(2) 2 種類の数字の選び方は ${}_5C_2$ 通り， その数字に対して色が 3 枚ずつあるので，6 枚
から 4 枚を選べばよく ${}_6C_4$ 通り よって ${}_5C_2 \times {}_6C_4 = 150$ 通り

9. (1) 百の位は 0 でないから，1 から 5 までの 5 個から 1 個をとる。
十，一の位は他の 5 個から 2 個をとる順列 ${}_5P_2$ よって $5 \times {}_5P_2 = 5 \times 5 \cdot 4 = 100$ 個

(2) 偶数は一の位が 0，2，4 で，百の位が 0 以外の数である。2，4 の数の場合は，百の
位は 0 を除く他の 4 通り，十の位はさらに他の 4 通りで $4 \times 4 \times 2 = 32$
よって ${}_5P_2 + 4 \times 4 \times 2 = 52$ 個

10. (1) 選挙人各人の投票の仕方が 3 通りなので 3^9 通り

(2) 9 票を 3 人の候補者に分配するので ${}_3H_9 = 55$ 通り

11. (1) 組み合せ：${}_9C_3 = \dfrac{9!}{3! \, 6!} = \dfrac{9 \cdot 8 \cdot 7}{3 \cdot 2} = 84$ 通り

(2) 順列：${}_9P_3 = 9 \cdot 8 \cdot 7 = 504$ 通り (3) ${}_5C_2 \times {}_4C_1 \times {}_3P_3 = 240$ 通り

【第 15 章】 確率

練習 1] 起こり得る場合は 10 個のものから 3 個を取る組み合わせで全部で ${}_{10}C_3$ ，
どの場合も同じ程度の確からしさで起こる。 $\dfrac{{}_4C_1 \cdot {}_6C_2}{{}_{10}C_3} = \dfrac{4 \times 15}{120} = \dfrac{1}{2}$

練習 2] 1 等の当たりくじは 5 本，2 等の当たりくじは 20 本であり，それぞれの事象を A，
B とすると，その確率は $P(A) = \dfrac{5}{100}$，$P(B) = \dfrac{20}{100}$

1 等と 2 等の当たりくじ番号は 20 と 45 の 2 本のみで，その確率は $P(A \cap B) = \dfrac{2}{100}$

$P(A \cup B) = P(A) + P(B) - P(A \cap B) = \dfrac{5}{100} + \dfrac{20}{100} - \dfrac{2}{100} = \dfrac{23}{100}$

練習 3] 起こり得る場合は 10 個のものから 3 個を取る組み合わせで全部で ${}_{10}C_3$ ，

どの場合も同じ程度の確からしさで起こる。

(1) 4 個の白石から 3 個を取る組み合わせ ${}_4\mathrm{C}_3$，　よって　$\dfrac{{}_4\mathrm{C}_3}{{}_{10}\mathrm{C}_3}=\dfrac{4}{120}=\dfrac{1}{30}$

(2) 6 個の黒石から 3 個を取る組み合わせ ${}_6\mathrm{C}_3$，　よって　$\dfrac{{}_6\mathrm{C}_3}{{}_{10}\mathrm{C}_3}=\dfrac{20}{120}=\dfrac{1}{6}$

(3) 3 個がすべて白石である事象と，すべて黒石である事象は互いに排反であるから
$\dfrac{1}{30}+\dfrac{1}{6}=\dfrac{1}{5}$

(4) 少なくとも 1 個は白石であるという事象は，3 個がすべて黒石である事象の余事象であるから　$1-\dfrac{1}{6}=\dfrac{5}{6}$

練習 4] (1) 不良品が 1 個含まれている事象と，含まれていない事象の和であるから
$\dfrac{{}_{45}\mathrm{C}_2\cdot{}_5\mathrm{C}_1+{}_{45}\mathrm{C}_3\cdot{}_5\mathrm{C}_0}{{}_{50}\mathrm{C}_3}=\dfrac{957}{980}$

(2) 3 個とも不良品である事象を A とすると，その余事象であるから　$1-\dfrac{{}_{45}\mathrm{C}_0\cdot{}_5\mathrm{C}_3}{{}_{50}\mathrm{C}_3}$
$=1-\dfrac{10}{1960}=\dfrac{1959}{1960}$，　または　$\dfrac{{}_{45}\mathrm{C}_1\cdot{}_5\mathrm{C}_2+{}_{45}\mathrm{C}_2\cdot{}_5\mathrm{C}_1+{}_{45}\mathrm{C}_3\cdot{}_5\mathrm{C}_0}{{}_{50}\mathrm{C}_3}=\dfrac{1959}{1960}$

練習 5] 回答者全員を U，男性である事象を A，賛成である事象を B とする。

(1) $P(A)=\dfrac{52}{100}=0.52$　　　　　(2) $P(A\cap B)=\dfrac{34}{100}=0.34$

(3) $P_A(B)=\dfrac{34}{100}\div\dfrac{52}{100}=\dfrac{17}{26}$

練習 6] 1 の出る確率は $\dfrac{1}{6}$，　1 個 : ${}_3\mathrm{C}_1\left(\dfrac{1}{6}\right)\left(\dfrac{5}{6}\right)^2=\dfrac{25}{72}$，　2 個 : ${}_3\mathrm{C}_2\left(\dfrac{1}{6}\right)^2\left(\dfrac{5}{6}\right)=\dfrac{5}{72}$

練習 7] 正解の確率 $\dfrac{1}{3}$，不正解の確率 $\dfrac{2}{3}$　(1) ${}_4\mathrm{C}_3\left(\dfrac{1}{3}\right)^3\left(\dfrac{2}{3}\right)+{}_4\mathrm{C}_4\left(\dfrac{1}{3}\right)^4=\dfrac{1}{9}$

(2) 全く正解がない確率は ${}_4\mathrm{C}_4\left(\dfrac{2}{3}\right)^4=\dfrac{16}{81}$，　よって　$1-\dfrac{16}{81}=\dfrac{65}{81}$

練習 8] 3 人がくじを引く試行は独立　(1) $\dfrac{3}{10}\cdot\dfrac{3}{10}\cdot\dfrac{3}{10}=\dfrac{27}{1000}$

(2) $\dfrac{3}{10}\cdot\dfrac{3}{10}\cdot\dfrac{7}{10}=\dfrac{63}{1000}$　　　　(3) $\dfrac{7}{10}\cdot\dfrac{7}{10}\cdot\dfrac{7}{10}=\dfrac{343}{1000}$

(4) a だけ当たる確率は $\dfrac{3}{10}\cdot\dfrac{7}{10}\cdot\dfrac{7}{10}=\dfrac{147}{1000}$，　b, c も同じ，
よって　$\dfrac{147}{1000}+\dfrac{147}{1000}+\dfrac{147}{1000}=\dfrac{441}{1000}$

練習 9] $\left(1-\dfrac{3}{100}\right)^2\left(1-\dfrac{1}{100}\right)=0.931$　よって　93%

練習 10] (1) $0.6\times0.6+0.3\times0.4+0.1\times0.1=0.49$

(2) $0.1(0.6+0.3)+0.4(0.4+0.3)+0.5(0.1+0.4)=0.62$

練習 11]

X	0	1000	5000	10000	計
P	0.865	0.10	0.03	0.005	1

練習 12] a は 3 万円，b は $5\times0.7=3.5$ 万円 より，b の方が大きい。

練習 13] 4 問のうち r 個が正解の確率は ${}_4\mathrm{C}_r\left(\dfrac{1}{2}\right)^r\left(\dfrac{1}{2}\right)^{4-r}=\dfrac{1}{2^4}\,{}_4\mathrm{C}_r$

よって $\dfrac{25}{2^4}\left(0\cdot{}_4\mathrm{C}_0+1\cdot{}_4\mathrm{C}_1+2\cdot{}_4\mathrm{C}_2+3\cdot{}_4\mathrm{C}_3+4\cdot{}_4\mathrm{C}_4\right)=50$ 点

練習 14] 合格品である確率は $1-\dfrac{1}{25}=\dfrac{24}{25}$，　1 箱の 2 個がともに合格品である確率は
$\left(\dfrac{24}{25}\right)^2$，合格品の箱の個数 $2500\times\left(\dfrac{24}{25}\right)^2=2,304$ 個

練習 15] $X : m = 75$，$V(X) = 625$，$\sigma(X) = 25$， $Y : m = 250$，$V(Y) = 62500$，

   $\sigma(Y) = 250$， $X + Y : m = 325$，$V(X + Y) = 63125$，$\sigma(X + Y) = 25\sqrt{101}$

練習 16] $E(X) = 500 \times 0.03 = 15$， $\sigma(X) = \sqrt{V(X)} = \sqrt{500 \times 0.03 \times 0.97} = 3.8$

演 習 問 題

1. (1) $_5C_3 \left(\dfrac{1}{3}\right)^3 \left(\dfrac{2}{3}\right)^2 = \dfrac{40}{243}$ (2) a，b，c が 1 日当番となる確率は $\dfrac{1}{3}$ であるから

   $_7C_3 \left(\dfrac{1}{3}\right)^3 \times {}_4C_2 \left(\dfrac{1}{3}\right)^2 \times {}_2C_2 \left(\dfrac{1}{3}\right)^2 = \dfrac{70}{729}$

2. $1 - \{0.514 \times 0.008 + (1 - 0.514) \times 0.006\} = 0.993$

3. A が 1 勝 1 負となるのは，A が 1 回目に勝って 2 回目に負ける場合と，1 回目に負けて
2 回目に勝つ場合であり，これらは互いに排反である。$\dfrac{2}{3}\left(1 - \dfrac{3}{4}\right) + \left(1 - \dfrac{2}{3}\right)\dfrac{2}{5} = \dfrac{3}{10}$

4. (1) $\dfrac{25}{100} \times \dfrac{35}{100} \times \dfrac{3}{10} = \dfrac{21}{800}$ (2) $\dfrac{25}{100}\left(1 - \dfrac{35}{100}\right)\left(1 - \dfrac{3}{10}\right) + \left(1 - \dfrac{25}{100}\right)\dfrac{35}{100}\left(1 - \dfrac{3}{10}\right)$

   $+ \left(1 - \dfrac{25}{100}\right)\left(1 - \dfrac{35}{100}\right)\dfrac{3}{10} = \dfrac{71}{160}$ (3) 3 人とも打てない確率は

   $\left(1 - \dfrac{25}{100}\right)\left(1 - \dfrac{35}{100}\right)\left(1 - \dfrac{3}{10}\right) = \dfrac{273}{800}$，   よって $1 - \dfrac{273}{800} = \dfrac{527}{800}$

5. 4 打席で 1 本もヒットを打たない確率は $\left(1 - \dfrac{2}{6}\right)^4 = \dfrac{16}{81}$，   よって $1 - \dfrac{16}{81} = \dfrac{65}{81}$

6. 表が r 枚出る確率は $_3C_r \left(\dfrac{1}{2}\right)^r \left(\dfrac{1}{2}\right)^{3-r} = \dfrac{1}{2^3}{}_3C_r$

   $\dfrac{1}{2^3}\left(500 \cdot {}_3C_1 + 1000 \cdot {}_3C_2 + 2 \times 2000 \cdot {}_3C_3\right) = 1{,}062.5$ 円

7. (1) 1 回の検査で 3 個以上の不良品が入っている確率は $0.12 + 0.07 + 0.05 + 0.01 = 0.25$
   少なくとも 1 回 3 個以上の不良品が入っている事象は，どの回にも 3 個以上の不良品が
   入っていない事象の余事象であるから $1 - (1 - 0.25)^5 = 1 - \left(\dfrac{3}{4}\right)^5 = \dfrac{781}{1024}$

   (2) $0 \times 0.30 + 1 \times 0.25 + 2 \times 0.20 + 3 \times 0.12 + 4 \times 0.07 + 5 \times 0.05 + 6 \times 0.01 = 1.6$ 個

8. 1 回当たりの正解率は $\dfrac{1}{2}$，これが 20 問あるので $E(X) = 20 \cdot \dfrac{1}{2} = 10$，

   $V(X) = 20 \cdot \dfrac{1}{2} \cdot \dfrac{1}{2} = 5$，$\sigma(X) = \sqrt{5}$，   正解数が r 個の確率は $_{20}C_r \left(\dfrac{1}{2}\right)^r \left(\dfrac{1}{2}\right)^{20-r}$

   $= \dfrac{1}{2^{20}}{}_{20}C_r$，   よって $\dfrac{1}{2^{20}}\left({}_{20}C_0 + {}_{20}C_1 + {}_{20}C_2 + {}_{20}C_3\right) = \dfrac{1351}{1048576} = 0.0013$

【第 16 章】統計処理

練習 1] (1) $\dfrac{1}{10}\displaystyle\sum_{i=1}^{10} x_i = \dfrac{50}{10} = 5$

   (2) $\dfrac{1}{15}\left(1 \cdot 2 + 3 \cdot 3 + 5 \cdot 5 + 7 \cdot 4 + 9 \cdot 1\right) = \dfrac{73}{15} = 4.9$

練習 2] 平均値 6.6，メジアン 4.5，モード 3

練習 3] 平均値 59.6 点，標準偏差 $\sqrt{\dfrac{12992}{50}} = 16.1$ 点

練習 4] チェビシェフの定理より $k = \pm 2$，$\dfrac{100}{2^2} = 25$ 25 人より少ない

練習 5] 身長：平均値 174 cm，標準偏差 10.3 cm，体重：平均値 60 kg，

標準偏差 $8.3\,\mathrm{kg}$ ，相関係数 : 0.914

練習 6] 英語を x ，数学を y とする。英語 : 平均値 55 点，標準偏差 25.5 点，

数学 : 平均値 60 点，標準偏差 23.9 点，相関係数 : 0.945 ，

回帰直線 : $y = \dfrac{23}{26}x + \dfrac{295}{26}$ ，理論値 : 回帰直線式の x に 50 を代入　56 点

練習 7] (1) $P(164 \leqq X \leqq 176) = P\left(\dfrac{164-170}{6} \leqq Z \leqq \dfrac{176-170}{6}\right)$

$= P(-1 \leqq Z \leqq 1) = 2 \times p(1) = 0.68268$ ，　$300 \times 0.68268 = 204.8$　約 205 人

(2) $P(180 \leqq X) = P\left(\dfrac{180-170}{6} \leqq Z\right) = P(1.67 \leqq Z) = 0.5 - p(1.67)$

$= 0.04746$ ，　$300 \times 0.04746 = 14.24$　15 番目

(3) a cm 以上あれば，高い方から 50 人の中に入るものとする。$300 \times P(u \leqq Z) = 50$

となる u を求めて，$u = \dfrac{a-170}{6}$ から a を求める。$P(u \leqq Z) = \dfrac{50}{300} = 0.1667$ ，

$0.5 - p(u) = 0.1667$ ，　$p(u) = 0.333$ ，　正規分布表より　$u = 0.97$ ，

$a = 0.97 \times 6 + 170 = 175.8$　176 cm 以上

練習 8] 賛成者の人数を X とする。X は二項分布 $B(100,\,0.5)$ に従うので，

$E(X) = 100 \times 0.5 = 50$ ，$\sigma(X) = \sqrt{100 \times 0.5 \times 0.5} = 5$ ，$Z = \dfrac{X-50}{5}$ とおくと，

Z は標準正規分布 $N(0,\,1)$ に従う。$P(X \leqq 45) = P\left(Z \leqq \dfrac{45-50}{5}\right)$

$= P(Z \leqq -1) = 0.5 - p(1.0) = 0.15866$

練習 9] (1) $P(\overline{X} < 1480) = P\left(Z < \dfrac{1480-1500}{\frac{110}{\sqrt{100}}}\right) = P(Z < -1.82)$

$= 0.5 - p(1.82) = 0.03438$

(2) $P(1470 < \overline{X} < 1510) = P(-2.73 < Z < 0.91) = p(2.73) + p(0.91) = 0.81542$

練習 10] 抽出する人数を n とする。1 点以内 : $1.96 \times \dfrac{15}{\sqrt{n}} < 1$ ，　$n = 864.4$　865 人以上

2 点以内 : $1.96 \times \dfrac{15}{\sqrt{n}} < 2$ ，　$n = 216.1$　217 人以上

練習 11] $R = 0.6$ ，$\sqrt{\dfrac{0.6(1-0.6)}{100}} = 0.049$ ，$\sqrt{\dfrac{0.6(1-0.6)}{1000}} = 0.015$

$0.6 - 1.96 \times 0.049 \leqq p \leqq 0.6 + 1.96 \times 0.049$ となり　$0.50 \leqq p \leqq 0.70$ ，　$0.57 \leqq p \leqq 0.63$

練習 12] $|p - R| \leqq 1.96\sqrt{\dfrac{p(1-p)}{n}}$ より　$1.96\sqrt{\dfrac{0.03 \times 0.97}{n}} \leqq 0.005$ ，　$n = 4471.6$

抽出する標本の大きさは $4,472$ 個以上

練習 13] A と B の支持率に差はない。すなわち，「A の支持率は 0.5 である」と仮説を立てる。$\dfrac{|480 - 900 \times 0.5|}{\sqrt{900 \times 0.5 \times 0.5}} = 2.0 > 1.96$ ，　仮説は棄却され，両者の支持率に差がある。

練習 14] 「A 高校の平均値も 250 点である」と仮説を立てる。

$\dfrac{|260 - 250|}{\frac{48}{\sqrt{64}}} = 1.67 < 1.96$　仮説は棄却されず，A 高校の受験者は優秀とはいえない。

演 習 問 題

1. 株の場合 : $1000 \times (1.2 \times 0.3 + 1.0 \times 0.4 + 0.9 \times 0.3) = 1030$

公債の場合：$1000 \times 1.04 = 1040$, $\quad 1030 < 1040 \quad$ 公債の方が得

2. 年収：平均値 886 万円, $\quad$ メジアン 580 万円, $\quad$ モード 350 万円, $\quad$ 標準偏差 1050.5, 相関係数：0.563

3. 英語を x, 数学を y とする。英語：平均値 70 点, $\quad$ 標準偏差 9.8 点,

数学：平均値 71 点, $\quad$ 標準偏差 10.4 点, $\quad$ 相関係数：0.806,

回帰直線：$y = \dfrac{413}{484}x + \dfrac{2727}{242}$, $\quad$ 理論値：回帰直線の x に 65 を代入する。$\quad$ 67 点

4. (1) $P\left(\dfrac{40-50}{10} \leqq Z \leqq \dfrac{60-50}{10}\right) = P\left(-1 \leqq Z \leqq 1\right) = 2 \times p\left(1\right) = 0.6826$

(2) $P\left(Z \leqq \dfrac{50-50}{10}\right) = P\left(Z \leqq 0\right) = 0.5 - p\left(0\right) = 0.5$

(3) $P\left(Z \leqq \dfrac{38-50}{10}\right) = P\left(Z \leqq -1.2\right) = 0.5 - p\left(1.2\right) = 0.1151$

(4) $P\left(Z \geqq \dfrac{65-50}{10}\right) = P\left(Z \geqq 1.5\right) = 0.5 - p\left(1.5\right) = 0.0668$

5. $Z = \dfrac{X-200}{6}$ とおくと Z は標準正規分布 $N\left(0, 1\right)$ に従う。

$P\left(Z \geqq u\right) = \dfrac{50}{400} = 0.125$ となる u の値は $\quad p\left(u\right) = 0.5 - 0.125 = 0.375$,

正規分布表から $u = 1.15$, $\quad \dfrac{X-200}{6} = 1.15$ より $\quad X = 206.9\,\mathrm{g}$

6. (1) $P\left(150 \leqq X \leqq 165\right) = P\left(\dfrac{150-157}{5} \leqq Z \leqq \dfrac{165-157}{5}\right)$

$= P\left(-1.4 \leqq Z \leqq 1.6\right) = p\left(1.4\right) + p\left(1.6\right) = 0.86444$, $\quad 250 \times 0.86444 = 216.1$

約 216 人

(2) $P\left(X \geqq 160\right) = P\left(Z \geqq \dfrac{160-157}{5}\right) = P\left(Z \geqq 0.6\right) = 0.5 - p\left(0.6\right) = 0.27425$,

$250 \times 0.27425 = 68.6 \quad$ 約 68 人

7. (1) $Z = \dfrac{X-50}{2}$ とおくと, Z は標準正規分布 $N\left(0, 1\right)$ に従う。

$P\left(47 \leqq X \leqq 56\right) = P\left(\dfrac{47-50}{2} \leqq Z \leqq \dfrac{56-50}{2}\right) = P\left(-1.5 \leqq Z \leqq 3\right)$

$= p\left(1.5\right) + p\left(3\right) = 0.43319 + 0.49865 = 0.932 \quad 93.2\%$

(2) 標本平均 $\overline{X}$ は正規分布 $N\left(50, \dfrac{2^2}{4}\right)$ に従う。$Z = \dfrac{\overline{X}-50}{\sqrt{\dfrac{2^2}{4}}}$ とおくと, Z は標準正規

分布 $N\left(0, 1\right)$ に従う。$P\left(\overline{X} \geqq 52\right) = P\left(Z \geqq \dfrac{52-50}{1}\right) = P\left(Z \geqq 2\right)$

$= 0.5 - p\left(2\right) = 0.5 - 0.47725 = 0.02275$

8. (1) 母集団は正規分布 $N\left(160, 5^2\right)$ に従う。$Z = \dfrac{X-160}{5}$ とおくと, Z は標準正規

分布 $N\left(0, 1\right)$ に従う。$P\left(156 \leqq X \leqq 163\right) = P\left(\dfrac{156-160}{5} \leqq Z \leqq \dfrac{163-160}{5}\right)$

$= P\left(-0.8 \leqq Z \leqq 0.6\right) = p\left(0.8\right) + p\left(0.6\right) = 0.28814 + 0.22575 = 0.51389 \quad 51.4\%$

(2) 標本平均 $\overline{X}$ は正規分布 $N\left(160, \dfrac{5^2}{4}\right)$ に従う。$Z = \dfrac{\overline{X}-160}{\sqrt{\dfrac{5^2}{4}}}$ とおくと,

Z は標準正規分布 $N\left(0, 1\right)$ に従う。$P\left(\overline{X} \geqq 165\right) = P\left(Z \geqq \dfrac{165-160}{\frac{5}{2}}\right)$

$= P\left(Z \geqq 2\right) = 0.5 - p\left(2\right) = 0.5 - 0.47725 = 0.02275$

9. パソコン所有者の標本比率は　$R = \dfrac{345}{500} = 0.69$, $\sqrt{\dfrac{0.69\,(1 - 0.69)}{500}} = 0.0207$

　　$0.69 - 1.96 \times 0.0207 \leqq p \leqq 0.69 + 1.96 \times 0.0207$ となり　$0.649 \leqq p \leqq 0.731$

10. $R = \dfrac{2200}{5000} = 0.44$, $n = 5000$ であるから, $\sqrt{\dfrac{0.44\,(1 - 0.44)}{5000}} = 0.0070$

　　$0.44 - 1.96 \times 0.0070 \leqq p \leqq 0.44 + 1.96 \times 0.0070$ となり　$0.426 \leqq p \leqq 0.454$

11. 抽出する世帯数を n とすると　$1.96 \times \dfrac{40000}{\sqrt{n}} < 5000$, $n = 245.9$　246 世帯以上

12. 賛成者と反対は同数である。すなわち,「$p = 0.5$ である」と仮説を立てる。

　$\left| \dfrac{54 - 100 \times 0.5}{\sqrt{100 \times 0.5 \times 0.5}} \right| = 0.8 < 1.96$, $\left| \dfrac{540 - 1000 \times 0.5}{\sqrt{1000 \times 0.5 \times 0.5}} \right| = 2.53 > 1.96$

　(1) 仮説は棄却されないので, 賛成, 反対に差がない。すなわち, 過半数が賛成するとは考えられない。

　(2) 仮説は棄却され, 賛成, 反対に差がある。すなわち, 過半数が賛成すると考えられる。

13. 予備調査の回収率も 31% である。すなわち,「$p = 0.31$ である」と仮説を立てる。

　$\left| \dfrac{340 - 1000 \times 0.31}{\sqrt{1000 \times 0.31 \times 0.69}} \right| = 2.05 > 1.96$　よって, 仮説は棄却され, 回収率に影響を与えたと考えられる。

参 考 文 献

1) 田代善宏：工科の数学 基礎数学，森北出版 (1993)
2) 田代善宏：工科の数学 線形代数学，森北出版 (1993)
3) 田代善宏：工科の数学 微分積分学，森北出版 (1993)
4) 藤岡　茂：線形代数入門，培風館 (1972)

ギリシャ文字

α	アルファ	ι	イオタ	ρ	ロー
β	ベータ	κ	カッパ	σ	シグマ
γ	ガンマ	λ	ラムダ	τ	タウ
δ	デルタ	μ	ミュー	υ	ウプシロン
ϵ	イプシロン	ν	ニュー	ϕ	ファイ
ζ	ジータ	ξ	グザイ	χ	カイ
η	イータ	o	オミクロン	ψ	プサイ
θ	シータ	π	パイ	ω	オメガ

ローマ数字

	1	2	3	4	5	6	7	8	9	10
大文字	I	II	III	IV	V	VI	VII	VIII	IX	X
小文字	i	ii	iii	iv	v	vi	vii	viii	ix	x

単 位 表

長さ	cm	m	km
1 cm	1	0.01	10^{-5}
1 m	100	1	0.001
1 km	10^5	1000	1

面積	m^2	a	ha
1 m^2	1	0.010	10^{-4}
1 a	100	1	0.01
1 ha	10^4	100	1

重さ	g	kg	t
1 g	1	0.001	10^{-6}
1 kg	1000	1	0.001
1 t	10^6	1000	1

体積	cm^3	ℓ	m^3
1 cm^3	1	0.001	10^{-6}
1 ℓ	1000	1	0.001
1 m^3	10^6	1000	1

数	千 $= 10^3$，　万 $= 10^4$，　億 $= 10^8$，　兆 $= 10^{12}$

平方・立方・平方根の表

n	n^2	n^3	$\sqrt{n}$	$\sqrt{10n}$	n	n^2	n^3	$\sqrt{n}$	$\sqrt{10n}$
1	1	1	1.0000	3.1623	51	2601	132651	7.1414	22.5832
2	4	8	1.4142	4.4721	52	2704	140608	7.2111	22.8035
3	9	27	1.7321	5.4772	53	2809	148877	7.2801	23.0217
4	16	64	2.0000	6.3246	54	2916	157464	7.3485	23.2379
5	25	125	2.2361	7.0711	55	3025	166375	7.4162	23.4521
6	36	216	2.4495	7.7460	56	3136	175616	7.4833	23.6643
7	49	343	2.6458	8.3666	57	3249	185193	7.5498	23.8747
8	64	512	2.8284	8.9443	58	3364	195112	7.6158	24.0832
9	81	729	3.0000	9.4868	59	3481	205379	7.6811	24.2899
10	100	1000	3.1623	10.0000	60	3600	216000	7.7460	24.4949
11	121	1331	3.3166	10.4881	61	3721	226981	7.8102	24.6982
12	144	1728	3.4641	10.9545	62	3844	238328	7.8740	24.8998
13	169	2197	3.6056	11.4018	63	3969	250047	7.9373	25.0998
14	196	2744	3.7417	11.8322	64	4096	262144	8.0000	25.2982
15	225	3375	3.8730	12.2474	65	4225	274625	8.0623	25.4951
16	256	4096	4.0000	12.6491	66	4356	287496	8.1240	25.6905
17	289	4913	4.1231	13.0384	67	4489	300763	8.1854	25.8844
18	324	5832	4.2426	13.4164	68	4624	314432	8.2462	26.0768
19	361	6859	4.3589	13.7840	69	4761	328509	8.3066	26.2679
20	400	8000	4.4721	14.1421	70	4900	343000	8.3666	26.4575
21	441	9261	4.5826	14.4914	71	5041	357911	8.4261	26.6458
22	484	10648	4.6904	14.8324	72	5184	373248	8.4853	26.8328
23	529	12167	4.7958	15.1658	73	5329	389017	8.5440	27.0185
24	576	13824	4.8990	15.4919	74	5476	405224	8.6023	27.2029
25	625	15625	5.0000	15.8114	75	5625	421875	8.6603	27.3861
26	676	17576	5.0990	16.1245	76	5776	438976	8.7178	27.5681
27	729	19683	5.1962	16.4317	77	5929	456533	8.7750	27.7489
28	784	21952	5.2915	16.7332	78	6084	474552	8.8318	27.9285
29	841	24389	5.3852	17.0294	79	6241	493039	8.8882	28.1069
30	900	27000	5.4772	17.3205	80	6400	512000	8.9443	28.2843
31	961	29791	5.5678	17.6068	81	6561	531441	9.0000	28.4605
32	1024	32768	5.6569	17.8885	82	6724	551368	9.0554	28.6356
33	1089	35937	5.7446	18.1659	83	6889	571787	9.1104	28.8097
34	1156	39304	5.8310	18.4391	84	7056	592704	9.1652	28.9828
35	1225	42875	5.9161	18.7083	85	7225	614125	9.2195	29.1548
36	1296	46656	6.0000	18.9737	86	7396	636056	9.2736	29.3258
37	1369	50653	6.0828	19.2354	87	7569	658503	9.3274	29.4958
38	1444	54872	6.1644	19.4936	88	7744	681472	9.3808	29.6648
39	1521	59319	6.2450	19.7484	89	7921	704969	9.4340	29.8329
40	1600	64000	6.3246	20.0000	90	8100	729000	9.4868	30.0000
41	1681	68921	6.4031	20.2485	91	8281	753571	9.5394	30.1662
42	1764	74088	6.4807	20.4939	92	8464	778688	9.5917	30.3315
43	1849	79507	6.5574	20.7364	93	8649	804357	9.6437	30.4959
44	1936	85184	6.6332	20.9762	94	8836	830584	9.6954	30.6594
45	2025	91125	6.7082	21.2132	95	9025	857375	9.7468	30.8221
46	2116	97336	6.7823	21.4476	96	9216	884736	9.7980	30.9839
47	2209	103823	6.8557	21.6795	97	9409	912673	9.8489	31.1448
48	2304	110592	6.9282	21.9089	98	9604	941192	9.8995	31.3050
49	2401	117649	7.0000	22.1359	99	9801	970299	9.9499	31.4643
50	2500	125000	7.0711	22.3607	100	10000	1000000	10.0000	31.6228

常用对数表（1）

数	0	1	2	3	4	5	6	7	8	9
1.0	.0000	.0043	.0086	.0128	.0170	.0212	.0253	.0294	.0334	.0374
1.1	.0414	.0453	.0492	.0531	.0569	.0607	.0645	.0682	.0719	.0755
1.2	.0792	.0828	.0864	.0899	.0934	.0969	.1004	.1038	.1072	.1106
1.3	.1139	.1173	.1206	.1239	.1271	.1303	.1335	.1367	.1399	.1430
1.4	.1461	.1492	.1523	.1553	.1584	.1614	.1644	.1673	.1703	.1732
1.5	.1761	.1790	.1818	.1847	.1875	.1903	.1931	.1959	.1987	.2014
1.6	.2041	.2068	.2095	.2122	.2148	.2175	.2201	.2227	.2253	.2279
1.7	.2304	.2330	.2355	.2380	.2405	.2430	.2455	.2480	.2504	.2529
1.8	.2553	.2577	.2601	.2625	.2648	.2672	.2695	.2718	.2742	.2765
1.9	.2788	.2810	.2833	.2856	.2878	.2900	.2923	.2945	.2967	.2989
2.0	.3010	.3032	.3054	.3075	.3096	.3118	.3139	.3160	.3181	.3201
2.1	.3222	.3243	.3263	.3284	.3304	.3324	.3345	.3365	.3385	.3404
2.2	.3424	.3444	.3464	.3483	.3502	.3522	.3541	.3560	.3579	.3598
2.3	.3617	.3636	.3655	.3674	.3692	.3711	.3729	.3747	.3766	.3784
2.4	.3802	.3820	.3838	.3856	.3874	.3892	.3909	.3927	.3945	.3962
2.5	.3979	.3997	.4014	.4031	.4048	.4065	.4082	.4099	.4116	.4133
2.6	.4150	.4166	.4183	.4200	.4216	.4232	.4249	.4265	.4281	.4298
2.7	.4314	.4330	.4346	.4362	.4378	.4393	.4409	.4425	.4440	.4456
2.8	.4472	.4487	.4502	.4518	.4533	.4548	.4564	.4579	.4594	.4609
2.9	.4624	.4639	.4654	.4669	.4683	.4698	.4713	.4728	.4742	.4757
3.0	.4771	.4786	.4800	.4814	.4829	.4843	.4857	.4871	.4886	.4900
3.1	.4914	.4928	.4942	.4955	.4969	.4983	.4997	.5011	.5024	.5038
3.2	.5051	.5065	.5079	.5092	.5105	.5119	.5132	.5145	.5159	.5172
3.3	.5185	.5198	.5211	.5224	.5237	.5250	.5263	.5276	.5289	.5302
3.4	.5315	.5328	.5340	.5353	.5366	.5378	.5391	.5403	.5416	.5428
3.5	.5441	.5453	.5465	.5478	.5490	.5502	.5514	.5527	.5539	.5551
3.6	.5563	.5575	.5587	.5599	.5611	.5623	.5635	.5647	.5658	.5670
3.7	.5682	.5694	.5705	.5717	.5729	.5740	.5752	.5763	.5775	.5786
3.8	.5798	.5809	.5821	.5832	.5843	.5855	.5866	.5877	.5888	.5899
3.9	.5911	.5922	.5933	.5944	.5955	.5966	.5977	.5988	.5999	.6010
4.0	.6021	.6031	.6042	.6053	.6064	.6075	.6085	.6096	.6107	.6117
4.1	.6128	.6138	.6149	.6160	.6170	.6180	.6191	.6201	.6212	.6222
4.2	.6232	.6243	.6253	.6263	.6274	.6284	.6294	.6304	.6314	.6325
4.3	.6335	.6345	.6355	.6365	.6375	.6385	.6395	.6405	.6415	.6425
4.4	.6435	.6444	.6454	.6464	.6474	.6484	.6493	.6503	.6513	.6522
4.5	.6532	.6542	.6551	.6561	.6571	.6580	.6590	.6599	.6609	.6618
4.6	.6628	.6637	.6646	.6656	.6665	.6675	.6684	.6693	.6702	.6712
4.7	.6721	.6730	.6739	.6749	.6758	.6767	.6776	.6785	.6794	.6803
4.8	.6812	.6821	.6830	.6839	.6848	.6857	.6866	.6875	.6884	.6893
4.9	.6902	.6911	.6920	.6928	.6937	.6946	.6955	.6964	.6972	.6981
5.0	.6990	.6998	.7007	.7016	.7024	.7033	.7042	.7050	.7059	.7067
5.1	.7076	.7084	.7093	.7101	.7110	.7118	.7126	.7135	.7143	.7152
5.2	.7160	.7168	.7177	.7185	.7193	.7202	.7210	.7218	.7226	.7235
5.3	.7243	.7251	.7259	.7267	.7275	.7284	.7292	.7300	.7308	.7316
5.4	.7324	.7332	.7340	.7348	.7356	.7364	.7372	.7380	.7388	.7396

常用对数表（2）

数	0	1	2	3	4	5	6	7	8	9
5.5	.7404	.7412	.7419	.7427	.7435	.7443	.7451	.7459	.7466	.7474
5.6	.7482	.7490	.7497	.7505	.7513	.7520	.7528	.7536	.7543	.7551
5.7	.7559	.7566	.7574	.7582	.7589	.7597	.7604	.7612	.7619	.7627
5.8	.7634	.7642	.7649	.7657	.7664	.7672	.7679	.7686	.7694	.7701
5.9	.7709	.7716	.7723	.7731	.7738	.7745	.7752	.7760	.7767	.7774
6.0	.7782	.7789	.7796	.7803	.7810	.7818	.7825	.7832	.7839	.7846
6.1	.7853	.7860	.7868	.7875	.7882	.7889	.7896	.7903	.7910	.7917
6.2	.7924	.7931	.7938	.7945	.7952	.7959	.7966	.7973	.7980	.7987
6.3	.7993	.8000	.8007	.8014	.8021	.8028	.8035	.8041	.8048	.8055
6.4	.8062	.8069	.8075	.8082	.8089	.8096	.8102	.8109	.8116	.8122
6.5	.8129	.8136	.8142	.8149	.8156	.8162	.8169	.8176	.8182	.8189
6.6	.8195	.8202	.8209	.8215	.8222	.8228	.8235	.8241	.8248	.8254
6.7	.8261	.8267	.8274	.8280	.8287	.8293	.8299	.8306	.8312	.8319
6.8	.8325	.8331	.8338	.8344	.8351	.8357	.8363	.8370	.8376	.8382
6.9	.8388	.8395	.8401	.8407	.8414	.8420	.8426	.8432	.8439	.8445
7.0	.8451	.8457	.8463	.8470	.8476	.8482	.8488	.8494	.8500	.8506
7.1	.8513	.8519	.8525	.8531	.8537	.8543	.8549	.8555	.8561	.8567
7.2	.8573	.8579	.8585	.8591	.8597	.8603	.8609	.8615	.8621	.8627
7.3	.8633	.8639	.8645	.8651	.8657	.8663	.8669	.8675	.8681	.8686
7.4	.8692	.8698	.8704	.8710	.8716	.8722	.8727	.8733	.8739	.8745
7.5	.8751	.8756	.8762	.8768	.8774	.8779	.8785	.8791	.8797	.8802
7.6	.8808	.8814	.8820	.8825	.8831	.8837	.8842	.8848	.8854	.8859
7.7	.8865	.8871	.8876	.8882	.8887	.8893	.8899	.8904	.8910	.8915
7.8	.8921	.8927	.8932	.8938	.8943	.8949	.8954	.8960	.8965	.8971
7.9	.8976	.8982	.8987	.8993	.8998	.9004	.9009	.9015	.9020	.9025
8.0	.9031	.9036	.9042	.9047	.9053	.9058	.9063	.9063	.9074	.9079
8.1	.9085	.9090	.9096	.9101	.9106	.9112	.9117	.9122	.9128	.9133
8.2	.9138	.9143	.9149	.9154	.9159	.9165	.9170	.9175	.9180	.9186
8.3	.9191	.9196	.9201	.9206	.9212	.9217	.9222	.9227	.9232	.9238
8.4	.9243	.9248	.9253	.9258	.9263	.9269	.9274	.9279	.9284	.9289
8.5	.9294	.9299	.9304	.9309	.9315	.9320	.9325	.9330	.9335	.9340
8.6	.9345	.9350	.9355	.9360	.9365	.9370	.9375	.9380	.9385	.9390
8.7	.9395	.9400	.9405	.9410	.9415	.9420	.9425	.9430	.9435	.9440
8.8	.9445	.9450	.9455	.9460	.9465	.9469	.9474	.9479	.9484	.9489
8.9	.9494	.9499	.9504	.9509	.9513	.9518	.9523	.9528	.9533	.9538
9.0	.9542	.9547	.9552	.9557	.9562	.9566	.9571	.9576	.9581	.9586
9.1	.9590	.9595	.9600	.9605	.9609	.9614	.9619	.9624	.9628	.9633
9.2	.9638	.9643	.9647	.9652	.9657	.9661	.9666	.9671	.9675	.9680
9.3	.9685	.9689	.9694	.9699	.9703	.9708	.9713	.9717	.9722	.9727
9.4	.9731	.9736	.9741	.9745	.9750	.9754	.9759	.9763	.9768	.9773
9.5	.9777	.9782	.9786	.9791	.9795	.9800	.9805	.9809	.9814	.9818
9.6	.9823	.9827	.9832	.9836	.9841	.9845	.9850	.9854	.9859	.9863
9.7	.9868	.9872	.9877	.9881	.9886	.9890	.9894	.9899	.9903	.9908
9.8	.9912	.9917	.9921	.9926	.9930	.9934	.9939	.9943	.9948	.9952
9.9	.9956	.9961	.9965	.9969	.9974	.9978	.9983	.9987	.9991	.9996

三 角 関 数 表

角	sin	cos	tan	角	sin	cos	tan
0°	0.0000	1.0000	0.0000	45°	0.7071	0.7071	1.0000
1°	0.0175	0.9998	0.0175	46°	0.7193	0.6947	1.0355
2°	0.0349	0.9994	0.0349	47°	0.7314	0.6820	1.0724
3°	0.0523	0.9986	0.0524	48°	0.7431	0.6691	1.1106
4°	0.0698	0.9976	0.0699	49°	0.7547	0.6561	1.1504
5°	0.0872	0.9962	0.0875	50°	0.7660	0.6428	1.1918
6°	0.1045	0.9945	0.1051	51°	0.7771	0.6293	1.2349
7°	0.1219	0.9925	0.1228	52°	0.7880	0.6157	1.2799
8°	0.1392	0.9903	0.1405	53°	0.7986	0.6018	1.3270
9°	0.1564	0.9877	0.1584	54°	0.8090	0.5878	1.3764
10°	0.1736	0.9848	0.1763	55°	0.8192	0.5736	1.4281
11°	0.1908	0.9816	0.1944	56°	0.8290	0.5592	1.4826
12°	0.2079	0.9781	0.2126	57°	0.8387	0.5446	1.5399
13°	0.2250	0.9744	0.2309	58°	0.8480	0.5299	1.6003
14°	0.2419	0.9703	0.2493	59°	0.8572	0.5150	1.6643
15°	0.2588	0.9659	0.2679	60°	0.8660	0.5000	1.7321
16°	0.2756	0.9613	0.2867	61°	0.8746	0.4848	1.8040
17°	0.2924	0.9563	0.3057	62°	0.8829	0.4695	1.8807
18°	0.3090	0.9511	0.3249	63°	0.8910	0.4540	1.9626
19°	0.3256	0.9455	0.3443	64°	0.8988	0.4384	2.0503
20°	0.3420	0.9397	0.3640	65°	0.9063	0.4226	2.1445
21°	0.3584	0.9336	0.3839	66°	0.9135	0.4067	2.2460
22°	0.3746	0.9272	0.4040	67°	0.9205	0.3907	2.3559
23°	0.3907	0.9205	0.4245	68°	0.9272	0.3746	2.4751
24°	0.4067	0.9135	0.4452	69°	0.9336	0.3584	2.6051
25°	0.4226	0.9063	0.4663	70°	0.9397	0.3420	2.7475
26°	0.4384	0.8988	0.4877	71°	0.9455	0.3256	2.9042
27°	0.4540	0.8910	0.5095	72°	0.9511	0.3090	3.0777
28°	0.4695	0.8829	0.5317	73°	0.9563	0.2924	3.2709
29°	0.4848	0.8746	0.5543	74°	0.9613	0.2756	3.4874
30°	0.5000	0.8660	0.5774	75°	0.9659	0.2588	3.7321
31°	0.5150	0.8572	0.6009	76°	0.9703	0.2419	4.0108
32°	0.5299	0.8480	0.6249	77°	0.9744	0.2250	4.3315
33°	0.5446	0.8387	0.6494	78°	0.9781	0.2079	4.7046
34°	0.5592	0.8290	0.6745	79°	0.9816	0.1908	5.1446
35°	0.5736	0.8192	0.7002	80°	0.9848	0.1736	5.6713
36°	0.5878	0.8090	0.7265	81°	0.9877	0.1564	6.3138
37°	0.6018	0.7986	0.7536	82°	0.9903	0.1392	7.1154
38°	0.6157	0.7880	0.7813	83°	0.9925	0.1219	8.1443
39°	0.6293	0.7771	0.8098	84°	0.9945	0.1045	9.5144
40°	0.6428	0.7660	0.8391	85°	0.9962	0.0872	11.4301
41°	0.6561	0.7547	0.8693	86°	0.9976	0.0698	14.3007
42°	0.6691	0.7431	0.9004	87°	0.9986	0.0523	19.0811
43°	0.6820	0.7314	0.9325	88°	0.9994	0.0349	28.6363
44°	0.6947	0.7193	0.9657	89°	0.9998	0.0175	57.2900
45°	0.7071	0.7071	1.0000	90°	1.0000	0.0000	な し

<h1 style="text-align:center">正 規 分 布 表</h1>

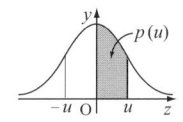

u	00	01	02	03	04	05	06	07	08	09
0.0	0.00000	0.00399	0.00798	0.01197	0.01595	0.01994	0.02392	0.02790	0.03188	0.03586
0.1	0.03983	0.04380	0.04776	0.05172	0.05567	0.05962	0.06356	0.06749	0.07142	0.07535
0.2	0.07926	0.08317	0.08706	0.09095	0.09483	0.09871	0.10257	0.10642	0.11026	0.11409
0.3	0.11791	0.12172	0.12552	0.12930	0.13307	0.13683	0.14058	0.14431	0.14803	0.15173
0.4	0.15542	0.15910	0.16276	0.16640	0.17003	0.17364	0.17724	0.18082	0.18439	0.18793
0.5	0.19146	0.19497	0.19847	0.20194	0.20540	0.20884	0.21226	0.21566	0.21904	0.22240
0.6	0.22575	0.22907	0.23237	0.23565	0.23891	0.24215	0.24537	0.24857	0.25175	0.25490
0.7	0.25804	0.26115	0.26424	0.26730	0.27035	0.27337	0.27637	0.27935	0.28230	0.28524
0.8	0.28814	0.29103	0.29389	0.29673	0.29955	0.30234	0.30511	0.30785	0.31057	0.31327
0.9	0.31594	0.31859	0.32121	0.32381	0.32639	0.32894	0.33147	0.33398	0.33646	0.33891
1.0	0.34134	0.34375	0.34614	0.34849	0.35083	0.35314	0.35543	0.35769	0.35993	0.36214
1.1	0.36433	0.36650	0.36864	0.37076	0.37286	0.37493	0.37698	0.37900	0.38100	0.38298
1.2	0.38493	0.38686	0.38877	0.39065	0.39251	0.39435	0.39617	0.39796	0.39973	0.40147
1.3	0.40320	0.40490	0.40658	0.40824	0.40988	0.41149	0.41308	0.41466	0.41621	0.41774
1.4	0.41924	0.42073	0.42220	0.42364	0.42507	0.42647	0.42785	0.42922	0.43056	0.43189
1.5	0.43319	0.43448	0.43574	0.43699	0.43822	0.43943	0.44062	0.44179	0.44295	0.44408
1.6	0.44520	0.44630	0.44738	0.44845	0.44950	0.45053	0.45154	0.45254	0.45352	0.45449
1.7	0.45543	0.45637	0.45728	0.45818	0.45907	0.45994	0.46080	0.46164	0.46246	0.46327
1.8	0.46407	0.46485	0.46562	0.46637	0.46712	0.46784	0.46856	0.46926	0.46995	0.47062
1.9	0.47128	0.47193	0.47257	0.47320	0.47381	0.47441	0.47500	0.47558	0.47615	0.47670
2.0	0.47725	0.47778	0.47831	0.47882	0.47932	0.47982	0.48030	0.48077	0.48124	0.48169
2.1	0.48214	0.48257	0.48300	0.48341	0.48382	0.48422	0.48461	0.48500	0.48537	0.48574
2.2	0.48610	0.48645	0.48679	0.48713	0.48745	0.48778	0.48809	0.48840	0.48870	0.48899
2.3	0.48928	0.48956	0.48983	0.49010	0.49036	0.49061	0.49086	0.49111	0.49134	0.49158
2.4	0.49180	0.49202	0.49224	0.49245	0.49266	0.49286	0.49305	0.49324	0.49343	0.49361
2.5	0.49379	0.49396	0.49413	0.49430	0.49446	0.49461	0.49477	0.49492	0.49506	0.49520
2.6	0.49534	0.49547	0.49560	0.49573	0.49585	0.49598	0.49609	0.49621	0.49632	0.49643
2.7	0.49653	0.49664	0.49674	0.49683	0.49693	0.49702	0.49711	0.49720	0.49728	0.49736
2.8	0.49744	0.49752	0.49760	0.49767	0.49774	0.49781	0.49788	0.49795	0.49801	0.49807
2.9	0.49813	0.49819	0.49825	0.49831	0.49836	0.49841	0.49846	0.49851	0.49856	0.49861
3.0	0.49865	0.49869	0.49874	0.49878	0.49882	0.49886	0.49889	0.49893	0.49897	0.49900
3.1	0.49903	0.49906	0.49910	0.49913	0.49916	0.49918	0.49921	0.49924	0.49926	0.49929
3.2	0.49931	0.49934	0.49936	0.49938	0.49940	0.49942	0.49944	0.49946	0.49948	0.49950
3.3	0.49952	0.49953	0.49955	0.49957	0.49958	0.49960	0.49961	0.49962	0.49964	0.49965
3.4	0.49966	0.49968	0.49969	0.49970	0.49971	0.49972	0.49973	0.49974	0.49975	0.49976
3.5	0.49977	0.49978	0.49978	0.49979	0.49980	0.49981	0.49981	0.49982	0.49983	0.49983
3.6	0.49984	0.49985	0.49985	0.49986	0.49986	0.49987	0.49987	0.49988	0.49988	0.49989
3.7	0.49989	0.49990	0.49990	0.49990	0.49991	0.49991	0.49992	0.49992	0.49992	0.49992
3.8	0.49993	0.49993	0.49993	0.49994	0.49994	0.49994	0.49994	0.49995	0.49995	0.49995
3.9	0.49995	0.49995	0.49996	0.49996	0.49996	0.49996	0.49996	0.49996	0.49997	0.49997

乱数表（1）

1	67 11 09 48 96	29 94 59 84 41	68 38 04 13 86	91 02 19 85 28
2	67 41 90 15 23	62 54 49 02 06	93 25 55 49 06	96 52 31 40 59
3	78 26 74 41 76	43 35 32 07 59	86 92 06 45 95	25 10 94 20 44
4	32 19 10 89 41	50 09 06 16 28	87 51 38 88 43	13 77 46 77 53
5	45 72 14 75 08	16 48 99 17 64	62 80 58 20 57	37 16 94 72 62
6	74 93 17 80 38	45 17 17 73 11	99 43 52 38 78	21 82 03 78 27
7	54 32 82 40 74	47 94 68 61 71	48 87 17 45 15	07 43 24 82 16
8	34 18 43 76 96	49 68 55 22 20	78 08 74 28 25	29 29 79 18 33
9	04 70 61 78 89	70 52 36 26 04	13 70 60 50 24	72 84 57 00 49
10	38 69 83 65 75	38 85 58 51 23	22 91 13 54 24	25 58 20 02 83
11	05 89 66 75 80	83 75 71 64 62	17 55 03 30 03	86 34 96 35 93
12	97 11 78 69 79	79 06 98 73 35	29 06 91 56 12	23 06 04 69 67
13	23 04 34 39 70	34 62 30 91 00	09 66 42 03 55	48 78 18 24 02
14	32 88 65 68 80	00 66 49 22 70	90 18 88 22 10	49 46 51 46 12
15	67 33 08 69 09	12 32 93 06 22	97 71 78 47 21	29 70 29 73 60
16	81 87 77 79 39	86 35 90 84 17	83 19 21 21 49	16 05 71 21 60
17	77 53 75 79 16	52 57 36 76 20	59 46 50 05 65	07 47 06 64 27
18	57 89 89 98 26	10 16 44 68 89	71 33 78 48 44	89 27 04 09 74
19	25 67 87 71 50	46 84 98 62 41	85 51 29 07 12	35 97 77 01 81
20	50 51 45 14 61	58 79 12 88 21	09 02 60 91 20	80 18 67 36 15
21	30 88 39 88 37	27 98 23 00 56	46 67 14 88 18	19 97 78 47 20
22	60 49 39 06 59	20 04 44 52 40	23 22 51 96 84	22 14 97 48 08
23	36 45 19 52 10	42 83 86 78 87	30 00 39 04 30	38 06 92 41 51
24	45 71 08 61 71	33 00 87 82 21	35 63 46 07 03	56 48 94 36 04
25	69 63 12 03 07	91 34 05 01 27	51 94 90 01 10	22 41 50 50 56
26	41 82 06 87 49	22 16 34 03 13	20 02 31 13 03	92 86 49 69 69
27	09 85 92 32 12	06 34 50 72 04	08 76 61 95 04	84 93 09 84 05
28	57 71 05 35 47	59 65 38 38 41	57 91 61 96 87	63 24 45 17 72
29	82 06 47 67 53	22 36 49 68 86	87 04 18 80 66	96 57 53 88 83
30	17 95 30 06 64	99 33 89 27 84	65 47 78 11 01	86 61 05 05 28
31	70 55 98 92 19	44 85 86 65 73	69 73 75 41 78	51 05 57 36 33
32	97 93 30 87 84	49 28 29 77 84	31 09 35 59 41	39 71 46 53 57
33	31 55 49 69 17	12 22 20 41 50	45 63 52 13 46	20 70 72 30 57
34	30 92 80 82 37	16 01 46 81 22	48 80 55 77 99	11 30 14 65 29
35	98 05 49 50 04	94 71 34 12 49	85 82 82 67 17	38 22 86 15 93
36	00 86 28 06 39	03 29 04 84 41	20 84 01 97 53	50 90 12 94 67
37	74 76 84 09 68	33 73 25 97 71	65 34 72 55 62	50 50 59 01 93
38	63 84 36 95 80	28 36 19 26 50	72 55 80 54 55	68 58 94 96 50
39	48 12 39 00 88	05 86 29 37 96	18 85 07 95 37	06 78 96 32 89
40	20 60 42 30 95	71 77 03 14 88	81 15 91 68 38	07 45 47 37 75
41	13 21 96 10 43	46 00 95 62 09	45 43 87 40 08	00 12 35 35 06
42	12 84 54 72 35	75 88 47 75 20	21 27 73 48 33	69 10 13 77 36
43	57 38 76 05 12	35 29 61 10 48	02 65 25 40 61	54 13 54 59 37
44	25 18 75 82 11	89 13 90 53 66	56 26 38 89 04	79 76 22 82 53
45	10 88 94 70 76	54 45 07 71 24	53 48 10 01 51	99 93 52 12 68
46	78 44 49 86 29	82 12 44 11 54	32 54 68 28 52	27 75 44 22 50
47	99 33 67 75 86	16 90 53 40 48	15 12 01 10 79	58 73 53 35 90
48	38 51 64 06 53	30 50 06 84 55	91 70 48 46 52	37 46 83 58 78
49	45 96 10 96 24	02 17 29 31 14	10 86 37 20 92	79 72 32 84 57
50	75 40 42 25 66	84 22 05 61 93	56 61 62 02 55	31 56 20 99 07

乱数表 （2）

51	44 34 50 25 64	98 77 00 43 82	56 81 92 95 36	82 70 01 39 71
52	37 20 32 93 09	52 68 41 07 06	57 67 92 47 73	43 27 00 10 46
53	59 95 93 91 01	41 50 86 55 84	98 50 51 63 45	43 12 37 17 27
54	94 04 52 59 11	73 72 76 56 97	85 58 25 28 05	94 53 22 40 67
55	63 51 33 98 85	47 17 83 06 64	88 17 88 47 12	25 60 03 42 65
56	26 34 31 20 29	64 09 10 43 42	07 09 01 63 70	14 43 84 33 40
57	09 92 63 10 33	91 02 01 83 43	80 55 70 41 47	35 55 44 64 59
58	28 02 42 96 81	30 91 36 68 33	82 15 64 34 22	04 53 40 60 62
59	79 71 66 94 03	40 26 94 55 89	68 64 71 89 29	59 40 59 20 91
60	68 95 13 66 61	68 13 12 77 95	67 57 52 34 34	89 38 91 84 62
61	58 17 80 37 20	22 39 70 13 39	40 97 24 62 13	67 15 02 02 77
62	37 40 55 69 70	64 41 89 55 25	92 31 76 49 68	85 66 14 09 95
63	28 44 48 78 89	31 73 29 50 70	37 28 79 90 68	46 18 78 33 39
64	73 87 07 23 79	29 91 98 00 80	92 17 01 30 26	68 00 83 04 67
65	01 31 76 04 71	41 30 01 59 14	45 52 05 25 00	75 25 59 25 86
66	02 37 94 45 81	96 91 49 47 80	85 31 27 48 30	81 69 66 45 36
67	71 89 09 37 98	27 71 78 43 92	90 24 68 78 00	16 68 43 80 96
68	30 69 59 11 66	26 89 13 06 08	78 14 90 52 84	18 94 98 45 75
69	51 21 78 40 48	65 62 09 65 58	75 92 87 15 25	37 69 55 35 69
70	21 20 96 73 07	73 10 46 61 14	56 69 80 16 62	62 94 31 76 07
71	02 47 24 60 70	97 41 96 61 60	30 67 37 89 40	03 00 94 70 95
72	95 25 35 42 64	42 41 25 34 74	60 36 80 24 35	39 38 00 22 86
73	98 85 01 42 72	94 81 74 11 66	56 01 19 97 49	18 01 04 91 88
74	02 25 46 36 85	82 55 23 49 62	73 69 66 58 47	58 30 76 02 15
75	69 25 29 29 91	93 31 65 43 92	58 07 25 64 11	54 65 69 55 16
76	43 51 01 71 74	66 61 32 20 08	37 55 43 16 41	01 71 11 44 88
77	29 30 05 54 29	50 54 87 35 45	69 69 94 67 89	66 25 38 13 36
78	88 11 54 97 33	76 53 86 04 11	89 27 09 43 29	68 96 11 35 44
79	92 31 68 87 08	91 20 81 02 67	67 97 20 65 33	16 09 38 27 76
80	52 20 37 47 96	98 53 49 23 16	60 88 42 67 46	52 80 29 63 41
81	63 68 81 12 65	75 77 46 01 77	95 85 25 74 82	19 68 58 77 93
82	09 81 14 75 10	96 99 15 70 03	27 87 54 98 82	82 86 97 42 37
83	32 07 65 74 58	46 20 14 11 66	23 50 94 03 57	60 14 86 96 68
84	04 63 48 98 66	52 21 59 05 61	08 22 10 19 97	17 37 51 39 54
85	90 67 52 22 52	08 51 60 01 06	78 01 80 38 30	61 75 32 66 60
86	89 70 69 73 66	28 74 41 55 89	33 34 34 54 07	82 71 03 62 76
87	46 25 32 28 38	05 50 46 69 77	58 52 33 69 35	58 01 67 12 23
88	14 43 01 84 47	35 32 59 90 29	59 26 85 23 10	25 64 15 00 15
89	65 05 31 62 40	57 40 22 44 63	46 69 27 78 11	09 92 21 74 41
90	62 97 72 57 04	93 34 35 93 07	65 71 71 59 58	95 85 46 32 44
91	00 33 26 81 26	44 20 62 66 76	78 19 59 72 83	31 11 16 35 63
92	49 11 59 58 02	78 37 49 68 94	34 54 71 70 43	67 02 89 76 81
93	99 52 66 19 26	77 18 44 65 73	64 53 82 34 41	24 91 05 69 87
94	68 41 27 52 08	82 25 80 19 55	55 68 62 25 25	28 97 40 16 13
95	27 65 13 74 19	88 99 02 23 56	17 24 39 27 71	01 27 32 91 20
96	63 73 88 02 45	78 51 38 06 90	14 95 29 65 07	53 06 89 28 92
97	46 18 83 17 24	16 15 29 73 10	42 54 47 08 76	78 32 38 73 94
98	48 31 92 47 67	53 54 23 98 83	61 26 29 52 41	20 05 31 63 70
99	22 90 24 75 75	39 70 50 88 22	61 91 73 34 66	15 98 59 23 12
100	57 78 78 46 23	82 16 50 08 13	67 00 90 82 06	04 92 31 95 91

索引

MEMO

MEMO

MEMO

MEMO

著者略歴

堤　香代子（つつみ・かよこ）

1978 年　福岡大学理学部応用数学科卒業

現　　在　福岡大学工学部社会デザイン工学科併任講師

理工系学生のための基礎数学

2016 年 4 月 5 日　初版第 1 刷発行
2022 年 10 月 26 日　初版第 2 刷発行

著　者　堤　　　香代子

発行者　柴山　斐呂子

発 行 所　**理工図書株式会社**

〒 102-0082　東京都千代田区一番町 27-2
電話 03（3230）0221（代表）
FAX 03（3262）8247
振替口座　00180-3-36087 番
http://www.rikohtosho.co.jp